Thomas L. Gertzen

École de Berlin und „Goldenes Zeitalter" (1882–1914) der Ägyptologie als Wissenschaft

Thomas L. Gertzen

École de Berlin und „Goldenes Zeitalter“ (1882–1914) der Ägyptologie als Wissenschaft

Das Lehrer-Schüler-Verhältnis von Ebers, Erman und Sethe

DE GRUYTER

ISBN 978-3-11-030096-3
e-ISBN 978-3-11-030103-8

Library of Congress Cataloging-in-Publication Data
A CIP catalog record for this book has been applied for at the Library of Congress.

Bibliografische Information der Deutschen Nationalbibliothek
Die Deutsche Nationalbibliothek verzeichnet diese Publikation in der Deutschen Nationalbibliografie; detaillierte bibliografische Daten sind im Internet über http://dnb.dnb.de abrufbar.

Umschlagabbildung: J. H. Breasted, G. Steindorff, A. Erman, K. Sethe und Ch. Breasted, aufgenommen am Rande eines Orientalistenkongresses 1910 in London.

Druck und Bindung: Hubert & Co. GmbH & Co. KG, Göttingen
♾ Gedruckt auf säurefreiem Papier
Printed in Germany

www.degruyter.com

Inhalt

Einleitung

Die vorliegende Untersuchung soll die Bedeutung der École de Berlin[1] für die Entwicklung der Ägyptologie als Wissenschaft[2] klären und somit einen Beitrag zu der Beseitigung des nach wie vor bestehenden Desiderats einer umfassenden Wissenschaftsgeschichte der Ägyptologie leisten (vgl. Kap. 1.). Der im Titel benannte Untersuchungszeitraum von 1882 bis 1914, der von H. Kees als das „Goldene Zeitalter der Ägyptologie"[3] bezeichnet worden ist, umfasst den Beginn der akademischen Laufbahn A. Ermans[4] und endet mit dem Beginn des Ersten Weltkrieges, der für die weitere Entwicklung des Faches eine einschneidende Zäsur bedeutete. Wenngleich damit der zeitliche Schwerpunkt dieser Arbeit treffend beschrieben wird, soll doch auch ein Aus- bzw. Rückblick auf die Entwicklungen innerhalb der Ägyptologie vor – bzw. nach Erman geboten werden. – Zum einen, weil derartige Hintergründe zum Verständnis der durch die Berliner Schule hervorgebrachten Entwicklungen grundsätzlich nötig sind, zum anderen, weil dadurch Konflikte und die spezifischen Charakteristika dieses Abschnittes der Geschichte der Ägyptologie vor dem Hintergrund der Vergangenheit und weiteren Entwicklungen besser verständlich werden.

Jenseits der bisher in wissenschaftsgeschichtlichen Darstellungen vorrangig herangezogenen Selbstzeugnisse von Ägyptologen, Nachrufe sowie inner- und außerfachlicher Sekundärliteratur (vgl. Kap. 2.1.) stellt hierbei die Auswertung des Nachlasses Adolf Erman an der Staats- und Universitätsbibliothek Bremen[5] die materielle Grundlage bzw. wichtigste Quelle dar (vgl. Kap. 2.3.), zu dem Materialien des Nachlasses Georg Ebers aus der Handschriftenabteilung der Staatsbibliothek zu Berlin[6] (vgl. Kap. 2.4.) komplementär betrachtet werden.

Methodisch verfolgt diese Untersuchung einen zweigeteilten Untersuchungsansatz: Der erste Teil (vgl. Kap. 3) verfolgt das Ziel der Erstellung einer Gelehrtenbiografie dreier der bedeutendsten deutschen Ägyptologen, von denen A. Erman als Begründer und K. Sethe als bedeutendster ‚Schüler' der Berliner Schule der Ägyptologie in den Blickpunkt rücken, während durch G. Ebers die Ägyptologie vor Erman vertreten wird. Dabei dient das im Titel der Untersuchung

---

1 Vgl. Schenkel (2006), 236.

2 Diese Formulierung greift bewusst die des Titels von Schipper (2006) auf, der eine wichtige und wertvolle Grundlage der vorliegenden Untersuchung gebildet hat.

3 Kees (1959), 6.

4 Die Nachfolge von R. Lepsius an der Berliner Universität und Museum erfolgte 1884.

5 Vgl. Kloft (1982); Gestermann-Schipper (2004).

6 Vgl. Darmstaedter (1909); s.a. Homepage der Staatsbibliothek Berlin: http://handschriften.staatsbibliothek-berlin.de/de/nachlaesse_autographen/darmstaedter.html

benannte Lehrer-Schüler-Verhältnis als konzeptioneller Rahmen,[7] der die Beziehungen der drei Protagonisten zueinander treffend beschreibt und sowohl eine Auseinandersetzung mit ihrem jeweiligen persönlichen Verhältnis als auch mit den sich daraus ergebenden Auswirkungen auf die Entwicklung des Faches ermöglicht. Während dabei die Unterteilung in „Kindheit und Jugend" (vgl. Kap. 3.1.1.; 3.2.1; 3.3.1.) sowie „Wissenschaftliche Laufbahn" (vgl. Kap. 3.1.2; 3.2.2.; 3.3.2.) einer eher gängigen Darstellungsweise in Gelehrtenbiografien folgt, befasst sich der dritte Abschnitt jeweils mit dem Verhältnis von „Weltanschauung und Wissenschaftsauffassung" (vgl. 3.1.3.; 3.2.3.; 3.3.3.), der die Forscher somit in ihrem zeithistorischen Umfeld einordnet und auch außerwissenschaftliche Einflussfaktoren berücksichtigt.

Der zweite Teil nähert sich dem Phänomen der Berliner Schule durch einen institutionengeschichtlichen Untersuchungsansatz, in dem die wichtigsten Einrichtungen für die Etablierung und Professionalisierung[8] der Wissenschaft der Ägyptologie in Berlin und in Deutschland behandelt werden. Dazu gehören das Altägyptische Wörterbuchvorhaben an der Preußischen Akademie der Wissenschaften (vgl. Kap. 4.), das Ägyptische Museum Berlin (vgl. Kap. 5.) sowie die Zeitschrift für Ägyptische Sprache und Altertumskunde (vgl. Kap. 6). Neben der narrativen bzw. – bezogen auf die herangezogenen archivalischen Quellen – kompilatorischen Gesamtdarstellung der Entwicklungsgeschichte dieser Institutionen sollen dabei immer auch wissenschaftsgeschichtlich bedeutsame Prozesse untersucht werden. So steht das Ägyptische Wörterbuchvorhaben exemplarisch für die enge Verbindung von staatlicher Wissenschaftsförderung und Kulturpolitik mit der Berliner Schule der Ägyptologie, das Ägyptische Museum im Zeichen der

---

7 Darin enthalten auch Anklänge von „Generationalität"; vgl. Reulecke (2003), viii f. – wenngleich eine umfassende Einordnung der untersuchten Gelehrten im Sinne einer „horizontalen Identität" hier nicht geleistet werden kann; vgl. Niethammer (2003), 1 – unter Verweis auf H. Bude.

8 Dieser Begriff ist hier nicht etwa im Sinne einer ‚berufsorientierten' ägyptologischen Ausbildung, etwa für den Schul- oder den diplomatischen Dienst zu verstehen. – Anders als etwa klassische Philologen konnten Ägyptologiestudenten nicht ohne Weiteres auf eine Karriere als Gymnasiallehrer hoffen. Vgl. SBB-PK, Nachl. Georg Ebers: Erman, Adolf, 27.11.1888; im Gegensatz zu anderen orientalistischen Fächern war auch eine Verwendung im diplomatischen oder Kolonialdienst, wie sie spätestens ab der Jahrhundertwende teilweise angestrebt wurde, eher unwahrscheinlich. Vgl. hierzu: Mangold (2004), 228–236; 251–256. „Professionalisierung" bedeutet in der vorliegenden Untersuchung daher die Ausbildung einer spezifischen Methodik und die dadurch herbeigeführte Distantzierung des „professionellen" Wissenschaftlers von ‚Amateuren' oder ‚Dilettanten', wie sie durch Trümpener (1981), 48–56 & Kuhn (1996), 47f. beschrieben, aber im Falle der Ägyptologie auch schon von Zeitgenossen so wahrgenommen worden ist: Vgl. Legge (1902), 103.

manifesten Etablierung des Faches auch im Bewusstsein einer breiteren Öffentlichkeit. Im Zuge dieses Emanzipationsprozesses der Ägyptologie als eigenständige Disziplin treten aber auch das Bemühen um Abgrenzung gegenüber Nachbardisziplinen, wie z. B. der Assyriologie, als auch um private Wissenschaftsförderung jenseits staatlicher Forschungsförderung – besonders augenfällig bei der Gründung der Deutschen Orientgesellschaft – zu Tage. Die Auseinandersetzung mit der Geschichte der Zeitschrift für Ägyptische Sprache ermöglicht die Untersuchung wissenschaftsinterner Spannungen und Konflikte, die die Entwicklung des Faches und seine akademische (Streit-)Kultur prägten, und stellt im Übrigen einen der ersten Versuche überhaupt zur Erforschung der Rolle wissenschaftlicher Fachzeitschriften in der Ägyptologie dar.

Die anschließende Schlussbetrachtung versucht die dabei herausgearbeiteten Ergebnisse zusammenzufassen und auch die zwei Untersuchungsansätze von biografischer sowie institutionengeschichtlicher Perspektive miteinander zu verknüpfen.

1 Die Ägyptologie als Wissenschaft

Für eine Auseinandersetzung mit der Geschichte der Ägyptologie als Wissenschaft ist eine möglichst exakte Beschreibung dieser Disziplin, ihrer Forschungsinhalte und Methoden unabdingbar. Es soll daher im Folgenden der Versuch dazu unternommen werden. Dabei werden v. a. Stellungnahmen bedeutender Fachvertreter angeführt und den Einschätzungen von Wissenschaftlern außerhalb der Ägyptologie gegenübergestellt. Nach einer grundsätzlichen Beschreibung, die sich trotz aller Berücksichtigung wissenschaftsgeschichtlicher Hintergründe v. a. auf den ‚Ist-Zustand' des Faches bezieht, gilt es eben diesem Umstand in dem darauf folgenden Abschnitt abzuhelfen und die Ägyptologie gleichsam zu historisieren und sich dabei auch mit der wissenschaftsgeschichtlichen Eigen- und Fremdwahrnehmung der Ägyptologie auseinander zu setzen. Auf Grundlage dieser allgemeinen Wissenschaftsgeschichte soll dann die Bedeutung der Berliner Schule für das Fach näher untersucht bzw. ausgeführt werden. Zum Abschluss werden dann die sich aus den drei vorangegangenen Untersuchungsabschnitten ergebenden Implikationen für die Rolle der Ägyptologie im Bereich der geisteswissenschaftlichen Fächer näher untersucht.

Eine der wohl treffendsten Definitionen der Wissenschaft der Ägyptologie wurde von J. Assmann geliefert:

> Die Ägyptologie ist eine Kulturwissenschaft, d. h. sie beschäftigt sich mit allen Aspekten der Altägyptischen Kultur: Sprache, Literatur, Religion, Wirtschaft, Kunst, Archäologie usw. Die ägyptische Kultur umfaßt die dreieinhalb Jahrtausende pharaonischer Geschichte, die durch den Gebrauch der Hieroglyphenschrift definiert werden (ca. 3150 v. Chr. – 350 n. Chr.)[1]

Die hier gebotene grundlegende Einordnung der Ägyptologie als Kulturwissenschaft ist unbestreitbar richtig und wird anschaulich als Versuch der ganzheitlichen Erfassung der pharaonischen Kultur des Alten Ägypten beschrieben. Inwieweit die Ägyptologie dem Anspruch an eine moderne Kulturwissenschaft aber tatsächlich gerecht wird, soll in einem der folgenden Abschnitte kritisch hinterfragt werden (vgl. 1.3.). An dieser Stelle relevant sind die Benennung des Untersuchungszeitraumes und seine Herleitung aus der Verwendungsdauer der Hieroglyphenschrift sowie die als gleichermaßen bedeutsam erachtete Auswertung sowohl textlicher als auch materieller Hinterlassenschaften, die die Methodik des Faches wesentlich bestimmt und auch zu einem Unterscheidungsmerkmal zu anderen Altertumswissenschaften wird:

---

1 Assmann (1990), 335.

> Die Besonderheit des Faches beruht auf der unauflöslichen Einheit von Philologie und Archäologie,[2]

Anders als etwa die Vorderasiatische Altertumskunde und die Assyriologie bzw. Altorientalische Philologie für die Kulturen des Alten Vorderen Orients vertritt die Ägyptologie allein die Wissenschaft zur Erforschung der Kultur des Alten Ägypten,[3] vorbehaltlich einer zunehmenden Spezialisierung im Bereich der ägyptischen Sprachforschung. Zu nennen wäre die Demotistik und die Koptologie, die zumindest an einigen Universitäten auch institutionelle Unabhängigkeit erlangt haben.[4] Da sich aber zumindest die letztgenannte Wissenschaft nicht mehr mit hieroglyphischen Texten aus der heidnischen Kultur des pharaonischen Ägypten, sondern mit Texten der koptischen Schrift auseinandersetzt, kann die hier angeführte Einschätzung grundsätzlich beibehalten werden.

Dabei wird innerhalb des Faches, zumindest im Bereich der universitären Ausbildung, eine Diskrepanz zwischen der gleichberechtigten Vermittlung archäologischer und philologischer Kompetenzen offenbar und auch artikuliert.[5] Der österreichische Ägyptologe M. Bietak bringt dieses Phänomen auf den Punkt:

> Academic teaching generally covers in methodological training only the philological aspect and only a few universities have a thorough education in methods of art history applied to Egypt.[6]

In dem 1979 veröffentlichten Artikel, dem dieses Zitat entnommen ist, konstatierte Bietak auch eine gewisse Geringschätzung oder zumindest einen Mangel an Bewusstsein über die Inhalte und Methoden archäologischer Forschung in Ägypten seitens der schwerpunktmäßig philologisch ausgerichteten Kollegen.[7] Auch wenn Bietak sich ausdrücklich von der etwaigen Forderung einer Abkehr von weiterer philologischer Forschung distanziert und, wie Assmann (vgl. Zitat o.), für eine sowohl Archäologie als auch Philologie integrierende Ägyptologie wirbt,[8] hält er doch an der Feststellung einer Diskrepanz zwischen dem oben skizzierten ganzheitlichen Anspruch und der akademischen Wirklichkeit fest. Diese wird von B. Kemp wie folgt beschrieben:

---

2 Op. cit.
3 Vgl. op. cit., 335 f.
4 Vgl. op. cit., 339.
5 Vgl. Bietak (1979); Kemp (1984).
6 Op.cit., 156.
7 Vgl. op. cit.
8 Vgl. op. cit., 160.

> Language is to be learned, practical archaeology to be picked up.[9]

Die vornehmlich textorientierte Wissenschaft der Ägyptologie hat demnach zu einer Marginalisierung archäologischer Forschung geführt, wie sie auch außerhalb des Faches so dargestellt wurde:

> Die Archäologie ist eine Art Vorwissenschaft, Propädeutik und Zulieferwissenschaft für die Ägyptologie.[10]

Es bliebe daher die Frage zu klären, ob die von Assmann postulierte Einheit von Philologie und Archäologie den Hinterlassenschaften altägyptischer Kultur, wie von ihm ausgeführt, immanent ist:

> Diese Besonderheit liegt in der Eigenart der Quellen und der ägyptischen Kultur insgesamt begründet. Die meisten Texte sind uns als Monumentalinschriften [...] überliefert, und die meisten Kunst- und Bauwerke sind beschriftet.[11]

Bietak führt die Konzentration ägyptologischer Forschung auf diese Denkmälergruppe und die Durchführung archäologischer Unternehmungen primär zum Zwecke der Beschaffung von Textmaterial auf die philologische Schwerpunktsetzung im Fach zurück:

> Last, but not least, Egyptian archaeology [...] has concentrated its activities more on the clearance of monuments and on the unearthing of museum pieces than on the study of contexts in which these were found.[12]

Die bewusste Konzentration ägyptologischer Forschung auf Monumente der Sakral- bzw. Sepulkralarchitektur ergibt sich für ihn nicht aus der Überlieferungssituation, sondern aus einer bewussten methodischen Schwerpunktsetzung. Ähnlich wie Assmann aus den Monumenten bzw. der Beschaffenheit der Betrachtungsgegenstände die methodische Ausrichtung des Faches herleitet, sieht Bietak einen solchen kausalen Zusammenhang:

> Of course it is far easier to clean architectural remains, especially those of stone, from sand than to excavate the remnants of mud-brick dwellings in which difficult stratigraphical sections, from strata above and below it. This is the real reason why tell[13]-excavations are still

9 Kemp (1984), 19.
10 Trümpener (1981), 30.
11 Assmann (1990), 335.
12 Bietak (1979), 159.
13 Arab.: „(Siedlungs-)Hügel“.

> so rare in Egypt and why our archaeological knowledge has remained so one-sided, being mainly drawn from funerary and sacral architecture.[14]

In dieser Betrachtungsweise jedoch wirkt nicht die Beschaffenheit der Quellen bestimmend auf die methodische Ausrichtung des Faches, sondern der durch die einseitige universitäre Ausbildung verursachte Mangel an archäologischer oder auch kunsthistorischer Kompetenz bewirkt eine Verlagerung der Tätigkeit in den Bereich archäologisch anspruchsloserer Erforschung materieller Kultur des Alten Ägypten. Somit erscheint die Argumentationskette, vornehmlich textliche Hinterlassenschaften, bzw. deren Omnipräsenz einer stark philologischen, wenn auch die Archäologie integrierende wissenschaftliche Forschung, als ein Zirkelschluss. Das Primat der Philologie entsteht also *a priori* und verhindert so eine gleichberechtigte Anwendung von Archäologie und Philologie innerhalb der Wissenschaft der Ägyptologie.

Da diese schwerpunktmäßige Ausrichtung – wie zu zeigen sein wird – wissenschaftshistorisch zu erklären ist, soll im Folgenden eine entsprechende Betrachtung der Entwicklung der Ägyptologie erfolgen.

Die Konzentration auf textliche Hinterlassenschaften bedeutet aber noch eine weitere Einschränkung des umfassenden Anspruchs der Ägyptologie als Kulturwissenschaft, wie J. Baines festgestellt hat:

> In this view, aspects of which might have appealed to some of the ancient elite, the vast majority who could not have had access to written materials were ignored or were of no account.[15]

Die Beschränkung, oder zumindest Fokussierung auf philologische Forschung führt also auch zu einer einseitigen Ausrichtung auf Quellen aus dem Bereich einer sog. Elitekultur des Alten Ägypten, an deren Selbstdarstellung und Selbstreflektion sich nur diejenigen beteiligen konnten, die über Lese- und Schreibkompetenz verfügten, wobei es sich um eine äußerst kleine Minderheit gehandelt haben dürfte.[16] Zwar behandeln Inschriften etwa in Privatgräbern auch das alltägliche Leben der ‚unteren' bzw, der illiteraten gesellschaftlichen Schichten, jedoch immer aus einer Oberschichtperspektive heraus, wodurch, zumindest mit hoher Wahrscheinlichkeit, ein Zerrbild altägyptischer Kultur entsteht, das den tatsächlichen Verhältnissen wohl nicht entsprochen hat.

14 Bietak (1979), 159.
15 Baines (1990), 1.
16 Vgl. Baines (1983), 584–586.

1.1 Geschichte/Periodisierung

Allen, den nachfolgenden Ausführungen zu Grunde gelegten Darstellungen der Geschichte der Ägyptologie gemeinsam ist die Auffassung der Entzifferung der Hieroglyphen durch J. F. Champollion[17] als Beginn ägyptologischer Wissenschaft,[18] wofür hier stellvertretend ein Zitat aus E. Hornungs *Einführung in die Ägyptologie* angeführt sein soll:[19]

> Von einer wissenschaftlichen Ägyptologie kann erst seit der Entzifferung der Hieroglyphenschrift durch Jean François Champollion (1822) gesprochen werden.[20]

Dabei werden die Berichte klassischer Autoren,[21] die Schilderungen arabischer Schriftsteller[22] und auch die Bemühungen einiger europäischer Renaissancegelehrter[23] um die Entzifferung der Hieroglyphenschrift als nicht der Wissenschaftstradition der modernen, der „wissenschaftlichen"[24], Ägyptologie zugehörig betrachtet. K. Sethe sah die Vertreter unwissenschaftlicher Auseinandersetzung mit den Hinterlassenschaften des Alten Ägypten als Repräsentanten einer sog. „Ägyptiologie [sic!]" an, die sich schon durch die Verwendung des Begriffs als Selbstbezeichnung zu erkennen gäben und so disqualifizierten.[25] Während sich Sethes kritische Distanzierung wohl aber vornehmlich auf seinerzeit rezentere Auseinandersetzungen mit dem Alten Ägypten bezog,[26] ist für die prä-Champ-

---

17 Nach ersten Erfolgen durch J. J. Barthélmy (1716–1795), J. D. Åkerblad (1763–1819) & T. Young (1773–1829); vgl. Hornung (1996a), 9.

18 Junge (1997), 309 spricht von „Verwissenschaftlichung"; s.a. Grimm (2004), 8–23, mit einer ausführlichen Schilderung der „Wende" von der „Hieroglyphenkunde" zur Ägyptologie.

19 Hornung (1996a), 9 bezeichnet Champollions „Lettre à M. Dacier relative à alphabet des hiéroglyphes phonétiques employé par les égyptiens pour inscrire sur les monuments les titres, les noms et les surnoms des souverains grecs et romains" als „Geburtsurkunde" der Ägyptologie; vgl. Brugsch (1891), 126; Kees (1959), 3; Trümpener (1981), 27; Reid (2002), 1.

20 Hornung (1996a), 9.

21 Vgl. Bowmann (2002), 202–210.

22 Vgl. Reid (2002), 28–31; Daly (2005).

23 Vgl. Helck (1969), 1–4; bes. 2, der in dem bayerischen Diplomaten Herwarth von Hohenburg (1553–1622) und dessen „Thesaurus Hieroglyphicorum" (nach 1607) immerhin eine „Vorstufe gewissermaßen einer wissenschaftlichen Ägyptologie" erkennen will; oder Hornung (2003), 108; 109, unter Berufung auf U. Eco & J. Assmann; Grimm (2005).

24 Hornung (1996a), 9.

25 Sethe (1921), 2: „[...], wie sie von Dilettanten und den Dingen ferner Stehenden auch wohl mißbräuchlich genannt wird."

26 Vgl. Baines (1990), 2ff., bes. 2: „[...], because Egyptology began at the decipherment by breaking away from this tradition."

ollionische bzw. prä-ägyptologische[27] Phase der Ägyptenbegeisterung der Begriff der „Ägyptomanie" gebräuchlich.[28]

Der hier ausgeführten Konvention folgend,[29] beschränkt sich die anschließende Darstellung auf die Zeit nach der Entzifferung der Hieroglyphen (1822) und findet mit dem Ende des „Goldenen Zeitalters" (1882–1914)[30] gleichfalls ihren zeitlichen Abschluss.

In den Arbeiten zur Geschichte der Ägyptologie finden sich immer wieder auch Versuche der Periodisierung der Entwicklung dieses Faches. Diese Epocheneinteilungen sollen im Folgenden einander gegenübergestellt und verglichen werden. In einem zweiten Schritt wird die Eigenwahrnehmung der Vertreter der Berliner Schule und damit des Goldenen Zeitalters näher beleuchtet werden, um so zu der im nachfolgenden Abschnitt erfolgenden Auseinandersetzung mit der Bedeutung der Berliner Schule überzuleiten.

Die erste der hier behandelten Auseinandersetzungen mit der Geschichte der Ägyptologie ist die 1891 erschienene Darstellung *Die Aegyptologie. Abriss der Entzifferungen und Forschungen* aus der Feder H. Brugschs.[31] Diese Publikation sollte v. a. einen Überblick über die bisher geleisteten Arbeiten und die daraus gewonnenen Erkenntnisse auf dem Gebiet der Ägyptologie zusammenfassen. Es sollte dabei immer auch berücksichtigt werden, dass Brugsch auch die Leistungen der eigenen Person zu würdigen versuchte, was für die hier zu erörternde Frage der Periodisierung der Ägyptologie jedoch keine größere Rolle spielt, allerdings sehr wohl für seine Selbsteinschätzung darin. Die Einteilung Brugschs folgt aber v. a. individuellen Leistungen herausragender Forscher und orientiert sich neben den Erscheinungsdaten bestimmter Publikationen v. a. an dem Wirken einzelner Wissenschaftler. Nach der auch von ihm an den Anfang der Geschichte der

---

27 Vgl. Loprieno (2003), 230.

28 Vgl. op. cit.; Grimm (2004), 8–10: „Ägyptologie vs. ‚Hieroglyphenkunde'"; Grimm (2006), 65–69 zu: „Ägyptologie avant les lettres: Ägyptomanie/Ägyptophilie/Ägyptosophie".

29 Ohne dabei notwendigerweise die darin zum Ausdruck kommende Auffassung über den Beginn von Wissenschaftlichkeit zu bestätigen; Vgl. Kuhn (1996), 2: „If these out-of-date beliefs are to be called myths, then myths can be produced by the same sorts of methods and held by the same sorts of reasons that now lead to scientific knowledge." & 21: „Ever since prehistoric antiquity one field of study after another has crossed the devide between what the historian might call its prehistory as a science and its history proper."; vgl. Loprieno (2003), 230, der eine „revolutionäre Umwälzung des innerfachlichen Diskurses" beobachtet, mit dem „die zeitgenössische Ägyptologie an jene ‚ägyptomanische' Tradition an[schließt], von der sie sich am Anfang ihrer Entwicklung eindeutig und programmatisch distanziert hatte.".

30 Vgl. Kees (1959), 6.

31 Brugsch (1891).

Ägyptologie gestellten Entzifferung der Hieroglyphen durch Champollion (1822)[32] folgt das Epoche machende Ereignis der Bestätigung von Champollions Erkenntnissen durch Lepsius:[33]

> Erst das Jahr 1837 bezeichnet den Anfang einer neuen Epoche der altägyptischen Studien, nachdem R. Lepsius in seinem Sendschreiben an Rosellini [...] auf die Nothwendigkeit einer Scheidung der phonetischen Elemente der Hieroglyphien [sic!] hingewiesen und auf die Eigenart des Systems in der griechisch-römischen Epoche aufmerksam gemacht hatte.[34]

Nach ausführlicher Schilderung der eigenen Leistungen[35] sieht Brugsch das Ende der Wirkungszeit seiner eigenen Generation heraufziehen. Dadurch, dass er sich selbst implizit der ersten Ägyptologengeneration zurordnet, stellt er sich auf eine Stufe mit Lepsius und distanziert sich von dessen beiden Schülern, Dümichen und Ebers:

> Die Namen von zwei damals jungen Gelehrten, der gegenwärtigen Professoren J. Dümichen an der Universität Strassburg und G. Ebers in Leipzig, beide Schüler von Lepsius und Brugsch, traten seit der zweiten Hälfte der sechziger Jahre in die Oeffentlichkeit [...].
>
> Prof. A. Eisenlohr, dessen erste Arbeiten in das Jahr 1869 fallen, der gegenwärtige Lehrer für das Altägyptische an der Universität zu Heidelberg, gehört wie Dümichen und Ebers der zweiten Generation unter den lebenden Aegyptologen an.[36]

Die Verwendung des Begriffs der „Generation" verdeutlicht noch einmal die stark personalisierte Betrachtungsweise. Dass die Zeit herausragender Einzelpersönlichkeiten innerhalb der Wissenschaft der Ägyptologie ihrem Ende entgegenging, wurde von Brugsch vielleicht durch die Verwendung des Begriffs „Schule"[37] zur Bezeichnung der jüngeren Ägyptologengeneration eingeräumt. Sie wird aber wieder unmittelbar mit dem Namen und damit der Person Ermans in Verbindung gebracht:

> In der jüngeren Schule der Aegyptologie nimmt Prof. Dr. A. Erman [...] den ersten Rang ein.[38]

Für Brugsch, der selber noch Teil einer relativ frühen Phase der Entwicklung der Ägyptologie gewesen ist, lassen sich also drei Generationen (s. o.) unterscheiden.

---

32 Vgl op. cit., 1–19.
33 Vgl. Brugsch (1891), 126–132.
34 Op. cit., 126 f.
35 Vgl. Op. cit., 132–140.
36 Brugsch (1891), 140 f.
37 Op. cit., 141.
38 Op. cit.

Vereinfacht ausgedrückt: (1) Champollion, Lepsius und Brugsch (1822–1860); (2) Dümichen, Ebers und Eisenlohr (1860-...) und (3) Erman.

Sicher in Anlehnung an die Darstellung Brugschs, aber deutlich um eine regelrechte Periodisierung unter Berücksichtigung allgemeiner Forschungstendenzen und Schwerpunkte bemüht, ist die von H. Kees 1959 veröffentlichte *Geschichte der Ägyptologie.*[39] Darin findet auch der Begriff des „Goldenen Zeitalters“[40] erstmalig Verwendung. Am Anfang steht auch für Kees eine Phase der Wiederentdeckung, eingeleitet durch den Orientfeldzug Napoleon Bonapartes (1798)[41] und die danach mögliche Entzifferung der ägyptischen Hieroglyphenschrift mittels des Steins von Rosette (1822).[42]

> Den Endpunkt dieser Zeit bezeichnet die von Friedrich Wilhelm IV. von Preußen im Zuge der durch A. v. Humboldt in Berlin und Blumenbach in Göttingen mächtig angeregten deutschen Entdeckungsreisen 1842–45 unter Richard Lepsius (1810–1884) nach Ägypten entsandte Expedition, die [...] den Denkmälern eine geschichtliche Ordnung gab.[43]

Was folgt, wird von Kees sicher auch etwas abwertend als das „Romantische Zeitalter“ benannt (1850–1881). Dabei bietet der Begriff der Romantik eine Fülle von Deutungsmöglichkeiten:

> Sein Dach birgt Archaisches, Altertümliches, Gemütliches, Gefühlsseliges, Stimmungsvolles, Sentimentales, Schwärmerisches, Verliebtes, Verträumtes, Versponnenes, Wunderbares, Poetisches, Phantasievolles, aber auch Phantastisches, Überspanntes, Verrücktes, Irrationales, Idealistisches, Utopisches, Wirklichkeitsfernes und viel Sehnsucht. Ihm entgegen steht das Alltägliche, Vernünftige, Praktische, Sachliche, Nüchterne, aber auch Trockene, Pedantische, Philiströse, Platte, Banale und Prosaische.[44]

Zwar belegt diese Auflistung auch, dass der Begriff nicht zwingend negativ verstanden werden muss, vor dem Hintergrund einer Auseinandersetzung mit Wissenschaft und wissenschaftlichem Arbeiten wiegen die negativen Charakteristika des „Irrationalen“, „Unvernünftigen“, „Unsachlichen“ etc. allerdings besonders schwer. Die Verwendung des Begriffes ‚Romantik‘ bei Kees eröffnet aber noch

---

39 Kees (1959); seit Brugsch (1891) waren auch noch andere Darstellungen der Geschichte des Faches publiziert worden, so z. B. in Sethe (1921); Wolf (1932) & (1938) – wenngleich eher im Sine einer wissenschaftstheoretischen als denn wissenschaftsgeschichtlichen Auseinandersetzung.
40 Kees (1959), 6.
41 Zur Bedeutung der Napoleonischen Ägyptenexpedition für die Entwicklung der Ägyptologie: Hornung (2003), 198.
42 Vgl. Kees (1959), 3.
43 Op. cit., 4.
44 Schulz (2008), 7.

weitere Interpretationsmöglichkeiten im Zusammenhang mit der Geschichte der deutschen Orientalistik:

> Als Reaktion gegen den Klassizismus Winckelmannscher Prägung etablierte die Romantik den Orient als Alternative und Ergänzung zur geistesgeschichtlich dominierenden Antike der Griechen und Römer.[45]

Die Benennung eines „Romantischen Zeitalters" kann aber auch sehr viel wörtlicher verstanden werden, nämlich als ein Hinweis auf die schriftstellerische Tätigkeit des Ägyptologen G. Ebers.[46] Insgesamt muss aber der Begriff selbst als derart vielschichtig oder diffus angesehen werden, dass eine endgültige Interpretation der Kees'schen Kategorisierung nicht erfolgen kann:

> Romantik ist kein Ordnungsbegriff, mit dem sich Daten, Fakten und Personenkreise klassifizieren, sortieren und etikettieren lassen. Sie ist nicht identifizierbar mit einer ‚Schule' oder ‚Generation', und man konnte ihr nicht beitreten wie einer Partei.[47]

Man kann allenfalls noch darüber spekulieren, ob der Begriff der ‚Romantik' von Kees bewusst gewählt wurde, um so keine allzu genaue Definition geben zu müssen und vielleicht auch seine kritische Haltung zu den Vertretern dieses Zeitalters nicht zu direkt zu formulieren. Gerade in der Nomenklatur der von ihm postulierten Zeitabschnitte offenbart Kees aber seine nach wie vor, v. a. an Personen orientierte Darstellungsweise. Er bemüht sich zwar um eine Benennung dieser Abschnitte nach übergeordneten Gesichtspunkten, führt dann aber doch wieder die Leistungen und Arbeitsweisen einzelner Forscherpersönlichkeiten zum Beleg an.[48] Das „Romantische Zeitalter" wird abgelöst durch das „Goldene Zeitalter" (1882–1914),[49] mit dem sich die vorliegende Untersuchung schwerpunktmäßig auseinandersetzt. Wieder sind es zwei Forscherpersönlichkeiten, Erman und Maspero, die als prägend für diesen Zeitabschnitt angeführt werden.[50] In dieser Gegenüberstellung von ‚Antipoden' kommt dabei weniger eine gegensätzliche Schwerpunktsetzung, entweder im philologischen oder im archäologisch-kunsthistorischen Bereich zum Ausdruck als denn vielmehr ein Gegensatz

---

45 Erker-Sonnabend (1987), 209; vgl. Mangold (2004), 45; Schulz (2008), 20 f.
46 Vgl. Schulz (2008), 67–76.
47 Op. cit., 27.
48 Vgl. Kees (1959), 4 f.; vielleicht offenbart sich darin aber auch das grundsätzliche Dilemma der Wissenschaftsgeschichte einer grundsätzlich nur durch wenige Gelehrte repräsentierten „Zwergwissenschaft"; vgl. Trümpener (1981).
49 Vgl. Kees (1959), 6–13.
50 Vgl. op. cit., 6.

unterschiedlicher Wissenschaftskulturen.[51] Das „Goldene Zeitalter" kam für Kees mit dem Anfang des Ersten Weltkrieges zum Ende, woraufhin erst wieder nach Kriegsende 1919 ein neuer Zeitabschnitt der Ägyptologie begann, den Kees mit den Begriffen von „Ausweitung und Synthese"[52] benannte. Warum der Erste Weltkrieg für ihn eine solche Unterbrechung bedeutete, erklärte Kees nicht.[53] Um so mehr verwundert es, dass der Zweite Weltkrieg die Phase der „Auswertung und Synthese" in Kees' Auffassung nicht in vergleichbarem Maße beeinträchtigt hat, dauert diese doch für ihn bis 1944.[54] Die einschneidende Erfahrung des Ersten Weltkrieges wurde vielleicht nur oder in besonderem Maße von den Zeitgenossen als eine solche wahrgenommen. Darauf lässt zumindest ein Schreiben G. Steindorffs an A. Erman vom Ende des Ersten Weltkrieges schließen:[55]

> Die Zeiten der alten Regierung wa-|ren für uns[56] gewiss sehr schön und wir werden unseren | Kindeskindern davon erzählen; aber wir müssen uns | daran gewöhnen, dass sie vorüber sind und eine neue | Zeit auflebt. Wir müssen damit als einem histori-|schen Faktum rechnen; auf das Wohlgefühl des Ein-|zelnen kommt es dabei nicht an.

Inwieweit Steindorff sich mit dem von ihm unterstrichenen Personalpronomen „uns" allerdings auf die Ägyptologen eines „Goldenen Zeitalters" dieser Wissenschaft bezog oder nicht vielleicht doch nur eine bestimmte Generation Deutscher meinte, lässt sich nicht mit Sicherheit feststellen.

Auch von ausserhalb der Ägyptologie wurden Versuche unternommen, ihre Entwicklung in Zeitabschnitte einzuteilen, so von H.-J. Trümpener in seiner 1981 veröffentlicheten Diplomarbeit über *Die Existenzbedingungen einer Zwergwissenschaft*.[57] Der darin verfolgte wissenschaftssoziologische Ansatz sowie die nichtägyptologische akademische Sozialisation des Verfassers führten zu einer Fokussierung auf die Institutionengeschichte der Ägyptologie, wobei von ihm zwischen einem Prozess der „Externen"[58] und „Internen Institutionalisierung"[59] unterschieden wurde. Auch Trümpener setzte – wohl in Übernahme der im Fach vertretenen Anschauungen – die Orientexpedition Napoleons und die Entziffe-

51 Vgl. op. cit., 6f.
52 Vgl. op. cit., 13–17.
53 Op. cit., 13 erwähnt „Wandlungen der Weltlage".
54 Vgl. op. cit., 13.
55 BStUB, Steindorff-Erman, 13.09.1919.
56 Hervorhebung im Original.
57 Trümpener (1981); vgl. Baines (1990), 5, Anm. 32.
58 Trümpener (1981), 22f.
59 Op. cit., 23f.

rung der Hieroglyphen an den Anfang der Geschichte der Disziplin.[60] Bei der von ihm so benannten „Initiierung"[61] der Wissenschaft der Ägyptologie wirkten seiner Ansicht nach sowohl der „Zufall" der Entdeckung des in drei Schriften und zwei Sprachen beschrifteten Steines von Rosette als auch historisch günstige Rahmenbedingungen zusammen.[62] Deutlich erkennbar ist dabei Trümpeners Bemühen, nicht einzelne Forscherpersönlichkeiten, sondern die vorherrschenden Rahmenbedingungen in den Vordergrund seiner Betrachtungen zu rücken. Auf die Initiierung folgt mit der Einrichtung der ersten Lehrstühle für Ägyptologie in Deutschland, angefangen mit dem in Berlin (1846), die Phase der „Etablierung"[63] der Wissenschaft. Erst danach beginnt die eigentlich „Institutionalisierung",[64] wobei externe Rahmenbedingungen und Entwicklungstendenzen ihren Ausdruck in einer zunehmenden „Professionalisierung"[65] finden, die Bemühungen um eine „Interne Institutionalisierung" aber führen zu einer zunehmenden „Differenzierung"[66] und „Spezialisierung"[67]. Zusammenfassend kann man also drei Entwicklungsschritte unterscheiden: (1) Initiierung; (2) Etablierung; (3) Institutionalisierung (Differenzierung/Spezialisierung).

Einen ganz anderen Ansatz verfolgt die Untersuchung von D. M. Reid, *Whose Pharaohs?* aus dem Jahr 2002.[68] Dabei ging es Reid gar nicht in erster Linie um eine Periodisierung der Wissenschaftsgeschichte der Ägyptologie, sondern um eine ‚postkoloniale' Betrachtungsweise. Folgerichtig finden die zeitgeschichtlichen (kolonial-) politischen Entwicklungen in Ägypten ihre Entsprechung in der Einteilung der Kapitel seiner Arbeit. Obwohl also keine wissenschaftsgeschichtliche, bzw. wissenschaftsimmanente Begründung für diese Art der Einteilung vorliegt, eröffnet seine Betrachtungsweise zumindest eine weitere Perspektive für die vorliegende Untersuchung. Auch Reid beginnt mit dem von ihm so bezeichneten „Imperial and national preludes" des Napoleonfeldzuges.[69] In dieser Phase besonders hervorgehoben wird die Regierungszeit des Khediven Ismail (1850 – 1882), unter dessen Herrschaft A. Mariette den ägyptischen Antikendienst[70] und das

60 Vgl. op. cit., 26 f., der jedoch auch die ‚Vorgeschichte' der Ägyptenbegeisterung erwähnt.
61 Op. cit., 31.
62 Vgl. op. cit.
63 Vgl. op. cit., 31 – 38.
64 Vgl. Junge (1997), 310: „Mit Champollion beginnt auch die Institutionalisierung der Ägyptologie."
65 Vgl. Trümpener (1981), 48 – 58.
66 Vgl. op. cit., 81 – 86.
67 Vgl. op. cit., 86 – 93.
68 Reid (2002).
69 Vgl. op. cit., 21 – 136.
70 Vgl. op. cit., 93 – 96; 99 – 103.

Museum[71] in Kairo begründete und H. Brugsch eine Schule[72] für die Ausbildung ägyptischer Ägyptologen in Kairo schuf. Dieser Epoche folgte ein „Imperial high noon" und „nationalist dawn" (1882–1914), der mit dem Beginn des Ersten Weltkrieges sein Ende fand.[73]

Eine rezente und besonders differenzierte Periodisierung der Geschichte der Ägyptologie findet sich in einem 2006 erschienenen Artikel von W. Schenkel.[74] Darin werden viele Beobachtungen aus früheren Darstellungen zur Geschichte des Faches aufgegriffen und vertieft. Ohne die Leistungen einzelner herausragender Wissenschaftler zu marginalisieren, bemüht sich Schenkel, wohl in Abgrenzung zur Darstellungsweise von Kees, um eine objektive Benennung einzelner Zeitabschnitte und spricht von einer „Herausbildung"[75] (ab 1798), ermöglicht durch Bonaparte und geleistet durch Champollion, einer Übergangsphase „vom Sammeln zum Erschließen"[76] (ab 1860) und einer „Phase des Erschließens"[77] (ab 1880).

Stellt man die hier vorgestellten Periodisierungen einander tabellarisch gegenüber, lassen sich zumindest grundsätzliche Übereinstimmungen feststellen (Abb.1).

Allen Darstellungen gemeinsam ist der Beginn der Geschichte der Ägyptologie mit dem Orientfeldzug Napoleons bzw. der dadurch ermöglichten Entzifferung der Hieroglyphen. Während Brugsch Lepsius' Epoche machende Rolle bei der Herausbildung der Ägyptologie besonders hervorhebt, beschließt dieser für Kees die Phase der Wiederentdeckung. Trümpener misst der Person Lepsius nur mehr als erstem Lehrstuhlinhaber in Deutschland eine besondere Rolle bei der Etablierung des Faches zu. Für Reid spielt Lepsius allenfalls als Leiter der Preußischen Ägyptenexpedition und damit für das „German debut"[78] in Ägypten eine Rolle. Schenkel differenziert zwar zwischen Champollion und Lepsius,[79] rechnet letzteren aber auch zur Phase der Herausbildung. Mit Ausnahme von Trümpener wird Lepsius' Wirken also mit der ersten Phase der Entwicklung der Ägyptologie in Zusammenhang gebracht. Die „Zweite Generation", also Dümichen, Ebers und Eisenlohr (Brugsch), vertritt das „Romantische Zeitalter" (Kees), die den Übergang

71 Vgl. op. cit., 103–107.
72 Vgl. Op. cit., 116 ff.
73 Vgl. Op. cit., 139–285.
74 Schenkel (2006).
75 Op. cit., 224 f.
76 Op. cit., 225.
77 Op. cit., 228.
78 Reid (2002), 44.
79 Vgl. Schenkel (2006), 226 f., Abb. 1 & 2.

H. Brugsch (1891)	H. Kees (1959)	H.-J. Trümpener (1981)	D. M. Reid (2002)	W. Schenkel (2006)
Lettre à M. Dacier (1822) Lettre à M. le Professeur H. Rosellini (1837)	„Wiederentdeckung“ (1798–1849)	„Initiierung“: Stein von Rosette (1798) „Etablierung“: Lehrstuhl Berlin (1846)	„Imperial and national preludes“ (1798)	„Herausbildung“: Bonaparte & Champollion (1798)
„Zweite Generation“ : Dümichen, Ebers & Eisenlohr	„Romantisches Zeitalter“ (1850–1881)		„Egyptology under Ismail“ (1850–1882)	„Vom Sammeln zum Erschließen“ (ab 1860)
„jüngere Schule der Ägyptologie“: Erman	„Goldenes Zeitalter“ (1882-1914)	„Institutionalis. Differenz. Spezialis.“	„Imperial High Noon“ (1882–1914)	„Phase des Erschließens“ (1880)

Abb. 1: Tabellarische Übersicht über unterschiedliche Ansätze zur Periodisierung der Geschichte der Ägyptologie.

„Vom Sammeln zum Erschließen“ (Schenkel) zu leisten hat. Interessant ist in diesem Zusammenhang, dass in der ‚ägyptischen Perspektive‘, die von Reid eingenommen wird, A. Mariette und mit ihm H. Brugsch die Disziplin in Ägypten zu etablieren versuchen. Lepsius, der nach der preußischen Expedition wieder nach Deutschland zurückkehrt, hat daran keinen Anteil. Die „jüngere Schule der Ägyptologie“ (Brugsch) leitet das „Goldene Zeitalter“ (Kees) ein und bedeutet die Institutionalisierung der Wissenschaft der Äygptologie (Trümpener), die „Phase des Erschließens“ (Schenkel), die sich auch deckt mit dem von Reid festgestellten „Imperial high noon“. – Für die vorliegende Untersuchung vorteilhaft, weil einheitlich so aufgefasst, ist die zeitliche Anordnung der dritten Entwicklungsstufe in den letzten Jahrzehnten des 19. und den ersten Jahrzehnten des 20. Jahrhunderts und ihre enge Verknüpfung mit der Person A. Ermans[80] bzw. der von ihm begründeten Berliner Schule.[81]

80 Für Brugsch (1891), 141; Kees (1959), 6; Trümpener (1981), 86 bezeichnet Erman als „Führerpersönlichkeit“; Reid (2002), 212; Schenkel (2006), 230.
81 Vgl. Trümpener (1981), 55; 72; 90.

1.1.1 Ein alternatives Paradigma für die Betrachtung der Ägyptologie vor Erman

Es soll an dieser Stelle der Versuch unternommen werden, noch ein weiteres Paradigma – jenseits der Einteilung von Entwicklungsphasen – zur Historisierung der Ägyptologie zu entwickeln, da der oben vorgenommene Vergleich der unterschiedlichen Ansätze zur Periodisierung gezeigt hat, dass trotz weitreichender Übereinstimmungen – vornehmlich in der Einteilung der späteren Phasen – und trotz eines verstärkten Bemühens um eine entpersonalisierte Betrachtungsweise, die eher allgemeine Entwicklungen und Forschungstendenzen im Blick hat, gerade die Anfangszeit der Wissenschaft der Ägyptologie sich einer solchen Herangehensweise entzieht, da es sich bei ihr um eine „Zwergwissenschaft"[82] oder ein „Orchideenfach"[83] handelt. Die Bedeutung einzelner Forscherpersönlichkeiten ist relativ hoch, da die Gesamtzahl der Wissenschaftler eher gering ist. Das Phänomen der Ausbildung bestimmter Schultraditionen lässt sich für diese Zeit (bis etwa zur Mitte des 19. Jahrhunderts) kaum nachweisen, vielmehr handelt es sich um individuelle Lehrmeinungen.[84] Es erscheint daher legitim, für die Zeit vor Erman und der Berliner Schule ein eigenes (Entwicklungs-)Modell oder Paradigma zu entwickeln, um dieser besonderen Situation gerecht zu werden, in der die Ägyptologie sich damals befand und die mit den Worten T. Kuhns folgendermaßen beschrieben werden kann:

> As these indications hint, it is sometimes just its reception of a paradigm that transforms a group previously interested merely in the study of nature into a profession or, at least, a discipline.[85]

Die Aufnahme des für die Herausbildung der Ägyptologie wesentlichen sprachlichen Paradigmas von Champollion war jedoch nicht durch ungeteilte Zustimmung geprägt, und sowohl Champollion als auch Lepsius begründeten keine unmittelbare Schultradition. Erst Erman kann an einer Schnittstelle im Übergang von einer stark personalisierten zu einer institutionalisierten Wissenschaft als Forscherpersönlichkeit auf eine große Anzahl von Schülern und Kollegen wirken und das von ihm entwickelte sprachliche Paradigma auch monopolisieren.[86] Ein interessanter Ansatz ist von H. Grapow vorgeschlagen worden, der die Geschichte

---

82 Trümpener (1981), vgl. Baines (1990), 5, Anm. 32.
83 Vgl. Blumenthal (2008), 93; Junge (1997), 310.
84 Vgl. Grimm (2006), 72: „ad-personam-Ägyptologie".
85 Kuhn (1996), 19.
86 Vgl. Grimm (2006), 81–84: „Spätling der Aufklärung"; Schenkel (2006), 242f.

der Ägyptologie nicht als eine lineare Entwicklung, sondern als das Ergebnis mehrerer (Neu-)Gründungen ansieht:

> Die Ägyptologie ist nicht nur einmal begründet worden, sondern dreimal. Der Deutsche Carl Richard Lepsius nahm sich bald nach ihres Schöpfers [Champollions][87] frühem Tod (1832) der verwaisten und vom Dilettantismus bedrohten an, [...] und erzog sie zur Methode und zum geschichtlichen Denken und Arbeiten: Er hat die Ägyptologie zur wissenschaftlichen Hieroglyphenkunde gemacht. Und sein Nachfolger auf dem Berliner Lehrstuhl, [...] Adolf Erman, hat die Grundlagen der wissenschaftlichen Betrachtungsweise und Behandlung der Ägyptologie als Sprachforschung gelegt und hat sie zugleich als Altertumskunde begründet und ausgebaut.[88]

Die Ägyptologie hat demnach drei Begründer: J. F. Champollion, K. R. Lepsius und J. P. A. Erman. Die erste „Geburtsurkunde"[89] ist Champollions Lettre à M. Dacier (1822), die zweite demnach Lepsius Lettre à M. le Professeur H. Rosellini (1837) und wiederum ein neues Paradigma wird durch Ermans Disseration, über die „*Pluralbildung*"[90] (1878) geschaffen, in der erstmals eine Unterscheidung verschiedener Sprachstufen erfolgt. Grapow beschreibt die durch Champollion geschaffene Wissenschaft als „verwaist" und deutet damit das Fehlen einer durch diesen begründeten Tradition an. Seine Stellungnahme ist einem kurzen Aufsatz über „*Deutsche Ägyptologie*"[91] entnommen, und er selbst ist ein Vertreter der Berliner Schule. Zum Vergleich wäre daher die Darstellung H. Brugschs heranzuziehen, der zwar gleichfalls einen ‚Bruch' durch den frühen Tod Champollions erkennt,[92] aber sehr wohl auch eine Wiederaufnahme ägyptologischer Studien in Frankreich durch E. C. O. C. de Rougé[93] referiert und würdigt.[94] Grapow zufolge ist die junge Wissenschaft der Ägyptologie nach Champollions Tod jedoch nicht nur verwaist, sondern auch „vom Dilettantismus bedroht" (s. Zitat o.). Damit gemeint ist wohl u. a. das in Deutschland entwickelte konkurrierende Paradigma von G. Seyffarth,[95] welches mit M. A. Uhlemann[96] immerhin einen Schüler und Nachfolger hervorgebracht hat. Lepsius hingegen greift die Forschungen Champollions auf und

87 Eig. Anm.
88 Grapow (1940), 163 f.
89 Hornung (1996a), 9.
90 Erman (1878).
91 Grapow (1940).
92 Vgl. Brugsch (1891), 126.
93 Bierbrier (2012), 475 f.
94 Vgl. Brugsch (1891), 131; 139.
95 Knortz (1886); Ebers (1887b); Bierbrier (2012), 504 f.
96 Bierbrier (2012), 549.

verschafft ihnen nach gründlicher Prüfung die nötige Anerkennung.[97] Doch auch Lepsius vermag keinen dauerhaft prägenden Einfluss auf die Wissenschaft der Ägyptologie auszuüben bzw. – im Sinne Kuhns (s. o.) – durch die Schaffung eines Paradigmas eine Disziplin zu begründen, zum einen, weil er sich frühzeitig von weiteren Studien auf dem Gebiet der ägyptischen Sprachforschung abwandte,[98] zum anderen weil er durch die Übernahme der Leitung der Königlichen Bibliothek sich mit anderen Dingen befassen musste.[99] Darüber hinaus jedoch hat Lepsius nur wenige Ägyptologen direkt ausgebildet,[100] ja manchen sogar die Lehre verweigert.[101] Der Fall H. Brugschs ist dabei ein besonders extremes Beispiel, das sich vielleicht auch aus einer Konkurrenzsituation heraus erklären lässt.[102] Brugsch wendet sich daher notgedrungen v. a. auch der frankophonen Ägyptologie zu.[103] G. Ebers kommt bei der Ausbildung von A. Erman in gewisser Weise eine Vermittlerrolle zwischen diesem und Lepsius zu, die sich auch in der Korrespondenz der beiden widerspiegelt (vgl. 3.2.2.). In unmittelbarer Tradition von Lepsius steht wohl nur der Schweitzer H. E. Naville,[104] der sich in seinen Arbeiten, auch später noch, immer wieder auf Lepsius beruft.[105] Einen anderen Referenzrahmen für die von Naville vertretene frankophone Ägyptologie – in Opposition zur „école allemande"[106] – findet dieser v. a. in den Arbeiten des französischen Ägyptologen G. C. C. Maspero,[107] den er gleichfalls immer wieder als Autorität gegen Erman und dessen Paradigma anführt.[108]

Versucht man nun, die hier geschilderten Verhältnisse – auch und gerade der einzelnen Forscher zueinander – übersichtlich darzustellen, bietet sich das aus der Evolution vertraute ‚(Stamm-)Baum-Schema' an, was im Übrigen auch schon

---

97 Vgl. Ebers (1885b), 77–82; 94–146, bes. 122 ff.
98 Vgl. op. cit., 124; Brugsch (1891), 130 f.; Erman (1929), 113.
99 Vgl. Koch (1988), 47 ff.
100 Vgl. Ebers (1885b), v; x; Ebers (1893), 442 f.
101 Vgl. Brugsch (1894), 74; Lenz (1918), 298; Erman (1929), 113; Mehlitz (2011), 184.
102 So war Brugsch Protegé des Lepsius-Kritikers J. Passalacqua und es bestand ein Mangel an geeigneten Stellen für Ägyptologen, vgl. Brugsch (1894), 25–33, bes. 32; 203; 269; Mehlitz (2011), 183 f.; 213–217.
103 Von Napoleon III. wurde ihm sogar die frz. Staatsbürgerschaft angetragen; vgl. Brugsch (1894), 268 f.
104 Bierbrier (2012), 398 ff.; Erman (1929), 170 „Ein weiterer Bewerber um Lepsius' Nachfolge war dessen einziger Schüler, Edouard Naville in Genf."; Mehlitz (2011), 281: „sein[em] Lieblingsschüler Edouard Naville".
105 So z. B. Naville (1926), 32.
106 Op. cit., 38; vgl. Marchand (2000), 127; Schenkel (2006), 236.
107 Bierbrier (2012), 359 ff.
108 Vgl. Naville (1916), 233; Naville (1926), 56.

von Trümpener versucht worden ist.[109] Um die dabei entstandene Unübersichtlichkeit zu vermeiden und vor dem Hintergrund der Zielsetzung lediglich für die Zeit bis zur Herausbildung der Berliner Schule ein alternatives Modell oder Paradigma der Geschichte der Ägyptologie zu illustrieren, erfolgt an dieser Stelle eine Begrenzung auf die soeben erwähnten Forscherpersönlichkeiten, die zugleich noch als Vertreter der Ägyptologie des 19. Jahrhunderts gewertet werden können, da sich ja im Übergang zum 20. Jahrhundert die Methode der Periodisierung eher bewährt hat (s. o.).

Die Abbildung (Abb. 2) setzt bei der Person Champollions an, durch den keine unmittelbare französische Schultradition begründet worden ist, wenngleich alle nachfolgenden Ägyptologen auf seinem Paradigma aufbauen. Der konkurrierende Zweig des Seyffarth'schen Paradigmas kommt mit dessen Schüler Uhlemann zum Erliegen und steht hier stellvertretend für eine Reihe alternativer, sich aber nicht bewährender Entzifferungsversuche. Lepsius greift die Forschung von Champollion auf, nimmt aber seinerseits auf die weitere Entwicklung des Faches nur mittelbar Einfluss. Brugsch, der sich mit Lepsius im Konflikt befand, orientiert sich stärker als andere deutsche Ägyptologen an der französischen Ägyptologie, namentlich de Rougé. Als jüngerer Vertreter der französischen Orientalistik tritt Maspero hervor, der für den Lepsiusschüler Naville einen weiteren Bezugspunkt bildet und ihn in Opposition zu dem von Erman entwickelten Paradigma treten lässt. Ebers kommt v. a. als Vermittler zwischen Lepsius und Erman eine besondere Rolle zu.

1.1.2. Die Eigenwahrnehmung der Vertreter der Berliner Schule

Bevor im folgenden Abschnitt eine Auseinandersetzung mit der Wirkung der Berliner Schule auf die Entwicklung der Ägyptologie und damit ihrer Bedeutung für das Fach erfolgt, empfiehlt es sich, die Selbsteinschätzung ihrer Vertreter bzw. ihre eigene Positionsbestimmung innerhalb der Entwicklung der Ägyptologie zu betrachten. Dabei wird z. T. auch deutlich, wie sehr die oben besprochenen Ansätze zur Periodisierung von der jeweiligen individuellen Perspektive, aber auch von der Selbsteinschätzung der beteiligten Personen abhängen, wie ja schon im Falle Brugschs angedeutet worden ist (s. o.). Die Einteilung in bestimmte Zeitabschnitte und die Zuordnung von Kollegen in diesem Rahmen ist ein Mittel der Selbstdarstellung und dient dazu, sich von bestimmten Tendenzen der Forschung abzugrenzen bzw. sich mit einer bestimmten Schultradition zu identifizieren,

109 Vgl. Trümpener (1981), 118a.

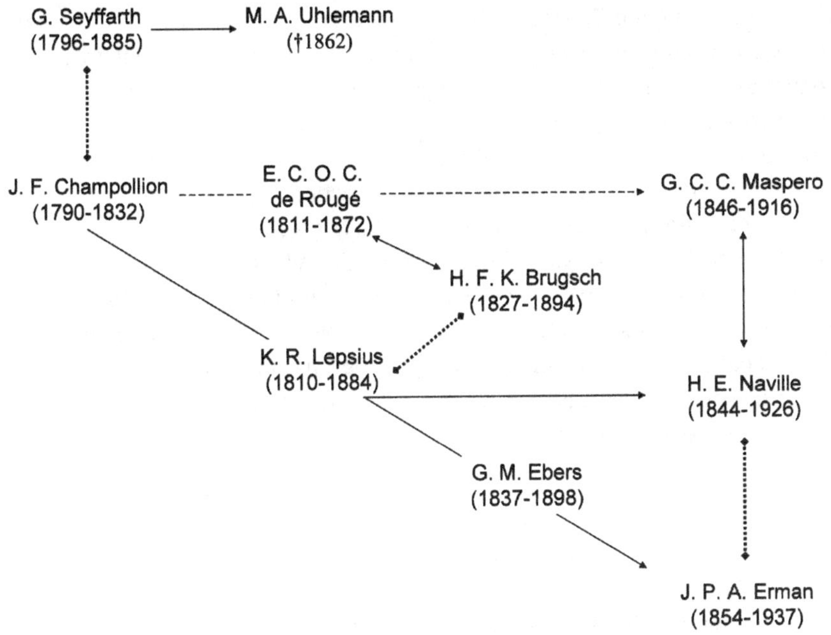

Abb. 2: Stammbaumschema zur Geschichte der Ägyptologie vor Erman; die eher lose frz. Orientalistik-Tradition gekennzeichnet durch gestrichelte Linien; Andeutung der Konflikt- und Konkurrenzverhältnisse zwischen Champollion & Seyffarth, Lepsius & Brugsch, sowie Erman & Naville.

wobei zumindest im Falle Ermans tatsächlich eine beinahe Identität mit den von ihm hervorgebrachten Innovationen im Fach vorzuliegen scheint. Im Sinne einer Abgrenzung gegenüber der älteren Ägyptologie ist eine Äußerung K. Sethes zu verstehen:

> Wie in einem Parallelogramm der Kräfte hat sich durch das Nebeneinanderwirken dieser beiden so diametral entgegengesetzten Männer [Lepsius & Brugsch][110] die Entwicklung der Ägyptologie in der Periode, die man ihre heroische oder romantische nennen kann, vollzogen.[111]

Die Gleichstellung oder doch zumindest gemeinsame Nennung von Lepsius und Brugsch als Vertreter einer der Berliner Schule vorausgehenden Ägyptologenge-

110 Eig. Anm.
111 Sethe (1921), 40.

neration ist zunächst wenig überraschend. Brugsch hat Lepsius auch als Begründer einer „neuen Epoche“[112] bezeichnet und sich selbst dieser ersten Ägyptologengeneration als zugehörig empfunden.[113] Kees hingegen hat in Lepsius Ägyptenexpedition eher einen Schlusspunkt für die von ihm so benannte Phase der „Wiederentdeckung“[114] erkannt. Sethe charakterisiert die beiden Forscher zwar als einander „entgegengesetzt“, ordnet sie aber derselben „Periode“ der Ägyptologie zu. Interessant dabei ist die Verwendung der Begriffe eines „romantischen“ oder „heroischen“ Zeitalters, die die Nomenklatur – nicht aber die zeitliche Einteilung und v.a. die Zuordnung der Wissenschaftler – des Sethe-Nachfolgers in Göttingen[115], Kees, vorwegnimmt, und beide Gelehrte mit diesen Begriffen belegt. Tatsächlich scheinen die Vertreter der Berliner Schule sich der wissenschaftsgeschichtlichen Auffassung Brugschs angeschlossen und in ihm und in Lepsius die Begründer ihrer Wissenschaft gesehen zu haben. So äußerte Erman in seiner Autobiografie:

> Als er [Brugsch][116] 1867 und in den folgenden Jahren sein Wörterbuch veröffentlichte, bedeutete das wirklich einen Abschluß aller bisherigen Arbeit; es war aber auch zugleich das Zeichen, daß eine neue Periode der Wissenschaft begann.[117]

Der Übergang von dieser Anfangsphase zur Berliner Schule erfolgt jedoch nicht direkt. Nachdem die Grundlagen der neuen Wissenschaft gelegt sind, gilt es diese auszugestalten:

> Diese neue Periode, die Zeit der ersten siebziger Jahre, erscheint uns freilich nicht als eine solche des Fortschrittes. [...] Es ist das dieselbe Zeit, an die ich selbst noch zurückdenken kann; freilich sehe ich sie dabei nicht im rosigen Licht.[118]

An dieser Stelle erfolgt eine Modulation in der Ausdrucksweise Ermans: Nachdem er sich selbst zunächst recht selbstbewusst zum Sprachrohr der zeitgenössischen Ägyptologie gemacht und in der ersten Person Plural von „uns“ gesprochen hat, wechselt er über in die erste Person Singular und spricht von seinen eigenen Erinnerungen. Dass hierbei nicht nur eine an sich nachvollziehbare Trennung zwischen der vermeintlichen allgemeinen Anschauung zu den persönlichen Er-

---

112 Brugsch (1891), 126.
113 Op. cit., 140, spricht danach von einer „zweiten Generation“.
114 Kees (1959), 4.
115 Vgl. Horn (1978), 15.
116 Eig. Anm.
117 Erman (1929), 254; vgl. Satzinger (2006), 142–145.
118 Erman (1929), 255; vgl. Satzinger (2006), 141 f.

innerungen vorliegt und der Fokus eben nicht nur durch die persönliche Perspektive gekennzeichnet, sondern auf das persönliche Verdienst gerichtet ist, wird in den folgenden Äußerungen Ermans deutlich, wenn er von seiner Dissertation über die Pluralbildung des Ägyptischen[119] spricht:

> Die Forschung, die ich so eröffnet hatte, habe ich dann weiter verfolgt [...].[120]

Bei der Benennung seiner Mitstreiter drückt sich Erman dann sehr deutlich aus, indem er außer sich selbst nur zwei seiner Kollegen und Schüler anführt.

> Des weiteren traten dann noch zwei meiner Schüler mir bei der Erforschung der ägyptischen Sprache zur Seite; Steindorff legte ihre lautlichen Verhältnisse klar und Sethe ging an die Bearbeitung des Verbums, mit der er diese Untersuchung 1899 zu einem vorläufigen Abschluß brachte.[121]

Steindorff und Sethe werden aber durch die Einleitung mit „Des weiteren" und „noch" sowie die ausdrückliche Bezeichnung als „zwei meiner Schüler" einigermaßen deutlich als nachrangig dargestellt. Wollte man die Periodisierung der Ägyptologie durch Erman und Sethe verkürzt darstellen, ergäbe sich die Reihenfolge: (1) Lepsius und Brugsch (1837–1867); (2) Die „ersten siebziger Jahre" (bis 1887) und (3) Berliner Schule. Diese Einteilung ist einerseits durch die Notwendigkeit zur Legitimation der eigenen Wissenschaft[122] als ernstzunehmende Disziplin mit entsprechend gesicherten Grundlagen und einer aufbaufähigen Tradition, andererseits durch das auffällige Bedürfnis zu erklären, sich gegenüber den Vorgängern positiv abzuheben, um die eigene Bedeutung an der Entwicklung des Faches gebührend zu würdigen und die tatsächliche oder zumindest behauptete Dominanz der eigenen Methoden zu rechtfertigen.[123] Sethe hat dies wie folgt zu Ausdruck gebracht:

> Erman hat Schule gemacht; nicht nur in Deutschland haben fast alle lebenden Ägyptologen zu seinen Füßen oder zu den Füßen seiner Schüler gesessen und folgen den von ihm gewiesenen Wegen [...]. Die Lehren der école de Berlin haben sich jetzt überall, zuletzt auch in dem Lande Champollions selbst, wenigstens in den besseren Köpfen, durchgesetzt. Nach Ermans Methode arbeitet heute mit Ausnahme einiger weniger älterer Gelehrter alles, was die ägyptischen Dinge philologisch zu bearbeiten hat, in der Neuen Welt wie in der Alten.[124]

119 Erman (1878).
120 Erman (1929), 259.
121 Erman (1929), 263.
122 Vgl. op. cit., 255.
123 Vgl. Schenkel (2006), 236–238.
124 Sethe (1921), 40.

Drei Dinge sind hervorzuheben: Erstens ist dies die auch hier zum Ausdruck kommende Identifikation oder sogar Identität der Berliner Schule mit der Person A. Ermans,[125] zweitens die breite, auch internationale Wirkung der entwickelten Methodik und drittens die Beschränkung auf den Bereich der Philologie. Die Archäologie in Ägypten wird sogleich anderen, namentlich den britischen Kollegen, zugewiesen:

> Was Erman für die ägyptische Philologie geleistet hat, hat in gewissem Sinne entsprechend für die ägyptische Archäologie Flinders Petrie geleistet, der gleichfalls die zeitliche Entwicklung in den Vordergrund rückte und, wie gesagt, gewissermaßen überhaupt erst der Begründer der neueren Archäologie in unserer Wissenschaft geworden ist.[126]

Diese ‚Aufgabenteilung' ist auch von dem hier mit Erman auf eine Stufe gestellten Petrie so gesehen worden, denn in seiner Eröffnungsvorlesung am University College London schilderte er die Lage der zeitgenössischen Ägyptologie wie folgt:

> Applying these wide views of our present case, we may say that the study of the religion and law of Egypt is particularly the taste of the French, the language has its greatest exponents in Germany. For ourselves – the only classical work of England is that of Wilkinson,[127] on the artistic and material civilisation. To this side we may then well devote our attention, without rejecting any other part to which discoveries my draw us.[128]

Welche Auswirkungen diese Auffassungen über die Rolle der Berliner Schule für die Wissenschaft der Ägyptologie gehabt hat, soll nun im folgenden Abschnitt untersucht werden.

1.2 Die Bedeutung der Berliner Schule

Dass durch die Berliner Schule die deutsche Orientalistik auf dem Gebiet der Ägyptologie weltweit führend wurde, war zunächst nicht absehbar gewesen. Im Gegenteil beschreibt W. Helck in seiner Darstellung der Geschichte der Ägyptologie[129] eher ungünstige Rahmenbedingungen für das Entstehen eines deutschen Zweiges dieses Faches. Durch Winckelmann mehr an den Kulturen des klassischen

---

125 Vgl. Schenkel (2006), 242.
126 Sethe (1921), 41.
127 Wilkinson (1837).
128 Petrie, 14.01.1893, zitiert nach Janssen (1992), 100.
129 Helck (1969).

Altertums orientiert,[130] zeigte man sich in Deutschland gegenüber hieroglyphischen Studien zunächst distanziert:

> Diese ablehnende Haltung gegenüber der ägyptischen Kultur scheint gerade in Deutschland sehr weit verbreitet und gewichtig gewesen zu sein.[131]

Zu einer ähnlichen Feststellung gelangt auch S. Marchand in ihrer Untersuchung über das *„end of Egyptomania“:*[132]

> Modern Germans have never been particularly Egyptophile, and contributed little to the archetypical genre for ‚Orientals‘, [...][133]

Zwar gab es bereits während der ersten Hälfte des 19. Jahrhunderts deutsche wissenschaftliche Unternehmungen bzw. deutsche Ägyptenreisende, doch wurden von ihnen die Hinterlassenschaften der pharaonischen Kultur weitgehend ignoriert:

> Dieses Fehlen des Interesses für Ägypten zeigt sich auch in der Liste der Deutschen, die etwa in den Jahren 1800 – 1840 Ägypten besucht haben. Sie sind in der Hauptsache an geographischen, ethnologischen oder naturkundlichen Fragen interessiert gewesen, [...][134]

Gerade in dieser Zeit jedoch begannen andere europäische Nationen – allen voran Frankreich und Großbritannien –, sich um die Verbringung antiker Monumente aus Ägypten in ihre Museen zu engagieren, darüber aber zunächst noch die wissenschaftliche Verarbeitung dieses Materials hintan zu stellen:

> But I think it is also true that the major steps in Oriental scholarship were first taken in either Britain and France, than elaborated upon by the Germans.[135]

Aufgrund des Desinteresses der Deutschen und der sich daraus ergebenden Zurückhaltung bei der Beschaffung von Antiken nimmt E. W. Said die deutsche Orientalistik, im Rahmen seiner Untersuchung *Orientalism*[136] ausdrücklich vom Vorwurf aus, eine von imperialistischen Interessen geleitete Wissenschaft gewe-

130 Vgl. Op. cit., 4.
131 Helck (1969), 5.
132 Marchand (2000)
133 Op. cit., 125.
134 Helck (1969), 5.
135 Said (1979), 17 f.
136 Said (1979).

sen zu sein.[137] Es gilt dabei zu betonen, dass während des 19. Jahrhunderts Franzosen und Briten einen leichteren Zugriff auf die Denkmäler Ägyptens hatten als die Deutschen und das scheinbare deutsche Desinteresse eher den Umständen als denn einer tatsächlichen Abneigung gegenüber dem Gegenstand der orientalischen Studien geschuldet war. Jedenfalls war das Bemühen der deutschen Orientalistik frühzeitig auf eine sachliche – weil auch i.d.R. räumlich bedingte – Distanziertheit in der Auseinandersetzung gerichtet:

> Moreover, the German Orient was almost exclusively a scholarly, or at least a classical, Orient: [...] but it was never actual.[138]

Inwieweit diese Distanziertheit, ob nun bewusst eingenommen oder den weltpolitischen Verhältnissen geschuldet, die Qualität deutscher Orientalistik befördert hat oder sich doch eher nachteilig auswirkte, mag dahingestellt bleiben. Im Falle der Beschäftigung mit dem Alten Ägypten[139] – trat zu Anfang der 40er Jahre des 19. Jahrhunderts eine entscheidende Wende ein:

> Es dürfte Alexander von Humboldts Verdienst gewesen sein, daß er die bisherige abwehrende Haltung überwand und die Berliner Akademie der Wissenschaften wie den König Friedrich Wilhelm von Preußen davon überzeugte, daß auch die deutsche Wissenschaft sich an der Neuentdeckung des ägyptischen Altertums mitbeteiligen müßte.[140]

Diese Überzeugungsarbeit für die ägyptologischen Studien fällt in einen Zeitraum, in der die deutsche Orientalistik, trotz der oben geschilderten schlechteren Ausgangsbedingungen, bereits einen Kompetenzvorsprung vor den Kollegen anderer Forschernationen erworben hat. So kommentiert Said weiter:

> I particularly regret not taking more account of the great scientific prestige that accrued to German scholarship by the middle of the nineteenth century.[141]

und weiter:

> Elliot was not wrong in implying that by about 1830 [...] German scholarship had fully attained its European pre-eminence.[142]

---

137 Vgl. Op. cit., 1: „less so the Germans".
138 Op. cit., 19.
139 Zur Geschichte der dt. Orientalistik allgemein s. Mangold (2004).
140 Helck (1969), 6.
141 Said (1979), 18.
142 Op. cit., 19.

Die deutsche Wissenschaft auf dem Gebiet orientalischer Studien glich aber nicht nur die ‚Wettbewerbsnachteile' gegenüber den Wissenschaftlern aus Frankreich und Großbritannien aus, sie verlieh der wissenschaftlichen Auseinandersetzung mit dem Alten Ägypten auch eine neue Qualität:

> It was the emergence of modern German philological historicism that finally put paid to the mystical speculations that had given Egypt its special status.[143]

Die philologisch-historische Methode bedeutete einen Bruch mit der bisher im Bereich der Orientalistik geübten Praxis.[144] Orientiert am Vorbild der klassischen Philologie und unter Federführung von H. L. Fleischer,[145] trat der Prozess der „Philologisierung"[146] der orientalischen Studien in Deutschland in Gang. Hinzu kam auf dem Gebiet der Ägyptologie der nur eingeschränkte Zugang zu den materiellen Hinterlassenschaften der Kultur des Alten Ägypten, der eine solche Ausrichtung der jungen Wissenschaft der Ägyptologie noch zusätzlich beförderte. Darüber hinaus bedeutete die Schaffung einer ägyptischen Philologie, als Alleinstellungsmerkmal gegenüber bereits etablierten Disziplinen, erst die Möglichkeit zur Herausbildung einer eigenständigen wissenschaftlichen Disziplin. Erst die philologische Kompetenz zur Übersetzung und Interpretation hieroglyphischer Texte unterschied und unterscheidet den Ägyptologen von den Vertretern benachbarter Fächer, sie legitimierte die Deutungshoheit der Ägyptologen über die Äußerungen ägyptischer Kultur durch methodische bzw. sprachwissenschaftliche Kompetenz:[147]

> Grammatik und Sprachbeherrschung erfüllen hier stellvertretend die Funktion von Wissenschaftstheorie und haben somit ein Monopol auf die Kontrolle innerhalb der ‚scientific community'.[148]

Auf dem Gebiet wissenschaftlicher Methodik versuchten deutsche Ägyptologen, die „Kontrolle" über ihr Fach zu gewinnen. Im Sinne von Saids Imperialismuskritik am Verhalten der Franzosen und Briten könnte man sogar die Behauptung

143 Marchand (2000), 125.
144 Vgl. Mangold (2004), 78; 82–85.
145 Vgl. auch op. cit., 79–82.
146 Op. cit., 78.
147 Vgl. Bowman (2002), 212: „The development of Egyptology was perhaps assisted in its exclusivity by the fact that the language when deciphered was widely (though not acurately) believed to have very few ethymological links to other known languages of the region."; s.a. op. cit., Anm. 67.
148 Trümpener (1981), 101.

aufstellen, dass so die faktische Einflusslosigkeit der Deutschen in Ägypten aufgehoben werden sollte. Interessant für eine solche Interpretation dieses Vorganges sind die Mitteilungen Ermans nach Ende des Ersten Weltkrieges gegenüber dem damaligen Kultusminister:

> Schon 1916 ergab sich aus einer gelegent-|lichen Meldung der Times, daß ein uns nahestehender englischer Ge-|lehrter die Verpflichtung habe, ein aegyptisches Woerterbuch und | eine aegyptische Grammatik auszuarbeiten, da es sich gezieme, daß | das nunmehr englische Eigentum Aegypten von der deutschen Wissen-|schaft unabhängig gemacht werde.[149]

An dieser Stelle ist deutlich darauf hinzuweisen, dass sowohl Ermans Ausführungen wie auch der von ihm kolportierte Zeitungsinhalt unter dem Eindruck des Ersten Weltkrieges entstanden sind. Daher ist dieses Zitat als ein außergewöhnlicher Ausdruck der Auffassung von Wissenschaft als Mittel zur Kontrolle bzw. Machtausübung zu werten. Gleiches gilt für die hierin zum Ausdruck gebrachte Eigen- und Fremdwahrnehmung der Sonderstellung der deutschen Ägyptologie. Wissenschaft und Deutungshoheit bedeutete also auch einen Versuch der Aneignung[150] des Forschungsgegenstandes. Zusätzlich an Bedeutung gewinnt dieser Aspekt, da das Bemühen der deutschen Ägyptologie um eine systematische Erfassung von Texten altägyptischer Kultur nicht nur zusammenfällt mit dem nun auch verstärkten Bemühen um ihre materiellen Hinterlassenschaften,[151] sondern von D. M. Reid auch in einer Phase des „Imperial high noon" (s. o.) zeitlich verortet wird. Seine dabei geäußerte Einschätzung...

> From the perspective of this study, Erman was largely offstage in Berlin,[152]

muss im Sinne von Saids Orientalismuskritik[153] womöglich modifiziert werden, in der Hinsicht nämlich, dass die deutsche Ägyptologie versuchte, eingebettet in die Tradition der deutschen Orientalistik, auf wissenschaftlichem Gebiet Ausgleich zu schaffen für einen Mangel an Einfluss in der Region selbst. Damit wäre die deutsche Ägyptologie jedoch den Orientwissenschaften Großbritanniens und Frankreichs nähergerückt:

---

149 SMB-ZA, NL Bode 1678, Erman, A., 01.03.1918.
150 Vgl. Junge (1997), 309 f.
151 Beginn des Wörterbuchunternehmens 1897; Wissenschaftlicher Attaché am dt. Generalkonsulat in Kairo 1899; vgl. Grunert-Reineke (1992), 9; Kehrer (2007), 4.
152 Reid (2002), 173.
153 Wobei deren Defizite m. E. offen zu Tage liegen; vgl. Kerr (1980); Erker-Sonnabend (1987), 17–21; Fahndrich (1988); Loimeier (2001).

> Yet what German Orientalism had in common with Anglo-French and later American Orientalism was a kind of intellectual authority over the Orient within Western Culture.[154]

Diese Auffassung wird, wenn auch nur unter Vorbehalten und zurückhaltend, auch innerhalb der Ägyptologie so diskutiert. So äußert sich J. Baines über den Forschungsansatz früher Ägyptologen:

> These positions involve a tacit assumption that Egyptian ‚system', if it existed, would be like Western ‚system'.[155]

und in direkter Bezugnahme auf Said:

> There is something of the Orientalism attacked by Edward Said in these approaches, whose premises tend to reinforce the investigator's cultural position.[156]

Bereits die preußische Ägyptenexpedition unter R. Lepsius (1842–1846)[157] hatte sich um eine regelrechte ‚Aneignung' Ägyptens und ägyptischen Kulturgutes bemüht und war bei der Veröffentlichung ihrer Ergebnisse gleichsam in einen Wettstreit mit Frankreich und Großbritannien eingetreten:

> Als Lepsius 1846 von seiner Reise zurückgekehrt war, ging er an die Veröffentlichung ihrer gewaltigen Ausbeute. [...] die damalige Zeit [...] verlangte ein monumentales Werk, das auch in seinem Äußeren [...] ‚königlich' sein sollte. So entstand dieses Riesenwerk, dessen zwölf Tafelbände aus schwerstem Papier im denkbar größten Format eigentlich nur mit Lebensgefahr zu handhaben sind; ein französischer Ägyptologe sagte, seine Benutzung setzte die Beihilfe eines preußischen Grenadiers voraus.[158]

Die „Beihilfe eines preußischen Grenadiers" wäre wohl auch damals zu bekommen gewesen, denn die noch junge Disziplin genoss auch weiterhin das Wohlwollen des preußischen Staates.[159] Die von einem französischen Kollegen kolportierte Äußerung deutet aber auch hin auf eine Gleichsetzung des Staates und seiner Repräsentanten mit der Wissenschaft der Ägyptologie:

---

154 Said (1979), 19.
155 Baines (1990), 2.
156 Op. cit.
157 Vgl. Wildung (2002); Specht (2006); zum allgemeinen (wissenschafts-)geschichtlichen Kontext: Hafemann (2010).
158 Erman (1929), 199; der brit. Ägyptologe W. M. F. Petrie sah sich zur Handhabung der Bände zur Konstruktion einer speziellen Apparatur veranlasst; vgl. Janssen (1994).
159 Vgl. Holtz (2010).

> Wenn auch Lepsius kein Preuße war [...], so arbeitete er nun in Berlin in einer wissenschaftlichen Umwelt, die von bestimmten Vorstellungen geprägt war. Diese wiederum waren nicht ohne das besondere Wesen des damaligen Preußen zu verstehen, wobei die Abkehr vom gefühlsmäßigen Engagement und die Betonung des nüchternen Betrachtens des Objekts Hauptcharakteristikum einer wissenschaftlichen Welt wurde.[160]

Wenn auch nicht preußischer Herkunft hat Lepsius' Wirken dennoch zum Postulat einer „Deutschen Schule"[161] in der Ägyptologie geführt, die gewissermaßen die Herausbildung der Berliner Schule vorweggenommen hat:

> Lepsius devoted his scholarly efforts to specialized topics in philology. He was instrumental in institutionalizing an austere, analytical method of Egyptological research; this ‚German school' advocated careful, historical classification of observations, in contrast to the ‚French school', whose members prided themselves on their aesthetic sensitivity and holistic comprehension.[162]

‚Deutsche' oder ‚Preußische Tugenden' erschienen deckungsgleich mit den neuen Idealvorstellungen über eine moderne Wissenschaft. Der vermeintliche ‚nationale' Charakter wurde gleichgesetzt mit dem anzustrebenden Habitus eines deutschen Philologen:

> Die Philologie ging den Orientalisten geradezu in Fleisch und Blut über. So verwundert es auch nicht, daß die Attribute, die zur Beschreibung der philologischen Arbeitsweise dienten – ‚gediegen', ‚gewissenhaft', ‚solide', ‚gründlich', ‚genau', ‚penibel' – zugleich zur Charakterisierung der Forscherpersönlichkeit verwendet wurden.[163]

Obwohl Lepsius die kritisch-philologische Methode auf dem Gebiet der Ägyptologie etablierte und damit die von Champollion erschlossenen Grundlagen dieser Wissenschaft ausbaute, kam der Prozess der „Philologisierung" der Ägyptologie in Deutschland erst durch die Berliner Schule richtig in Gang bzw. fand weitere Verbreitung, diese Entwicklung...

> [...] steht im Zeichen einer philologischen und historiographischen Disziplinierung unverkennbar preußischer Observanz, die unter dem Namen ‚Berliner Schule' bekannt wurde und das Zentrum des Faches eindeutig nach Deutschland verschob. Die Ägyptologie ist durch diese Entwicklung auf weite Strecken zu einer deutschen Wissenschaft geworden.[164]

160 Helck (1969), 6f.
161 Marchand (2000), 127.
162 Op. cit.
163 Vgl. Mangold (2004), 90; mit weiteren Attributen.
164 Assmann (1990), 336.

Träger und eigentlicher Initiator dieses Prozesses wurde (der Preuße) A. Erman,[165] der sich selbst in der Tradition von Lepsius sah und sich und seine Arbeitsweise durch Berufung auf diesen zu legitimieren suchte, so z. B. in seiner Antrittsrede in der Berliner Akademie der Wissenschaften:

> [...] wenn mir das Alte Ägypten nie in rosiger Verklärung erschienen ist, so habe ich das von Richard Lepsius gelernt, der auch jenes alte Volk immer mit ruhiger Objektivität beurteilt hat.[166]

Trotz diesem eindeutigen Bekenntnis Ermans zur durch Lepsius begründeten fachlichen Tradition urteilt Schenkel:

> Für uns Heutige beginnt die ägyptologische Philologie mit Erman. Wir alle stehen in der Tradition und in der Schuld der ‚Berliner Schule'.[167]

Worin aber bestand das besondere Verdienst Ermans? Wodurch unterschied sich die von ihm begründete Berliner Schule von der Ägyptologie vor ihm? W. Helck fasste dieses Verdienst mit folgenden Worten zusammen:

> Adolf Erman [...], ein Schüler von Ebers, war der erste, der an die systematische Durcharbeitung des bisher angesammelten Materials ging. Dabei wandte er sich einmal dem bisher noch ziemlich vernachlässigten Gebiet der Sprache zu: Er war es, der [...] das in Paragraphen faßte und aussprach, was die großen Ägyptologen vor ihm, etwa Gaston Maspero (1846–1916) in Frankreich, in ihrer Genialität intuitiv erfaßt hatten. Jetzt aber wurde das lehr- und lernbar: Man fand Gesetze, nach denen man einen Satz grammatisch erklären und übersetzen konnte; man entdeckte die enge Verbindung der ägyptischen mit der Grammatik der semitischen Sprachen. Anstelle der bisher herrschenden Intuition trat Genauigkeit. Es entzündete sich hieran die erste große wissenschaftliche Auseinandersetzung, die nicht frei von außerwissenschaftlichen Emotionen war. Schon die Prägung des Begriffs der ‚École de Berlin' zeigt an, daß man in dieser Ordnung eine Reglementierung empfand, wie man sie für das damalige Preußen als typisch ansah.[168]

Das erste hier benannte wichtige Charakteristikum der Arbeitsweise Ermans ist die „systematische" Herangehensweise, die Ihren Ausdruck v. a. in dem ägyptischen Wörterbuchvorhaben gefunden hat und in Zusammenhang mit dem von Schenkel verwandten Oberbegriff der „Erschließung"[169] zu bringen ist. Erst nachdem die vorangegangenen Ägyptologen die sprachlichen Grundlagen des Ägyptischen

165 Vgl. Auffarth (2006), 403–405.
166 Ermans Antrittsrede an der Akademie, 1895, zitiert nach Loprieno (2006), 156.
167 Schenkel (2006), 242.
168 Helck (1969), 9.
169 Vgl. Schenkel (2006), 228; 231–234.

erarbeitet und auch schon erste Dokumentationen von in Ägypten gefundenem Material geliefert hatten, konnte nun eine Auswertung dieses Stoffes erfolgen. Erman wirkt als ‚Nomothet', der die ägyptische Grammatik auf Gesetzmäßigkeiten hin untersucht, diese herausarbeitet und ausformuliert. Dadurch wird das Textverständnis zumindest in einem größeren Maße objektiv überprüf- oder „lehr- und lernbar" (s. Zitat o.) gemacht. Die systematische Erfassung von Grammatik und Wortschatz ermöglicht auch den Vergleich mit anderen Sprachen und die Verortung des Ägyptischen innerhalb bereits bekannter Sprachfamilien, i.e. der semitischen. Diese Reglementierung wurde von den Zeitgenossen im Sinne der weiter oben gemachten Ausführungen aber auch als ein Versuch empfunden, durch die Implementierung eines neuen Paradigmas Deutungshoheit[170] über die Wissenschaft der Ägyptologie auszuüben, und blieb daher nicht unbestritten:

> Trotz mancher Widerstände gegen die ‚methode sémitisante' der Berliner Schule [...] setzte sich die Methode Ermans [...] international durch.[171]

Grundsätzlich wurde die universelle Anwendbarkeit der philologischen Methode bestritten, die ja ursprünglich für die Sprachen des klassischen Altertums, also Griechisch und Latein, entwickelt worden war. Unter den Gegnern der Methodik der neuen Berliner Schule taten sich v.a. der auch von Helck (s. Zitat) erwähnte französische Ägyptologe, G. C. C. Maspero (1846–1816) und, auf ihn gestützt, der schweizer H. E. Naville (1844–1926) hervor. Dieser zitierte 1916 in seinem Nachruf auf den französichen Kollegen dessen Artikel *Introduction à l'étude de la phonétique égyptienne* als ein „farewell to Egyptological science":[172]

> Je n'ai pas l'ambition de composer ici une véritable Grammaire Egyptienne, car j'estime que nous n'en savons pas encore assez pour y réussir: (...), nous avons eu la chance de trouver table rase en matière de langue au commencement de notre science, et nous avons abordé le déchiffrement sans encombrement de théories préconçues ou de paradigmes préétablis;[173]

Für Maspero bedeutete das Vorgehen der Berliner Schule, ‚das Pferd von hinten aufzuzäumen', also vorgefasste Vorstellungen über die funktionalen Zusammenhänge von Sprachen auf einen Gegenstand anzuwenden, wobei die Anwendbarkeit dieser Gesetzmäßigkeiten nicht gesichert erschien. Charakteristisch für die „wissenschaftliche Auseinandersetzung", „nicht frei von Emotionen" (vgl. Zitat

---

170 Ein Fallbeispiel in: Gertzen (2009a).
171 Kees (1959), 11.
172 Naville (1916), 233.
173 Maspero, zitiert nach Naville (1916), 233.

Helck) ist eine Anekdote, die H. Grapow über Maspero kolportiert hat.[174] Auf Anfrage K. Sethes, sollte dieser anhand seiner Aufzeichnungen von Pyramidentexten[175] überprüfen, ob an einer bestimmten Stelle nicht eine Endung “.*t*„ geschrieben sei. Die Aufzeichnungen gaben eine solche nicht wieder, und Maspero soll diesen Umstand einem Kollegen gegenüber mit den Worten kommentiert haben:

> Wissen Sie, warum das *t* fehlt? Mon cher, deshalb, weil der alte Ägypter la grammaire de Monsieur Erman noch nicht kannte.[176]

Mit einiger Genugtuung ergänzt Grapow noch, dass sich später die Korrektheit von Sethes Annahme bestätigt und sich das „.*t*“ tatsächlich im Text befunden hat.[177] Erman hat Masperos Arbeitsweise in einer für ihn, aber auch für den oben behandelten Prozess der Philologisierung „preußischer Observanz“ typischen Weise zu beschreiben versucht und dabei nicht nur einen Gegensatz zwischen französischer und deutscher Wissenschaftskultur postuliert, sondern vor allem auch seinem Kollegen die Legitimation durch die französische Orientalistiktradition abgesprochen:

> Und so trieb er nun Ägyptisch und trieb es mit Eifer und Geschick; freilich trieb er es nicht so, wie ein ernster deutscher Gelehrter es betrieben haben würde, und auch nicht so, wie es die alten großen Orientalisten Frankreichs, ein Sacy[178] oder ein Quatremère[179], betrieben hätten.[180]

Maspero folgend, äußerte sich jedoch auch E. Naville dahingehend, dass die philologische Methode der Berliner Schule auf die Sprache der Alten Ägypter nicht anwendbar sei:

> Wir täten Unrecht, sagte er [Naville][181], wenn wir die Grammatik des Ägyptischen genauer kennen wollten, denn da suchten wir nach Dingen, die es nie gegeben habe. Denn das

174 Grapow (1973), 12.
175 Vgl. Altenmüller (1984).
176 Maspero, zitiert nach op. cit.; vgl. Wilson (1964), 107.
177 Vgl. Grapow (1973), 12.
178 Zur Bedeutung von S. de Sacy auch für die deutsche Orientalistik vgl. Mangold (2004), 38–42; 64–71; 91–100; bes. 95.
179 E. M. Quatremère (1782–1857).
180 Erman (1929), 258.
181 Eig. Anm.

Ägyptische gehöre zu den ältesten Sprachen der Welt und in die glückliche Urzeit der Menschheit, wo die Sprache noch ohne festen Gebrauch ausgekommen sei.[182]

In dieser Betrachtungsweise der ägyptischen Sprache, als einer „glücklichen Urzeit" zugehörig, die sich den Gesetzmäßigkeiten einer modernen Grammatik entzog, lag jedoch wenig Potential zu weiterem wissenschaftlichen Fortschritt, ja sogar eine Gefahr für die dauerhafte Etablierung und den institutionellen Bestand der Ägyptologie als ernstzunehmende Wissenschaft:[183]

> [...] denn manche Ägyptologen hatten in ihrem Eifer in der Tat wild gearbeitet, und bei ihren ‚wörtlichen' Übersetzungen mußte jedem Philologen ein Grauen ankommen. Sie waren etwa so beschaffen, als wenn man das ‚arma virumque cano Troiae qui primus ab oris' so übersetzte: ‚Waffe, Mann auch, singen, Troja, welcher, erster, von, Strand', und die einzelnen Worte wurden dann nach Bedürfnis zusammengefügt; um die Formen der Worte oder gar um die Syntax machte man sich wenig Sorgen.[184]

Versucht man die Entwicklung der Ägyptologie als Wissenschaft und die Bedeutung der Berliner Schule in diesem Prozess mit den Konzepten von T. Kuhn zu fassen, kommt man zu dem Schluss, dass die Ägyptologie sich gegen Ende der 80er Jahre des 19. Jahrhunderts „on the route to normal science"[185] befand. Die Ägyptologie vor Erman kann m. E. recht gut mit der Beschreibung Kuhns wiedergegeben werden:

> In the absence of a paradigm or some candidate for paradigm, all of the facts that could possibly pertain to the development of a given science are likely to seem equally relevant. As a result, early fact-gathering is a far more nearly random activity than the one that subsequent scientific development makes familiar.[186]

„Zufall" könnte hier auch mit Begriffen wie ‚Intuition', oder ‚Genie' in Zusammenhang gebracht werden, wie Helck dies getan hat (vgl. Zitat oben). Ermans Rolle wird wiederum gut durch folgende Aussage Kuhns wiedergegeben:

> When, in the development of a natural science, an individual or group first produces a synthesis able to attract most of the next generation's practitioners, the older school gradually disappears.[187]

182 Erman (1929), 171.
183 Vgl., op. cit., 255.
184 Op. cit.
185 Vgl. Kuhn (1996), 10.
186 Op. cit., 15.
187 Op. cit., 18.

Auch wenn an dieser Stelle die „Naturwissenschaft“ durch Geisteswissenschaft ersetzt werden muss,[188] behält die Aussage doch ihre Gültigkeit. Für Maspero und Naville bleibt dann nur folgende Charakterisierung übrig:

> But there are always some men who cling to one or another of the older views, and they are simply read out of the profession, which thereafter ignores their work.[189]

Tatsächlich konnte sich Erman mit seinen Forschungen zur ägyptischen Grammatik innerhalb des Faches durchsetzen. V.a. aber durch seine Ausbildungstätigkeit wirkte er prägend auf die internationale, besonders die anglophone Ägyptologie:

> Dazu kommt, daß die bedeutendsten Gründerfiguren der internationalen Ägyptologie wir Sir Alan Gardiner und Walter Crum (Großbritannien), James Henry Breasted und George Reisner (USA) und T. Säve-Söderbergh (Schweden) in Berlin studiert und die Prinzipien der ‚Berliner Schule‘ weltweit durchgesetzt haben.[190]

Erman und die Berliner Schule haben aber nicht nur eine Philologisierung der ägyptologischen Sprachforschung bewirkt, sie haben die ägyptische Sprache auch historisiert, d. h. unterschiedliche Sprachstufen unterschieden.

> Vor Erman war ein wesentliches Hindernis für die Erkenntnis, dass man die hieroglyphisch geschriebene ägyptische Sprache in ihren Bezeugungen aus drei Jahrtausenden als Einheit ansah.[191]

Diese Leistung Ermans ist schon zu seinen Lebzeiten und sogar von den Vertretern der älteren Ägyptologengeneration anerkannt worden. So geschehen durch H. Brugsch:

> Es ist Ermans Verdienst, die Forderung nach einer Trennung des Altägyptischen und Neuägyptischen wissenschaftlich begründet und die Veränderungen in der Entwicklung der

---

188 Womit ein Grundproblem der Übertragbarkeit der Konzepte Kuhns berührt wird: Kuhn behandelt Naturwissenschaften und wendet seine Modelle auf solche an bzw. leitet sie aus ihnen ab; vgl. Baines (1996), 42: „Near Eastern studies are not a ‚science‘ or a discipline in the Kuhnian sense.“; Darüber hinaus umfasst schon der Begriff ‚science‘ im engl. im Gegensatz zum deutschen ‚Wissenschaft‘ keineswegs auch die Geisteswissenschaften, die unter dem Begriff der ‚humanities‘ geführt werden, was ein weiteres Hindernis für die Übertragbarkeit wissenschaftstheoretischer Konzepte aus dem anglophonen Raum darstellen kann; vgl. Daston (2001), 137.

189 Op. cit., 19.

190 Assmann (1990), 337.

191 Satzinger (2006), 145.

> heiligen Sprache nach ihrer schriftlichen Darstellung unter dem Einfluss der lebenden Sprache festgestellt zu haben.[192]

Die Berliner Schule führte in der Wissenschaft der Ägyptologie einen Paradigmenwechsel[193] herbei bzw. hat durch die Schaffung eines grammatischen Paradigmas im Rahmen einer konsequent betriebenen Philologisierung die notwendigen Grundlagen für den Fortbestand der noch jungen Disziplin geschaffen. Die wesentlichen Leistungen Ermans bestanden dabei in der Historisierung der ägyptischen Sprachforschung, die fürderhin zwischen unterschiedlichen Sprachstufen unterschied. Im Rahmen des von ihm initiierten Wörterbuchvorhabens an der Berliner Akademie hat Erman nicht nur den Prozess der systematischen Erschließung altägyptischen Textmaterials in Gang gesetzt, sondern auch die Berliner Schule institutionalisiert, wodurch es ihm möglich wurde, prägend auf die an dem Projekt beteiligten Schüler und Kollegen zu wirken, die sich, im Interesse einheitlicher Vorgehensweise, die Methoden und Arbeitsweisen zum Wörterbuch zu eigen machen mussten.

Dieses Bemühen um systematische Erfassung des zur Verfügung stehenden Textmaterials im Rahmen einer „philologisch historiographischen Disziplinierung unverkennbar preußischer Observanz“[194] stieß nicht nur bei älteren Vertretern der Disziplin (Generationenkonflikt), oder bei den Repräsentanten einer vermeintlich entgegengesetzten (französischsprachigen) Wissenschaftskultur auf Ablehnung. Der Positivismus[195] der Berliner Schule veränderte nicht nur die Methodik, mit der bestimmte Forschungsziele erreicht werden sollten, sondern erhob die ‚reine‘ Forschung zum eigentlichen Gegenstand des Faches:[196]

> Genauigkeit wird zum Selbstzweck; in [sic!] Namen wissenschaftlicher Präzision wird der Maßstab des Vertretbaren verloren und wird das Verhältnis zwischen Einsatz von Arbeitskraft und auch Geld einerseits und dem zu erwartenden Ergebnis nicht mehr beachtet.[197]

Vor dem Hintergrund dieser Kritik an der fachlichen Schwerpunktsetzung der Berliner Schule und ihres prägenden Einflusses v. a. auf die deutschsprachige, aber auch internationale Ägyptologie soll im Folgenden der Versuch gemacht

192 Brugsch (1891), 141.

193 Allerdings wird der Begriff des „Paradigmas“ von Kuhn in verschiedener Weise gebraucht und eröffnet dabei einen weitgefassten Interpretationsspielraum; vgl. Masterman (1974), 61–66.

194 Assmann (1990), 336.

195 Vgl. Helck (1969), 49; Schenkel (2006), 237: „schwimmt mit auf der Welle des zeitgenössischen Positivismus.“

196 Vgl. op. cit., 10 f.

197 Op. cit., 49.

werden, die Stellung der Ägyptologie unter den geisteswissenschaftlichen Fächern genauer zu bestimmen und dabei die Konsequenzen aus den in diesem Abschnitt gemachten Beobachtungen für die wissenschaftliche Praxis nachzuvollziehen.

1.3 Die Ägyptologie im Kontext der Geisteswissenschaften

Der am Ende des vorangehenden Abschnitts zitierten kritischen Einschätzung über die fachliche Ausrichtung der Wissenschaft der Ägyptologie unter dem Einfluss der Berliner Schule stellt W. Helck folgende Auffassung entgegen:

> Alle Untersuchungen grammatischer, semantischer oder stilistischer Art können doch nur als Hilfsmittel dienen für den einzigen vertretbaren Zweck jeder Textpublikation, nämlich den Sinn des Textes zu erhellen.[198]

Auch J. Assmann erkennt im Prozess der Texterschließung primär ein Mittel zur Gewinnung von Textinhalten, gerade dadurch sieht er aber auch eine zunehmende Loslösung der Forschungsinhalte und damit des Faches von methodisch verwandten Disziplinen verursacht:

> In dem Maße aber, wie ein solches Spezialgebiet von der reinen Spracherschließung zu den Texten selbst, ihrem Inhalt und ihrem historischen Umfeld durchstößt und sich darüber zu einem eigenständigen Fach ausweitet, verliert es den Kontakt zu integrierenden Rahmendisziplinen.[199]

Dies ist die logische Konsequenz der von Helck an der fachlichen Ausrichtung der Berliner Schule geübten Kritik bzw. der sich für ihn daraus ergebenden Notwendigkeit zu einer Schwerpunktverlagerung und bedeutet gleichzeitig, wie Assmann ausführt, eine zunehmende Verselbstständigung oder – im Extremfall – Isolation des Faches. Hierin kommt aber nicht nur das Dilemma einer wissenschaftlichen ‚Kurskorrektur' und die Abkehr vom Positivismus Berliner Prägung zum Ausdruck. Die Äußerungen von Helck und Assmann verdeutlichen auch die sich verändernde Wahrnehmung der fachlichen Ausrichtung der Ägyptologie. Die Philologisierung der Ägyptologie, die von den Vertretern der Berliner Schule gleichgesetzt wurde mit ‚Professionalisierung' und einer eigentlichen ‚Verwissenschaftlichung' des Faches durch Übernahme der philologisch-historischen Methode aus dem Bereich klassischer Philologie,[200] sollte die Ägyptologie nicht diskursfähig machen oder

198 Op. cit., 50.
199 Assmann (1990), 339.
200 Vgl. Rebenich (2006), 351–353.

eine interdisziplinäre Zusammenarbeit mit anderen Fächern ermöglichen, sondern ihre Eigenständigkeit und Weiterexistenz als selbstständige Disziplin sichern:

> The positivist-philological inclinations of mid-century Egyptology were quite clearly motivated by the specialists' desire to create their own ‚state within a state in the republic of scholarship' [...].[201]

Obwohl die Ägyptologen, wie im Übrigen die gesamte deutsche Orientalistik,[202] dieselben Methoden zur Anwendung zu bringen versuchten wie die klassischen Philologen, diente diese Adaption der wissenschaftlichen Emanzipation und der dauerhaften Etablierung der noch jungen Disziplin. Die Auseinandersetzung mit den eigentlichen Inhalten altägyptischer Texte erforderte zunächst grammatikalische Grundlagenforschung. Die Hinwendung zu diesen Forschungsinhalten geschah aber nicht bloß aus Notwendigkeit, sondern auch und v. a. auf Grund der Einschätzung von Wertigkeiten einzelner Forschungsthemen:

> Hatte wohl Erman noch [...] die Versuche unternommen, Kultur und Religion des alten Ägyptens zusammenfassend darzustellen [...], so beschränkt sich in den folgenden Jahren, besonders bei den Schülern Ermans, die Hauptarbeit auf Bereiche, die nicht unter den Begriff der Geistesgeschichte fallen. Kurt Sethe [...] als Fortsetzer der Methode und der Richtung Ermans in Deutschland, aber auch Ausländer wie Walter E. Crum, Hans O. Lange oder James Henry Breasted wandten sich immer entschiedener den Problemen der Sprache, der Grammatik und der Geschichte zu. Hier glaubten sie Gebiete vor sich zu haben, die auch Wissenschaftler ihrer Zeit der Bearbeitung wert hielten; Religion oder auch Kultur, sogar die Kunst erschien ihnen als zweitrangig.[203]

Die von Erman eingeleiteten Prozesse der Philologisierung und der Historisierung der Ägyptologie werden von seinen Nachfolgern nicht nur konsequent umgesetzt, sie werden sogar noch weiter intensiviert – auf Kosten anderer Forschungsinhalte. Eine interdisziplinäre Zusammenarbeit mit anderen Altertums- oder Sprachwissenschaften fand jedoch gleichfalls nicht in größerem Umfang statt. Ein Grund dafür mag auch die in ihren Auswirkungen nicht zu unterschätzende einseitige Festlegung auf ein mit den in der Semitistik sonst üblichen Transkriptionsalphabeten nicht vereinbares System der Umschreibung ägyptischer Hieroglyphen gewesen sein.[204] Und so ging die Ägyptologie bereits frühzeitig ‚ihren eigenen Weg':

---

201 Marchand (2000), 128.
202 Vgl. Mangold (2004), 82–85.
203 Helck (1969), 10.
204 Vgl. Schenkel (1988), 7; 21; 29–34.

> Das vorherrschende Element der ‚Berliner Schule' war der Hang zum Systematisieren nach Kriterien, die der eigenen wissenschaftlichen Entwicklung entsprachen, das Erzeugen von Kunstprodukten, die dem Gegenstand aber nicht angemessen waren.[205]

Aufgrund der vermeintlichen „Zweitrangigkeit" (vgl. Zitat Helck o.) von geistesgeschichtlichen oder kulturwissenschaftlichen Themen entwickelte die Berliner Schule auch keine Methoden, die ihr eine Teilhabe an einem kulturwissenschaftlichen interdisziplinären Dialog ermöglicht hätte.

Die einseitig philologische Ausrichtung unter Vernachlässigung der materiellen Hinterlassenschaften ist bereits am Anfang dieses Kapitels thematisiert worden, soll aber im Zusammenhang mit der Kritik an der Wirkung der Berliner Schule noch einmal aufgenommen werden. M. Bietak urteilt über die universitäre Ausrichtung der Ägyptologie:

> I am only trying to underline the fact that, in order to become a fully developed discipline, Egyptology must integrate archaeology into its university training-programmes [...].[206]

Für die hier angeführten Defizite der Berliner Schule und der durch sie entscheidend mitgeprägten Wissenschaft der Ägyptologie ist aber nicht allein eine fachinterne Schwerpunktsetzung verantwortlich zu machen. Neben der unbestrittenen Eminenz der philologisch-historischen Methode in der deutschen akademischen Welt im Übergang vom 19. zum 20. Jahrhundert, die eine entsprechende Ausrichtung der in dieser Zeit entstehenden neuen Disziplin nahe liegend erscheinen ließ, ist für den Mangel an kulturwissenschaftlicher Diskursfähigkeit[207] der Ägyptologie v. a. auch das Fehlen eines entsprechenden Rahmens bzw. eines fächerübergreifenden kulturwissenschaftlichen Diskurses in Deutschland entscheidend:

---

205 Trümpener (1981), 83.

206 Bietak (1979), 160.

207 Davon auszunehmen ist der Bereich sprachwissenschaftlicher Forschung, mit allerdings z.T. paradoxen Folgen; vgl. Junge (1997), 311: „Sprach- und Grammatikforschung ist daher heute hoch entwickelt, was nicht nur heißt, daß Beiträge zur Linguistik oder Literaturwissenschaft geleistet werden können, sondern auch, daß Fortschritte im wesentlichen nur noch im Bereich methodischer und systematischer Fragestellungen gemacht werden, und daß die wissenschaftliche Diskussion den meisten Ägyptologen schon zu abstrakt geworden ist." Doch auch hier wird die Diskursfähigkeit gegenüber anderen Fächern als problematisch beurteilt; vgl. Loprieno (2003), 234 f.

> Das Projekt einer theoretisch fundierten Kultursoziologie oder Kulturanthropologie hat sich in Deutschland bis heute nicht durchsetzen und etablieren können.[208]

Die Berliner Schule der Ägyptologie fand zwar in der philologisch-historischen Methode ein auf den Gegenstand ihrer Forschung anwendbares Paradigma, konnte bzw. musste aber die so gewonnenen Ergebnisse nicht in einen weiter gefassten kulturwissenschaftlichen Diskurs einbringen.

208 Assmann (1990), 340; vgl. Auffarth (2006), der zumindest die institutionellen Rahmenbedingungen durchaus positiv einschätzt.

2 Quellenkunde und Quellenkritik

Die wichtigste Grundlage der hier durchzuführenden Untersuchung stellen Korrespondenzen zwischen Ägyptologen, namentlich die zwischen G. Ebers und seinem Schüler A. Erman, sowie dessen Schriftverkehr mit seinem Schüler K. Sethe dar. Dabei stehen für dieses Vorhaben die Briefe und Postkarten Ebers an Erman – aus dem Nachlass Erman an der Staats und Universitätsbibliothek Bremen[1], die Schreiben Ermans an Ebers aus dem Nachlass Ebers an der Staatsbibliothek Berlin und die Korrespondenz Sethes mit seinem akademischen Lehrer – ebenfalls aus dem Bremer Nachlass, nicht aber die Briefe Ermans an Sethe[2] zur Verfügung. Weiterhin ist bei der Beurteilung der Quellenlage der Umstand zu berücksichtigen, dass die Materialien des Erman-Nachlasses kriegsbedingt[3] nur unvollständig erhalten sind.

2.1 Komplementär herangezogene Quellen: Sekundärliteratur und Selbstzeugnisse

Bevor jedoch auf die hier benannten Hauptquellen näher eingegangen werden soll, gilt es, sich mit den übrigen komplementär herangezogenen Quellengattungen auseinanderzusetzen. Diese lassen sich in zwei Gruppen unterteilen, Selbstzeugnisse und Sekundärliteratur, wobei letztere sich noch einmal in fachinterne ägyptologische und externe wissenschaftstheoretische, -historische und -soziologische Literatur unterteilen lassen. Unter dem Begriff der Selbstzeugnisse werden Autobiografien oder solche publizierten Äußerungen, die in erster Linie das eigene Handeln darstellen – z. B. Berichte über das Voranschreiten oder die Geschichte des Ägyptischen Wörterbuchunternehmens –, verstanden. In die Kategorie der ägyptologischen Sekundärliteratur fallen zum einen publizierte Äußerungen von Ägyptologen über zeitgenössische Kollegen, in aller Regel in Form von Nachrufen oder Festschriften. Zum anderen gehören wissenschaftshistorische Darstellungen innerhalb der Ägyptologie zu dieser ersten Kategorie der Sekundärliteratur, in der Regel Vorworte und einleitende Kapitel zu Ausstellungskatalogen und Festschriften, die ihren Gegenstand innerhalb der Geschichte des Faches zu verorten suchen, aber auch Artikel mit dezidiert

1 Vgl. Kloft (1982); Gestermann-Schipper (2004); Elsmann (2006).

2 Nach eigener Inaugenscheinnahme der Materialien des Nachlasses Kurt Sethe am Ägyptologischen Seminar der Georg Augusta Universität Göttingen und bestätigt durch dessen Bearbeiter, Herrn W. Wolze M.A., sind die Briefe Ermans an Sethe dort jedenfalls nicht erhalten geblieben.

3 Vgl. Kloft (1982), iii f.

wissenschaftshistorischem Anspruch oder – allerdings äußerst selten – akademische Qualifizierungsarbeiten zu wissenschaftsgeschichtlichen Fragestellungen innerhalb der Ägyptologie.

Dabei ist eine konzeptionelle Trennung von ägyptologischer und außerägyptologischer Sekundärliteratur durchaus notwendig: Zum einen, weil sich die Motivation und Intention, zum anderen aber v.a. die angewandte Methodik grundsätzlich voneinander unterscheiden. Während die innerfachliche Literatur zu wissenschaftsgeschichtlichen Themen in aller Regel um eine – manchmal naiv-positivistische – Aufbereitung von Quellen und eine allzu oft leider wenig kritische Würdigung der Leistungen vorangegangener Forschergenerationen bemüht ist, trägt die außerfachliche Literatur Fragen und Untersuchungsaspekte an die Wissenschaft der Ägyptologie heran, die häufig nicht aus der ägyptologischen Praxis abgeleitet sind und innerhalb der Ägyptologie keine Entsprechung im Sinne eines geeigneten Fallbeispieles finden.

2.1.1 Selbstzeugnisse/Autobiografien

Von zwei der drei untersuchten Ägyptologen verfügen wir über Autobiografien.[4] E. Henning benennt als wesentliche Schwachpunkte dieser Quellengruppe die Gefahr einer „rückblickend kausaldeterminierten" Darstellungsweise, „Narzißmus und Egozentrismus" sowie die Tendenz zu einer „allmählich einsetzenden Rückvergoldung".[5]

Im konkreten Fall bedeutet dies, dass die Autobiografie von Georg Ebers, von der nur der erste von zwei geplanten Bänden unter dem Titel *Vom Kind bis zum Manne*[6] erschienen ist, durch die Schilderung der Ereignisse vor Aufnahme der wissenschaftlichen Laufbahn zumindest weniger im Dienste einer Rechtfertigung professionellen Handelns als Wissenschaftler steht. Im Zusammenhang dieser Untersuchung verliert die Ebers-Autobiografie somit allerdings auch an Quellenwert; anders die *Erinnerungen eines alten Berliner Gelehrten* aus der Feder Adolf Ermans, die nicht nur den gesamten Lebensweg ihres Verfassers bis zum Zeitpunkt des Erscheinens (1929) schildern, sondern auch umfangreiche Darstellungen zum damaligen Wissenschaftsbetrieb liefern. Gerade hierin jedoch kommt die von Henning (s.o.) beschriebene Schwäche dieser Quellengruppe besonders stark zum Ausdruck, da viele Äußerungen Ermans über seine Kollegen und Zeitge-

4 Ebers (1893); Erman (1929).
5 Beck-Henning (2004), 121.
6 Ebers (1893).

nossen nachweislich, wenn nicht gezielt falsch, so doch zumindest eindeutig böswillig und rufschädigend gehalten sind.[7] Als ein wertvolles Korrektiv hierzu kann das Exemplar von Ermans Biografie mit den Kommentaren von L. Keimer[8] (1893 – 1957) am DAI Kairo gelten, der in seinen Randnotizen Ermans Darstellungen entgegentritt und sich dabei auch auf Zeitzeugen namentlich beruft. Allerdings sind Keimers Marginalien ihrerseits nicht frei von einem äußerst polemischen Grundton, was schon in seiner grundsätzlichen Einschätzung dieser Biografie, zum Ausdruck kommt:[9]

> Kurze Zeit nach Erscheinen dieses ekel-|haften Machwerks traf ich hier in Cairo | den Coptologen Carl Schmidt.[10] Er sagte mir, | daß er als einer der ältesten Schüler Ermans | von diesem nicht erwähnt sei, weil er seit | sehr langer Zeit mit Erman gebrochen | habe. Wer einer solchen Handlungsweise | fähig ist wie Erman, mit dem kann man | nicht verkehren. Wir grüssen uns, aber | haben keinerlei Beziehungen zueinander.
> Nach diesem Buche sind natürlich auch | die Beziehungen Ermans + Schäfers noch | schlechter geworden, als sie es ohnehin schon | waren. ‚Kurz, Erman kennt die Treue[11] | nicht!'
> L. Keimer

Worin die Motivation Ermans bestanden hat – ob er sein eigenes Verdienst stärker hervorheben wollte, indem er die Leistungen anderer in Misskredit zog, oder ob er sich selbst Anfeindungen ausgesetzt gesehen hat, die ihn zur Abfassung einer recht offensiven Apologie bewegten, – lässt sich nicht allgemein beantworten, sondern gilt es im Einzelfall zu prüfen. Ebensowenig eindeutig wird sich die Frage, ob die von beiden – Ebers und Erman in den jeweiligen Vorworten[12] behauptete Adressierung ihrer Erinnerungen an ihre Kinder bzw. die Familie eine bloße Fiktion oder ein gängiger Topos gewesen ist, nicht mehr beantworten lassen. Die von Henning attestierte Egozentrik der Darstellungen zeigt sich im Falle Ermans sehr

---

7 Blumenthal (1990), 101 spricht von „einer ebenso amüsanten wie medisanten Autobiographie".
8 Vgl. Leclant (1957); Lehnert (2012).
9 DAIK: B Erma, Inv. 2561. – Ich danke der Bibliothekarin des Institutes, Frau I. Lehnert M. A. für die freundliche Bereitstellung von Fotografien aus dem Keimer-Exemplar und die Erlaubnis, daraus zu zitieren.
10 Bierbrier (2012), 494.
11 Hervorhebung im Original.
12 Ebers (1893), vii, in dichterischer Form; Erman (1929), v: „Als ich dieses Buch für meine Kinder und Enkel schrieb, habe ich nicht gewünscht, daß es auch andere lesen sollten; dieser Gedanke lag mir um so ferner, als es mir nie angenehm gewesen ist, von mir selbst zu sprechen. Dann sind aber die Freunde gekommen und haben mir gesagt, daß ich doch so manches aus der Entwicklungszeit meiner Wissenschaft wisse, [...], und das dürfe ich nicht untergehen lassen."; vgl. Beck-Henning (2004), 124.

deutlich, wenn er seines Lehrers Ebers kaum und ebenfalls mit der oben erwähnten Herablassung gedenkt.[13]

Das Fehlen einer autobiografischen Schrift von K. Sethe erschwert nicht nur grundsätzlich die hier in Angriff genommene Aufgabe, sondern gefährdet auch das Anliegen einer ausgewogenen und gleichartigen Darstellung der drei Lebensläufe.

Ergänzend hierzu können noch einige Erinnerungen anderer Ägyptologen herangezogen werden, von denen als wichtigste die Autobiografie von H. Brugsch[14] sowie die anekdotenhaften Schilderungen von A. H. Gardiner[15] und H. Grapow[16] zu nennen sind.

2.1.2 Inner- und Außerfachliche Sekundärliteratur

Große Teile der herangezogenen außerfachlichen Sekundärliteratur berücksichtigen nicht speziell die Ägyptologie. Ausgenommen z. B. die 1981 von H.-J. Trümpener verfasste Diplomarbeit,[17] die diese dann aber auch schon im Titel als *„Zwergwissenschaft“* abqualifizierte[18] Disziplin zum Gegenstand einer vornehmlich[19] wissenschaftssoziologischen Untersuchung macht. Bei der Anwendung wissenschaftstheoretischer Literatur auf die Ägyptologie trifft nicht nur Trümpener auf die Schwierigkeit einer fehlenden wissenschaftstheoretischen Diskursfähigkeit dieses Faches, auf die auch der britische Ägyptologe J. Baines hingewiesen hat:

> Near Eastern studies are not a ‚science‘ or a discipline in the Kuhnian sense. Rather, they are the sum of a range of methods and approaches applied to a great variety of materials from a

13 Vgl. Erman (1929), 110 – 111; 255 – 257; 276.

14 Brugsch (1894).

15 Gardiner (1962).

16 Grapow (1973).

17 Trümpener (1981); der vollständige Titel der Arbeit lautet: „Die Existenzbedingungen einer Zwergwissenschaft. Eine Darstellung des Zusammenhanges von wissenschaftlichem Wandel und der Institutionalisierung einer Disziplin am Beispiel der Ägyptologie“.

18 Kritisch hierzu: Baines (1990), 5, Anm. 32: „A revealing feature of this work is its title, terming the subject a ‚dwarf discipline‘, which implies that special conditions apply to orthodoxy within it. It is difficult to say whether this is correct beyond the obvious point that personal feeling may surface more than in a larger and more anonymous group.“

19 So weißt das Literaturverzeichnis insgesamt 16 Titel ägyptologischer Literatur auf, jedoch 48 aus dem Bereich der Wissenschaftssoziologie; vgl. Trümpener (1981), 120 – 126.

particular geographical region and period; even definitions of the area and period are open to revision.[20]

Und weiter:

As I have indicated, the Egyptological argument is not finally in terms of ‚Egyptological method', which does not exist as such, but in terms of the range of general methods and approaches that are brought to bear upon materials from ancient Egypt.[21]

Dennoch ist es Trümpener gelungen, einige zentrale und für die vorliegende Untersuchung relevante Kernthesen herauszuarbeiten. Durchaus nicht im Widerspruch zu der eben angeführten Aussage Baines' stellt Trümpener nämlich fest:

Grammatik und Sprachbeherrschung erfüllen hier stellvertretend die Funktion von Wissenschaftstheorie [...].[22]

Die Herleitung bzw. Begründung dieser Feststellung steht in unmittelbarem Zusammenhang mit dem Gegenstand dieser Untersuchung, dem Phänomen der Schulenbildung innerhalb der Wissenschaft der Ägyptologie:

Der einzige Fall der Wissenschaftsgeschichte der Ägyptologie, der die Identifikation einer größeren Gruppe Wissenschaftler mit einem von allen geteilten Problembereich darstellt, war die Erarbeitung des Wörterbuches. Dieses Problem ist allerdings nicht theoretisch induziert, sondern aus praktischer Notwenigkeit erwachsen, da das Wörterbuch ein ‚Handwerkszeug' ist, auf das kein Ägyptologe verzichten kann.[23]

Trümpener benennt gleichfalls A. Erman als die zentrale Figur bei der Herausbildung der Berliner Schule und ihres Methodenrepertoires und sagt über Erman:

der seine ‚Führerschaft' weniger auf unmittelbar organisatorische Macht als auf eine hervorragende wissenschaftliche Leistung (Grammatik, Wörterbuch) und die Tatsache gründet, daß fast alle Ägyptologen seiner Generation seine Schüler waren.[24]

Und weiter:

20 Baines (1996), 42.
21 Op. cit., 47.
22 Trümpener (1981), 101.
23 Op. cit., 72.
24 Op. cit., 84.

> die meisten heute noch lebenden ordinierten Ägyptologen sind wissenschaftliche ‚Nachkommen' zweiten Grades von Erman.[25]

Neben dem persönlichen oder biografischen Forschungsansatz, der die Wissenschaftlerpersönlichkeit Ermans in den Mittelpunkt stellt, weißt Trümpener jedoch auch auf die Notwendigkeit zu einer institutionengeschichtlichen Betrachtung der Berliner Schule hin, denn:

> Die Arbeit am Wörterbuch hat für den inneren Zusammenhalt der ‚Berliner Schule' zumindest ebensolche Bedeutung wie die Lehrer-Schüler-Beziehung um Erman herum [...]. Als konkretes gemeinsames Ziel erfüllt sie sogar die Funktion der Tradierung der wissenschaftlichen Orientierung. Sie verbindet als organisatorischer Angelpunkt die aufeinanderfolgenden wissenschaftlichen Generationen miteinander.[26]

Aus dem Bereich innerfachlicher Sekundärliteratur gilt es zunächst die 1994 erschienene Dissertation H. Fischers über „De[n] Ägyptologen Georg Ebers"[27] zu nennen, deren Zielsetzung der Autor selbst folgendermaßen formuliert hat:

> Hier sollen Ebers' Werke – die wissenschaftlichen und die dichterischen – nicht unter das Kriterium des ‚bleibenden Werths' gestellt werden, sondern unter das des transitorischen Werts [...], den sie für die Entwicklung der Wissenschaft gehabt haben.[28]

Dadurch, dass das umfangreiche Œuvre von Ebers bereits einer ägyptologischen Einschätzung und Einordung unterzogen wurde, ist die vorliegende Untersuchung wesentlich erleichtert bzw. überhaupt erst ermöglicht worden, weil jene den Verfasser einer zusätzlichen umfangreichen Grundlagenforschung enthoben hat, die ansonsten den Rahmen dieser Untersuchung gesprengt hätte.

Weiterhin zu nennen ist ein Aufsatz H.-G. Bartels[29] aus dem Jahre 2001, der zudem durch seine Schwerpunktsetzung auf eine statistische Aufbereitung der Arbeit am Berliner Ägyptischen Wörterbuch ebenfalls wesentliche Grundlagendaten für die vorliegende Untersuchung bereithält.

Zu guter letzt gilt es natürlich, den von B.-U. Schipper 2006 herausgegebenen Tagungsband zu *Ägyptologie als Wissenschaft*[30] zu erwähnen, der mit seinen zahlreichen Aufsätzen von Ägyptologen und Wissenschaftshistorikern einen der

25 Op. cit., 86.
26 Op. cit., 85.
27 Fischer (1994).
28 Op. cit., xiii.
29 Bartel (2001).
30 Schipper (2006).

Anstöße zu dieser Arbeit geliefert hat und erste Explorationen zu vielen Themenfeldern rund um die Berliner Schule liefert.

Um aber überhaupt einen Ansatz- und Ausgangspunkt für die Untersuchung der Geschichte der deutschsprachigen Ägyptologie zu finden, muss diese in einem größeren kategorialen oder wissenschaftsklassifikatorischen Kontext verortet, d. h. als eine Teildisziplin der Altertumswissenschaft bzw. der Orientalistik begriffen werden.

Einen wesentlichen Beitrag hierzu leistet die von S. Mangold verfasste Dissertation zur Deutschen Orientalistik als einer „*weltbürgerliche*[n] *Wissenschaft*“[31], die zwar Fächer wie die Ägyptologie oder auch die Assyriologie bewusst ausklammert,[32] dabei jedoch sowohl einen wissenschaftstheoretischen als auch wissenschaftshistorischen Rahmen erstellt, innerhalb dessen die genannten Disziplinen verortet werden können. So versucht Mangold die deutsche Orientalistik als Geisteswissenschaft durch die ursprünglich eher an Naturwissenschaften ausgerichtete Wissenschaftstheorie T. Kuhns zu erschließen[33] und liefert somit gleichsam selbst ein ‚Paradigma' wissenschaftsgeschichtlicher Untersuchung. Zwar erkennt Mangold an den Universitäten „den wichtigsten Ort für die Methodisierung und Professionalisierung der Orientalisten“[34] in Deutschland und nicht – wie die vorliegende Untersuchung für die Berliner Schule und die Ägyptologie zeigen soll – an der (Berliner) Akademie, doch bezieht sich ihre Analyse auch auf einen früheren zeitlichen Untersuchungsschwerpunkt, wie überhaupt zahlreiche Entwicklungen der Wissenschaft der Ägyptologie in der Geschichte der übrigen orientalistischen Disziplinen als gleichsam zeitlich ‚vorweggenommen' erscheinen, die Ägyptologie bestimmte Entwicklungsschritte also erst später – gewissermaßen unter geänderten wissenschaftlichen und institutionellen Rahmenbedingungen – nachzuvollziehen scheint.

Eine noch weiter gehende geistesgeschichtliche Einbettung der Wissenschaft der Ägyptologie leistet schließlich auch die rezente Arbeit S. Marchands über *German Orientalism in the Age of Empire*[35], die zusätzlich zu den kulturgeschichtlichen Hintergründen auch einen weitergefassten Ausblick auf die zeitgeschichtlichen und zeitgeistigen Beeinflussungen von außerhalb der Wissenschaft bietet.

---

31 Mangold (2004).
32 Vgl. Op. cit., 18.
33 Vgl. Op. cit.
34 Op. cit.
35 Marchand (2009).

2.2 (Bildungs-)Bürgerliche Briefkultur

Die Korrespondenzen zwischen den eingangs genannten Ägyptologen berühren in der Regel sowohl fachliche als auch persönliche Gegenstände. Eine Kategorisierung des Briefwechsels fällt entsprechend schwer bzw. es ist darauf hinzuweisen, dass sich unter dem Begriff der ‚Gelehrtenkorrespondenz' auch solche Dokumente finden, die nicht ausschließlich rein fachlich-professionellen Inhalts sind, sondern auch Gegenstände wie das gesundheitliche Wohlergehen der Korrespondenzpartner oder deren familiäre Verhältnisse behandeln.

Dabei steht der hier untersuchte Schriftverkehr kulturhistorisch in einer langen Tradition (bildungs-)bürgerlicher[36] Briefkultur.[37] Diese Zuordnung bedeutet eine Reihe quellenkundlich relevanter, soziologischer Implikationen: In Form und Stil orientierten sich die Briefschreiber des 19. Jh. an der Gesprächskultur der gelehrten Konversation im Salon, festlichen Gelegenheiten, bei Kollegen oder Familienbesuchen.[38] Dies führte zur Beachtung eines gewissen Dekorums oder, wie R. Baasner es beschreibt, einer „nivellierenden Etikette", also:

> wohlwollende Grundhaltung gegenüber dem Gesprächspartner, abgewogene Urteile, [...] Rücksichten auf die gemeinsamen Bildungsvoraussetzungen, thematische Einschränkungen auf das öffentlich Sagbare, Mäßigung bei der Selbstdarstellung.[39]

Für die hier untersuchten Korrespondenzen gilt es anzumerken, dass sie frühestens von 1875 an datieren – also dem Ende des von Baasner behandelten Zeitraumes – und deutlich in das 20 Jh. mit allen seinen gesellschaftlichen Veränderungen und dem damit verbundenen Wertewandel hineinreichen. Dennoch sind sie in der Tradition der Briefkultur des 19. Jh. verwurzelt. Dabei kann eine stärkere Bindung an diese bei den Briefen Georg Ebers' (1837–1898) als bei denen Kurt Sethes (1869–1934) vorausgesetzt und auch nachvollzogen werden. Indizien hierfür finden sich im Bereich formaler Aspekte, die bei Baasner unter dem Begriff der Etikette aufgeführt werden:[40] Papierqualität, Blattgröße, Textumfang oder Versandform, die im 19. Jh. zum Gradmesser der Wertschätzung des Korrespondenzpartners erhoben wurden, scheinen für die behandelten Briefschreiber keine herausragende Bedeutung mehr besessen zu haben, was sich mit der Einschätzung Baasners deckt:

---

36 Zu dem Begriff: Engelhardt (1986).
37 Vgl. hierzu: Baasner (1999).
38 Vgl. Op. cit., 14.
39 Op. cit.
40 Op. cit., 16–24.

> Die Papierqualität verliert im Laufe des 19. Jahrhunderts insgesamt an Bedeutung, erstens weil sich zunehmend Einheitspapiere aus industrieller Produktion durchsetzen und zweitens, weil gerade bei den Bildungsbürgern eine kollektive Neigung zur Sparsamkeit besteht.[41]

Der Schriftverkehr wird i.d.R. auf kleinen Doppelbögen unterschiedlicher Papierqualität abgewickelt. Der Textumfang bestimmt die Anzahl der verwendeten Blätter, wobei aber oftmals der zu Gebote stehende Raum sehr weit ausgereizt wird, indem man nach der letzten Zeile auf der letzten Seite des Doppelbogens über der Adresszeile der ersten Seite fortfährt (häufig bei Ebers) oder vertikal die Ränder der Seiten beschreibt (gängig bei Sethe). In der gelegentlichen Verwendung von Postkarten folgen Ebers und Sethe einem allgemeinen Trend, denn:

> In der zweiten Hälfte des Jahrhunderts, verstärkt nach 1880, nahm der Austausch von Post- und Korrespondenzkarten erheblich zu.[42]

Die zeitnahe Beantwortung der Briefe scheint Erman ein wichtiges Anliegen gewesen zu sein. Viele in seinem Nachlass erhaltene Briefe tragen Vermerke über das Beantwortungsdatum, das jedoch andererseits durchaus eine Reihe von Tagen nach dem Verschickungsdatum des Schreibens liegen kann. Gelegentlich bittet Ebers ausdrücklich um eine rasche Beantwortung oder ein ‚Lebenszeichen' von Erman, wenn die Angelegenheit eine gewisse Dringlichkeit besitzt oder Ebers schon länger von seinem Schüler nichts mehr gehört hat. Sethe hingegen entschuldigt sich für ihm zu lang erscheinende Schreiben oder auch dafür, sich in rascher Folge immer wieder an seinen Lehrer wenden zu müssen. Solche Äußerungen sind zunächst das Ergebnis der Konvention, sodann ein Ausdruck des hierarchischen Verhältnisses der Korrespondenzpartner zueinander – Ebers Aufmerksamkeit(en) beanspruchend, Sethe sich entschuldigend – und erst dann bis zu einem gewissen Grad auch Ausdruck des tatsächlichen Empfindens. Gleiches gilt für die gebrauchten Anrede- und Schlussformeln, zu denen Baasner bemerkt:

> wobei allerdings die Anrede ‚Lieber Freund' allein noch nicht als Hinweis auf eine tatsächlich enge persönliche Beziehung zu werten ist. Es gehört durchaus zum guten Ton, Korrespondenzpartnern mit dem Freundes-Titel zu schmeicheln – und unter diesem Etikett zugleich Rücksichten für Ausnahmen bei der Briefgestaltung einzufordern.[43]

---

41 Op. cit., 21.
42 Op. cit., 22.
43 Baasner (1999), 18.

Tatsächlich findet sich zu dieser Problematik sogar eine Stellungnahme Ermans in dessen Nachlass – und zwar in Form eines Antwortentwurfes an seinen Kollegen G. Steindorff:[44]

> Lieber Steindorff!
> also ‚sehr ergeben' habe ich | geschrieben und das hat Sie | befremdet. Das tut mir leid, | denn ich habe das | nur so formelhaft hingeschrieben, ohne | mir | etwas dabei zu denken.
> Ich achte wenig auf | diese Dinge und überlasse | es meiner Feder ‚ergeben, erge-|benst, hochachtungsvoll', | oder was ‖ sie will zu setzen. Im Gan-|zen wird sie es ja instinc-|tiv richtig machen, aber | wenn sie | einmal irrt | müs-|sen Sie das nicht tragisch neh-|men; es lohnt sich nicht.

Zur Frage der Intensität des brieflichen Kontakts, seiner Frequenz oder Regelmäßigkeit lässt sich aufgrund der Kriegsverluste in Übereinstimmung mit dem Urteil H. Klofts keine historisch verlässliche Aussage treffen:

> Damit ist ein Handicap im doppelten Sinne angedeutet. Umfang, Dichte und zeitliche Kontinuität der Briefe, im allgemeinen wichtige Indizien eines Briefwechsels, lassen sich im vorliegenden Fall nicht historisch auswerten;[45]

Dennoch wurde für die ausgewählten Korrespondenzen eine quantitative Auswertung vorgenommen, deren Ergebnisse hier – trotz des grundsätzlichen Einwands von Kloft – angeführt werden sollen. Die Unvollständigkeit des Nachlasses gilt es stets zu berücksichtigen, dies macht m. E. eine statistische Auswertung jedoch nicht *a priori* unnötig oder ganz unmöglich.

2.3 Der Nachlass Adolf Erman an der Staats- und Universitätsbibliothek Bremen

Die quantitativ größte, dieser Untersuchung zu Grunde gelegte, Quellengruppe stellt der Nachlass Adolf Erman an der Staats- und Universitätsbibliothek Bremen dar. Dieser umfasst insgesamt 5000 Briefe und Karten, sowie 130 Antwortentwürfe Ermans. Darüber hinaus existieren noch eine Reihe von Aufzeichnungskladden bzw. Arbeitsheften.[46] Ermans Tochter Annemarie brachte den Nachlass nach

44 BStUB, Erman-Steindorff, 26.09.1912.
45 Kloft (1982), III f.
46 Vgl. Kloft (1982); die quantitativen Angaben in der Arbeit Klofts sind zum Teil inkorrekt. Die in der Übersicht des Nachlassmaterials vorgenommenen Zuordnungen teilweise fehlerhaft, da z. B. nicht zwischen Briefen von Korrespondenzpartnern und ihren Ehefrauen differenziert wurde oder sogar Personen gleichen oder ähnlichen Nachnamens verwechselt bzw. als eine

Bremen, nachdem sich dieser zuvor im Besitz der Witwe Käthe Erman (geb. d'Heureuse) befunden und während eines Bombenangriffes große substanzielle Verluste erlitten hatte. Das von dem Ehemann Annemaries, des Oberstudiendirektors Dr. H. Schaal[47], gehegte Vorhaben, den Nachlass seines Schwiegervaters zu edieren, wurde durch dessen Tod im Jahr 1963 verhindert, woraufhin das Material in den Besitz der Bremer Staatsbibliothek überging. Dort wurde zunächst der Versuch einer vorläufigen Sichtung und Ordnung des Nachlasses unternommen, was jedoch kaum erreicht wurde. Erst durch den Althistoriker H. Kloft ist dieses Vorhaben im Auftrag des damaligen Leiters der Handschriftenabteilung, G. Knoll, in die Tat umgesetzt worden und unter Mitarbeit ihres jetzigen Leiters, T. Elsmann sowie S. Gorsemann eine erste Erschließung des Nachlasses erfolgt. Der Nachlass hat also insgesamt drei Bearbeitungen bzw. Bearbeitungsversuche erfahren. Es lässt sich nicht mehr nachvollziehen, auf welchen die zahlreichen Vermerke und verschiedenfarbigen Anstreichungen mit Buntstift in den Briefen zurückgehen, oder ob diese, wie zumindest z.T. sehr wahrscheinlich, sogar von Erman selbst eingefügt worden sind. Ausgenommen davon sind natürlich die Vermerke über eine erfolgte Beantwortung mit Angabe des Datums. Aus diesem Gesamtkorpus an Dokumenten wurden die Korrespondenzen Ermans mit seinem akademischen Lehrer Georg Ebers und seinem Schüler Kurt Sethe als materieller Schwerpunkt der Untersuchung ausgewählt. Die sachlichen Beweggründe hierfür werden an anderer Stelle ausgeführt, weshalb sich die Untersuchung in diesem Abschnitt auf die Auseinandersetzung mit den angeführten Quellen unter vorrangig formalen Gesichtspunkten beschränken soll.

2.4 Der Nachlass Georg Moritz Ebers an der Staatsbibliothek Berlin

Das zweite herangezogene Quellenkorpus sind die von Erman an seinen Lehrer Ebers geschickten Briefe aus dessen Nachlass an der Staatsbibliothek Berlin. Diese Korrespondenz bildet einen Teil der Sammlung Ludwig Darmstaedter, der sich vorrangig für Dokumente zur Geschichte der Naturwissenschaften interessiert hat und am 31.12.1907 seine Sammlung von Dokumenten (23.000 Schriftstücke von 9.000 Personen) der Königlichen Bibliothek anlässlich der Eröffnung des neuen

Person behandelt wurden. Dennoch ist durch die Arbeit Klofts eine erste Aufbereitung und Ordnung des Materials erfolgt, was die Arbeit damit enorm erleichtert und die Verlässlichkeit und Vollständigkeit der eigenen hier vorgelegten Ergebnisse erhöht.

47 H. Schaal (1888–1963); vgl. Elsmann (2006), 248f.

Gebäudes Unter den Linden überreichte.[48] Die Korrespondenz ist durch Mitarbeiter der Berliner Staatsbibliothek in einem Verzeichnis aufgelistet worden.[49]

48 Vgl. die Angaben auf der Homepage der Staatsbibliothek Berlin: http://handschriften.staatsbibliothek-berlin.de/de/nachlaesse_autographen/darmstaedter.html
49 Vgl. Darmstaedter (1909).

3 Biografischer Hintergrund

Das Heranziehen von Gelehrtenkorrespondenzen als wesentliche, wenn nicht sogar als die wichtigste Quellengruppe dieser Arbeit macht eine ausführliche Auseinandersetzung mit den biografischen Hintergründen der drei Protagonisten der Untersuchung nötig. Dabei können die Quellengattungen der Autobiografien sowie der Nekrologe komplementär verwandt werden (vgl. 2.1.). Obwohl das zur Verfügung stehende Material zur Lebensgeschichte der hier behandelten Ägyptologen in Umfang und Qualität stark variiert, sollen G. Ebers, A. Erman und K. Sethe hier in annähernd gleicher Weise behandelt werden: Am Anfang steht jeweils eine kurze Übersichtsbiografie, die die wichtigsten Daten und Stationen benennt und dem Leser einen schnellen Überblick vermittelt. Es folgt eine dreigeteilte, teilweise diachrone Darstellung, die sich in die Abschnitte ‚Kindheit und Jugend', ‚Wissenschaftliche Laufbahn' und schließlich ‚Weltanschauung und Wissenschaftsauffassung' unterteilt. Im ersten Abschnitt werden also v. a. Aspekte des familiären Hintergrunds – auch der Familiengeschichte – die soziale Herkunft und prägende Ereignisse in Kindheit und Jugend behandelt. Im zweiten Abschnitt wird, auch um Überschneidungen mit in anderen Kapiteln dieser Arbeit untersuchten wissenschaftlichen Fallstudien zu vermeiden, keine umfassende Darstellung der professionellen Laufbahn geboten. Vielmehr sollen wesentliche Stationen hervorgehoben werden. Dabei spielt auch die Betrachtung der äußerlichen Rahmenbedingungen der jeweiligen wissenschaftlichen Karrieren eine Rolle. Zu guter Letzt werden in diesem zweiten Abschnitt die gegenseitige Beeinflussung, aber auch Konflikte der drei Ägyptologen untereinander, bzw. mit anderen Fachvertretern behandelt. Im dritten und letzten Abschnitt sollen dann gezielt die sich auch aus den im ersten Abschnitt behandelten Hintergründen ergebenden Weltanschauungen der drei Ägyptologen untersucht werden, wobei die Auswirkungen dieser Haltungen auf die jeweilige Wissenschaftsauffassung in den Fokus der Betrachtung rücken.

3.1 Georg Moritz Ebers (1837 – 1898)

Im Falle von G. Ebers sind die oben gemachten Ausführungen zur Quellenlage noch um einen weiteren Aspekt zu ergänzen: Durch sein schriftstellerisches Wirken, das in zahlreichen historischen Romanen seine Umsetzung erfahren hat, ist er zum Gegenstand zahlreicher literaturhistorischer Untersuchungen geworden. Zu den Wechselwirkungen zwischen Ebers literarischem und wissenschaftlichen Wirken ist von ägyptologischer Seite bereits in einer eigenen Untersuchung Stellung bezogen worden, und da die Berücksichtigung dieses Themas den

Abb. 1: Georg Moritz Ebers (1837–1898)

Rahmen der vorliegenden Untersuchung sprengen würde, wird daher an dieser Stelle auf die Arbeit H. Fischers verwiesen.[1]

G. M. Ebers wurde am 01. März 1837 als Sohn des Bankiers Meier Moses Ephraim Ebers[2] (*1802) und Franziska Martha, geb. Levysohn, auf einem „Anwesen"[3] bei Berlin geboren. Noch vor seiner Geburt verstarb der Vater, am

1 Fischer (1994).

2 Zur jüdischen Herkunft der Familie Gosche (1887), 22: „Der besondere Zweig der Familie, welcher Georg Ebers angehört, ist bereits im Anfang dieses Jahrhunderts zum Christenthum übergetreten und die meisten Mitglieder gerade dieses Zweiges sind nachher in dem deutschen Adel aufgegangen."; vgl. Meyer (1900), 86.

3 Vgl. Ebers (1893), 1.

14. Februar 1837, hinterließ aber der Familie ausreichende finanzielle Mittel, um den gewohnten Lebensstil fortsetzen zu können. Der Tod des Vaters bewirkte jedoch die Aufgabe der unternehmerischen Aktivitäten der Familie und den Verkauf der bis dahin betriebenen Porzellanmanufaktur.[4] Der Erlös aus diesem Verkauf diente der Zukunftssicherung der insgesamt fünf Kinder Martha, Martin, Paula, Ludwig und Georg.[5] Bald darauf zog die Witwe mit ihren Kindern in die Lennéstraße oder das auch von Ebers so benannte „Geheimratsviertel“[6] von Berlin, welches hauptsächlich von „Gelehrten und Staatsbeamten“[7] bewohnt wurde. Vor dem Hintergrund der Ereignisse der Märzrevolution 1848 schickte die Mutter ihren Sohn Georg auf die freisinnige Lehranstalt Keilhau bei Rudolstadt. Da an der Anstalt von Keilhau keine Hochschulzugangsberechtigung erworben werden konnte, wechselte Ebers 1856 auf das Gymnasium von Cottbus[8], wo er sich v.a. durch seine „Streiche“[9] hervortat. Obwohl sich sein Verhalten durchaus besserte, zwang ihn das Bekanntwerden seiner Beziehung zu einer Schauspielerin zu einem erneuten Schulortwechsel nach Quedlinburg (1857), wo er schließlich sein Hochschulreifezeugnis erwarb.[10] Ebers nahm das Studium der Jurisprudenz in Göttingen auf, verlegte sich aber in Folge einer schweren Erkrankung auf die noch junge Wissenschaft der Ägyptologie, in der er 1862 ‚in absentia‘ *Über die Herkunft des Memnon* promovierte. Zielstrebig verfolgte er im Anschluss daran die Habilitation 1865 in Jena mit dem Thema *Disquisitiones de dynastia XXVI. regum aegyptiorum.*[11] Nach seiner Berufung zum Extraordinarius in Jena und seiner ersten Ägyptenreise (1869) wechselte Ebers 1870 in ein Extraordinariat nach Leipzig, das einige Jahre später nach seiner zweiten Ägyptenreise (1872) in ein Ordinariat umgewandelt wurde (1875). Obwohl seine Tätigkeit immer wieder von gesundheitlichen Beschwerden behindert wurde, entfaltete Ebers eine allgemein anerkannte und äußerst erfolgreiche Lehrtätigkeit und wurde 1877 zum Mitglied der Sächsischen Akademie der Wissenschaften gewählt, bis er schließlich 1889 vorzeitig seine Lehrtätigkeit krankheitsbedingt einstellen musste. Er zog sich daraufhin nach Bayern zurück. Auch von dort aus wirkte er weiter auf das Fach – nun mehr v.a. im Zusammenwirken mit seinem Schüler A. Erman in Berlin. Nachdem er 1895 noch zum Mitglied der Bayerischen Akademie der Wissen-

---

4 Vgl. op. cit., 9.
5 Vgl. op. cit., 10.
6 Op. cit. 65.
7 Op. cit., 11.
8 Vgl. op. cit., 298–372.
9 Vgl. op. cit., 317 ff.
10 Vgl. op. cit., 383; Fischer (1994), 107.
11 Ebers (1865b).

schaften ernannt worden war, verstarb Ebers am 07. August 1898 an seinem Wohnort Tutzing.

3.1.1 Kindheit und Jugend

Ebers scheint eine glückliche und behütete Kindheit verlebt zu haben, wenngleich die Fürsorge für die Kinder der Familie in die Verantwortung von Ammen und Erzieherinnen gelegt wurde. Opern- und Theaterbesuche sowie die Lektüre großer Klassiker der Weltliteratur ergäntzen die frühe Erziehung. Einen regelrechten (Schul-)Unterricht erfuhr Ebers erst spät. Zunächst übergab man ihn der Verantwortung von Hauslehrern.[12] Erst die politischen Unruhen der Märzrevolution (1848) veranlassten die Mutter, ihre Söhne außerhalb Berlins zur Schule zu schicken. Im Alter von elf Jahren wurde Ebers in die Anstalt von Keilhau gegeben. Dieses von F. Fröbel gestiftete Internat vertrat ein für die damalige Zeit neuartiges pädagogisches Konzept,[13] welches z. B. vorsah, dass Lehrer und Schüler einander duzten.[14] Auch wurde auf die individuellen Begabungen der Kinder Rücksicht genommen und Ebers' älterer Bruder, der mit ihm diese Anstalt besuchte, vom Griechischunterricht befreit, während er selbst in dieser Richtung gezielt gefördert wurde.[15] Weiteres Kennzeichen der Erziehung war ein betont ‚deutsch-nationaler' Charakter des Unterrichts.[16] Neben der geistigen Ausbildung spielte auch die körperliche Ertüchtigung eine nicht unerhebliche Rolle.[17] Bemerkenswert ist außerdem die Praxis, Fehlverhalten der Schüler durch ein aus Schülern gebildetes Gremium sanktionieren zu lassen.[18] Den größten Einfluss auf seine spätere Entwicklung schrieb Ebers seinem Griechischlehrer H. Langethal zu,[19] der ihn, erblindet, dazu aufforderte, ihm aus seinen Büchern vorzulesen, die vorrangig die Gebiete der Philologie und Archäologie behandelten, wozu Ebers bemerkt:

> Brauch' ich zu bemerken, daß der Verkehr mit diesem Manne es war, der mir die Liebe für das Altertum ins Herz pflanzte?[20]

---

12 Vgl. Ebers (1893), 73.
13 Vgl. op. cit., 193–207; 214–244.
14 Vgl. op. cit., 175.
15 Vgl. op. cit., 202.
16 Vgl. op. cit., 203 f.
17 Vgl. op. cit., 204 f.
18 Vgl. op. cit., 206.
19 Vgl. op. cit., 221–227.
20 Op. cit., 226.

Im Sinne der von Henning[21] ausgeführten Charakteristika solcher Erinnerungen kann diese Schilderung durchaus als „rückwirkend-kausaldeterminiert" beschrieben werden, jedoch gilt es zu bemerken, dass Ebers, anders als die meisten seiner Kollegen, nicht schon in frühen Kindertagen auf dem Gebiet der Altertumskunde tätig wurde und eine solche Frühentwicklung auch nicht behauptete.[22] Die große Dankbarkeit Ebers' gegenüber seinen Lehrern[23] und der Respekt gegenüber den Leistungen früherer Forschergenerationen und Kollegen[24] ist ein wesentliches Kennzeichen seines Charakters. Im Hinblick auf spätere Entwicklungen ist Ebers überaus gesunde und kräftige körperliche Verfassung von Bedeutung, die ihm, nach einigen Erfolgen im Ringen, bei seinen Mitschülern den Spitznamen „Bär" eingetragen hat.[25]

Nach dem Wechsel auf das Gymnasium von Cottbus fiel es Ebers zunächst schwer, sich den Anforderungen eines normalen Schulbetriebes anzupassen, und erst der Wechsel der Schulleitung, im Zuge dessen sich der Leistungsanspruch und die Disziplin an der Schule erhöhte, banden ihn stärker an seine schulischen Pflichten. Er verfasste ein Gedicht anlässlich des Geburtstages Friedrich Wilhelms IV. und erregte so in weiten Kreisen der Gesellschaft Aufmerksamkeit – u. a. die des berühmten Ägyptenreisenden Fürst Pückler-Muskau (1785 – 1871)[26], der Ebers später auch noch zu sich einladen sollte.[27] Im letzten Schuljahr, bereits mit den Vorbereitungen für die Examina befasst, verliebte sich der 19-jährige Ebers in eine junge Schauspielerin[28], mit der er heimlich verkehrte. Ein solches Verhalten – wenngleich Ebers darauf hinweist, dass auch sein jüngerer Bruder, der als Leutnant beim preußischen Militär diente, „sich straflos ganz andere Dinge erlauben"[29] durfte – galt nach damaligen Moralbegriffen als unzulässig. Zwar verlief die anschließende Schulkonferenz – ein Lehrer hatte ihn ertappt – noch einigermaßen glimpflich, jedoch wurde Ebers vom Examen in diesem Jahr ausgeschlossen und ihm ein Schulwechsel nahe gelegt.[30] Diese Episode aus Ebers Leben mag für seine späteren Einstellungen und Verhaltensweisen prägend gewirkt haben, so

---

21 Beck-Henning (2004), 121.
22 Vgl. Brugsch (1894), 25 – 33; 40 f., der im Alter von zwölf Jahren die Aufmerksamkeit des Direktors der ägyptischen Sammlung, J. Passalacqua, auf sich gezogen und im Alter von 16 Jahren bereits eine Grammatik des Demotischen verfasst hat.
23 Vgl. Ebers (1893), 181; 221 – 226.
24 Vgl. Ebers (1885), bes. v-x (Widmung an J. Dümichen); 1 – 3 (Vorwort).
25 Vgl. Ebers (1893), 186.
26 Vgl. Pückler-Muskau (1840).
27 Vgl. Ebers (1893), 331 – 336.
28 Vgl. op. cit., 354 – 366.
29 Vgl. op. cit., 366.
30 Vgl. op. cit., 369 f.

z. B. wenn er sich für seinen straffällig gewordenen und zu einer Zuchthausstrafe verurteilten Studenten Wilhelm Max Müller einsetzte und damit weit über das Maß der damals vorherrschenden gesellschaftlichen Toleranz hinausging (s. Exkurs). Ebers konnte seine Schullaufbahn erfolgreich mit dem Abitur beenden, welches er 1857 am Gymnasium in Quedlinburg erwarb.

Nach Erlangen der Hochschulreife begann Ebers ein Studium der Jurisprudenz in Göttingen. Obwohl, oder vielleicht gerade weil ihm dank seiner finanziellen Absicherung jede mögliche akademische Laufbahn offen stand, fiel die Entscheidung hierzu relativ willkürlich:

> Der Entschluß, mich der Rechtsgelehrsamkeit zu widmen und in Göttingen das Studium zu beginnen, stand fest, und er war auch der Mutter genehm.
>
> Aus welchem Grunde, infolge welcher Erwägungen ich die juristische den anderen Fakultäten vorzog, wäre schwer zu sagen. Innere Neigung oder ein durch prüfende Einblicke gewonnenes Interesse an der Wissenschaft, der ich mich hingeben wollte, hatte sicher nicht den Ausschlag gegeben.[31]

Ebers trat der studentischen Verbindung des Corps Saxonia bei und war vom Corpsleben auch gleich begeistert. Besonders hebt er in seinen Erinnerungen den egalitären Charakter des Zusammenseins hervor, in dem Standesunterschiede der mehrheitlich adligen Corpsbrüder keine Rolle gespielt hätten.[32] Darüber vernachlässigte Ebers sein Studium, für das er ja ohnehin keine Begeisterung empfand:

> Nach den juristischen Collegien trug ich geringes Verlangen,[33]

oder:

> Juristisches ward in jenen Nachtstunden nur im ersten Anfang der Göttinger Zeit versuchsweise getrieben; denn die Fachcollegia, die ich belegt hatte, bekamen mich recht selten zu sehen, obgleich die Knappheit der römischen Rechtsdefinitionen [...] mein Wohlgefallen erweckte.[34]

Ebers hebt ganz im Sinne der ‚Rückvergoldung', trotz Vernachlässigung seines Studiums, v. a. positive Aspekte seines Corpslebens hervor und betont im Sinne seiner späteren altertumswissenschaftlichen Ausrichtung:

---

31 Op. cit., 384.
32 Vgl. op. cit, 389; 391.
33 Op. cit., 388.
34 Op. cit., 395.

> um so freudiger erregte mich der Gedanke, nun bald zu Füßen eines Ernst Curtius zu sitzen und mich von Waitz in das methodische Studium der Geschichte einführen zu lassen.[35]

Erstmals kam Ebers in der Vorlesung *Kunstgeschichte* des Prof. Unger mit den Hinterlassenschaften der Kultur der Alten Ägypter in Berührung,[36] in der auch die Verdienste J. F. Champollions um die Entzifferung der Hieroglyphen behandelt wurden. Mit Hilfe Ungers stellte er sich nun die relevante Literatur zu diesem Thema zusammen und begann sein Selbststudium auf dem Gebiet der Ägyptologie, zunächst ohne damit weiterreichende Vorhaben oder gar eine akademische und berufliche Umorientierung zu verbinden:

> Mit Champollions Grammaire hieroglyphique,[37] Lepsius' Lettre à Rosellini[38] und leider auch mit einigen irreleitenden Schriften Seyffarths[39] ging es nach Hause.
>
> Wie oft habe ich dann, wenn ich aus der Kneipe, aus einer Gesellschaft oder von einem Tanzvergnügen kam, mich in die Grammatik vertieft und Hieroglyphen zu schreiben versucht.[40]

Zu diesem Zeitpunkt jedoch betrieb Ebers neben dem eher vernachlässigten Studium der Rechtswissenschaften u. a. auch Philosophie, und nichts deutete auf die spätere Karriere als Ägyptologe und Schriftsteller hin.

Zum Ende des Wintersemesters nahm Ebers an einem Tanzvergnügen teil, dass er als einer der letzten Gäste gegen Mitternacht verließ. Ein anderer Gast hatte Ebers' Mantel mitgenommen, so dass Ebers im Frack und vom Tanzen verschwitzt nach Hause laufen musste. Dort angekommen, wurde ihm auch auf sein heftiges Anklopfen hin zunächst nicht geöffnet, so dass er etwa eine Viertelstunde in der Kälte warten musste, bis endlich der Wirt auf ihn aufmerksam wurde und ihn hereinließ. Mit steifen Gliedern legte Ebers sich zu Bett und erlitt während der Nacht einen Blutsturz.[41] Nachdem sich sein Zustand zunächst gebessert hatte, verschlechterte er sich jedoch wieder derart extrem, dass Ebers sich sogar zur Abfassung seines Testaments genötigt sah.[42] Wider Erwarten erholte er sich jedoch

35 Op. cit., 388.
36 Vgl. op. cit.
37 Champollion (1824).
38 Lepsius (1837).
39 Der hier bereits erwähnte Seyffarth, Ebers' Vorgänger am Lehrstuhl in Leipzig, und die kritische Einstufung seiner Arbeiten soll bei der Schilderung von Ebers' wissenschaftlicher Laufbahn noch ausführlicher behandelt werden, ebenso wie die wissenschaftliche Ausgangslage am Beginn seines Ägyptologiestudiums.
40 Ebers (1893), 396.
41 Vgl. op. cit., 424f.
42 Vgl. op. cit., 435.

von diesem Rückfall, wenngleich ihm die Fortsetzung seiner bisherigen aktiven Lebensweise nunmehr verwehrt war. In dieser Situation verwarf Ebers nicht nur die Fortsetzung seines Jurastudiums und der Philosophie,[43] sondern besann sich auf seine ägyptologischen Interessen:

> Die Aegyptologie zog mich dagegen nicht nur an, sondern gestattete mir, wie sich mein Befinden auch gestalten würde, ihr die ganze Kraft zu widmen. Zwar hatte Champollion, der große Begründer dieser Wissenschaft, sie ‚ein schönes Mädchen ohne Mitgift' genannt, ich durfte aber dennoch um sie werben und empfand es dankbar, bei der Wahl des Berufes meiner Neigung ohne Rücksicht auf äußere Vorteile folgen zu dürfen.[44]

Ebers benennt also selbst seine finanzielle Absicherung durch das Familienvermögen als Grundlage seiner altertumswissenschaftlichen Laufbahn, die er jedoch erst einschlug, als ihm die Möglichkeit zu einer anderen Karriere verwehrt war.[45] Für die Art der Darstellung – und nur diese kann hier noch analysiert werden – gilt es festzuhalten, dass Ebers seine endgültige Hinwendung zur Ägyptologie gleichsam als ein ‚Erweckungserlebnis' schildert. Nachfolgenden Ägyptologen kam es bei der Darstellung ihrer Hinwendung zur Ägyptologie v. a. darauf an, ihr Interesse an der Materie als eine frühzeitig erfolgte und von Anfang an konsequent verfolgte Berufung zu stilisieren.

3.1.2 Wissenschaftliche Laufbahn

Zwar hatte Ebers seine akute Erkrankung überwunden, doch blieb er noch einige Zeit ans Bett gefesselt, so dass er nicht einfach wieder die Universität besuchen konnte. Andererseits war er mit den Ergebnissen seiner Studien auf dem Gebiet der Ägyptologie eher unzufrieden bzw. an einem ‚toten Punkt' angelangt. An wen sollte er sich wenden? Erman beschrieb später die Lage, in der sich Ebers zu dieser Zeit befand, wie folgt:

---

43 Vgl. op. cit., 436 f.

44 Op. cit., 440.

45 Vgl. die Aussage Hogarth (1910), 1: „Your true antiquary is born not made. Sometimes an infirmity or awkwardness of body, which has disposed a boy to shun the pursuits of his fellows, may help to detach the man for the study of forgotten far off things;"; Brugsch (1894), 25: „Ich war etwa zwölf Jahre alt geworden, aber ich fühlte mich vereinsamt und vermied es, mit Altersgenossen muntere Spiele zu treiben. Dazu hatte meine Gesundheit [...] einen Stoß bekommen und ich fühlte mich oft todesmatt. Und dennoch empfand ich einen unnennbaren Drang zum Schaffen, der mir schließlich die Brücke zu meinen altägyptischen Forschungen baute".

> Als er 1858 seine aegyptischen Studien begonnen hatte, war die Aegyptologie eine junge Wissenschaft, die in Deutschland überhaupt nur von zwei Gelehrten gepflegt wurde und an der die wenigsten Antheil nahmen.[46]

Mit den „zwei Gelehrten" bezog sich Erman auf die beiden Ägyptologen, bei denen Ebers schließlich studierte, R. Lepsius und H. Brugsch, über die auch K. Sethe später schreiben wird:

> Lepsius und Brugsch sind bis in die achtziger Jahre des 19. Jahrhunderts unbestritten auch vom Auslande als die Führer anerkannt worden.[47]

Diese retrospektiven Einschätzungen stehen jedoch in der Tradition eines erst im Laufe der zweiten Hälfte des 19. Jh. ausgebildeten ägyptologischen Selbstverständnisses, dass die Erkenntnisse J. F. Champollions, erstmals veröffentlicht im *Lettre à M. Dacier* (1822) und bestätigt durch Lepsius in seinem *Lettre à M. le Professeur H. Rosellini* (1837), als Grundlage der weiteren Wissenschaftsentwicklung und die erwähnten Dokumente gleichsam als Gründungsurkunden[48] dieser Wissenschaft begreift. Zu dem Zeitpunkt jedoch, als Ebers sich um einen Eintritt in diese junge Disziplin bemühte, waren diese noch keinesfalls Konsens innerhalb der *scientific community*, die sich ihrerseits auch erst als selbstständige Einheit herausbilden musste. Institutionell war die Ägyptologie durch Lepsius seit 1846 als Ordinarius, seit 1855 durch Brugsch als Privatdozent vertreten. Ägypten war jedoch auch zuvor schon Gegenstand wissenschaftlicher Untersuchungen gewesen und hatte in universitären Lehrveranstaltungen Beachtung gefunden.[49] Besonders aber der bereits im Zusammenhang mit Ebers' ägyptologischer Literaturauswahl (s.o.) erwähnte G. Seyffarth (1796–1886), der seit 1825 eine Professur für Philosophie[50] in Leipzig innehatte, beanspruchte für sich eine führende Rolle in der Erforschung der altägyptischen Sprache und bestritt die Richtigkeit der Erkenntnisse Champollions und seiner Anhänger.[51] Ebers selbst hat sich später mit seinem ‚Vorgänger' in Leipzig kritisch auseinandergesetzt und sah sich dabei – gegen Ende des 19. Jh. – noch immer zu einer regelrechten Verteidigung der von ihm angenommenen Methodik veranlasst:

46 Erman (1899), 222f.
47 Sethe (1921), 40.
48 Vgl. Hornung (1996a), 9.
49 Zumindest für die Universität Berlin übersichtlich dargestellt bei Endesfelder (2003), 21f.
50 Vgl. Blumenthal (1981), 3.
51 Vgl. Renouf (1859); Renouf (1862).

> Eben deswegen ist auch gerade ihm[52] in den letzten zwanzig Jahren die Ehre zu Teil geworden, von Seyffarth selbst besonders häufig als Vertreter der jüngeren Champollion'schen Schule genannt und in seiner Polemik von allen anderen Fachgenossen, die ja sämtlich seiner Richtung angehören, berücksichtigt zu werden. So ist mir die Feder geradezu in die Hand genöthigt worden,[53]

So stellte sich die Ausgangslage zu Beginn von Ebers' Studium der Ägyptologie als eine noch nicht völlig etablierte Wissenschaft dar. Zunächst übernahm der mit der Familie Ebers befreundete J. Grimm die Rolle eines wissenschaftlichen Mentors, der auch Ebers' ausschließliche Konzentration auf die Entzifferung der Hieroglyphen tadelte und ihm ein breiter angelegtes Studium nahelegte.[54] Selbst jedoch nicht mit ägyptologischen Studien befasst, vermittelte Grimm Ebers sogleich an Lepsius,[55] welcher den jungen Mann auch bald darauf am Krankenbett aufsuchte.[56] Dieser bestimmte dann die Studieninhalte, denen sich der Schüler nunmehr zu widmen hatte – das Erlernen zunächst einer semitischen Sprache, Erwerb von Kenntnissen im Englischen und Italienischen (Französisch beherrschte Ebers seit seiner frühesten Kindheit), und als Ausgangspunkt linguistischer Studien sollte sich Ebers auch mit Sanskrit beschäftigen. Gerade letzteres erscheint aus heutiger Sicht schwer nachvollziehbar, ist aber zum einen durch die traditionell herausragende Bedeutung dieser Sprache für die deutsche Orientalistik[57] verständlich und illustriert weiterhin, dass die Ägyptologie und ihre Forschungsinhalte noch nicht derart klar von benachbarten Disziplinen abgegrenzt waren. Außerdem war Lepsius seiner eigenen akademischen Ausbildung nach v. a. Linguist und vergleichender Sprachwissenschaftler.[58] Die Ausbildung durch Lepsius stellt in gewisser Weise ein Privileg für Ebers dar, das er mit wenigen Ägyptologen teilte.[59] Auch das besondere Bemühen um den Studenten – mit Privatunterricht am Krankenbett – darf sicher als Zeichen eines gewissen Wohlwollens von Seiten

52 Ebers spricht von sich in der 3. Person.

53 Ebers (1887b), 194.

54 Vgl. Ebers (1893), 440 ff.

55 J. Grimm hatte auch schon Lepsius' Karriere befördert; vgl. Bartel (2001), 134.

56 Lepsius (1933), 264.

57 Mangold (2004), 45 f.

58 Zu Lepsius: Brugsch (1884a); Dümichen (1884); Ebers (1885b); Naville (1906); Freier-Reineke (1988); Bierbrier (2012), 324 ff.; Endesfelder (1996).

59 Vgl. Brugsch (1894), 74: „daß ich keinen Anspruch darauf erheben darf, mich als Schüler des Begründers und Förderers der Ägyptologie in Deutschland zu betrachten."; Lenz (1918), 298;" Lepsius hatte den jungen Brugsch, wohl weil er ein Protegé des ihm feindlich gesonnenen J. Passalacquas war, gleich in der ersten von jenem besuchten Vorlesung des Saales verwiesen „; Erman (1929), 166.

Lepsius' gewertet werden. Erman, der später ebenfalls noch bei Lepsius studieren durfte, erinnert sich:

> Als ich bei der Rückkehr aus Leipzig zu Lepsius kam und ihn bat, für mich zu lesen, lehnte er es ab, da es heiße: ‚tres faciunt collegium'; [60]

und weiter:

> Zu meiner Entschuldigung kann ich freilich anführen, daß er etwas Unnahbares hatte, das einen Studenten, der Ebers' Freundlichkeit gewöhnt war, abschrecken mußte. Er war noch ganz der vornehme Professor alten Stiles, von dem geschrieben steht: doch eine Würde, eine Höhe, entfernte die Vertraulichkeit. So empfing er den Studenten zwar nicht unfreundlich, aber doch nach alter Sitte, d. h. er stand am Pulte, und auch jener trug sein Anliegen stehend vor.[61]

Auch andere Kollegen hatten gewisse Defizite Lepsius' in seiner Verantwortung als akademischer Lehrer festgestellt, so der britische Ägyptologe E. de Rougé:

> Lepsius n'aime pas professer; il annonce ses cours, mais ne les donne pas.[62]

Offenkundig ist es Ebers gelungen, den „unnahbaren" Professor „alten Stiles" für sich einzunehmen. Vielleicht war aber auch gerade die sich aus der besonderen Situation ergebende räumliche Distanz zwischen Lehrer und Schüler Grundlage eines dauerhaft einvernehmlichen Verhältnisses:

> Der Frühling war gekommen, und da ich die Wildbader Heilquellen schon im Mai gebrauchen sollte, und mir darum die Führerschaft des Meisters nur noch wenige Wochen zu gute kommen konnte, begnügte er sich, mir die Methode zu zeigen und die Aufgaben festzustellen, die ich während meiner Abwesenheit bis zur Heimkehr nach Berlin lösen sollte.[63]

Einer der wenigen prominenten Ägyptologen, die außer Ebers und Erman gleichfalls bei Lepsius gehört hatten und von diesem ausgebildet wurden, war J. Dümichen (1833 – 1894),[64] der selber keine autobiografischen Schriften hinter-

---

60 Erman (1929), 113.
61 Op. cit., 114.
62 Rougé an Naville, 05.11.1867, zitiert nach: Berchem (1989), 36, Anm. 2; vgl. Karig-Kischkewitz (1992), 100, Anm. 61.
63 Ebers (1893), 443.
64 Bierbrier (2012), 164 f.

lassen hat.[65] Bedenkt man weiterhin, dass dieser selbst keine bedeutende Schultradition in der Ägyptologie begründen konnte,[66] so scheint Ebers als einziger Schüler von Lepsius dessen fachliche Nachfolge übernommen zu haben. Er selbst sieht sich zumindest grundsätzlich in seinen Erinnerungen dieser Lepsius'schen Tradition verpflichtet:

> Ganz im Sinne Jakob Grimms nötigte er mich, als Aegyptolog im Zusammenhange mit den verwandten Fächern zu bleiben.
>
> [...]
>
> Der Hingabe an eine solche [Disziplin, der Ägyptologie][67] muß vielmehr die gründliche Bewältigung eines weiteren Wissensgebietes vorangehen, und der Ägyptolog sich vorher als Linguist, Semitist, Philolog, Archäolog oder Historiker bewährt haben.
>
> Meine Schüler können es mir bezeugen, daß ich während meiner langen Lehrtätigkeit bestrebt blieb, den Studierenden, die sich von vornherein der Aegyptologie widmen wollten, ans Herz zu legen, zunächst an die Festigung der Fundamente zu denken, ohne die der zu errichtende Sonderbau des Haltes entbehrt.[68]

Dieser generalistische Ansatz ist später auch von Lepsius und Ebers gegenüber Erman als Student vertreten worden. Das Vorgehen von Lepsius und Ebers ist allerdings weit weniger einer philosophischen oder ganzheitlichen Wissenschaftsauffassung geschuldet, als man nach diesen Ausführungen annehmen würde. Tatsächlich zwang der Stand der Forschung innerhalb der damaligen Ägyptologie ihre Vertreter, die Quellen und die Methoden benachbarter Fächer heranzuziehen, um überhaupt erst die Grundlagen der eigenen Forschung zu schaffen:

> Groß und schwer war, was mir zu bewältigen oblag. Wie unendlich viel leichter sollten es diejenigen haben, die es mir in die Wissenschaft einzuführen vergönnt war, als ich am Ende der fünfziger Jahre! Ihnen standen die Auditorien und Seminarien berufener Lehrer offen, während mich mein körperliches Leiden noch manches Semester von der Universität fern hielt. Und wie spärlich waren die Hilfsmittel, die der Lernende zu Rat ziehen konnte!

und weiter in der zugehörigen Fußnote:

---

65 Ebers widmet seine Lepsius-Biografie diesem Kommilitonen; vgl. Ebers (1885b); eine kurze Biografie in: Ebers (1900), 471–488.

66 Sicher auch wegen des ‚Verlusts' der Strassburger Universität nach dem Ende des Ersten Weltkrieges; sein bedeutendster Schüler war W. Spiegelberg (1870–1930); vgl. Bierbrier (2012), 521 f.

67 Eig. Anm.

68 Ebers (1893), 444.

> Kein Wörterbuch, keine brauchbare Grammatik außer der längst überholten Champollions,[69] stand mir für das Hieroglyphische zu Gebote. [...] Für das Lesen des Hieratischen gab es keine Hilfe als eigenen Fleiß und die Listen, die ich mir selbst nach der Umschrift der spärlichen Texte, die damals dem Lernenden zur Verfügung standen, angelegt hatte. Lepsius selbst hatte sich nie eingehend damit beschäftigt. Brugschs demotische Grammatik[70] war schon erschienen, doch ward ihre Benutzung grausam erschwert durch die schlechte Uebereinstimmung der Typen mit den wirklichen Zeichen.[71]

Schon früher hatte Ebers das Verdienst seiner Generation um die ägyptologische Grundlagenforschung und die dadurch herbeigeführte Verbesserung der Ausgangsbedingungen in einem Brief an seinen Schüler Erman klar herausgestellt:

> Erleichtert haben wir Ihnen die Arbeit gewiß, und wenn ich Sie hieratische Texte lesen lehrte, so dachte ich mir oft: ‚Wie leicht haben die es. Dir zeigte keiner, was die hieratischen Zeichen bedeuten. Du mußtest Dir jedes rathen.' Eine Stunde, in der ich mit Ihnen hieratische Texte las u. übersetzte, kostete auch deren 5; denn ich hatte jedes Zeichen und jede Gruppe zu belegen, und manchen Text, den ich den Schülern vorlegte, hatte keiner vor mir übersetzt.[72]

Auch Ebers' Schüler E. Meyer (1855–1930)[73] zollte seinem Lehrer für diese ‚Pionierleistung' Respekt und äußerte sich ähnlich über die seinerzeit herrschende Ausgangslage:

> E.[bers] ist der erste Aegyptologe gewesen, der [...] den Muth – denn der gehörte damals noch dazu – besass, nicht nur die Anfangsgründe der Aegyptologie zu lehren, sondern mit seinen Schülern die schwierigen Texte durchzuarbeiten, bei denen nur zu oft bekannt werden musste, dass ein vollständiges, allseitig gesichertes Verständnis noch nicht erreicht sei.[74]

Doch bevor er selbst Unterricht erteilte, blieb Ebers während seines eigenen Studiums zunächst drei Jahre lang zu Hause und setzte seine Privatstudien fort, bis er Ende 1860/61 endlich gesundheitlich dazu in der Lage war, universitäre Lehrveranstaltungen zu besuchen.[75]

Den Anweisungen seines Lehrers folgend, befasste er sich zunächst mit Hebräisch, Sanskrit, Latein und Griechisch.[76] Im Zuge seiner universitären Ausbildung entstand eine Aufgabenteilung zwischen Lepsius (für den historisch-ar-

---

69 Champollion (1824).
70 Brugsch (1855).
71 Ebers (1893), 444 f.
72 BStUB, Ebers-Erman, 19.05.1890.
73 Bierbrier (2012), 369 f.
74 Meyer (1900), 91.
75 Vgl. Ebers (1893), 446.
76 Vgl. op. cit., 446 ff.

chäologischen Teil) und Brugsch (für den Erwerb altägyptischer Sprachkenntnis). Neben diesen beiden hörte Ebers u. a. auch die Veranstaltungen von G. Droysen, F. Bopp und H. Barth, wobei er von den beiden letztgenannten nach eigenem Bekunden eher wenig profitieren konnte.[77] In der Gewichtung des Einflusses seiner Lehrer auf seine Ausbildung gab Ebers Lepsius eindeutig den Vorzug vor Brugsch. Diese Darstellung mag aber zum Teil durch Ebers' spätere Einstellung zu dem umstrittenen Kollegen motiviert sein, da Brugsch in der deutschen Ägyptologie, abgesehen von einem kurzen Zeitabschnitt als Lehrstuhlinhaber in Göttingen (1867–1870), niemals richtig Fuß fassen konnte und auch diese Position nur erhielt, damit der preußische Gelehrte nicht, unter Annahme der französischen Staatsbürgerschaft, an das Collège de France ging.[78] Ebers selbst hat sich seinem ehemaliger Lehrer spätestens bei seinen Recherchen für die von ihm verfasste Lepsiusbiografie[79] entfremdet, nachdem er in den Unterlagen zur Berufung Lepsius' als ordentlicher Professor und Direktor des Ägyptischen Museums Nachweise für vermeintlichen Intrigen Brugschs gegen seinen Kollegen gefunden hatte.[80] Gegenüber Erman benannte er diesen dann als „Vater der Lüge"[81], nachdem er zuvor schon die Bemühungen seines Schülers, eine Nachfolge Brugschs auf den Lehrstuhl Lepsius' zu verhindern, unterstützt hatte:

> Denken Sie an Brugsch, der als Haifisch herangeschwommen kommt, und führen Sie das Ding so bald als möglich zu Ende![82]

Die kritisch distanzierte Darstellung seines Verhältnisses zu seinem Lehrer Brugsch ist also vor dem Hintergrund späterer Ereignisse zu lesen:

> In jener späteren Zeit brachte auf dem sprachlichen Gebiete der Aegyptologie Heinrich Brugsch das zur Entfaltung, was ich bei Lepsius und durch eigene Arbeit gewonnen hatte, und ich nenne mich gern seinen Schüler.
>
> Gewiß habe ich für die frische und förderliche Weise erkenntlich zu sein, mit der dieser große und unermüdliche Forscher für mich allein ein Privatissimum hielt; Lepsius aber hatte mir das Thor unserer Wissenschaft erschlossen, und konnte er mich auch in der Grammatik des Altägyptischen, mit der er sich in letzter Zeit weniger beschäftigt hatte, nur bis zu einem

---

77 Vgl. op. cit., 449 f.

78 Zu Brugsch: Brugsch (1894), 265–275; Erman (1894b); Maspero (1894); Keimer (1950), 30–39; Köhler (1974); Bierbrier (2012), 84 f.; Endesfelder (1998); Westendorf (2001a); Behlmer (2003).

79 Ebers (1885b).

80 Brugsch hingegen sah sich selbst durch Intrigen um eine gesicherte Stellung gebracht. Brugsch (1894), 203 spricht zwar von „Versehen", gibt jedoch im Vorwort, ii die Empfehlung, „zwischen den Zeilen zu lesen"; vgl. Lepsius (1933), 163, Anm.; Mehlitz (2011), 213–217.

81 BStUB, Ebers-Erman, 16.09.1884.

82 BStUB, Ebers-Erman, 10.01.1884.

gewissen Grade fördern, so habe ich ihm doch für vieles andere erkenntlicher zu sein als jedem andern meiner geistigen Lehrer.[83]

Bemerkenswert an diesen relativierenden Ausführungen ist nicht nur das eindeutige Bekenntnis zu Lepsius, es fällt ebenfalls auf, dass Ebers eine fachliche Schwerpunktsetzung Lepsius' außerhalb der später als ägyptologische Kernkompetenz begriffenen ägyptischen Philologie konstatiert.[84] Ähnlich hatte er sich auch bereits in dessen Biografie geäußert:

und wenn Lepsius später nur noch beiläufig zu der sprachlichen und grammatischen Seite der Aegyptologie zurückgekehrt ist, so hat er doch durch diese Arbeit [...] Weg und Methode gezeigt.[85]

Und weiter:

Die rein sprachlichen Vorlesungen führten nicht über die Grenzen der altägyptischen Grammatik hinaus und berücksichtigten nur gelegentlich das Hieratische oder die jüngeren Sprachformen des Demotischen und Koptischen.[86]

Auch Erman übte später, in für ihn charakteristisch schärferem Ton, ähnliche Kritik an Lepsius, nachdem dieser das seinerzeit gewünschte Privatissimum verwehrt hatte:

der eigentliche Grund war wohl, daß er die ganze Entwicklung der Ägyptologie nicht mehr mitgemacht hatte und dies selbst wußte.[87]

Einschränkend hierzu muss gesagt werden, dass zu Ermans Studienzeit (ab 1874 in Leipzig und dann ab 1875 in Berlin) Lepsius seit drei Jahren die Verantwortung als Oberbibliothekar der Königlichen Bibliothek in Berlin übernommen hatte und schon aus diesem Grund sicher weniger Zeit auf sprachliche Studien verwenden konnte.[88] Jedenfalls räumt aber auch Ebers in seiner Darstellung grundsätzlich ein:

---

83 Ebers (1893), 450 f.
84 Vgl. Trümpener (1981), 101.
85 Ebers (1885b), 124.
86 Op. cit., 228.
87 Erman (1929), 114.
88 Vgl. Koch (1988), 47 ff.: „Auch nach der Übernahme des Oberbibliothekariats an der Königlichen Bibilothek hatte Lepsius die Direktion des Ägyptischen Museums und den Lehrstuhl der Universität beibehalten. Beide Nebenämter dürften ihn freilich nicht sehr beschäftigt haben."

> Heinrich Brugsch, mein zweiter Lehrer, war Lepsius als Entzifferer und Erforscher der verschiedenen Sprachstufen des Altägyptischen weit überlegen.[89]

Der gesundheitlich angeschlagene Ebers, dem ein regelmäßiger Besuch universitärer Lehrveranstaltungen erschwert war und dem seine Lehrer Privatunterricht auch am Krankenbett erteilen mussten, sah sich gegen Ende seines Studiums vor dem Problem, dass für eine Promotion in Berlin nicht nur ein vorausgegangenes Universitätsstudium, sondern auch eine mündliche Prüfung erforderlich war.[90] Ebers wandte sich also am 13. Februar 1862 an die Universität Jena und beantragte die ‚*promotio in absentia*'.[91] Dieses Verfahren war schon damals heftig umstritten, da es v. a. dazu diente, durch die anfallenden Promotionsgebühren das Gehalt der Professoren aufzubessern – wobei die Jenaer Dozenten dessen wohl besonders bedurften.[92] Darüber hinaus erforderte die Promotion in Abwesenheit noch nicht einmal eine Drucklegung der Dissertationsschrift, so dass auch Ebers' Arbeit unpubliziert geblieben ist. Eine solche Praxis schadete jedoch dem Ansehen und der internationalen Vergleichbarkeit des deutschen Doktortitels, und zieht man zu dem allgemein negativen Urteil über die sog. „Pseudodoktoren"[93] noch das Gutachten des mit der Beurteilung der Arbeit beauftragten Philologen Prof. K. W. Göttling vom 23. Februar 1862 heran, so erscheinen Zweifel an der wissenschaftlichen Qualität von Ebers' Arbeit durchaus angebracht:

> Herr Ebers ist kein besonderer Kritiker, eher da er ein sehr fleißiger und belesener Mann ist, und, wie ich außerdem bedenke, wie sehr behindert sein reiferes Studium durch sein Rückenmarksleiden gewesen ist, so stimme ich dennoch für die Promotion.[94]

Ebers erhält den Doktortitel demnach trotz methodischer Schwächen für seinen Fleiß und unter besonderer Berücksichtigung seiner angeschlagenen Gesundheit. Auch sein Lehrer Lepsius scheint zunächst nicht von der Arbeit seines Schülers begeistert gewesen zu sein:

> Als ich sie vollendet hielt, legte ich sie [...] dem Altmeister meiner Wissenschaft, Richard Lepsius, vor. Er [...] zeigte sich nicht wenig erstaunt [...] und er ließ mich auch merken, daß ihn mein Ausflug in das alte ‚romantische Land' nicht eben angenehm überraschte. Als ich aber

89 Ebers (1893), 452.
90 Damals noch keine Selbstverständlichkeit; vgl. Brocke (1980), 62f.
91 Fischer (1994), 114f.
92 Vgl. op. cit.
93 Mommsen (1876).
94 Goettling in seiner Beurteilung vom 23.02.1862, zitiert nach Fischer (1994), 120.

> etwa vierzehn Tage später wieder bei ihm vorsprach, gab er mir die Freude über ‚dieses neue, fesselnde und eigenartige Gemälde aus dem Altertum' [...] lebhaft zu erkennen[95]

Eine objektive Einschätzung über Ebers' Dissertation ist sicher nicht nur vor dem Hintergrund seiner persönlichen Lebenssituation, sondern auch vor dem Entwicklungsstand seiner Disziplin zum damaligen Zeitpunkt vorzunehmen. Sie trug den Titel *Über die Herkunft des Memnon* und umfasste 23 handschriftlich beschriebene DIN-A3-Seiten in deutscher Sprache.[96] Die Arbeit stellt im Wesentlichen eine Zusammenstellung der dem Memnon zugeschriebenen Denkmäler und der damals bekannten Textquellen – mehrheitlich klassische Autoren und die Bibel, bis hin zu modernen Reiseberichten und Literatur benachbarter Disziplinen – dar.

Für Ebers' durch Lepsius inspirierten generalistischen Forschungsansatz (s. o.), aber sicher auch für den Kenntnisstand und die Menge der zur Verfügung stehenden Quellen bezeichnend ist das Fazit H. Fischers zu Ebers' Dissertation:

> Die Auswertung der ägyptischen Quellen beschränkt sich auf die Lesung der Königskartuschen.[97]

Es geht an dieser Stelle ausdrücklich nicht darum, die wissenschaftliche Qualifikation Ebers', die vor dem Hintergrund ihrer Zeit und der oben benannten Umstände gesehen werden muss, zu hinterfragen. Wichtig jedoch ist erstens, dass das von ihm – wenn auch aus nachvollziehbaren Gründen – gewählte Promotionsverfahren auch schon zu seiner Zeit nicht unumstritten gewesen ist, und zweitens, dass in seiner wissenschaftlichen Qualifikationsarbeit der relativ geringe Entwicklungsgrad der zeitgenössischen Ägyptologie und deren Abhängigkeit von Quellen und Methoden von Nachbardisziplinen zum Ausdruck kommt, denn Ebers verwandte noch vorrangig Quellen griechischer und römischer Provenienz bzw. außer-ägyptologische Sekundärliteratur für seine Dissertation.

Ebers bemühte sich nach seiner Promotion sogleich konsequent um die Habilitation. Ausschlaggebend dafür mag auch das gewachsene Prestige des Professorenstandes im Deutschland der zweiten Hälfte des 19. Jh. gewesen sein,[98] zumal Ebers sich um den Broterwerb durch seine akademische Qualifikation, dank der finanziellen Absicherung der Familie, keine Gedanken machen musste. So konnte er seinen Antrag auf Zulassung zur Habilitation an die Philosophische

95 Ebers, zitiert nach Fischer (1994), 120.
96 Vgl. Fischer (1994), 115.
97 Op. cit., 118.
98 Vgl. Op. cit., 123.

Fakultät in Jena am 08. Dezember 1864 auch mit einem entsprechenden Hinweis versehen:

> Welchen Nachweis ich über meine Vermögensverhältnisse führen soll, bitte ich Sie selbst zu bestimmen. Ich bin in der glücklichen Lage durchaus sorgenfrei, als unabhängiger Mann, meinen Studien und Lehrpflichten obliegen zu können.[99]

Zwar boten das Studium und die akademische Laufbahn die Möglichkeit zu sozialem Aufstieg, doch versuchten die neuen ‚geistigen Eliten' sich vom ‚akademischen Proletariat' zu distanzieren. Der Nachweis ausreichender finanzieller Mittel war eine entscheidende Voraussetzung für die Habilitation, da man als Privatdozent den gesellschaftlichen Repräsentationspflichten des selbstbewussten Professorenstandes auf Grundlage der Kolleggelder allein nicht nachkommen konnte.[100] Ebers' Ersuchen um Habilitation wurde vom Dekan am 18. Februar 1865 dem Rat der Fakultät vorgelegt. Dem Antrag beigefügt waren Ebers' Habilitationsschrift zur Geschichte der 26. Dynastie *Disquisitiones de dynastia vicesima sexta regum Aegyptiorum*[101], ein Aufsatz mit dem Titel *Der Canal von Suez*[102] aus der illustrierten Zeitschrift *Ueber Land und Meer* sowie Ebers' dreibändiger Erstlingsroman *Eine ägyptische Königstochter.*[103] Diese Auswahl erscheint zunächst etwas befremdlich. Neben einer wissenschaftlichen Abhandlung wurden auch zwei dezidiert populärwissenschaftliche Veröffentlichungen als Nachweis der Eignung zum Amt des Privatdozenten zugelassen. H. Fischer[104] erklärte diesen Umstand auf zweierlei Weise: Zum einen war in der gesellschaftlichen Entwicklung der bildungsbürgerlichen Kultur noch keine strikte Trennung zwischen populären und wissenschaftlichen Veröffentlichungen erfolgt, und zum anderen war die Universität Jena gerade um die Einstellung solcher Dozenten bemüht, die eine besonders große Öffentlichkeitswirkung entfalteten und entsprechend viele Studenten nach Jena zogen.

Eine große Breitenwirkung war aber auch für das Fach, welches Ebers in Jena vertreten sollte, von besonderer Bedeutung, denn die Ägyptologie war noch keine etablierte Wissenschaft.[105] Und so versuchte auch Ebers in seinem Habilitati-

99 Ebers, zitiert nach Fischer (1994), 124.
100 Vgl. Fischer (1994), 123 f.
101 Ebers (1865b).
102 Ebers (1865a).
103 Ebers (1864).
104 Vgl. Fischer (1994), 138 f.
105 Vgl. Kuhn (1996), 10–25; bes. 20; 25: „The Route to Normal Science", der auch die Veröffentlichung in Fachjournalen, nur mehr adressiert an professionelle Kollegen, als entscheidendes Kriterium angibt.

onsantrag nicht nur für sich und seine Arbeit, sondern für die Wissenschaft der Ägyptologie allgemein zu werben:

> Die weltgeschichtliche Bedeutung des Alten Aegyptens ist es allein, welche die Aegyptologie zu einer, des sauersten Schweisses würdigen, Wissenschaft macht. Wollten wir uns damit begnügen, die Herrscherreihen eines Einzelstaates zu ordnen und die Sprache eines längst dahingegangenen Volkes ‚rhebusartig' zu entziffern, um unseren Scharfsinn zu zeigen und die staunende Welt durch neue Curiosa zu bereichern, so hätten wir unseren Lohn darin. Aber wir verfolgen, Gott sei Dank, höhere Ziele! Oder ist es nicht dankenswert, wenn es uns gelingt die Quellen, aus denen Moses sein ewig gültiges Gesetz zu schöpfen wußte, bis zur Durchsichtigkeit zu klären, wenn wir uns bemühen, die Berichte der Bücher des alten Bundes und der classischen Historiker zu ergänzen und zu bestätigen, wenn wir der vergleichenden Sprachwissenschaft neue, niegeahnte Aufklärungen zuführen und – archäologisch – dem Entstehungsgange der antiken bildenden Künste bis zum Anbeginn zu folgen lehren.[106]

Dieses Ebers-Zitat führt drei Argumente für die Auseinandersetzung mit der Kultur des Alten Ägypten ins Feld: Erstens ist die Beschäftigung mit diesem Gegenstand an sich schon lohnend genug und dient zweitens einem öffentlichen Interesse. Die Bereicherung mit „Curiosa" und die entsprechende Publikumswirksamkeit hat also auch Ebers als ein für die Universität Jena attraktives Argument erkannt. Drittens aber dient er seine Wissenschaft den etablierten Disziplinen der Alttestamentarischen Studien, der klassischen Altertumskunde, der vergleichenden Sprachwissenschaft und der Kunstgeschichte gleichsam als wichtige Hilfswissenschaft an. In seiner Auffassung kommt sicher auch der von Lepsius übernommene Grundsatz einer generalistischen Ausrichtung der Forschung zum Ausdruck; die enge Anlehnung an benachbarte Disziplinen ist zu diesem Zeitpunkt jedoch auch ein Mittel der wissenschaftlichen Legitimation zum Zwecke der dauerhaften Etablierung der Ägyptologie an deutschen Universitäten. Vergegenwärtigt man sich, dass die Universität bei Ebers' Dienstantritt im Wintersemester 1865/66 in der philosophischen Fakultät 11 o. Professoren, 9 o. Honorarprofessoren, 8 a.o. Professoren und 7 Privatdozenten beschäftigt, ist die Etablierung einer eigenständigen Privatdozentur allein für die Ägyptologie um so beeindruckender.[107] Doch trotz des offenkundigen Interesses der Universität Jena an der Person Ebers' stellte die Fakultät jedoch zumindest pro forma erschwerende Bedingungen: Da Ebers in absentia promoviert und folglich keine mündliche Prüfung abgelegt hatte, wurde eine solche nun für die Habilitation gefordert.[108] Als

106 Ebers, zitiert nach Fischer (1994), 126.

107 Vgl. Fischer (1994), 134.

108 D. A. Schmidt am 02.02.1865 in seiner Stellungnahme an den Dekan der Fakultät, zitiert nach Fischer (1994), 127: „Auf alle Fälle bin ich für die Anberaumung – nicht eines Colloquiums,

Prüfungsfächer schlägt Ebers selbst Griechisch, Latein, Philosophie, Geschichte und Hieroglyphik vor, ersucht aber darum, von einer Prüfung in Semitistik befreit zu werden, da er hierin keine intensiven Studien betrieben hatte.[109] Die Prüfung wurde für den 18. März 1865 angesetzt und von Ebers mit eher mäßigem Erfolg bestanden, wobei seine Prüfer v. a. Defizite in den von ihm gewählten Nebenfächern monierten. Das Protokoll der Prüfung gibt Auskunft über die festgestellten Defizite. Es illustriert zum einen die für heutige Begriffe weitgefassten Ansprüche an den Kandidaten, zum anderen zeigt sich jedoch auch, dass die Prüfer letztlich über gewisse Schwächen hinweg zu sehen bereit waren, um für die Universität einen Publikumsmagneten[110] zu gewinnen. Zu den Prüfungsthemen heißt es im Einzelnen:

> Es wurde dem Candidaten eine Stelle des Tacitus über Ägypten vorgelegt. Die Übersetzung derselben machte ihm ziemliche Schwierigkeiten und er zeigte sich in dem Wortschatz und den Construktionen des Lateinischen nicht besonders bewandert: Seine Kenntniß des Lateinischen kann hiernach nur als eine geringe bezeichnet werden. Indeß möchte ich diesem Umstande nur so viel Einfluß gestatten, daß ihm Cand[idaten] keine besonders ausgezeichnete Zensur ertheilt werde.[111]

Dieses Ergebnis steht in einem gewissen Widerspruch zu der von Ebers selbst behaupteten intensiven Beschäftigung mit der lateinischen Sprache während seines Studiums:

> und mich mit besonderem Fleiß an der Hand des Plautus dem Studium der lateinischen Grammatik und der Metrik ergeben. [...]
>
> Was mir als Gymnasiasten am wenigsten anziehend erschienen und meine schwache Seite gewesen war, die Syntax der klassischen Sprachen, flößte mir jetzt das höchste Interesse ein.[112]

Entweder war sein Interesse inzwischen wieder erlahmt, oder er hatte seine Begeisterung nicht dauerhaft in solidere Kenntnisse umwandeln können. Vielleicht hatte Ebers aber auch einfach nur einen schlechten Tag oder litt unter Prüfungsangst. Die kritische Beurteilung seiner Prüfungsleistungen darf m. E. nicht überbewertet werden. Außerdem zeigen die im Protokoll festgehaltenen weiteren

---

sondern eines vollständigen Examens, [...]" D. A. Schmidt am 02.02.1865 in seiner Stellungnahme an den Dekan der Fakultät, zitiert nach Fischer (1994), 127:

109 Poethke (1980), 72.

110 Vgl. Fischer (1994), 139.

111 Protokoll der Nebenfachprüfungen in Latein, Altem Testament und Philosophie von K. Fischer, zitiert nach Poethke (1980), 73.

112 Ebers (1893), 447.

Prüfungsleistungen, dass Ebers durchaus auch in den von ihm benannten Nebenfächern Kompetenzen erworben hatte, jedoch immer auf sein Hauptfach, die Ägyptologie, bezogen. So wurde zu seiner Kenntnis des Alten Testaments festgehalten:

> Mit den Ergebnissen der biblischen Kritik in Bezug auf Pentateuch war der Candidat nicht genauer bekannt, dagegen zeigte er gute Kenntnisse als auf die geschichtlichen und geographischen Verhältnisse während des Aufenthaltes der Israeliten in Gosen eingegangen wurde.[113]

Mitunter offenbarten die Beurteilungen seiner Prüfer möglicherweise auch eher die mangelnde Vertrautheit dieser mit den Inhalten von Ebers' Studien:

> Die Sachen waren ihm nicht präsent und scheint derselbe überhaupt nicht die griechische Philosophie zu einem Gegenstand ernsthafter Studien jemals gemacht zu haben. Er ist selbst mit Lehren, wie die der Seelenwanderung und and[eren], die seinen Spezialstudien naheliegen, nur sehr oberflächlich bekannt.[114]

Ebers hat also nicht nur, wie wohl die meisten Prüflinge, mit dem mehr oder weniger stark ausgeprägten mangelnden Verständnis der Nebenfachprüfer für eine Vernachlässigung ihrer Themen zu kämpfen, sondern auch noch mit dem Umstand, dass seine eigene Disziplin in ihren Inhalten und Zielen seinen Prüfern selbst nicht klar vor Augen stand bzw. stehen konnte.

Die Bewertung seiner Hauptfachprüfung, für die durch augenscheinliche Zeitverluste während der Nebenfachprüfung nur „beschränkt"[115] Zeit war, fiel dagegen deutlich positiver aus, sollte aber aus den gleichen Gründen nicht überbewertet werden, denn unter den bei der Prüfung anwesenden Professoren befand sich niemand, der auf dem neuen Gebiet der Ägyptologie über besondere Kenntnisse verfügte.[116] Dennoch war die Berurteilung von Ebers' Prüfungsleistung eindeutig:

> Der Cand[idat] zeigte, daß er in allem, was die Ägyptologie betrifft, vollkommen zu Hause ist und sich selbstthätig auf ihrem Boden bewegt. [...] Seine Befähigung als Privatdozent für die Ägyptologie ist nicht zu bezweifeln.[117]

---

113 Poethke (1980), 73.
114 Op. cit.
115 Op. cit.
116 Vgl. Op. cit., s. Anm. 14.
117 Op. cit.

Man kam zu dem Schluss, Ebers für die Habilitation zuzulassen empfahl aber:

> er möge bei seinen weiteren Studien auf die Ergänzung seiner Kenntnisse sowohl nach Seite der Philologie, wie der Philosophie und allgemeinen Geschichte Bedacht nehmen.[118]

Nachdem auch die Habilitationsschrift positiv beurteilt wurde, erhielt Ebers am 14. Mai 1865 die Erlaubnis, sich zu habilitieren, und konnte am 12. Juli seine Verteidigung durchführen. Am darauf folgenden Tag hielt er eine einstündige Probevorlesung zum Thema *Eine Geschichte der Hieroglyphenentzifferung* und konnte auch damit seine Prüfer überzeugen.[119] Im Wintersemester 1865/66 begann Ebers seine Lehrtätigkeit an der Universität Jena, die er bis zum Sommersemester 1869 durchgängig aufrechterhielt und dabei aufgrund seiner günstigen finanziellen Lage viele seiner Lehrveranstaltungen gratis anbieten konnte.[120] Im Rahmen dieser Tätigkeit erfüllte Ebers die Erwartungen der Universität bezüglich der Publikumswirksamkeit seiner Vorlesungen und setzte sich andererseits leidenschaftlich für die Etablierung seiner Wissenschaft ein:

> Ich gebe mir auch alle Mühe, arbeite fast über die Kraft, und gerathe jedesmal so ins Feuer, daß ich mir manchmal vorkomme wie ein Prophet. Dann drängen sich die Worte hervor, ich weiß selbst nicht woher, und ich fühle, wie sich das, was ich darstellen will, zu greifbarem Bilde gestaltet. Um kurz zu sein: Ich bin von Herzen zufrieden und glücklich in meinem schönen Berufe.[121]

Begünstigt wurde sein Erfolg durch die konsequente Umsetzung der schon in seinem Habilitationsantrag vertretenen Interdisziplinarität[122] (s.o.) und dem Umstand, dass die seit Mitte des 19. Jh. einsetzende „Spezialisierung“[123] an deutschen Universitäten nicht völlig zur klaren Trennung einzelner Fachstudiengänge geführt hatte. Ebers' Erfolg lässt sich besonders gut in Zahlen ausdrücken: In seiner ersten Vorlesung hatte er – trotz guten Wetters – 14 Zuhörer. Im Sommersemester 1866, trotz des Preußisch-Österreichischen Krieges, 74 Hörer, während die Gesamt-studierendenzahl der Universität Jena in dieser Zeit um 400 lag.[124] Zurecht macht Fischer darauf aufmerksam, dass somit ein Sechstel (!) aller

118 Op. cit.
119 Vgl. Op. cit, 74 f.
120 „privatim“ wären diese kostenpflichtig gewesen; vgl. Poethke (1980), 75, Anm. 23; zumindest missverständlich die äquivalente Verwendung der beiden Begriffe bei: Fischer (1994), 124.
121 Ebers, zitiert nach Fischer (1994), 134.
122 Eine Übersicht der von ihm angebotenen Lehrveranstaltungen bei: Fischer (1994), 132 f.
123 Diese wurde auch von den Zeitgenossen wahrgenommen und mit dem Begriff der „Verfachlichung“ beschrieben; vgl. T. Benfey, zitiert nach Mangold (2004), 12.
124 Angaben nach Fischer (1994), 133 f.

Studierenden damals Ebers' Vorlesungen besuchte.[125] Es ist daher verständlich, dass die Leitung der Fakultät sich darum bemühte, Ebers durch Ernennung zum a.o. Professor dauerhaft an sich zu binden.[126] Ebenso bezeichnend für die ungesicherte Stellung der Ägyptologie ist jedoch, dass diese Wissenschaft nach Ebers' Weggang und Berufung zum Extraordinarius in Leipzig zum Erliegen kam und nicht neu besetzt wurde.[127] Die Gründe hierfür lagen einerseits in den begrenzten Mitteln der Universität Jena und andererseits in der sich daraus ergebenden Notwendigkeit, besonders publikumswirksame, zugleich jedoch junge, d.h. (noch) nicht etablierte, Wissenschaftler zu beschäftigen.[128] Die Universität Jena hat sich jedoch sehr wohl darum bemüht, Ebers als Dozent dauerhaft an sich zu binden und ihm eine außerordentliche Professur einzurichten.[129] Die Argumente, die hierfür auf einer durch den Dekan der Philosophischen Fakultät einberufenen Beratung vorgebracht wurden, behandelten v.a. Ebers' neuste Arbeit über *Aegypten und die Bücher Moses.*[130] Auf dem am 04. März 1869 einberufenen Fakultätsconfess wurden deren herausragende Eigenschaften erörtert und die Leistungen Ebers' wie folgt resümiert:

> Unter jenen Bibelerklärern ist kein einziger, welcher selbst hieroglyphische Texte zu erklären verstünde, wie es bei Herr D. Ebers der Fall ist, und dem auch nur annäherungsweise das viele Material der ägyptischen Literatur zu Gebote stünde, wie D. Ebers in seinem Buche vor uns ausgebreitet hat. Schon für diese, an manchen Punkten fast zu ausführliche Ansammlung des Stoffes wird jeder Bibelerklärer die genannte Schrift als sehr nutzbar und verdienstlich erachten.[131]

Zwei Dinge sprechen also für eine Beförderung Ebers' zum Extraordinarius: Erstens seine ägyptologische Fachkompetenz und zum anderen der Nutzen solcher ägyptologischen Studien für Nachbardisziplinen, im konkreten Fall für Althistoriker und Alttestamentler. In diesem Sinne fiel auch das Fazit der Fakultätssitzung aus:

> Herr D. Ebers hat nach dem Urteil der fachkundigen Mitglieder der Fakultät in seinem neuesten Werk: Aegypten und die Bücher Moses's, sachlicher Commentar p.p., sich als selbstständiger, gründlicher und scharfsinniger Forscher bewährt, und der alten Geschichte, sowohl als der alttestamentlichen Exegese wesentliche Dienste geleistet. Seine mit Beyfall

125 Vgl. op. cit., 139.
126 Vgl. Poethke (1980), 76.
127 Vgl. Op. cit.
128 Vgl. Fischer (1994), 139.
129 Vgl. Fischer (1994), 135 ff.
130 Ebers (1868).
131 Aus dem Protokoll der Sitzung zitiert nach: Fischer (1994), 217.

gehörten Vorlesungen erstreckten sich über mehrere Fächer, welche er allein vertritt an unserer Universität.[132]

Gerade in dem letzten Teil des Zitats kommt aber nochmals ein weiteres, wenn nicht das wesentliche Anliegen der Fakultät zum Ausdruck: Die dauerhafte Nutzbarmachung der Publikumswirksamkeit von Ebers'.

Übereinstimmend urteilen zeitgenössische Kollegen über Ebers, dass dieser die Ägyptologie einem großen Publikum vertraut gemacht habe, darunter mischte sich jedoch auch mehr oder minder offener Zweifel an seiner fachlichen Begabung bzw. dem Grad der Wissenschaftlichkeit seiner Arbeiten. So äußert sich H. Brugsch:

Es ist ausserdem bekannt, daß seine ägyptischen Romane und seine Prachtwerke über das alte und neue Aegypten nicht wenig dazu beigetragen haben, in Deutschland und im Auslande das erloschene Feuer der Theilnahme an dem alten und dem neuen Aegypten anzufachen.[133]

Und in einer Charakterisierung seines Freundes und Kollegen, A. Mariette sagt Brugsch über diesen:

[...] wie unser Georg Ebers fabulierte er mit der Luft des Poeten von Gottes Gnaden.[134]

Während man bei Brugsch noch zwischen den Zeilen lesen muss, wird Ebers' Schüler Erman sehr viel deutlicher und zielt dabei zunächst v. a. auf das schriftstellerische Engagement seines Lehrers:

Den Ruf, der der Ägyptologie in wissenschaftlichen Kreisen anhaftete, konnte es auch nicht bessern, daß sie gerade damals bei dem Publikum in Mode kam. Ebers hatte die Sage von der ägyptischen Prinzessin, die an den persischen Hof verheiratet wird, zu einem Romane ausgestaltet[135] und hatte dies so geschickt gemacht, daß jedes junge Mädchen dafür schwärmte [...]. Besonders groß war der Erfolg des Romanes Uarda[136] [...].

Durch diese Uarda [...] wurde die Begeisterung für das Alte Ägypten allgemein. Alle, die bisher nichts von ihm gewußt hatten, als daß es dort Pyramiden, Obelisken und Mumien gegeben habe, wußten jetzt von Ramses und Theben, von dem Gotte Amon und anderen schönen Dingen. Daß dies der Wissenschaft direkt Segen gebracht hätte, kann man nicht

---

132 Aus dem Protokoll der Sitzung zitiert nach: Fischer (1994), 136 f.
133 Brugsch (1891), 140.
134 Brugsch (1894), 167.
135 Ebers (1864).
136 Ebers (1876).

> behaupten, mag auch der ein oder andere Junge dadurch angeregt worden sein, sich mit dem Alten Ägypten zu beschäftigen.
>
> [...]
>
> Auch die wissenschaftlichen Arbeiten von Ebers waren nicht so, daß sie auf ernste Gelehrte Eindruck machen konnten.[137]

Ermans Kritik an dieser modischen Ägyptologie[138] und dem schriftstellerischen Wirken seines Lehrers steht in eindeutigem Widerspruch zu seinen Äußerungen Ebers gegenüber in ihrer Korrespondenz, in der er in seiner Anerkennung über das Maß gewöhnlicher Artigkeiten weit hinausgeht. So bedankt er sich für die Zusendung des Romans *Homo sum*[139] mit folgenden Worten:[140]

> Ihnen wird freilich nicht viel an meinem Ur-|theil über Ihr Werk liegen, aber es drängt mich | doch, es auszusprechen, dass es mich ergriffen und | fortgerissen hat wie selten ein Buch. Das sind | wirkliche Menschen von Fleisch und Blut und ich | glaubte in jedem von ihnen Paulus so gut wie in | Polykarp, ein Stück von mir wiederzufinden.

Erman ging sogar noch weiter, indem er seinem Lehrer eröffnete:[141]

> Überhaupt liegt mir jetzt deutsche und an-|tike Litteratur und Kunst fast mehr am Her-|zen als unsere Wissenschaft. Ich habe mit ge-|heimem Grauen gesehen, wie unendlich weit ich | in dieser Beziehung hinter meinen Collegen stehe, | und suche nun mich an Dürer und Pisano nach | Kräften zu bilden. Es wäre vielleicht klüger, | ich liesse solche Allotria und verwendete alle Kraft | und Zeit auf die aegyptische Grammatik; aber | mir scheint jetzt eine solche Gelehrsamkeit, die | an sich selbst genug hat, gar zu beschränkt | und ungebildet.

Festzustellen ist, dass selbst Erman sich zu der Zeit, als sein Lehrer schriftstellerische Erfolge feiern konnte, deren Reiz ebenfalls nicht zu entziehen vermochte.

Bei aller Kritik musste auch Erman die zentrale Bedeutung, die Ebers bei der – im doppelten Wortsinne – Ausbildung der Ägyptologie in Deutschland gespielt hat, einräumen:

> Es ist mir immer lehrreich gewesen, daß die spätere deutsche Ägyptologie allein auf diesem Manne beruht, der doch selbst in der Wissenschaft kaum etwas leistete. Er war aber ein Lehrer von Natur und verstand es, das, was andere erarbeitet hatten, geschickt zu verbreiten,

---

137 Erman (1929), 255 ff.

138 Vgl. Fischer (1994), 1–15.

139 Ebers (1877).

140 SBB-PK, Nachl. Georg Ebers: Erman, Adolf, 18.12.1877.

141 Ebenda.

> und wußte zudem, den Studenten Lust zu machen. Mit der bloßen Gelehrsamkeit, so groß sie auch sein mag, ist eben bei dem Dozenten noch nichts getan.[142]

Diese Vermittlerrolle konnte Ebers, nachdem er 1869 seine erste Ägyptenreise angetreten hatte, ab dem Wintersemester 1870/71 in Leipzig ausüben,[143] welches nicht nur über eine Universität mit höheren Studierendenzahlen verfügte,[144] sondern damals ein Zentrum der deutschen Orientalistik gewesen ist.[145]

Aus einem entsprechenden Selbstbewusstsein der Vertreter der Universität, aber auch dem Bewusstsein einer – wenn auch kritisch beurteilten – ägyptologischen Tradition befürwortete die Philosophische Fakultät die Einrichtung einer Professur für Ägyptologie:

> Die Frage nun, ob die Errichtung einer Professur für Aegyptologie wünschenswerth sei, glaubt die Facultät entschieden bejahen zu müssen. Die Aegyptologie hat durch die große Vermehrung der neu entdeckten Denkmäler gar sehr an Umfang gewonnen, die Sicherheit der Entzifferung ist dadurch gestiegen, daß ein sich stets erweiternder Kreis von Gelehrten der verschiedenen Nationen sich daran mit Eifer und Scharfsinn betheiligt [...].
>
> Das Interesse der Aegyptologie für die Alte Geschichte so wie für die Sprachwissenschaft ist daher ein wachsendes und je schwerer es ist diese Forschungen mit anderen Studien als Nebenzweig zu verbinden, desto mehr hat die Aegyptologie Anspruch darauf, als ein besonderes Fach betrachtet zu werden.[146]

In dieser Einschätzung kommt sehr deutlich die damalige Situation der Wissenschaft der Ägyptologie zum Ausdruck, nämlich dass es sich um eine zunehmend eigenständige Disziplin handelte, die jedoch ihre Legitimation immer noch im Wesentlichen durch ihren Beitrag zu den Forschungen benachbarter Fächer gewinnt. Interessant ist jedoch auch die Berufung auf eine bereits an der Universität bestehende ägyptologische Tradition, die in dem hier zitierten Bericht ausdrücklich angeführt wurde:

> Es ist billig, daß Leipzig auch in dieser Beziehung nicht zurückstehe, zumal da schon vor längerer Zeit dies Studium gerade hier durch Spohn angeregt und dann auch durch eine andere Persönlichkeit, wenn auch nicht in durchaus glücklicher Weise, gepflegt worden ist.[147]

---

142 Erman (1929), 111.

143 Fischer (1994), 143 betont die Wichtigkeit „lebendiger Anschauung des Landes“ für das Berufungsverfahren.

144 Vgl. Fischer (1994), 114 über die Universität Jena.

145 Vgl. Mangold (2004), 91–100; 151–155.

146 Bericht der Fakultät an das Kultusministerium in Dresden vom 23.10.1869, zitiert nach: Fischer (1994), 142.

147 Op. cit.

Die hier namentlich nicht genannte „Persönlichkeit" ist Ebers' Vorgänger G. Seyffarth, mit dem sich Ebers auch und gerade während seiner Zeit in Leipzig immer wieder auseinanderzusetzen hatte, da dieser die durch Champollion gewonnenen Erkenntnisse über die ägyptische Grammatik bis zum Ende seines Lebens nicht anzuerkennen bereit war. Gleich zu Beginn seiner Leipziger Zeit musste Ebers den Seyffarth'schen Konzepten entgegentreten, die die Stellung der jungen Ägyptologie gerade in den Nachbardisziplinen gefährdete:

> Als ich 1870 nach Leipzig berufen wurde, hielt Prof. Wuttke im Verein für die Geschichte Leipzig's einen Vortrag, in dem er Seyffarth's System für das einzig richtige, dass Champollion'sche dagegen für verkehrt und als nur mit unrecht herrschend erklärte. Ich blieb ihm bei meiner Antrittsvorlesung[148] die Antwort nicht schuldig, und als Wuttke mich nach derselben besuchte und ich ihm anhand des trilinguen Decrets von Tanis, seines hieroglyphischen und griechischen Textes darzulegen versuchte, wie diese Inschrift unser System in allen Stücken bestätigte, gab er mir selbst zu, dass er keine Hieroglyphen selbstständig zu lesen verstehe, auch nicht nach dem Seyffarth'schen Schlüssel.[149]

Dieser Bericht Ebers' verdeutlicht, dass die Ägyptologie damals noch keine fest etablierte Wissenschaft gewesen ist. Immer noch wurden die Erkenntnisse Champollions in Zweifel gezogen. Angesichts der Bedeutung der Legitimation durch die Nützlichkeit ihrer Erkenntnisse für Nachbarwissenschaften wird deutlich, warum sich Ebers derart vehement diesen Zweifeln entgegenstemmte, wobei die Ignoranz gerade auch von Wissenschaftlern außerhalb der Ägyptologie eine existentielle Bedrohung für deren Fortbestand darstellte, weil sich eine so junge Disziplin auf Dauer keine grundlegenden Widersprüche bzw. Zweifel an der Zuverlässigkeit und Richtigkeit ihrer Ergebnisse erlauben konnte.

Durch die Unterstützung seines Lehrers Lepsius[150] erhielt Ebers schließlich die Stelle als Extraordinarius in Leipzig und setzte sich dabei auch gegen J. Dümichen durch, der ebenfalls ein Schüler Lepsius' gewesen war. Ihre Wertschätzung von Dümichens fachlicher Qualifikation hatte die Philosophische Fakultät durch die ihm 1867 verliehene Ehrendoktorwürde zum Ausdruck gebracht.[151] Den Ausschlag gab wohl die Lehrerfahrung von Ebers,[152] die vor dem Hintergrund der oben gemachten Ausführungen, wohl auch als Chiffre für dessen Publikumswirksamkeit verstanden werden darf. In dem von Lepsius verfassten

---

148 Vgl. Fischer (1994), 144: „Über den Inhalt und die Aufgabe der ägyptologischen Studien", 26.04.1871.

149 Ebers (1887b), 216.

150 Vgl. Fischer (1994), 141.

151 Vgl. op. cit., 143, Anm. 2.

152 Vgl. op. cit., 143.

Empfehlungsschreiben für Ebers kommt – zumindest andeutungsweise – ein Vorzug zum Ausdruck, der Ebers von einem weiteren zeitgenössischen Kollegen unterschied:

> zeichnet er sich vor den meisten Spezialisten dieses Faches dadurch aus, daß er sich nicht auf die Entzifferung der Inschriften beschränkt, sondern sich zugleich den geschichtlichen und antiquarischen Aufgaben zuwendet und die allgemeinen Gesichtspunkte nie aus den Augen verliert.[153]

Diese aller Wahrscheinlichkeit nach gegen H. Brugsch gerichtete Spitze[154] verdeutlicht wiederum den von Lepsius vertretenen generalistischen Forschungsansatz von der Wissenschaft der Ägyptologie, die sich, angesichts der zentralen Bedeutung philologischer Kompetenz in der weiteren Entwicklung des Faches und besonders in der Berliner Schule A. Ermans, von später vertretenen Konzepten fundamental unterscheidet. Dennoch gelang es Ebers nach seiner Ernennung zum ordentlichen Professor (21. Mai 1875),[155] der Ägyptologie zu einer starken Stellung innerhalb der deutschen Universitätslandschaft zu verhelfen und, da Lepsius sich inzwischen zunehmend zurückgezogen und sowohl Brugsch als auch Dümichen keine umfangreichere Ausbildungstätigkeit entfaltet hatten,[156] zeitweise für die gesamte deutschsprachige Ägyptologie prägend zu wirken:

> So ist E.[bers] [...] der erste und lange Zeit der einzige Lehrer der Ägyptologie in Deutschland gewesen, bis die bedeutendsten seiner Schüler, vor allem Adolf Erman in Berlin, ihm gleichberechtigt zur Seite traten.[157]

Diesen Umstand hatte ja auch Erman eingeräumt (s. Zitat o.), wenn auch im Kontext einer kritischen Würdigung von Ebers' Verdiensten. Ebers hielt den Lehrstuhl für Ägyptologie an der Universität Leipzig vom Wintersemester 1870/71 bis zum Sommersemester 1889, d. h. über einen Zeitraum von 38 Semestern oder 19 Jahren inne.[158] Weitere Ägyptenaufenthalte, aber auch die stetige Verschlechterung von Ebers' Gesundheitszustand machen insgesamt 11 Beurlaubungsgesuche nötig, wodurch von den insgesamt 54 im Vorlesungsverzeichnis angezeigten Lehrveranstaltungen 22 nicht stattfinden konnten.[159] Im Sommersemester 1874

153 Lepsius, zitiert nach Fischer (1994), 142.
154 Vgl. op. cit., 141, Anm. 5.
155 Vgl. Fischer (1994), 145 ff.
156 Vgl. op. cit., 151.
157 Meyer (1900), 91.
158 Vgl. Fischer (1994), 147.
159 Op. cit., 148 f.; s.a.: op. cit., Anhang 426–429.

gelang durch die mittlerweile erfolgte Abspaltung der ägyptologischen Sammlung von der archäologischen Sammlung der Universität, und die räumliche Zusammenlegung mit der universitären Lehre, die Gründung des Ägyptologischen Instituts.[160] Ab dem Sommersemester 1879 konstatierte Fischer eine Schwerpunktverlagerung in dem von Ebers angebotenen Curriculum hin zu philologischen Veranstaltungen.[161] Sein Fazit beschreibt die Ergebnisse des fortschreitenden Institutionalisierungs- und Etablierungsprozesses der Wissenschaft der Ägyptologie:

> In der noch universalen Ägyptologie spaltet sich der Bereich der Philologie ab. In dieser liegt der Schwerpunkt zunehmend auf der Interpretation der altägyptischen Texte statt griechischer und lateinischer. Die (Kultur-)Geschichte arbeitet mehr und mehr an den Objekten und berücksichtigt die Kunde vom Land, das der Lehrende jetzt aus eigener, nicht aus vermittelter Anschauung kennt.[162]

Die Liste der Namen der Vertreter der so ausgebildeten Leipziger Schule[163] der Ägyptologie liest sich wie ein *Who is who* der damaligen Altertumswissenschaft: A. Erman; E. Meyer; R. Pietschmann; L. Stern; A. Wiedemann u. a.m.[164] Die Qualitäten von Ebers als Lehrer wurden von allen seinen Schülern geschätzt und auch besonders hervorgehoben:

> Und dazu war Ebers auch von rührender Güte gegen Gerechte und Ungerechte und opferte sich unermüdlich für andere auf. Auch nachher, in den langen Jahren seiner Krankheit, ließ er von dieser stillen Tätigkeit nicht ab und schrieb ungezählte Briefe, um irgendeinem armen Teufel zu helfen.[165]

Exkurs Die Affäre „Wilhelm Max Müller“

Ein Beispiel für diese Tätigkeit Ebers’ ist der Fall von W. M. Müller,[166] welcher, straffällig geworden, von Ebers mit einem Gnadengesuch und Hilfe bei der Be-

---

160 Vgl. op. cit., 150; bes.: Anm. 3.
161 Vgl. op. cit., 150.
162 Op. cit.
163 Erstmals so benannt in: SBB-PK, Nachl. Georg Ebers: Erman, Adolf, 10.07.1879; dann aufgenommen in: BStUB, Ebers-Erman, 26.11.1879.
164 Vgl. Fischer (1994), 152–164.
165 Erman (1929), 111.
166 G.A.B. (1934); Bierbrier (2012), 391. – Der Name „Müller“ bereitet natürlich immer Schwierigkeiten bei einer sicheren Identifikation. Schon Fischer (1994), 162, Anm. 2 macht

mühung, seine Promotion abzuschließen und eine Anstellung zu finden, unterstützt wurde. Da die Hintergründe sonst nicht in den biografischen Darstellungen zu Müller geschildert werden und dieser Fall die Intensität des Ebers'schen Engagements für seine Schüler illustriert, soll er an dieser Stelle ausführlicher behandelt werden: Die Hintergründe werden von Ebers erst relativ spät gegenüber Erman ausgeführt – zu einem Zeitpunkt, als Müller seine Haftstrafe bereits verbüßt hat. In einem Brief vom 01. Januar 1890 schreibt Ebers:[167]

> Wahrlich, Müller hat für | seinen bösen Fehltritt schwer genug gebüßt, | u. für mich ist gesühnt, was er in Angst | u. Leichtsinn versah. Wenn etwas schön ist | am Christenthum, so ist es die Forderung zu | vergeben, was menschliche Schwäche fehlte, ‖ wenn die Schuld recht bereut ward. Soll denn | dieses Menschen ganzes Leben durch diese eine Schuld, | die bestraft und gebüßt ward, verderben und | nutzlos gemacht werden? Dabei spielt ganz | besonderes Unglück so stark mit bei seinem | schweren Schicksal. Ich kann mich in die Seele | eines solchen Menschen hinein versetzen und | mir vorstellen, wie er von einer Sünde, die auch | von den hohen Academikern manche begangen | haben werden, u. die ‚der Küster vergiebt', | zum wirklichen Verbrecher wurde. Ich sehe | seine Angst, als die Mitschuldige ihm mitteilte, | daß sie sich Mutter fühle. Wie sollte er das Kind | ernähren, wie seinen Eltern das Geschehene beichten?
>
> Da fragt ihn das Weib, ob er kein Mittel von sei-|nen medizinischen Freunden erfahren könne, u. er | nicht die Rettung nahen. Aber in dem Brief, der von | ihm gefunden ward, widerrieth[168] er dem Frauenzim-|mer doch, sich zu einer Fehlgeburt zu verhelfen.
>
> Erst am Schluß wird die Sache wieder über | ihn mächtig u. er sagt, er habe gehört – u. nun | gibt er einige Volandmittel[169] an: Sehr heißes Baden | sehr starkes [?] etc. Das war sehr un-|recht; aber er hat dafür ¾ Jahre im Gefängniß ge-|sessen u. die furchtbarste Atimie[170] ertragen.
>
> Bei der Begnadigung erhielt er die bürgerlichen Ehr-|renrechte voll zurück – u. was an ihm lag, das | hat er gethan, um sich durch Fleiß zu rehabilitieren, | denn er hat im Gefängniß u. nach seiner Entlaßung | jede Stunde zu ernstem Schaffen benutzt. Wenn | es einen barmherzigen Gott gibt, so hat er diesem | Unglücklichen sicher verziehen. Ich habe wohl | 100 Briefe in seinem Intereße geschrieben u. ihm | auch eine Stellung verschafft, die ihn nährt. Jetzt, | dachte ich, würde auch seine schöne Begabung | voll und ungehindert zur Geltung kommen können; ‖ aber ich sollte mich irren! In eine pädagogi-|sche Stellung hätt' ich ihn selbst in Deutschland noch | nicht eingeführt; – aber den Druck seiner tüchti-|gen Arbeit abzulehnen, weil die Finger des Ver-|fassers einmal schmutzig waren, das finde ich | grausam und widrig. Die Strafe war die Seife, die | Müllers Hand reinigte; wenn er aber nach diesem | Schlage wirklich schlecht wird, es soll mich nicht | wundern. Diejenigen, welche, weil es ihnen | selbst ein so herrlich tugendhaftes Ansehen gibt, | den bestraften Schuldigen

---

darauf aufmerksam, dass dieser nicht mit dem in Ebers (1885b) erwähnten Max Müller zu verwechseln sei.

167 BStUB, Ebers-Erman, 01.01.1890.

168 Hervorhebung im Original.

169 Voland =Teufel?

170 Für Athymie = Schwermut?

> die Verachtung öffentlich | fühlen laßen, ihn abweisen und zurückstoßen, | sind es, die das Sichwiederaufrichten des Gefallenen | hindern u. Seelen – Sie wissen, daß ich das nicht wört-|lich oder theologisch meine – und Seelen [sic!], die für den | Himmel bestimmt u. geschickt waren, in die Hölle | stoßen.

Müller unterhielt also offenkundig eine uneheliche Beziehung zu einer Frau und schwängerte sie. Unter den gesellschaftlichen Verhältnissen des Deutschen Kaiserreichs im ausgehenden 19. Jh. bedeutete dies eine äußerst problematische Situation. Außerehelicher Geschlechtsverkehr wurde von der Gesellschaft nicht toleriert. Da Müller zu diesem Zeitpunkt seine Promotion noch nicht erlangt hatte, konnte er die Beziehung zu seiner Partnerin auch nicht durch Heirat legalisieren. Die Möglichkeit zu einer medizinisch überwachten Abtreibung bestand gleichfalls nicht. Der als Folge dieser Situation unternommene Versuch, eine Fehlgeburt herbeizuführen, ist wahrscheinlich fehlgeschlagen, in jedem Fall aber angezeigt worden. Aus einem früheren Brief Ebers' erfährt man, dass Müller daraufhin zu 1 ½ Jahren Gefängnisstrafe verurteilt worden ist.[171] Erst nach Ablauf einer gewissen Zeit konnte daraufhin ein Gnadengesuch zur Verkürzung der Haftdauer eingereicht werden, wobei Ebers auch seine persönlichen Kontakte zum bayerischen Königshaus nutzen wollte.[172] Aber auch schon während der Haftzeit Müllers setzte sich Ebers für seinen Schüler ein und bewirkte, dass dieser neben dem üblichen „Schächtelchenkleben" auch geistige Arbeit im Gefängnis verrichten und u.a. seine Dissertation fertigstellen durfte.[173] Nach Müllers Freilassung bemühte sich Ebers darum, ihm eine Anstellung zu verschaffen, und da eine solche einerseits in Deutschland angesichts der herrschenden Moral eher unwahrscheinlich gewesen wäre und Müller andererseits im Gefängnis Englisch gelernt hatte,[174] vermittelte ihn Ebers nach vergeblichen Anfragen an P. Le Page Renouf am British Museum in die USA, wobei Ebers' Schilderung an die Einschätzung Ermans über seinen Lehrer (s.o.) erinnert:

> In den letzten Tagen hat meine ganze dem Briefschreiben gewidmete Zeit dem unglücklichen Müller gehört;[175]

Auch nach Müller's Weggang in die USA, wo er im Übrigen eine recht erfolgreiche akademische Laufbahn beginnen konnte und auch geheiratet hat,[176] hielt Ebers

---

171 BStUB, Ebers-Erman, 28.07.1887.
172 Ebenda.
173 BStUB, Ebers-Erman, 11.10.1887 & 17.12.1887.
174 Ebenda.
175 BStUB, Ebers-Erman, 18.01.1888.
176 G.A.B. (1934), 320 f.

den Kontakt zu ihm aufrecht und bemühte sich, ihm die Veröffentlichung seiner Arbeiten in deutschsprachigen Publikationsorganen zu ermöglichen.[177]

3.1.3 Weltanschauung und Wissenschaftsauffassung

In der Periodisierung der Geschichte der Ägyptologie von H. Kees[178] erscheint Ebers als Vertreter des Romantischen Zeitalters der Ägyptologie von 1850 bis 1881, welches in das sog. Goldene Zeitalter übergeht. Der Begriff der Romantik ist hierbei sicher auch abwertend gebraucht worden, denn zum einen stimmt seine zeitliche Einordnung nicht mit der Datierung dieses Epochenbegriffs (1790 – 1840) überein,[179] und zum anderen bleibt Kees eine rationale Begründung für diese Klassifizierung schuldig.[180] An dieser Stelle soll daher eine allgemein-historische Einordnung der Person Ebers' erfolgen, d. h. seine Anschauungen zu außerwissenschaftlichen Ereignissen und deren Auswirkungen auf seine Wissenschaftsauffassung untersucht werden. Außen vor bleibt dabei Ebers' literarisches Schaffen, welches literaturgeschichtlich gleichfalls nicht mit dem Begriff der Romantik in Verbindung gebracht werden kann. Die dabei entscheidende Leitidee ist das Konzept des Nationalismus. Die vorliegende Untersuchung kann sich auf eine bereits ausgeführte Analyse von H. Kischkewitz stützen, die sich in einem Artikel mit Lepsius, Brugsch und Ebers und „ihrer Stellung zu Zeitfragen" auseinandergesetzt hat.[181] Darin heißt es:

> Im Rückblick auf sein Leben erscheint Ebers als der deutsche Ägyptologe des vergangenen Jahrhunderts, der sich Zeit seines Lebens als liberaler Demokrat offen auf die Seite des bürgerlichen Fortschritts zu stellen versuchte.[182]

177 Und bezieht auch seinen Schüler Erman immer wieder mit in dieses Engagement ein: BStUB, Ebers-Erman, 16.06.1888; 06.01.1889; 20.06.1889; 21.01.1890; 06.02.1890; 25.02.1890; 15.08.1890; 07.10.1890; 01.11.1890; 11.04.1891; 06.05.1891; 14.09.1891; 25.07.1892;06.07.1893; 02.07.1895; 18.12.1895; 17.10.1895.

178 Kees (1959).

179 Vgl. Schulz (2008), 8.

180 Op. cit., 7 benennt eine Reihe von weitergefassten Wortbedeutungen, die diesem Begriff anhaften: phantastisch, überspannt, verrückt, irrational, idealistisch, utopisch, wirklichkeitsfern, sehnsüchtig.

181 Kischkewitz (1980).

182 Kischkewitz (1980), 100.

Kischkewitz erachtet das Erleben der Märzrevolution für prägend und hebt dabei das soziale Umfeld hervor, welches die Ausbildung einer liberalen Gesinnung beförderte:

> Ebers Kindheit fällt in die Märzrevolution. Er erlebte sie bewußt und erkannte aus den Gesprächen im Salon seiner Mutter und bei Freunden die Zusammenhänge, wie sie einem liberalen Bürgerlichen sehr gut einsichtig sein konnten. Von dieser Klassenposition verfolgt er das Zeitgeschehen.[183]

Auch wenn m. E. der Bestimmung von „Klassenpositionen" gegenüber eher eine gewisse Skepsis angebracht ist und der Grad der Objektivität von Ebers' Darstellungen in dessen Autobiografie[184] nicht von der Parallelität zur Einteilung der Märzrevolution in vier Zeitabschnitte durch die „marxistische Geschichtswissenschaft" abhängig gemacht werden sollte,[185] benennt Kischkewitz dennoch die wesentlichen Aspekte: Ebers konnte die Ereignisse der Märzrevolution bewusst miterleben – er war zu diesem Zeitpunkt elf Jahre alt und durch den frühen Tod seines Vaters hatte sich das soziale Umfeld der Familie hin zu Kreisen des Bildungsbürgertums verändert. Zurecht verortet Kischkewitz Ebers dabei in einem Spannungsfeld von Konservativen und Liberalen, die bei allem Bemühen um politische Teilhabe nach wie vor „königstreu" und gegen „radikale politische Umwälzungen"[186] – i. e. Demokratie[187] – eingestellt waren. So berichtet Ebers von seinen Eindrücken aus dem mütterlichen Salon:

> Doch warme Sehnsucht nach würdigeren politischen Zuständen und einer Verfassung auch für das wackere, loyale, denkende und wohlunterrichtete preußische Volk erfüllte die meisten näheren Bekannten der Mutter und ausnahmslos die Jungen.
>
> Im nämlichen Hause mit uns wohnten zwei Männer, die für ihre politische Überzeugung gelitten hatten, die Brüder Grimm. Unter den Göttinger Sieben waren sie, wie bekannt, als Opfer der Willkür des Königs Ernst August von Hannover von ihren Lehrstühlen verdrängt worden.
>
> Ihre würdigen Gestalten gehören für mich zu den edelsten, unvergeßlichen Erinnerungsbildern aus der Lennéstraße.[188]

183 Op. cit., 96.
184 Vgl. Ebers (1893), 115–166.
185 Vgl. Kischkewitz (1980), 97.
186 Op. cit., 96.
187 Vgl. Engelhausen (2007), 82–92 mit einer übersichtlichen Darstellung des damaligen politischen Spektrums im Parlament der Frankfurter Paulskirche.
188 Ebers (1893), 91.

Dabei gehörte die Mehrzahl der Bekannten des Ebers'schen Haushaltes dem konservativen Lager an,[189] doch auch diese äußerten Kritik an den herrschenden Zuständen:

> Auch die Mehrzahl unserer konservativen Bekannten hatte zu klagen und bedauerte die Schwäche des Königs und die religiöse Korruption und heuchlerische Streberei, die der ehrliche, aber romantisch schwärmerische Glaubenseifer Friedrich Wilhelms IV. hervorgerufen hatte.[190]

Und weiter:

> Königstreu waren alle, und die Mutter hing so warm an dem Hohenzollernhause, daß ich sie einen jüngeren Mann ersuchen hörte, sich zu mäßigen oder ihr Haus zu meiden, als er es in scharfen Worten für an der Zeit erklärte, den König zur Abdankung zu zwingen.[191]

Natürlich darf bei der Bewertung einer solchen Darstellung aus dem Jahr 1893 nicht übersehen werden, dass die Revolution gescheitert war und das Haus Hohenzollern nach wie vor in Preußen herrschte – Ebers' Königstreue und die seiner Familie in der Rückschau also vielleicht stärker betont werden, als sie seinerzeit waren. An kritischen Äußerungen zu den damaligen Verhältnissen mangelt es jedoch nicht in Ebers' Autobiografie:

> [...] und es kam der Tag, an dem auch ich, so jung ich war, fühlte, daß diejenigen wohl recht haben möchten, die den König schwach nannten und wünschten, daß es anders werden möge.[192]

Die Kritik Ebers' richtete sich aber bezeichnender Weise eher nicht auf „einen nichts weniger als böswilligen"[193] König und dessen Handlungsweise, sondern gegen die Verhältnisse in Preußen:

> Nach der Julirevolution 1830 war mehreren deutschen Staaten eine Verfassung verliehen worden; in Preußen hatte man nicht nur alles beim Alten gelassen, nein, die schmachvolle Zeit der Demagogenkriecherei hatte begonnen und so viele edle Jugendleben geschädigt.[194]

---

189 Vgl. op. cit., 121.
190 Op. cit., 116.
191 Op. cit.
192 Op. cit., 122.
193 Op. cit., 124.
194 Op. cit., 123; vgl. Engelhausen (2007), 16 f. zu den Auswirkungen der Julirevolution.

Die sich daraus ergebenden Missstände werden von Ebers auch klar benannt: „Willkür", „Glaubenszwang", „Liebdienerei", „Heuchelei" und „Korruption".[195] Seine Stellungnahme zu der Rolle des Monarchen hierbei illustriert die oben beschriebene Lage zum Zeitpunkt der Veröffentlichung von Ebers' Autobiografie:

> [...] denn der Schaden, den die Person und das Verhalten Friedrich Wilhelms IV. den immer noch lebendigen monarchischen Gefühlen des preußischen Volkes zufügte, war unermeßlich. Es bedurfte der schlichten Heldengröße und väterlichen Würde eines Kaiser Wilhelm, um ihn wieder zu tilgen.[196]

Dass ausgerechnet der Kartätschenprinz Wilhelm hier als Versöhner genannt wird, entbehrt nicht einer gewissen Ironie, erklärt sich aber wohl aus dem Respekt vor dem Großvater des damals (1893) herrschenden Kaisers und vielleicht auch aus Dankbarkeit gegenüber dem Monarchen, unter dem 1871 die schon 1848 angestrebte Gründung eines deutschen Nationalstaates erfolgte:

> und ich bin für nichts dankbarer als für die Gnade, daß es mir vergönnt war, den Traum und die Sehnsucht so vieler früherer Generationen mit vollem Bewußtsein sich verwirklichen und erfüllen und mein zerissenes Vaterland sich zu einem großen, herrlichen, einigen Ganzen zusammenschließen zu sehen. Ich halte es für ein hohes Glück, zu den Zeitgenossen Kaiser Wilhelms I., Bismarcks und Moltkes gehört und die großen Thaten als reifer Mann miterlebt und die Begeisterung, die sie hervorriefen, mit empfunden zu haben, durch die es diesen Großen vergönnt war, das deutsche Vaterland zu dem mächtigen, einigen Reiche zu machen, das es heute ist.[197]

In der Schilderung der Ereignisse der Märzrevolution in Berlin beruft sich Ebers auf die Darstellung des Historikers H. v. Sybels,[198] der die Berliner Revolution als das Ergebnis des „Zusammenwirken[s]" von einer „weither angelegten Verschwörung" und des „spontane[n] Ausbruch[s] der Freiheitsbegeisterung des Berliner Volkes" wertet.[199] Zurecht weist Kischkewitz daher darauf hin, dass Ebers so zwar der These aus dem monarchistischen Lager entgegentritt, die Revolution sei das Ergebnis einer Verschwörung von Fremden gewesen, andererseits um einen „Kompromiss" bemüht ist:[200]

---

195 Op. cit., 124 f.
196 Op. cit., 125.
197 Op. cit., 47.
198 Vgl. op. cit., 128; 154.
199 Vgl. op. cit., 154.
200 Vgl. Kischkewitz (1980), 98.

> Es wird deutlich, daß er trotz großen Bemühens um Objektivität seine Klassenposition als liberaler Bürgerlicher nicht verlassen kann. [...] Aber im Vergleich zu vielen Berliner Gelehrten, besonders im Vergleich zu den Vertretern der jungen ägyptologischen Disziplin,[201] gehört Georg Ebers zum fortschrittlichen Teil.[202]

Die Ziele der Revolution von 1848, d.h. im Wesentlichen die Gründung eines deutschen Verfassungsstaates, sind nur mittelbar realisiert worden – durch eine im Dezember 1848 oktroyierte und später weiter modifizierte preußische Verfassung und die (kleindeutsche) Reichseinigung von 1870/71. Stärkere Kontinuität als die Idee eines freiheitlichen Rechtsstaates sollte das Konzept des Nationalismus behalten, wobei das Spannungsverhältnis von „Partizipation und Aggression“[203], wie es schon die Märzrevolution gekennzeichnet hatte, tendenziell zu letzterem ausschlug. Seiner nationalen Begeisterung über die Reichseinigung hat Ebers deutlichen Ausdruck verliehen (s. Zitat o.) und damit wohl auch die Mittel, mit denen diese erreicht wurde, – wie die meisten seiner Zeitgenossen – gebilligt. Diese Haltung ist durch seine Erziehung in Keilhau, wohin ihn seine Mutter aus Berlin fortschickte, um ihn nicht den Gefahren der Revolution auszusetzen, nachhaltig gefördert worden, denn Ebers selbst bilanziert:

> Fest und unauslöschlich hatte sich mir die Liebe zu unserem deutschen Vaterland in die Seele geprägt, und sie lebt darin fort, froh bereit, für Deutschlands Freiheit und Größe auch das Theuerste zu opfern.[204]

Einen aggressiven, d.h. gegen andere Nationen gerichteten Nationalismus hat er m.E. jedoch dabei zunächst nicht angenommen. Schon während seiner Schulzeit gewahrte Ebers unter seinen Mitschülern Tendenzen zu einem radikalen „Teutschtum“:

> Vielleicht ging es sogar mit der Freude am Teutschtum in mancher Hinsicht zu weit; denn sie nährte den Haß und die Verachtung gegen alles ‚Welsche‘, und ihm dankten die langen Haare und die Barette, die Pikeschen und breiten Hemdkragen mancher Zöglinge den Ursprung. [...] unsere nächsten Freunde und ich haben nie zu ihnen gehört.[205]

In seiner Biografie von R. Lepsius zitiert Ebers dann jedoch diesen in folgender Weise:

---

201 Gemeint sind v.a. Lepsius u. Brugsch.
202 Kischkewitz (1980), 98.
203 D. Langewiesche, nach Wehler (2007), 76.
204 Ebers (1893), 297.
205 Op. cit., 204.

> Mit großem Eifer hatte er sich von vorn herein dem Studium der französischen Sprache gewidmet; aber wenn ihn seine Fortschritte auch freuten, so ließ er sich doch auch hier nicht blenden und schrieb [...]: [...] Man muß sich den Haß gegen alles Französische bewahren, um nicht an eigener Tiefe zu verlieren. Sobald man sich im Französischen gefällt, ruht der Geist auf erschlaffenden Flaumfedern. Doch soll man immer auch von seinem Feinde lernen.[206]

Zwar ist dies ein Zitat seines Lehrers und bezieht sich nach dessen Aussage auf die französische Sprache und nicht die Nation, es kann aber wohl kein Zweifel daran bestehen, dass hierin eine deutliche Frankophobie zum Ausdruck gebracht wird. Tatsächlich scheint auch Ebers' Frankophobie v. a. aus einem wissenschaftlichen bzw. kulturellen Konkurrenzdenken erwachsen zu sein. Hierfür spricht, dass Ebers spätestens nach der Reichsgründung das nationale Argument für die Durchsetzung seiner wissenschaftlichen Vorhaben, etwa bei der Schaffung eines deutschen Institutes in Kairo, bei dem das französische Institut relativ geschickt als Vorbild, aber natürlich auch als Konkurrenz vorgestellt wird,[207] instrumentalisiert hat. Obwohl sich Ebers jedoch mit seinem Anliegen bei der deutschen Reichsregierung nicht durchsetzen konnte,[208] behielt er dennoch seine ‚nationale' Argumentation bei und vertrat die These, dass wissenschaftliche Entdeckungen auf dem Gebiet der Ägyptologie dem Forscher:

> selbst zum Ruhme, seiner Wissenschaft zum Vorteil und seinem Volke zur Ehre gereichen.[209]

Dabei behielt Ebers stets eine differenzierende Betrachtungsweise, lobte die Arbeit britischer und französischer Kollegen[210] und räumte unumwunden Verfehlungen „und zwar von Angehörigen aller Nationen"[211] ein. Die Leistungen deutscher Wissenschaftler verdienten in seinen Augen aber aus zwei Gründen mehr Anerkennung als die nicht-deutscher Kollegen: Zum einen hätten die Deutschen aufgrund ihres fehlenden imperialen Einflusses in Ägypten eine schlechtere Ausgangsposition:

> Dazu wird ihnen die Arbeit daselbst weit weniger leicht gemacht als den Söhnen anderer Nationen.[212]

---

206 Ebers (1885), 72f.
207 Vgl. Ebers (1887a).
208 Vgl. Wölffling (1960), 3–21; Kaiser (1979), 93f.; Kehrer (2007), 3f.
209 Ebers (1895), 84.
210 Vgl. op. cit., 85.
211 Op. cit., 87.
212 Op. cit., 88.

In der Kritik an den herrschenden Ungunstfaktoren verbirgt sich dabei zum anderen aber auch die indirekte Kritik an mangelnder Unterstützung durch den deutschen Staat. Das hierbei bemühte Bild illustriert sehr anschaulich die Selbstwahrnehmung der damaligen Ägyptologie:

> Wie der arme Schüler es dem reichen, in dessen Elternhause es an keinem Bildungsmittel fehlt, so oft zuvorthut, wußte sie [die deutsche Ägyptologie][213] sich neben der der Franzosen zu behaupten, die unter so viel günstigeren Bedingungen lernten, schafften und das Gewonnene verwerteten.[214]

Es erfolgt also in gewisser Weise eine Trotzreaktion, die die Verdienste deutscher Wissenschaft durch vermeintlich schlechtere Ausgangsbedingungen sogar noch geadelt sieht. Diese Haltung hat jedoch unmittelbare Auswirkungen auf die nationale Schwerpunktsetzung innerhalb der Wissenschaft: Archäologische Entdeckungen – ohnehin eher ein Betätigungsfeld für Franzosen und Briten – werden in ihrer wissenschaftlichen Bedeutung marginalisiert:

> Was uns Deutsche angeht, so sollten wir uns für die nächste Zeit getrost des Ruhmes begeben, neue Denkmäler an den Ufern des Nils ans Licht zu ziehen.[215]

Denn auf diesem Gebiet herrsche eine regelrechte „Raubwirtschaft“,[216] an der sich deutsche Wissenschaftler nicht beteiligen dürften. Bei der wissenschaftlichen Auswertung der dabei zu Tage tretenden Monumente jedoch liefen die Deutschen den übrigen Nationen nach Ebers' Meinung den Rang ab:

> denn wie selten es auch unseren heimischen Fachgenossen gestattet war, an der Forschungsthätigkeit in Aegypten selbst teil zu haben, stehen sie dennoch bei der Verwertung des gewonnenen Materials gerade in der Gegenwart allen anderen Nationen voran.[217]

So liegt konsequenterweise auch das Hauptbetätigungsfeld und damit auch die Hauptaufgabe deutscher Wissenschaft im Bereich der Sprachforschung:

> Deutschem Fleiß und Scharfsinn ist es nämlich zu verdanken, daß aus dem Dolmetschen und Raten der früheren Zeit echte Sprachforschung wurde.

Und weiter:

---

213 Eig. Anm.
214 Op. cit., 91.
215 Op. cit., 87.
216 Op. cit., 92.
217 Op. cit., 89.

Wie große Verdienste sich auch der Franzose Maspero, der Engländer Le Page Renouf,[218] der Schwede Piehl[219] und andere um die ägyptische Sprachforschung erwarben – sind es doch Deutsche, denen sie in den letzten Jahren das Beste verdankt.[220]

Neben der in diesem Zitat klar formulierten inhaltlich-methodischen Schwerpunktsetzung für die deutsche Ägyptologie fällt die eindeutige nationale Kennzeichnung bestimmter Forscher und ihrer Verdienste besonders deutlich ins Auge. Nationalität ist eine in allen Überlegungen ständig präsente Kategorie, sie wird als ursächlich wahrgenommen für Forschungsbedingungen und die Voraussetzungen wissenschaftlichen Arbeitens. Daraus leitete Ebers dann jedoch auch eine nationale Schwerpunktsetzung ab, die wiederum nationale Verdienste um einen bestimmten Bereich wissenschaftlicher Forschung begründet. Dabei behält er stets eine differenzierende Betrachtungsweise bei, erkennt die Leistungen anderer Forschernationen an und unterscheidet auch zwischen einzelnen Wissenschaftlern und deren Nation(alstaat). Besonders bei britischen Ägyptologen tritt dieses Merkmal deutlich zu Tage, denn während Ebers die Verdienste seiner Kollegen dieser Nationalität – v. a. in der privat finanzierten Egypt Exploration Society – lobend hervorhob,[221] übte er gleichzeitig scharfe Kritik an dem Verhalten der britischen Protekoratsmacht in Ägypten:

Wer Aegypten lieb hat, kann den Engländern und ihrer Politik nicht freundlich gesinnt sein.[222]

Er differenzierte eindeutig zwischen nationalstaatlicher Führung und den „gebildeten" Vertretern der britischen Nation:

Es geschieht auch nicht das geringste, was mit der Gladston'schen[223] Politik aussöhnen könnte; versetzt man sich dagegen in die gebildeten Kreise der britischen Nation und vergegenwärtigt sich ihre friedlichen Bestrebungen, so wird man anerkennen müssen, daß sie geradezu einzig dastehen in Bezug auf die Energie, die Opferwilligkeit und den praktischen Sinn, mit dem sie an die Lösung solcher Probleme gehen, welche die ganze Nation interessieren. Zu diesen gehört in erster Reihe alles, was sich auf die heilige Schrift bezieht.[224]

218 Piehl (1899e); Bierbrier (2012), 461.
219 Bierbrier (2012), 432.
220 Op. cit., 89 f.
221 Vgl. op. cit., 85; 87 f.; bemerkenswert ist dabei auch, dass sich das Lob auch auf den schweizer Ägyptologen E. Naville bezieht, der im Dienste der EES von Ebers wohl auch als Vertreter der ‚britischen' Ägyptologie gewertet wird.
222 Ebers (1885a).
223 W. E. Gladstone (1809–1898), britischer Premierminister 1869–1874; 1880–1886; 1892–1894.
224 Ebers (1885a).

Ebers' Verhältnis zur britischen Protektoratsmacht verschlechterte sich sogar noch weiter, als durch deren Assuanstaudammprojekt antike Monumente in Ägypten buchstäblich unter Wasser gesetzt werden sollten[225] und Ebers eine rege Agitationstätigkeit dagegen entfaltete. Dieser Fall illustriert jedoch auch den internationalen Charakter der Ägyptologie, denn Ebers' Engagement wurde indirekt – durch Vermittlung Ermans[226] – durch den britischen Ägyptologen Flinders Petrie[227] ausgelöst, der sich seinerseits so um Druck von Außen auf die britische Regierung bemühte, die dazu bewogen werden sollte, Mittel für die Versetzung des Tempels von Philae bereit zu stellen. Der deutschen Regierung wiederum war dieses Betreiben eher unangenehm, weshalb Erman sich in seiner Rolle als Lehrstuhlinhaber in Berlin auch mit öffentlichen Äußerungen – auf Anraten des Auswärtigen Amtes zurückhielt und sich stattdessen auf eine Eingabe der Akademie beim Auswärtigen Amt beschränkte.[228] Dieses Beispiel verdeutlicht, dass innerhalb der damaligen Ägyptologie keinesfalls eine strikte Trennung entlang nationaler Grenzen eine internationale Zusammenarbeit verhinderte, es illustriert aber gleichzeitig die Verstrickung der damaligen Altertumswissenschaft in die Internationale Politik. Für die weitere Entwicklung des Ebers'schen Wissenschaftsnationalismus gilt es festzuhalten, dass er sich in späteren unpublizierten Stellungnahmen gegenüber Erman zunehmend kritischer über die Leistungen anderer Forschernationen äußerte und aus dem aus der gescheiterten 48er-Bewegung stammenden Empfinden einer verspäteten Nation heraus eine wachsende Bedeutung deutscher Wissenschaft postulierte und die Verantwortung hierfür v. a. seinem Schüler übertrug:[229]

> Wie viel Engländer und Franzosen | auch ausgraben, wie viel schlechte | Publicationen das Institut in | Kairo auch herausgibt, – wir | bleiben doch an der Spitze der Ae-|gyptologie, solange wir die Me-|thode – jetzt von Ihnen und Berlin | aus – beherrschen. Zudem waren | bisher die größten aegyptologischen | Werke Deutsch, und das aller-|größte, das alles andere beherrschen | und || das Fundament | für jede spätere ägyptologische Arbeit | bilden wird, soll – dank Ihrer | Fürsorge und Ihrer rüstigen Initia-|tive wieder Deutsch werden!

Bei dem Werk, auf das Ebers sich an dieser Stelle bezog, handelte es sich um das damals von Erman begonnene Wörterbuch der Ägyptischen Sprache, das sich als Gemeinschaftsunternehmung aller deutschen Akademien für eine Konzeptuali-

225 Vgl. Ebers (1894a); Ebers (1894b); Das Projekt wurde dennoch 1899 bzw. 1907 realisiert.
226 SBB-PK, Nachl. Georg Ebers: Erman, Adolf, 13.06.1894.
227 Bierbrier (2012), 428 ff.
228 SBBPK, NL Ebers, Erman- Ebers, 08.07.1894; Bericht über eine einvernehmliche Lösung in: SBB-PK, Nachl. Georg Ebers: Erman, Adolf, 31.07.1894.
229 BStUB, Ebers-Erman, 17.10.1896.

sierung in neuem (gesamt-)deutschen Sinne anbot und den „schlechten Publikationen" (vgl. Zitat o.) der Franzosen als Herrschaftsinstrument deutscher Wissenschaft entgegengestellt wird. Lange vor den Verwerfungen des Ersten Weltkrieges zeichnet sich in den Äußerungen Ebers' eine zunehmende nationale Aufladung ab, auf die sich seine Nachfolger, nach der deutschen Niederlage im Ersten Weltkrieg, berufen können. Ebers begründet also eine Tradition eines nationalen Wissenschaftskonzeptes oder der Wahrnehmung nationaler Wissenschaftskultur innerhalb der Ägyptologie, die weit bis in das 20. Jh. wirken sollte und bis heute kaum je kritisch hinterfragt worden ist,[230] wenngleich sie natürlich nicht länger zur Legitimation ägyptologischer Forschung herangezogen wird.

3.2 Jean Pierre Adolphe Erman (1854 – 1937)

J. P. A. Erman wurde am 31. Oktober 1854 als neuntes Kind[231] seiner Eltern Adolphe Erman[232] und Mari [sic!], geb. Bessel[233] in Berlin geboren. Ab 1864 besuchte er – in der Tradition seiner Familie – das Französische Gymnasium in Berlin.[234] 1874 begann er sein Studium der Ägyptologie bei Ebers in Leipzig,[235] wechselte aber 1875 wieder nach Berlin, um sein Studium bei Lepsius fortzusetzen und eine ihm von seinem älteren Bruder Wilhelm vermittelte Stelle in der Bibliothek der Kgl. Museen anzutreten.[236] 1877 stellt ihn der Direktor des Münzkabinetts, E. J. T. Friedlaender (1813 – 1884) als Hilfsarbeiter ein.[237] 1878 promovierte Erman sich bei Lepsius über *Die Pluralbildung des Ägyptischen*[238] und schlägt mit seiner Habilitation über *Neuägyptische Grammatik*[239] (1880) endgültig die universitäre ägyptologische Laufbahn ein. Nach dem Tode seines Lehrers Lepsius übernahm er 1884 dessen Ämter als Extraordinarius für Ägyptologie an der Berliner Friedrich-Wilhelms-Universität und als Direktor des Ägyptischen Museums[240] und trat 1885 gleich seine erste Ägyptenreise an.[241] 1889 übernahm er die Herausgeberschaft der

230 Vgl. Slendzianowski (1974), der sich aber v. a. mit der nationalen Wissenschaftsauffassung von K. Sethe beschäftigt.
231 Vgl. Erman (1929), 46.
232 Vgl. Littke (2007).
233 Vgl. Op. cit., 38 – 42.
234 Vgl. Velder (1989), 127 – 135; 155 – 159; 242 – 246; 306 – 310; 331 – 335.
235 Vgl. Erman (1929), 100 – 112.
236 Vgl. Op. cit., 112 – 123.
237 Vgl. Op. cit., 126.
238 Erman (1887).
239 Erman (1880a).
240 Vgl. Erman (1929), 162 – 171.
241 Vgl. Op. cit., 205 – 220.

Abb. 2: Jean Pierre Adolphe Erman (1854–1937)

Zeitschrift für Ägyptische Sprache und Altertumskunde, die er bis 1906 innehatte und wurde 1892 zum Ordinarius für Ägyptologie.[242] Drei Jahre später erfolgte die Aufnahme in die Preußische Akademie der Wissenschaften, in der sich Erman für die Schaffung eines *Wörterbuches der ägyptischen Sprache* einsetzte und durch Immediateingabe (1897) ein entsprechendes Gemeinschaftsprojekt der deutschen Akademien in Gang setzte. 1899 begab er sich auf eine zweite Ägyptenreise.[243] 1907 wurde Erman zum Geheimen Regierungsrat ernannt.[244] 1914 musste er das Di-

242 HUB UA, UK E 89, Bd. II, 7, 24.05.1892.
243 Vgl. Erman (1929), 220–222.
244 HUB UA, UK E 89, Bd. II., 8, 09.09.1907.

rektorat des Ägyptischen Museums aufgeben.[245] Kurz vor Ende des Ersten Weltkrieges verlieh man ihm den Orden pour le mérite (1918). 1923 wurde er emeritiert, wirkte aber weiterhin an seinem wichtigsten Projekt, dem Wörterbuch, mit, bis seine sich stetig verschlechternde Sehkraft sowie der Ausschluss aus der Fakultät – als ‚nicht-arischer' Professor[246] – und der Entzug der Lehrbefugnis 1936[247] seiner wissenschaftlichen Laufbahn ein Ende setzten. Erman starb am 26. Juni 1937 in Berlin.

3.2.1 Kindheit und Jugend

Am Anfang seiner Autobiografie setzt sich A. Erman ausführlich mit der Geschichte seiner Familie auseinander. Auch wenn ein solches Vorgehen im Rahmen dieser Textgattung sicher nicht ungewöhnlich erscheint, so unterscheidet doch die relative Ausführlichkeit dieser Ausführungen die *Erinnerungen eines alten Berliner Gelehrten*[248] von den Autobiografien anderer Ägyptologen, die nur recht knapp auf ihre Familiengeschichte eingehen.[249] V.a. aber die dabei betrachtete Zeitspanne, das Zurückgehen über die Eltern- auf die Groß- und sogar Urgroßelterngeneration hinaus, ist bemerkenswert. Dabei sind diese Betrachtungen Ermans Teil einer innerfamiliären Erinnerungskultur, die gerade unter den Vertretern seiner Generation auch in Form von Familiengeschichten und Vorfahrenbiografien, v. a. von Ermans älterem Bruder, Guillaume Adolphe – zu deutsch: Wilhelm Adolf Erman[250] –, gepflegt worden ist.[251] Das Bewusstsein für den familiären Hintergrund einer Réfugié-Familie[252] war Erman nicht nur durch seine Vor- sondern auch seinen Nachnamen stets präsent.[253]

245 Vgl. ABBAW, Bestand PAW (1812 – 1945), II – VIII, 239 (1926 – 1944), 15.06.1915.
246 Vgl. HUB UA, UK E 89, Bd. II, 14.
247 Vgl. HUB UA, UK E 89, Bd.II, 31.
248 Erman (1929), 2 – 44.
249 Vgl. Brugsch (1894), 3 – 7; Ebers (1893), 1 – 11.
250 Bibliothekar der Berliner Kgl. Bibilothek (1850 – 1932); vgl. Milkau (1933).
251 Vgl. Erman (1901); Erman (1927).
252 Vgl. Beringuier (1887).
253 Der Familienname lautete urspr. „Ermatinger" mit den Varianten „Ermadinger"; „Ermentinger", dann „Ermendinger" – während des Aufenthaltes der Familie in Genf gekürzt auf „Ermend" und schließlich, die frz. Aussprache in dt. Schreibung umgesetzt „Erman"; s. Erman (1929), 2; 5. In den späten 20er und frühen 30er Jahren des 20. Jh. unterhielt Erman auch eine Korrespondenz mit seinem „Urvetter" E. Ermatinger (1873 – 1953) in der Schweiz, BStUB, Ermatinger-Erman, 12.10.1929; 22.12.1929; 14.01.1932; 02.06.1933; 03.10.1935; 10.11.1935; vgl. Geitner-Baensch (2006), 60 f.

> So haben wir denn auch unsern Namen immer französisch gesprochen und werden es auch weiter tun, und noch heute ist mir und meinen Brüdern nichts so entsetzlich, als wenn man ihn mit zwei ‚n' schreibt oder gar spricht.[254]

Es erscheint daher gerechtfertigt zu sein, in Anlehnung an die Schwerpunktsetzung Ermans in seiner Autobiografie, einige wesentliche Episoden aus der Familiengeschichte darzustellen und ihre Wirkung auf Erman nach zu weisen. Ermans Urgroßvater Jean Pierre (1735–1814)[255] wirkte in der Berliner Französischen Kolonie als Geistlicher, Direktor des Französischen Gymnasiums[256] und v. a. auch als Historiograf der Französischen Gemeinde.[257] Historische Bedeutung erlangte dieser Vorfahr v. a. durch seine Unterredung mit Napoleon Bonaparte am 28. Oktober 1806.[258] Im Verlauf dieser Unterredung kam es zu einer Stellungnahme – ob nun in der Erinnerung ausgeschmückt, wie auch A. Erman selbst vermutete,[259] oder nicht, ist für die spätere Wirkung auf die Haltung der Familie eher unerheblich –, die ein eindeutiges Bekenntnis zum preußischen Staat und zum hohenzollernschen Königshaus bedeutete. Der häufiger kolportierte,[260] wahrscheinlich aber simplifizierte Gesprächsablauf zwischen dem Kaiser der Franzosen und J. P. Erman: „Alors, vous êtes Français Monsieur?" – „Non je suis Prussien!", wird von dem Geistlichen selber wie folgt geschildert:

> Ce fut, si je ne me trompe, alors qu'il me dit que j'étais Français puisque je parlais si bien cette langue et sans le moindre accent. Je l'assurais fort que j'etais Prussien et n'etais jamais sorti de mon pays, où j'etais descendant des anciens Réfugiés.[261]

Dieses eindeutige Bekenntnis zu Preußen mag zunächst eher banal erscheinen und wurde von A. Erman in seiner Darstellung auch entsprechend nüchtern kommentiert.[262] Es gewinnt jedoch an Bedeutung vor dem Hintergrund der Ereignisse in der zweiten Lebenshälfte Ermans. So wendet er sich 1934 in einem Entwurf zu einem Glückwunschschreiben am 27. Januar an den exilierten Kaiser

254 Erman (1929), 43; interessanterweise spielte die Frage der korrekten Schreibung und Aussprache auch bei der Umbenennung der „Uhlandstr." in Berlin-Steglitz in die „Ermanstr." eine Rolle; vgl. Steglitzer Lokalanzeiger, Berlin, 07./08. Mai 1955, „Das Rätsel wird verzwickt" & Steglitzer Lokalanzeiger, Berlin, 14./15. Mai, „Noch einmal: Ermanstraße".
255 Vgl. Erman (1929), 6–10; Erman (1901).
256 Vgl. Velder (1989), 127–135.
257 Erman-Reclam (1782–1799).
258 Vgl. Erman (1929), 9 f.; Erman (1901), 87–101.
259 Vgl. Erman (1929), 9.
260 Vgl. Sagave (1992), 50.
261 Zitiert nach Erman (1901), 90.
262 Vgl. Erman (1929), 9 f.

Wilhelm II.[263] und zeigt darin deutlich, dass die preußische Identität der Familie Erman auch zu diesem Zeitpunkt im Bewusstsein ihrer Mitglieder verankert war:[264]

> Majestät, der heutige Tag, der | an so vieles erinnert, | läßt uns auch an alles | das denken, was unter | Euer Majestät Regierung | für die Wissenschaft gesche-|hen ist. Da ist es mir | ein Bedürfnis Euer Ma-|jestät noch einmal ehr-|furchtsvoll den Dank aus-|zu sprechen für die För-|derung die Sie meinen | Arbeiten haben zu Teil | werden laßen. Und diesen | Dank mischt noch | bei mir der Dank ‖ an das alte Preußen, das | meiner Familie einst während zwei Jahrhunderten | eine Zuflucht gewährt hat | und in dem sie arbeiten | und forschen durfte frei von | religions und geistiger | Bedrückung.

Erman stand damals natürlich auch unter dem Eindruck der sich etablierenden NS-Diktatur, deren Vertreter, im Übrigen einige Tage zuvor, am 19. Januar, allen etwaigen Hoffnungen auf eine Restauration der Hohenzollernmonarchie eine endgültige Absage erteilt hatten. Damit wird auch gleich ein zweiter Aspekt der Erman'schen Familiengeschichte in den Blickpunkt gerückt, nämlich deren jüdische Vertreter, zu denen sich Erman mit Stolz in seiner Autobigrafie (1929!) bekannte und über seinen Großvater Paul berichtete...

> er heiratete [...] die Tochter des Stadtrats Itzig in Potsdam. Damit trat er in eine Welt, die mit der, in der er aufgewachsen war, nicht viel gemein hatte. Aber eine gute Welt war es, und wer heute sich berechtigt glaubt, über ‚die Juden' abzusprechen, der sollte doch zum mindesten vor den guten jüdischen Familien vom Ende des achtzehnten Jahrhunderts mit seinem Urteil zurückhalten, vor den Itzigs, Friedlaenders, Mendelssohns und den anderen ihrer Art. Ihre Häuser waren Stätten der Bildung und der Kunst, und in ihren Familien führten sie ein reines Leben.[265]

Obwohl Erman selbst Opfer antisemitischer Anfeindungen geworden ist und schließlich kurz vor seinem Tode auch noch seiner Ämter verlustig ging,[266] hat ihm das Bekenntnis zu seinen jüdischen Vorfahren kaum geschadet – nicht zuletzt, weil seine wissenschaftliche Karriere und auch seine Lebenszeit zeitlich weitgehend vor der ‚Machtergreifung' der Nationalsozialisten lagen. Während die Erin-

---

263 Anlass ist der 75. Geburtstag des Monarchen, Erman bedankt sich auch für die Zusendung einer signierten Porträtkarte – ob der Brief allerdings tatsächlich verschickt worden ist, muss offen bleiben. Er befindet sich jedenfalls nicht unter den Materialien des Utrechts Archief, Archief van ex-keizer Wilhelm II tijdens zijn verblijf in Nederland 1918–1941.

264 BStUB, Erman-Wilhelm II., 27.01.1934; vgl. Kloft (1982); Gestermann-Schipper (2004); dazu: Rebenich (2006), 361.

265 Erman (1929), 12f.

266 Untersagung öffentlicher Tätigkeit auf Grund des sog. „Gesetzes zur Wiederherstellung des Berufsbeamtentums" vom 07.04.1933, Ausschluss aus der Fakultät 1934; vgl. Kloft (1982), 43; Gestermann-Schipper (2004), 39; Rebenich (2006), 360f.

nerung an den Urgroßvater als Preußen und die Heirat des Großvaters mit einer Jüdin eine positive Prägung Ermans bewirkten, verbinden sich mit den Erinnerungen an seinen Vater einschneidend negative Erfahrungen. Adolphe Erman (1806–1877) muss ein recht streitbarer Charakter gewesen sein, der seine Ansichten offen kundtat:

> Denn auch er hatte, so wie sein Vater, die Gabe, die Schwächen und die Torheiten an Menschen und Dingen leicht zu erkennen, und das Schlimme war, daß er mit seiner Meinung nicht hinter dem Berge hielt. Es kam wohl vor, daß ihm während eines fragwürdigen Vortrags ein ‚Esel' entfuhr; das sagte er zwar nur für sich hin, aber doch laut genug, daß andere es hörten und verbreiteten. Daran lag ihm dann nicht viel, und auch auf das Urteil, das man über ihn fällte, legte er kein großes Gewicht. Was andere etwa über seine Arbeiten schrieben, pflegte er nicht zu lesen, nicht aus Hochmut, [...] sondern weil es ihm widerstrebte, etwa zu einer Polemik genötigt zu werden.[267]

Man ist geneigt diese Charakterisierung, die in Bezug zu den Eigenschaften des Großvaters Paul gesetzt wird, als kritikfreudig, gleichsam als eine ‚Familientradition' zu benennen, hat sich doch auch der Verfasser des Textes in entsprechender Weise verhalten. Die scheinbare Missachtung des akademischen Komments sollte für Adolphe jedoch negative Folgen haben, deren Erinnerung wiederum prägend auf seinen Sohn gewirkt haben dürften.[268] Man kann sich aber wohl der Auffassung Ermans über seinen Vater anschließen, wenn er zu dem Schluss kommt, dass dieser dennoch ein Leben in „Glück und Ruhe"[269] hätte führen können, wenn er nicht in der Zeit der 48er Revolution „immer auf dem linken, republikanischen Flügel der Demokratie"[270] engagiert gewesen wäre. Auch wenn Erman die eher bescheidene wissenschaftliche Laufbahn seines Vaters – Nichtaufnahme in die Akademie der Wissenschaften, lebenslanges Extraordinariat – v. a. auch auf eine Entfremdung mit W. H. Dove[271] zurückführte, die z. T. auch noch auf Konflikte mit dem Großvater, Paul Erman, zurückging[272] so darf zumindest vermutet werden, dass auch das politische Engagement seines Vaters seinem Avancement im Weg gestanden haben dürfte. Dadurch jedoch erhielt die Wahl seines Sohnes in die Akademie der Wissenschaften (1895), mit der die durch Urgroßvater und Großvater etablierte Tradition der Familie wieder aufgenommen

267 Erman (1929), 32f.
268 Vgl. Erman (1929), 33f.
269 Op. cit., 35.
270 Op. cit., 36.
271 (1803–1879), seit 1837 Mitglied der Akademie.
272 Vgl. Op. cit., 34.

wurde, eine besondere Bedeutung, wie sie auch von Erman selbst so gesehen worden ist:

> Daß meine Mutter diesen Erfolg ihres Sorgenkindes noch erlebte, war mir [...] eine besondere Freude. Mein Vater hatte bei allen seinen Verdiensten diese Auszeichnung nicht erhalten, wie sehr sich auch Humboldt für ihn eingesetzt hatte.[273]

Im Hinblick auf die Bedeutung solcher Würden, in dem Falle des Geheimratstitels, innerhalb der Familie Erman, wird Ermans Darstellung ausnahmsweise durch eine Randnotitz in dem Exemplar der Erman-Autobiografie im Besitz L. Keimers in Kairo bestätigt, der allerdings sicher keine positive Darstellung dieses Umstandes beabsichtigte, als er schrieb:[274]

> Ernst Herzfeld sagte mir als Student, daß er | noch nie eine Berliner Gelehrtenfamilie gesehen | habe, in der der ‚Geheimrat' eine grössere | Rolle gespielt habe als bei Ermans.

Die hier wiedergegebenen Anschauungen Ermans über seine Familie illustrieren seine Identität als Vertreter einer Réfugié-Familie und offenbaren ein Selbstbewusstsein, welches sich darüber hinaus aus jüdischer Kultur und preußischer Nationalität herleitete:

> So bekenne ich mich denn auch mit Freude zu meinen französischen und jüdischen Vorfahren und halte mich dennoch für einen Deutschen; ich glaube auch nicht, daß ihr Blut uns geschadet hat – im Gegenteil.[275]

Der nach seinem Urgroßvater Jean Pierre und seinem Vater Adolphe benannte Erman verlebte eine behütete Kindheit[276] in der Französischen Gemeinde Berlins und damit als Vertreter des gehobenen oder (Bildungs-)Bürgertums. Als neuntes Kind der Familie war ihm bei seiner Geburt aufgrund seines eher schwächlichen Zustandes nur eine äußerst geringe Überlebenschance eingeräumt worden.[277] Seine Mutter wurde in der Erziehung der Kinder – wie damals üblich – von Ammen unterstützt.[278] Nachdem der Vater 1866 – wohl bei einem Jagdunfall – schwer verletzt worden war und sich nach seiner Genesung auch noch den Arm brach,[279]

273 Op. cit., 286 f.; in diesem Sinne auch in: SBB-PK, Nachl. Georg Ebers: Erman, Adolf, 15.04. 1895.
274 DAIK: B Erma, Inv. 2561, S. 282.
275 Erman (1929), 43.
276 Vgl. die Schilderung in op. cit., 56 – 59.
277 Vgl. op. cit., 46.
278 Vgl. op. cit., 47 f.
279 Vgl. op. cit., 38.

hat er sich bis zum Ende seines Lebens nie mehr ganz erholt, wodurch seiner Frau eine noch größere Verantwortung für die elfköpfige Familie zufiel. Die Berichte Ermans von seiner Erziehung und seinen kindlichen (Bildungs-)Erlebnissen sind m. E. mit einer gewissen Zurückhaltung zu betrachten. Zwar formuliert er seine Schilderung der schwesterlichen Bemühungen ihn „zum Wunderkinde auszubilden“[280] deutlich kritisch, aber andererseits kann die Feststellung, dass er das Lesen und Schreiben „viel früher, als es wohl gut war“[281] erlernte, eben auch als ein mehr oder minder kaschiertes Eigenlob gelesen werden. Wie auch bei Ebers war es wohl der mütterliche Einfluss, der verstärkt noch durch die krankheitsbedingt eingeschränkte Einflussmöglichkeit des Vaters, den jungen Erman an die Welt von Kunst und Kultur heranführte – nach Ermans eigener Schilderung bereits im Alter von sechs Jahren.[282] Auf einer Sommerreise in Saßnitz im Jahr 1863 will Erman dann erstmals ein Interesse für Altertümer entwickelt haben:

> Auf der Hinreise hatten wir schon in Graz einen alten Sammler besucht, der unzählige Steinbeile besaß [...]. Dann kauften Willi und Georg[283] von einem Jungen [...] ein halbes graues Beil, dasselbe, das ich noch heute als Briefbeschwerer benutze.[284]

Die spätere Nutzung des hier erwähnten halben Beiles als „Briefbeschwerer“ deutet bereits an, dass Erman in seiner Laufbahn im Bereich der Altertumswissenschaft nicht einen archäologischen Schwerpunkt setzte und dies auch selbst – in denselben *Erinnerungen* – so dargestellt hat:

> und ich erlaubte mir auch weiterhin im Leben, Bilder, Inschriften und Papyrus für interessanter zu halten als Knochen und Muschelschalen aus dem antiken Kehricht.[285]

Die vermeintliche Interessenverlagerung von der frühen Begeisterung für Altertümer hin zu der späteren Bevorzugung textlicher Hinterlassenschaften lässt sich jedoch recht gut dadurch erklären, dass im Alter von acht Jahren in der Regel noch keine professionelle Schwerpunktsetzung vorgenommen wird. Dies relativiert dann jedoch die Erwähnung solcher Begebenheiten in früher Kindheit und entlarvt sie als „rückwirkend kausaldeterminiert“.[286]

280 Op. cit., 48.
281 Op. cit.
282 Vgl. op. cit., 60.
283 Die Brüder, geb. 1847 & 1850.
284 Erman (1929), 65.
285 Op. cit., 211.
286 Vgl. Beck-Henning (2004), 121.

Ab 1864 besuchte Erman dann – in der Tradition der Familie – das Französische Gymnasium, über das er sich in seiner Autobiografie sehr kritisch äußerte.[287] Er bilanzierte dann am Ende seiner Ausführungen auch entsprechend nüchtern:

> So war das alte Collège royal francais, in dem ich von 1864 – 1874 lebte und in dem ich nur wenig lernte. Daß ich so wenig lernte, war nun freilich in der Hauptsache meine Schuld, denn ich war faul und träumerisch, aber wer das Obige gelesen hat, wird mir doch vielleicht auch ‚mildernde Umstände' zubilligen.[288]

Ganz so „faul und träumerisch" ist Erman den eigenen Schilderungen zu Folge jedoch gar nicht gewesen, denn frühzeitig entwickelte er ein Interesse für das Alte Ägypten und besonders für Hieroglyphen.[289] Zwar teilten eine Reihe von Mitschülern diese Leidenschaft, seinen Eltern bzw. seinem familiären Umfeld rang dieses Steckenpferd jedoch augenscheinlich weniger Begeisterung ab.[290] Ebenso wie Erman sein frühes Interesse für die Schrift der Alten Ägypter im Sinne einer autodidaktischen Ausbildung darzustellen versucht hat, führte er auch seine betont sachliche Einstellung zum Gegenstand seines Faches auf frühe Kindheitserfahrungen zurück:

> und es lehrte mich weiter, daß ich nie bei anderen Interesse voraussetzen dürfte für das, was mich beschäftigte [...]. Diese Gesinnung [...] hat auch ein Übles gehabt. Ich habe nie mit der Begeisterung für mein Fach eintreten können, wie sie anderen Gelehrten zur Verfügung steht.[291]

3.2.2 Wissenschaftliche Laufbahn

Sein Studium begann Erman in Leipzig (1874), wobei die Wahl des Studienortes eher zufällig erfolgt sein soll:

> Daß ich dann nach Leipzig ging, beruhte zunächst darauf, daß Ebers ein Kolleg über ‚ägyptische Syntax' angezeigt hatte; darunter dachte ich mir mehr, als es sein konnte.[292]

---

287 Vgl. Erman (1929), 73 – 77.
288 Op. cit., 77.
289 Vgl. op. cit., 91 f.
290 Vgl. op. cit., 92.
291 Op. cit., 92.
292 Op. cit., 101.

Später schreibt er dann hierüber:

> das angezeigte Kolleg über ägyptische Syntax war eine Enttäuschung, denn von der wußte auch Ebers nichts [...].[293]

Vielleicht ist daher Ermans zweite Begründung für die Wahl des Studienortes, ergänzt um das Argument der Heimatnähe, eher als ausschlaggebend anzusehen:

> Dann aber spielte auch der Wunsch nach der roten Mütze und der LBG der Leipziger Burschenschaft Germania mit, der mein Bruder Wilhelm angehört hatte[294] und unter der ich mir auch etwas anderes dachte, als sie sein konnte.[295]

Auch der jüngere Bruder Henri folgte der familiären Tradition und studierte in Leipzig als Corpsbruder der LBG. Bemerkenswert ist, dass Erman die Publikumswirksamkeit von Ebers oder dessen ägyptische Romane mit keinem Wort erwähnt und erst recht nicht als Begründung für sein Studium in Leipzig anführt:

> Unter meinen Schülern war freilich nur einer durch die Eberssсhen Romane zur Ägyptologie geführt worden; die anderen waren ebenso wie ich meist durch Oppels ‚Wunderland der Pyramiden'[296] [...] angeregt worden.[297]

1875 kehrte Erman nach Berlin zurück, was wahrscheinlich mit dem Bestreben einer Verbesserung seiner finanziellen Lage in Verbindung gebracht werden kann, denn zum einen berichtete er über „allgemeine Geldnot"[298] unter den Mitgliedern

---

293 Op. cit., 110; einschränkend hierzu muss bemerkt werden, dass ein am Studium der Ägyptologie interessierter Student zum damaligen Zeitpunkt (1874) keine besonders große Auswahl an möglichen Studienorten hatte: In Berlin lehrte seit 1842 (e.o.) und 1846 (o.) K. R. Lepsius, in Göttingen hatte 1867 H. Brugsch den Lehrstuhl besetzt und formell bis 1877 inne, war aber bereits 1870 durch den Khediven Ismail zur Gründung einer „europäisch-orientalischen Schule" nach Kairo berufen worden. Eine universitäre Lehre im Fach Ägyptologie sollte dort erst wieder durch R. Pietschmann (1851–1923) (e.o.) 1889 stattfinden. 1872 war A. A. Eisenlohr (1832–1902) zum e.o. in Heidelberg ernannt worden; mit der Gründung der deutschen Reichsuniversität Straßburg hatte die Ägyptologie noch J. Dümichen als Lehrstuhlinhaber hinzugewinnen können. Vgl. zu Berlin: Endesfelder (2003); zu Brugsch: Brugsch (1894), 277–283; Reid (2002), 116 ff.; zu Göttingen: Behlmer-Horn-Moers (2009); zu Heidelberg: Grieshammer (1987), 13; zu Straßburg: Mangold (2004), 158 f.

294 Vgl. Erman (1921).

295 Erman (1929), 101; vgl. Erman (1921), 95–109; 215–218.

296 Oppel (1863).

297 Erman (1929), 256, Anm. 4; vgl. op. cit., 89.

298 Op. cit., 106.

der LBG und auch, dass ihm sein Bruder Georg mit 50 Talern aushelfen musste;[299] zum anderen ließ er sich, nach Berlin zurückgekehrt, von seinem Bruder Wilhelm einen Job bei den Kgl. Museen verschaffen.[300] Erman selbst wertete diesen Umstand als äußerst förderlich für seine weitere Ausbildung, die von ihm, auch dadurch bedingt, als weitgehend autodidaktisch geschildert wird:

> Natürlich hinderten mich meine fünf Dienststunden daran, meinen Kollegienbesuch über das notwendigste hinaus auszubreiten, denn was mir von freier Zeit blieb, verwendete ich lieber zu meinen eigenen ägyptischen Arbeiten. Ich kam also jetzt erst recht nicht zum richtigen Studieren. Dafür fand ich aber einen gewissen Ersatz in all den Büchern, die mir in der Museumsbibliothek unter die Hände kamen und die ich wie mein Eigentum benutzen konnte. Alles was sich auf Kunst, Altertum, Völkerkunde, Geschichte und deren Hilfswissenschaften bezog, war hier vorhanden [...].[301]

Und weiter:

> Was ist mir nicht damals alles durch die Hände gegangen und hat mich vorübergehend beschäftigt: Geschichte, Kulturgeschichte, Kunstgeschichte, Archäologie, Heraldik, Reiseberichte u. a.m. [...].[302]

Ganz deutlich ist auch der Versuch Ermans zu erkennen, die Bedeutung seiner ägyptologischen Lehrer zu marginalisieren, um so die eigene Unabhängigkeit, v. a. aber die sich daraus ergebende Befähigung zu fachlichen Neuerungen zu betonen:

> Was ich lernte, lernte ich als Autodidakt, und da sah ich die Dinge doch anders an, als wenn ich erst bei Ebers oder gar bei Lepsius die hergebrachten Ansichten hätte lernen müssen.[303]

Es ist an dieser Stelle deutlich hervorzuheben, dass die Behauptung einer weitgehend autodidaktischen Ausbildung so häufig in Autobiografien dieser Zeit geschildert wird, dass man hierbei von einem bloßen Topos sprechen, in jedem Fall aber davon ausgehen kann bzw. muss, dass es sich dabei um nichts Außergewöhnliches handelt. Gerade deshalb jedoch ist die Schilderung Ermans über seine

---

299 Vgl. op. cit., 106 f.
300 Vgl. op. cit., 117 – 123.
301 Op. cit., 118 f.
302 Op. cit.
303 Erman (1929), 92; vgl. Blumenthal (2003), 16 f.: „Auch Ermans abwertendes Urteil über den Forscher Ebers ist zu revidieren, weil es zu sehr von seinem eigenen positivistischen Ansatz und der Forderung der soeben entdeckten historisch-kritischen Methode ausgeht, die kein Verständnis für die mehr romantische oder historistische Vätergeneration zuließen."

Begegnung mit und seine Arbeit unter dem damaligen Direktor des Münzkabinetts, Friedlaender, von besonderer Bedeutung:

> Wie viel bedeutende Männer ich auch im Leben gesehen habe, Friedlaender stand doch allen voran, denn in ihm vereinigte sich universelle Bildung, Feinheit des künstlerischen Empfindens, Reinheit und Vornehmheit der Gesinnung und eine unendliche Güte. Er war ein Idealist und doch ein musterhafter Geschäftsmann und Beamter, ein Gelehrter und doch kein Pedant oder eitler Narr.[304]

Der Ankauf einer großen Sammlung orientalischer Münzen ließ Friedlaender Ausschau halten nach einem Orientalisten, der ihm bei der Bearbeitung dieses Corpus assistieren sollte, und seine Wahl fiel auf Erman – wenngleich dieser eigentlich nicht über eine entsprechende Vorbildung verfügte, wie er selbst einräumte.[305] In Ermans Darstellung werden als mögliche Gründe für diese Entscheidung ein Mangel orientalistischer Kompetenz auf Seiten Friedlaenders erwogen, aber auch, recht offen, die familiären Bande – über die Familie Itzig – angesprochen.[306] Jedenfalls setzte Friedlaender die Anstellung Ermans auch gegen den Widerstand des Generaldirektors Schöne durch.[307] Nachdem der 23-jährige Erman auch für „dauernd dienstuntauglich“[308] gemustert wurde, stand seiner weiteren Laufbahn nichts mehr im Wege. Erman begab sich mit Begeisterung an seine Aufgabe, erkannte den historischen Wert der Münzen für die Geschichte des Orients, plante aber auch ein völlig neues Ordnungssystem:

> Um diese Münzen so für die Geschichte zu benutzen, war es allerdings nötig, mit der völlig sinnlosen Einteilung nach ‚Dynastien‘ zu brechen und die Münzen einfach nach den Prägeorten und innerhalb dieser nach der Zeit zu ordnen.[309]

Die Briefe Friedlaenders an Erman, aus dessen Nachlass in Bremen, offenbaren jedoch auch ein gewisses Konfliktpotential, das in diesem Vorgehen Ermans gelegen haben muss und auch zu einer Verstimmung auf Seiten seines Vorgesetzten führte, was Erman in seiner Autobiografie jedoch nicht thematisierte.[310] Die Anzahl der Schreiben Friedlaenders an Erman aus dessen Nachlass in Bremen ist mit sechs relativ begrenzt, und man kann davon ausgehen, dass die allermeisten Dienstangelegenheiten mündlich erörtert worden sind. Bezeichnend für das

---

304 Op. cit., 123.
305 Op. cit., 125 f.
306 Op. cit., 126; vgl. op. cit., 123.
307 Op. cit., 126.
308 Op. cit., s.a. Anm. 2.
309 Erman (1929), 127.
310 Vgl. op. cit.

Verhältnis zwischen Direktor und Assistent ist schon die im ersten erhaltenen Schreiben gebrauchte Anrede „Verehrter Freund“[311] – zwar sollte solche Freundschaft grundsätzlich nicht überbewertet werden,[312] aber vor dem Hintergrund der Schilderungen Ermans und unter Berücksichtigung alternativer förmlicher oder dienstlicher Anredeformen kann dies durchaus als eine Bestätigung des von Erman behaupteten guten und vertrauten Verhältnisses zu Friedlaender gewertet werden. Die Art und Weise, in der der Vorgesetze gegenüber seinem Untergebenen auftritt, bestätigt gleichfalls diesen Eindruck:[313]

> Sie haben meine heutigen wie meine | früheren Anmerkungen für unwichtig | gehalten, und wenn Sie eine vorläufige | Ordnung eine organisierte Unordnung | nennen wollen, habe ich nichts dawider, | es ist richtig.
>
> Aber vorläufige Ordnung ist oft | nöthig. In diesem Falle gewiss. Sie | haben die Arbeit zu Anfang auf ½ | Jahr geschätzt, sie währt nun 1 ½ | und ist noch nicht fertig, China, | Japan, die letzten Indischen, die | Türkischen glaube ich, sind noch nicht | gemacht. Das ist alles ganz be-|greiflich, es liegt in der Natur | dieser Arbeiten, in den vielen Störungen | usw. Es hat auch nichts zu sagen, | daß ich Ihre früheren Zeitbestim-|mungen nachgesprochen habe – ich | hätte das besser wissen können, wie | leicht man sich darin irrt. Aber, | vermieden wäre es, wenn Sie die Ar-|beit in 2 Absätzen gemacht, eine | vorläufige Ordnung und ein kur-|zes Inventar hergestellt hätten.
>
> Die Wichtigkeit eines solchen leuch-|tet doch ein, jetzt weiß man nicht | was da ist, wieviel N, wird | etwas gestohlen, so merkt man es | nicht einmal. Insofern schwebt ‖ diese Abteilung noch in der Luft, | und da ein wissenschaftlicher | Katalog Jahre lang währen wird, | so ist dieser Zustand nur vor-|läufig zu beenden, weil dafür | bin ich[314] verantwortlich.
>
> Es sind eben zweierlei Stand-|punkte: Amtspflicht und Wis-|senschaft, Geschäft und Vergnügen. [...] Überlegen Sie und urtheilen Sie | selber. Glauben Sie nur, daß | ich Ihren Eifer und Fleiß u. ‖ Ihre Begabung für diese Arbeit | völlig anerkenne.

Dieser Brief bestätigt offensichtlich die Einschätzung der Persönlichkeit Friedlaenders durch Erman (s. Zitat o.). Mit geduldiger Zurückhaltung nimmt er den Veränderungswillen des jüngeren Kollegen auf, duldet Kritik an der bestehenden Ordnung und die Etablierung einer neuen. Er nimmt sogar die Schuld für die eingetretene Verzögerung auf sich, zeigt dafür Verständnis und macht konstruktive Lösungsvorschläge. Schließlich jedoch beton er seine Verantwortlichkeit und verweist damit natürlich auch auf seine Autorität als Vorgesetzter. Das von ihm beschriebene Dilemma zwischen „Amtspflicht und Wissenschaft“ wirkt fast wie eine Formulierungsvorlage für die spätere Charakterisierung durch Erman. Am Ende des Schreibens steht jedoch v. a. die Anerkennung der Leistung und der

311 BStUB, Friedlaender-Erman, 1879.
312 Vgl. Baasner (1999), 18.
313 BStUB, Friedlaender-Erman, (undat.).
314 Hervorhebung im Original.

Ausdruck von Vertrauen in die Fähigkeiten des Untergebenen. Der von Erman geschilderte Eindruck wird jedenfalls durch diesen Schriftwechsel bestätigt. Wie aber hat sich der Mitarbeiter Erman gegenüber seinem Vorgesetzten verhalten? Einsichtsvoll und folgsam? Die Antwort darauf muss eindeutig mit ‚nein' gegeben werden, wie ein weiteres Schreiben Friedlaenders zeigt:[315]

> Den gestrigen Antwortzettel kann ich nicht | annehmen.
>
> Die Störungen bei Ihrer Arbeit, über die | Sie klagen, sind die Folge davon, daß | Sie meinen wiederholten Rath, die Ar-|beit in 2 Absätzen zu machen, nicht | befolgt haben. Daß dies unmöglich war, | stelle ich in Abrede. Es war z. B. | nicht nöthig, sogleich[316] bei jeder Münze | Stadt u. Jahr zu entziffern und auf die | [Kartelle?] zu schreiben. Das hätte für die | 2. Bearbeitung verbleiben müssen.
>
> Sie sagen ferner: auch das Inventar | werde liegen bleiben wenn anscheinend | nothwendigere Arbeiten kommen. Das | Wort anscheinend ist nachträglich hinein-|gefügt. Sie haben nicht überlegt, daß | dies eine Kränkung ist. Das Anord-|nen der Arbeiten ist meine Pflicht, | ich ordne keine anscheinend nothwendige | Arbeiten an, sondern die wirklich noth-|wendigen. Und gerade in diesem Fall | habe ich Ihnen die Nothwendigkeit | einen wenn auch nur vorläufigen Ab-|schluß zu machen, auf den ich seit | langer Zeit geduldig gewartet | u. an den ich oft erinnert hatte, | klar nachgewiesen.
>
> [...] Zu Ihrer etwas scharfen und | bitteren Antwort habe ich keinen | Anlaß gegeben, und ich wünsche, | daß Sie hierauf [317] nicht sogleich | erwidern, sondern überlegen.

Erman scheint also alles andere als ein umgänglicher Charakter gewesen zu sein, der sich ohne Weiteres den Anordnungen seines Vorgesetzten gefügt hat. Im Gegenteil, er führte auch noch Beschwerden über „Störungen" seiner Arbeit an und hielt uneinsichtig an seiner Vorgehensweise fest. Der Ton von Friedlaenders Schreiben kann als väterlich beschrieben werden und gerade der Schluss macht den Eindruck, als wendete er sich an ein zorniges Kind. In seinen Erinnerungen zeigt sich Erman dann auch einsichtig und schildert die hier angesprochenen Störungen auf folgende Weise:

> Sehr verständigerweise hielt Friedlaender darauf, daß ich möglichst an allen Arbeiten, die im Münzkabinett vorkamen, mitwirkte; ich mußte also angebotene Münzen durchsehen, mußte gekaufte eintragen und einlegen, mußte Dubletten aussondern und was solcher Arbeiten mehr waren. So lernte ich denn auch bald die nicht orientalischen Münzen kennen und gewann lebhaftes Interesse für alle Teile der Numismatik.[318]

---

315 BStUB, Friedlaender-Erman, 1881.

316 Hervorhebung im Original.

317 Hervorhebung im Original.

318 Erman (1929), 127; von dieser Tätigkeit legen auch weitere Schreiben Friedlaenders an Erman Zeugnis ab: BStUB, Friedlaender-Erman, 1882–1883, teilw. undat.

Ermans Behauptung, ein Autodidakt gewesen zu sein, und seine wiederholten Schilderungen, sich seine Kompetenzen durch Selbststudium angeeignet zu haben – angefangen bei den ersten Hieroglyphenstudien als Pennäler,[319] dem Studium bei Ebers und Lepsius[320] oder den Recherchen in der Bibliothek der Kgl. Museen[321] –, sind also zu ergänzen um das Element einer offenkundig schwach ausgeprägten Bereitschaft, Lehren anzunehmen. Mit der Tätigkeit im Münzkabinett wurde Ermans Ausbildung erst vollendet, durch das geduldige und wahrscheinlich auch mäßigende Einwirken Ebers' und Friedlaenders eröffneten sich dem jungen Erman beim Tode seines Lehrers Lepsius ungeahnte Karrierechancen.

Schon frühzeitig – während seiner Studentenzeit in Leipzig – hatte Erman sich auf dem Gebiet ägyptologischer Forschung hervorgetan, auf dem auch der Schwerpunkt seiner späteren wissenschaftlichen Laufbahn liegen sollte – dem der ägyptischen Grammatik. Im Jahr 1875 – also im Alter von etwa 20 Jahren – veröffentlichte er in der Zeitschrift für Ägyptische Sprache und Altertumskunde seinen ersten Artikel mit dem Titel *Über eine Form des Suffixum -f.*[322] Bei der Korrektur des von L. Stern angefertigten Glossars zum Papyrus Ebers', den der Namensgeber von seiner zweiten Ägyptenreise mitgebracht hatte, fiel Erman, da er „als Autodidakt gewohnt war, die Augen selbst offen zu halten",[323] auf, dass der Suffixendung „*-f*" bei Antritt an eine Form des Dualis ein „*-j*" als Dualendung angefügt wurde („*-fj*"). Ebers zeigte sich erfreut und leitete den Aufsatz Ermans hierüber an den verantwortlichen Redakteur der ZÄS, R. Lepsius, weiter. Bereits mit seiner ersten wissenschaftlichen Veröffentlichung geriet der junge Erman jedoch in Konflikt zur frankophonen Ägyptologie, vertreten durch den auch gerade mal 28-jährigen G. C. C. Maspero (1846–1916), der während seiner gesamten Laufbahn den Erkenntnissen der Berliner Schule gegenüber skeptisch eingestellt bleiben sollte und die Existenz eines Duals im Ägyptischen rundweg bestritt.[324] Maspero entschließt sich also zu einer Erwiderung[325] und teilt dies seinem Opponenten durch dessen Lehrer Ebers mit:[326]

> Anbei erhalten Sie ein Wort von | Maspero, das er Ihnen durch | mich darbietet.
> [...] Es wird Sie freuen folgen-|des von ihm zu hören.

---

319 Vgl. Erman (1929), 90f.
320 Vgl. op. cit., 92.; 110–114.
321 Vgl. op. cit., 118f.
322 Erman (1875).
323 Erman (1929), 257.
324 Vgl. Erman (1929), 258.
325 Maspero (1875).
326 BStUB, Ebers-Erman, 12.12.1875.

> ‚Je suis heuereux de ce que vous me | dites au sujet de M. Erman. | Presentez-lui dans me compli-|ments et dites lui qu'il trouvera | dans un numéro prochain de la ‖ Zeitschrift un article sur la flection | en j, que ma suggeré son article | sur fj.'
>
> Sie werden ja selbst lesen, was er | Ihnen entgegnet; er gibt mir nichts | als den mitgetheilten Satz. Wir haben | ja selbst gefunden, daß fj u. kj | nicht nur beim Dualis vorkommt, | aber ich habe noch viele neue Bei-|spiele notirt, von denen doch | weitaus die meisten Ihre Regel | bestätigen. Voyons, ob er eine | Erweiterung des von Ihnen gesag-|ten auf andere Numerus belegen | kann.

Interessant an dieser Auseinandersetzung ist zweierlei: Erstens adressiert Maspero seine Entgegnung zunächst an Ebers bzw. kündigt sie diesem gegenüber an. Hierfür könnte man zunächst noch praktische Gründe anführen, etwa, dass Maspero Ermans Anschrift unbekannt gewesen ist oder er ohne förmliche Vorstellung nicht an diesen schreiben konnte oder wollte. Dass aber die Entgegnung in der ZÄS gleichfalls nicht an Erman selbst gerichtet worden ist, sondern an den verantwortlichen Redakteur Lepsius, ist zunächst noch keine ungewöhnliche Form der Entgegnung. Vorstellbar wären allerdings auch ein sachlicher, d. h. unpersönlicher Artikel oder eine Adressierung direkt an Erman gewesen. Hier spielt sicher das akademische Komment eine Rolle, innerhalb dessen der Student Erman noch nicht satisfaktionsfähig ist bzw. Rangunterschiede eine direkte Auseinandersetzung – bildlich ein Duell[327] – verhindern. Desweiteren könnte man vor dem Hintergrund späterer Konflikte zwischen frankophoner und deutschsprachiger Ägyptologie auch das Bild einer diplomatischen Auseinandersetzung zum Verständnis dieses Vorgehens heranziehen, bei dem sich Maspero an die Repräsentanten der deutschen Ägyptologie wendet.

Ermans Beharrlichkeit[328] nötigt Maspero zu fortgesetztem Widerspruch, den er wiederum zuerst an Ebers richtet:[329]

> J'ai bien été un peu étonné de la vivacité | de M. Erman et j'ai été un moment tenté de | lui répondre de belle encre. Puis, je me suis aperçu | qu'après tout, j'aurais fait aussi bien de ne | pas prendre pour sujet d'un article le premier | travail d'un tout jeune homme et cette considé-|ration m'a singulièrement radouci. J'attendrai | pour défendre mes propositions que quelques mois | se soient écoulés et alors même je m'arrangerai | de manière à ne pas mettre M. Erman trop | directement en cause. Pour le moment je | maintiens complètement mes conclusions. M. | Erman pense que le pluriel en 𓅭𓇋 est | douteux: j'en ai près de deux cent exemples. | Il reste donc évident pour moi que la prétendue ‖ forme 𓅭𓇋 du duel n'est qu'un pluriel | plus ou moins spécialisé dans certains cas.

327 Zum „akademischen Duellkomment" vgl. Frevert (1991), 133–177; tatsächlich haben sich auch Ägyptologen duelliert; vgl. Lepsius (1933), 235.

328 Erman (1876).

329 SBB-PK, Nachl. Georg Ebers: Maspero, Gaston, 02.05.1876.

> Quant à l'usage de  M. Erman n'explique | pas en réalité les exemples nombreux où il | se trouve derrière des mots qui ne sont pas | rattachés au duel. Il lui serait difficile de | dire quelle idée de duel on trouve dans des | noms comme [hieroglyphische Beispiele] | [...] la théorie de M. Erman n'a pas de fonde-|ment certain. [...]
>
> Si M. | Erman veut mes objections tout au long, je les | lui communiquerai par écrit et je serai fort | aise d'avoir sa réponse.

In diesem Zusammenhang ist darauf hinzuweisen, dass Erman Maspero in seiner Autobiografie entsprechend kritisch würdigt.[330] In der hier besprochenen Auseinandersetzung fühlte sich Erman – berechtigterweise – als Sieger und konnte in einem zweiten Artikel[331] nicht nur auf seiner Ansicht beharren und weitere Argumente für ihre Richtigkeit anführen, sondern gleich auch eine weitere grammatische Form des Ägyptischen postulieren – die des Verbaladjektivs.[332] So resümiert Erman am Ende:

> Ich antwortete und habe auch in meiner Dissertation mir die Gelegenheit nicht entgehen lassen, auf Masperos haltlose Behauptungen noch einmal zurückzukommen, und lateinisch klingt so etwas ja besonders schön.[333]

Ganz so „besonders schön" haben Ermans Einlassungen jedoch nicht geklungen, denn Ebers schätzt diese in einem Brief an seinen Schüler wie folgt ein:[334]

> Dem armen Maspero gehen | Sie scharf zu Leibe, aber mit Recht.
>
> Das j hat es dem Manne angethan | u. in seinen letzten Sachen bringt er | Umschreibungen, als hätte er eine | Art von j-Koller.

Tatsächlich scheint Maspero den Stil und die Ausdrucksweise von Ermans Dissertation als unangenehm empfunden zu haben. Als sein Kontrahent – inzwischen Nachfolger von Lepsius in der Berliner Professur – in Paris weilt, kann er sich in seiner Mitteilung an Ebers denn auch nicht einer gewissen Ironie enthalten und bemerkt diesem gegenüber:[335]

> Erman est ici depuis un mois. Il est beaucoup plus | aimable en réalité que sa thèse latine ne me permettait | de le supposer.

---

330 Vgl. Erman (1929), 258 f.

331 Erman (1876).

332 Vgl. Gardiner (1957), 280; Schenkel (1997), 237.

333 Erman (1929), 258.

334 BStUB, Ebers-Erman, 31.01.1878.

335 SBB-PK, Nachl. Georg Ebers: Maspero, Gaston, 30.11.1885.

In Ermans Dissertation manifestiert sich auch und v. a. seine endgültige Hinwendung zur ägyptologischen Sprachforschung und Grammatik.[336] Daran ist zweierlei bemerkenswert: Zum einen behauptete Erman auch danach immer wieder gegenüber seinem Lehrer Ebers, nicht zum reinen Sprachforscher werden zu wollen:[337]

> um Himmels willen halten Sie mich darum | nicht für einen eingefleischten Linguisten, der | nur für Grammatik Sinn hat. Mir geht es | immer so, dass wenn ich einen Text auf | Grammatik hin untersuche, ich mir wün-|sche, ihn auf den Inhalt hin bearbeiten zu | können, und thu ich dann einmal das letztere, | so liegt es mir schwer auf dem Gewissen, dass ich | nicht genug Grammatik weiss, ihn sicher zu | erklären: Das Dilemma lässt sich nun | einmal nicht vermeiden!

Auch noch im Jahr darauf äußerte sich Erman in diesem Sinne:[338]

> Aber glauben Sie | darum nicht, dass Ihr Schüler nur | Grammatiker sein will – Grammatik | ist mir zum grossen Theil nur Mittel ‖ zum Verständnis der Texte. Ich freue | mich schon jetzt auf die Zeit, wo ich | auf anderes jagen werde als auf Verbal-|formen!

Inwieweit die Hinwendung Ermans zur Sprachforschung erst später und aus reiner Notwendigkeit zur Lösung eines „Dilemmas“ (s. Zitat o.) vollzogen wurde, lässt sich nicht mit letzter Sicherheit sagen, jedenfalls hat er auch noch 1929 in seiner Autobiografie bestritten, „ein Linguist strenger Observanz“[339] gewesen zu sein. Es ist jedoch auch durchaus vorstellbar, dass er seine Spezialisierung gegenüber seinen eher generalistisch ausgerichteten akademischen Lehrern Ebers und Lepsius vielleicht nicht durchsetzen konnte, denn seine Behauptung:

> Daß ich für meine Dissertation auch ein grammatisches Thema wählte, und nicht, wie ich es in meiner Unerfahrenheit gedacht hatte, ein historisches, entsprach einem Wunsche von Lepsius; ich bin ihm zeitlebens für diesen guten Rat dankbar gewesen.[340]

...lässt sich zumindest nicht in dieser Eindeutigkeit anhand den in der Korrespondenz mit Ebers gemachten Äußerungen nachvollziehen:[341]

---

336 Erman (1887).
337 SBB-PK, Nachl. Georg Ebers: Erman, Adolf, 08.10.1879.
338 SBB-PK, Nachl. Georg Ebers: Erman, Adolf, 31.08.1880.
339 Erman (1929), 264.
340 Erman (1929), 259.
341 SBB-PK, Nachl. Georg Ebers: Erman, Adolf, 13.10.1876.

> Aber Lepsius war anderer Meinung. Ich wollte ihn | um die Erlaubniss bitten seine Papyri zu benut-|zen, aber er hatte offenbar nie von der *Am-duat*[342] gehört, | und als ich ihm bemerkte es sei ungefähr eine kür-|zere Redaction der Texte in den Königsgräbern, rieth | er mir auf das Entschiedenste davon ab, mich in | derartige philosophisch-mystische Arbeiten zu verlieren.
>
> Natürlich erwiderte ich, ich hätte nur die || sprachliche Seite im Auge, aber er erklärte | auch das für einen ganz ungeeigneten Versuch.
>
> Wenn ich eine sprachliche Arbeit wolle, so solle | ich die bisherigen Ansichten über einen Theil der | Grammatik zusammenstellen, dann sähe man | doch, ob ich andere Leistungen beurtheilen könne, | u.s.w. Das richtige aber sei ein historisches The-|ma.
>
> Dazwischen erklärte er mir, er wundere sich | sehr, dass ich keine grössere Arbeit gemacht hätte, | aus den kurzen Notizen in der Ä.Z. könne man | ‚den Hintergrund' meines Wissens nicht beurtheilen. Warum ich übrigens nicht eine semitische Dis-|sertation nehmen wolle; das Aegyptische sei doch | beim Examen ganz Nebensache, besonders für mich, | der ich doch eigentlich Semitist sei, und schwer-|lich noch nach der Promotion mich mit Ae-|gyptisch beschäftigen würde. Auch ein la-|teinisches Examen müsse ich machen; was er | damit meinte, wissen die Götter. Das sind recht | tröstliche Aussichten. Vor allem muss ich jetzt | eine rein historische Dissertation machen, in der || auch kein Wörtchen Semitisch vorkommen soll, das | ihn in seinem Glauben, ich sei Semitist, bestärken | könnte. Es ist mir gewiss auch sehr gesund, einmal | auch nur mit Königsnamen und Jahreszahlen zu | arbeiten. Aber welches Thema soll ich nehmen?

Zunächst einmal ist bemerkenswert, dass Erman sich in der Frage der Themenwahl für seine Dissertation zwar zunächst mit Lepsius, dann aber wieder mit seinem alten Lehrer Ebers in Leipzig bespricht und ihm sein Leid klagt. Offensichtlich ist der Kontakt zu Lepsius tatsächlich nicht sehr eng gewesen – wie sonst sollte man dessen (Fehl-)Einschätzung von Ermans fachlicher Ausrichtung und den selbst bemängelten fehlenden „Hintergrund" zur Beurteilung von Ermans Wissen erklären? Diese Schilderung steht darüber hinaus natürlich auch in eindeutigem Widerspruch zu Ermans oben zitierter Behauptung, er habe ursprünglich ein historisches Thema behandeln wollen und Lepsius habe ihn zu einer grammatischen Arbeit bewogen – tatsächlich stellt sich die Situation genau umgekehrt da. Die Reaktion Ebers auf die Mitteilung Ermans ist für dessen Charakter bezeichnend. Weit davon entfernt, es seinem Schüler übel zu nehmen, dass er nicht bei ihm in Leipzig promoviert,[343] bestärkt er ihn in seinem Entschluss – nicht zuletzt auch im Hinblick auf etwaige Empfindlichkeiten von Lepsius:[344]

---

342 Vgl. Hornung (1975).

343 Erman hatte ihm dies in einem weiteren Schreiben, die formalen Voraussetzungen einer Promotion betreffend, mitgeteilt und sich dabei u. a. darauf berufen, schlecht in Leipzig promovieren zu können, ohne jemals bei H. L. Fleischer gehört zu haben; SBB-PK, Nachl. Georg Ebers: Erman, Adolf, 02.12.1876.

344 BStUB, Ebers-Erman, 07.12.1876.

> Lepsius | ist sehr einflußreich und vielleicht | nähme er es Ihnen doch übel, wenn | Sie Leipzig Berlin vorzögen. Jeden-‖falls könnte es Ihnen mehr schaden, | als ich Ihnen zu nützen vermag;

Er versucht aber auch zwischen den Zielvorstellungen und den dahinter stehenden unterschiedlichen Wissenschaftsauffassungen seines Schülers und dessen Doktorvaters zu vermitteln:[345]

> Also ist der Würfel geworfen, und | ich glaube, Sie haben gut gewählt.
>
> Es kommt nun auf die Dißertation | an. Ich kann mir lebhaft den | Lauf Ihrer Verhandlungen vorstellen | und Lepsius' Gedankengang verste-|hen. Er will keine rein aegyptolo-|gische Dißertation, weil er der | Ansicht ist, daß der Doctorand | zu zeigen habe, er sei ein wissen-|schaftlich durchgebildeter Mensch, ‖ der sich nicht nur ein bestimmtes | Maß von Kenntnissen auf einem[346] | Gebiete, sondern – wenn er Aegypto-|loge werden will, auf der breiteren | Basis der philologischen u. historischen | Ausbildung erworben habe. Dazu | kommt, daß er das Referat über Ihre Arbeit | haben und wünschen wird, daß | der Coreferent sich sein eigenes Urtheil | über die Arbeit zu bilden im Stande | sei u. ihm also eine halbe Verant-|wortlichkeit abnehmen könne.
>
> Aber unsere Wissenschaft steht ja | auf eigenen Beinen. Dies kommt äußer-|lich zum Ausdruck durch die für sie | errichteten Professuren, | sie hat ihre eigene Methode, die | freilich nur von solchen geübt wer-|den kann, die mit der philologi-|schen oder historischen Methode über-|haupt vertraut sind. Ich meine, | daß man ebenso gut in einer rein | aegyptologischen Dissertation als ‖ in einer streng philologischen (classisch | philologischen) oder linguistischen oder | historischen zeigen kann, ob man | ontisch zu arbeiten versteht, ob man | Methode besitzt. Darauf kommt alles | an. Man schreibt keine Dißertation, | um die Breite seines Wissens zu zeigen, | sondern um darzulegen, wie tief man | ein frei gewähltes einzelnes Gebiet | des Wißens umzuackern versteht. Klein | sei dies Gebiet, aber es werde ganz von | dem Candidaten beherrscht und er zei-|ge in seiner Arbeit nicht, wie viel er | weiß, sondern wie tief er zu graben | und wie ontisch er die geho-|benen Schätze zu sichten, wie methodisch | er sie zu ordnen vermag.

Trotz klarem Bekenntnis zur philologisch-historischen Methode und einem breit angelegten Studium unterstützte Ebers Erman also in seinem Bemühen um eine spezialisierte ägyptologische Qualifikationsarbeit. Sein Schüler entschloss sich – vielleicht auch mit Hilfe der argumentativen Rückendeckung aus Leipzig – entgegen den zunächst gemachten Einwänden Lepsius' zu einer grammatischen Untersuchung, die dann auch weit über die von diesem konzedierte Kompilationsarbeit (s. Erman-Zitat o.) hinausging.[347] Dass diese Arbeit auf lateinisch „ja

---

345 BStUB, Ebers-Erman, 16.12.1876.

346 Hervorhebung im Original.

347 Erste Mitteilung über die Arbeiten daran in: SBB-PK, Nachl. Georg Ebers: Erman, Adolf, 11.02.1877.

besonders schön“[348] klingt und dass das Ergebnis auch wirklich überzeugen konnte, war Erman zunächst jedoch nicht so erschienen, denn wie wohl die meisten Doktoranden quälten ihn bald nach Abgabe der Arbeit Selbstzweifel:[349]

> Meine abgelieferte Dissertation ‚de forma plu-|ralis in lingua Aegyptiaca‘ macht mir nach-|träglich viele Sorge. Liegt es an meiner Ungeschick-||lichkeit oder an der Unmöglichkeit über aegyp-|tologische und sprachwissenschaftliche Gegenstände | in lateinischer Sprache zu schreiben, genug mir scheint | der ganze Ton der Arbeit jetzt so kindisch, dass | es mich nicht wundern soll, wenn Lepsius sie zu-|rückweist oder sehr schlecht recensirt. Und ich kann | sagen sie hat ein besseres Los verdient, denn das | thatsächliche, was sie enthält, ist meistens neu und | sicher. Ich habe übrigens versucht die alten Tex-|te, die die reine altägyptische Sprache enthalten | (wie ihr Papyrus und was sonst aus dem alten | Reich stammt), von der jüngsten Sprachepoche der | 19. und 20. Dyn., die nichts als die alte Schrift und | Orthographie mit der ersten gemein hat, zu | trennen und habe gerade dadurch sicherere Re-|sultate als Maspero und Consorten erreicht.
>
> [...] Was dieses Jungägyptische in der Pluralbildung | schon von der alten Sprache durchweg trennt, | ist das Aufgeben des alten formellen Unterschiedes | zwischen Masculinum und Femininum.

An dem Wert der erarbeiteten Ergebnisse lässt diese Stellungnahme jedoch keine Zweifel aufkommen. Die Spitze gegen „Maspero und Consorten“ ist nur von eher anekdotischem Interesse. Für die weitere Entwicklung des Faches und den Beitrag Ermans hierzu von Bedeutung ist jedoch die Scheidung unterschiedlicher Sprachstufen und die Verwendung des Terminus „Jungägyptisch“ in diesem Zusammenhang, in denen sich bereits ein entscheidender Aspekt des von Erman im Fach bewirkten Paradigmenwechsels ausdrückt. Entgegen Ermans Befürchtungen wird seine Arbeit sehr viel positiver bewertet. Geradezu überschwänglich ist das Lob, das ihm Ebers ausspricht:[350]

> Ich brauche Ihnen kaum zu sagen, | daß ich gleich mit dem Empfang | Ihrer Dißertation mich hingesetzt | und sie mit großer Spannung | durchgelesen und wieder durchge-|lesen habe. Sie sind ein prächti-|ger Mensch, und ich stehe nicht | an (werden Sie nicht roth) dieses | Schriftchen für die beste grammati-|sche Monographie zu erklären, | die auf dem Gebiete der Hiero-|glyphik jemals geschrieben wor-|den ist. Dabei sagt man sich, | daß dieses Schriftchen nur ein | Theil eines reichen Ganzen ist | und vermißt schmerzlich die | hieroglyphische so schwer deut-|lich u. erschöpfend zu umschreiben-|de u. jede andere orientalische | Schrift. – Wenn so alle Theile | der aegyptischen Grammatik, eines | nach dem anderen, bekannt würde, | dann stehen wir bald auf dem | festesten Boden – während wir | jetzt [...] mit bösen

348 Erman (1929), 258.
349 SBB-PK, Nachl. Georg Ebers: Erman, Adolf, 22.08.1877.
350 BStUB, Ebers-Erman, 31.01.1878.

Schwankungen | gegenüber den wichtigsten Abschnitten | selbst der Formenlehre zu kämpfen | haben.

[...] – Die von Ihnen | angebahnte Methode die neueren | und die älteren Sprachformen | zu sondern und nicht alle hierogly-|phischen Texte über einen Kamm zu ‖ scheren, ist entschieden richtig und | ich werde nächstens zeigen, wie auch ich | ihr folge.

Noch aber war Ermans Hinwendung zur Ägyptologie keinesfalls sicher. Die noch vor Abschluss seiner Dissertation geäußerte Behauptung Ermans:[351]

Wenn ich mein Leben lang Hülfs-|arbeiter mit 1800 Mk. Gehalt und 3–4 stündiger | Arbeit sein könnte und daneben an einer Gram-|matik und einem Lexikon der aegyptischen Spra-|che arbeiten – das wäre für meine Bedürfnisse und | Ansprüche genug.

... muss zum einen vor dem Hintergrund der oben erwähnten Selbstzweifel, zum anderen wohl auch als eine gewisse Koketterie gelesen werden, jedenfalls strebt er nach erfolgreicher Promotion doch recht zielstrebig auch die Habilitation an:[352]

Dass Sie Ihres Schülers noch immer so freund-|lich gedenken, ihn nicht aufgeben – das ist mein bester Trost; | es hat mir neuen Muth gemacht allen numismatischen Verlok-|kungen zu widerstehen und unserer Wissenschaft treu | zu bleiben. Und darum noch einmal meinen Dank für Ih-|ren Brief. Warum soll ich's nicht gestehen – es hat Mo-|nate gegeben, wo ich kein aegyptologisches Buch in der | Hand gehabt habe, desto mehr numismatische Litte-|ratur, arabische Historiker und türkische Chronisten.

Erst Wiedemanns[353] neulicher Besuch machte die alten Neigun-|gen alle wieder rege und seit einer Woche sitze ich wieder | über dem Papyrus d'Orbiney[354] und bemühe mich die prima ele-|menta syntaxos Aegyptiacae herauszubekommen. Es ist aber | wirklich nicht ganz leicht für mich dabei zu bleiben. Im Mu-|seum höre ich von Friedlaender, eigentlich läge mir doch das | klassische Alterthum am nächsten und von Sachau, es sei doch ‖ meine erste Pflicht orientalische Geschichte zu trei-|ben, um unsere Sammlung recht verwerthen zu kön-|nen. Leider sagt mir mein Gewissen, dass beide Recht | haben und es ist ja auch verführerisch genug beider Rath | zu folgen. Den Reiz griechischer Kunst kennen Sie ja selbst | und auf numismatisch-historischem Gebiet ist soviel, so unend-|lich viel zu thun, dass jede Arbeit sehr lohnend ist. Ich den-|ke aber doch ausser einer kritischen Arbeit über phönicische | Münzen – gegen Blau[355] und andere Phantasten, mich nur noch | auf das nothwendigste zu beschränken und meine ganze Kraft | auf aegyptische Syntax zu verwenden. Habe ich da einen grösse-|ren Abschnitt abgeschlossen und bin ich unterdessen endlich fest | angestellt – was wohl nächstens erfolgen wird, so werde ich den | grossen Versuch machen mich hier zu habilitiren. Es wird | freilich Kämpfe genug kosten: Friedlaender wird es nahe gehen | dass ich

351 SBB-PK, Nachl. Georg Ebers: Erman, Adolf, 11.02.1877.

352 SBB-PK, Nachl. Georg Ebers: Erman, Adolf, 01.01.1879.

353 K. A. Wiedemann (1856–1936); Bierbrier (2012), 575 f.

354 Vgl. Brunner-Traut (1982).

355 Hantzsch (1903).

vom Kabinett fort will, Sachau wird sich ärgern, dass ich | die Bearbeitung des Müneggin Bâschî liegen lasse, das Minis-|terium wird erklären Museumsbeamte sollten nicht lesen, die | Universität wird fragen, ob ich denn schon die bekannten 12 Se-|mester vom Gymnasium fort sei, und was Lepsius dazu sagen | würde, weiss ich vollends nicht. Aber ich sehe keinen anderen | Weg einmal zu einer Professur zu gelangen, denn um | die Göttinger mich jetzt schon bewerben – das scheint mir zu || anmassend, als das ich's wagte. Und dass es hier ein Bedürfniss ist, | dass wieder einmal Aegyptisch gelesen wird, das ist allen hie-|sigen Orientalisten klar. Zwar schickt Lepsius die Studenten zu | Stern, aber der empfängt sie mit der schönen Bemerkung: ‚Aegyp-|tisch wollen sie treiben? Das ist das grösste Unglück, das einem | Menschen begegnen kann. Treiben Sie Sanskrit, treiben sie Ara-|bisch, aber nur nicht Aegyptisch!' Ich kann mich in diese Auf-|fassung des guten Stern nicht hineindenken, ich freue mich über | jeden neuen Fachgenossen von Herzen – es ist ja so unendlich | zu thun und die Aegyptologie hat meiner festen Überzeugung | nach eine grosse Zukunft.

Diese äußerst wortreichen Ausführungen Ermans sind natürlich zuallererst als eine ausführliche Reflektion seiner damaligen Lage zu bewerten, wie sie gegenüber seinem akademischen Lehrer Ebers keinesfalls ungewöhnlich erscheint. Zwischen den Berichten über „numismatische Verlockungen" oder den „Reiz griechischer Kunst" entfaltet sich aber eine wohldurchdachte Agenda für Ermans weiteres Vorgehen. Nach finanzieller Absicherung durch eine Festanstellung strebt er den Status eines Privatdozenten an und benennt eine Reihe formaler Hürden, die es dabei zu überwinden gilt. Es ist natürlich nicht eindeutig nachweisbar, aber wahrscheinlich erfolgt dies gegenüber Ebers nicht ohne Grund, dessen Beziehungen und Einfluss wahrscheinlich helfen sollen, diese Widerstände zu überwinden. Die Göttinger Professur wird bescheidener- oder realistischerweise nicht in Betracht gezogen, dafür jedoch ein Bedarf an ägyptologischen Lehrveranstaltungen in Berlin konstatiert. Erman wertet die Leistungen von Lepsius – „schickt die Studenten zu Stern" – und diesem herab. Obwohl die Ägyptologie durch Lepsius ‚ordentlich' vertreten wird und Stern die Studierenden unterrichtet, postuliert Erman schon zu diesem Zeitpunkt einen Mangel, dem er abhelfen würde. Diese Art der Darstellung lässt auch berechtigte Zweifel an Ermans späterer Behauptung zu, er habe sich keinerlei Hoffnungen auf die Nachfolge Lepsius' gemacht.[356] Und die Darstellung in seiner Autobiografie erscheint vor dem Hintergrund der in dem oben zitierten Schreiben an Ebers geschilderten Umstände vollends zweifelhaft:

Ich weiß nicht mehr, ob Lepsius mir nahe gelegt hatte, mich zu habilitieren, oder ob ich selbst auf diesen Gedanken gekommen war. Jedenfalls tat ich diesen Schritt, wie so manchen in meinem Leben, ohne recht zu wissen, was ich damit tat. Ich glaubte niemandes Weg zu kreuzen, denn Stern hegte gewiß keine solchen Pläne, und ich ahnte nicht, daß sich damals

---

356 Vgl. Erman (1929), 171.

> Brugsch gerade rüstete, sich Lepsius' Nachfolge zu sichern, und erst recht dachte ich nicht daran, daß auch Dümichen und Naville auf sie Anspruch machen könnten.[357]

Zwar ist die Behauptung, Stern habe an der Nachfolge Lepsius als Lehrstuhlinhaber kein Interesse gehabt, durchaus glaubwürdig, wenn man bedenkt, dass dieser sich vorrangig um die Nachfolge im Museum bemühte. Die Absichtserklärung „niemandes Weg zu kreuzen" erscheint entweder äußerst naiv oder gezielt dazu gedacht zu sein, die eigenen Motive zu verschleiern. Jedenfalls erfuhr Erman auf sein Schreiben den erhofften Zuspruch seines Lehrers Ebers:[358]

> Ihren Plan sich näch-|stens die Privatdozentenwürde zu erwer-|ben, muß ich unbedingt billigen. Da | Sie sich jetzt so schön in die orientalische ‖ Münzkunde eingearbeitet haben, das Ca-|binett Ihnen ein hübsches Gehalt zahlt und | Lepsius dort kein Jüngling mehr ist, so | würden Sie, sollt' ich meinen, gut thun | sich in Berlin zu habilitiren. Es muß, | sollt' ich denken, Lepsius selbst lieb sein, | wenn eine junge Kraft sich findet, die | ihm seine grammatischen Collegia ab-|nimmt. Bei seinen vielen anderen Arbeiten | hat er ja schon seit Jahren gerade für die-|se Dinge keine rechte Zeit mehr. Sie wer-|den in Berlin auch Schüler finden, u. wenn | Sie ein aegyptologisches ‚Hauptbuch' geschrie-|ben haben, auf eine gute akademische | Laufbahn rechnen können. Meiner Beihül-|fe sind Sie unter allen Umständen gewiß.
>
> Schreiben Sie mir gleich, wenn Sie meinen, | daß Ihnen eine Empfehlung von mir nützen | könnte; ich kann eine solche dem Verfasser | der ‚Pluralbildung'[359] freudigen Herzens und | mit aller Wärme ertheilen. Was ich von | diesem kleinen Werke halte, das haben Sie | ja aus meiner Anzeige ersehen können.

Sehr viel deutlicher als zuvor Erman, benennt Ebers klar eine berufliche Perspektive, die sich aus dem fortgeschrittenen Alter von Lepsius ergibt, und bietet dementsprechend auch seine Unterstützung für die Realisierung dieser Perspektive an. Es ist zwar sicher zu betonen, dass zu diesem Zeitpunkt noch nicht die Rede ist von der Nachfolge Lepsius' und damit der Besetzung des Lehrstuhls, dass Erman jedoch diese Möglichkeit gänzlich ausgeschlossen hätte, bevor sie tatsächlich eintrat, erscheint zumindest zweifelhaft. Sein Vorgehen ist entgegen seiner späteren Darstellung sehr wohl zielgerichtet und überlegt gewesen. Bemerkenswert ist die gleichsam nachträgliche Legitimation seiner ‚Thronfolge' durch eine vermeintliche Anregung von Lepsius, während der Zuspruch von Ebers unerwähnt bleibt, denn in Wahrheit hat sich Lepsius gegenüber seinem Schüler zur Frage der Habilitation sehr viel zurückhaltender geäußert:[360]

---

357 Op. cit., 162.
358 BStUB, Ebers-Erman, 05.07.1879.
359 Erman (1887).
360 BStUB, Lepsius-Erman, 15.08.1879; vgl. Koch (1988), 50; 54–59.

> In Bezug auf Ihren Wunsch | sich in Berlin für Aegyptologie | zu habilitiren, habe ich Ihnen | schon gesagt, daß dies meiner-|seits keinen Anstand finden | würde. Doch ist mir von ge-|schäftlichen Autoritäten unserer | Fakultät, denen ich gelegentlich | davon sprach, bemerkt worden, | daß man bei der Meldung zur ‖ Habilitation stets einige | erhebliche litterarische Leistungen | – außer der Doktordissertation | vorgelegt zu erhalten erwartet, | womöglich aus verschiedenen | Theilen einer so weitschichtigen | und noch nicht gesonderten | Wissenschaft, wie die ägyptische, | um die Fakultät in den Stand | zu setzen sich ein vollständiges | Urtheil nach den verschiedenen | Seiten hin, die bei einer Habili-|tation in Betracht kommen, | zu bilden. Ich kann dem nur ‖ beistimmen und würde daher | rathen, erst eine größere | Publikation ins Auge zu fassen, | ehe Sie sich melden; umso mehr, | da Sie ja erst im vergangenen Jahre | Ihren Doktor gemacht | haben, und auch seitdem sich nicht | ausschließlich den ägyptischen | Studien gewidmet haben.
>
> Ich theile Ihnen diese nicht | unerheblichen Bedenken schriftlich | mit, da Sie, wie ich höre, erst | nach meiner eigenen Abreise von hier | nach Berlin zurückkehren werden, ‖ und ich nicht die Veranlassung | zu sein wünschte, daß Sie | in Folge unseres neulichen | Gesprächs schon jetzt Vorbe-|reitungen zur Habilitation | träfen, die mir nach dem | Gesagten noch vorzeitig er-|scheinen müßten.

Vor diesem Hintergrund erscheint auch folgende Darstellung Ermans über eine Unterredung mit Lepsius zweifelhaft, die er vier Jahre später, aus Anlass der nun tatsächlich gestellten Frage der Lepsiusnachfolge, gegenüber seinem Lehrer in Leipzig vorbringt:[361]

> Schon 1880 hat er mir | rund heraus erklärt, er sehe in mir sei-|nen Nachfolger an der Universität und | am Museum. Gegen die letzte Äusserung | protestierte ich natürlich.

Angesichts der im Rahmen der Promotion Ermans zu Tage tretenden divergierenden Vorstellungen zwischen ihm und Lepsius und der von Erman selbst geschilderten Distanziertheit seines Berliner Lehrers[362] sowie der recht deutlich zurückhaltenden Stellungnahme Lepsius' zur Frage der Habilitation seines Schülers, erscheinen die Behauptungen in dessen Autobiografie, Lepsius habe Erman zur Habilitation geraten und ihm später gleichsam seine Nachfolge angetragen,[363] als ein Versuch einer rückwirkenden Legitimation.[364]

Wie schon zuvor bei der Wahl eines Themas für die Dissertation stellte sich dem Vorhaben Ermans, auch bei der Habilitation ein sprachwissenschaftliches Thema zu behandeln, ein gewisser Widerstand von Seiten Lepsius' entgegen, der aber wohl durch Ebers' Einflussnahme auf den gemeinsamen Lehrer abgebaut

361 SBB-PK, Nachl. Georg Ebers: Erman, Adolf, 21.07.1884.
362 Vgl. Erman (1929), 114.
363 Vgl. SBB-PK, Nachl. Georg Ebers: Erman, Adolf, 21.07.1884.
364 Vgl. Mehlitz (2011), 321.

werden konnte.[365] Der Widerstand von Seiten des Museums – als dem damaligen Arbeitgeber Ermans, vorgetragen durch Generaldirektor Schöne wird wiederum durch Lepsius ausgeräumt.[366] Erman gegenüber versuchte Ebers ebenfalls, für einen Interessenausgleich zu werben und ihn dazu zu bewegen, von einer rein grammatischen Untersuchung abzusehen:[367]

> Nun aber zu Ihrer Habilitation!
>
> Sie können sich denken, daß ich Lepsius | über Sie alles Gute gesagt und geschrie-|ben habe, was ich von demjenigen | meiner Schüler nur immer sagen | kann, den ich für den begabtesten, | fleißigsten und glücklichsten halte.
>
> Es freut mich herzlich, daß der alte | Meister sich so wohlwollend dem | schnell heranwachsenden jüngeren ge-|genüberstellt. Er hat vielleicht Recht | Ihnen anzurathen keine rein grammatische | Arbeit zu machen. Wollen Sie sich als | Aegyptolog habilitiren, so verlangt | man von Ihnen auch ein Bewandtsein | in den archäologischen und historischen | Dingen, welche Ihre Wissenschaft um-||faßt, u. in Ihrer Dißertation haben Sie | sich eben nur als Grammaticus legitimirt.
>
> Es ist Lepsius wohl auch daran gelegen sei-|nen Collegen eine Arbeit von Ihnen vor-|legen zu können, für deren Beurtheilung sie | doch wenigstens einige Handhaben besitzen.
>
> Er selbst ist ja auch mehr Archäolog | u. Historiker als Linguist. Ich bin neugie-|rig auf Ihr Thema. Schreiben Sie doch | nächstens, was Sie gewählt haben! Der | sonst so wohlwollende Friedlaender fügt | sich gewiß gern, wenn Sie sich ihm von Schoene | u. Lepsius als Privatdozent vorstellen | laßen.

Wie Erman vorausgesehen hatte, stellten sich ihm einige Bedenken von Seiten seiner Vorgesetzten im Museum entgegen, und nach wie vor pochten seine akademischen Lehrer auf eine ganzheitliche Behandlung der altägyptischen Kultur, über die reine Philologie hinaus. Darin folgte er ihnen zunächst auch, indem er sich mit Texten über die Amunspriesterschaft in Theben auseinandersetzte.[368] Sein Wohlverhalten führt auch zu der damit sicher angestrebten Aufrechterhaltung des Wohlwollens von Seiten Ebers':[369]

> heute aber sag' ich Ihnen nur, daß | Sie mir herzlich Lieb sind, daß ich | glücklich bin Sie meinen Schüler nennen | zu dürfen und von Ihnen mehr erwarte | als von allen anderen, die es mir in die | Aegyptologie einzuführen vergönnt | war. Es kommt eine Zeit, in der ich | etwas

---

365 Vgl. SBB-PK, Nachl. Georg Ebers: Erman, Adolf, 12.09.1879.

366 Vgl. ebenda.

367 BStUB, Ebers-Erman, 14.09.1879.

368 Vgl. SBB-PK, Nachl. Georg Ebers: Erman, Adolf, 17.10.1879 und später nochmals erwähnt: 22.10.1879; 27.11.1879

369 BStUB, Ebers-Erman, 19.10.1879; vgl. BStUB, Ebers-Erman, 24.11.1879 mit nochmaligen Ratschlägen zum Amon.

Rechtes auch für Ihre äußere | Stellung thun zu können hoffe; mei-|ner herzlichen Zuneigung sind Sie immer | gewiß und über meinen Rath können Sie | zu jeder Stunde verfügen. Ich lese Ihre | Arbeiten mit dem allergrößten Interesse.

Die letzte juristisch-aegyptologische[370] in der | Zeitschrift macht Ihnen alle Ehre. Mit | dem ‚Ammon' haben Sie sich eine große ‖ und dabei schwierige Aufgabe gestellt, die | mir dafür aber auch ungemein dankbar zu | sein scheint. Sie können da etwas Vorzügliches, | Nützliches machen u. werden gewiß auch | auf diesem Gebiete methodisch u. mit stren-|ger Critik verfahren.

Ob Erman bereits zu diesem Zeitpunkt insgeheim die Bearbeitung eines anderen Habilitationsthemas plante oder gar gezielt darauf hin arbeitete, muss offen bleiben, recht unvermittelt jedoch taucht in der Korrespondenz mit Ebers das Vorhaben zu einer Grammatik des Neuägyptischen auf – welches die bereits im Rahmen der Dissertation vorgenommene Unterscheidung einer späteren, damals als „Jungägyptisch" bezeichneten (s.o.) Sprachstufe aufgreift und vertieft.[371] Ebers, der sich Anfang des Jahres 1880 auf einer Erholungsreise in Nizza befand, nahm dieses Vorhaben zunächst recht positiv auf und machte lediglich einige Anmerkungen zu der Nomenklatur:[372]

Ich bin außerordentlich begierig | auf Ihre ‚neuägyptische Gramma-|tik', muß Ihnen aber sagen, daß | mir der Titel nicht gefällt, weil | er leicht irre führen könnte. Unter | ‚neuägyptisch' denkt man zuerst | an das vulgärarabisch, das man | in Masr[373] redet. ‚Grammatik der | jüngeren Formen der altägyptischen | Sprache' oder so ähnlich würde | ich an Ihrer Stelle das neue | Opus benennen.

In der Sache war Ebers also nicht nur Neuerungen gegenüber aufgeschlossen, sondern unterstützte seinen Schüler auch in dessen sprachlichen Forschungen. In demselben Brief erkundigte sich Ebers jedoch auch noch einmal nach dessen Arbeiten am „Amon". Am 07. Juni 1880 beantragte Erman schließlich die Habilitation bei dem verantwortlichen Minister der geistlichen, Unterichts- und Medicinal-Angelegenheiten:[374]

Ew. Excellenz

ersucht der gehorsamst Unterzeichnete, ihm | die Habilitation an der hiesigen Universi-|taet schon im laufenden Semester, noch vor | völligem[375] Ablauf der (nach § 53 der Sta-

370 Erman (1879).

371 Erste Erwähnung des Vorhabens in: SBB-PK, Nachl. Georg Ebers: Erman, Adolf, 13.12.1879.

372 BStUB, Ebers-Erman, 02.04.1880.

373 Arab. = „Ägypten".

374 HUB UA, Phil. Fak., 1210, Bl . 185.

375 Hervorhebung im Original.

> tu-|ten der philosophischen Facultät) nach Ab-|solvirung des akademischen Trienniums er-|forderlichen drei Jahre, hochgeneigtest ge-|statten zu wollen.

In seinem lateinisch verfassten Habilitationsgesuch benennt Erman die von ihm eingereichten Probeschriften:[376]

> Ab amplissimo philosophorum | ordine huiusque almae universi-|tatis Fridericae Guilelmae ego A-|dolfus Erman peto oroque ut, | examinatis duobus his libris quos | vernacula lingua de |
> 1.) Neuaegyptische Grammatik.
> 2.) Aegyptisches Gerichtsverfahren.
> conscripsi, habito colloquio prae-|stitisque quae ex lege quam sta-|tuistis praeterea praestanda sunt, | humanissime veniam mihi conce-|datis scholas aegyptologicas in ha-|bitterarum sede instituendi.
> Berolini, die XVI. m. Junii
> anno MDCCCLXXX.

Zwar wird die von Ebers gelobte Arbeit zum ägyptischen Gerichtsverfahren mit eingereicht, als eigentliche Habilitationsschrift dient aber eine rein sprachwissenschaftliche Untersuchung zur ägyptischen Grammatik – von Amun ist keine Rede mehr. Als Themen des obligatorischen Kollegiums und für die zu haltende Antrittsvorlesung werden von Erman folgende aufgelistet und durch die Fakultät „gewährt“:[377]

> Themata zum Collegium:
> 1.) Die Hyksos.
> 2.) Die Beziehungen Aegyptens zu Vorderasien und zu den | Mittelmeerländern.
> 3.) Das Verhältnis des Aegyptischen zu den verwandten | Sprachen.
> Themata zur Antrittsvorlesung:
> 1.) Die aegyptische Profan-Literatur.
> 2.) Die aegyptischen Volksmärchen.
> 3.) Die südlichen Nachbarländer Aegyptens.

Die Beurteilung der eingereichten Arbeiten durch Lepsius fällt für Erman günstig aus:[378]

---

376 HUB UA, Phil. Fak., 1210, Bl . 186.

377 HUB UA, Phil. Fak., 1210, Bl. 188.

378 HUB UA, Phil. Fak., 1210, Bl. 189.a; vgl. BStUB, Lepsius-Erman, 01.10.1880; 03.10.1880, in denen die Frage der Hyksos-Chronologie nochmals erörtert wurde, nachdem es im Rahmen des Habilitationskolloquiums zu einer Auseinandersetzung hierüber gekommen war; vgl. Erman (1929), 163; Koch (1988), 50; 59 ff.

Die ägyptologischen Publicationen des | Dr. Adolf Erman sind mir hinreichend bekannt, | um, nach meiner günstigen Beurtheilung | derselben, und aus meiner übrigen persönlichen | Kenntniß von dem Umfange des ägyptolo-|gischen Wißens, so wie von der geschickten | Methode des Petenten bei seinen wissenschaft-|lichen Untersuchungen und ihrer schlußlichen | Darlegung, die Habilitation desselben für | nützlich zu halten und seine Zulassung | zu derselben meinerseits der Facultät | warm zu empfehlen.

B. 13. Juli 1880

Am 28. Oktober 1880 erfolgte die Zulassung Ermans zu den weiteren Habilitationsleistungen und in der Fakultätssitzung vom 18. November erging einstimmig der Beschluss der Fakultät, ihn „als Privatdocenten für das Fach Aegyptologie zuzulassen."[379] An diesem Ausgang des Habilitationsverfahrens scheint zumindest Ebers keine Zweifel gehabt zu haben, denn schon im September hatte er seinem Schüler zu dessen erfolgreichem Verlauf gratuliert und auch gleich einige Hinweise und Anregungen für den universitären Unterricht mit auf den Weg gegeben. Dabei betont er allerdings nochmals die Wichtigkeit einer über das rein philologische hinausgehenden Kompetenz:[380]

Laßen Sie sich nun auf's Beste Glück | wünschen zu Ihrem Eintritt in den Vor-|saal zu der Würde des Universitäts-|lehrers. Bald sind sie gewiß mit den | Habilitationsleistungen am Ende und | werden mit dem Lesen beginnen können. | Viele Zuhörer kann ein Ägyptolog in | seinen grammatischen Collegien nie er-|warten, aber wenn er nur einen | Schüler findet, der seinem Lehrer | so viel Freude macht wie Sie mir, | dann muß er schon zufrieden sein.

Geschichte und Denkmäler müßen Sie | allerdings auch vortragen. Arbeiten | Sie sich in diese Collegia ein und Sie || werden gewiß bald die Freude erleben | einen artigen Kreis von Zuhörern zu | haben.

Zum Erwerb dieser historischen und denkmälerkundlichen Kompetenz empfiehlt Ebers seinem Schüler auch gleich einen Aufenthalt in Ägypten:[381]

Es ist doch | für jeden Ägyptologen von außer-|ordentlicher Wichtigkeit den Nil | gesehen zu haben.

Erman nimmt diese Anregung bereitwillig auf und leistet gleichsam ein Bekenntnis wider das Dasein eines reinen Stubengelehrten – verbunden mit der erneuten Betonung seiner keinesfalls einseitig-philologischen fachlichen Orientierung:[382]

379 HUB UA, Phil. Fak., 1210, Bl. 191.
380 BStUB, Ebers-Erman, 06.09.1880.
381 Ebenda.
382 SBB-PK, Nachl. Georg Ebers: Erman, Adolf, 22.09.1880.

> Denn | wenn man nicht Land und Leute aus ei-|gener Anschauung kennt, so bleibt doch alles | Wissen Stückwerk. Früher war ich eine | Zeit lang entgegengesetzter Ansicht – das war | eine Kinderkrankheit und Gott sei Dank! || Über diese Vorliebe für das einseitige Phi-|lologentum bin ich heraus.

Andererseits erfährt er in dieser Zeit durch seinen Lehrer aber nach wie vor Zuspruch, seine sprachlichen Untersuchungen betreffend:[383]

> Ihr Werk | hält mich sehr in Athem, denn | es zwingt mich mein Heft für | das Colleg völlig umzugestalten | u. meine Vorträge auf neue | Beine zu stellen. –
>
> [...] Wagen Sie sich getrost | auch an das Altaegyptische. || Sie sind der Mann auch das auf | die Beine zu stellen.

Überblickt man den akademischen Werdegang Ermans bis zum Zeitpunkt seiner Habilitation, so fallen einige grundlegende Entwicklungstendenzen ins Auge, die teilweise der späteren Darstellung in *Mein Werden und mein Wirken* widersprechen. Aber auch einige seiner Ebers gegenüber brieflich gemachten Äußerungen entsprechen anscheinend nicht seinem späteren Handeln: Entgegen mehrfacher Beteuerungen, nicht zum reinen Philologen werden zu wollen, vollzieht Erman die Hinwendung zur ägyptologischen Sprachforschung mit einiger Konsequenz, und auch seine Karriereplanung ist weit davon entfernt, spontan oder unüberlegt zu erfolgen, noch auf Anregung seines Lehrers Lepsius. Die Gründe hierfür, d.h. zunächst für seine tatsächliche Handlungsweise, liegen in der Notwendigkeit, ein solches Unterfangen gut zu planen, weil anders bestimmte formale Hürden gar nicht zu überwinden gewesen wären.

Bei seinem Vorhaben bedurfte Erman jedoch der Unterstützung seiner beiden Lehrer. V.a. Lepsius musste für ihn in Berlin Widerstände seitens der Philosophischen Fakultät, besonders aber seiner Vorgesetzten im Museum aus dem Weg schaffen helfen. Um Lepsius zu gewinnen, war wiederum die Unterstützung Ebers' nötig, dessen vermittelndes Einwirken auf Lehrer und Schüler anscheinend nicht nur die Einigung auf geeignete Themen für die akademischen Qualifikationsarbeiten, sondern damit auch grundsätzlich andere Auffassung über Inhalte und Methoden ägyptologischer Forschung zu überwinden geholfen hat. Erman jedoch schließt letztlich gar keine Kompromisse. Obwohl ihm beide Lehrer sowohl bei der Dissertation und dann wieder bei der Habilitation von der Behandlung rein sprachwissenschaftlicher Themen abraten, behandelt er in beiden Fällen genau solche. Selbst die Untersuchung altägyptischer Texte im Hinblick auf eine kulturhistorische Fragestellung hin („Ammon" bzw. dessen Priesterschaft in Theben)

383 BStUB, Ebers-Erman, 20.11.1880.

wird von ihm zu Gunsten grammatischer Grundlagenforschung aufgegeben, wobei immer noch fragwürdig erscheint, ob er das andere Thema nicht sogar überhaupt nur aufgenommen hatte, um dem Drängen seiner Lehrer auf eine veränderte Schwerpunktsetzung bei der Habilitation nachzugeben.

Das Konzept der Unterscheidung verschiedener Sprachstufen hatte er ja bereits im Zusammenhang mit seiner Dissertation entwickelt und konnte dies bei seiner Habilitation weiter vertiefen, was schon aus praktischen Erwägungen heraus ein naheliegenderes Vorgehen darstellte.

Obwohl Erman seine Lehrer und Förderer zur Annahme fachlicher Neuerungen auf dem Gebiet der ägyptologischen Sprachforschung zwingt (s. Ebers-Zitat o.), kann er sich zunächst noch das Wohlwollen Ebers' erhalten und auch Lepsius nimmt seine Arbeiten weiter grundsätzlich positiv auf.

Es sollte in diesem Zusammenhang jedoch nicht der Eindruck entstehen, als ob seine Laufbahn ihr Fortschreiten allein einem geschickten Taktieren verdankte. Sicher haben v. a. auch Ermans fachliche Leistungen seine Lehrer überzeugt und erschien ihnen der junge Wissenschaftler geeignet zu sein für eine ägyptologische Professur. Besonders im Hinblick auf eine mögliche Nachfolge Lepsius' aber konnte er sich gegenüber den älteren Mitbewerbern profilieren, wovon im Folgenden die Rede sein soll. Mag also die spätere Darstellung Ermans über den Hergang seiner akademischen Karriere bewusst und in legitimistischer Absicht anders dargestellt worden sein, so kann es doch an dem grundsätzlichen, fachlich begründeten Wohlwollen seiner Lehrer keinen Zweifel geben. Die behaupteten (Selbst-)Zweifel an der Eignung zur Nachfolge Lepsius' dienen in der Rückschau wohl der Inszenierung von Bescheidenheit, dürften aber damals gleichfalls geäußert worden sein, um Mitbewerber höherer Seniorität in Sicherheit zu wiegen.

3.2.2.1 Ermans Verhältnis zur älteren Ägyptologengeneration

Die Mitbewerber um die Lepsiusnachfolge in Berliner Professur und Direktorat des Ägyptischen Museums wurden von Erman in seinen Erinnerungen in einer Weise beschrieben, die wohl v. a. dazu geführt hat, seiner Autobiografie die Einschätzung als eine „ebenso amüsante, wie medisante“[384] einzutragen. Sie sollen hier im Einzelnen kurz angeführt werden, um zum einen Ermans Verhalten Kollegen, v. a. aber der älteren Ägyptologengeneration gegenüber zu illustrieren, zum anderen, weil damit die wichtigsten Protagonisten des ägyptologischen Wissenschaftsbetriebs in Deutschland zu dieser Zeit (um 1884) vorgestellt werden.

384 Blumenthal (1990), 101.

3.2.2.1.1 H. F. K. Brugsch (1827–1894)[385]

Als ersten Konkurrenten um die Nachfolge Lepisus' führt Erman den schon mehrfach erwähnten H. Brugsch an. Wie üblich kombiniert Erman eine grundsätzlich positive Einschätzung mit Kritik an einzelnen Charaktereigenschaften. Interessant ist hierbei auch die Verwendung der ersten Person Plural, die an dieser Stelle zwar sicher nicht überbewertet werden darf, aber doch ganz sicher Ermans persönliche Einschätzung als eine *communis opinio* der Ägyptologie erscheinen lassen sollte, und den sehr selbstbewussten Anspruch, deren Sprecher zu sein, zum Ausdruck bringt:

> Er war ein Genie, und die Ägyptologie ist durch wenige Gelehrte so gefördert worden, wie durch ihn. Darüber herrscht heute nur eine Stimme, und wir achten nicht mehr auf die starke Beimischung von Willkürlichem und Unrichtigem, die uns früher in seinen Arbeiten störte. Wir sehen heute darin nur den Erdenrest, der jedem genialen Menschen anhaftet, und wenn dieser Erdenrest bei Brugsch besonders peinlich war, so wälzen wir die ‚größre Hälfte seiner Schuld den unglückseligen Gestirnen zu'. Und die Gestirne, die Heinrich Brugschs Leben geleuchtet haben, waren nicht die besten.[386]

Diese Charakterisierung Ermans kann mit einem Wort als gönnerhaft beschrieben werden: Gnädig sieht er über Fehler hinweg und ist bereit, Brugschs „Genie" anzuerkennen. Nun ist der Begriff des Genies zunächst sicher ausschließlich positiv besetzt, gerade aber in Verbindung mit der doch etwas bildhaften oder literarischen Sprache, derer sich Erman in dieser Äußerung bedient, scheint aber wiederum eine gewisse Abqualifizierung intendiert zu sein. Genie erscheint dabei als eine Eigenschaft künstlerisch begabter Menschen, nicht aber als eine des ernst- und gewissenhaft arbeitenden Wissenschaftlers. Besonders deutlich wird dies, wenn man Ermans Schilderung die Selbstbeschreibung von H. Brugsch gegenüberstellt:

> Ich gehöre durch Geist und Verstand keineswegs zu den sogenannten Wunderkindern, im Gegenteil litt ich an schwerer Auffassungskraft, aber was mir an Anlage und Talent fehlte, ersetzte ich durch eisernen Fleiss, der mir entgegenstehende Hindernisse leicht überwinden half.[387]

Die Spitzen gegen Brugsch fielen nicht sonderlich ins Gewicht, und man könnte sehr viel eindeutigere Negativurteile über diesen durch Erman zitieren, aber darin

385 Brugsch (1894); Erman (1894b); Keimer (1950); Brugsch (1961); Bierbrier (2012) 84 f.; Endesfelder (1998); Westendorf (2001a); Behlmer (2003); Gertzen (2007).
386 Erman (1929), 164.
387 Brugsch (1894), ii.

kommt ein grundsätzlich anderes Wissenschaftsverständnis zum Ausdruck, welches für Ermans Auseinandersetzung mit der Ägyptologie vor ihm kennzeichnend ist. Dabei versucht er sich selbst als Vertreter eines neuen Konzepts auf Kosten seiner Kollegen zu profilieren. Man ist daher geneigt, in der Gegenüberstellung von Lepsius und Brugsch den Namen des ersteren durch den Ermans selbst zu ersetzen, wenn er urteilt:

> Wenn Lepsius vorsichtig und kritisch forschte, so war Brugsch der stürmische Eroberer; er nahm es mit dem einzelnen nicht immer genau, aber es war doch gewaltig, was alles er erschloß.[388]

Mangel an Seriosität und Gewissenhaftigkeit ist folgerichtig auch das vorherrschende Leitmotiv der weiteren Beschreibung Brugschs:

> Es gab keine Unterhaltung mit ihm, in der nicht eine Geschichte vorkam, die jeder nicht ganz naive Zuhörer sogleich mit Fragezeichen versah.[389]

Und weiter:

> Auch in wissenschaftlichen Angelegenheiten leichterer Art war ihm nicht zu trauen.
> [...]
> Einmal hatte er irgendeine fragwürdige neue Hypothese über die sogenannten Seevölker[390] aufgestellt. Dann äußerte er sich aber im Anhang zu einem Buche von Schliemann im entgegengesetzten Sinne. Ich erlaubte mir die Frage, ob er denn wirklich anderer Ansicht geworden sei; ‚nein', sagte er, ‚aber der Schliemann wollte es doch gern so hören'.[391]

Solche Anekdoten erscheinen zunächst unterhaltsam und somit harmlos, ließt man sie jedoch im Hinblick auf die Auswirkungen auf die Reputation eines Wissenschaftlers, kann man sie durchaus als Rufmord charakterisieren. Zwar war Brugsch zum Zeitpunkt der Abfassung dieses Textes verstorben, um so mehr jedoch verwundert die geradezu genüssliche Auseinandersetzung mit eben jenem „Erdenrest", der doch zum größten Teil von den „Gestirnen" zu verantworten war (s. Zitat o.). Bemerkenswert ist in diesem Zusammenhang auch die Korrespondenz Ermans mit seinem Kollegen, die sich in den Archiven des Ägyptologischen In-

388 Erman (1929), 163.
389 Op. cit., 164.
390 Vgl. Stadelmann (1984).
391 Op. cit., 165.

stituts der Universität Mailand befindet.[392] Noch 1882 hatte Erman Brugsch anlässlich der Vollendung seines Wörterbuches[393] gratuliert und hinzugefügt:[394]

> Ich wenigstens mache von Ihren Büchern | mehr Gebrauch als von denen aller anderen | Aegyptologen zusammen, andere thun es | vielleicht weniger, aber das rächt sich dann | auch.

Angesichts Ermans späterer Äußerungen über seinen Kollegen, rufen solche Stellungnahmen ein gewisses Erstaunen beim Leser hervor, und man darf annehmen, dass auch Brugsch derartige Artigkeiten mit einer gewissen Reserviertheit aufgenommen haben dürfte.

Von hoher Bedeutung in diesem Zusammenhang dürfte m. E. auch die soziale Herkunft von Brugsch gewesen sein, der, anders als praktisch alle übrigen deutschen Ägyptologen, nicht dem Milieu des (Bildungs-)Bürgertums entstammte:

> Er war der Sohn eines Wachtmeisters und war in der Kaserne am Kupfergraben zur Welt gekommen. Der Klatsch behauptete später, sein wirklicher Vater sei ein hoher Offizier oder ein Prinz gewesen; das war schwerlich wahr[395]

Die Aussagen Ermans über seinen Kollegen sagen wahrscheinlich weit mehr über ihn selbst aus, als über jenen. Brugsch erschien Erman als „der Sohn eines Wachtmeisters“, der „in der Kaserne geboren“ war. Zwar wird eine möglicherweise adlige Herkunft erwähnt, aber auch gleich wieder ausgeschlossen – im Übrigen bedeutete dies ja auch, dass Brugsch, nach den Moralbegriffen der Zeit, ein ‚Bastard‘ gewesen wäre. Und so bleibt in Ermans Darstellung lediglich der Zweifel an der Herkunft Brugschs bestehen. Erman kommentiert hierzu weiter:

> wer seine Erscheinung und sein Wesen kannte, dem war es wohl begreiflich, daß diese Sage entstehen konnte. [...] und gerade darin, daß er nicht Kürassiere zu führen hatte, sondern ein Gelehrter war, lag sein Verhängnis.[396]

Aus diesen Zeilen spricht ein recht deutliches ‚Schuster bleib bei deinen Leisten‘. Dem Mann niederer sozialer Herkunft wird die Eignung zu höherer wissenschaftlicher Betätigung abgesprochen; geschickt spielt Erman dabei mit der Idee der Vererbung von Eigenschaften bzw. der Prägung durch ein soziales Umfeld – in

---

392 Ich danke Frau Prof. Dr. P. Piacentini (Universität Mailand) für die Möglichkeit zur Einsichtnahme und die Erlaubnis, aus diesem Material zu zitieren.

393 Brugsch (1867–1882).

394 Egyptological Library and Archives, Milan, Erman-Brugsch, 25.03.1882.

395 Op. cit., 164.

396 Erman (1929), 164.

diesem Fall vorrangig das soldatische. Brugsch selbst hat Erman gegenüber seine sozial schlechter gestellte Position thematisiert, wovon dieser allerdings nichts wissen wollte:

> Überall klagte er, daß ihn die zünftigen Gelehrten verfolgten, wie er denn auch zu mir selbst sagte, daß ich ‚als Sohn eines Professors' natürlich eine sichere Zukunft hätte.[397]

Auch die Lebensführung Brugschs wird zum Gegenstand der Kritik, und der mehrfach verheiratete Gelehrte ohne eine feste Anstellung als Professor im Staatsdienst – mit Ausnahme eines kurzen ‚Zwischenspiels' in Göttingen (1864–1867) – wird hierdurch auch moralisch diskreditiert:

> Nun aber verlor sich sein Leben vom Anfang bis zum Ende in kläglichen Geschichten, die ihn nie zu einem ruhigen Dasein kommen ließen. Sooft man sich auch bemühte, ihm eine Stellung zu schaffen, immer wieder scheiterte der Versuch, und wo immer er in der Welt gewesen war, überall knüpften sich trübe Erinnerungen an seinen Namen. Für den Jammer eines solchen Lebens hatte er kein Gefühl, und noch im Alter sprach er ohne Scheu über diese Verhältnisse.[398]

Das Bemühen, Brugsch eine „Stellung zu schaffen", kann allerdings nicht sehr groß gewesen sein, bedenkt man, dass Brugsch bei der Ernennung von „Mitdirektoren" für das Ägyptische Museum Berlin 1857 durch ein „ungeklärt gebliebenes", „verhängnisvolles Versehen", übergangen worden ist,[399] und die Berufung nach Göttingen[400] auch erst erfolgte, nachdem Brugsch laut über den Wechsel an das Collège de France und die Annahme der französischen Staatsbürgerschaft nachgedacht hatte:

> Ich erinnere mich zwar sehr wohl, daß mir von hochstehender Seite in Berlin kurz vor meiner Abreise nach Paris der billige Rat gegeben wurde, mich nach einer Stellung im Auslande umzusehen, da man in Berlin weder die Lust noch die Mittel besitze, Ägyptologen zu züchten.[401]

Die Behauptung Ermans, Brugsch habe für „den Jammer" seiner Existenz „kein Gefühl" besessen, kann leichterdings durch die Lektüre von dessen Autobiografie widerlegt werden, gleiches gilt für die angeblich „trüben Erinnerungen", also den vermeintlich schlechten Eindruck, den er hinterlassen habe. Wichtig im Zusam-

397 Op. cit., 166.
398 Op. cit.
399 Vgl. Brugsch (1894), 203; Mehlitz (2011), 216, Anm. 57.
400 Vgl. op. cit., 268 ff.
401 Op. cit., 269.

menhang dieser Untersuchung bleibt aber der von Erman deutlich gezeigte Standesdünkel und die geradezu ostentativ betriebene Abgrenzung gegen den „stürmischen Eroberer“ (s. Zitat o.) zum Zwecke der Profilierung des kritischen Forschers Lepsius, der dann in Erman seinen (einzig) würdigen Nachfolger gefunden hat. Dieser ‚Thronfolgeanspruch‘ musste jedoch frühzeitig v. a. gegenüber dem nicht weniger ambitionierten Brugsch durchgesetzt werden:

> Eines Tages sagte mir Lepsius nun, er habe einen Brief von Brugsch aus Kairo erhalten [...]; der Brief enthielt die Ankündigung, daß er nach Berlin überzusiedeln gedenke. [...] In Wirklichkeit besagte [...] [es] natürlich, daß er sich neben Lepsius als dessen präsumtiver Nachfolger hinsetzen wollte.[402]

Auch wenn Erman nur einen der Mitbewerber um die Lepsius-Nachfolge für „wissenschaftlich von wirklicher Bedeutung“[403] erachtete, nämlich den noch ausführlicher zu behandelden L. Stern (vgl. 5.3.1.), fürchtete er v. a. die zahlreichen Beziehungen Brugschs zu Politik und Hochadel, die er sich im Laufe seiner Karriere hatte aufbauen können:[404]

> Brugsch kam jedenfalls nach Berlin und regte sich nach seiner Art, in den Zeitungen und nicht minder bei all seinen Bekannten, von denen Prinz Friedrich Karl der wesentlichste war.[405]

Tatsächlich fürchtete Erman eine direkte Einflussnahme des Prinzen Friedrich Karl (1828–1885) auf das Verfahren der Neubesetzung von Lepsius’ Professur, wie er Ebers gegenüber in einem Brief schon im Dezember 1882 darlegte.[406] Brugsch wurde von Erman also hauptsächlich wegen seiner Beziehungen gefürchtet und tatsächlich scheint er in solcher Weise aktiv gewesen zu sein, Erman jedenfalls ist von dem intriganten Charakter seines Kollegen überzeugt:

> noch schöner war es, daß er mir eines Tages sagte: ‚Was Sie neulich vom großen Viehsterben sagten, habe ich Lepsius mitgeteilt.‘ Offenbar hatte ich im Gespräch eine Redensart ge-

---

402 Erman (1929), 166.

403 Op. cit., 167.

404 Zu den bedeutendsten Förderern Brugschs zählten aus dem Bereich der Wissenschaft der Direktor des Ägyptischen Museums J. Passalacqua (1797–1865) und A. v. Humboldt (1769–1859); aufschlussreich auch die Widmungen in einigen seiner Werke z. B.: Brugsch (1891): „S.M. Oscar I. König von Schweden und Norwegen“; Brugsch (1894): „Der Frau Geheimrätin Helene Gruson“ oder die Publikation eines Beitrages in dem Ägyptenreisebericht des Kronprinzen Rudolf von Österreich-Ungarn, 1881, Rudolf (1881).

405 Erman (1929), 166.

406 Vgl. SBB-PK, Nachl. Georg Ebers: Erman, Adolf, 01.12.1882.

> braucht, die damals unter der Jugend der Universität gang und gäbe war: Die Privatdozenten müßten warten, bis einmal ein großes Viehsterben eintrete, und er hatte diese Albernheit in seiner Art zu benutzen gesucht.[407]

Dabei spricht diese Aussage Bände, nicht nur im Hinblick darauf, dass Erman also offenkundig, wenn auch nur in einer „Redensart", der Nachfolge Lepsius' frühzeitig Aufmerksamkeit geschenkt hatte, sondern auch hinsichtlich der Atmosphäre, die unter Berliner Ägyptologen zu dieser Zeit geherrscht haben muss. Nach dem Tode Lepsius' steigerte sich Ermans Besorgnis noch weiter, und nervös berichtete er seinem Lehrer in Leipzig über die Anhänger seines Konkurrenten:[408]

> und sogar Brugsch | hat wenigstens einen. Es soll furcht-|bar intrigirt werden, aber Schrader[409] | versichert mir, dass wenn mit der | nöthigen Vorsicht vorgegangen wird, | meine Chancen – ich will mich pessi-|mistisch ausdrücken – gut stehen.
>
> [...] Dass Brugsch | Hölle und Himmel in Bewegung setzen | werde, können Sie denken, die Vossische Zei-|tung wird wohl nächstens einen grossen | Nekrolog von seiner Hand bringen.

Das Verfassen und Veröffentlichen eines Nekrologs durch Brugsch wurde von Erman – wohl richtigerweise – als öffentliche Bekundung von dessen Nachfolgeanspruch gedeutet. Seine Unsicherheit und Gegnerschaft zu Brugsch wurde durch ein Ereignis bestärkt, das nochmals die extrem angespannte Konkurrenzsituation verdeutlicht. Denn um seinen Anspruch zu untermauern, übernimmt Brugsch die Verantwortung für die von ihm gegründete Zeitschrift für Ägyptische Sprache und Altertumskunde, wie Erman Ebers in dem selben Schreiben berichtet:[410]

> Nehmen Sie mir es nicht übel, dass ich | Ihnen all diesen Klatsch so schrei-|be; es ist mir selbst ekelhaft ge-|nug, aber schliesslich ist es ja dieser | Klatsch, der hier unser aller Schick-|sal bestimmt.
>
> Fast hätte ich darüber den[411] Klatsch vergessen, | der auch Sie näher angeht. Also ich | bekomme neulich vom Drucker der | Zeitschrift ein paar lakonische Zeilen, | ‚wie Herr Rost mittheilt hat Prof. Brugsch | die Redaction der Ztschr. übernommen, | ich ersuche um Ablieferung der Manus-|skripte u. Correcturen.' Dazu habe ich | also drei Jahre lang ohne Entgelt die | ganzen Arbeiten der Ztschr. gemacht | und sogar alles Porto bezahlt, dass nun | Rost und Brugsch es nicht einmal | für nöthig halten, mir den Wechsel der Re-||daction anzuzeigen.

---

407 Erman (1929), 166 f.
408 SBB-PK, Nachl. Georg Ebers: Erman, Adolf, 21.07.1884.
409 O. Schrader (1855 – 1919).
410 SBB-PK, Nachl. Georg Ebers: Erman, Adolf, 21.07.1884.
411 Hervorhebung im Original.

> Natürlich habe ich | sogleich meinen Namen von der Ztschr. zu-|rückgezogen und betheilige mich nicht | mehr an ihr. Schrader war auch entrüs-|tet über diesen Brugschen Staatsstreich;

„Staatsstreich" oder ‚Usurpation' ist es also, was Erman in dem Verhalten Brugschs wittert, der ja immerhin als Begründer der Zeitschrift mit gewissem Recht redaktionelle Verantwortung übernahm, nachdem er nach Berlin zurückgekehrt war und so überhaupt erst wieder die Möglichkeit dazu hatte. Der Zeitpunkt ist allerdings in so fern bezeichnend, als dass es ihm erst nach dem Tode Lepsius' möglich wurde, wieder Einfluss auf die Zeitschrift zu nehmen. Erman scheint tatsächlich außer sich gewesen zu sein, forderte er doch in demselben Brief seinen Lehrer dazu auf, eine eigene Zeitschrift zu gründen, und erwog, künftig nur noch im französischen *Recueil de Traveaux* zu publizieren.[412] Es dauert auch vier Jahre, bis er Ebers einen „Friedensschluss"[413] zwischen sich und Brugsch, und damit verbunden die Einigung über die gemeinsame Herausgeberschaft der ÄZ/ZÄS ab 1889, mitteilen kann. Nach seiner Darstellung hatte er sich jedoch nicht darum bemüht, sondern vielmehr nachsichtig nach Brugschs „Capitulation" „goldene Brücken"[414] für eine Einigung errichtet und das, obwohl Brugsch nach seiner Meinung noch im Sommer dieses Jahres anonyme Zeitungsartikel gegen Erman veröffentlicht habe.[415]

Tatsächlich hat sich jedoch auch Erman selbst in dieser Weise betätigt. So zumindest ist eine Äußerung Brugschs aus seiner *Aegyptologie*[416] zu verstehen, in der er sich seinerseits bitter über die Selbstdarstellung und das Verhalten der jüngeren Ägyptologengeneration ihm und anderen älteren Kollegen gegenüber beklagt:

> Es heisst sicherlich den Mund voll nehmen und eigenes Verdienst auf Kosten anderer in den Vordergrund stellen, wenn man selbst in öffentlichen Blättern die Menge darüber belehren will, dass bisher nur die ‚Phantasie' und der ‚Dilettantismus' auf diesem Gebiete geherrscht habe, bis endlich die ‚Jungägyptologie' das Heft in die Hände genommen und die Forschungen der Aegyptologie vor der drohenden Versumpfung gerettet habe (siehe z.B. die Berliner Vossische Zeitung 1885, 24. Januar, Beilage I).[417]

---

412 Vgl. Ebenda.
413 SBB-PK, Nachl. Georg Ebers: Erman, Adolf, 27.11.1888.
414 Ebenda.
415 Vgl. Ebenda.
416 Brugsch (1891).
417 Op. cit., 146.

Folgt man dem hier gegebenen Verweis, stößt man auf einen Zeitungsartikel, der zwar – wie damals durchaus üblich – anonym erschienen ist und von Erman in der dritten Person spricht, aber wohl durchaus in dessen ‚Sinne' gewesen sein dürfte:

> Wie Richard Lepsius der Ruhm gebührt, die durch Champollion und Young genial ins Werk gesetzte Hieroglyphenentzifferung aus den Händen der Phantasten gerettet und zu Ende geführt [...] zu haben, so hat Adolf Erman das eminente Verdienst, [...] zuerst eine ägyptische Sprachwissenschaft [...] begründet und dadurch dem Dilettantismus [...] energischen Widerstand entgegengesetzt zu haben. Wie Lepsius der Meister der Altägyptologie, so kann sein Nachfolger Erman der Führer der Jungägyptologie genannt werden.[418]

Im Widerspruch dazu steht eine Äußerung Ermans, die er noch 1889 seinem Kollegen gegenüber in einem Brief machte:[419]

> Sie haben das Gebäude | mit Champollion, Rougé und den | anderen Unsterblichen errichtet, wir | Epigonen bauen das Innere aus – das | geht langsam und ist nicht be-|sonders interessant, aber es muss | ja doch auch gemacht werden!

Die semantische Diskrepanz zwischen „Jungägyptologie" und „Epigonen" ist wohl offensichtlich, wenngleich nicht ohne Weiteres zu erklären. Jedenfalls hat sich Erman allem Anschein nach nicht nur um die Aufrechterhaltung einer zumindest geschäftsmäßigen Beziehung zu seinem Kollegen Brugsch bemüht, sondern diesem auch fortgesetzt geschmeichelt. Über Ermans Motive hierfür kann nur spekuliert werden. Ohnehin ist mit der in der Vossischen Zeitung vorgenommenen Einteilung in „Jung-" und „Altägyptologie" noch nicht viel gewonnen und stellt sich die Situation durchaus komplexer dar, als man aufgrund dieser simplen Beschreibung der Verhältnisse innerhalb der Ägyptologie vermuten würde; denn wenngleich sich der skkizierte Gegensatz Ermans zu den Vertretern der „Altägyptologie" später tatsächlich noch verschärfen und auch auf sein Verhältnis zu seinem akademischen Lehrer Ebers auswirken sollte, hält dieser ‚Altägyptologe' in der Auseinandersetzung mit Brugsch zu seinem Schüler und warnt ihn vor dessen Intrigen, nachdem er sich für seine Lepsiusbiografie mit Brugschs Bemühen um einen Direktorenposten am Ägyptischen Museum auseinandergesetzt hatte. In einer für Ebers ganz und gar ungewöhnlich kritischen Weise formuliert er dabei in einem Schreiben vom Januar 1885:[420]

418 Anonymus (1885); vgl. Jonker (2002), 153.
419 Egyptological Library and Archives, Milan, Erman-Brugsch, 21.12.1889.
420 BStUB, Ebers-Erman, 07.01.1885.

> Die Lüge ist bei ihm die nor-|male Redeform. Er schreckt vor | nichts zurück, u. sein freches, un-|gebundenes Wesen, die sprudelnde | Art seiner gepfefferten aber unfeinen ‖ Unterhaltung, hat ihm Freunde in den | höchsten Kreisen gewonnen, denen solche | frivole Allerweltsmenschen gerade recht | sind. Machen Sie, daß Ihre Angelegen-|heit bald erledigt wird, sonst drischt er die | frisch aufgeschoßene Saat nieder.

Auch Ebers fürchtete also die Beziehungen Brugschs und hatte zu diesem Zeitpunkt eine tiefe Abneigung gegen den Kollegen entwickelt. Es kann daher kaum verwundern, dass das Verhältnis Ermans zu Brugsch bis zu dessen Ableben gespannt bleiben sollte, und Ermans Schilderungen in seiner Autobiografie zeigen deutlich, dass auch über den Tod hinaus eine kritische Wahrnehmung des älteren Kollegen bestehen blieb. Allerdings macht Erman sehr wohl Einschränkungen und führt die Konflikte z.T. auch auf den Altersunterschied zurück:

> Er war eben trotz alledem doch eine große Natur, und ich glaube, daß ich heut im Alter, wo ich über die Schwächen der Menschen leichter hinwegkomme, mich mit dem alten Pascha mehr befreunden würde, als mir das in der Jugend möglich war.[421]

Tatsächlich bemerkt Erman auch gegenüber Ebers durchaus selbstkritisch, dass er in jungen Jahren die Leistungen älterer Kollegen nicht hinreichend gewürdigt habe:[422]

> Mir ist keine Erinnerung | so unangenehm, wie die an gewis-|se Recensionen und Dicta aus mei-|nen grünen Tagen, wo ich über die | ‚ältere Generation' zu Gericht gesessen | habe. In der Sache habe ich gewiss | Recht gehabt, denn in Brugschs Wb. | steht vieles Unrichtige und seine Ge-|schichte ist wild genug, aber, wäre | ich weniger hitzig gewesen, so hätte | ich darüber nicht übersehen, wie | viel Gutes in diesen Arbeiten steckt.

Man muss diese Äußerungen Ermans im Zusammenhang zunehmender Spannungen auch mit seinem Lehrer Ebers betrachten, die nicht anders als ein ‚Generationenkonflikt' innerhalb der Ägyptologie zu bezeichnen sind, welcher auch diese beiden Gelehrten einander zunehmend entfremdete. An dieser Stelle soll jedoch zunächst die Auseinandersetzung Ermans mit den anderen Bewerbern um die Nachfolge Lepsius' weiter untersucht werden, bevor vor diesem Hintergrund jener Generationenkonflikt zwischen Lehrer und Schüler intensiver erörtert wird.

---

421 Erman (1929), 165 f.

422 SBB-PK, Nachl. Georg Ebers: Erman, Adolf, 29.05.1890.

3.2.2.1.2 J. Dümichen (1833 – 1894)[423]

> Der andere deutsche Ägyptologe, der sich für den gegebenen Nachfolger von Lepsius hielt, war der Straßburger Professor Johannes Dümichen, ein wunderlicher Schwärmer, von dem Lepsius selbst sagte, er sei immer der gleiche Phantast.
>
> [...]
>
> Seine Straßburger Kollegen nannten ihn ‚Dümmlichen', und wie richtig diese Bezeichnung war, zeigte schon sein Stil; es war ihm unmöglich, seine Gedanken zusammenzuhalten oder auch nur das Einfachste kurz auszusprechen.[424]

Zur Sichtweise der „Straßburger Kollegen" notierte L. Keimer allerdings eine deutlich divergierende, um nicht zu sagen entgegengesetzte Position:[425]

> Spiegelberg, der in der That sehr wenig scharf in seinem Urtheil war, sagte | mir im Frühjahr 1930 (also in seinem Todesjahre), daß Ermans Ansicht | über Dümichen nicht nur unrichtig + [?] sei, sondern auch ‚niederträchtig'.

Allerdings gilt es zu bemerken, dass W. Spiegelberg (1870 – 1930) als Schüler Dümichens seinerseits nicht als objektiv gelten kann.

Tatsächlich scheint J. Dümichen auf fachlichem Gebiet – zumindest methodisch – einige Defizite gezeigt zu haben, denn auch der ansonsten wohlmeinende Ebers sprach diese in einem Brief an Erman, anlässlich der Veröffentlichung seiner Lepsius-Biografie offen an:[426]

> Dem armen Dümichen, der | in lauter Jammer zerronnen, nur von | mir veranlaßt ward der Aegyptologie | treu zu bleiben, u. der doch recht große | Verdienste um unsere Wissenschaft | hat, hab ich mit der Widmung ein | Pflaster auf die Wunde gelegt. Er ist | ein lieber Mensch u. glühend für un-|sere Wissenschaft begeistert, aber über | seine wissenschaftliche Methode sind | wir wohl der gleichen Meinung. Lep-|sius war diese auch nicht genehm, | aber er nannte ihn oft einen der nützlich-|sten Gelehrten, u. was ich ihm in der | Widmung nachrühme, werden Sie | Satz für Satz unterschreiben müßen.

Die erste Begnung Ermans mit seinem Straßburger Kollegen verlief nach seiner späteren Schilderung wenig erfreulich:

---

423 Brugsch-Erman (1894); Spiegelberg (1894); Ebers (1900), 472 – 484; Erman (1929), 169 f.; Bierbrier (2012), 164.

424 Op. cit., 169.

425 DAIK: B Erma, Inv. 2561, S. 169.

426 BStUB, Ebers-Erman, 18.05.1885.

> Und denselben fast pathologischen Charakter trug auch seine Unterhaltung. Ich denke noch mit Grausen daran, wie er mich einmal, als er durch Berlin kam, in eine Kneipe bestellte und da nun stundenlang ununterbrochen redete.[427]

Interessant vor dem Hintergrund der schon bei Brugsch thematisierten ‚bürgerlichen' Vorbehalte gegen Militär und Aristokratie ist auch Ermans weitere Charakterisierung Dümichens:

> Er war übrigens eine stattliche Erscheinung, mit breitem Bart, und glich etwa einem früheren Offizier, der Gutsbesitzer geworden war.[428]

Unmittelbar nach dieser Zusammenkunft jedoch äußerte sich der noch junge und noch nicht arrivierte Erman ganz anders über den Besucher aus dem Elsaß:[429]

> Dümichen war einige Tage hier und | ich habe mich sehr mit ihm befreundet; | es ist ein netter Mensch und von anständig-|ster Gesinnung.

Und auch Ebers rät seinem Schüler später noch zur Aufrechterhaltung eines guten Verhältnisses zu Dümichen:[430]

> Seien Sie nur recht nett u. gefäl-|lig gegen Dümichen, wenn er | ein Mal nach Berlin kommt und | etwas vom Museum braucht.

Dieses scheint allerdings nicht gelungen zu sein, zumindest berichtete Erman seinem Lehrer später von einer zweijährigen „Funkstille"[431] mit dem Kollegen. Man darf vermuten, dass Erman nach seiner Etablierung in der akademischen Welt vielen Kollegen, denen er zuvor mit vorsichtiger Zurückhaltung gegenüber aufgetreten war, später mit Herablassung begegnete, weil er nun meinte ‚es sich leisten zu können'. Gerade der Fall Dümichen ist ein besonders extremes Beispiel hierfür. Neben persönlicher Antipathie dürfte aber auch eine gewisse Konkurrenzsituation zwischen der überaus gut gestellten Straßburger Orientalistik[432] und der Berliner Schule eine Rolle gespielt haben.

---

427 Erman (1929), 170.

428 Op. cit.

429 SBB-PK, Nachl. Georg Ebers: Erman, Adolf, 29.09.1882.

430 BStUB, Ebers-Erman, 12.04.1885.

431 SBB-PK, Nachl. Georg Ebers: Erman, Adolf, 16.09.1889.

432 Vgl. Mangold (2004), 159.

3.2.2.1.3 H. E. Naville (1844 – 1926)[433]

Der letzte von Erman angeführte Kandidat für die Nachfolge Lepsius, H. E. Naville[434], sollte später zu dem heftigsten Kritiker der Berliner Schule werden und auf diesen geht auch wohl ursprünglich dieser Begriff selbst – zunächst diffamierend gebraucht – zurück; so jedenfalls ist folgende Aussage Ermans zu verstehen:

> die école de Berlin, wie er uns auch sonst zu nennen liebte, verstände gar nichts, und ihre Grammatik sei eitel Unsinn.[435]

Ursächlich für die ablehnende, polemische Haltung Navilles gegenüber der Berliner Ägyptologie dürften jedoch seine enttäuschten Hoffnungen auf die Nachfolge Lepsius' gewesen sein, die auch nach Meinung Ermans erst dessen Übertritt aus dem Lager der deutschsprachigen in die frankophone Ägyptologie bewirkte:

> Damals rechnete er sich noch zu den deutschen Ägyptologen, und seine Ausgabe des Totenbuches wurde von dem preußischen Kultusministerium unterstützt. Aber diese Neigung zu Deutschland hatte ein Ende, als er nicht Lepsius' Nachfolger wurde; von da an hielt er sich zu den Engländern und Franzosen und hatte einen kindlichen Haß gegen die école de Berlin.[436]

Ermans Erklärung für den vermeintlich „kindlichen Haß" des Genfer Kollegen wird von L. Keimer in dessen Ausgabe von Ermans Autobiografie, unter Berufung auf J. J. Hess[437] (1866 – 1949), allerdings vehemment widersprochen:[438]

> Prof. J. J. Hess aus Zürich erzählte mir am 24. März | 1931 in Cairo, bei einem Tee bei Izzet Pascha, daß Naville | gar nicht daran gedacht hätte. N. sei ein sehr reicher | Mann gewesen, der fanatischer ‖ Genfer gewesen sei und gar nicht nach Berlin gegangen wäre.

Abgesehen von diesem Widerspruch ist Ermans ‚nationalistische' Einteilung der Ägyptologie, in den 1929 veröffentlichten *Erinnerungen* vor dem Hintergrund der zeitgeschichtlichen Erfahrung des ersten Weltkrieges und seiner Auswirkungen auf die internationale Wissenschaft der Ägyptologie[439] zu lesen und sollte daher nicht ohne Weiteres anachronistisch auf die Situation unmittelbar nach 1884

---

433 Anonymus (1926); Hall (1927); Lepsius (1933), 294; van Berchem (1989); Bierbrier (2012), 398 ff.; Forbes (1995); Senarclens (2006), 220 – 227.
434 Mehlitz (2011), 281 bezeichnet ihn als „Lieblingsschüler" von Lepsius.
435 Erman (1929), 246.
436 Op. cit., 170.
437 Bierbrier (2012), 254.
438 DAIK: B Erma, Inv. 2561, S. 170 f.
439 Vgl. Gestermann (2006).

projiziert werden. Damals jedoch zeichnete sich sehr wohl schon ein Gegensatz einer mehrheitlich von französisch Sprechenden Vertretenen und einer im Wesentlichen durch deutsche Wissenschaftler entwickelten Wissenschaftsauffassung ab. Wobei damit wiederum keinesfalls das Konzept einer ‚nationalen' Wissenschaftskultur akzeptiert bzw. postuliert werden soll, sondern vielmehr v. a. institutionell und wissenschaftshistorisch bedingte oder besser so konzeptualisierte Unterschiede im Bereich wissenschaftlicher Methoden einander gegenübergestellt werden. Diese unterschiedliche Wissenschaftsauffassung wurde auch von Erman in seiner Beschreibung Navilles thematisiert:

> Sein Horizont ging nicht über den eines gläubigen Vermittlungstheologen hinaus, und so war ihm alles, was wir Wissenschaft nennen, unverständlich. In der Ägyptologie war er etwa auf dem Standpunkt von 1870 stehen geblieben, nur daß er die mangelhafte Kenntnis der Sprache, die damals herrschte, nun auch durch ein System begründete.[440]

Hervorzuheben ist der Umstand, dass Naville, der sich auch auf dem zweiten großen Gebiet ägyptologischer Forschung neben der Sprachwissenschaft, der Archäologie, betätigte, auch dort die Kritik methodisch fortschrittlich denkender Kollegen auf sich zog. So wurde ihm zur Forderung nach genauer Aufzeichnung der Position archäologischer Funde der Kommentar zugeschrieben:

> you might as well make a plan of the position of raisins in a plum-pudding [...].[441]

Kleinfunde rangen ihm keine Begeisterung ab,[442] und ebenso wies er die Belohnung von ägyptischen Grabungsarbeitern durch Zahlung eines Bakschisch für die Ablieferung solcher Funde zurück,[443] so dass diese wohl im Antikenhandel gelandet sein dürften. Erman, der selbst von diesem Zweig der ägyptologischen Wissenschaft eher wenig verstand, rechnete ihm seine Ausgrabungen für die britische Egypt Exploration Society immerhin „als Verdienst" an, „wenn sie auch nicht so wissenschaftlich ausgeführt wurden, wie wir das heute verlangen".[444] Eine gewisse methodische Rückständigkeit ist Naville aber auch von anderen Zeitgenossen, allen voran W. M. Flinders Petrie[445] vorgeworfen worden.

440 Op. cit., 171.
441 Zitiert nach: Drower (1985), 283.
442 Vgl. op. cit., 285.
443 Vgl. op. cit., 283.
444 Erman (1929), 171.
445 Vgl. Drower (1985), bes. 274–294.

3.2.2.1.4 Die Entfremdung zwischen Lehrer & Schüler; Erman & Ebers

Die letztlichen Beweggründe für die Ernennung Ermans zum Extraordinarius für Ägyptologie und Direktor des ägyptischen Museums Berlin, neben seiner fachlichen Eignung, können neben dem fortgeschrittenen Alter der meisten Mitbewerber, die angeführten negativen Charakteristika, persönliche Animositäten der Entscheidungsträger oder – im Falle Brugschs – soziale und religiöse Vorbehalte gewesen sein. Die Ernennung zum Extraordinarius und damit die Übernahme der Nachfolge Lepsius' bedeutet für Ermans Laufbahn einen Wendepunkt, eine Absicherung seiner Position innerhalb der akademischen Welt, die auch von Ebers so gesehen worden ist:[446]

> Lieber Freund u. College.
> Herzlichen Glückwunsch zu dem Professor.
> Sie stehen nun auf Schienen und werden, | Sie wißen selbst nicht wie, auf dem | Gipfel unserer Laufbahn stehen. Das | verdienen Sie auch, denn Sie haben | Ihre Jugend trefflich benutzt und un-|serer Wissenschaft jetzt schon vorzügliche | Dienste geleistet. Sie sind einer der | Pioniere der Aegyptologie geworden, | u. ich gestehe gern, daß ich, da ich | ja zufällig Ihr Lehrer gewesen bin | u. Sie in die Geheimnisse des Hierati-|schen, das Ihnen noch fremd war, | eingeführt habe, Ihrer Fahne folgend, | meine ganze Grammatik um- und aus-|geworfen habe und sie jetzt nicht | mehr als eine Ganze behandele, son-|dern, in verschiedenen Sprachstufen | zerlegt, den Schülern vorführe.

An die Glückwünsche angeschlossen, folgt die Anerkennung der Leistungen Ermans auf dem Gebiet der ägyptischen Grammatik mit der Benennung seines bisher wichtigsten wissenschaftlichen Verdienstes, der Unterteilung des Ägyptischen in unterschiedliche Sprachstufen. Interessant sind die verwendeten Metaphern. In seiner neuen Position ist der weitere Karriereverlauf Ermans nach Ansicht von Ebers absehbar bzw. abgesichert, wie auf „Schienen". Darüber hinaus jedoch folgt Ebers auf dem Gebiet der Grammatik nunmehr der „Fahne" seines ehemaligen Schülers und passt seinen universitären Unterricht dessen Erkenntnissen an. In diesem Dokument wird der Generationenwechsel innerhalb der Wissenschaft der Ägyptologie anerkannt, gleichzeitig jedoch wird Erman auch als ein „Pionier" dieser Wissenschaft bezeichnet. Gerade diese vordergründig harmlos erscheinende Gefälligkeit verdient jedoch eine nähere Betrachtung, denn schon bald nach seiner Ernennung zum Extraordinarius begann Erman, sich zunehmend kritisch mit den Leistungen vorangegangener Ägyptologengenerationen auseinander und von diesen abzusetzen, was ihn seinem Lehrer entfremdete. Ermans Selbstverständnis war nicht das eines Pioniers, der wissenschaftliches Neuland erschloss und dabei eine Wissenschaft gleichsam *en passant* mitbegründen half,

---

446 BStUB, Ebers-Erman, 03.02.1885.

sondern das eines Nomotheten, der die Forschungen eines romantischen oder schwärmerischen Zeitalters in systematische Bahnen lenkte. Seine Bezeichnung durch Ebers als Pionier stellte ganz sicher auch den Versuch dar, Erman nicht nur in den gleichen Rang wie seine Vorgänger und Lehrer zu erheben, sondern ihn mit diesen gleich zu setzen – dagegen hat sich Erman jedoch bald gesträubt und in seiner Zurückweisung Ebers als Vertreter eben jener Pioniergeneration verstimmt. Ein Briefwechsel zwischen den beiden, der anlässlich der Veröffentlichung von Ermans *Ägypten und ägyptisches Leben im Altertum* (1885) erfolgte, bringt dies deutlich zum Ausdruck und soll daher im Folgenden ausführlich besprochen werden.

Bereits während seiner ersten Ägyptenreise thematisierte Erman erstmals eine gegensätzliche Auffassung über wissenschaftliche Fragen mit seinem Lehrer:[447]

> Dass wir sehr verschiedene Ansichten | haben in wissenschaftlichen Dingen, | weiss ich sehr wohl; es wäre ja auch | recht langweilig, wenn dem nicht so wäre.
>
> In meinem Buch[448] ist gewiss vieles an-|fechtbar und ich würde auch manches | in Ihrem Cicerone[449] beanstanden. Das | scheint mir nur natürlich und | in der Ordnung um so mehr als wir sehr verschie-|dene Naturen haben, in ganz verschiedener | Weise aufgewachsen sind und in verschie-|denem Alter stehen. Lassen Sie uns aber ‖ nicht vergessen, dass man trotzdessen | gut Freund sein kann; ich würde Sie we-|nigstens nicht lieber haben, auch wenn Sie | meine Transkriptionen annähmen oder | auch die aegyptische Landschaft | für langweilig erklärten.[450] Was ich an Georg | Ebers verehre und liebe, sind doch etwas | andere Dinge als dieser wissenschaftliche | [451]. Ich mache es Ihnen freilich vor-|aussichtlich zuweilen etwas schwer, sich | nicht über mich zu ärgern, denn ich | habe ein böses Maul. Aber glauben Sie | mir, dieses Maul ist mehr äusserlich; | zahlen Sie mir zur Strafe mit gleicher | Münze heim (etwa ein Bilderbuch für klei-|ne Kinder, mit gestohlenen Bildern)[452] und da-|mit challâs.[453]

Zum ersten Mal werden in diesem Schreiben „verschiedene Ansichten" so offen angesprochen. Zwar geht dieser Konfrontation eine seit langem andauernde Diskussion über die Transkription des Ägyptischen voraus. Erstmals jedoch werden diese Meinungsverschiedenheiten selbst thematisiert und darüber reflektiert, wenngleich das Bemühen Ermans, die Sache herunter zu spielen, deutlich erkennbar ist. Hierin zeigt sich aber auch ein neues Selbstbewusstsein

447 SBB-PK, Nachl. Georg Ebers: Erman, Adolf, 01.12.1885.
448 Erman (1885).
449 Ebers (1886a).
450 Vgl. Erman (1929), 276.
451 Wb III, 164, 4–9: „Kot des Menschen"; „Kot eines Tieres"; Gardiner (1957), 582: „excrement".
452 So im Original. – Inhaltlich unklar.
453 Arab. etwa: „erledigt".

des mittlerweile arrivierten Schülers, der sich seinem Lehrer gegenüber zunehmend unabhängig sieht und entsprechend in seinen Publikationen und der gemeinsamen Korrespondenz auftritt. Ebers jedenfalls war über diese Haltung empört und äußerte sich in einer für ihn aussergewöhnlich scharfen Form in einem insgesamt zehnseitigen Brief, in dem in bemerkenswerter Weise der hier angesprochene Emanzipationsprozess behandelt und scharf kritisiert wird:[454]

> Lieber Freund.
>
> Sie wissen nicht, wie gern ich Sie | stets gehabt habe u. mit wie herzli-|cher Theilnahme ich Ihren Erfolgen | gefolgt bin. Aber Sie könnten es | doch wissen; denn wer hat ihre gram-|matischen Arbeiten freudiger begrüßt | u. rühmender bekannt gemacht als | ich? Ich bin auch der Erste gewesen, | der Lepsius auf Sie hinwies und ihm | sagte, daß Sie auf seinen Lehrstuhl | paßen würden. – Aber gerade | weil ich Sie gern habe, habe ich auch | Bedenken in meine sehr anerkennen-|de Anzeige[455] Ihres Aegypten[456] einfließen | laßen. – Ich wollte Sie vor dem | verletzend selbstbewußten Ton warnen, | der dieses Buch kennzeichnet. Jeder | Aegyptolog hat ihn empfunden, | und ein grammatischer (sprachlicher)[457] ‖ College schrieb mir: ‚Wer ist die-|ser Herr Erman, daß er sich die Mine | geben darf, als sei vor ihm noch | kein verständiges Wort über aegyp-|tische Privatalterthümer geschrie-|ben worden?'[458] Sie wißen nicht, | wie das von allen, auch solchen die | Ihnen die schönsten Dinge gesagt | haben werden, empfunden worden | ist. – Wenn Sie wirklich den [sic!] tie-|fen Überzeugung leben, uns alle an | Kenntnißen, Schärfe der Urteilskraft, | Kraft des Combinationsvermögens | etc. hoch zu überragen, so ist es doch | nicht klug dieser Empfindung so | unverhohlen Ausdruck zu geben, | u. ich weiß, daß Sie ebenso gut | wie jeder andere auf Vordermanieren | stehen. Wenn ich noch nie etwas | von America gehört habe u. trage | einem Dampfer in Hamburg auf: | fahren Sie morgen nach Westen | u. gelange dann in eine neue Welt: | bin ich dann der Entdecker von | America? – Sie brauchen sich um | keine ‖ Vorarbeit gekümmert zu haben; solche | sind aber einmal da; u. was Wilkin-|son[459] und Birch,[460] Chabas,[461] Maspero und | Brugsch für die Würdigung der aegypti-|schen Privatalterthümer gethan haben, | darauf stehen Sie ganz unbewußt.[462]

---

454 BStUB, Ebers-Erman, 22.06.1886.

455 Ebers (1886b).

456 Erman (1885).

457 So im Original.

458 Vgl. Erman (1885), vi: „Die übrige ägyptologische Literatur enthält nur sehr wenig, was ich für meine Zwecke wirklich brauchen konnte [...]. So blieb mir denn nichts anderes übrig, als die Arbeit ab ovo anzufangen."

459 J. G. Wilkinson (1797–1875); Bierbrier (2012), 579 f.

460 S. Birch (1813–1885); Bierbrier (2012), 59 f.

461 F. J. Chabas (1817–1882); Bierbrier (2012), 112 f.

462 Vgl. Erman (1885), vi: „Und auch wo meine Angaben mit den Ausführungen anderer Gelehrten [sic!] übereinstimmen, bitte ich sie doch als selbstständig gewonnene Resultate zu betrachten;"

Lesen Sie nur einmal den Abschnitt | in Brugschs Geschichte[463] über den Hof-|staat der Pharaonen im neuen Reiche | u. halten Sie dazu, was Wilkinson[464] | an Kostümbildern etc. gegeben hat.

Dazu kommt schönes und dankenswer-|thes Neues, das sich aus Ihren eigenen | Forschungen neu ergeben hat,[465] und | wenn ich damit keineswegs immer | übereinstimme, so hat es mich doch | besonders gefreut, weil es für Ihre | freie und gesunde Combinationsga-|be das schönste Zeugnis ablegt. Ja | hier werden Sie, der mir oft zu | sehr am kleinsten zu hängen schien, | manchmal sehr kühn u. machen | aus Einzelerscheinungen Gesetze, wel-|che ein neuer Text leicht umstoßen | kann. – Hoffentlich seh' ich Sie | im Herbst in Leipzig oder, wenn | es irgend geht, in Berlin, wohin | ich mich lange sehne, und dann ‖ bring ich meinen langen Bemer-|kungszettel mit. Ihn zu einer | Anzeige etwa für die Augsb. (Münchener | Allgemeine)[466] zu benutzen, hab' ich keine | Lust, weil solche Bemängelung un-|gewißer oder verschieden aufzufaßen-|der Dinge Laien leicht veranlaßt | zu denken, der Criticer weise in | ihnen dem Autor Fehler nach. – | Der langen Rede Sinn ist der Wunsch | u. die Bitte, Sie möchten sich künftig | bemühen, ihr Selbstbewußtsein in | Ihren Schriften etwas [gelinder?] hervor-|treten zu laßen. – Ich, der so viel | Ältere, der doch ein Mal Ihr Lehrer | war, der bald nicht mehr sein | wird u. von deßen Wohlwollen Sie, | wenn Sie sich nicht selbst blenden, | überzeugt sein müßen, gibt Ihnen | diesen Rath. Sie werden sich wenig | aus den Fachgenoßen machen, aber | Sie sollten sich doch herbeilaßen | ihnen etwas gerechter zu werden.

Ich weiß, daß kaum einer da ist, | den die Weise Ihres Buches, u. beson-|ders Ihrer Vorrede, nicht verletzt | hätte, u. das thut mir Leid u. möchte | ich verhindern für beide Theile. Ich | bin jetzt ein Mal der, an den sich die ‖ meisten wenden, u. wo ich Frieden | erhalten und etwas Verschobenes hoffent-|lich leicht zurechtrücken kann, da thu' | ich's. Dann, weiß ich, gibt es dafür | gewiß nichts zu ernten; aber übel-|nehmen dürfen Sie mir meine Offen-|heit nicht, dafür haben Sie mir gar zu | Unerhörtes zugemutet; aber ich | habe es gelassen!

[...] Neue Texte schaffen und | für ihre gründliche grammatische Ana-|lyse sorgen und alt u. neu aegypti-|sches, demotisches und koptisches so | zusammenhalten, daß wir uns zuerst | über die Merkmale der einzelnen | Sprachstufen u. dann über die Wan-|delungsgesetze klar werden, darin | seh' ich die Aufgaben, welchen sich un-|sere Wissenschaft zunächst zu stellen | hat. Einen Theil derselben haben | gerade Sie auf's Glücklichste gefördert.

u. Ihre N-aeg. Grammat.[467] ist es gewesen, ‖ die mich veranlaßte, mein gramma-|tisches Collegienheft ganz neu aus-|zuarbeiten, so daß ich jetzt bei jeder | Form bestrebt bin ihre Wandlungen | durch alle Sprachstufen nachzuwei-|sen. Über die Euphonie des Aegypti-|schen zerbrech' ich mir noch nicht | zu sehr den Kopf, verfolge aber das, | was man dafür thut, mit Intereße.

---

463 Brugsch (1877).

464 Wilkinson (1837); vgl. Erman (1885), v: „von Wilkinsons Buch haben heute eigentlich nur noch die Abbildungen Wert."

465 Vgl. Erman (1885), vii: „Für die welche wissen, welch ein Unfug in der Aegyptologie mit ‚Uebersetzungen' getrieben worden ist, bemerke ich, dass ich die sämtlichen hier benutzten Texte, soweit ich sie nicht schon vorher für meine grammatischen Studien bearbeitet hatte, neu übersetzt habe."

466 So im Original.

467 Erman (1880a).

An dieser Stelle erfolgt eine Bemerkung Ebers' zur Rückgabe von Kopien des Papyrus Westcar, zu der er, in nach seiner Ansicht unangemessener Form durch die Verwaltung der Berliner Museen aufgefordert worden war. Dies mag auch der Auslöser für die verbitterte und heftige Form dieses Briefes gewesen sein, denn in dem vorausgehenden Schreiben[468] hatte sein Schüler ihm mitgeteilt, dass er nun seinerseits an eine Bearbeitung des Papyrus denke. Noch bevor also der durch Krankheit behinderte Ebers seine Ergebnisse publizieren konnte, befasste sich sein Schüler mit einer eigenen Bearbeitung des Papyrus,[469] worin Ebers wohl nicht nur eine Missachtung seiner Person, sondern auch eine offen gezeigte Geringschätzung seiner Erkenntnisse sah. Dass ihm die Museumsverwaltung noch dazu mit den Kopien die Arbeitsgrundlage entzog, muss ihm geradezu als ein feindlicher Akt oder als Sabotage seiner Bemühungen erschienen sein.

Doch der Hauptgegenstand dieses Briefes war Ermans *Aegypten* und die von Ebers verfasste, eingangs in dem Brief erwähnte Rezension.[470] Diese nicht weniger kritisch formulierte Besprechung sollte durch den Brief flankiert werden, denn liest man diese zum Vergleich, kann der persönliche Brief geradezu als ein Versuch gewertet werden, die Heftigkeit der darin geäußerten Kritik herabzumildern. Die Rezension behandelt im Grunde dieselben Aspekte wie der Brief und soll daher hier zum Vergleich stellenweise angeführt werden. Nach einer wohlwollenden allgemeinen Vorstellung von Ermans Arbeit erfolgt zunächst die Mahnung, die Leistungen vorangegangener Ägyptologengenerationen mehr anzuerkennen:

> Auch Erman ist, obgleich die außerordentliche Selbstständigkeit seiner Arbeitsweise nicht genug gerühmt werden kann, doch unbewußt mehr als er selbst glaubt und eingesteht, durch seine Vorgänger [...] zugeflossen.[471]

Entgegen dem von Ebers noch in seiner Dissertation und zu Beginn seiner Laufbahn vertretenen generalistischen Ansatz, der verschiedenste Quellen, besonders auch klassischer Autoren, berücksichtigte, schenkt Erman diesen nach Ebers Ansicht zu wenig Beachtung:

> Um die Classiker kümmert er sich wenig, ja viele Stellen derselben, welche sich als zutreffend erwiesen haben, übergeht er oder hält sie der Mittheilung nicht werth.[472]

---

468 Vgl. SBB-PK, Nachl. Georg Ebers: Erman, Adolf, 27.04.1886.
469 Erman (1889a).
470 Ebers (1886b).
471 Op. cit., 653.
472 Op. cit., 651.

Einen deutlich persönlichen Bezug integriert Ebers aber sogar auch in die von ihm veröffentlichte Rezension, als er Ermans Vorwort bespricht:

> Der Gelehrte, welcher sich anschickt, das ägyptische Altertum zu behandeln und doch wohl Leser für seine schöne Arbeit zu gewinnen sucht, kritisiert die Leistungen des ägyptischen Geistes, von denen ja gar wenig und gewiß nicht das Beste zufällig erhalten blieb, geradeso wie ein unfehlbarer Berliner Privatdocent die Arbeit eines älteren Leipziger Professors.[473]

Persönlich genommen hat Ebers also nicht nur direkt oder indirekt geäußerte Kritik an seiner Arbeitsweise, sondern grundsätzlich die nüchterne und in seinen Augen abschätzige Betrachtungsweise Ermans über die ägyptische Kultur. Für Ebers erscheint (Alt-)Ägypten als eine Herzensangelegenheit, etwas mit dem er sich identifiziert. Was folgt, ist eine ausführliche Besprechung der von Erman angewandten Transkription sowie stilistischer Fragen, die bei Ebers auch noch den Anspruch eines Schriftstellers durchblicken lassen. Dennoch bemühte Ebers sich – eben auch durch den hier angeführten Brief –, es nicht zum Bruch mit Erman kommen zu lassen. Vielleicht auch, weil sich das Abhängigkeitsverhältnis inzwischen umgekehrt hatte:[474]

> Wahrscheinlich gefällt Ihnen dieser | Brief ebensowenig, wie mir | Ihr letzter behagen konnte, und nun | bitte ich Sie um Eins u. mache Ihnen | einen Vorschlag:
>
> Ich habe mir bisher erlaubt Ihnen | frei heraus zu sagen, was mir an | Ihrer Art mißfiel. Das laß' ich von | nun an bleiben. Unsere Stellungen zu | einander haben sich geändert, u. Ihr | letzter Brief zeigt mir, daß Sie sich | mir sehr überlegen fühlen. Was nüt-|zen da alle Bemerkungen meinerseits.
>
> Ich fürchte außerdem, daß Sie mich | für schulmeisterlich halten u. Ihnen | meine Episteln unangenehm werden | möchten. Schreiben wir uns in | Zukunft nur als Freunde und Fachge-|noßen über unser Ergehen, unsere | Arbeiten, das Neue, was die Wißen-|schaft bringt, etc. Auch über die | Transkription reden wir beßer | nicht mehr. Meines herzlichen Wohl-|wollens u. der besten Wünsche für | Ihr künftiges Leben sind Sie gewiß,
>
> [...] Die Warnung, die ich | Ihnen zukommen laßen wollte, hab' | ich gegeben, u. damit laßen Sie uns | das Alles begraben. Ich bin sehr krank, | u. ein Brief wie Ihr letzter, schadet | mir und bringt mir Schmerzen. Laßen | wir also das Beißen, auch wenn es uns | antreibt, es zu thun. Was Sie gegen | oder über meine Arbeiten drucken | laßen wollen, das liegt ja natürlich | auf einem anderen Gebiete.

Und als Postskriptum:

> Eben les' ich den Brief durch. Nehmen | Sie die vielen Seiten nicht übel! Ich bin | Ihr u. der Wißenschaft Freund. Sie als | Berliner Museumsdirektor werden ein | Mal an der Spitze der

---

473 Op. cit.

474 Fortsetzung von: BStUB, Ebers-Erman, 22.06.1886.

> Fachgenoßen stehen, | u. wie schön können Sie dann wirken; | aber dazu gehört, daß Sie mit den | Einzelnen gute Beziehungen oder doch | mögliche wahren. So ist der beste Wille, | der diese Zeilen dictirte.

Die Heftigkeit dieses Briefes, ebenso wie sein Umfang, machen deutlich, wie weitreichend und tiefgreifend der hier zu Tage tretende Konflikt zwischen Lehrer und Schüler gewesen ist. Auslöser waren zum einen die Veröffentlichung von Ermans *Aegypten und aegyptisches Leben im Altertum* sowie dessen Ankündigung der Bearbeitung des Pap. Westcar und zum anderen die zumindest diplomatisch ungeschickte gleichzeitige Rückforderung der Kopien durch das Museum. Die Kritik von Ebers richtet sich zuallererst gegen die Nichtachtung oder Geringschätzung der Vorarbeiten der vorangegangenen Ägyptologengeneration und das als herablassend und besserwisserisch empfundene Auftreten Ermans in seinen Arbeiten. Ebers lehnt dabei ausdrücklich nicht die fachlichen Positionen Ermans ab – er erklärt sich grundsätzlich bereit, dessen Haltung zur Transkription zu respektieren und erkennt ausdrücklich sein Verdienst um die Erforschung der ägyptischen Grammatik an. Bemerkenswert ist die aus alledem gezogene Konsequenz: Ebers kündigt das Lehrer-Schüler-Verhältnis zu Erman auf. Er schlägt vor, um das persönliche Verhältnis nicht weiter zu belasten, strittige Fragen nicht länger untereinander zu diskutieren, und kündigt an, seinerseits keine weitere Kritik an Ermans Verhalten, besonders im Umgang mit Kollegen, zu üben.

Wie aber fasste Erman diese Situation auf? Sein „*Aegypten*" bildet einen eigenen Abschnitt in seiner Autobiografie,[475] in dem er sich mit den Hintergründen des Zustandekommens und den Reaktionen seiner Kollegen[476] auseinandersetzt. Wenn auch die von Ebers in dem Brief erwähnte Besprechung[477] der in zwei Bänden erschienenen Publikation nicht direkt angesprochen wird,[478] wird sein Name jedoch zweimal in anderem und eher grundsätzlichem Zusammenhang genannt. Zunächst gibt Erman nämlich seiner Verwunderung darüber Ausdruck, dass der Herausgeber und Inhaber der H. Laupp'schen Buchhandlung ihn anstelle seines literarisch versierten und publizistisch ja durchaus erfolgreichen Lehrers mit diesem Projekt betraute:

> Warum er sich nicht an Ebers wendete, weiß ich nicht; er suchte nach einem jüngeren Manne [...].[479]

---

475 Vgl. Erman (1929), 273–278.

476 Vgl. Lincke (1888) – als ein bes. ausführliches und eindrucksvolles Bsp. der Kritik.

477 Ebers (1886b).

478 Vgl. Erman (1929), 276.

479 Erman (1929), 273.

Ob der angegriffene Gesundheitszustand Ebers' den Verleger von dessen Beauftragung abgehalten haben mag, muss ebenso Spekulation bleiben wie die Überlegung, dass dieser sich durch die Wahl seines Schülers womöglich von Anfang an zurückgesetzt fühlte. Deutliche Worte findet Erman allerdings zur Aufnahme seiner Arbeit durch den Lehrer. Dabei kommt neben der Erwähnung der offenkundig anders gearteten Haltung zur ägyptischen Landschaft[480] bzw. zu den Leistungen der ägyptischen Kultur auch der Vorwurf der Schwärmerei und damit implizit mangelnder Wissenschaftlichkeit bzw. mangelnder Distanz zum Gegenstand der Forschung zur Sprache:

> Daß Ebers und andere ältere Ägyptologen an dem Buche keine reine Freude haben konnten, war ja begreiflich, denn unwillkürlich war es ja auch ein Protest gegen die modische Ägyptenschwärmerei. Schon daß ich von dem Landschaftsbilde des heutigen Ägypten nicht eine so hohe Vorstellung hatte wie jene, war eine arge Ketzerei.[481]

Die gegensätzliche Auffassung über die moderne ägyptische Landschaft war ja auch schon in einem der dem oben angeführten Schreiben Ebers' vorangegangenen Briefe Ermans thematisiert[482] und die Geringschätzung, die Erman – nach Ebers' Auffassung – im Vorwort seines *Aegypten* gezeigt hatte, ja auch in Ebers' Rezension sehr eindringlich zur Sprache gebracht worden.

Nach seiner Rückkehr aus Ägypten, die wohl auch seine Haltung zum Land und seiner (Kultur-)Landschaft positiv verändert hatte,[483] war Erman in seiner Reaktion auf die bitteren Vorwürfe seines Lehrers sichtlich bemüht, den Konflikt zu entschärfen und seine Äußerungen v. a. seiner Berliner Schnauze zuzuschreiben:[484]

> Lieber Freund!
>
> Ich habe zwar keinen Moment | Zeit von Rechtswegen, will Ihnen | aber doch danken für die Art, wie | Sie mir den Kopf waschen. Dafür | bin ich immer empfänglich und bit-|te Sie es auch in Zukunft zu thun, | wo es Ihnen Noth scheint.
>
> Es thut mir sehr leid, wenn mein | Buch arrogant scheint, denn es | soll es nicht sein; ich dünke mich | gar nicht so erhaben über andere, | im Gegentheil ich bin mir immer || bewusst, dass ich mein bishe-|riges Glück mehr dem Zufall | und dem persönlichen Wohlwollen | meiner Gönner verdanke als meinen | ‚Verdiensten'. Und von meinem | Buch denke ich am wenigsten | gross; ich hoffe es wird nach | zehn Jahren ebenso antiquirt | sein, wie es meine Plural-|bildung heute ist. Dass ich | 999/1000 von dem, was ich weiss, von | Champollion,

480 Vgl. Ebers (1886b), 653; Erman (1929), 276.
481 Erman (1929), 276.
482 Vgl. SBB-PK, Nachl. Georg Ebers: Erman, Adolf, 01.12.1885.
483 Vgl. SBB-PK, Nachl. Georg Ebers: Erman, Adolf, 27.04.1886.
484 SBB-PK, Nachl. Georg Ebers: Erman, Adolf, 24.06.1886.

Lepsius, Brugsch und | den anderen allen habe, werde ich | doch nicht leugnen, es ist ja selbst-|verständlich. Aber eben weil es selbst-|verständlich ist, führe ich es nicht | immer im Munde. Sollte ich darum | das, was ich neues bringe, nicht her-||vorheben dürfen? Das steht doch je-|dem frei. Da ich mir bewusst bin, | dass es diesmal ziemlich viel ist (was aber | kein Verdienst ist wenn man 4 | Jahre lang ein wenig betretenes Feld | absucht, wer fände da nichts?)[485], | so habe ich in der „exegi monu-|mentum" Stimmung, die jeden | Abschluss eines Buches befällt, | den Mund voller genommen, als es | Recht ist. Dafür schelten Sie mich | und ich finde das in der Ord-|nung. Pater peccavi.

Nun müssten Sie aber noch eins | mir zu Gute halten. Ich bin nicht | umsonst ‚mit Spreewasser getauft' | und habe die ‚Schnodderigkeit' als | sehr unangenehmes Erbtheil mit-||bekommen. Was ich denke, ist | gar nicht selbstbewusst (im Ge-|gentheil)[486], was ich spreche, ist | es oft, was ich schreibe meistens.

Ich kenne diesen Fehler sehr wohl | an mir und möchte ihn selbst | los werden, denn er ist gar | nicht nützlich für das Leben.

So muss es mir auch mit | meinem neuligen Brief ge-|gangen sein; es thut mir sehr | leid, wenn er gröber aussieht, als | er gedacht ist. Ich wollte Ih-|nen freundlich schreiben, wie | ich freundlich an Sie dachte; nach-|dem was Sie nun darüber schrei-|ben, muss es ja ein recht nettes | Schriftstück geworden sein.

|| Den Brief der General Verwal-|tung haben Sie aber missverstan-|den; ich habe dies Schriftstück nach-|träglich gesehen, es ist der übli-|che officielle Brief, wie ihn je-|de Verwaltung schreibt. Weder | grob noch höflich, sondern rein geschäftsmässig. Da in den Akten | stand, dass Sie die Abschrift noch | in Händen hatten – und zwar | mit bestem Recht – so habe ich, | als wir sie jetzt gebrauchten, Sie auch | officiell ersuchen las-|sen, sie uns einzusenden. Ich ha-|be es absichtlich nicht privatim | gethan, damit es nicht ausse-|he, als sei das Verleihen an Sie | eine private[487] Gefälligkeit gewesen.

|| Da das Verleihen von Museums-|gegenständen eigentlich unstatthaft | ist, so konnte ich bei dieser | Ausnahme nicht officiell genug | verfahren. Man muss sich als | Beamter immer den Rücken de-|cken, am meisten in so ungewohn-|lichen Fällen, wie es dieser war.

Nach der seinerseits etwas ‚gönnerhaften' Einleitung führt Erman zwar seine Erfolge auf das Wirken von „Gönnern" zurück, nennt dabei allerdings keine Namen und bedankt sich auch nicht unmittelbar bei Ebers. Bei der Benennung der Ägyptologen, auf deren Erkenntnissen er seine Arbeit aufgebaut hat, fällt auf, dass er außer Brugsch keinen der von Ebers zitierten Vertreter der „alten" Ägyptologie nennt, sondern sich – mit gewissem Selbstbewusstsein – vielmehr in der Tradition von Champollion und Lepsius sieht. „Mit Spreewasser getauft" könne er gar nicht anders als „schnodderig" auftreten – so sehr es ihm auch selbst Unbehagen bereitet. Das Schreiben der Museumsverwaltung war der Korrektheit geschuldet, die er als Staatsdiener nunmehr an den Tag legen müsse, und im Übrigen stelle der

485 So im Original.
486 So im Original.
487 Hervorhebung im Original.

Verleih von Museumseigentum – wie es die Abschriften des Pap. Westcar waren – ja ohnehin schon ein Entgegenkommen dar.

Inwieweit diese Antwort Ebers' Zorn besänftigen konnte und der ebenfalls „mit Spreewasser getaufte" Lehrer seinem Schüler dessen „Schnodderigkeit" nachzusehen bereit war, ist schwer zu sagen. Jedenfalls reißt der Kontakt zwischen beiden keinesfalls ab, und auch die strittige Frage der Transkription wird durchaus wieder zum Gegenstand ihrer Korrespondenz.[488] Trotzdem wird in dem Antwortschreiben Ermans ein neuer Stil erkennbar, der weit weniger als noch während Ebers' aktiver akademischer Lehrtätigkeit persönliche Rücksichten nimmt und den Leistungen älterer Kollegen tendenziell nur mehr stillschweigenden Respekt zollt – und sich zu diesem Vorgehen auch offen bekennt. Dem Eindruck der wissenschaftlich-administrativen Amtsführung auf der Basis „privater Gefälligkeiten" muss zumindest nach außen hin durch einen „offiziellen" Schriftverkehr entgegengewirkt werden, denn schließlich begreift Erman sich als „Beamter". Hinter all dem steckt die Ablehnung des Konzepts des – für die vorangegangene Generation noch durchaus kennzeichnenden – Typus des Privat- oder Stubengelehrten, der durch persönliche Kontakte zu Kollegen oder, wie im Falle Brugschs, auch zu den Eliten von Politik und Bürokratie SEINER Forschung nachgeht. Erman fühlt sich hingegen als Staatsdiener nicht nur übergeordneten Sachzwängen und Vorschriften, sondern auch zu ernster Wissenschaft verpflichtet, in der persönliche Begeisterung oder gar Schwärmerei (s. Zitat o.) nichts (mehr) zu suchen hat. Interessanterweise beruft sich Erman dabei auf Lepsius:

> Wenn ich dann weiter der Gefahr entgangen bin, mich von dem Zauber des Orients und des grauen Altertums berauschen zu lassen, wenn mir das Alte Ägypten nie in rosiger Verklärung erschienen ist, so habe ich das von Richard Lepsius gelernt, der auch jenes Volk immer mit ruhiger Objektivität beurteilt hat: [...] Ich weiss, daß diese Betrachtungsweise noch nicht die allgemeine ist und daß überhaupt mancher älterer Fachgenosse klagt, wir jüngeren seien auf dem Wege, der Ägyptologie ihren Reiz zu nehmen: Aus der heiteren, an überraschenden Entdeckungen reichen Wissenschaft machten wir eine trockene Philologie mit unbequemen Lautgesetzen und bösen syntaktischen Regeln.[489]

488 Vgl. BStUB, Ebers-Erman, 17.12.1887; 08.09.1888; 17.11.1888; 22.11.1896.
489 Grapow (1955), 14; vgl. Erman (1929), 255.

3.2.3 Weltanschauung und Wissenschaftsauffassung

Wie gestaltete sich das Verhältnis und die Einstellung des wissenschaftlichen Beamten Erman zum Staat als Träger der Institutionen[490], innerhalb derer sich seine Wissenschaft etablierte und entfaltete?

Erman sah sich Zeit seines Lebens (1854 – 1937) unterschiedlichsten politischen und gesellschaftlichen Umbrüchen gegenüber. Von den Nachwirkungen der 1848er Revolution über die Reichsgründung (1870/71), den ersten Weltkrieg (1914 – 1918), die Weimarer Republik (ab 1918/19) bis zum Beginn der NS-Diktatur (ab 1933) lebte und arbeitete er unter den verschiedensten politischen Systemen. Auf weltanschaulichem Gebiet können für den hier zu behandelnden Zeitraum jedoch auch mindestens zwei Konstanten benannt werden: Die eine Konstante ist die des deutschen Nationalismus, der bei Erman, wie bereits angedeutet wurde, eine traditionell dezidiert „preußische" Prägung besaß und zum anderen die Vorstellung eines „Deutschen Sonderweges"[491], die eigentlich erst mit dem Zusammenbruch von 1945 und der Westintegration der Bundesrepublik zu einem Ende kam, was Erman jedoch nicht mehr miterlebte.

Im Gegensatz zu seinem Lehrer Ebers sind die Schilderungen Ermans über die Ereignisse der Märzrevolution eher negativ; in einer für seine Generation und gesellschaftlichen Schicht typischen Weise geriert er sich selbst in seinen Erinnerungen als ein Unpolitischer:[492]

> schon damals drangen die politischen Gegensätze bis in die Familien ein, und es begann jene traurige Zeit, die ich noch als Kind miterlebt habe, wo die nächsten Verwandten nicht mehr miteinander verkehrten, weil der eine ‚reaktionär' war und der andere ein ‚Demokrat'. Meine beiden Großväter waren, wie sie das gewohnt waren, loyale Untertanen ihres Königs, so wenig sie auch allem, was er tat, beistimmten. Von den Schwestern meines Vaters war die eine mitsamt ihrem Gatten eine Ultraroyalistin, während die andere, ebenso wie ihr Mann, eine leidenschaftliche Demokratin war. Dieser letzteren schloss sich mein Vater an;
>
> [...]
>
> So geriet denn mein Vater weiter in die Politik hinein, bis er sogar 1848 in der Aula die Studenten zum Kampfe aufrief.[493]

490 Vgl. Rebenich (2005), 194 – 198.

491 Vgl. Wirsching (2005), 7 – 23.

492 Vgl. Gut (2008), 76 – 115, der u. a. die 1918 erschienenen „Betrachtungen eines Unpolitischen" von Th. Mann sowie dessen durch den Gegensatz von ‚deutscher Kultur' und ‚westlicher Zivilisation' geprägtes Weltbild erörtert.

493 Erman (1929), 35 f.

Erman spekulierte selbst darüber, ob das politische Engagement seines Vaters nicht auch dessen „Glück“[494] verhindert habe. Auffällig ist, dass Erman in seinen Erinnerungen nicht auf die Reichseinigung eingeht und, anders als sein Lehrer Ebers, auch nicht in lobender Form des Kaisers Wilhelm I. gedenkt. Man darf vermuten, dass Erman, wie seine Großväter, sich in Fragen der politischen Haltung zunächst mit einer grundsätzlich „loyalen“ Haltung gegenüber dem Königshaus der Hohenzollern begnügte, der er ja auch später in dem bereits angeführten Briefentwurf an Kaiser Wilhelm II. Ausdruck verliehen hat.[495] Für den Vertreter des Bildungsbürgertums des Deutschen Kaiserreiches durchaus nicht ungewöhnlich, äußerte sich Erman in seinen Briefen an Ebers besorgt über den Vormarsch der Sozialdemokratie, von welcher er wohl, wie viele seiner Zeitgenossen, einen revolutionären Umsturz befürchtete:[496]

> Von den Wahlen wollen | wir nicht sprechen – heu-|reux qui ne parle guère | et qui n'en pense pas | plus. Wir treiben der Revo-|lution entgegen oder doch | etwas, was einer Revolution | ähnlich sieht. Werden Sie glau-|ben, dass wissenschaftlich gebil-|dete junge Leute (Generation [, die?] | nach 1870 erwachsen ist)[497] | für den Socialdemokraten[498] ge-|stimmt haben, ‚weil die Revolution | ja doch kommen muss‘. Ich | kenne zwei unter meinen nähe-|ren Bekannten.

Dass er mit solchen Mitteilungen bei seinem Lehrer auf offene Ohren treffen würde, war Erman dabei sehr wohl klar, denn dieser hatte sich in seiner Lepsius-Biografie ebenfalls eindeutig zur Sozialdemokratie positioniert:

> und wenn wie die Führer einer turbulenten Partei den Namen ‚Arbeiter‘ nur für den Mann mit den schwieligen Händen in Anspruch nehmen und sie sich mühen sehen, für den Tagelöhner die Stunden der Thätigkeit auf das kleinste Maß zu beschränken, so möchten wir sie auf diese beiden Männer [C. J. v. Bunsen & K. R. Lepsius][499] hinweisen, welche, frei von jeder äußeren Sorge des Lebens, die Nächte zum Tage machten, körperlichen Beschwerden Hohn sprachen und Erholung nur im Wechsel der Arbeit suchten [...].[500]

---

494 Op. cit., 35.

495 Vgl. BStUB, Erman-Wilhelm II., 27.01.1934.

496 SBB-PK, Nachl. Georg Ebers: Erman, Adolf, 09.03.1890.

497 So im Original.

498 In den Reichstagswahlen von 1890 hatten die Sozialdemokraten mit 19,8 % Stimmenanteil 35 Abgeordnete in den Reichstag entsenden können; vgl. Halder (2006), 85, 150.

499 Eig. Anm.

500 Ebers (1885b), 121 f.; Es ist in diesem Zusammenhang bezeichnend, dass als einziger das „Soldatenkind“ H. Brugsch unter den zeitgenössischen Ägyptologen weniger Berührungsängste gegenüber der Sozialdemokratie empfand, und deren Begründer sogar in die Lektüre des ägyptischen Totenbuches einzuführen versuchte, wenngleich F. Lassalle (1825–1864) allerdings auch einen eher weniger proletarischen Lebensstil pflegte.; vgl. Brugsch (1894), 230 ff.

Auch später noch äußerte sich Erman, allerdings auch vor dem Hintergrund der Ereignisse der Revolution von 1918/19 sowie den politischen Verhältnissen in der Weimarer Republik und v. a. auch im Hinblick auf die nunmehr fraglich gewordene staatliche Wissenschaftsförderung, kritisch über die Parteien des linken politischen Spektrums – so in einem Brief an seinen britischen Kollegen A. Gardiner:[501]

> Eine kommunistische oder linkssozia-|listische Regierung würde wohl | die Wissenschaft als einen Luxus | der ‚Reichen' mit Freude abschaffen.

In ihrer politischen Haltung sind also Erman wie auch Ebers dem Spektrum sowohl bürgerlicher als auch monarchischer Gesinnungen zuzuordnen[502] und grenzen sich damit klar dem proletarischen Milieu gegenüber, vertreten durch die Sozialdemokratie, ab.[503] Während aber Ebers seine Sympathien für national-liberale Positionen im Geist von 1848 nicht verhehlte und sein Bekenntnis zum hohenzollernschen Königtum nicht frei von Kritik war, ist eine politische Positionsbestimmung bei seinem Schüler bedeutend schwieriger.[504] Es steht zu vermuten, dass sich Erman nach den im Zitat oben geschilderten Erfahrungen der Auswirkungen politischer Gegensätze auf die Familie und womöglich auch auf die Laufbahn seines Vaters, mit politischen Äußerungen bewusst zurückgehalten hat. Ermans diffuse Positionierung innerhalb des bürgerlichen Spektrums zwischen Konservativismus und Liberalismus[505] dürfte also auch der Opportunität geschuldet gewesen sein und wahrscheinlich, im Gegensatz zum Schicksal seines Vaters, sein akademisches Avancement befördert haben.

Sie ermöglichte ihm aber auch, den Zusammenbruch des Kaiserreiches zu verwinden und unmittelbar nach Ende des Ersten Weltkrieges als Sprecher der deutschen Ägyptologie gegenüber den Verantwortlichen des neu begründeten Staates aufzutreten. In einem Schreiben an den Minister der Geistlichen und Unterrichtsangelegenheiten, F. Schmidt, vom 01. März 1918 legt er die Situation der damaligen deutschen Ägyptologie dar und versucht, eine Perspektive für die Fortsetzung des staatlichen Engagements im Bereich dieser Wissenschaft zu

501 Copyright Griffith Institute, University of Oxford, Gardiner MSS. 42.93.33 – 67 ADOLF ERMAN Letters 1923 to 1930, 24.11.1923.
502 Für Ebers vgl. Kischkewitz (1980).
503 Vgl. Rühlmann (1988), 159, der Ermans „Ägypten und ägyptisches Leben im Altertum" mit marxistischer Geschichtsphilosophie in Verbindung bringt. Vgl. hierzu: Nagel (2006), 371 & bes. 383: „Erman ist also theorie- nicht aber ideologiekritisch im marxistischen Sinne."
504 Vgl. Nagel (2006).
505 Erman (1929), 236 erwähnt den liberal-konservativen Zeitungsverleger R. Mosse, der Erman „trotz unserer verschiedenen politischen Richtung wohl gefiel."

entwickeln.[506] Dabei gilt es zweierlei zu bemerken: Trotz des revolutionären Umbruchs von Kaiserreich zur Republik darf für den Bereich der Kultur- oder Wissenschaftspolitik eine ebensolche relative personelle Kontinuität angenommen werden wie für alle übrigen Bereiche des Staatsapparates. Wichtiger im Zusammenhang dieser Untersuchung ist jedoch die Kontinuität eines bestimmten Argumentationsmusters zur Legitimation ägyptologischer Forschung als nationales Interesse. Schon Ebers hatte sich dieses Arguments bedient, und sein Schüler setzte diese Argumentationsweise weiter fort. Dabei beansprucht auch Erman, aus dem stolzen Bewusstsein über die Bedeutung der deutschen philologisch-historischen Methode heraus –, wie vor ihm Ebers[507] – einen Führungsanspruch deutscher Ägyptologie:[508]

> Jahrzehnte hindurch haben wir in Deutschland die Aegyptologie | so fördern dürfen, daß die Führung in dieser Wissenschaft tatsäch-|lich bei uns lag, auf der philologischen Seite und auch auf der | archäologischen, wohl schafften die Engländer und Franzosen un-|gleich mehr Rohstoff heran als wir, aber die wissenschaftliche | Verarbeitung dieses Materials erfolgte in der Hauptsache bei uns | und nach unseren Methoden.

Wie Ebers machte Erman aus der Not, nur eingeschränkten Zugriff auf die Denkmäler des von Briten und Franzosen verwalteten Ägypten zu haben, eine Tugend und stellte die philologische Aufbereitung der zu Tage geförderten Denkmäler in den Mittelpunkt der deutschen Bemühungen. Die hierbei angewandte Methode wurde von ihm als überlegen bzw. führend erachtet. An deutschem Wesen sollte also auch auf dem Gebiet der Ägyptologie nach wie vor die Welt genesen. Vor dem Hintergrund der veränderten weltpolitischen Lage jedoch sah Erman diese führende Stellung der deutschen Ägyptologie bedroht:[509]

> In England und Frankreich | werden Elemente die Oberhand bekommen, die in ihrem Deutschenhass | schon früher uns widerstrebt und gegen uns gearbeitet haben. Jene | Personen, die schon vor Jahren der schwedischen Zeitschrift Sphinx | eine Subvention aus einem französischen politischen Fonds verschaff-|ten, weil sie gegen die deutsche Ägyptologie auftrat. Oder jene, | die beim Beginn des Krieges im ‚Athenaeum' erklärten, unsere wis-|senschaftliche Arbeit sei nur eine ‚deutsche Intrige' gewesen | und sie in der ‚Revue archeologique' ebenso als ‚une des intrigues | germaniques' bezeichneten.
>
> [...] Und der vulgäre Chauvinismus, der ja in allen Ländern er-|starkt ist, wird auch besonnene Gelehrte zwingen, ihr bisher freund-|liches Zusammenwirken mit uns in ein Verhältnis feindlicher Konkur-|renz mit uns zu ändern.

506 Vgl. SMB-ZA, NL Bode 1678, Erman, A., 01.03.1918.
507 Vgl. BStUB, Ebers-Erman, 17.10.1896.
508 SMB-ZA, NL Bode 1678, Erman, A., 01.03.1918.
509 Ebenda.

Es ist geradezu erheiternd, dass sich die deutsche Ägyptologie, vertreten durch Erman, nachdem sie noch Ende des 19. Jh. die Wissenschaft durch deutsche Werke zu Lexik und Grammatik „beherrschen“[510] wollte, über die publizistische Agitation und „Chauvinismus“ ereifert und beklagt:[511]

> Schon im Jahre 1916 ergab sich aus einer gelegent-|lichen Meldung der Times, dass ein uns nahestehender englischer Ge-|lehrter[512] die Verpflichtung habe, ein aegyptisches Wörterbuch und | eine aegyptische Grammatik auszuarbeiten, da es sich gezieme, daß | das nunmehr englische Eigentum Aegypten von der deutschen Wissen-|schaft unabhängig gemacht werde.

In einem durchaus militaristischen Tonfall schließt Erman, der während des Krieges einen Sohn an der Westfront verloren hat, sein Schreiben an den Kultusminister mit der kämpferischen Stellungnahme:

> daß wir nicht gewillt | sind, uns so aus unserer Stellung vertreiben zu lassen, und daß | wir es für unsere Pflicht halten, in gemeinsamer Arbeit unsere | Wissenschaft in Deutschland auf der Höhe zu halten.
>
> [...] Mögen sie uns die Wirksamkeit nach außen hin ab-|schneiden oder beschränken, wir werden uns nur um so intensiver | der inneren Arbeit zuwenden [...] und da-|mit doch unsere Stellung behaupten.

Die Verbitterung über die Niederlage einerseits und die sich daraus ergebenden negativen Folgen für das eigene Arbeiten hat Erman niemals überwunden, dennoch wandelte sich sein Tonfall in späteren Äußerungen, und er vertrat wieder eine zunehmend ‚internationale‘ Auffassung von der Wissenschaft der Ägyptologie, wobei er allerdings an seiner Schuldzuweisung für deren Gefährdung an das Lager der ehemaligen Entente-Mächte festhielt:

> Es ist das der Glaube, daß die Wissenschaft ein Gemeingut aller Völker ist und von ihren Kämpfen nicht berührt wird, der Glaube, an dem auch wir während des Weltkrieges festgehalten haben. Ich selbst habe mich während des Krieges und nach ihm offen zu dieser Gesinnung bekannt:[513] ‚Das geistige Leben der Menschheit steht über den Völkern und ihrem vergänglichen Treiben und weder die Raserei des Krieges noch der Wahnsinn der inneren Kämpfe reichen zu ihm hinauf.‘ Aber in Frankreich sind die Anschauungen sehr andere geworden, nur wenige Gelehrte haben an der alten, hohen Auffassung festgehalten, und nur noch wenige haben den Mut gehabt, sich offen dazu zu bekennen.

---

510 Der Ausdruck mehrfach gebraucht in: BStUB, Ebers-Erman, 17.10.1896.

511 SMB-ZA, NL Bode 1678, Erman, A., 01.03.1918.

512 Vermtl. A. H. Gardiner.

513 Vgl. Rebenich (2006), 356 – 363; Er unterzeichnete jedoch die „Erklärung der Hochschullehrer des Deutschen Reiches“ (1914), 4.

[weiter in der FN:]

> Wer wird es glauben, daß die französischen Gelehrten, die 1922 die Hundertjahrfeier der Entzifferung der Hieroglyphen veranstalteten, zwar alle Nationen zur Teilnahme aufforderten, aber die Deutschen davon ausschlossen?[514]

Erman wurde gegen Ende seines Lebens zu einer Veränderung seiner Auffassung zu Fragen nationaler Identität gezwungen, wobei er selbst sicher nicht von tatsächlich anderen Vorraussetzungen ausging, sich aber aus der von den Nationalsozialisten konzipierten ‚Volksgemeinschaft' ausgeschlossen sah. Durch das so genannte ‚Gesetz zur Wiederherstellung des Berufsbeamtentums' vom 07. April 1933 wurde der Geheime Rat Erman, Träger des Ordens Pour le Merite, Mitglied der Akademien Berlin, Göttingen, München, Wien et al. als „nicht arischer" Professor em. von der weiteren Teilnahme an Sitzungen der Fakultät und allen anderen Gremien der Berliner Hochschule ausgeschlossen. Er wandte sich daraufhin am 23. Mai 1934 an den Rektor der Friedrich-Wilhelms Universität[515] und verwies darauf, dass er erstens „seit 1878 Preussischer Beamter" gewesen sei, zweitens seine jüdische Großmutter „spätestens 1802 getauft worden" sei, drittens seine Familie „120 Jahre lang im Dienste der Berliner Universität gestanden" hat und viertens der älteste seiner beiden Söhne „am 1. Juli 1916 an der Somme als ein Vorbild für Offiziere und Mannschaften gefallen" sei.[516] Diese Argumente lassen das Ausmaß von Ermans Unverständnis, Verbitterung und Verzweifelung erkennbar werden, mit der er auf seinen Ausschluss aus der Fakultät reagierte. Die von ihm in seinem Briefentwurf an Kaiser Wilhelm II.[517] beschworene preußische Toleranz, der seine Familie und er selbst alles verdankten, war zu einem jähen Ende gekommen. Am 30. Mai 1934 erklärte Erman gegenüber dem Rektor seine Kapitulation vor dem Gesetz, nicht jedoch ohne hinzuzufügen...[518]

> daß ich meiner ‚nicht-ar-|ischen' Vorfahren und Verwandten | in der gleichen Verehrung gedenke | wie der ‚arischen'.

Ganz überraschend kann dieser Zeitgeist Erman jedoch nicht getroffen haben, denn bereits in seiner Autobiografie (1929) stellte er sich implizit der menschenverachtenden ‚Rassenlehre' der Nationalsozialisten entgegen und bekannte sich gleichfalls zu seinen jüdischen Vorfahren:

---

514 Erman (1929), 17.
515 Vgl. HUB UA, UK E 89, Bd. II, 14 f.
516 Vgl. Ebenda.
517 Vgl. BStUB, Erman-Wilhelm II., 27.01.1934.
518 HUB UA, UK E 89, Bd. III, 18.

> Wer das, was ich hier über meine Familie erzählt habe, gelesen hat, der hat gesehen, daß mir das eine abgeht, auf das so viele in unserem Volke heute den höchsten Wert legen: das reine Blut, die reine Rasse. Unter meinen Vorfahren sind drei Franzosen und ein Jude, und so kann ich mich nicht rühmen, ein reiner Germane zu sein und ich bin sogar nicht einmal ein ‚reiner Arier'. Ich bin freilich schlecht genug an diese Vorzüge der ‚reinen Rasse' nicht zu glauben, ja ich denke sogar, daß es reine Rassen nur da gibt, wo in einem abgelegenen Winkel der Welt die Menschen notgedrungen ihre Frauen immer aus demselben engen Kreise genommen haben.
>
> Was sich uns als Nation darstellt, ist durch gemeinsame Geschichte entstanden und die körperliche Rasse hat dabei keine große Bedeutung. [...] Vollends über die ‚Rassen' der ‚Arier' und der ‚Semiten' ist die Wissenschaft längst hinweggegangen [...].
>
> So bekenn ich mich denn mit Freude zu meinen französischen und jüdischen Vorfahren und halte mich dennoch für einen Deutschen; ich glaube auch nicht, daß ihr Blut uns geschadet hat – im Gegenteil.[519]

Fast möchte man es als Glück bezeichnen, dass Erman 1937 verstorben ist; die hier gemachten Äußerungen hätten ihn womöglich noch weit schlimmeren Repressalien ausgeliefert als ‚nur' der Ausschluss aus der Fakultät. Vor dem Hintergrund der hier gemachten Ausführungen zu Ermans politischer Weltanschauung ist wichtig hervorzuheben, dass er Nationen durch „gemeinsame Geschichte" entstanden sah und sich so, trotz des Bekenntnisses zu seinen jüdischen und französischen Vorfahren, „für einen Deutschen" hielt. Die historische Erfahrung preußischer Toleranz der französischen Réfugiés, derer sich seine Familie immer erinnert hat, hat entscheidend zu dieser nationalen Identitätsbildung beigetragen. Wie viele deutsche Juden erkannte Erman in seiner jüdischen Herkunft keinen Widerspruch zu seiner Zugehörigkeit zu Deutschland. In die deutsche Gesellschaft, ja sogar in deren geistige Elite assimiliert und integriert, ausgestattet mit den höchsten Auszeichnungen, welche die akademische Welt zu vergeben hatte, war es ein Schock für Erman, davon ausgeschlossen zu werden – gerade weil er in Preußen-Deutschland seine nationale Identität erkannt hatte.

3.3 Kurt Heinrich Sethe (1869–1934)

K. H. Sethe wurde am 30. September[520] 1869 als Sohn von Heinrich und Gertrud Sethe in Berlin geboren. Er besuchte zunächst ab 1877 die Coler'sche Schule in Berlin,[521] um seine Schullaufbahn durch Besuch des Joachimsthalschen Gymnasiums fortzusetzen, an dem er mit dem Abitur 1887 abschloss, um gleich darauf

519 Erman (1929), 43.
520 Vgl. Endesfelder (1988), 67, Anm. 8.
521 Vgl. HUB UA, UK S 86, Bd. I, 2.

seine zuvor schon begonnenen ägyptologischen Studien an der Berliner Universität unter der Anleitung seines zukünftigen Lehrers Erman fortzusetzen. Mit Ausnahme eines einsemestrigen Studienaufenthaltes in Tübingen im Sommersemester 1888[522] absolvierte er sein gesamtes Studium in Berlin, das er 1892 mit seiner Promotion über *De Aleph prosthetico in lingua Aegyptiaca verbi formis praepositio*[523] vollendete. 1895 habilitierte er sich mit einer *Untersuchung zur ägyptischen Königsgeschichte* und trat die Stellungen als Hilfsarbeiter am Ägyptischen Wörterbuchvorhaben und als stellvertretender Assistent am Berliner Ägyptischen Museum an.[524] 1900 übernahm er die Privatdozentur für Ägyptologie an der Georg Augusta Universität Göttingen und trat 1904 eine Reise nach Ägypten an.[525] 1907 konnte er gemeinsam mit Erman sein seit Langem angestrebtes Ordinariat in Göttingen durchsetzen, nachdem er zuvor 1906 einen Ruf nach Wien abgelehnt hatte.[526] 1915 wurde er Mitglied der Königlichen Gesellschaft der Wissenschaften zu Göttingen und in der Folgezeit zwei Mal Dekan der Philosophischen Fakultät (1916 & 1921).[527] Obwohl er während des Ersten Weltkriegs zunächst für diensttauglich gemustert wurde, verhinderte seine Ernennung zum Geheimen Regierungsrat (1916) die Einberufung.[528] Nachdem er 1922 die Berufung auf den freigewordenen Lehrstuhl von F. W. v. Bissing in München abgelehnt hatte,[529] bewegte ihn sein Lehrer Erman zur Übernahme von dessen Nachfolge auf dem Lehrstuhl in Berlin (1923).[530] Trotz gewachsener Verantwortung konnte er 1925 noch eine zweite Ägyptenreise unternehmen.[531] Sethe starb – vor Erman – am 06. Juli 1934 in Berlin.

3.3.1 Kindheit und Jugend

Anders als die bislang porträtierten Ägyptologen hat K. Sethe keine Autobiografie hinterlassen. Das Genre der Gelehrtenautobiografie hatte zu seiner Zeit augenscheinlich an Bedeutung verloren. Zwar haben auch Vertreter seiner bzw. nach-

522 Vgl. BStUB, Sethe-Erman, 11.07.1888; 01.08.1888.
523 Sethe (1892).
524 Vgl. HUB UA, UK S 86, Bd. I, 2.
525 Ebenda.
526 Vgl. HUB UA, UK S 86, Bd. I, 2f.
527 Vgl. Ebenda, 3.
528 Vgl. Ebenda, 2.
529 Vgl. Ebenda, 3.
530 Vgl. HUB UA, UK S 86, Bd. II, 3f.
531 Vgl. HUB UA, UK S 86, Bd. I, 2.

Abb. 3: Kurt Heinrich Sethe (1869–1934)

folgender Forschergenerationen Erinnerungen festgehalten,[532] doch klammern diese Persönliches eher aus und beschränken sich auf eine anekdotenhafte Schilderung von *Begegnungen*[533] bzw. Begebenheiten. Aus dieser Quellenlage folgt, dass zur Kindheit von Sethe weniger detaillierte Angaben gemacht werden können als zu der Ebers und Ermans. Neben den zahlreichen Nekrologen und Erinnerungen[534] wird also v.a. die Korrespondenz aus dem Bremer Erman-Nachlass die Grundlage dieser Ausführungen bilden müssen. Doch auch hier erweist

532 Vgl. Gardiner (1962); Grapow (1973).

533 Grapow (1973).

534 Anonymus (1934a); Anonymus (1934b); Grapow (1934); Capart (1935); Erman (1935); Kees (1935); Scharff (1935); Zyhlarz (1935); Bierbrier (2012), 502f.; Westendorf (2001b);.

sich die Quellenlage als schwierig, da im Gegensatz zur Ebers-Erman-Korrespondenz die Gegenkorrespondenz nicht mehr erhalten ist.[535]

Kurt Sethe entstammte väterlicherseits einer alten preußischen Beamtenfamilie. Sein Vater Heinrich findet als Stadtrichter[536] kaum Beachtung in biografischen Nachschlagewerken. Anders jedoch sein Urgroßvater, Christoph Wilhelm Heinrich, der als Vertreter einer rheinischen Juristenfamilie, ähnlich wie Ermans Urgroßvater, eine historische Nebenrolle spielen kann, indem er zu einer Begegnung mit Napoleon I. geladen wird:

> Im J. 1812 brach unter den Fabrikarbeitern im Bergischen bei der Aushebung zum Militär ein Aufstand aus, und da S. sich als Generalprocurator bei Untersuchung desselben dem willkürlichen Verfahren der Verwaltungs- und Militärbehörden widersetzte, wurde er im April 1813 nach Paris berufen, um sich zu verantworten. Hier sollte er Napoleon vorgestellt werden, aber der Kaiser lehnte es ab mit den Worten: ‚Je ne veux pas voir l'avocat du Rhin'. Der Minister Röderer eröffnete ihm, er sei Napoleon als der gefährlichste Mann im Großherzogtum Berg geschildert worden, und machte ihm über sein Verfahren als Generalprocurator heftige Vorwürfe mit dem Bemerken, der Kaiser könne ihn erschießen lassen. Aber S., auf das Gesetzbuch Napoleons hinzeigend, entgegenete: ‚Alors il faut auparavant fusiller la loi'.[537]

Wie schon bei den Anekdoten aus der Familie Ermans so ist auch hier eigentlich nicht entscheidend, ob sich die geschilderten Ereignisse tatsächlich in dieser Form zugetragen haben und entsprechende Bonmots geäußert worden sind. Es kommt darin vielmehr das Selbstverständnis der Familie Sethe zum Ausdruck, die die Erinnerung an diese Ereignisse wach gehalten bzw. konstruiert hat, um sich als preußisch-deutsche Patrioten und als überzeugte Rechtsgelehrte zu profilieren.

Von Sethes Jugend ist im Grunde nur überliefert, dass er das Joachimsthalsche Gymnasium besuchte und noch vor dem Abitur 1887 ein reges Interesse für die hieroglyphischen Texte des Berliner Museums entwickelte.[538] So schildert Sethe in einer Geburtstagsansprache für seinen Leher:[539]

> Damals pflegte ein 16jähriger, recht schüchterner und reichlich grüner Primaner an den Sonnabendnachmittagen durch den Tiergarten nach der Klopstockstraße zu pilgern, um von Ihnen in die ihm ganz neue Welt der unter Ihren Händen entstehenden ägyptischen Grammatik eingeführt zu werden, nachdem er bis dahin nur von den Werken von Lepsius, Brugsch und Dümichen gezehrt hatte. Was ich damals bei Ihnen hörte und, – ich darf's

535 Hanisch (1997), 83 verzeichnet die Archivbestände des Ägyptologischen Seminars in Göttingen, die aber keine, bzw. nur wenig Korrespondenz enthalten.

536 Vgl. Hüffer (1892), 48.

537 Op. cit., 46.

538 Erman (1934b), 7.

539 Sächsisches Staatsarchiv, Staatsarchiv Leipzig, 22208 J. C. Hinrichs Verlag, Leipzig, Nr. 652, Bl. 1.

gestehen – nur halb verstand, wurde dann am Sonntag mit H. Schäfer, meinem Zwillingsbruder in der Ägyptologie, der damit indirekt gleichzeitig ihr Schüler wurde, besprochen und zur Klarheit gebracht! Diese Sonnabendnachmittage erschienen mir als weihevolle Stunden, sie waren für mich ein Fest, auf das ich mich die ganze Woche freute, und sie gehören noch heute zu den schönsten Erinnerungen meiner Jugend. Mit tiefer, inbrünstiger Liebe und Verehrung, wie es aber nur ein Kind tun kann, schaute ich damals zu Ihnen wie zu etwas Heiligem auf.

Erman erinnerte sich an seine erste Begegnung mit seinem Schüler und Nachfolger folgendermaßen:

Aber bei ihm [Sethe] nahm dieses jugendliche Interesse [an Hieroglyphen] früh ernste Gestalt an und schon 1886 sprach mir Mommsen von diesem Primaner aus seiner Familie,[540] der mit Ernst und Eifer Ägyptisch treibe. So wurde er denn mein Schüler, noch ehe er 1887 die Universität bezog, und die Treue und der Fleiß, mit denen er arbeitete, waren schon damals bewundernswert. Das Studium der Ägyptologie entsprach nun freilich nicht der Tradition seiner Familie, in der es seit Menschengedenken nur Juristen gegeben hatte. So mußte er denn auch in den ersten Semestern juristische Studien betreiben, und es ist mir immer merkwürdig gewesen, wie die Gewöhnung an scharfes, juristisches Denken auch auf seine philologischen Arbeiten eingewirkt hat.[541]

Erman greift hier den unter Ägyptologen weit verbreiteten biografischen Topos des frühen Hieroglyphenstudiums ebenso auf wie die juristische Familientradition, mit der Sethe nicht einfach bricht, sondern diese in die Ägyptologie überführt. Wichtig ist auch der familiäre Bezug zu Th. Mommsen (1817 – 1903),[542] auf den Erman auch in einem Brief an seinen Lehrer Ebers zu sprechen kommt:[543]

Ich gehe dem nächsten Semester mit | besonderer Freude entgegen, da mein | kleiner Freund Sethe (Neffe Mommsens und | Musterschüler des Joachimsthals) jetzt sei-|ne Studien officiell anfängt. Seine Be-|gabung ist wirklich erstaunlich und | wenn er bei der Aegyptologie bleibt, so || werden wir Freude an ihm erleben. | Er erinnert mich trotz seiner Kindlich-|keit immer etwas an seinen Oheim, die-|selben klugen Augen und derselbe nichts | ungeprüft hinnehmende Verstand.

Die spätere Schilderung in seiner Gedächtnisrede[544] 1934 entspricht also in etwa dem, was Erman auch schon seinerzeit gegenüber Ebers geäußert hatte. Dass

540 Die Durchsicht der sehr ausführlichen Familienstammbäume der Sethes hat keinerlei verwandtschaftliches Verhältnis zu Th. Mommsen aufgezeigt. Ich danke Herrn Dr. C. H. v. Sethe (Hamburg) für die Möglichkeit zur Einsichtnahme in diese Familiendokumente.

541 Erman (1934b), 7.

542 Rebenich (2007).

543 SBB-PK, Nachl. Georg Ebers: Erman, Adolf, 06.10.1887.

544 Erman (1934b).

Sethe schon frühzeitig eine hohe Begabung erkennen ließ, kommt auch in der Tatsache zum Ausdruck, dass ihn Erman bereits ein Jahr später Ebers als zukünftigen Privatdozenten in Leipzig empfahl:[545]

> Wünschen Sie inzwischen einen Privatdocen-|ten nach Leipzig, so würde ich | Ihnen rathen, noch ein Jahr zu | warten, bis der kleine Sethe flügge | ist – das ist ein wahres Wunder | an Begabung.

Ebers scheint diese Einschätzung im Übrigen geteilt zu haben und bilanziert einige Jahre später in sehr deutlicher Form:[546]

> In Sethe zogen Sie sich einen Schüler | von Gottes Gnaden heran.

3.3.2 Wissenschaftliche Laufbahn

Erman berichtet, dass Sethe der Familientradition gemäß zunächst Jura studierte.[547] Anhand der Geschwindigkeit, mit der seine studentische Laufbahn vorangeschritten ist (Studienbeginn WS 1887, Empfehlung zum Privatdozenten durch Erman an Ebers 1889 für das darauf folgende Jahr), darf vermutet werden, dass Sethes hieroglyphische Studien zum Zeitpunkt des Studienbeginns schon recht weit fortgeschritten waren und auch noch während des Jurastudiums nicht aufgegeben worden sind. Praktisch das gesamte Studium verbrachte Sethe in Berlin, ausgenommen ein Sommersemester, 1888 in Tübingen bei A. Socin (1844–1899),[548] währenddessen er sich v. a. um die Vertiefung seiner Kenntnisse im Bereich der Semitistik bemühte:[549]

> Ich war neu-|lich einmal bei Herrn Prof. Socin einge-|laden, er war sehr freundlich und freute | sich, daß ich Orientalist werden möchte.
>
> [...] Darauf | ging ich nach einigen Tagen zu ihm | hin, um mir ein arabisches Buch, das | er mir leihen wollte, zu holen und frag-|te bei Gelegenheit, was er dann im näch-|sten Semester läse, und er erwiderte, er | läse irgend einen arabischen Schriftsteller | und dies Kolleg könnte ich dann hören.

545 SBB-PK, Nachl. Georg Ebers: Erman, Adolf, 18.06.1889.
546 BStUB, Ebers-Erman, 10.03.1898.
547 Erman (1934b), 7.
548 Kauzsch (1899).
549 BStUB, Sethe-Erman, 11.07.1888.

Sethes Studium in Tübingen verlief weitgehend autodidaktisch, und die Betreuung durch Socin erschöpfte sich in der Bereitstellung von Fachliteratur:[550]

> Herr Professor Socin ist so freund-|lich gewesen, mir Bücher mit arabi-|schen Texten zu leihen, damit ich mich | auch privatim mit arabischer Lektüre be-|schäftigen könnte.

Diese Art des Studiums war für Orientalisten auch gegen Ende des 19. Jahrhunderts keinesfalls ungewöhnlich,[551] so äußerte z. B. Th. Nöldeke (1836 – 1930) in einem Schreiben an C. H. Becker (1876 – 1933):

> Es ist wohl vorgekommen, daß einer zu mir kam, um Arabisch anzufangen, dem riet ich dann, die kleine Grammatik selbst vorzunehmen und im nächsten Semester wiederzukommen. Und das bewährte sich, wenn der Mann einigermaßen tüchtig war (und Schafsköpfe und Faulpelze sollen kein Arabisch lernen)[552].[553]

Sethe, der weder ein „Schafskopf" noch ein „Faulpelz" gewesen zu sein scheint, begab sich bald zurück nach Berlin, denn...[554]

> die aegyptischen Studien verlangen denn doch auch ihr Recht.

Dort stellte er sein Können bei der Auseinandersetzung mit den erst kürzlich entdeckten Pyramidentexten[555] der 5. und 6. Dynastie (2465 – 2155 v. Chr.)[556] unter Beweis, die ihn während seiner gesamten Laufbahn beschäftigen sollten, und begeisterte seinen Lehrer Erman durch gewissenhafte Detailbeobachtungen:

> In den Pyramidentexten begannen nämlich einzelne Wortformen mit einem i, das ohne Konsequenz geschrieben wurde und gewiß nur etwas Nebensächliches war. Sethe erkannte nun, daß dieses rätselhafte i nichts weiter war als ein Vorschlagvokal, wie ihn die semitischen Sprachen vor einer Doppelkonsonanz sprechen. Und nun durfte er weiterschließen: Jede Form, vor der ein solches i steht, beginnt mit zwei Konsonanten und erst hinter dem zweiten steht ihr Vokal. Diese Erkenntnis war ein großer Fortschritt für die ägyptische Grammatik.[557]

---

550 BStUB, Sethe-Erman, 01.08.1888.
551 Mangold (2004), 89 f. beschreibt auch die Auswirkungen auf die Charakterbildung der Forscherpersönlichkeit.
552 So im Original.
553 Zitiert nach: Mangold (2004), 74, s.a. Anm. 335.
554 BStUB, Sethe-Erman, 11.07.1888.
555 Vgl. Altenmüller (1984).
556 Vgl. Hornung (1996b), 160.
557 Erman (1934b), 8.

Diese Schilderung verdeutlich recht anschaulich die Arbeitsweise der damaligen Ägyptologie, die zwar noch längst nicht die Phase der Grundlagenforschung abgeschlossen hatte, diese aber mittlerweile tendenziell von der Makro- auf eine Mikroebene verlagert hatte, die in der Person Sethes ihre volle Entfaltung erfahren sollte:

> Sethe hat sich selbst stets als Analytiker bezeichnet (er glossierte es wohl scherzhaft in einem Brief ‚Sie werden als moderner Mensch sagen: Mann der philologischen Kleinarbeit!')[558]

Solche Kleinarbeit führte schließlich auch zu Sethes Dissertation,[559] in der er die von Erman beschriebene Entdeckung (s. Zitat) weiter verfolgte. Seine Arbeit wurde allerdings nur mit „rite" bewertet.[560] Ob sich sein relativ zügiges Studium oder strenge Bewertungsmaßstäbe dabei negativ auf die Benotung ausgewirkt haben, ist schwer zu ermitteln, v. a. da bei der geringen Anzahl ägyptologischer Doktoranden eine tatsächliche Vergleichsmöglichkeit fehlt. Vor dem Hintergrund von Ermans eigenem akademischen Werdegang interessant und damit vielleicht doch ein Beleg für das Nachwirken seiner Lehrer Lepsius und Ebers auf seinen eigenen Ausbildungsstil ist folgende Aussage:

> Daß der junge Forscher nicht ganz zum einseitigen Grammatiker wurde, dafür sorgte eine Arbeit anderer Natur. Das Riesenwerk der preußischen Expedition war, als der letzte Tafelband erschienen war, ohne einen begleitenden Text geblieben, der doch zur Benutzung des Werkes nötig war. Als dann 1892 die Tagebücher der Expedition zugänglich wurden,[561] gingen wir daran, diese Lücke zu ergänzen. Ein wesentlicher Teil dieser Aufgabe wurde Sethe übertragen. Er erledigte diese Arbeit in musterhafter Weise, und Lepsius hätte sich keinen besseren und gewissenhafteren Vollender seines Werkes wünschen können.[562]

Wenngleich W. Westendorf m. E. zutreffender Weise konstatiert:

> Mit Sethe setzt die unvermeidbare Aufsplitterung der Ägyptologie in die verschiedenen Fachrichtungen ein.[563]

Diese „Aufsplitterung" war zu jenem Zeitpunkt noch keinesfalls abgeschlossen, bzw. die Voraussetzungen für eine entsprechende Spezialisierung noch nicht gegeben, denn: Noch in der dritten Ägyptologengeneration, zum Ende des 19. Jh.,

---

558 Kees (1935), 72.
559 Sethe (1892).
560 Vgl. HUB UA, Phil. Fak., 1221, Bl.. 70.
561 Zu den Umständen: Erman (1929), 199 f.
562 Erman (1934b), 8.
563 Westendorf (2001b), 344.

waren die Ergebnisse der Preußischen Ägyptenexpedition (1842–1846), die noch unter Friedrich Wilhelm IV. (Regierungszeit 1840 – 1861) durchgeführt worden war, nicht vollständig aufgearbeitet.[564] Auch Erman zeigte sich in seinen Erinnerungen darüber verwundert, und seine Schilderung macht deutlich, wie viel in der personell kleinen Ägyptologie von einzelnen Persönlichkeiten, in diesem Falle Lepsius, abhängig war:

> Aber merkwürdig, als 1860 die letzte Tafel erschienen war, brach er seine Arbeit ab, und den Text, der zur Erklärung der Tafeln nötig war und den er selbst einst angekündigt hatte, ließ er auf sich beruhen. [...] und so hielt ich es für meine Pflicht, als Lepsius' Nachfolger diesem Mangel abzuhelfen.[565]

Die Ausführung dieses Vorhabens übertrug Erman seinen Schülern, unter Ihnen Sethe.[566]

Wohl auch um die noch von Erman vertretene umfassende Ausbildung in Philologie (Diss.) und Denkmälerkunde (LD) zu vervollkommnen, wandte sich Sethe in seiner Habilitation *Untersuchung zur ägyptischen Königsgeschichte* (1895) dezidiert historischen Fragestellungen zu. Dabei erkannte Erman in seinem Gutachten eine Anregung hierfür in Sethes Beschäftigung mit der Dokumentation der Lepsius-Expedition:[567]

> Der Haupttheil die-|ser Schrift untersucht die dynastischen Verhältnis-|se im Anfange des neuen Reiches und macht den her-|kömmlichen Ansichten über dieselben ein Ende.

Die hier zunächst v. a. anerkennend gemeinte Einschätzung der Bedeutung von Sethes Arbeit lässt allerdings vor dem Hintergrund der Ausführungen über Ermans Haltung zu früherer bzw. „herkömmlicher“ ägyptologischer Forschung bereits wieder ein Konfliktpotential erkennen, dass sich in der Folge auch entladen sollte. Zwar hatte Sethe seine eigentliche Untersuchung als Habilitationsschrift handschriftlich eingereicht,[568] doch in der Folge auch zwei Artikel in der ZÄS sowie dann etwas später eine Monographie zu diesem Thema publiziert.[569] Diese Veröffentlichungen, im Besonderen die letztgenannte, erregten offenbar das Missfallen etablierter, älterer Ägyptologen, allen voran H. E. Navilles, der sich dies-

564 Vgl. Mehlitz (2011), 220 – 231.
565 Erman (1929), 200.
566 Op. cit.
567 HUB UA, Phil. Fak.1221, Bl. 75.
568 Vgl. HUB UA, Phil. Fak., 1221, Bl. 74.
569 Vgl. Sethe (1896a); (1896b); (1898).

bezüglich auch an Ebers als Vermittler wandte. Dieser teilte Erman seine eigenen und die Bedenken der Kollegen mit:[570]

> In Sethe zogen Sie sich einen Schüler | von Gottes Gnaden heran. Sorgen | Sie aber, daß sein haarscharfer | Geist nicht ans zu fein zerschnei-|den geht. Mit der Eintheilung des | Anfanges der XVIII Dyn. oder beßer | der XVII + XVIII und der Anordnung | der Thutmosisdreiheit nebst der Hat-|šepsutfolge ist er, glaub' ich, durch | zu feines Schneiden zum Vorbei-|schneiden gekommen. Selten | laß ich eine schwerer ganz zu | erfaßende Abhandlung. Als ich | sie aber mit Hilfe von eigenen | Tabellen neben seinen Darlegun-|gen ganz verstand, kam mir | sein Resultat höchst unwahr-|scheinlich vor, und ich muß | bei ‖ dem Urtheile bleiben, das | ich Ihnen gegenüber in Berlin aussprach, – ja die | Correspondenz mit Naville lehrt | mich, daß er gewiß im Unrecht gegen | diesen besten Kenner von Dêr el-|Bahri[571] ist. Ich glaube, daß Sie | dies auch finden werden, wenn | Naville die Daten veröffentlicht, | die er mir mittheilte. ‚Daten' ist | nicht das rechte Wort: die Aufstellun-|gen Sethes, die dem wahren Befund | der Inschriften widersprechen. Daß | ich geneigter war für den ausgezeich-|neten Landsmann zu votieren | als für den Genfer, brauch' ich | nicht zu versichern, – aber die | Macht seiner Gegengründe scheint | mir ganz unwiderleglich. Wenn | Sie Naville hörten, werden Sie – ich | wiederhole es – ihm ganz gewiß | auch recht geben. Ich würde Ihnen | mittheilen, was mir Naville vertrau-|te, doch halte ich es für indiskret | so frei mit seinem Eigenthum zu | schalten. Eines seiner Hauptgegen-|argumente hatte ich schon in Tutzing selbst gefunden | und konnte mich seinem Einfluße | nicht entziehen. – Mag Sethe sich | mit dem Genfer auseinander-setzen. | Ich halte mich fern von diesem Streite.

Interessant für die Behandlung von Ebers' nationaler Wissenschaftsauffassung ist sein Bekenntnis, „dem vortrefflichen Landsmann" den Vorzug vor dem „Genfer" zu geben. Der Hinweis, Sethe möge nicht „zu fein Schneiden", verweist sowohl auf die Einschätzung von Sethes Arbeitsweise als „Mann philologischer Kleinarbeit" als auch auf die von Westendorf konstatierte „Aufsplitterung" des Faches. Sethe sieht sich selbst auch später noch im Recht und äußert sich in seiner Korrespondenz mit Erman darüber mit geradezu reformatorischem Eifer, interessanterweise jedoch auch unter Berufung auf den Begründer der deutschen Ägyptologie, Lepsius:[572]

> Was ich bei der Thutmosisgeschichte | gethan habe und was so gut wie wir-|kungslos gewesen ist (außer Breasted[573] u. | Steindorff[574] hat niemand sich in die Sache | eingedacht), ist schlechterdings nichts | Anderes als was Lepsius gethan hat, um | die aeg. Chronologie aufzubauen, was | man bei griech. und römischen Dingen | ganz selbstverständlich thut.

570 BStUB, Ebers-Erman, 10.03.1898.

571 Vgl. Arnold (1975).

572 BStUB, Sethe-Erman, 10.02.1902.

573 J. H. Breasted (1865–1935).

574 G. Steindorff (1861–1951).

> [...] Wollte man mir aber auch nur die Mög-|lichkeit[575] meiner Ergebnisse oder das zugeben, daß sie be-|rechtigter als die bisher geltenden auf | mangelhafter Durcharbeitung des Materials | beruhenden Anschauungen sind, da sie | bei den alten Anschauungen ganz unerklärliche | Thatsachen begreiflich machen. Das ge-|schieht aber nicht. Wie in einer dogma-‖ treuen Orthodoxie wird der alte Glaube | verfochten.

Der äußerst selbstbewusste Ton dieses Schreibens geht sogar noch über die Berliner Schnauze von Sethes Lehrer Erman hinaus und deckt sich mit den Darstellungen seiner Zeitgenossen:

> Konziliant war Sethe gar nicht: seine Entgegnung begann: ‚Nein, das ist so und so.' [...]. In den Diskussionen mit ihm gab es kein ‚könnte', ‚möchte', ‚vielleicht', sondern nur ein ‚ja' oder ‚nein', ‚so' oder ‚so'.[576]

Es waren wohl solche Charaktereigenschaften, die bald nach Sethes Habilitation zu einem stärkeren Gegensatz zwischen ihm und seinem Lehrer Erman führte, der allerdings durch einen äußeren Umstand befördert wurde – die Berufung Sethes nach Göttingen. Als Hülfsarbeiter (1895), dann stellvertretender Assistent beim Ägyptischen Museum Berlin und Mitarbeiter am Ägyptischen Wörterbuchvorhaben stand Sethe zunächst noch unmittelbar unter dem Einfluss Ermans und wird sich, eingedenk des bestehenden Abhängigkeitsverhältnisses, vielleicht auch noch gescheut haben, es auf eine Konfrontation mit diesem ankommen zu lassen. Das neue Selbstbewusstsein, dass ihm seine Berufung als Privatdozent nach Göttingen (1900) verschaffte, kommt in der ebenso interessanten wie ämüsanten Feststellung zum Ausdruck, dass es Dinge gäbe...

> über die sich der Horus von Göttingen und der Seth von Berlin wohl nie einigen werden.[577]

Offen bleibt dabei allerdings, warum sich Sethe trotz relativer Namensgleichheit lieber die Rolle des Horus zugedacht hat.[578] Sicher aber ist, dass er Erman in solcher Form als zumindest annähernd gleichrangig gegenübertrat.
Auch Grapow bemerkte eine gewisse Spannung zwischen Erman und Sethe:

575 Hervorhebung im Original.
576 Grapow (1973), 39.
577 Sethe, zitiert nach Kees (1935), 74.
578 Möglich wäre, dass er Erman altersbedingt die Rolle des Onkels Seth gegenüber seinem Neffen Horus zuschreiben wollte. Denkbar ist aber auch, dass er für sich selbst die positiv besetzte und am Ende erfolgreiche Rolle des Horus wählte. Nach der Ermordung des Osiris durch Seth stritten dieser und Osiris' Sohn Horus um das Erbe, wobei ersterer, trotz aller angewandten Gewalt, unterlag und wörtlich ‚in die Wüste' geschickt wurde.

> Über das Verhältnis zu Erman, genauer gesagt über das von Erman zu ihm, bin ich mir nie ganz klar geworden. Sethe hat stets mit respektvoller Hochachtung zum Meister aufgesehen, zum ‚hochverehrten'[579] oder wie er ihn sonst anredete. Aber es war bei Erman so, daß er zu keinem wirklich warm wurde, daß er immer eine gewisse Kühle zeigte und Abstand hielt: ‚zu jefühlvoll muß man nich sein, Liebster' [...]. Erman schätzte Sethe höchst, aber eine eigentliche Freundschaft [...] war es doch wohl nicht. [...] ich habe manchmal, aber wohl nicht mit Recht, das Empfinden gehabt, als sei Erman auf Sethe eifersüchtig gewesen![580]

Bei allem neugewonnenen Selbstbewusstsein hielt Sethe dennoch den Kontakt zu seinem Lehrer in Berlin aufrecht. Zum einen, um weiter einen Beitrag zur Erstellung des Wörterbuches zu leisten, worin wahrscheinlich auch eines seiner größten wissenschaftlichen Verdienste liegt, zum anderen aber, weil Erman in der Hauptstadt sowohl des Deutschen Kaiserreiches als auch des Königreichs Preußen engen Kontakt zu den höchsten Vertretern der preußisch-deutschen Hochschulpolitik pflegte und in dieser Rolle auch weiterhin sehr für seinen Schüler engagiert war.

Die Situation, wie sie sich für Sethe bei seinem Dienstantritt in Göttingen darstellte, wird sehr anschaulich in einem Brief an Erman beschrieben, in dem er Argumente für den Erhalt der Göttinger Ägyptologie vorbringt, die Erman bei einer anstehenden Unterredung mit L. H. A. Elster (1856–1935)[581] verwenden soll, mit denen er aber auch für sich eine Verbesserung seiner Situation durch Ernennung zum Ordinarius anstrebt:[582]

> 1) Theologen gibt es hier 108 und | zwar evangelische, sie machen etwa den | 12ten Teil der Studenten aus. Katho-|lische werden nur ausnahmsweise hier | sein, da für ihr ‚Fach' hier nichts zu | holen ist.
> 2) Die Studien, die sich auf das | alte Testament beziehen, sind hier | besonders gut bedacht. Außer einem | ordentl. theolog. Professor (Schultz)[583] | und einem ordentl. philos. Professor | (Smend)[584], die das alte Testament er-|klären, wird das Fach von einem theol. | außerord. Professor (Rahlfs)[585], der besonders | den hebräischen Unterricht bietet, offiziell vertreten. Außer-||dem hält Wellhausen,[586] der eig. Professor | für semitische und islamische Philologie |

579 In der Tat die meistverwendete Anredeform in den Briefen an Erman.
580 Grapow (1973), 40 ff.
581 Ottmer (1959).
582 BStUB, Sethe-Erman, 23.07.1902.
583 Gemeint ist H. H. Schultz (1836–1903); So im Original.
584 So im Original; gemeint ist R. Smend (1851–1913); in einer Fussnote kommentiert Sethe: „Diese Professur bei der philos. Fakultät ist bei der Stiftung der Universität ausdrücklich vorgesehen worden, um eine vom geistlichen Stand unabhängige alttest. Lehre und Forschung zu gewährleisten. Also eine weitsehende Fürsorge für das Fach."
585 So im Original; N.N.
586 J. Wellhausen (1844–1918).

ist, ziemlich regelmäßig gutbesuchte | alttestamentliche Vorlesungen.[587]
In meinen Privatkollegs hatte ich:
Sommer 1901: Reisner[588] |
Winter 1901/2: Porter[589]
Sommer 1902: einen Mathematiker Malunke, | der auch hebräisch lernen will und sich | sehr gut anläßt.
Außerdem die koptischen Schüler: Rahlfs | und Schulze. Ich betrachte das als ei-|nen Anfang und hoffe immer noch, daß | die Beteiligung noch wachsen wird.
Alte Historiker giebt es hier eine ganze | Anzahl, das Fach ist vertreten durch || einen Professor (Busalt, Gegner von Ed. Meyer, | ein Gernegroß)[590] und zwei ziemlich einseitige | Privatdozenten, also nicht besonders gut.
Archäologie ist schlecht bestellt, das ist | gewiß größtenteils auf Rechnung des ganz | veralteten Vertreters Dilthey[591] zu setzen. Einen | Assyriologen giebt es nicht.
3) Göttingen steht an Zahl der Studie-|renden etwas hinter Halle, Bonn und | Breslau zurück, ist aber (von Leipzig | und München abgesehen) größer als die | außerpreuß. Universitäten. Was das wis-|senschaftliche Leben angeht, steht es | aber wohl nach Berlin ziemlich an | der Spitze, etwa mit Halle gleich. Zeug-|nis dafür sind die häufigen Berufungen | von hier nach Berlin (mit meinem Hiersein | 3 Fälle, worunter einer ohne Erfolg, da der | betreffende Mathem. hier bleibt und sich sogar | einen neuen dritten Ordinarius ertrotzt | hat; da ist das Geld also da!) und | daß ältere Professoren von hier andere Rufe nach | auswärts meist ablehnen (Wellhausen | nach Leipzig u. a., Kielhorn). Jedenfalls kann | G. wohl mit guten Gewissen als eine der | renommiertesten und bedeutendsten Universitä-||ten Preußens, ja Deutschlands bezeichnet | werden.

Nach Schilderung der allgemeinen Bedingungen und des Umfeldes für die Göttinger Ägyptolologie kommt Sethe dann im zweiten Teil auf die ihn unmittelbar betreffende Frage der Schaffung einer „etatmäßigen“, also besser bezahlten Professur zu sprechen:[592]

---

587 Sethe kommentiert in einer Fussnote an der Oberkannte des gesamten Bogens, überkopf: „Seine semt. Vorlesungen sind weniger gut besucht, da er sich keine Mühe giebt, Leute heranzuziehen; wie er mir selbst sagte, ist er sich dessen bewußt und verschmäht es, Theologen die Anfangsgründe des Arab. beizubringen, damit sie ihm nachher, wenn sie lesen gelernt, fortlaufen. Daß unter den Studenten ein reges Interesse für altorient. Dinge vorliegt, beweist wohl mein Publikum im vorigen Winter. Ich hatte 32 Zuhörer, von denen mir 24 bis zu den kritischen Weihnachtsferien, 12 16 etwa bis zum Schluß treu blieben. [...] Die Mehrzahl waren Theologen, Mathematiker und Neusprachler (d.s. die Lehrer der Neuzeit). Klass. Philologen fehlten ganz, eine charakteristische Erscheinung, über die auch der Archäologe und die alten Historiker klagen.“

588 G. A. Reisner (1867 – 1942); Bierbrier (2012), 459 f.

589 B. Porter (1852 – 1941); Bierbrier (2012), 442 f.

590 So im Original.

591 K. Dilthey (1839 – 1907).

592 BStUB, Sethe-Erman, 23.07.1902.

> Was für Göttingen als Stätte einer | neu zu begründenden etatmäßigen aegyptische Profes-|sur spricht, ist:
> 1) der Umstand, daß das Fach in G. | gelehrt worden ist von Brugsch, der ordentl. | Professor war und trotz seines persönlichen | schlechten Renommés hier doch noch viele | Erinnerungen an seine Lehrtätigkeit hinter-|lassen hat),[593] dann von Pietschmann | und jetzt von mir. – G. ist mit der Ae-|gyptologie auch dadurch verknüpft, | daß der Begründer der Aegyptologie | in Deutschland Lepsius hier seine Aus-|bildung bei Ottfried Müller[594] erhalten hat.
> 2) die Thatsache, daß die hiesige | Universitätsbibliothek für unser Fach | so gut versehen ist wie kaum eine andere.
> 3) das neugegründete Seminar, für das | auch eine aeg. Bibliothek geschaffen ist | auf Grund des Beschlusses der beteiligten | ordentl. Professoren. Dieser Grund ist | vielleicht besser für spätere Wiederholungen des ‖ Ansturms auf das Finanzministerium auf-|zubewahren[?][595] und das jedenfalls | ein Beweis für die Fürsorge der Regie-|rung für die orientalischen Studien in | Göttingen ist; wie das auch die | unerbetene, aber nach dem Motto | ‚Nem geschenkten Gaul sieht man nicht | ins Maul' schweigend hingenommene | Erneuerung eines unetatmäßigen unbe-|soldeten außerord. Prof. für ostasiatische | Sprachen (v.d. Schulenburg)[596] sein kann.
> 4) die Gesellschaft der Wissenschaf-|ten mit ihrer Beteiligung an dem | Wörterbuch.

Im Anschluss an Beschreibungen seiner eigenen Lehrtätigkeit folgt nun eine auf die gesamte Ägyptologie ausgerichtete Argumentation, in der die Bedeutung der deutschen und damit auch der Göttinger Ägyptologie dargelegt wird:[597]

> Alle diese Gründe und Gründchen | wiegen ja aber nichts gegen die | großen allgemeinen Gründe, die | für die Sache sprechen. Was soll aus | unserer Wissenschaft werden, wenn man | mit gutem Gewissen keinen Schüler her-|anziehen darf. Lassen Sie noch einige | Jahre ins Land gehen, dann sind | außer mir, dann stark auf die 40 los-|steuernden, schon wieder Jüngere da, die ‖ nach Brot schreien. Wir können doch | mit den 3 etatmäßigen Stellen in | Preußen (Berlin, Bonn, die Berliner Assisten-|tenstelle) nicht unsere Wissenschaft fest-|pflanzen. Was nützen uns da die Atta-|che'stelle,[598] das Haus in Theben[599] usw., wenn | wir keinen Nachwuchs mehr haben dürfen, | als alle 20 Jahre einen Schüler. Wir müs-|sen da doch schließlich zu Zuständen | kommen wie in England, wo außer Grif-|fith[600] eigentlich nur Dilettanten die | Aegyptologie fördern. Das sind ja aber | alles Dinge, die Sie besser wissen | als

593 Vgl. Brugsch (1894), 270 – 273.
594 K. O. Müller (1797 – 1840); vgl. Ebers (1885b), 25 f.
595 Anm. in eckigen Klammern im Original.
596 O. v. Schulenburg (1834 – 1923).
597 Fortsetzung von BStUB, Sethe-Erman, 23.07.1902.
598 Seit Oktober 1899 war der Erman-Schüler L. Borchardt als ‚wissenschaftlicher Attaché' am Generalkonsulat in Kairo tätig, woraus sich später die Einrichtung des DAIK (1907 bzw. 1929 Vereinigung mit dem DAI) ergeben sollte; vgl. Kehrer (2007), 4; 6 f.
599 Fertigstellung 1904; vgl. Kehrer (2007), 5.
600 F. L. Griffith (1862 – 1934); Bierbrier (2012), 227 f.

> ich. Für mich[601] handelt es sich | um die Frage, ob ich ganz zur Auto-|graphenmaschine werden soll oder ob | ich auch noch andere Dinge arbeiten | kann.

Man kann diesen sehr langen Brief auf zwei wesentliche Grundaussagen zusammenfassen: Zum einen ist Sethe mit der Situation, wie sie sich ihm in Göttingen darstellt, grundsätzlich zufrieden. Er tritt auf im Bewusstsein einer bestehenden ägyptologischen Tradition in Göttingen, sieht sich eingebettet in ein passendes akademisches Umfeld, sowohl was die Dozenten benachbarter Fächer und Hilfswissenschaften als auch interessierte Studenten angeht, und sieht durch die umfangreichen orientalistisch-ägyptologischen Bibliotheksbestände insgesamt gute Voraussetzungen für die Fortsetzung seiner Tätigkeit. Zum anderen plädiert er – nicht ganz uneigennützig – für den Erhalt und Ausbau des institutionellen Rückhalts der Ägyptologie an den deutschen Universitäten. Dieser soll zum einen Absolventen eines ägyptologischen Studiums eine berufliche Perspektive schaffen – die Archäologie, vertreten durch den Attaché in Kairo, wird von ihm dabei nicht als eine dauerhafte Berufsperspektive gesehen –, zum anderen gilt es, die Professionalität der jungen Wissenschaft gegenüber „Dilettanten" zu bewahren, was nach Sethes Auffassung nur innerhalb des universitären Rahmens geschehen kann.[602] Gleichfalls bemerkenswert ist das angeführte Negativbeispiel „England", wo eine vergleichbare universitäre Institutionalisierung erst vergleichsweise spät einsetzte. Die Frage der Einrichtung einer etatmäßigen Stelle war für Sethe in Göttingen von großer Bedeutung, da er offenkundig keine ausreichenden Einnahmen hatte, und sein Gehalt u. a. auch durch die fortgesetzte Hilfsarbeiter-Tätigkeit für das WB als „Autographenmaschine" aufbessern musste. Die Einnahmen daraus scheinen aber gleichfalls nicht ausreichend gewesen zu sein, so dass Sethe sich zusätzlich noch nach besser bezahlten Nebentätigkeiten umsehen musste. Schon früher, Anfang 1902, hatte Sethe gegenüber Erman auf seine missliche Lage hingewiesen und recht offen und ausführlich seine finanzielle Situation beschrieben:[603]

> Ich habe in | meiner augenblicklichen Lage keine | Aussicht jemals besser gestellt | zu werden, vielmehr nach so und so | viel Jahren, wenn die Stelle endlich | etatmäßig werden sollte, mit dem | Anfangsgehalt anzufangen. Das | sind Nachteile für die Zukunft; ein | Nachteil für die Gegenwart ist aber, | daß ich z. B. nicht an der Wohl-|that der Honorarüberschußvertei-|lung teilnehme, daß ich mich | somit um 750 MK. jährlich schlech-|ter stelle als jüngere Kollegen, die | etatmäßig sind und das Anfangs-||gehalt mit Wohnungsgeld bekommen.

601 Hervorhebung im Original.
602 Vgl. Jonker (2002), 163.
603 BStUB, Sethe-Erman, 19.02.1902.

Ich würde ja schon froh sein, wenn | man mir nur für einen bestimmten | Termin die Etatmäßigkeit in Aussicht | stellte und mir zusicherte, mir meine | bisherige Thätigkeit bei der Normierung | des Anfangsgehalts anzurechnen.

[...] Wenn ‖ Sie aber glauben, daß Sie ganz offen | meine Wünsche vertreten könnten, | umso besser. Jedenfalls nützt | das mehr als alle Briefe, die ich[604] | schreibe.

In der Tat, engagierte sich Erman bei Elster für Sethe und verfasste einen Briefentwurf an den Geheimen Regierungsrat im Kultusministerium. Gleicht man Ermans Schreiben mit dem Sethes ab, so wird der Grad der Abstimmung zwischen den beiden deutlich, der ihr gesamtes Auftreten gegenüber dem Kultusministerium ebenso kennzeichnet wie das von Sethe auch ausdrücklich anerkannte Primat Ermans in diesen Angelegenheiten:[605]

H. H. G. R. Darf ich in dieser Zeit der Etatsanmeldungen daran erinnern, dass die Lage von | Sethe | in Göttingen noch der Regulierung bedarf? | Ich habe den Eindruck, | dass diese Ungewissheit ihn sehr bedrückt, und das ist ja auch | nicht zu verwundern, um so weniger als er einer neuen Vergrösse-|rung seiner Familie entgegen sieht.[606] Dabei hat er in Göttingen gu-|ten Erfolg, er hatte z. B. im Winter in einer Vorlesung über aeg. | Geschichte 32 Zuhoerer. | Ich vermuthe nach einer Aeus-|serung von ihm, dass er Ihnen seine Sorgen auch einmal vortra-|gen wird oder dies schon gethan hat; wenn ich mich dennoch selbst | noch an Sie wende, so geschieht das, weil die Sache auch Interessen | berührt, die ich selbst zu vertreten habe. Sethe ist unser Haupt-|mitarbeiter am Aeg. Wb. und wir hofften, dass er in Gött. Musse | haben werde, flott daran thätig zu sein. Das ist aber nicht | so der Fall, wie wir dachten, und wie er mir sagt, ist der Grund, | dass er sehen muss anderes zu schreiben, | was ihm besseres | Honorar bringt, als wir geben können.

Waere er etatsmaessig angestellt, | so würde er an den Honorarüberschüssen participieren und die sind ‖ ja schon eine gute Aushülfe.

[...] Ich würde Ihnen das mündlich vorgetragen haben, aber ein Besuch kostet | Ihnen mehr Zeit als das Lesen eines Briefes und ich habe mit jedem Mitleid, dem sei-|ne Zeit von Besuchern geraubt wird.

Geschickt und wie mit Sethe vereinbart, verwendet Erman die ihm mitgeteilten Informationen (32 Zuhörer) aus Sethes Schreiben. Deutlich wird um eine Verbesserung der finanziellen Situation Sethes, die auch der Aufrechterhaltung bzw. Steigerung von dessen Leistungsfähigkeit im Rahmen des von Erman begründeten Wörterbuchvorhabens dient, ersucht – zunächst jedoch ohne Erfolg. Zwar können Erman und Sethe 1904 gemeinsam eine Beurlaubung Sethes in Göttingen und die Finanzierung einer neunmonatigen Ägyptenreise zur Aufnahme historischer In-

604 Hervorhebung im Original.
605 BStUB, Erman-Elster, 05.07.1902.
606 Tochter Elsa Sethe, geb. am 23.12.1902.

schriften für das WB erwirken, in die Angelegenheit der Etatmäßigkeit kommt jedoch erst Bewegung, als Sethe von einer nicht reichsdeutschen Universität abgeworben zu werden droht. Dieses Anerbieten, dass Sethe zunächst in „persönlicher" Form am 23. April 1906[607] brieflich angetragen wird, teilt er sogleich seinem Lehrer in Berlin mit:[608]

Hochverehrter Herr Prof.!

Eben erhalte ich von D. H. | Müller[609] folgendes streng ver-|traulich[610] sein sollende Schreiben, | das ich nach dem Schlußpas-|sus keine Bedenken trage, | Ihnen mitzuteilen.

Nach einigen Worten über Rei-|nisch[611] und Krall[612] fährt es so | fort:[613]

‚Nun gibt es einen Nachfolger | zu berufen, der nicht nur in wür-|dieger Weise die Lücke ausfüllt, | sondern auch dazu geeignet ist, | durch neue Impluse die Ae-‖gyptologie bei uns zu beleben. Neben der grammatischen Dizip-|lin ist es auch von Wichtigkeit | daß der Aegyptologe die aeg. | Geschichte, ja womöglich[614] auch | die vorderasiatische Geschichte | an der Universität vertrete.

Ich erlaube mir nun, die | Frage an Sie zu richten, ob | Sie gegebenenfalls geneigt wä-|ren, einen Ruf an unsere | Universität als ord. Prof. an-|zunehmen. Die Gehaltsver-|hältnisse sind folgendermaßen | normiert: 8800 Kr. Anfangsgehalt, | der sich durch vier Quinquenni-al-|zulagen zu je 800 Kr. auf | 1200 steigert. Witwengehalt: ‖ 2400 Kr.

Ich bemerke ausdrücklich, daß | meine Anfrage rein persönlicher[615] | Natur ist. Erst wenn ich von | Ihnen eine entsprechende Ant-|wort bekommen sollte, werde | ich den Dekan ersuchen, die | Kommission zusammentreten zu | lassen, damit weitere binden-|de Beschlüsse gefaßt werden.

Unsere Fakultät will[616] einen | Aegyptologen berufen und | das Ministerium wird einem | Vorschlag der Fakultät so-|fort Folge leisten, aber die | Fakultät möchte nicht in | erfolglose Konkurrenz ein-|treten. Deshalb bitte ich | Sie also um eine vertrauliche ‖ Antwort. Ich habe diesen Brief | als vertraulich[617] bezeichnet, weil | ich zunächst nicht offiziell | oder offiziös zu verhandeln | berechtigt bin. Sie können | aber dort, wo Sie es zu Ihrer | Orientierung als nötig erachten, | von diesem Briefe vertraulichen[618] | Gebrauch machen.' | Ich möchte Sie nun bit-|ten, mir zu sagen, was | Sie von der Sache halten | und was Sie mir raten wür-|den zu thun.

Wie ich über die Sache | Denke, wissen Sie ja. Ich bliebe, | wenn es sich irgend machen | ließe, gern hier, wo ich in ‖ Ruhe arbeiten kann, und gin-|ge nicht in die rastlose Groß-|stadt

---

607 Vgl. BStUB, Sethe-Erman, 19.05.1906.
608 BStUB, Sethe-Erman, 25.04.1906.
609 D. H. Müller (1846 – 1912); Anonymus (1913); Procházka (1997).
610 Hervorhebung im Original.
611 L. Reinisch (1832 – 1919); Thausing (1989), 13; Bierbrier (2012), 459.
612 J. Krall (1857 – 1905); Bierbrier (2012), 302 f.
613 Hervorhebung des zitierten Schreibens kursiv durch TLG.
614 Hervorhebung im Original.
615 Hervorhebung im Original.
616 Hervorhebung im Original.
617 Hervorhebung im Original.
618 Hervorhebung im Original.

und in das Amt mit tausend Ne-|benverpflichtungen. Die Vorge-|schichte dieser Angelegenheit ist | auch nicht gerade geeignet, | mich nach W. zu locken.

Dazu wird die bessere Gehalts-|normierung durch die teureren | Lebenspreise gewiß größtenteils | wieder illusorisch gemacht wer-|den. Andererseits will ich auch | kein schlechter Soldat | sein, der seine Sache im Stich | läßt, und würde, wenn es im | allgemeinen Interesse läge, | daß ich nach Wien ginge, | meine persönlichen Wünsche | narürlich zurücktreten lassen || müssen.

Wie ich, unter uns gesagt, weiß, | hat Spiegelberg vor kurzem | einen gleichen vertraulichen | Brief erhalten, hat darauf-|hin in Straßburg sofortige Gehaltser-|höhung und persönliches Ordina-|riat für nächstes Jahr zuge-|sichert erhalten. Er hat mich primo loco vorgeschlagen und ihm habe ich | es also wohl zu danken, daß die Wiener | jetzt an mich gegangen sind, | oder gehen wollen (Dies alles | hat mir SP.[619] kürzlich natürlich | unter dem üblichen sigillum[620] | mitgeteilt, das ich Ihnen[621] ge-|genüber aber nicht gelten lassen | kann.) Es ist also klar, | wenn ich aus der Wiener Geschichte | für meine hie-||sige Stellung Nutzen ziehen | will (und das muß ich doch | wohl), muß ich von Müller's Brief dem | Ministerium Mitteilung machen.

Ich möchte Sie nun bitten, | mir eventuell telegraphisch | sagen zu wollen, ob ich an | Althoff oder Elster schreiben | soll, wie auch, ob ich ev. | in der hiesigen Fakultät ein oder | das andere Mitglied verstän-|digen muß (Pietschmann und | Wellhausen kämen in erster Li-|nie in Betracht).

Sie werden nun wohl sagen:

‚ja das müßten Sie doch eigent-|lich alles allein abmachen kön-|nen.' Das ist ja auch richtig, | aber ich habe nun mal das | Gefühl, daß ich in solchen || Dingen nichts ohne Sie machen | kann. Also seien sie gut | und beweisen Sie sich wieder | mal wie so oft als väterlicher | Berater Ihrem getreuen Sethe.

Die Ausführungen am Ende dieses Briefes illustrieren sehr anschaulich das (Abhängigkeits-)Verhältnis zwischen Erman und Sethe, wobei das hier zum Ausdruck gebrachte Angewiesensein, das zudem noch mit einem Vater-Sohn-Verhältnis verglichen wird, sicher auch nicht frei von einer gewissen Berechnung oder Schmeichelei ist. In jedem Fall führt der weitere Weg Sethes, ob bei einem Verbleib in Göttingen oder beim Weggang nach Wien über Berlin. Sethe legt die Entscheidung über seine berufliche Zukunft gleichsam in die Hände Ermans und überlässt es diesem, über den „Soldaten", der „die Sache nicht im Stich lässt", frei zu verfügen. Diese ergebene Haltung, verbunden mit den Äußerungen über die „rastlose Großstadt" und ein „Amt mit tausend Nebenverpflichtungen" sollen später noch bedeutsam werden, wenn Sethe, auf Wunsch Ermans, dessen Nachfolge in Berlin übernimmt, ohne seine grundsätzlichen Ansichten zum Großstadtleben geändert zu haben und Göttingen verlassen zu wollen. Zunächst gelang

619 Lies: Spiegelberg.
620 Hervorhebung im Original.
621 Hervorhebung im Original.

es Sethe aber, die „Wiener Geschichte" zu einer Verbesserung seiner Verhandlungsposition zu nutzen und nach Beilegung eines Konflikts mit dem Göttinger Ägyptologen Pietschmann, der sich angesichts von Sethes möglichen Weggang anscheinend schon Hoffnungen auf erneuten Alleinvertretungsanspruch der Ägyptologie in Göttingen gemacht hatte,[622] die Vertreter der Philosophischen Fakultät zu einem verstärkten Engagement beim preußischem Kultusministerium zu bewegen.[623] Sicher schien dieses Entgegenkommen Sethe jedoch nicht zu sein, und so versuchte er, unter Inanspruchnahme von Ermans Vermittler- bzw. Beraterfunktion,[624] das Kultusministerium zu einem definitiven, d. h. schriftlichen Angebot auf baldige Einrichtung eines Ordinariats in Göttingen zu veranlassen.[625] Nach zumindest vorsichtig positiven Signalen aus dem Kultusministerium durch Geheimen Regierungsrat Elster[626] geriet der Prozess jedoch wieder ins Stocken, u. a. weil man sich von Seiten Wiens aus zwischenzeitlich auch an L. Borchardt (1863–1938)[627] gewandt hatte.[628] Daraufhin formulierte Sethe Ende Juli 1906 konkrete Bedingungen für seinen Verbleib in Göttingen, um die Schaffung eines Ordinariats zu forcieren. Offensichtlich wünschte Erman, diese Forderungen Sethes vor einer Einreichung beim Kultusministerium zu prüfen, und Sethe entsprach diesem Wunsch, wodurch wir erneut auch einen recht detaillierten Einblick in Sethes finanzielle Lage und den Grad der Vertrautheit mit seinem Lehrer erhalten:[629]

> Ihrem Wunsche gemäß teile ich Ihnen | nachstehend die Bedingungen mit, | an deren Erfüllung im Wesentlichen[630] ich | mein Verbleiben im preußischen Staats-|dienst für den Fall, daß der zu er-|wartende Ruf nach Wien an mich | ergeht, knüpfen würde.
> 1. Amtliche[631] Zusicherung des Ministe-|riums in irgend einer Form, daß es seinerseits das Mögliche | thun will, um mich in zwei, läng-|stens drei Jahren, zum Ordinarius, sei | es zum etatmäßigen oder persönlichen, | zu machen.
> 2. Aufbesserung meiner Bezüge um | 2000 Mark pro Jahr, in der Weise, daß | ich bis zur

622 Vgl. Behlmer-Horn-Moers (2009).
623 Vgl. BStUB, Sethe-Erman, 15.05.1906.
624 Vgl. BStUB, Erman-Sethe, 17.05.1906.
625 Vgl. BStUB, Sethe-Erman, 19.05.1906.
626 Vgl. BStUB, Erman-Sethe, 28.05.1906.
627 Bierbrier (2012), 68 f.
628 BStUB, Sethe-Erman, 19.05.1906 berichtet, dass Borchardt in einem auf den 04.05. datierten und am 14.05.1906 verschickten Schreiben seinen Verzicht gegenüber Sethe erklärt habe; BStUB, Erman-Sethe, 28.05.1906 erklärt, B. habe noch am 09.05.1906 schriftlich mitgeteilt, sich „die Sache offenhalten zu wollen".
629 BStUB, Sethe-Erman, 30.07.1906.
630 Hervorhebung im Original.
631 Hervorhebung im Original.

etwaigen Umwandlung | der Stelle in ein etatmäßiges Ordi-‖nariat 2000 Mark noch beziehe, als | ich ohne den Ruf nach auswärts | als Extraordinarius bekommen würde.

Meine Bezüge belaufen sich gegenwär-|tig auf

2000 MK. Gehalt
<u>540 MK.</u> Wohnungsgeld
2540 MK

Dazu kommen 800 Mark ‚Nebenbezüge' | (d. h. Kolleggelder und Zuschuß des Mi-|nisteriums zur Ergänzung dieses Betrages).

Am 1. April 1907 erreiche ich (nach 7 | jähriger Stellung als a.o. Professor) | die erste der gesetzlichen vierjährigen Alterszulagen | von 400 MK. Ich müßte also vom | 1. April 1907 an 2400 + 2000 = 4400 Mark außer | Wohnungsgeld u. außer den ‚Nebenbezügen', | wie sie durch das Ministerium für jedes | Etatsjahr festgestellt werden, verlangen; | vom 1. April 1911 an 4800 Mark und | so fort, außer diesen Nebenbezügen und | dem gesetzlichen Wohnungsgeldzuschuß.

‖ 3. Nach der Umwandlung der Stelle in | ein etatmäßiges Ordinariat wären die | Bezüge, die ich zu dem betr. Zeitpunkte | erreicht haben sollte, der als dann | vorzunehmenden Gehaltsfestsetzung zu | Grunde zu legen.

In einer für die beiden charakterisisch konzertierten Vorgehensweise, bereitete nun Erman, nach inzwischen erfolgter persönlicher Rücksprache mit Sethe, ein Schreiben von diesem an den Regierungsrat Elster vor und artikulierte darin auch die zentrale Rolle Sethes innerhalb der deutschen Ägyptologie:[632]

Prof. Sethe, der eben bei mir war, | sagte mir, dass er Ihnen bis morgen | Mittag seine Sache brieflich vor-|tragen wolle. Erlauben Sie mir, | auch meinerseits gleichzeitig | darzulegen, | weshalb ich ein Fortgehen Sethes | für höchst bedauerlich halten | würde.

Ich will mit dem mir am nächsten | Liegenden, dem aeg. Wb. anfangen. Die | Ausarbeitung desselben beruht zum | besten Teil auf Sethe, dessen stupendes | sprachliches Wissen kein anderer Aeg.[633] auch nur | annähernd besitzt – ich auch nicht.

‖ Wir hatten daher gerade jetzt | mit ihm vereinbart, dass wir ihm das | Muster aller Mitarbeiter regel-|mäßig zur Durcharbeitung nach | G. zuschicken; er fungiert eben für die | aeg. Philologie als oberste Instanz. In | G. hat er Zeit sich dieser Arbeit | zu unterziehen; in Wien, wo er mit | Museum, Ausgrabungen, | Vorträgen usw. | heimgesucht werden und wo | die Grosstadt ihm Zeit und Kräfte | rauben würde, würde er sie beim | besten Willen nicht durchführen | können.

Auch seine eigene wissensch. | Tätigkeit | würde unter der | Verpflanzung nach Wien leiden, | während sie in der G. Ruhe sich ‖ in einer Weise entfaltet hat, die | wir alle bewundern.

Und endlich: wenn S. G. verlässt, | so fürchte ich, dass die aeg. Prof., | die Sie dort geschaffen haben | und die gute Früchte trägt (S. | hat in diesem Sem. 70 Zuhörer | in einem Publikum), wieder zu | Grunde geht. Wir hätten augenblick-|lich niemand, der dafür ge-

632 BStUB, Erman-Elster, 21.11.1906.

633 Lies: Aegyptologe.

eig-|net wäre, | und so fürchte ich, dass | die Fak. dieses zur Zeit unbesetz-|bare Extraordinariat für ein | anderes Fach würde verwerten | wollen.

Ich kann daher nur wiederholen, | ein Fortgehen S.'s wäre ein wahres | Unglück für die deutsche | Aegyptologie.

Bemerkenswert ist zunächst die Bescheinigung von „stupendem sprachlichem Wissen", das „kein anderer Ägyptologe besitzt" – auch nicht Erman; sodann die Einschätzung, die Ausarbeitung des Wörterbuches beruhe „zum besten Teil" auf Sethe. Um so erstaunlicher ist es jedoch, dass Erman dieses Mitarbeiters in seiner Autobiografie nur mit eher dürren und sehr knapp gehaltenen Worten gedacht hat und an keiner Stelle Sethe eine herausgehobene Stellung bei dem Wörterbuchvorhaben zuschreibt. Die Behauptung Grapows, Erman sei auf Sethe eifersüchtig gewesen,[634] gewinnt vor diesem Hintergrund – einerseits der Anerkennung von Sethes Leistungen und andererseits deren Verschweigen in späteren Publikationen – etwas an Substanz. Doch hat ja auch Sethe selbst die Nennung seines Namens auf dem Titelblatt des Wörterbuchs verhindert.[635] Es lohnt an dieser Stelle, einige Einschätzungen von Sethes Kompetenz und seiner Rolle innerhalb der Berliner Schule zum Vergleich heranzuziehen, die jedoch auch belegen, dass Ermans äußerst wohlmeinende Einschätzung in seinem Brief an Elster keine Übertreibung oder Einzelmeinung darstellte oder lediglich dazu diente, seine bzw. die Interessen des Wörterbuches zu wahren. Tatsächlich scheint Sethe eine graue Eminenz gewesen zu sein, die als höchste philologische „Instanz" fungierte. So wurde aus der Redaktion der Zeitschrift für ägyptische Sprache und Altertumskunde über Sethes Einfluss bei der Herausgabe berichtet:

War es dem Herausgeber zweifelhaft, ob ein Aufsatz trotz vielerlei Mängel doch noch eine Veröffentlichung verdiene, so wurde Sethe befragt; er hielt die Waage und gab den Ausschlag. [...] Bat man ihn um die Auffassung irgend einer dunkeln Inschriftstelle, so löste er in 90 von 100 Fällen mit ebenso großem Wissen wie Scharfsinn das Rätsel, und vermochte er es nicht zu lösen, so konnte man sich wohl mit dem Bewusstsein begnügen, daß im gegenwärtigen Augenblick eine Lösung überhaupt nicht möglich sei.[636]

A. Scharff (1892–1950)[637] attestierte Sethe gleichfalls eine zentrale Rolle in der ägyptologischen Forschung und kommentierte nach dessen Tod:

634 Vgl. Grapow (1973), 42.
635 Vgl. Westendorf (2001b), 344.
636 Anonymus (1934a), 133 f.
637 Stock (1954); Bierbrier (2012), 491 f.

> Wie mancher Kollege wird sich nach S.[638]'s Tod schon gefragt haben, an wen er nunmehr schreiben solle, wenn er diese oder jene Textstelle nicht verstand? Sethe war für viele die Ultima ratio. Trotz seiner eigenen Arbeitslast beantwortete er alle schriftlich an ihn gestellten Fragen rasch und gründlich, und in den meisten Fällen kam von ihm die belehrende Aufklärung; wenn er einmal versagte, dann war eben wirklich nichts mehr zu machen.[639]

Sethe wird somit von seinen Zeitgenossen als letzte Instanz wahrgenommen; vielleicht auch, weil man Erman mit Anfragen nicht behelligen wollte, offenkundig aber, weil man bei ihm enorme Sachkenntnis erwartete. So bemerkte A. H. Gardiner (1879 – 1963)[640] gegenüber Grapow:

> Ja weißt du, so scharfsinning ist er eigentlich gar nicht; aber er weiß so schrecklich viel![641]

Sachkompetenz und Faktenwissen zeichnen Sethe also v. a. anderen aus, und tatsächlich scheint er selbst es so dargestellt zu haben. Jedenfalls berichtet Grapow weiter von einer Unterredung zwischen diesem und Erman:

> ‚Sethe, je m'étonne de votre sagacité!' Worauf als Erwiderung kam: ‚Das war gar nicht scharfsinnig, ich wußte es einfach!'[642]

Paradoxerweise scheint sich Sethes bescheidene Selbsteinschätzung bzw. seine nüchterne Arbeitsauffassung negativ auf die Anerkennung seiner Verdienste durch Kollegen ausgewirkt zu haben. Für die vorliegende Untersuchung von besonderer Bedeutung ist die darin zum Audruck kommende Veränderung der Rolle einzelner Forscherpersönlichkeiten, die annhand einer Einschätzung Sethes durch H. Kees erläutert werden kann:

> Er hinterläßt der Wissenschaft ein gigantisches Erbe, an dem Generationen noch zehren werden, in einer Fülle, die nur H. Brugsch vergleichbar ist, geistig seinem genauen Gegenbeispiel. Man wird Sethe darum viel benutzen, [...] vielleicht wird man ihn darum weniger oft nennen![643]

638 Eig. Anm.
639 Scharff (1935), 117.
640 Gardiner (1962); Bierbrier (2012), 205 ff.
641 Grapow (1973), 37.
642 Op. cit.
643 Kees (1935), 74.

Gerade im Vergleich mit Brugsch, der seine eigenen Verdienste gebührend zu würdigen verstand[644] und sich dazu im Rahmen einer geradezu ostentativen Selbstdarstellung auch der Äußerungen von Kollegen bediente:

> Le jeune professeur fut longtemps seul en Allemagne à lutter contre l'indifférence des philologues et à combattre les difficultés des textes égyptienes.[645]

So erscheint Sethe schon deshalb als Vertreter anderer Grundauffassungen, weil er seine eigenen Leistungen nie selbst in Form von Autobiografie oder Memoiren festgehalten hat. Die Zeit herausragender einzelner Forscherpersönlichkeiten war eindeutig vorrüber und Sethe hat sich entsprechend verhalten.

Angesichts der hier ausgeführten Bedeutung Sethes erscheint es nicht verwunderlich, dass Erman diesen Mitarbeiter für die deutsche Ägyptologie halten und nicht an Österreich verlieren wollte. Sethe, der als eminenter Philologe mit der Verantwortung für Museum und Ausgrabungen überfordert wäre und dessen wissenschaftlicher *output* unter einer „Verpflanzung" in die Großstadt Wien leiden würde, muss darüber hinaus auch noch für die Aufrechterhaltung des florierenden ägyptologischen Lehrbetriebs in Göttingen sorgen, der ohne ihn weg zu fallen droht. Ermans Intervention hatte Erfolg und führte 1907 zur Ernennung Sethes zum Ordinarius. Dieser drückte seine Freude und Erleichterung darüber eher indirekt, aber deutlich erkennbar in einigen Schlußformeln in einem Schreiben an Erman aus:[646]

> Mit den besten Grüßen, auch von | meiner wirklich ordentlichen Frau, an | Sie und die Ihrigen Ihr trotz amtlicher | Ordentlich-Erklärung noch immer recht | unordentlicher Sethe.

oder:[647]

> Herzlichen Gruß vom eben | ordentlich gewordenen Göttinger.

Wie schon im Verhältnis zwischen Ebers und Erman bewirkte auch die Ernennung Sethes zum Ordinarius einen höheren Grad der Unabhängigkeit des ehemaligen Schülers von seinem Lehrer, nachdem ja schon der Wechsel von Berlin nach Göttingen diese Entwicklung befördert hatte. Jedenfalls kommt es in der Folgezeit

---

644 Vgl. Brugsch (1891), 132f.
645 E. de Rougé zitiert nach Brugsch (1891), 139.
646 BStUB, Sethe-Erman, 13.07.1907.
647 BStUB, Sethe-Erman, (undat.).

zu einer grundsätzlichen fachlichen Meinungsverschiedenheit bei der Ergänzung von Lücken in altägyptischen Texten:[648]

> Ueber Ihre Besprechung[649] von Urkunden[650] | und Pyr.[651] habe ich mich natürlich sehr | gefreut, trotz der unvermeidlichen Nase | für die Ergänzungen. Ich kann mich durch | alle Bedenken, die ja von fast allen | Seiten kommen, nicht irre machen las-|sen. Ohne die Ergänzungen sind die Texte | nichts; man muß[652] versuchen, einen Zusam-|menhang zu rekonstruieren. Ueberließe | ich das dem Leser, der die Texte jener | Zeit nicht so übersieht, so würde dadurch | ein großer Schaden entstehen. Jeder würde | an jeder einzelnen Stelle, was ihm gerade ‖ einfällt, ergänzen, ohne Rücksicht auf den | ganzen Text und auf andere Texte der | gleichen Zeit oder Art. Natürlich bilde ich | mir nicht ein, immer das Richtige zu treffen, | und speziell der Wortlaut kann natür-|lich, wo es sich nicht gerade um das | stereotype Formelzeug handelt, ganz anders | gelautet haben. Denn wie kann jemand | sagen, ob der Aegypter dieses oder jenes | von 8 synonymen Wörtern gebraucht hat?
>
> Es kommt also immer auf den Ge-|danken an. Gerade an der von Ihnen in-|kriminierten Stelle scheint mir der aber | durch den Zusammenhang und die erhal-|tenen Worte völlig gesichert. Ich unterfange | mich zu glauben, daß ich Sie durch eine | genaue Interpretation der Stelle überzeugen | würde. – Vor allem aber, wollte man mir | das Ergänzen verbieten, würde man mir | auch einen Hauptreiz der Arbeit nehmen.
>
> Ich bin eben einmal von Natur zum | Aufbauen bestimmt. Das kommt immer | wieder durch, im Guten wie im Schlechten.

Hier wird ein grundsätzlicher Unterschied in der Arbeitshaltung von Sethe und Erman deutlich, den Sethes Nachfolger in Göttingen, H. Kees, so beschrieben hat:

> Gerade hier liegt ein charakterlicher Unterschied zu seinem Lehrer Erman. Erman, der Begründer der Berliner Schule, ist immer der glückliche Entdecker beim sprungweisen Vorwärtsdringen in ein lockendes Neuland geblieben; Sethe faßt nach dem Ganzen und greift dort zu, wo Ermans menschliche Skepsis ein ‚non liquet' hinsetzt.[653]

Sethes Selbstvertrauen gründete sich dabei auf eben jenes enorme Wissen, für das ihn seine Kollegen beneideten und das es ihm ermöglichte, bei der Auseinandersetzung mit lückenhaften Texten eine Vielzahl von Parallelstellen aus dem Gedächtnis heraus zu zitieren und für eine Ergänzung des vorliegenden Textes heranzuziehen. Als H. Grapow einmal sein Erstaunen hierüber gegenüber Sethe zum Ausdruck brachte, soll dieser entgegnet haben:

648 BStUB, Sethe-Erman, 16.06.1909.
649 Vgl. Erman (1909), 544 f. (Urkunden); 545 ff. (Pyramidentexte).
650 Sethe (1906).
651 Lies: Pyramidentexten; Sethe (1908).
652 Hervorhebung im Original.
653 Kees (1935), 67.

> Wieso? Diesen Text habe ich autographiert. Seit dem kenne ich ihn. Einen Text, den ich gründlich gelesen habe, vergesse ich nicht so bald.[654]

1916 wurde Sethe zum Geheimen Regierungsrat ernannt,[655] was auch seine drohende Einberufung zum Militärdienst verhinderte. Es schwingt daher ein großes Maß an Erleichterung mit, wenn Sethe sich anlässlich seiner Ernennung an Erman wendet:[656]

> Lieber Verehrter!
>
> Es ist wirklich wahr. Man hat mir | die amtliche Bescheinigung, daß ich | in die Jahre gekommen bin, gegeben | zusammen mit 5 anderen Kollegen, | die z.T. ein gut Stück älter, z.T. | etwa gleichaltrig mit mir sind. Es scheint | also, daß die Altersgrenze für die | Geheimräte etwas herabgesetzt ist.
>
> Sie wissen, daß ich auf Titel und | Ehren nicht viel gebe. Es wäre aber | thöricht und unrecht, wollte ich be-‖streiten, daß mich die Ehrung, | der gute Wille und die That, | nicht doch erfreut hätte. Es ist eine | kleine Abwechslung in dem ruhig dahin-|gleitenden Einerlei des Arbeitslebens | und ein kleiner Stimulus, nicht zu | ermatten.

Sethe bedankt sich im Folgenden ausdrücklich für Ermans Zuspruch und Lob und illustriert dabei wiederum seine bescheidene Selbsteinschätzung:[657]

> Vor allem aber freue ich | mich, daß mir dies Ereignis diesen | netten freundschaftlichen Brief von | Ihnen eingetragen hat. Wenn <u>Sie</u>[658] | von meiner Arbeit reden, muß | ich mich freilich schämen. Denn | was habe ich im Vergleich zu der | Riesenarbeit, die Sie unter Ausnut-|zung jeder Minute vollbracht haben, ‖ gearbeitet? Nur, solange ich mich frisch | und aufgelegt fühlte und, wie mir | scheint, durchaus nicht im Verhältnis | zu dem, was ich hätte thun können | und sollen. Ich komme mir oft wie | ein Verschwender vor, wenn ich andere | sich abarbeiten sehe und selbst so | con amore schaffe. Aber es geht nun | einmal nicht anders. Ich bedarf zur | Arbeit der völligen körperlichen Frische | und Lust. Setzen die mal aus, muß | ich warten und mich studierend | beschäftigen.

Diese Behauptung Sethes, nur nach Lust und Laune zu arbeiten, wird allerdings durch eine von H. Grapow berichtete Äußerung relativiert, wonach Sethe gesagt haben soll:

> Ich arbeite nur, wenn ich mag; aber ich mag immer arbeiten.[659]

---

654 Grapow (1973), 36.
655 Vgl. HUB UA, UK S 86, Bd. I.
656 BStUB, Sethe-Erman, 31.07.1916.
657 Ebenda.
658 Hervohebung im Original.
659 Grapow (1973), 38.

Sethes Bescheidenheit auch und besonders in Bezug auf das Wörterbuch ist jedoch nicht allein Anzeichen eines besonders edlen Charakters, sondern auch Ausdruck einer persönlichen professionellen Schwerpunktsetzung:[660]

> Sie nennen mich einen Hauptschuldigen | Ihres großen Werkes. Ich fühle mich aber | mehr als den empfangenden Teil als den Gebenden.
>
> ‖ Die Verzettelung der Pyramidentexte und die | Arbeit in Aegypten waren ja große Arbeiten, | aber gerade sie sind es doch auch, die mich | dem Wb. zur Dankbarkeit in höchstem Maße | verpflichten. Ist nicht die Ausgabe der Pyr. | Texte, die mein[661] Lebenswerk sein wird und | soll (und hoffentlich gibt mir das Geschick | noch dazu Zeit und Kraft, es zu voll-|enden), die direkte Folge davon?

Zieht man einen schon im April desselben Jahres an Erman geschickten Brief hinzu, wird deutlich, dass und wohl auch warum Sethe sich von einer Verantwortung für das Wörterbuch zu distanzieren suchte – Erman hatte ihm diese indirekt schon damals angetragen:[662]

> Nun soll ich Ihre Sorgen wegen der Zu-|kunft Ihres Wörterbuches zerstreuen. Mein ‖ erster Rat und inniger persönlicher Wunsch (auch | im eigenen Interesse) ist: Machen Sie es selbst | noch fertig. Daß Sie das Mskr., an dem Sie | jetzt arbeiten, noch vollendet sehen werden, ist | doch so gut wie sicher. Mein zweiter Rat, für den | Fall, daß Sie den ersten nicht befolgen, ist; | bestellen Sie, wenn es irgend geht, einen Erben | oder besser Testamentsvollstrecker zu dem Sie | volles Vertrauen haben. Also um Gottes Wil-|len nicht mich, sondern Grapow oder Junker[663] | oder sonst einen jüngeren Mann. Für den Fall, | daß Sie auch diesen zweiten Rat nicht be-|folgen wollen oder können, und die Voll-|streckung Ihres Willens durchaus in meine | Hände fallen müßte, so kann ich nur | Folgendes feststellen: 1) Ich würde mich durch-|aus nur als Testamentsvollstrecker, nicht | als Erbe fühlen; 2) das Werk, soviel ich ver-‖mag, in Ihrem Sinne und als Ihr[664] Werk zu | Ende (oder seinem Ende zu)[665] führen; 3) nichts, | was ich als Ihren Willen erkennen kann, an-|tasten; 4) unvermeidliche Zutaten meinerseits | durchaus als solche in Form von Verweisen | oder Anmerkungen kennzeichnen; 5) wenn Gra-|pow noch am Werke sein sollte, ihm soviel | als möglich freie Hand lassen.

Bereits 1916 waren sowohl Erman als auch Sethe um die Vollendung ihrer jeweiligen Lebenswerke, des Wörterbuches und der Edition der Pyramidentexte, besorgt, was natürlich auch vor dem Hintergrund des Ersten Weltkrieges zu bewerten ist. Sethe bemühte sich aber schon damals darum, nicht die Last der

660 BStUB, Sethe-Erman, 01.07.1916.
661 Hervohebung im Original.
662 BStUB, Sethe-Erman, 04.04.1916.
663 Bierbrier (2012), 285 f.
664 Hervorhebung im Original.
665 Anmerkung in runden Klammern im Original.

Verantwortung für das Wörterbuch übernehmen zu müssen – die dabei gezeigte Bescheidenheit ist somit auch ein Versuch einer besonders diplomatischen Form der Zurückhaltung gegenüber Ermans Ersuchen. Dieser jedoch hat frühzeitig seine Wahl getroffen und lässt sich auch nicht mehr davon abbringen. Grapows Schilderung hierzu lautet:

> als es sich 1921 um die Nachfolge Ermans auf seinem Lehrstuhl handelte. Dafür standen zwei Kandidaten zur Wahl, neben denen niemand sonst überhaupt in Frage kam: Sethe und Spiegelberg. Sethe hatte zunächst keine Lust, seine Stellung in Göttingen aufzugeben, die ihm [...] volle Muße ließ, seine Forschungen [...] weiter zu führen. Daß er dann doch kam, war für das Wörterbuch ein großes Glück, für ihn persönlich nicht. [...]
>
> Wie Spiegelberg zur Frage einer eventuellen Berufung nach Berlin stand, weiß ich nicht. [...] Aber ich weiß, daß Erman diese Berufung nicht wünschte. Denn anders ist es nicht zu verstehen, daß er mir eines Tages [...] sagte: ‚Lieber Grapow, wenn der aus München (lies: Spiegelberg)[666] nach Berlin kommen sollte, müssen Sie sich sofort habilitieren!'[667]

Fachlich kamen die hier angedeuteten Differenzen durch die Konzentration der Straßburger Ägyptologie auf die ägyptische Spätzeit und die letzte Sprachstufe des Ägyptischen, das Demotische,[668] zum Ausdruck. Dabei hatte sich die Abneigung Ermans gegenüber J. Dümichen auf dessen Schüler und Nachfolger in Straßburg, den mittlerweile in München lehrenden W. Spiegelberg (1870 – 1930)[669], übertragen.[670]

Die Schilderung Grapows illustriert deutlich Ermans Bestreben, seine Nachfolge innerhalb der von ihm begründeten Schultradition zu besetzen und um jeden Preis eine Fremdbesetzung zu verhindern. Die Behauptung Grapows, Erman habe ihn notfalls sogar für die Nachfolge vorgesehen, wird zwar durch Sethes gleichlautende Vorschläge in dem oben zitierten Schreiben untermauert, könnte aber durch das Nichtzustandekommen auch ein Grund für die eher kritische Einschätzung Sethes durch Grapow in dessen Erinnerungen sein. Erman jedenfalls tat alles, um seinen Schüler in Berlin zu inthronisieren. Dieser äußerte keinen direkten Widerspruch, führte aber eine Reihe von praktischen Gründen an, die einem Wechsel von Göttingen nach Berlin im Wege standen, wobei v. a. die Frage

666 Anmerkung in runden Klammern im Original.
667 Grapow (1973), 26 f.; vgl. Grimm-Schoske (1995), 90, Anm. 22, wo zurecht darauf hingewiesen wird, dass Spiegelberg erst 1923 nach München berufen worden ist und 1921 allenfalls als „der aus Heidelberg" hätte apostrophiert werden können.
668 Wobei die Abgrenzung der Demotistik sehr wohl fachlich begründet werden kann; vgl. Schenkel (1997), 20; 26.
669 Spiegelberg (1922); Edgerton (1931); Seidl (1931); Steindorff (1931); Capart (1932); Vleeming (1982); Bierbrier (2012), 521 f.; Grimm-Schoske (1995).
670 Vgl. Grapow (1973), 26 f.

eines ausreichenden Wohnraumes im Mittelpunkt stand. Zu Anfang hoffte Sethe noch auf eine längere Amtszeit seines Lehrers:[671]

> Sie dürfen weiter versichert sein, daß ich es | als höchste Ehre empfinden würde, gewürdigt | zu werden, auf Ihren und Lepsius' Stuhle | zu sitzen, und daß ich mich einer klar er-|kannten Pflicht, die damit verbundene Bürde | auf mich zu nehmen, gewiß nicht entziehen | würde, so schwer mir der Abschied von hier | auch in jeder Beziehung würde. Im Augen-|blick würde ich mich aber schlechterdings ‖ körperlich und seelisch nicht dazu im Stan-|de fühlen, und ich kann daher nur auf | das Dringenste wünschen, daß man im | Ministerium soviel Einsicht haben wird, | den Emeritierungsunfug nicht auf Ihre Per-|son auszudehnen. Kommt Zeit, kommt | Rat! Vielleicht hat sich in einigen Jahren | die Lage etwas gebessert und meine Ver-|fassung wieder konstituiert, vielleicht giebt es dann auch einen besseren Kandidaten.

Sethe war in der damaligen Ägyptologie ein gefragter Mann, und so musste er 1922 auch noch zu dem Angebot der Nachfolge F. W. v. Bissings in München Stellung beziehen – wobei er selbst nach wie vor sein Verbleiben in Göttingen vorzog. In einem ausführlichen Schreiben an Erman erörterte er seine Situation und die eingenommene Haltung dazu:[672]

> Nun zu der großen Zukunftsfrage, die Sie in den Schlußworten Ihres Briefes in so | freundlicher, mich tief beglückender Weise berühren, und die mir nicht minder im | Kopfe herumgeht als Ihnen. Gerade sie war es, um derentwillen ich Ihnen zu schrei-|ben vorhatte. Ich erhielt vor einiger Zeit die vertrauliche Mitteilung von Bissing, | daß er und die Münchener Fakultät mich an 1. Stelle für seine Nachfolge vorschla-|gen wollten, wenn ich nicht a priori angesichts ‚des wirkenden Berliner Rufes' nein ‖ dazu sagte. Ich habe geantwortet, was man in meiner Lage darauf antworten mußte: Der | Berliner Ruf sei doch nur eine ungewisse Möglichkeit (Fakultät, Ministerium und | Art des Rufes seien doch unbeschreibbare Faktoren) und ich würde einen Ruf nach | München durchaus ernsthaft nehmen (Ich muß sagen, daß ich mich nicht so sehr | über die materielle Seite eines solchen Rufes freuen würde als über die ideele | der Anerkennung, die darin liegt; aber es liegt ja auf der Hand, wie wertvoll | für mich in jeder Hinsicht ein solcher Ruf auch dann sein muß, wenn er etwa | durch einen Berliner Ruf durchkreuzt werden sollte). Daraufhin schrieb mir Bissing | nun, daß die Sache bestens eingefädelt sei, und daß ich den Ruf thatsächlich, | wenn das Minsiterium dem Wunsche der Fakl. folge, zu erwarten habe. Dies | mußte ich Ihnen doch melden. Sollte nun der Berliner Ruf auch noch kommen, | so würde ich glücklich ein Esel sein, der zwischen 3 Heubündeln steht. Be-|neidenswerte Aussicht: diese Qual des Wählenden! Wenn ich meinem Herzen | folgte (d.h. nicht dem körperlichen, dem *sbj*[673], der nur vor einem halben Jahr so | zu schaffen machte, sondern dem *s.t jb*[674]) und der wirtschaftlichen Schwierigkeiten | Bequemlichkeit zum Grundatz machte, wäre die Wahl entschieden:

671 BStUB, Sethe-Erman, 06.09.1920.
672 BStUB, Sethe-Erman, 02.08.1922.
673 Äg.: „vergehen, dahinschwinden"; vgl. Wb III 430, III.
674 Äg.: „Stelle des Herzens"; vgl. Wb IV, 4, 3; hier wohl im Sinne von „Vorliebe".

> dann würde ich unbedingt hierbleiben, wo ich in aller Ruhe arbeiten kann, | meine gute Wohnung zu billigem Preise im eigenen Hause habe, | die angenehmste Stellung von der Welt in der Fakultät habe, der ich et-|was gelte, und einen sehr netten Kollegenkreis zum Verkehr besitze. Aber | das Recht, dem Bequemlichkeitstriebe zu folgen, kann ich mir noch nicht zugeste-|hen; dazu fühle ich mich noch zu jung, und ich muß mir sagen, daß ich | an einer großen Universität doch vielleicht mehr Gelegenheit finden würde, | meine Kenntniss in andere Köpfe zu übertragen, und so vor dem Untergange | mit meinem [675] zu bewahren. Deshalb habe ich mich in den letzten Mo-|naten mehr und mehr mit dem Gedanken vertraut gemacht, daß meine | Tage hier gezählt sein können; was mir vor ½ Jahren als nicht rat-|sam erschien, erscheint mir heute als ernstlich ergwägenswert. In diesem | Sinne habe ich die Antwort nach München in der oben gekennzeichneten ‖ Weise gegeben und in dem Sinne würde ich auch den Berliner Ruf aufnehmen.
>
> Ich kann nicht leugnen, daß mir der Entschluß, nach Berlin zu gehen, unter | den politischen und wirtschaftlichen Verhältnissen der Gegenwart nicht leicht | werden wird (und meiner Frau noch weniger, und da es zu dem gesundheitlichen so | wenig gut bestellt ist, daß es wirklich ein Experiment ist, sie jetzt in | ganz neue und so schwierige Verhältnisse zu verpflanzen); andererseits emp-|finde ich eine Verpflichtung gegen Sie als meinen Lehrer, dem ich alles ver-|danke, was ich geworden bin, gegen den Lehrstuhl von Lepsius, gegen die Wis-|senschaft und auch gegen meine eigenen Arbeiten doch so stark, daß ich | nur aus sehr triftigen Gründen schweren Herzens nein sagen würde. Ich bin mir klar, daß eine | bessere Arbeits- und Wirkensgelegenheit als in Berlin nicht gedacht werden | kann.
>
> [...] Ein sehr wesentlicher Punkt wird jedenfalls in München, wie in Berlin, die | Wohnungsfrage sein. Ohne eine menschenwürdige Wohnung würd ich von | hier nicht weggehen. Wie dem Kollegen Titus, von dem man sagt, er müsse | mit seiner Gattin in der Hussitenstraße möbliert wohnen bei anderen Leuten, | soll es mir nicht gehen.
>
> Wenn ich Sie bitte, die vorstehenden freimütigen Äußerungen als Beicht-|geheimnis zu betrachten, so thue ich wohl nur etwas, was selbstverständlich | ist. Es liegt mir aber natürlich daran, daß die Münchener Sache, | die mir sub sigillo silentii mitgeteilt ist, nicht besprochen wird, | ehe sie perfekt ist, und andererseits dürfen die Münchener, so wünsche | ich es, auch nicht kopfscheu gemacht werden. Wenn Sie Schäfer aber als Einzigen, so-|weit es der Gegenstand erlaubt, von den Dingen, unter Zusicherung seiner | Verschwiegenheit, erzählen wollen, so ist mir das nur lieb. Ich will | in dieser Hinsicht vor ihm keine Geheimnisse haben.

Trotz der grundsätzlich geäußerten Bereitschaft für einen Wechsel nach Berlin, wobei der Ruf aus München v. a. als eine Verbesserung der Verhandlungsposition fungieren würde, ist nach wie vor erkennbar, dass Sethe in Göttingen zu bleiben wünscht – nicht nur aus Bequemlichkeit.

Erman hatte seinerzeit noch – „à contre coeur“ – Lehrstuhl und Direktorat des Museums übernommen, dessen Leitung dann aber, 1914 in die Hände von H. Schäfer übergegangen war. Sethe scheute nun vor den eingeschränkten Arbeitsbedingungen eines Lehrstuhlinhabers ohne eigene Bibliothek und eigene Unterrichtsräume und in Abhängigkeit vom Wohlwollen des Museumsdirektors zurück.

675 Äg.: „Leichnam (eines Menschen)“; vgl. Wb III 369, I.

Denn während Erman sich als Lehrer Schäfers noch als der Ranghöhere gewiss hatte besser durchsetzen können und zumindest keine Einschränkung seiner universitären Tätigkeit hinnehmen musste, konnte Sethe als ehemaliger Kommilitone Schäfers und damit als Gleichrangiger ein vergleichbares Primat nicht beanspruchen.[676] Entscheidendstes Argument Sethes bleibt jedoch die Wohnungsfrage, an der er auch in der nachfolgenden Korrespondenz festhält und mit der er seine Zurückhaltung gegenüber der Übernahme des Berliner Lehrstuhls im Wesentlichen zu begründen sucht. Erman scheinen Sethes Einwände jedoch nicht wirklich überzeugt zu haben, und er hielt an seinem Vorhaben fest. Augenscheinlich hat er seinem Schüler weiter mit Freundlichkeiten zu- und sich bei den Verantwortlichen Stellen für ihn eingesetzt – solange, bis dieser schließlich einlenkte:[677]

> Lieber Verehrter!
>
> Mit ihren freundlichen Zeilen haben | Sie mir eine große Freude gemacht.
>
> Wenn, was Sie mir mitteilen, ja | auch nicht überraschend kommt, so | ist doch die langerwartete Thatsache | schließlich, wenn sie da ist, doch | etw. anderes. Ich danke Ihnen | und Ihrer Fakultät für das Ver-|trauen, das Sie mir schenken, | und ich werde alles thun, um es | zu rechtfertigen. Thatsächlich habe | ich mich von Monat zu Monat | mehr mit dem Gedanken abgefun-|den, daß es das Schicksal bestimmt | hat, daß ich an Ihre Stelle treten | soll. So finden Sie mich denn meinerseits be-‖reit, durch die Thüre einzutreten, die, | wie Sie sagen, die Fakultät so schön | weit für mich aufgemacht hat, wenn | der Ruf an mich ergehen wird und | mir ein menschenwürdiges Leben in | Berlin durch Beschaffung einer Woh-|nung ermöglicht werden kann. Am | letzteren Punkte wird, darüber waren | wir uns ja klar, alles hängen. Es | ist heute eigentlich das einzige Hin-|dernis, denn, wie schon oben gesagt, | ich habe mich damit abgefunden, | mich von allem, was mir hier lieb | und wert ist, loszureißen und durch | das dunkle Thor der Zukunft zu schrei-|ten. Nicht zum Wenigsten lockt | mich die weitgespannte Lehrmög-|lichkeit, denn ich bin von Jahr zu | Jahr mehr Lehrer geworden und finde ‖ im Lehren die stärkste Befriedigung und | Anregung.
>
> [...] Daß ich es mir zur höchsten Ehre an-|rechne, wenn ich auf Ihrem und Lepsius' | Stuhle sitzen soll, habe ich Ihnen schon | einmal gesagt.[678] Heute drängt sich mir | das Bild der Vergangenheit, da ich Sonn-|abends als 16jähriger zu Ihnen in die | Klopstockstraße pilgerte, um die schön-|sten Stunden zu verleben, lebhaft | vors Auge. Nie hätte ich mir damals träu-|men lassen, daß ich einst an der Stel-|le dessen stehen könnte, zu dem ich | mit so tiefer Ehrfurcht und kindli-|cher Liebe aufblickte. Sie dürfen es ‖ mir glauben, daß herzliche Dankbarkeit | gegen Sie und das Geschick, zwei | untrennbare Größen im Grunde, mich | in diesen Tagen mehr denn je erfüllt.

---

676 Vgl. Erman (1929), 195; 283, der jeweils von einem „Paar“ spricht.

677 BStUB, Sethe-Erman, 25.02.1923.

678 Vgl. BStUB, Sethe-Erman, 02.08.1922.

Sethe hat sich „mit dem Gedanken abgefunden, daß es das Schicksal bestimmt hat“, dass er sich „von allem, was“ ihm „lieb und wert ist, loszureißen“ hat „und durch das dunkle Thor der Zukunft“ schreiten muss. Kurz zusammengefasst: Begeisterung ist bei Sethe beim besten Willen nicht zu erkennen, und auch seine Versuche, diesen Umstand gegenüber seinem Lehrer in eine diplomatische Form zu kleiden, wirken nicht wirklich überzeugend. Erman hingegen griff dieses Sichfügen bereitwillig auf, bemühte sich aber auch ernstlich darum, das von Sethe auch in diesem Brief wieder angeführte Wohnungsproblem aus der Welt zu schaffen. Er wandte sich daher in einem Schreiben an den Staatssekretär im Kultusministerium:[679]

> Hochverehrter Herr Staatssekretär!
>
> Wie Sie wohl schon gesehen haben | werden, hat unsere Fakultät ein-|mütig (auch in der Kommission) Sethe | zu meinem Nachfolger vorgeschlagen.
>
> Ihnen als Fachgenossen und Kollegen | brauche ich ja nicht zu sagen, was | Sethe bedeutet; er ist der gegebene | Mann und wird es auf allen | Seiten – auch ausserhalb Deutschlands – | erwartet, dass er nach Berlin kommt.
>
> Wenn wir neben Sethe noch Junker | genannt haben, so geschah dies | mehr der Ehre und der Form wegen; | er ist zwar ein tüchtiger Mensch, | aber er selbst würde sich nicht mit | Sethe vergleichen.
>
> Wie mir Sethe erklärt hat, ist er, | trotz allem, was er in Göttingen auf-|gibt, bereit einem etwaigen Rufe | zu folgen, vorausgesetzt, dass ihm || hier eine genügende Wohnung be-|schafft werden kann. Dass das auf | irgend eine Weise geschehen wird, ist | ja wohl zu hoffen.
>
> Aber nun komme ich meinerseits | mit einer Bitte: lässt sich die Sa-|che, die ja einfach zu liegen scheint, | nicht so beschleunigen, dass Sethe | schon im Sommer hier lesen könnte?
>
> Das liegt einmal im Interesse der | Sache; es ist gut, wenn die Anfänger-|kurse für Aegyptisch und Koptisch, | die im Sommersemester beginnen, | von demselben Manne gehalten wer-|den, der die Studierenden auch wei-|ter ausbilden soll.
>
> Ich möchte aber auch aus persön-|lichen Gründen darum bitten. Ich | fühle mich müde und mit meinen | Augen geht es auch immer schlechter, | da möchte ich das, was mir an | Arbeitskraft noch bleibt, gern || für das Wörterbuch und zum | Abschluss meiner aegyptischen Re-|ligion[680] und meiner Grammatik[681] be-|nutzen. Sie werden das verstehen.
>
> Lassen Sie mich Ihnen übrigens | noch für die freundlichen Worte | danken, mit denen mir der Herr | Minister meine Emeritierung ange-|kündigt hat. Sollten sie nicht aus | Ihrer Feder geflossen sein, so geben | Sie den Dank bitte an die richtige | Stelle weiter.

Erman fürchtet um den Verlust seiner Arbeitskraft und seine Arbeiten zur Ägyptischen Grammatik und Religion nicht vollenden zu können. Sethe soll daher seine universitären Verpflichtungen übernehmen, seinen Lehrer entlasten und

679 GStA PK, VI. HA Familienarchive und Nachlässe, Nl Carl Heinrich Becker, Nr. 347, 06.03. 1923.

680 Erman (1934a).

681 Erman (1928).

dies so schnell wie möglich. Das Kultusministerium erteilt den Bescheid, dass man die Nachfolge Ermans durch Sethe auch dort für „selbstverständlich"[682] erachte. Im Mai desselben Jahres (1923) jedoch macht Sethe gegenüber Erman weitere Bedenken geltend, u. a. auch die Frage der Ausstattung der Museumsbibliothek mit ausländischen Zeitschriften, wobei ihn das Ministerium wohl auf die Bestände der Staatsbibliothek verwiesen und Schäfer den Status der Museumsbibliothek als Präsenzbibliothek betont hat. V.a. aber die Wohnungsfrage und dabei die Größe der angebotenen Unterkunft gefährden weiterhin einen Wechsel nach Berlin.[683] Tags darauf wendet sich Erman erneut an den Staatssekretär und macht Sethes gehobenen akademischen Status geltend:[684]

> Es | handelt sich doch nicht um ei-|nen beliebigen jungen Mann, | der froh ist, angestellt zu wer-|den, sondern um einen Gelehrten | von anerkannter Bedeutung.

Erman ist es schließlich gelungen, Sethes Ansprüchen beim Ministerium Geltung zu verschaffen und ihn selbst am 01. Oktober 1923, nach 23 Jahren Lehrtätigkeit in Göttingen, zum Wechsel nach Berlin zu bewegen. Die seinerzeit bei dem etwaigen Wechsel Sethes nach Wien bereits geäußerten Befürchtungen, einen Wechsel in die Großstadt betreffend, scheinen sich in der Folgezeit dann auch bestätigt zu haben, jedenfalls beschreibt H. Kees Sethes Berliner Zeit wie folgt:

> Berlin stellte in steigendem Maße Ansprüche an ihn: die preußische Akademie, das Ägyptische Wörterbuchunternehmen, [...] dazu viele Außenstehende [...]. Sethe versagte sich niemals, aber er empfand oft Sehnsucht nach der Sammlung seiner Göttinger Arbeitstage, und je mehr körperliche Schwächen mahnten, um so ungeduldiger drängte der Gedanke, ob er mit seiner Lebensarbeit an den Pyramidentexten zuendekommen würde. ‚Sie machen sich keine Vorstellung, wie man mir meine Zeit stiehlt.', schrieb er mir einmal unmutig.[685]

Von den zahlreichen Lobgesängen oder auch kritischen Einschätzungen von Sethes Leistungen – allen voran durch H. Grapow (1885 – 1867)[686], der wohl in Sethe v. a. ein Hindernis zu seiner eigenen Thronbesteigung i. e. der Nachfolge Ermans gesehen hat,[687] soll hier eine angeführt werden, die Sethes Ausnahmestellung als

682 GStA PK, VI. HA Familienarchive und Nachlässe, Nl Carl Heinrich Becker, Nr. 347, 06.03. 1923.

683 Vgl. BStUB, Sethe-Erman, 22.05.1923.

684 GStA PK, VI. HA Familienarchive und Nachlässe, Nl Carl Heinrich Becker, Nr. 347, 24.05. 1923.

685 Kees (1935), 73.

686 Brunner (1969); Grapow (1973); Bierbrier (2012), 221 f.

687 Vgl. Grapow (1934), 283; Hierzu kritisch: Kees (1935), 74.

präsumptiver Nachfolger Ermans besonders anschaulich illustriert, so schreibt Grapow am 19. Juli 1929 an Erman:[688]

> Aber auch über dies | Persönliche hinaus muss | ich wünschen, dass Sie uns, | der Ägyptologie noch lange | erhalten bleiben. Sie sind | immer noch der eigent-|liche Mittelpunkt, auf | den gern oder ungern doch | am Ende jeder blickt, | und solange Sie da sind, | kann Ihr Alexanderreich | der Ägyptologie nicht | völlig in die Diadochen-|reiche zerfallen, wozu || leider starke Ansätze | vorhanden sind. Überall | wollen zwar keine reges, wohl aber | reguli hoch, mitunter | sogar nur Feldwebel.
>
> Sethe mag sein, wie er | will, er ist wenigstens | Stabsoffizier[689], von reinem | Wollen und im Grunde | ein feiner und vornehmer | Mensch, in seiner grossartigen Einsei-|tigkeit nicht frei von | einer gewissen Beschränkt-|heit und nicht immer | bequem. Aber er ist | kein grössenwahnsinniger || Kleiner, der zu hoch ge-|kommen ist. Und der | Gedanke auch nur, er könnte | evtl. nicht Ihr Nachfolger | in der Akademie werden, | sondern statt seiner | ein [Hut/Heit?], hat für mich | etwas Furchtbares. Ich | würde es für einen Skandal | halten, wenn – aber | das geht mich im Grunde | ja nichts an, noch nicht.

Den Äußerungen Grapows über Sethe ist ein eindeutig negativer Grundton unterlegt. Dazu passt auch, dass Sethe seinerseits eine kritische Meinung über Grapow gehegt zu haben scheint. Auslöser war wohl eine Auseinandersetzung über Grapows Arbeiten, über das Totenbuch, in der Sethe die ursprünglich zugesagte Besprechung verweigerte und bei seiner Kritik an Grapow gegenüber Erman recht deutliche Worte fand:[690]

> Daraus wird | nun nichts, denn das Ergebnis meiner Prüfung | und der Durcharbeitung der von ihm publizierten Tex-|te war eine große Enttäuschung. Die außeror-||dentliche Meinung, die ich von Grapow hatte, ist stark | erschüttert, er zeigt sich als ziemlich blinder Hesse:
>
> [...] Ich will ihm nicht wehe thun, | da ich ihn als Mensch und Gelehrten hoch schätze; | und aus einer Korrespondenz, die sich wegen einiger | solcher Punkte zwischen uns abgespielt hat, ersah, | wie schwer er schon den Gedanken trägt, öfters vorbeige-|hauen zu haben.

Später jedoch äußerte sich Sethe wieder versöhnlicher und rechtfertigte seine scharfe Kritik gegenüber Erman:[691]

> Ich fand neulich übrigens Grapow's Briefe, die | er seinerzeit in der Thot Sache an mich gerichtet hat.
>
> Sie zeigen seine anima candida und würden Ihnen | auch beweisen, daß ich ihm gut zugeredet und | nicht weh gethan habe. Daß ich ihm objektiv gelegent-|lich entgegentreten

688 BStUB, Grapow-Erman, 19.07.1929.
689 Hervorhebung im Original.
690 BStUB, Sethe-Erman, 01.02.1918.
691 BStUB, Sethe-Erman, 29.05.1918.

muß (in den im Druck befindlichen | Aufsätzen)[692], muß er und wird er hinnehmen, wie ich es mei-|nerseits oft hingenommen habe von allen Seiten.

Inwieweit die ‚Verpflanzung' von Göttingen nach Berlin und die damit verbundene höhere Arbeitsbelastung zusätzlich zu einer Verschlechterung von Sethes Gesundheitszustand beigetragen hat, lässt sich nicht mit Sicherheit sagen, jedenfalls erlag er am 06. Juli 1934 seinem Herzleiden.

3.3.3 Weltanschauung und Wissenschaftsauffassung

In Bezug auf Sethes politische Weltanschauung wird diese Untersuchung durch zahlreiche Stellungnahmen gegenüber Erman und auch gegenüber einer größeren Öffentlichkeit begünstigt – immer allerdings im Zusammenhang mit seiner wissenschaftlichen Tätigkeit. Sethes erste Äußerungen zur politischen Lage, nach Ausbruch des Krieges im August 1914 beziehen sich auf den Verlust von jüngeren Kollegen, die an der Front gefallen sind:[693]

Aber alle diese Dinge treten in der | Gegenwart ja ganz zurück hinter die || eine große Sache, der des Vaterlandes.

Sie verlangt, daß wir alle Opfer, auch die | schwersten, ohne Klage tragen.

[...] Fünf | meiner Kollegen haben bereits Söhne im | Felde verloren und ein junger Kollege, | Privatdozent der Assyriologie, ist | gefallen. Und dabei ist ein Ende | dieses mörderischsten aller Kriege | noch gar nicht abzusehen!

[...] Vielleicht kommt auch | noch an mich die Reihe. Doch müßte | es dem Vaterland schon sehr | übel gehen, wenn es auf so alte | Jahrgänge des Landsturmes zurück-|greifen müßte und nun gar genötigt | sein sollte, sie auch noch ins Feld | zu stellen. So kann ich wohl nur || damit rechnen, im Garnison- und Wach-|dienst Verwendung zu finden. Hoffent-|lich wird es nicht bis dahin kom-|men.

Sethe ist beseelt von dem Geist von 1914, dem Prinzip vaterländischer Pflichterfüllung. Er benennt und bedauert die eintretenden Verluste und gewahrt auch schon die Möglichkeit, selbst Opfer bringen zu müssen. Und tatsächlich muss er seinem Lehrer bald darauf mitteilen:[694]

Bei einer neuen ‚Kriegs-|musterung', die am 5. d.M. stattfand, | bin ich (erfreuliches Zeichen von Ge-|sundheit) für ‚Kriegsverwendungsfähig | Infanterie' erklärt worden. Wie mir der |

---

692 Anmerkung in runden Klammern im Original.
693 BStUB, Sethe-Erman, 07.12.1914.
694 BStUB, Sethe Erman, 08.01.1916.

> Bezirkskommandeur sagte, seien die | Einberufungen der Tauglichbefundenen || bald zu erwarten, ich sollte daher sorglich | dem hiesigen Universitätskurator Anzeige | machen.

Sethes Schreiben aus dieser Zeit legen Zeugnis ab von einem wohl verständlichen und auch wenig verwunderlichen Widerstreit unterschiedlicher Gefühle: Er sorgt sich sowohl um seine Verantwortung als Ernährer seiner Familie als auch um seine wissenschaftlichen Arbeiten. Jenseits dieser Erwägungen fürchtete der mittlerweile 46-Jährige die Strapazen, wahrscheinlich aber auch, der Herabsetzung seiner gesellschaftlichen Position zum Gefreiten nicht gewachsen zu sein:[695]

> Mit 46 Jahren in den Komißdienst gehen | ist hart. Wenn der Dekan Latrinen reinigt, | das muß doch ein Bild für die Götter sein.

Gesundheitliche Probleme, die Intervention der Göttinger Akademie der Wissenschaften und Sethes Ernennung zum Geheimen Regierungsrat verhindern nach zwei „Zurückstellungen“ bis zum 30. April 1916[696] und dann nochmals bis zum 15. August,[697] dass es zum Schlimmsten kommt, und sorgen dafür, dass der Dekan Ende Juli seinem ehemaligen Lehrer mitteilen kann, ausgemustert worden zu sein.[698] Die persönliche Beklemmung, die unmittelbare Drohung eines bevorstehenden, wenn auch immer wieder aufgeschobenen Kriegseinsatzes sowie die schlechte Versorgungslage in Deutschland[699] tragen sicher zu einer Radikalisierung von Sethes Haltung zum Zeitgeschehen bei. Als er seinem Lehrer zum Tod von dessen ältestem Sohn kondolieren muss,[700] bricht sich die angestaute Anspannung Bahn und richtet sich gegen die Feinde, besonders die Franzosen:[701]

> Da kein Ende des Mordens | abzusehen ist, muß man darauf gefaßt | sein, daß alles, was noch laufen und die | Flinte tragen kann, drankommt.
>
> [...] Ein Leben im besiegten oder gedemütigten, | zum Sklaven unserer fanatischen und | gänzlich unmenschlich denkenden Feinde (die | Schlimmsten sind darin seltsamerweise die Fran-|zosen, die ja aber von jeher zum Sadismus | neigten)[702] verurteilten Deutschland wäre uner-|träglich. Und eben deshalb heißt es aushalten | und Geduld haben.

---

695 Ebenda.
696 Vgl. BStUB, Sethe-Erman, 04.02.1916.
697 Vgl. BStUB, Sethe-Erman, 01.06.1916.
698 Vgl. BStUB, Sethe-Erman, 31.07.1916.
699 Vgl. BStUB, Sethe-Erman, 22.01.1916.
700 Vgl. Mommsen (1995), 727 – 736 zum Soldatentod.
701 BStUB, Sethe-Erman, 01.07.1916.
702 Anmerkung in runden Klammern im Original.

In diesem Briefauszug kommen eine Reihe von Aspekten zusammen: V.a. die Frustration über die Dauer und das Ausmaß des Krieges und sicher auch Trauer und Wut über den durch die französiche Armee beigebrachten Verlust der auch persönlich sich nahstehenden Familien Ermans und Sethes. Doch auch die andere Feindmacht der *Entente cordiale*, Großbritannien, wird von Sethe heftig attackiert:[703]

> Im Übrigen sind die Engländer als Volk | doch ein scheußliches Pack von einem Ziel-|bewußtsein, das ohne jeden Gewissensbiß | alles niedertrampelt, was sich Ihren | Interessen in den Weg stellt.

Die hier zum Ausdruck gebrachten Feindbilder sind, wenn nicht repräsentativ, so doch ganz sicher nicht ungewöhnlich für die Äußerungen deutscher Gelehrter in dieser Zeit. Sethe hatte diese Stellungnahme über das ‚perfide Albion', wie es damals auch genannt wurde, allerdings im Zusammenhang mit einer ängstlich-besorgten Frage nach dem Wohlergehen seines britischen Kollegen A. H. Gardiner geäußert, den er durch dieselbe Gefahr der Einberufung zum Heeresdienst bedroht sah, die auch ihn betroffen hatte:[704]

> Ob er wohl | im Heer steht? Ich bange recht um | ihn. Es wäre ein unendlicher Jammer, wenn | ihm was zustieße. Daß ich ihn am | Eingang meiner Arbeit nannte, war doch | nur selbstverständlich und entspricht dem, | was G. und ich uns bei Kriegsausbruch | gelobt haben, daß sich das, was sich | zwischen den beiden Völkern abspielen ‖ sollte, nicht auf unser persönliches Ver-|hältnis projizieren solle:

Weltpolitisches Geschehen und kriegerische Auseinandersetzung sollten also nicht zwischen die befreundeten Gelehrten treten oder gar ihre Zusammenarbeit behindern. Trotz oder gerade aufgrund dieser versuchten Trennung zwischen Wissenschaft und Weltgeschehen hat auch Sethe sich – wie damals viele deutsche Professoren[705] politisch betätigt:[706]

> In diesem | Sinne scheint mir auch die professorale | Kundgebung der Berliner Koryphäen, | von der Sie schreiben, nicht ungerecht-|fertigt, und ich habe sogar kein | Bedenken getragen, sie auch zu unter-|schreiben, so wenig ich sonst für die | öffentliche politische Betätigung der | Professoren zu haben bin.

703 BStUB, Sethe-Erman, 21.12.1916.

704 Ebenda.

705 Vgl. Böhme (1975); vom Brocke (1985); Mommsen (1995), 834–845; Ungern-Sternberg (1996); für die Ägyptologie: Gertzen (2009c); Raulwing-Gertzen (2011).

706 BStUB, Sethe-Erman, 31.07.1916.

Auf welche „Kundgebung“ sich diese Äußerung Sethes allerdings genau bezieht, ist schwer zu bestimmen: Als Unterzeichner des „Aufrufes an die Kulturwelt“ von 1914 taucht Sethe jedenfalls nicht auf, und auch unter den Unterzeichnern der „Erklärung der Hochschullehrer des deutschen Reiches“ aus demselben Jahr findet sich sein Name nicht – wohl aber der seines Lehrers Erman. Dieser jedoch scheint sich im Verlauf des Krieges kritisch zu den Entscheidungen der Reichsregierung bzw. der Obersten Heeresleitung geäußert zu haben, jedenfalls deutet eine von Sethe eingenommene Rechtfertigungshaltung zu den Friedensverhandlungen von Brest-Litowsk[707] darauf hin:[708]

> Ihren Wutschrei über die Friedensfrage | kann ich verstehen, aber ganz zustimmen kann ich | ihm doch nicht. Was sollen wir mehr thun, um | im Osten Frieden zu bekommen, als wir gethan haben?
>
> Wir können doch unmöglich zu all dem Wust | der Petersburger Machthaber Ja und Amen sagen | und die baltischen Provinzen diesem Blutsumpf || der Herren Lenin und Trotzky überantworten. Ich den-|ke, wenn wir fest bleiben, bekommen wir den öst-|lichen Frieden doch noch.

Es würde zu weit gehen, Sethe aufgrund einer solchen Stellungnahme Unterstützung für expansionistische Interessen in Osteuropa unterstellen zu wollen. Auch seine ablehnende Haltung gegenüber der neuen russischen Führung, die hier deutlich zum Ausdruck gebracht wird, darf nicht überbewertet werden, sondern dürfte einer in damaligen Kreisen des Bürgertums weit verbreiteten Sichtweise entsprochen haben. Bemerkenswert ist nur, dass Sethe sich zu einer Rechtfertigung gegenüber Erman genötigt sah und allem Anschein nach stärker als dieser das Vorgehen des Deutschen Reiches rückhaltlos unterstützte. Für ihn war der Krieg ein Überlebenskampf, den er auch explizit so benannte:[709]

> Was hilft alle | Friedenssehnsucht und der Zweifel | an der Zweckmäßigkeit der Dinge | gegenüber der rauhen Wirklichkeit?
>
> Unsere Feinde wollen uns vernichten || und würden uns allen, wenn | sie es könnten, gewiß nichts, auch | rein garnichts, an Leid und Demütigung | ersparen.

Um so schockierender muss sich die Erfahrung der Niederlage auf ihn ausgewirkt haben, die auf den ‚Siegfrieden‘ im Osten sehr bald nachfolgen sollte und zum Versailler Friedensvertrag[710] führte, der Sethe wahrscheinlich – wie viele Deutsche

707 Vgl. Mommsen (1995), 772–789.
708 BStUB, Sethe-Erman, 01.02.1918.
709 BStUB, Sethe-Erman, 31.07.1916.
710 Vgl. Kolb (2002), 23–37.

– in seinen schlimmsten Befürchtungen zu bestätigen schien. Die wirtschaftlichen und gesellschaftlichen Folgen des Krieges, die die deutschen Ägyptologen, unter Federführung Ermans, zu einem Appell an die neue Regierung bewegt hatten, führten auch bei Sethe zu einer Reflexion über das Gewesene und die sich durch die veränderten gesellschaftlichen Rahmenbedingungen ergebenden Herausforderungen – auch für die Wissenschaft der Ägyptologie. Kees kommentiert Sethes Motivation zu einer öffentlichen Stellungnahme wie folgt:

> Trat er ausnahmsweise vor einen größeren Zuhörerkreis, so geschah dies, wie z. B. 1921 bei einem Vortrag in Berlin, als er durch die dekadente Geisteshaltung der Nachkriegszeit die Zukunft seines Faches bedroht glaubte und er es daher verteidigen wollte.[711]

Dieser Vortrag ist später unter dem Titel *Die Ägyptologie. Zweck, Inhalt und Bedeutung dieser Wissenschaft und Deutschlands Anteil an ihrer Entwicklung* auch gedruckt worden.[712] Darin entfaltete Sethe einen historischen Überblick über die Entwicklung seines Faches und aus diesem heraus eine kämpferische Stellungnahme über die Verdienste deutscher Ägyptologie. Daraus leitete er die Forderung ab, den deutschen Führungsanspruch innerhalb dieser Wissenschaft zu verteidigen. Der Aufsatz ist bereits Gegenstand einer rezenteren ägyptologischen Besprechung gewesen,[713] soll hier jedoch noch einmal in einigen wesentlichen Aussagen zitiert und vor dem Hintergrund der bisher angeführten Stellungnahmen Sethes zum Zeitgeschehen analysiert werden. Zu Beginn äußert sich Sethe über seine Motivation zu diesem Vortrag und der von ihm vertretenen Wissenschaftsauffassung:

> Wissenschaft und Leben,[714] so lautet ein in neuester Zeit ganz besonders beliebtes Schlagwort [...]. Hinter diesem Schlagwort verbirgt sich meistens, mehr oder weniger schamhaft, eine reine Nützlichkeitsauffassung, die Anschauung, daß nur das, was praktischen Nutzen bringe, Daseinsberechtigung habe. Wollte man sich auf diesen Standpunkt stellen, so wäre der Ägyptologie freilich von vornherein das Urteil gesprochen.
>
> [...]
>
> Aber, warum treiben wir denn die Wissenschaft? Wir tun es, weil wir einem Naturtriebe folgen, der uns tief eingewurzelt ist, dem Erkenntnisdrang, der sich schon im Kinde wie im niedrigstehenden Wilden als Neugier äußert.[715]

711 Kees, (1935), 70.
712 Sethe (1921).
713 Sledzianowski (1974).
714 Vgl. Weber (2002), bes. 37 fff.
715 Sethe (1921), 4 f.

Sethe weist den Nützlichkeitsgedanken als (Denk-)Kategorie für eine Einordnung der Ägyptologie zurück und versucht darüber hinaus jedoch auch die von M. Weber (1864 – 1920) postulierte Wissenschaft als eine „geistesaristokratische Angelegenheit“[716] gleichsam zu demokratisieren, indem er den ihr zugrundeliegenden „Erkenntnisdrang“ auch dem „Kinde“ oder dem „niedrigstehenden Wilden“ zumisst. Deutlich erkennbar wird darin Sethes Bemühen um eine möglichst breite Basis gesellschaftlicher Unterstützung, wenngleich seine Darstellung nicht frei ist von einer beinahe wehmütig rückwärtsgewandten Perspektive, die v. a. in seinem Bekenntnis zu seiner und der Verbundenheit seines Faches mit dem Haus Hohenzollern zum Ausdruck kommt:

> Die letzteren dürfen wir daran erinnern, was wir der hochsinnigen Fürsorge der preußischen Könige zu danken haben: [...] Kaiser Wilhelm II., der uns nicht nur das dahingesunkene Haus in Theben schenkte, sondern vor allem aus seinem Dispositionsfond die Mittel für die Herstellung des großen Wörterbuchs der ägyptischen Sprache bewilligte und unter dessen Schutz und persönlicher Anteilnahme die Deutsche Orient Gesellschaft entstanden ist. Unter seiner Regierung ist durch das Deutsche Reich das Deutsche Archäologische Institut in Kairo begründet, sind in Preußen Lehrstühle für Ägyptologie an zwei Universitäten neu geschaffen worden.[717]

Diese Aussage steht allerdings auch im Zusammenhang mit einer dezidiert nationalen Sicht der Rolle von Wissenschaft, die Sethe in seinem Vortrag ausführlich herzuleiten versucht. Er beginnt mit einem Abriss der historischen Entwicklung der Ägyptologie. Dabei sieht er seine Wissenschaft durch die Entzifferung der Hieroglyphen durch J. F. Champollion (1823) als eine anfänglich „spezifisch französische“[718], in der die Führung jedoch „alsbald in die Hände der Deutschen“[719] unter K. R. Lepsius übergegangen sei. Ausführlich würdigt er das Verdienst seines Lehrers – „Erman hat Schule gemacht“[720] – und führt, ganz im Sinne seiner Vorgänger Ebers und Erman, die Überlegenheit der Deutschen auf ihre Methode zurück:

> Die Lehren der école de Berlin haben sich jetzt überall, zuletzt auch in dem Lande Champollions selbst, wenigstens in den besseren Köpfen durchgesetzt. Nach Ermans Methode arbeitet heute mit Ausnahme einiger weniger älterer Gelehrter alles, was die ägyptischen Dinge philologisch zu bearbeiten hat, in der Neuen Welt wie in der Alten.[721]

---

716 Weber (2002), 10.
717 Sethe (1921), 43.
718 Op. cit., 39.
719 Op. cit.
720 Op. cit., 40.
721 Op. cit.

Deutlicher jedoch als seine beiden Vorgänger kritisiert Sethe – vor dem Hintergrund der Erfahrungen des Ersten Weltkrieges – die Wissenschaft der Feindmächte als der deutschen unterlegen und auf bloße Materialbeschaffung beschränkt, wobei sich die Briten auf ihren imperialen Einfluss und die US-Amerikaner auf ihre wirtschaftlichen Möglichkeiten stützten:

> Hierin zeigt sich aber auch ein grundsätzlicher Unterschied, der zwischen der heutigen Wissenschaft und der Wissenschaft der in der Entente gegen uns verbündeteten Völker besteht. England, Frankreich und Amerika haben – England seine historische Machtstellung in Ägypten benutzend, Frankreich seine alten Aspirationen als Geburtsland der Ägyptologie fortsetzend, Amerika auf seine finanziellen Mittel pochend – sich vorwiegend in der Herbeischaffung immer neuen Materiales durch Ausgrabungen und Ankäufe für ihre Museen betätigt, während Deutschland, weniger gut gestellt, seiner ganzen Sinnesart treu bleibend, die Verarbeitung dieses Materials übernommen hat, ohne mit der Flut Schritt halten zu können.[722]

Die Bezeichnung der drei anderen Forschernationen als Entente-Mächte macht deutlich, dass sich drei Jahre nach Ende des Krieges die alten Feindbilder nach wie vor in Sethes Weltanschauung erhalten haben, und deutet darauf hin, dass für ihn die Auseinandersetzung mit diesen keineswegs beendet ist. Zur Bewältigung dieser Herausforderung, wobei es wohl von Sethe absichtlich offen gelassen worden ist, ob damit in erster Linie die Bearbeitung der „Flut" wissenschaftlichen Materials oder vielmehr der (Konkurrenz-)Kampf gegen die Mächte der Entente gemeint ist, ruft Sethe seine Landsleute und auch den Staat zu patriotischer Solidarität auf:

> Konnte es schon vor dem Ausgang des Krieges keinem Kundigen zweifelhaft sein, daß die deutsche Ägyptologie nach Beendigung der Feindseligkeiten unter ungeheuer erschwerten Bedingungen ihrer Arbeit würde fortsetzen müssen und daß es der Anspannung aller Kräfte bedürfen würde, um ihr die angesehene, wo nicht die führende Stellung zu erhalten, die sie vor dem Kriege hatte, so hat der unglückliche Ausgang des Völkerringens diese Befürchtungen durch die Wirklichkeiten weit übertreffen lassen. [...] Allen diesen Schwierigkeiten zum Trotz müssen wir uns aber behaupten. Uns darin zu unterstützen, wird eine nationale Ehrenpflicht der leistungsfähigen Kreise unseres Volkes und der maßgebenden Kreise unserer Regierung sein müssen.[723]

Gleichsam berauscht von seinem eigenen nationalen Pathos versteigt Sethe sich am Ende gar zu der doch recht martialisch klingenden Aussage:

---

722 Op. cit., 41.
723 Op. cit., 42.

> Dann werden wir durchhalten, und es wird uns gelingen, auf unserem Felde die Ehre Deutschlands im Ringe der Völker nicht etwa wieder herzustellen, sondern hoch zu halten.[724]

In seiner oben erwähnten Besprechung von Sethes Stellungnahme resümiert B. Sledzianowski hierzu:

> Die reine Wissenschaft [...] scheint also auch in der Lage zu sein, nationalpolitische Interessen zu vertreten. [...] Sie schafft dem durch das Verlieren des 1. Weltkrieges geschundenen deutschen Selbstbewußtsein die Illusion, sich gegen die Siegermächte doch noch irgendwie durchsetzen zu können. Die nationalen Interessen, auf militärischem Gebiet gebremst, finden, da der politische Bereich im engeren Sinne ausscheidet, auf dem der Wissenschaft ihre Fortsetzung: Ägyptologie ist die Fortsetzung nationaler Interessen mit anderen Mitteln.[725]

Mit seinem Lehrer Erman war sich Sethe also ganz offenkundig einig in der Wahrnehmung der Situation, in der sich die Ägyptologie befand: Angefeindet von den Vertretern der Wissenschaft der Entente-Mächte, ausgegrenzt und den Grundlagen ihres Arbeitens weitgehend beraubt. Der Appell an die nationale Verantwortung des Staates zur Wissenschaftsförderung kann bei beiden nicht losgelöst von den Ereignissen des Ersten Weltkrieges betrachtet werden, wenngleich der ein Jahr vor der Reichsgründung (1870/71) geborene Sethe sich eindeutiger und unbedingter mit dem Staat des Deutschen Kaiserreiches identifiziert hat, wie seine Äußerungen zum Frieden von Brest-Litowsk und sein Bekenntnis zu den Wohltaten des Hauses Hohenzollern eindrucksvoll belegen. Die Verwendung des Begriffes *Entente* in wissenschaftlichem Kontext weist zudem darauf hin, dass sich Sethe auch und gerade in seiner Rolle als Wissenschaftler mit diesem Staat identifizierte und die jeweiligen Interessen für deckungsgleich erachtete.

724 Op. cit., 43.
725 Sledzianowski (1974), 49 f.

4 Das Woerterbuch der Aegyptischen Sprache – Ein ‚Wissenschaftlicher Grossbetrieb‘

> Das Wörterbuch der ägyptischen Sprache hat in dem Maße mittelbar und unmittelbar auf den gewaltigen Fortschritt gewirkt, den die Ägyptologie, den im Besonderen die Kenntnis der ägyptischen Sprache und das Bekanntwerden der in ihr verfaßten Texte seit seiner Begründung gemacht haben, daß man, ohne einer unpassenden Übertreibung schuldig zu werden, sagen kann: Die Geschichte des Ägyptischen Wörterbuches ist die Geschichte der ägyptischen Philologie der letzten fünfzig Jahre.[1]

Das Wörterbuch der Ägyptischen Sprache hat für die Ausbildung der Berliner Schule und die Verbreitung ihrer Methoden einen zentralen Stellenwert. Über mehrere Jahre hinweg waren deutsche und ausländische Ägyptologen und praktisch alle Schüler A. Ermans an einem gemeinsamen Projekt beteiligt. Sie mussten sich hierzu nicht nur der organisatorischen, sondern auch der konzeptionellen Leitung Ermans unterordnen, wobei die Ausgestaltung der Richtlinien und die Entscheidung über das Vorgehen durchaus auch kontrovers diskutiert wurden und zumindest nicht alle beteiligten Ägyptologen als bloße Befehlsempfänger oder Hülfsarbeiter wirkten. Andererseits veranlasste mangelnde Einflussmöglichkeit gerade auch die nicht-deutschen Ägyptologen zu teilweise heftiger Kritik an den Ergebnissen, wobei zwischen solchen Kritikern, die selbst an dem Projekt mitgewirkt haben, und solchen, die von Anfang an außen vor gestanden haben, zu unterscheiden ist.

In jedem Fall aber bedeutete die Erstellung eines ägyptischen Wörterbuches einen Paradigmenwechsel in der Ägyptologie und dies in zweifacher Hinsicht: Zum einen machte die schiere Größe des Unterfangens, die Menge des zu be- bzw. verarbeitenden Materials die Zusammenarbeit vieler Wissenschaftler nötig und schloss die Erstellung eines persönlichen – d. h. von einem Forscher weitgehend allein erarbeiteten – Werkes aus. Hierfür boten sich neue Organisationsformen an, die zuvor schon für die großen Akademievorhaben der Klassischen Altertumswissenschaften entwickelt worden waren. Zweitens aber bedeutete das Wörterbuchprojekt den Versuch einer systematischen Gesamterfassung des der Ägyptologie zu Gebote stehenden Materials unter den Vorzeichen einer philologisch exakten Wissenschaft dezidiert deutscher Prägung. Hierzu war es nötig, dass die beteiligten Ägyptologen sich auf eine gemeinsame Methodik verständigten. Gerade am Beispiel der von Erman eingeführten bzw. oktroyierten[2] Transkription des Ägyptischen und der Reihenfolge des zugehörigen Umschrift-Alphabets, die auch

---

1 Erman-Grapow (1953), 7.
2 Vgl. Schenkel (1988), 29.

die Reihenfolge der Einträge des Wörterbuches bestimmte, wird deutlich, dass dies nicht ohne Konflikte innerhalb der *scientific community* ablief und Erman selbst mitunter einen recht autokratischen Stil im Umgang mit seinen Kollegen an den Tag legte. Denn mochte das Wörterbuch auch ein Projekt vieler Ägyptologen sein und mochten sich zahlreiche beteiligte und unbeteiligte Kollegen dazu äußern, Erman vertrat einen unanfechtbaren Führungsanspruch, wodurch er selbst den Übergang vom Typus des herausragenden, seine Wissenschaft prägenden Einzelgelehrten des 19. Jahrhunderts zum Kärrner[3] und Mitarbeiter an wissenschaftlichen Großprojekten des 20. Jahrhunderts verkörpert.

Ausgangspunkt der in diesem Abschnitt vorzunehmenden Untersuchung des Wörterbuchvorhabens soll ein Brief von A. Erman an G. Ebers aus dem Jahr 1896 sein, in dem der junge Gelehrte seinem Lehrer sein Vorhaben erläutert und eine Reihe von Punkten benennt, die bei der Betrachtung dieses wissenschaftlichen Großunternehmens als eine Art Gliederung dienen könnten:[4]

> Als ich bei Ihnen war, | habe ich eigentlich wie-|der nichts besprochen, | was ich besprechen wollte.
>
> Vor allem auch das grosse | Unternehmen nicht, das | uns in Gedanken | beschäftigt und das sich | ja auch mit Ihren eige-|nen Interessen nah be-|rührt. Wir wollen ein großes | Wörterbuch, einen wirkli-|chen ‚Thesaurus aegyptia-|cus', der alle Texte erschöpft, | vornehmen.
>
> ‖ Dass der Mangel eines | Wörterbuches die grosse Noth | der Aegyptologie ist, em-|pfinden wir ja täglich. Aber | ein solches zu schaffen über-|steigt (wie ich nach eigener | 8-jähriger Arbeit sagen kann)[5] | die Kräfte eines einzelnen; | es lässt sich nur viribus | unitis als ein grosses | weit aussehendes Unterneh-|men schaffen.
>
> Ein solches Unternehmen | ist jetzt aber gute | Gelegenheit. Wir haben hier | in Deutschland Steindorff; | Sethe; Schäfer; Pietschmann; | Dyroff;[6] Borchardt; und wir ‖ haben Lange[7] als benachbar-|ten Freund. An jüngerem | Nachwuchs fehlt es ja auch | nicht. Alles Leute, die Lust | und Liebe zur Sache haben | und denen methodisches | Arbeiten zur Gewohnheit ge-|worden ist. Es wird für | uns alle zudem gut sein, | wenn wir unsere Kräfte | nicht auf kleine Einzel-|dinge zersplittern, sondern | auf ein grosses ‚opus aere | perennius' concentriren.

Ermans Situationsbeschreibung ist eindeutig: Das Fehlen eines Wörterbuches stellt ein Desideratum der jungen Wissenschaft der Ägyptologie dar, dem abzuhelfen nun jedoch die personellen und institutionellen Voraussetzungen beste-

3 Vgl. Rebenich (2005), 197; Rebenich (2007), 208–211.
4 SBB-PK, Nachl. Georg Ebers: Erman, Adolf, 14.10.1896.
5 Anmerkung in runden Klammern im Original; vgl. Erman (1929), 288.
6 Bierbrier (2012), 167 f.
7 Op. cit., 236.

hen. „Methodisches Arbeiten" und eine Konzentration der Kräfte sind jedoch die unabdingbaren technischen Voraussetzungen für ein Erreichen des Zieles. Er beruft sich explizit auf das Vorbild eines bereits begonnenen Akademievorhabens[8] und geht im Folgenden auch auf die dabei gewonnenen praktischen Erfahrungen und Arbeitstechniken ein:

> Dann der weitere gute | Umstand: Bei dem Thesaurus ‖ latinus ist ein neues | Verfahren[9] erprobt worden, | das die mechanische Arbeit | des Verzettelns auf 1/20 ver-|kürzt. Ich weiß nicht, ob | Sie es schon gesehen haben:
>
> An den beiliegenden Probe-|zetteln können Sie es beurtheilen.
>
> Eine Stelle von 20 – 30 Worten | wird mit autographischer | Tinte geschrieben und dann | 20 – 30 mal abgezogen; durch | Unterstreichen eines Wortes | und Einschreiben des Stich-|wortes wird jeder dieser | Zettel dann in einen Be-|legzettel für ein bestimmtes | Wort verwandelt. So macht ‖ man mit einem[10] Schreiben | 20 – 30 Zettel auf einmal.

Erst die Verwendung der „autographischen Tinte" also und die dadurch realisierbare massenhafte Reproduktion von Textstellen ermöglicht bzw. beschleunigt die Totalerfassung des ägyptischen Textbestandes. Über die gewaltigen Ausmaße des geplanten Unterfangens macht sich Erman keine Illusionen und versucht seinem Lehrer, diese durch konkrete Zahlen zu verdeutlichen:

> Ich bin jetzt dabei den | Umfang der Haupttexte[11], | die auf alle Fälle ganz verzettelt | werden müssen, festzustellen | und lege Ihnen einige charak-|teristische Zahlen bei: Wir | werden uns danach auf | mindestens eine Million | Worte (also auf rund 40.000 | zu schreibende Stellen) ge-|fasst machen müssen.[12] Das | Schundzeug (wie  formeln | u. ä.)[13] excerpiren wir dann | nachträglich.

Neben dem zu erwartenden Arbeitsaufwand befasst sich Ermans Entwurf auch schon mit den zu erwartenden Kosten dieses Unternehmens, wobei er diese jedoch recht optimistisch betrachtet, bzw., wie sich zeigen sollte, unterschätzt:

> Die Kostenfrage ist nicht ‖ so schlimm, wie es aussieht, | wir werden alles in allem | für die herzustellende Million | Belegzettel etwa 25.000 Mk. | brauchen. Und da eine solche | Arbeit langsam geht und | gehen soll, so vertheilen | sich diese 25.000 Mk. auf 5 Jah-|re. – Für die

---

8 Vgl. Rebenich (1999), 224 – 233.

9 Vgl. Erman (1929), 288.

10 Hervorhebung im Original.

11 Vgl. die „Beilage zur Immediateingabe, betreffend die Herausgabe eines ägyptischen Wörterbuches", ediert in: Bartel (2001), 143 f.

12 Tatsächlich wurden später 1.335.810 Textstellen für das Wb verzettelt; vgl. Seidlmayer (2006), 170.

13 Vgl. Gardiner (1957), 170 – 173.

> Kosten der | Ausarbeitung lässt sich denn künftig | schon in anderer Weise sorgen, | sie wird doch in einer[14] Hand | wesentlich liegen müssen.
>
> Die Druckkosten fallen | bei autographischer Herstel-|lung fort; die trägt der | Verleger.

An dieser Stelle von Erman unerwähnt gelassen sind die weiteren Kosten, die sich für das Projekt ergeben würden und die sich in dem von ihm am 17. Februar 1898 in der Sitzung der Philologisch-historischen Klasse der Preußischen Akademie der Wissenschaften vorgestellten „Statuts für die Herstellung des Wörterbuches der ägyptischen Sprache" auf Gesamtkosten von 70.000 Mk. summierten – für die Kostenpunkte „Lithographieren" und „Autographieren" veranschlagt er allerdings jeweils 12.500 Mk., also zusammen jene 25.000 Mk., die er schon zwei Jahre zuvor in dem hier behandelten Brief an Ebers kalkuliert hatte.[15] Am Ende sollte das Wörterbuch der Ägyptischen Sprache bis zur Drucklegung in den 20er Jahren 150.000 Mk. kosten, von denen 120.000 Mk. durch das Reich, 30.000 Mk.[16] durch die Akademie aufgebracht wurden. Die eigentliche Drucklegung sollte jedoch nach den politischen und wirtschaftlichen Verwerfungen des Ersten Weltkrieges erst durch eine von J. H. Breasted[17] organisierte finanzielle Unterstützung J. D. Rockefellers ermöglicht werden. In seinem Brief an Ebers von 1896 dachte Erman jedoch noch vorrangig an die Akademien als Geldgelber für sein Projekt:

> Die Beschaffung dieser | 5 x 5000 Mk. denke ich | mir nicht allzuschwer, falls | sie vertheilt werden, wie | es ja auch für die Kosten des | Thesaurus latinus geschieht.
>
> Ich dachte, dass die Berliner, | Münchener, Leipziger und | Göttinger Akademien und | die D.M.G. zusammen die | Kosten pro rata ihrer Fonds | aufbringen könnten. So wird | das Unternehmen auch äusser-|lich als allgemein deut-|sches gekennzeichnet.

Bemerkenswert an dieser Stelle ist die Identifikation des Werkes mit der deutschen Nation, die zum einen als eine Argumentationshilfe gegenüber staatlichen Stellen – als potentielle Geldgeber – gebraucht werden kann, andererseits jedoch ein bezeichnendes Licht auf eine grundsätzlich nationale Wissenschaftsauffassung wirft, lange vor dem Ersten Weltkrieg.

Eine alternative Interpretation der Formulierung „allgemein Deutsch" könnte jedoch auch ein von Erman in seiner Autobiografie beschriebener Gesinnungswandel bieten, wenn er schreibt:

---

14 Hervorhebung im Original.

15 Vgl. Bartel (2001), 146 f.

16 Vgl. Erman-Grapow (1953), 17.

17 Bierbrier (2012), 78 f.

> Wir lebten in der Überlieferung, daß die Pflege der Wissenschaft die Aufgabe der Einzelstaaten sei, so daß unsere Arbeit eine preußische Angelegenheit war;[18]

Allzu viel ausländische Beteiligung ist Erman offenkundig nicht erwünscht, was jedoch seinerseits differenziert beurteilt werden muss, zum einen vor dem Hintergrund der zahlreichen späteren nicht-deutschen Mitarbeiter am Wörterbuch – darunter zwei Amerikaner, zwei Engländer, ein Ire, ein Franzose, zwei Dänen, ein Schwede und ein Schweizer[19] – und der schon in diesem Brief vorgenommenen expliziten Erwähnung H. O. Langes (s. Zitat o.) als „benachbartem Freund", sowie auch aufgrund ganz praktischer Erwägungen Ermans:[20]

> Das Ausland soll uns | nur in einem Punkt helfen, | durch Beschaffung von | Abklatschen und Photo-|graphien, denn die brauchen | wir ja nothwendig zur | Berichtigung der Publi-|kationen. Am besten wäre | es, wir hätten die Sache | bis zum nächsten Jahr | unter Dach und könnten | dann auf dem Pariser | Kongress sie verkünden | und um die oben erwähnte | Beihilfe ersuchen.

Die Erwähnung des Pariser Orientalistenkongresses von 1897 lässt in Verbindung mit den in der „Abschrift der Gesuchssteller" der Immediateingabe vom 26. Februar 1897 verwandten Argumenten allerdings klar erkennen, wie stark Erman gegenüber staatlichen Stellen auf die nationale Karte setzte. Denn darin heißt es, man müsse einen deutschen Beitrag präsentieren, der den englischen und französischen „die Waage hält".[21]

In der Einschätzung der zu erwartenden Dauer des Projekts offenbart Erman dann noch größeren Optimismus als bei der der zu erwartenden Kosten, macht jedoch selbst auch schon einige vorsichtige Einschränkungen:

> Wann die Arbeit fertig | würde, werden Sie fragen.
>
> Ich rechne 1909 oder 1910 her-||aus, doch ist das | schwer zu sagen, denn | wer weiss wieviel neues | Material inzwischen hin-|zukommt.

18 Erman (1929), 289.

19 Vgl. Rebenich (2006), 344.

20 SBB-PK, Nachl. Georg Ebers: Erman, Adolf, 14.10.1896.

21 Zitiert nach Bartel (2001), 143; zur nationalen Bedeutung der frühen Orientalistenkongresse vgl. Fuchs (2002), bes. 367: „Die Teilnahme an den Kongressen wurde von den Gelehrten immer als nationale Aufgabe betrachtet, und diese Emphase und das Nationale wurde auch als Argument verwendet, um die deutsche Regierung zu finanzieller Unterstützung zu bewegen."; zur „Weltgeltung der deutschen Wissenschaft im Zeitalter des wilhelminischen Imperialismus" vgl. Rebenich (2009), 407.

Der Wert dieses Schreibens an Ebers liegt nicht nur in dem relativ frühen Datum der Abfassung und der weitgehenden Übereinstimmung mit den später gemachten Einschätzungen zum Zeitpunkt der Aufnahme des Projekts bzw. der Beantragung der hierfür erforderlichen Mittel. Der Brief gewährt vielmehr auch einen Einblick in Ermans persönliche Wahrnehmung und Planung dieses Vorhabens und lässt erkennen, dass über die organisatorischen und methodischen Grundlagen frühzeitig weitgehende Klarheit bestanden hat, ebenso wie über den beabsichtigten Appell an nationales Prestigedenken gegenüber staatlichen Stellen.

Für die weitere Untersuchung ergeben sich daher folgende Schwerpunkte: (1) die Ausgangsbedingungen, sowohl fachlicher (frühere Wörterbücher, Forschungsstand) als auch organisatorischer Natur (Vorbild anderer Akademievorhaben); (2) die beteiligten Wissenschaftler und der Grad internationaler Kooperation; (3) unmittelbar sich daraus ergebend auch die Konflikte und die Kritik am Wörterbuch und schließlich (4) die angewandte Methodik und deren Implikationen für den weiteren Entwicklungsverlauf ägyptologischer Forschung.

4.1 Vorläufer und erste Ansätze

Bei der Frage nach den Vorläufern und Vorbildern für die Konzeption des Ägyptischen Wörterbuches sollen im Folgenden drei Punkte untersucht werden: (1) die methodische und konzeptionelle Vorbildfunktion der klassischen Altertumswissenschaften und ihrer Akademievorhaben; (2) die ägyptologischen Wörterbücher vor dem Vorhaben Ermans sowie seine Kritik an Ihnen und (3) die organisatorischen und wissenschaftspolitischen Rahmenbedingungen, die das Zustandekommen des Wörterbuchvorhabens begünstigten bzw. erst ermöglichten.

4.1.1 Das Vorbild der klassischen Altertumswissenschaften

Es war T. Mommsen, der in seiner Antrittsrede in der Preußischen Akademie der Wissenschaften am 08. Juli 1858 eine neue Forschungsprogrammatik für die an der Akademie vertretenen Altertumswissenschaften ausführte, die in allererster Linie durch die Erschließung der „Archive der Vergangenheit“[22] neue Grundlagen der Forschung schaffen sollte. Hierbei kam ihm zu Gute, dass die Altertumswissenschaften damals innerhalb der philosophisch-historischen Klasse die größte Gruppierung bildeten.[23] Innerhalb dieser nahm die klassische Altertumswissen-

22 Vgl. Rebenich (1999), 201f.
23 Vgl. Op. cit., 204.

schaft wiederum eine dominante Stellung ein, was nicht zuletzt auch auf den humanistischen Zeitgeist zurückzuführen war:[24]

> Die Ägyptologie, ja überhaupt die gesamte orientalistische Forschung, stand in der Akademie im Schatten der klassischen Altertumswissenschaft. Die von Mommsen und Diels, von Harnack und Wilamowitz initiierten und geleiteten Unternehmungen profitierten weniger von ihrer längeren Laufzeit als vielmehr von der neuhumanistischen Idealisierung der griechisch-römischen Antike und dem Einfluss und der Autorität ihrer Leiter in der Berliner Akademie.[25]

Wenn auch eher mit einem gewissen Augenzwinkern, hat auch Erman die „neuhumanistische Idealisierung“ der klassischen Antike wahrgenommen und in seinen Erinnerungen geschildert, so berichtet er etwa über E. Curtius:[26]

> Unvergeßlich ist mir, wie er sich entsetzte, als Dörpfeld in der archäologischen Gesellschaft über den Luftziegelbau in Olympia gesprochen hatte. Da sagte er zu mir: ‚Und da will uns dieser Dörpfeld nun einreden, daß die Hellenen ihren Göttern Häuser aus Dreck gebaut hätten.[27]

Mit Wonne schildert Erman auch, dass Curtius, wenn er von „den Hellenen“ sprach, „mit einem Ruck die Augen gen Himmel hob“.[28] Doch erkannte er die Leistungen der Kollegen aus diesen benachbarten Disziplinen an und folgte dem von ihnen, allen voran Mommsen, vorgezeichneten Weg:

> [...] denn ich wußte sehr wohl, daß Männer wie Mommsen, Diels und Harnack mit ihrem universellen Wissen von anderer Art waren als ich. Aber ich wußte auch, daß man in der Berliner Akademie nicht glänzen soll, sondern arbeiten, arbeiten in seinem eigenen Fache, und das konnte ich und wollte ich. Und da verstand es sich von selbst, daß ich vor allen Dingen die große Aufgabe durchführen mußte, der ich bislang gedient hatte, die Erschließung der ägyptischen Sprache.[29]

Neben dem hier formulierten Arbeitsethos ist jedoch auch Ermans zunächst rein persönliche Schwerpunktsetzung zu bemerken: „die Erschließung der ägyptischen Sprache“, die somit auch ein Bekenntnis zur philologischen Methode darstellt,[30] die zuerst in der Klassischen Altertumswissenschaft entwickelt worden

24 Vgl. Auffarth (2006), 396–402.
25 Rebenich (2006), 350; vgl. Rebenich (2008), 139–145.
26 Zur Geschichte der klassischen Altertumswissenschaft in Berlin vgl. Borbein (1979).
27 Erman (1929), 120, Anm. 2.
28 Op. cit., 120.
29 Op. cit., 287.
30 Vgl. Helck (1969), 9 ff; Rebenich (2006), 351.

war, dann auch auf andere Fächer übertragen wurde[31] und schließlich auch den Weg bereitete für die historisch-kritische Methode der Quellenforschung.[32]

> Die Wissenschaft von der griechisch-römischen Antike war epistemologisches und methodisches Paradigma.[33]

In der Anwendung dieses Paradigmas waren Erman und die Ägyptologie außerordentlich erfolgreich, besonders wenn man eine verwandte Altertumswissenschaft des Orients zum Vergleich heranzieht,[34] wie dies auch E. Meyer schon gegen Ende des 19. Jh. festgestellt hat:

> denn gegen die Ägyptologie hat man sich niemals so ablehnend verhalten, obwohl auch hier die Schwierigkeiten nicht geringer und das Verständnis der Texte um 1875 kaum weiter fortgeschritten war und sie seitdem ebenso viel hatten berichtigen und vertiefen müssen wie die Assyriologie.[35]

Ein Grund dafür mag ein Mangel an Einsatz bzw. Erfolg und Durchsetzungsvermögen der Repräsentation der Assyriologie an der Akademie gewesen sein,[36] an der auch kein Wörterbuchvorhaben der altorientalischen Sprachen – etwa für das Sumerische oder die akkadische Sprache – angesiedelt worden ist. Ein wahrscheinlicherer Grund aber ist, dass sich die Assyriologie, anders als die Ägyptologie, methodisch nicht an der Klassischen Altertumswissenschaft, bzw. der klassischen Philologie ausgerichtet hatte, wie Erman auch selbst bemerkte:

> Fast alle die jungen Assyriologen [...] hatten [...] doch einen Zug gemeinsam, und der rührte gewiß davon her, daß ihre Wissenschaft bei uns in der Studierstube der Theologen und Halbtheologen erwachsen war.[37] So verstanden sie zwar ihre Keilschrift vortrefflich, aber, wo es einmal darüber hinausging, verfielen sie nur zu leicht in ein hemmungsloses Phantasieren.[38]

---

31 Mangold (2004), 78, 82–85 verwendet für die Orientalistik hierfür den Begriff der „Philologisierung"; op. cit., 84: „Auch die Orientalisten selbst bekannten sich immer wieder zu dieser Vorbildfunktion der Klassischen Philologie."

32 Vgl. Muhlack (1988).

33 Rebenich (2006), 352.

34 Vgl. Borger (1984), 3.

35 Meyer in seinem Nachruf auf E. Schrader 1908, zitiert nach Renger (1979), 154.

36 Seit dem 14. Juni 1875 war die Assyriologie durch E. Schrader an der Akademie vertreten; vgl. Renger (1979), 153.

37 Ein Prozess, der nach Mangold (2004), 29–37 in der Orientalistik zu diesem Zeitpunkt jedoch längst seinen Abschluss gefunden hatte.

38 Erman (1929), 229.

Dieses „Phantasieren“ wäre natürlich der Ausrichtung an dem durch die klassische Philologie entwickelten Paradigma ernsthafter und kritischer Forschung diametral entgegen gesetzt gewesen. Man darf wohl annehmen, dass die zeitgenössischen Assyriologen Erman entschieden widersprochen hätten, wie ja auch E. Meyers Aussage (s. Zitat o.) nahelegt. Festzuhalten bleibt, dass die Wissenschaft der Ägyptologie von der mit Erman erreichten starken Position innerhalb der Akademie[39] und der klaren und eindeutigen Ausrichtung ihrer Methodik am Paradigma der philologisch-historischen Methode der Klassischen Altertumswissenschaft enorm profitiert hat.

4.1.2 Zuvor erschienene oder konzipierte Wörterbücher des Ägyptischen

> denn ich hatte ja, solange ich überhaupt ernstlich ägyptisch trieb, mir immer auch lexikalische Sammlungen angelegt. So als Student in einem großen Folianten, dem ich den Titel ‚Thesaurus linguae sanctae‘ gab; Sterns vortreffliches Glossar zum Ebers hatte ich dabei zugrunde gelegt.[40]

Diese Aussage Ermans ist der einzige Hinweis auf eine mögliche Vorlage für die Planung des Ägyptischen Wörterbuchvorhabens. Tatsächlich hatte es jedoch vor dem Zustandekommen dieses Projektes nicht an Versuchen zur Erschließung der altägyptischen Lexik[41] gefehlt:[42] Sieht man von der durch den Renaissancegelehrten A. Kircher erstellten *Lingua aegyptiaca restituta* (1643)[43] ab, beginnt die ägyptische Lexikografie erst zu Anfang des 19. Jh. mit T. Youngs 1830 herausgegebenen *Rudiments of an Egyptian Dictonary in the Ancient Enchorial Character. Containing all the Words of which the Sens has been ascertained*[44], S. Sharpes *Rudiments of a Vocabulary of Egyptian Hieroglyphs* (1837) und S. Birchs *Sketch of a Hieroglyphical Dictionary* (1838)[45]. Das erste umfassend angelegte Wörterbuch stammt jedoch aus der Feder des Entzifferers der Hieroglyphen, J. F. Champollion,

39 Vgl. Grapow (1954); Rebenich (2006), 350.

40 Erman (1929), 288.

41 Vgl. zur Lexikographie in der Ägyptologie: Budge (1920); Osing (1990); Schenkel (1994); Schenkel (1995); Hafemann (2006).

42 Hier nicht weiter behandelt werden die Versuche einzelner Ägyptologen, die nicht zur Publikationsreife gelangten; vgl. Montet (1964) & Brasseur-Capart (1974), 36 oder nicht auf den Erkenntnissen J. F. Champollions aufbauten; vgl. Uhlemann (1852).

43 Schenkel (1995), 193.

44 Budge (1920), vi-xiv; vgl. Schenkel (1995), 195 ff.

45 Budge (1920), xvii-xxi.

wurde jedoch erst zehn Jahre nach dessen Tod veröffentlicht.[46] Das *Dictionnaire égyptien en écriture hiéroglyphique* (1841)[47] war von seinem Herausgeber nach Sachgruppen bzw. der semantischen Bedeutung der insgesamt 749 zugrunde gelegten hieroglyphischen Schriftzeichen geordnet.[48] Hierin folgte Champollion dem Vorbild chinesischer Wörterbücher[49] und ließ sich bei der Ausgestaltung und Ordnung der Lemmata von der damals vorherrschenden Überzeugung leiten, dass das Alt-Ägyptische eine vor-koptische Sprache und dementsprechend zu handhaben sei.[50] Für die nachfolgenden Wörterbücher wurde dieses Ordnungsprinzip jedoch nicht übernommen, wenngleich sich die Anordnung nach Sachgruppen für die Schriftzeichen als Ordnungsprinzip erhalten und bewährt hat.[51] Eine Anordnung der Lemmata nach dem lateinischen Alphabet – unter Hinzufügung von Diakritika und nicht-lateinischen Zusatzzeichen – unterblieb jedoch ebenfalls. S. Birch wählte stattdessen für sein *Dictionary of Hieroglyphics* (1867)[52] eine Anordnung nach phonetischen Gesichtspunkten, also einer lautphysiologischen Klassifikation.[53] Dies wurde so auch in dem von Erman (s. Zitat o.) erwähnten *Index zum Papyrus Ebers* (1875) L. Sterns so übernommen. Zwischenzeitlich jedoch hatte H. Brugsch mit seinem in vier Haupt- und drei Supplementbänden erschienenen *Hieroglyphisch-demotischen Wörterbuch* (1867–82)[54] einen neuen Standard gesetzt[55] und war dabei in der Frage der Anordnung der Einträge von der durch Birch eingeführten Praxis abgewichen.[56] Da die Frage der Umschrift des Ägyptischen in einem Transkriptionsalphabet Gegenstand eines eigenen Abschnitts dieses Kapitels bilden soll, gilt es an dieser Stelle nur festzuhalten, dass Erman bei der Erstellung seines Wörterbuches die gemeinsame Behandlung des Demotischen und des Hieroglyphisch-Ägyptischen, wie sie Brugsch durchgeführt hatte, aufgab, dabei jedoch die Anordnung des Transkriptionsalphabetes weitestgehend übernommen hat. Dennoch sind seine Stellungnahmen zu der Leistung Brugschs auch in diesem Fall eher kritisch-distanziert.[57] Dass es sich dabei

46 Vgl. Schenkel (1995), 193.
47 Budge (1920), xxi-xxxi.
48 Vgl. op. cit., xxii; xxv-xxx.
49 Vgl. op. cit., xxx.
50 Vgl. op. cit., xxv-xxx; Schenkel (1995), 193.
51 Vgl. Gardiner (1957), 442–548.
52 Budge (1920), xxxiii-xxxix.
53 Nachdem er in das in seinem „Sketch" verwandte System der „ideophonetischen" Anordnung aufgegeben hatte; vgl. op. cit., xx; xxxii; Schenkel (1988), 17 f. & Schenkel (1995), 194.
54 Budge (1920), xxxix-xli.
55 Wobei seine Arbeitsweise sehr wohl kritisiert wurde; vgl. Renouf (1897).
56 Vgl. Schenkel (1988), 22–27.
57 Eine eher neutrale Erwähnung in Erman (1929), 163.

nicht nur um persönliche Animosität gehandelt hat bzw. dass auch andere Kollegen diese Einschätzung Ermans teilten, geht aus einem Brief des Göttinger Ägyptologen R. Pietschmann hervor, der eine Besprechung[58] von Brugschs Wörterbuch durch Erman ausdrücklich in ihrem Urteil unterstützt:[59]

> Ihre Anzeige von Brugschs WB. | wird diesem nur gerecht. Ich bin oft in | der persönlichen Verlegenheit gewesen, wenn | ich von Anderen nach der Stichhaltigkeit | der vielen von ihm in Umlauf gesetzten | sensationellen Humbug-Hypothesen ge-|fragt wurde. Man wird schliesslich für | all die Sünden des gefeierten Uebelthäters | mit verantwortlich gemacht und muss | hören, dass es unmöglich eine Wissenschaft ‖ sein kann, wo eine derartige ‚Meinungs-|verschiedenheit' möglich ist.

Wie schon die Formulierungen in diesem Schreiben Pietschmanns andeuten, stellte Ermans Rezension v. a. eine Abrechnung mit dem wissenschaftlichen Profil Brugschs dar. In der Bewertung von Brugschs lexikografischen Arbeiten nämlich fällt Ermans Urteil grundsätzlich positiv aus. Schon die Einleitung der Besprechung bringt dies deutlich zum Ausdruck:

> Während wir mancher neueren Arbeit von Heinrich Brugsch nur mit geteilten Empfindungen gegenüber standen – denn welcher gebildete Sinn fühlte sich nicht von dem geschmacklos schwülstigen Stil und den Hypothesen abgestoßen [...] –, liegen heut zwei Werke desselben Gelehrten vor, denen wir volle Bewunderung zollen können. Es sind dies das großartige Dictionaire géographique und das Supplement zu seinem Wörterbuch;[60]

Nach der Erörterung einer Reihe von lexikografischen Detailfragen kommt Erman dann jedoch auch folgerichtig zu dem Schluss:

> Aber trotz solchen kleinen Sünden liegt in den neuen Bänden des Wörterbuches doch ein bedeutender Fortschritt unserer Wissenschaft; man kann ohne Uebertreibung behaupten, dass sie für die lexikalische Arbeit der Aegyptologie einen provisorischen Abschluss bedeuten. Was in der empirischen Feststellung der Bedeutungen zu leisten war, ist im wesentlichen hier geleistet; ein neues Wörterbuch würde erst dann Berechtigung haben, wenn in ihm der Wortschatz der verschiedenen Sprachepochen gesondert würde.[61]

Ganz ähnlich äußert sich Erman auch später in seiner Autobiografie: Er sieht durch Brugschs Wörterbuch einen ersten – man möchte ergänzen vor-wissenschaftlichen bzw. vor-paradigmatischen – Abschnitt der Entwicklung der Ägyptologie zum Abschluss gebracht:

58 Erman (1880b).
59 BStUB, Pietschmann-Erman, 1880.
60 Erman (1880b), 292.
61 Op. cit., 294.

> Als er 1867 und in den folgenden Jahren sein Wörterbuch veröffentlichte, bedeutete das wirklich einen Abschluß aller bisherigen Arbeit; es war zugleich das Zeichen, daß eine neue Periode der Wissenschaft begann.[62]

Bewusst anknüpfend an die Arbeit Brugschs wollte bzw. konnte Erman also nicht. Während man jedoch in der Frage der Anordnung der Lemmata eine Übernahme der von Brugsch entwickelten Systematik feststellen kann und das Wörterbuch Ermans damit sehr wohl in der Tradition der vorher innerhalb der deutschen Ägyptologie praktizierten Lexikografie steht, ist seine Beschreibung des Brugsch'en Wörterbuches als „Abschluß" einer Epoche in der Ägyptologie durchaus nicht (nur) einer Herausstellung der eigenen Leistungen Ermans zuzuschreiben. Mit Brugschs Wörterbuch erschien auch das letzte derartig umfassend gestaltete Werk der Ägyptologie, welches von einem Gelehrten allein erstellt worden war. Für die Zukunft waren, wie Erman ja auch selbst erkannt hatte (vgl. Brief an Ebers o.), neue Organisationsformen und Arbeitsweisen nötig,[63] die im folgenden Abschnitt näher betrachtet werden sollen. Die von E. A. T. W. Budge[64] geforderten „Qualifications necessary for writing an Egyptian Dictionary", wirken zum Zeitpunkt des Erscheinens seines *Egyptian Hieroglyphic Dictionary* (1920) bereits anachronistisch bzw. unrealistisch:

> It will probably be admitted by all that the compiler of an Egyptian Hieroglyphic Dictionary should know at first hand every collection of Egyptian monuments and papyri in the world, that he should have visited every great museum on the Continent and in Egypt, England and America, and copied and collated with printed editions, every hieroglyphic, hieratic and demotic text of importance, that he should know well [...] Coptic in all its dialects.[65]

4.2 Die Akademie und das Konzept des ‚Wissenschaftlichen Großbetriebes'

Der Begriff des „Großbetriebs der Wissenschaften" ist ursprünglich von A. Harnack geprägt worden:

> Wer daher heute gegen den Großbetrieb der Wissenschaften spricht – das Wort ist nicht schön, aber ich finde kein besseres –, der weiß nicht, was er tut, und wer die fortschreitende Ausbreitung dieser Methode der Weltbezwingung zu hemmen sucht, der wirkt gemeinschädlich. Die Gefahren dieses Betriebes kennen wir genau – Mechanisierung der Arbeit,

62 Op. cit., 254.
63 Vgl. Budge (1920), xiv.
64 Bierbrier (2012), 90 ff.
65 Budge (1920), xlv.

Ueberschätzung der Stoffsammlung und -reinigung gegenüber der geistigen Durchdringung, wohl auch Verblödung der Arbeiter – (...).[66]

Vorbild für diese neue Auffassung wissenschaftlichen Arbeitens waren wohl die Naturwissenschaften gewesen.[67] Eine straffe und effiziente Arbeitsorganisation sollte den Geisteswissenschaften vergleichbare Forschungserfolge, v. a. aber die systematische Bearbeitung bzw. Bezwingung des umfangreichen Quellenmaterials ermöglichen. Dabei soll nicht der Eindruck entstehen, dass sich, zumindest bis nach dem Ende des Ersten Weltkrieges, die Geisteswissenschaften durch die Konkurrenz der aufstrebenden Naturwissenschaften zu diesem Schritt gezwungen sahen. Im Gegenteil, gerade auch die Vertreter der Altertumswissenschaften traten äußerst selbstbewusst auf. So äußerte Erman z. B. in einem Schreiben an den Kultusminister vom 09. November 1910:

Man pflegt unsere Zeit die Epoche der Naturwissenschaften zu nennen, aber mit nicht minderem Rechte könnte man sie auch als die Epoche der orientalischen Wissenschaften bezeichnen.[68]

Durch die neuen Arbeits- und Organisationsformen[69] veränderte sich jedoch die Selbstauffassung der Wissenschaftler. Eine Einschätzung Ermans über seine Motivation zur Arbeit am Ägyptischen Wörterbuch illustriert dieses neue Selbstverständnis, das mit dem Begriff des Kärrners oder des sich „für die Wissenschaft verzehrenden“ Gelehrten umschrieben werden kann:[70]

Ob ich diese Arbeit unternommen hätte, wenn ich ihre riesenhafte Größe geahnt hätte? Wenn ich gewußt hätte, daß sie mein Leben und meine Kräfte verzehren würde und mich von jeder anderen Aufgabe fernhalten? Ich glaube doch, denn was mich zu dieser Arbeit führte, war nicht die Freude an einer interessanten Aufgabe, und noch weniger war es Ehrgeiz; es war einfach das Gefühl, daß es meine ‚verfluchte Pflicht und Schuldigkeit‘ war, an der Stelle, an der ich stand, für dieses Bedürfnis meiner Wissenschaft zu sorgen.[71]

Man liegt sicher nicht völlig falsch, wenn man zumindest in der Formulierung mit „verfluchter Pflicht und Schuldigkeit“ ein Anzeichen der „unverkennbar preußischen Observanz“[72] der Berliner Schule erkennt. Die Einzelinteressen und

66 Harnack (1905), 195.
67 Vgl. Rebenich (1999), 202; Hoffmann (2002), 93 f.; Rebenich (2005), 194.
68 Zitiert nach Grapow (1950), 9.
69 Hoffmann (2002), 95 spricht von „kollektiver Arbeitsform“.
70 Vgl. Rebenich (2007), 208–211; Rebenich (2009), 408.
71 Erman (1929), 288.
72 Assmann (1990), 336.

Neigungen des Wissenschaftlers als Individuum treten hinter die Interessen der Wissenschaft zurück. Dass dieser neue Geist auch eher drollige Blüten treiben konnte, verdeutlicht eine Schilderung des jungen Erman in einem Brief an seinen Lehrer Ebers vom 04. Februar 1881:

> Verzeihen Sie die verworrene Form dieses Briefs, | ich schriebe ihn noch ab, wenn ich mich | nicht schleunigst ‚anziehen' müsste. Daraus | sehen Sie zugleich, dass ich mich jetzt auch | dem [73] hingebe; Sie werden das hoffentlich | weniger erschreckend finden als der gute Schrader,[74] | der mich glaub ich für ein halb verkommenes Genie ansieht, seit er mich einmal auf der Eisbahn | ertappt hat. Das ist doch auch ein Standpunkt eigener Art![75]

Der Wissenschaftler hat sich mit all' seiner Zeit und seiner ganzen Energie auf die Aufgabe zu stürzen, die ihm seine Wissenschaft gestellt hat. Doch um dies tun zu können, benötigt die Wissenschaft einen neuen organisatorischen Rahmen und eine gesicherte finanzielle Grundlage. Die Verantwortung hierfür sieht T. Mommsen eindeutig beim Staat:

> Alle wissenschaftlichen Aufgaben, welche die Kräfte des einzelnen Mannes und der lebensfähigen Association übersteigen, vor allem die überall grundlegende Arbeit der Sammlung und Sichtung des wissenschaftlichen Apparates muss der Staat auf sich nehmen, [...]. Dazu bedarf es eines Vermittlers, und das rechte Organ des Staates für diese Vermittlung ist die Akademie.[76]

Das von Harnack postulierte Konzept des ‚Wissenschaftlichen Großbetriebes' und die von Mommsen behauptete Zuständigkeit des Staates, institutionell vertreten durch die Akademien, setzte sich nicht nur auf breiter Front durch und wurde schließlich auch zum Vorbild für die Wissenschaftsorganisation im Ausland,[77] sondern es bewirkte auch eine Verlagerung des Schwerpunktes wissenschaftlicher Innovation von der Ebene universitärer Seminare und Institute hin zu den Großprojekten der Akademien.[78] Für die orientalistischen Fächer gilt es hierbei jedoch einschränkend zu bemerken, dass wegen fehlender beruflicher Perspektiven außerhalb der Wissenschaft und der daraus resultierenden Ausrichtung des universitären Unterrichts auf die Vorbereitung zur Forschung zumindest die (Grund-) Ausbildung junger Orientalisten entscheidend von der Unterrichtsform des Seminars geprägt worden ist, welches den Studenten enorme autodidaktische

73 = Tanzen; vgl. Wb III, 250, 5.
74 Meyer (1908); Renger (1979), 151–157.
75 SBB-PK, Nachl. Georg Ebers: Erman, Adolf, 04.02.1881.
76 Mommsen, 1874, zitiert nach Rebenich (2005), 194 f.
77 Vgl. Rebenich (1999), 223.
78 Vgl. op. cit., 205; Rebenich (2005), 195.

Fähigkeiten abverlangte und der auch von Harnack (s. Einleitungszitat o.) befürchteten „Verblödung" der Mitarbeiter an einem wissenschaftlichen Großprojekt von vornherein entgegengewirkt haben dürfte.[79] Die Einschränkung macht deutlich, dass in den wissenschaftlichen Großbetrieben zumindest zu Beginn wissenschaftliches Personal tätig war, das seiner universitären Sozialisation nach autodidaktisch, selbstständig arbeitend und damit beinahe zwangsläufig auch spezialistisch ausgerichtet war. Nicht zuletzt deshalb blieb die Bedeutung einzelner Wissenschaftler – v. a. der Vertreter älterer Semester – für die Ausgestaltung auch eines solchen Vorhabens wie dem Ägyptischen Wörterbuch bestehen. Und ebenso wie in der die Wissenschaft umgebenden Gesellschaft führte die Industrialisierung des Wissenschaftsbetriebes nicht zwangsläufig auch zu einer Demokratisierung. Mochte die Arbeit auch von vielen geleistet werden, Erman darf dennoch als *Spiritus Rector* des Ägyptischen Wörterbuches aufgefasst werden, der höchst eigenmächtig handelte, wie noch bei der Auseinandersetzung mit dem ägyptischen Transkriptionsalphabet zu zeigen sein wird. Auch in der Rolle des wissenschaftlichen Kärrners nach Mommsen'scher Prägung behielten, gerade in der personell eher kleinen Ägyptologie, herausragende Forscherpersönlichkeiten wie Erman ihren Einfluss, während erst nachfolgende Generationen tatsächlich hinter (zumindest vermeintlich) objektive Forschungsinteressen zurücktraten.

4.3 Geschichte des Unternehmens

Die Geschichte und der Verlauf des Ägyptischen Wörterbuchunternehmens sind vielfach und ausführlich dargestellt worden,[80] wobei sich die meisten dieser Darstellungen auf die umfassende Schilderung A. Ermans und H. Grapows stützen.[81] Es sollen im Folgenden daher v. a. solche Aspekte behandelt bzw. anhand von Archivmaterialien diskutiert werden, die bislang nicht in ausführlicher Form vorgestellt worden sind und somit die bisherigen Darstellungen ergänzen. Zur Übersicht soll eingangs ein möglichst knapp gehaltener Überblick die Geschichte des Unternehmens zusammenfassen, bevor einzelne Aspekte genauer untersucht werden. Der Betrachtungszeitraum wird hierbei durch das Todesdatum A. Ermans begrenzt, da die nachfolgenden Zeitabschnitte somit über den chronologischen Rahmen dieser Untersuchung hinausgehen.

---

79 Vgl. Mangold (2006).

80 Vgl. Grapow (1952); Borger (1984), 71–94; Seidlmayer (1999); A.B. (2000); Bartel (2001), 140–166; Seidlmayer (2006); für die Zeit nach dem 2. Weltkrieg: Grunert-Reineke (1992) & Reineke (1999).

81 Erman-Grapow (1953).

4.3.1 Überblick über die Geschichte des Wörterbuchunternehmens

Nachdem Erman sich vergeblich um die finanzielle Förderung seines Vorhabens durch die Wentzel-Heckmann-Stiftung in Höhe von 35.000 Mk., verteilt über fünf Jahre, bemüht hatte,[82] richteten die Vertreter der Ägyptologie an den deutschen Akademien im Februar 1897 ein Immediatsgesuch an S.M. den Kaiser, das im Mai desselben Jahres positiv beschieden wurde. Diesmal jedoch hatte man die Höhe der beantragten Mittel auf 70.000 Mk. heraufgesetzt.[83] Im Zeitraum von 1898 bis 1905 erfolgte dann bereits die Erfassung ägyptischer Texte, so dass ab 1906 mit der Ausarbeitung eines ersten Manuskripts begonnen werden konnte.[84] In dieser Zeit wurden auch die Texte aus griechisch-römischer Zeit durch H. Junker[85] aufgenommen,[86] während die demotischen Texte keinerlei Berücksichtigung fanden.[87] Das in diesem Abschnitt der Arbeiten erstellte sog. Vormanuskript erwies sich als zu aufwendig und wurde 1909 verworfen.[88] Daraufhin unternahm man auf Anraten K. Sethes zunächst eine Feinordnung der Wörterbuchzettel, die sog. Revision, die bis 1927 andauerte.[89] Während der Dekade von 1910 bis 1920 erfolgte v. a. eine Erweiterung der Wörterbuchkommission der Akademien, die jedoch von den Beteiligten nurmehr als „Ehrenausschuss“[90] begriffen wurde, da die Kontrolle und Leitung des Vorhabens eindeutig bei den Vertretern der Berliner Akademie bzw. bei Erman lag.[91] In dieser Zeit gingen auch die Materialien des Wörterbuches in den Besitz der Akademien über. Der Erste Weltkrieg bedeutete zwar einen Einschnitt für die Arbeiten, einerseits durch den Verlust an der Front gefallener oder durch den Militärdienst zumindest gebundener Mitarbeiter,[92] andererseits aber durch die sich wandelnden politischen, wirtschaftlichen und gesellschaftlichen Rahmenbedingungen nach dem Ende des Krieges und dem Zusammenbruch des Kaiserreichs. Durch die großzügige, durch J. H. Breasted vermittelte Unterstützung

---

82 Vgl. Erman-Grapow (1953), 17 f.
83 Vgl. Op. cit., 18.
84 Vgl. Seidlmayer (2006), 171.
85 Vgl. Junker (1963), bes. 15–18.
86 Vgl. Erman-Grapow (1953), 33.
87 Vgl. op. cit., 31.
88 Vgl. op. cit., 52 f.
89 Vgl. Seidlmayer (2006), 171 f.
90 Erman-Grapow (1953), 28.
91 Rebenich (2006), 343 spricht von „borussische[r] Suprematie“.
92 Hier ist v. a. H. Grapow zu nennen, den Erman durch zahlreiche Schreiben an die Militärführung von seinem Militärdienst für die Arbeit am Wb freizubekommen versucht, wovon einige Schreiben in den Archiven der Akademie Zeugnis ablegen: ABBAW, Bestand PAW (1812–1945), II – VIII, 238 (1897–1925), Bl. 122, 18.12.1914 & 127 f., 28.08.1916.

J. D. Rockefellers kann nach der Veröffentlichung des Ägyptischen Handwörterbuches (1921)[93] 1924 die Drucklegung des großen Wörterbuches der Ägyptischen Sprache in Angriff genommen werden,[94] woran sich ab 1932 noch die Herausgabe der Belegbände und der Abschluss der Textverzettelung anschlossen, die jedoch erst nach Unterbrechung der Arbeiten während des Zweiten Weltkrieges 1953 zum endgültigen Abschluss kam. Erman hat dies nicht mehr miterlebt.

4.3.1.1 Das Immediatgesuch an Kaiser Wilhelm II.

In ihrer 1953 erschienenen gemeinsamen Darstellung[95] der Geschichte des Wörterbuchunternehmens gehen die Verfasser sehr wohl auf das 1897 eingereichte Immediatgesuch ein und stellen auch den damals erstellten Arbeitsplan in extenso vor,[96] allerdings wird die „längere Einleitung über den Stand der Ägyptologie und ihre Entwicklung bis dahin“[97] nicht abgedruckt. Dabei ist davon auszugehen, dass diese Unterlassung wohl v. a. dem veränderten Zeitgeist geschuldet ist, in den sich die Argumentations- und Darstellungsform des Gesuches an den Kaiser des Deutschen Reiches nur schlecht eingefügt hätte, weshalb aber gerade dieser Teil des Immediatgesuches von enormem wissenschaftsgeschichtlichen Interesse ist und daher hier vorgestellt werden soll. Zugrunde gelegt ist hierbei die in den Archiven der Berlin-Brandenburgischen Akademie der Wissenschaften befindliche Kopie des Gesuches mit dem Datum vom 26. Februar 1897. Bemerkenswerterweise findet sich in dieser jedoch keinerlei Übereinstimmung oder sinnvoller Anschluss zu dem von Erman und Grapow später veröffentlichten Wortlaut, so dass man es bei der in der Publikation angeführten Edition nicht nur mit einer unvollständigen, sondern ganz und gar anderen Version des Textes zu tun hat.

Das Schreiben beginnt, im Stile der Zeit, mit der Anrede des Monarchen, dem von Anfang an die führende Stellung Deutschlands auf dem Gebiet der Ägyptologie vermittelt und als Mittel zum Erwerb nationalen Ruhmes schmackhaft gemacht werden soll:[98]

> Allerdurchlauchtigster,
> Großmächtigster Kaiser und König!
> Allergnädigster Kaiser, König und Herr!
> Euer Majestät legen die unterzeichne-|ten deutschen akademischen Vertreter der | Ägypto-

93 Vgl. Erman-Grapow (1921).
94 Vgl. Erman-Grapow (1953), 28, 61.
95 Vgl. op. cit.
96 Vgl. op. cit., 18–21.
97 Op. cit., 18.
98 ABBAW, Bestand PAW (1812–1945), II – VIII, 238 (1897–1925), Bl. 3–7.

logie ehrfurchtsvollst eine Angele-|genheit vor, die ihnen sowohl für ihr | eigenes Fach als auch für die Stellung und | das Ansehen der deutschen Wissenschaft be-|deutsam erscheint.

Es folgt ein kurzer Abriss der Geschichte der Ägyptologie, dessen Interpretation der nationalen Rollenverteilung bei der Begründung (Frankreich) und der Aufrechterhaltung und dem Ausbau (Deutschland) auch später so aufrechterhalten werden wird:[99]

Der Ruhm, zuerst der Erforschung des al-|ten Aegyptisch Bahn gebrochen zu haben, | gebührt den Franzosen. Aber als unsere | junge Wissenschaft nach dem frühen Tode Cham-|pollions, ihres Begründers, in Frankreich | zu erlöschen drohte, da war es Deutschland, | wo sie zuerst wieder ernste Pflege und | eine neue Heimath fand;

Dem Kontext bzw. dem Adressaten dieses Schreibens angemessen, erfolgt auch eine Würdigung des Engagements des Hauses Hohenzollern für die Wissenschaft der Ägyptologie:[100]

es waren die | Könige Preußens, die diese zu neuem Le-|ben erweckten. König Friedrich Wilhelm | III[101] schuf in den Jahren 1823–1839 ein ‖ großes Museum ägyptischer Alterthümer.

König Friedrich Wilhelm IV[102] aber gebührt | der unvergängliche Ruhm, in den Jahren | 1842–1846 jene preußische Expedition nach | Ägypten entsendet zu haben, die uns | zuerst die ältesten Perioden seiner Geschichte | erschlossen hat und auf deren methodischen | Untersuchungen wir weiterbauen. Ihre | Veröffentlichung, das große Werk der | ‚Denkmäler aus Oberägypten und Aethio-|pien, gilt noch heute auch im Auslande | für ein grundlegendes und unentbehrliches | Werk der aegyptischen Forschung.

Dank dieses großen Unternehmens und die | von ihm ausgehenden Arbeiten ihres | Leiters Lepsius ist die Ägyptologie in | Deutschland gleichsam zum zweiten Male | begründet worden. Und auch in dem hal-|ben Jahrhundert, das seither verflossen ist, | ist es Deutschland, das sie vor anderen Län-|dern gepflegt und das ihr ihre wissenschaft-|liche Rüstung gegeben hat. Und dankbar er-|kennen wir an, wie sehr sie dabei die [er-|leuchtete?] Förderung unterstützten, die sie ‖ wiederholt von dem hochseligen Kaiser | Wilhelm I[103] und von seiner Majestät selbst | erfahren hat.

Der folgende Abschnitt geht auf die aktuelle Situation in Ägypten ein und deutet eine auch weltpolitische Perspektive an, die klar und unmissverständlich Großbritannien und Frankreich als wissenschaftliche Konkurrenten benennt.

99 Vgl. Sethe (1921), 39 f.
100 Ebenfalls später noch erinnert durch op. cit., 42 f.
101 (1770–1840) – Hervorhebung im Original.
102 (1795–1861) – Hervorhebung im Original.
103 (1797–1888) – Hervorhebung im Original.

> Seitdem Frankreich und England im Nilthal | ein Uebergewicht besitzen oder dies an- stre-|ben, sind auch die Erforschung des alten | Oberägyptens von den Regierungen dieser Län-|der aus politischen Gründen eifrig gefördert.
>
> Die Verwaltung der oberägyptischen Alter-|thümer und der Ausgrabungen liegt in den | Händen der Franzosen, die außerdem in Kairo | ein reich dotirtes wissenschaftliches Institut | (die ‚mission archéologique française')[104] | unterhalten.[105]
>
> England wird wissenschaftlich durch die Gesell-|schaften des ‚Egypt exploration fund', des | ‚Egypt survey' und des ‚Egyptian research | account' vertreten, die bei den eng- lisch-|aegyptischen Behörden jede Förderung finden.
>
> Gegenüber diesen Anstrengungen muß | die deutsche Wissenschaft, die in Ägypten || keine privilegierte Stellung einnimmt und | nicht so reich subventioniert werden kann, | nothwendig im Nachtheil sein – allerdings | nur in dem einen Punkte, auf den die | Engländer und Franzosen ihre ganze Arbeit | verwenden: in der Heranschaffung neuen | Materials, im Ausgraben und im Kopieren | von Inschriften.

Anstatt nun den Versuch zu unternehmen, mit den genannten Mächten gleichzuziehen oder sie in direktem Wettbewerb zu überholen, reklamieren die Vertreter der deutschen Ägyptologie andere Kompetenzen bzw. Zuständigkeiten, wobei sie sehr selbstbewusst eine Deutungshoheit über die wissenschaftliche Auswertung, v. a. der textlichen Hinterlassenschaften des Alten Ägypten, für sich in Anspruch nehmen:

> Die eigentliche wissenschaftli-|che Arbeit, die philologische und historische | Verarbeitung und Verwertung des herbei-|geschafften Stoffes liegt nach wie vor zum | besten Theile in den Händen der deutschen | Aegyptologen.
>
> Es würde daher auch nicht zweckmäßig | sein, wenn wir deutscherseits noch mit den | Engländern und Franzosen auf jenem | ihrem besonderen Gebiet ernstlich wetteifern | wollten. Aber um so mehr ist es unsere | Pflicht, nur auf unserem eigentlichen wis- sen-|schaftlichen Gebiete den überlieferten Vor-|rang zu wahren, und wenn jene immer | neues Rohmaterial zu Tage fördern, so | müssen wir dagegen zeigen, daß noch im-|mer die eigentliche wissenschaftliche Ägyptologie || ihren Hauptsitz in Deutschland hat.

Aus dieser besonderen Situation heraus ergibt sich für die deutsche Ägyptologie nicht nur die praktische Notwendigkeit zur Bewältigung der selbst gewählten Aufgabe, die nötigen Grundlagen zu schaffen, sondern geradezu eine Verpflichtung hierzu der wissenschaftlichen Welt gegenüber:

> Die schlimmste Lücke in unseren Kenntnissen, | die mehr als jede andere den Fortschritt der | Aegyptologie behindert, muß von unserer | Seite geschloßen werden: Deutschland muß der |

---

104 Anmerkung in runden Klammern im Original.

105 Eine vergleichbare Argumentationsweise internationalen Wettbewerbs hatte auch schon Ebers (1887a) in seinem Bemühen für ein Orientalistisches Institut in Kairo angewandt.

> Aegyptologie das Wörterbuch schaffen, dessen | Mangel jedem Fachkundigen als eine ernste | Gefahr für unserer Wissenschaft erscheint.

Die hier erwähnten Gefahren werden sehr wohl weiter konkretisiert und zur Begründung einer intensivierten Professionalisierung der Ägyptologie herangezogen. Dabei gilt es den Publikationen dilettantischer Vorgänger durch systematische Arbeitsweisen und wissenschaftliche Beweisverfahren zu begegnen:

> Denn so erfreulich sich die aegyptischen | Studien auf anderen Seiten hier entwickelt | haben, in diesem wichtigsten Punkte sind sie | so weit zurückgeblieben, daß von zehn Wor-|ten eines ägyptischen Satzes im Durchschnitt | nur acht wirklich bekannt sind. Es ist dies | geradezu verhängnisvoll für unsere | Disziplin; wir sind dadurch am vollen Ver-|ständniß der Inschriften und Papyrus gehin-|dert, und diese halb verstandenen Texte | bisher nur Dilettanten Spielraum zu | willkürlichen Spekulationen.
>
> Und doch ist es ein Mangel, der zum größ-|ten Theil behoben werden kann, denn bei der | außerordentlich großen Anzahl aegyptischer | Texte, die uns erhalten sind, findet sich das || einzelne Wort an so verschiedenen Stellen | und in so verschiedenen Zusammenhängen | gebraucht, daß es fast immer möglich sein | wird, durch die Vergleichung dieser Stellen | auch seine Bedeutung zu ermitteln. Freilich | übersteigt diese Aufgabe, die ja die systema-|tische Verarbeitung aller aegyptischen | Texte voraussetzt, [?] die Kraft eines | Einzelnen, sie erfordert ein geregeltes | Zusammenarbeiten unserer Gelehrten[106] | und sie wird auch dann noch manches Jahr | in Anspruch nehmen, aber, wenn irgendwo, | so kann sie in Deutschland gelöst werden, | das allein die für sie nöthigen geschulten | Kräfte besitzt.

Geschickt verlagert sich der Schwerpunkt nunmehr von nationalem Prestigedenken – Weltgeltung für deutsche Wissenschaft – hin zu einem Verweis auf die schon erbrachten Leistungen deutscher Wissenschaftler auf dem Gebiet der klassischen Altertumswissenschaft und damit zumindest auch auf die in Deutschland entwickelten methodischen Grundlagen sowie erfolgreich betriebene wissenschaftliche Großprojekte:

> In einem solchen aegyptischen Wörter-|buch würden die deutschen Aegyptologen | daher der Welt ein großes wissenschaft-|liches Werk von bleibendem Werthe schaf-|fen, ein Werk wie es seiner Zeit das | ‚Corpus inscriptionum' war oder | wie es jetzt der ‚Thesaurus linguae | latinae' ist. Es wäre eine würdige Ver-|tretung der deutschen Aegyptologie, während || jetzt deren Einzelarbeiten, wie wichtig sie | auch sein mögen, in ihrer Unscheinbarkeit | neben den bändeweisen und luxuriösen | Veröffentlichungen des Auslandes zurücktreten.

---

106 An dieser Stelle erstmals eine zumindest teilw. Übereinstimmung in Inhalt und Diktion mit der Version aus Erman-Grapow (1953), 18: „Auch so würde diese Arbeit noch weitaus die Kräfte eines Einzelnen übersteigen. Wohl aber läßt sie sich durch systematisches Zusammenwirken mehrere Gelehrter durchführen."

> Das sind die Erwägungen, aus denen die | ehrfurchtsvollst Unterzeichneten zusammenge-|treten sind, um ein solches Werk, wenn mög-|lich, ins Leben zu rufen, und zwar auf | Grund des beiliegenden Planes,[107] der auf | ausführlichen Voraussagen beruht.

Das Vorhaben, das sich nicht durch die Unterstützung der an der Preußischen Akademie angesiedelten Wentzel-Heckmann-Stiftung finanzieren ließ, muß nun durch eine gemeinsame Kraftanstrengung aller deutschen Akademien bewältigt werden und wird – der bisherigen nationalen Argumentation nach aussen entsprechend – als ein gesamtdeutsches Anliegen dargestellt:

> Aus dem Vorstehenden erhellt, daß es sich | hier nicht um eine Aufgabe der Gelehrten | eines einzelnen Länderstaates handelt, son-|dern um ein solches der gesamten deutschen | Wissenschaft. Daher wagen wir es, nachdem | die Versuche, auf anderem Wege die nöthi-|gen Mittel zu beschaffen, erfolglos geblieben | sind, die allerhöchste Gnade Seiner Majestät | anzurufen und tragen die ehrfurchtsvolle | Bitte vor. Seine Majestät wolle uns durch | Allerhöchste Gewährung der nöthigen Geldmittel | die Inangriffnahme des großen Werkes | ermöglichen.

Das Schreiben wird nun auch noch mit einem aktuellen Anlass verbunden, der den deutschen Ägyptologen Gelegenheit bietet, ihre Wissenschafts- und Forschernation auf internationalem Parkett würdig zu repräsentieren, wodurch jedoch wohl implizit auch der Anreiz für den umworbenen monarchischen Mäzen erhöht werden soll, dem Ersuchen stattzugeben:

> Es bewegt uns dabei noch ein besonderer ‖ Umstand, der einen baldigen Beginn der | Arbeit wünschen läßt. Im Herbste dieses | Jahres findet in Paris der internationale | Orientalistenkongreß statt, und nach allem | was bisher über diesen verlautet, dürfte | derselbe von allen Seiten viel besucht wer-|den. Wenn nun die deutsche Ägyptologie | dort eine würdige Vertretung finden soll, | so müssen wir nothwendig diesem Kongresse | auch etwas zu bieten haben, das den großen | englischen und französischen Veröffentlichun-|gen, die dort zur Vorlage kommen dürf-|ten, die Waage hält. Es wäre in höchstem Maße | zu wünschen, daß wir dem Kongresse mit-|theilen könnten, daß die deutsche Aegyptolo-|gie ihren Traditionen getreu und unter | dem Schutze Seiner Majestät begonnen hat, | das größte Hinderniß aus dem Weg zu | räumen, das bisher noch der Wiederbele-|bung des alten Aegyptens entgegensteht.
>
> Können wir dies mittheilen, so wird diese | Ankündigung von großer Wirkung sein; | sie wird das Ansehen der deutschen Aegyp-|tologie und unserer wissenschaftlichen Stellung ‖ in Aegypten festigen. Können wir es nicht, | so werden wir besser thun, vom Kongresse | fern zu

107 Auch die in den Archiven der BBAW dem Immediatgesuch beiliegenden Anlagen, das „Statut für die Herstellung des Wörterbuches der ägyptischen Sprache“ und der „Allgemeine Arbeitsplan“ weisen keine Übereinstimmung mit dem in Erman-Grapow (1953), 19 ff. publizierten „Plan“ auf.

> bleiben, auf dem wir neben | den ausländischen Gelehrten mit ihren großen | Unternehmungen nicht das der deutschen | Wissenschaft gebührende Ansehen finden | würden.

Zum Schluss nennen die Unterzeichner dann die benötigte Summe und machen auch gleich Vorschläge, woher die Mittel zur Finanzierung ihres Vorhabens genommen werden sollen:

> Dies sind die Gründe, die uns ermuthigen, | Seiner Majestät, als dem erlauchten Beschützer | der deutschen Wissenschaft, die Angelegenheit | ehrfurchtsvollst zu unterbreiten, indem wir | daran die Bitte knüpfen, Seine Majestät | wolle uns die zur Ausführung dieses großen | Werkes nothwendigen Mittel im Betrage | von 70.000 M., nöthigenfalls in mehreren | Jahresraten, aus Reichsfonds huldreichst zu | gewähren, damit die deutsche Aegyptologie, | die Seiner Majestät Vorfahren geschaffen | haben, auch ferner ihren Rang zur Ehre | des Vaterlandes behaupten könne.
>
> Seiner Majestät treu gehorsamste
> gez. Prof. Ad. Erman, Berlin.
> „ Prof. Georg Ebers, München.
> „ Prof. Georg Steindorff, Leipzig.
> „ Prof. R. Pietschmann, Göttingen.

4.3.1.2 Der Aufruf an die internationale Ägyptologie

Die Rechnung der Antragssteller ging auf, bzw. S.M. ließ sich von der nationalen Bedeutung des Wörterbuchvorhabens überzeugen. Nachdem die deutsche Ägyptologie so auch auf dem nachfolgenden Orientalistenkongress in Paris ihre Forschernation würdig vertreten und ihr Vorhaben der internationalen Gelehrtenwelt vorstellen konnte,[108] erging im Dezember desselben Jahres ein Aufruf an die internationale Ägyptologengemeinde, zu diesem Projekt beizutragen und es nicht durch persönliche oder institutionelle Prärogative für die Bearbeitung von altägyptischen Texten zu behindern. Der Aufruf, der hier nach dem in den Archiven der Berlin-Brandenburgischen Akademie der Wissenschaften lagernden Textvertreter[109] wiedergegeben wird, wurde so auch in allen wichtigen Fachjournalen abgedruckt.[110]

---

108 Vgl. Erman-Grapow (1953), 29 f.

109 ABBAW, Arbeitsstelle Ägyptisches Wörterbuch Nr. 8/1.

110 Vgl. ZÄS 35, 1897, 111 f.; Sphinx 2, 1898, 85 f; Erman-Grapow (1953), 30 erwähnen außerdem: PSBA; Rec. Trav.; ZDMG und einen „allgemein gehaltenen Aufsatz für die Zeitschrift Cosmopolis“.

Aufruf

Nachdem Seine Majestät der Kaiser durch Allerhöchsten Erlaß vom 10. Mai 1897 | die Mittel zur Herausgabe eine *Wörterbuches der ägyptischen Sprache*[111] Allergnädigst | bewilligt haben, haben die Königl. Akademie der Wissenschaften zu Berlin, die | Königl. Gesellschaft der Wissenschaften zu Göttingen, die Königl. Gesellschaft der | Wissenschaften zu Leipzig und die Königl. Akademie der Wissenschaften zu | München eine Kommission zur Leitung dieser Arbeit eingesetzt, die aus den | Unterzeichneten besteht.

Das ‚Wörterbuch der ägyptischen Sprache' soll den gesamten Sprach-|schatz umfassen, den die in hieroglyphischer (bez. hieratischer) Schrift geschrie-|benen Texte uns bewahrt haben; die demotischen und koptischen Texte sollen | dagegen nur so weit herangezogen werden, als es die Erklärung hieroglyphisch | geschriebener Worte verlangt.

Die Sammlung des Materials erfolgt vermittelst des besonderen bei dem | ‚Thesaurus linguae latinae' ausgebildeten Verfahrens, das es erlaubt, für jedes | Wort sämtliche Belegstellen mit verhältnismäßig geringer Mühe zu vereinigen.

Bei der schließlichen Verarbeitung dieses Materials werden dann natürlich nur | die wesentlichsten dieser Belegstellen angeführt. – Die Dauer der Arbeit bis zum | Beginn des Druckes ist auf etwa elf Jahre berechnet.

Die Durchführung dieses großen Unternehmens hat aber zur Voraussetzung, | daß den Bearbeitern die erhaltenen Texte in möglichster Vollständigkeit und Ge-|nauigkeit vorliegen; es müssen auch solche Inschriften und Papyrus verarbeitet | werden können, die noch unveröffentlicht sind, und es muss freistehen, die schon | veröffentlichten Texte, wo es nöthig erscheint, nachzuprüfen.[112]

Dies wird sich nur erreichen lassen, wenn wir auch außerhalb des Kreises | unserer Mitarbeiter die nöthige Unterstützung finden.

In Anerkennung dieser Nothwendigkeit hat der Internationale Orientalisten-|kongreß in seiner diesjährigen Tagung zu Paris den Wunsch ausgesprochen:

que le services des Antiquités d'Égypte, les Administrations des Musées | et les Sociétés savantes facilitent l'exécution de cette grande entreprise | et communiquent aux savants chargés de ce travail les documents dont | ils auront besoin.

In Übereinstimmung mit diesem Beschlusse richtet nunmehr die unter-|zeichnete Kommission an die wissenschaftlichen Gesellschaften und Körperschaften, | an die Verwaltung der Alterthümer Ägyptens, an die Vorstände der Museen, an | die Besitzer ägyptischer Sammlungen und an alle Fachgenossen das ergebenste || Ersuchen, ihr neu entdeckte oder sonst noch unbekannte Texte in Abschrift, Ab-|klatsch oder Photographie mitzutheilen und ihr die Richtigstellung bereits ver-|öffentlichter Texte zu erleichtern. Die Kommission geht dabei für sich und ihre | Mitarbeiter ausdrücklich die Verpflichtung ein, alles ihr so zukommende als ver-|traulich mitgetheilt zu betrachten und es weder zu veröffentlichen, noch für andere | Zwecke als die des Wörterbuches zu benutzen. Auf der anderen Seite werden wir | uns eine Freude daraus machen, auch schon während der Arbeit den Fachgenossen | Auskunft über das Vorkommen einzelner Worte zu ertheilen.

111 Hervorhebung im Original.

112 Diese Einlassung wurde zum Anlass für eine Reihe eher polemischer ‚Korrekturen'; vgl. Piehl (1898a); (1898b); (1898c); (1899a); (1899b); (1899c); (1899d).

Alle Mittheilungen und Anfragen, die das Wörterbuch betreffen, bitten wir | an den mitunterzeichneten Professor Ad. Erman (Berlin, C. Lustgarten, Königl. | Museen) zu richten | Berlin im December 1897

Die akademische Kommission zur Herausgabe des Wörterbuches | der ägyptischen Sprache.

Ebers. Erman. Pietschmann. Steindorff.

4.3.1.3 Die Kommission

Die den Aufruf unterzeichnende Kommission zur Herausgabe des Ägyptischen Wörterbuches war als Folge der Bewilligung des Immediatgesuches durch die deutschen Akademien gebildet worden, wobei die jeweils das Gesuch unterzeichnenden Vertreter der Ägyptologie an den deutschen Akademien auch als Mitglieder der Kommission bestimmt wurden, also G. Ebers für München, A. Erman für Berlin, R. Pietschmann für Göttingen und G. Steindorff[113] für Leipzig. Die Kommission bestimmte Erman zum Vorsitzenden und Geschäftsführer. In den ersten Jahren der Arbeit am Wörterbuch fanden noch Sitzungen der Kommission an den verschiedenen Akademiestandorten statt, die in der Folge jedoch durch Zirkulare ersetzt wurden, nicht zuletzt auch um Reisekosten einzusparen. Von Anfang an wirkte Ermans Schüler, K. Sethe, als Beirat an den Beratungen zu dem Projekt mit und konnte auch entscheidende Impulse für dessen Ausgestaltung geben.[114]

Eine einschneidende Veränderung trat durch den Tod von Ebers (1898) ein, dessen Platz seitens der Bayerischen Akademie zunächst mit dem Sprachwissenschaftler Kuhn[115] besetzt wurde. Mit der 1910 erfolgten Ernennung von F. W. v. Bissing[116] als Vertreter der Münchener Akademie traten jedoch ernstliche Spannungen zu Tage, die wohl auch auf ein angespanntes persönliches Verhältnis Ermans zu diesem Kollegen zurückzuführen sind. So äußerte Erman bereits 1906 gegenüber dem Generaldirektor der Berliner Museen, W. v. Bode,[117] seine Befürchtung, dass der Kollege den Münchener Sitz in der Akademie einnehmen könnte, und fand für die Einschätzung der Person und des Charakters v. Bissings recht klare Worte:[118]

---

113 Bierbrier (2012) 424f.

114 Vgl. Erman-Grapow (1953), 26f.

115 Ernst Kuhn (1846–1920); Wilhelm (1982).

116 Bierbrier (2012), 60f.

117 Bode (1930).

118 SMB-ZA, NL Bode 1678, Erman, A., 01.11.1906.

In der ‚akademischen Kommis-|sion zur Herausgabe des Wör-|terbuches der aegyptischen Spra-|che‘ (denn diese meinen Sie wohl)

sitzen für Berlin: ich
Göttingen: Pietschmann
‖ Leipzig: Steindorff
München: Kuhn.

Der letztere ist nach Ebers’ | Tode von der Münchener Aka-|demie in Ermangelung eines | Aegyptologen nominirt worden.

Da er aber Sanskritist ist und | sich immer nur als Lückenbüsser | ansieht, so steht zu befürchten, | dass er Hrn. v. Bissing den Platz | räumen wird, falls dieser in die | Akademie kommt. Und da die | fragliche Kommission längst | zu einer Kommission für aegyptische | Altertumskunde in jedem Sinne | geworden ist, der auch das Kaire-|ner ‚Institut‘ in wissenschaft-|licher Hinsicht untersteht,[119] so | wäre dieser etwaige neue Vertreter der Münche-|ner Akademie nicht gerade ‖ die richtige Person. Er ist | nicht nur mit Borchardt | verfeindet,[120] sondern mit allen | deutschen Aegyptologen, ohne | Ausnahme. Gegen jeden hat | Hr. v. B. sich brieflich oder an-|derswie so benommen, | wie sich eben nur ein hysteri-|scher Mensch benehmen kann, | der nicht weiss, was er tut.

Die Abneigung zwischen dem „Freund aus München“[121] und den „Berliner Orientalisten“[122] beruhte jedoch auf Gegenseitigkeit, wie in einem Schreiben Bissings an Erman zum Ausdruck kommt, in dem er sich über die Ablehnung eines seiner Artikel durch die Redaktion der ZÄS, vertreten durch Steindorff, beschwerte, darin enthalten ist nichts Geringeres als eine formelle ‚Kriegserklärung‘ an die Vertreter der Berliner Schule:[123]

Sehr geehrter Herr Kollege!

Mit ergebenstem Dank bestätige ich den Empfang des Manuskripts, das nun anderwärts | gedruckt werden wird. Ich muss Ihnen mein Bedauern aussprechen, dass Sie als Mit-|herausgeber der ägyptischen Zeitschrift nicht einmal so viel Einfluss auf Herrn | Steindorff haben, um ihn zu einem Verhalten zu bewegen, das der Gepflogenheit gewis-|senhafter Redakteure entspricht.

Ich werde freilich nicht umhin können, bei passender Gelegenheit das sonderbare | Verfahren dieses Herrn, der selbstständige Leistungen bisher kaum aufzuweisen hat, | aber die Rassenreinheit der Schule um so eifriger wahrt, festzunageln. Mich wundert | die Naivität des Herrn Steindorff: Er scheint zu glauben, dass wenn er mir die ägypti-|sche Zeitschrift verschliesst, er mich damit tot machen kann, wie Herr Borchardt | glaubte durch seine Kritik in den Göttinger Anzeigen mir zu schaden. Ich habe sie | als Reklame vortrefflich benutzen können und habe an ihr nachweisen können, was für | spassige Herren die Berliner Orientalisten sind. Ich scheue den Kampf nicht, das habe ich | gezeigt und bin dabei nur gut

119 Ab 1899; Vgl. Kehrer (2007), 4f.
120 Vgl. Grapow (1973), 17f.
121 Erman, zitiert nach Grapow (1973), 26.
122 BStUB, Bissing-Erman, 24.02.1908.
123 Ebenda.

gefahren. Vogue la galère, ich bin heute 34 Jahre alt | und hoffe meine Gegner nicht nur an Lebensalter zu überleben.

Aber ich wäre auch zu friedlicher Auseinandersetzung bereit; das hat Herr Stein-|dorff jetzt definitiv abgewiesen. Dass Sie sich ihm darin anschliessen müssen, bedaure | ich.

Dieses Schreiben Bissings scheint Erman sehr erzürnt zu haben, denn er wendet sich nun seinerseits an die übrigen Kommissionsmitglieder, Pietschmann und Steindorff, um eine gemeinsame Erklärung abzugeben, des Inhalts, dass sie nicht weiter mit dem Kollegen aus München in der Kommission des Wörterbuchvorhabens zusammenarbeiten wollen bzw. können. Dabei droht Erman auch ganz unverholen mit seinem eigenen Rückzug aus der Kommission. Die Erklärung ist allem Anschein nach jedoch nicht an höhere Stellen weitergeleitet worden und wird auch in der späteren Darstellung der Geschichte des Wörterbuches[124] mit keinem Wort erwähnt:[125]

An die Herren Proff.
Steindorff und Pietschmann.

Wie den Herren erinnerlich sein wird, haben wir | wiederholt von dem Verhalten sprechen müssen, | das Herr Prof. v. Bissing[126] in München gegenüber un-|serem Unternehmen und gegenüber der deutschen | Aegyptologie einzuschlagen beliebt hat.

Im Anschluss hieran möchte ich den Herren hier | einen Brief in Abschrift zur Kenntnis geben, der | mir gestern zuging. Er bezieht sich darauf, dass | Prof. Steindorff einen Aufsatz, den Herr v. B. an | mich eingesendet hatte, nicht in die aegyptische Zeit-|schrift aufgenommen hat.

Es ist mir nicht möglich, mit einem Herrn, der derar-|tige Schmähbriefe zu schreiben vermag – und wie viel | ähnliche hat er schon an andere Fachgenossen gerichtet – | in persönlichem oder brieflichem Verkehr zu stehen.

Ich erkläre daher (und das ist es, weshalb ich den | Herrn diese Sache vorlege), dass ich meinerseits nicht | in der Lage sein würde, mit Hrn. v. Bissing in | der Kommission zusammen zu sein, falls ihn die Mün-|chener Akademie in diese hinein wählen sollte. Ich | würde in diesem Falle genötigt sein, aus der Kommission | auszutreten.

Wie schmerzlich mir es sein würde, ein Werk im Stich | zu lassen, auf das ich elf Jahre lang meine ganze | Zeit verwendet habe, werden die Herren mir nach-|fühlen, aber ebenso hoffe ich auf Ihre Zustimmung, || wenn ich unser aller Ehre hochhalte.

Erman 27.02.08.

Nachvollziehbarerweise fügt Steindorff, der ja in Bissings Brief an Erman als der eigentlich angegriffene erschien, den Äußerungen seines Lehrers eine zustim-

124 Vgl. Erman-Grapow (1953), 27.
125 BStUB, Steindorff-Erman, 27.02.1908.
126 Hervorhebung im Original.

mende Stellungnahme an und bezieht auch noch einmal zu dem auslösenden Konflikt Stellung:[127]

> Ich bedauere den eventuellen Entschluss des Herrn Erman, | kann ihn aber nur billigen. Dass mir selbst jedes Zusammen-|arbeiten mit Herrn v. Bissing in der Kommission | unmöglich ist, brauche ich wohl nicht ausdrücklich zu sagen. Ich würde | in dem Augenblick, wo Herr v. B. gewählt werden sollte, austreten. –
>
> Zu der obigen Darlegung des Herrn Erman erlaube ich mir noch eine | tatsächliche Berichtigung zu machen; ich habe nämlich nicht den von | Herrn v. Bissing an Herrn Erman eingesandten Aufsatz für die Aegypt. | Zeitschrift abgelehnt[128]. Bereits im Juli vor. Jahres habe ich Herrn v. | Bissing mitgeteilt, dass ich allein die Redaktion der ägypt. Zeitschrift | führe, Herr Erman nichts mehr damit zu tun habe. Herr v. Bissing | hat darauf erklärt, dass er sich meinem, wie er meint, einseitigen | und voreingenommenen Urteil als Redakteur nicht unterwerfen wolle | und daher ‚bis auf eine Veränderung in den Verhältnissen auf eine | Mitarbeit an der ägypt. Zeitschr. verzichte' (Brief vom 29. Juli 1907).
>
> Trotzdem hat er jetzt Herrn Erman wieder ein Manuscript einer | Miszelle gesandt und in dem Brief ausdrücklich gesagt, dass er, | wenn ich die einzige Instanz sein sollte, die über die Aufnahme eines | Artikels entscheidet, ein für alle mal gezwungen sei, auf eine Mitarbeit | zu verzichten. Da ich nun in der Tat die einzige Instanz bin, habe ich | mich nicht für berechtigt gehalten, in die Prüfung des Artikels einzu-|treten. Ich habe ihn an Herrn Erman zurückgeschickt. Wenn sich | Herr v. Bissing an die Redaktion wendet, so würde ich wie bei | jedem Mitarbeiter gewissenhaft prüfen, ob der Artikel zum Druck | kommen kann oder nicht. Dass ist eine Pflicht und ein Recht, dass | jeder Redakteur hat und dass sich kein Redakteur nehmen lassen | wird.
>
> Wenn Herr v. Bissing behauptet, dass ‚ich ihm die ägyptische | Zeitschrift verschliesse', so ist das eine grobe Unwahrheit.
>
> Steindorff 29/2.08

Etwas verhaltener fiel die Reaktion R. Pietschmanns aus, der sich aber schließlich doch auch der Position seiner beiden Kollegen anschloss:[129]

> Göttingen den 27. März 1908
>
> Der Anlass zu dem Briefe, den Professor Freiherr v. | Bissing am 24. Februar d. J. geschrieben hat, betrifft | zwar nicht die Kommission für das Ägyptische | Wörterbuch. Aber wie in dem Briefe ganz davon | abgesehen worden ist, dass es sich nur um Redaktions-|angelegenheiten der Zeitschrift für ägyptische Sprache | handelt, so ist auch der Brief von weiterer Tragwei-|te, und ich für meine Person muss gestehen, dass | ich mir, nachdem Gegensätze in diesen Formen | zum Ausdruck gebracht worden sind, ein Zu-|sammenwirken und Zusammenarbeiten | der Beteiligten an irgendeiner gemeinsamen | Aufgabe nicht mehr vorzustellen vermag.
>
> Pietschmann

127 Ebenda.
128 Hervorhebung im Original.
129 Ebenda.

Erman musste die befürchtete Berufung des verhassten Kollegen seitens der Münchener Akademie in die Kommission jedoch hinnehmen, entweder weil diese Stellungnahme schließlich doch nicht weitergeleitet worden ist und im Besitz Ermans verblieb, oder weil man Seitens der Münchener Akademie der Stellungnahme der drei übrigen Vertreter nicht entsprechen wollte. Die Aufnahme, die Erman Bissing bei dessen Antrittsbesuch in Berlin bereitete, wurde von seinem Schüler H. Grapow wie folgt geschildert:

> Bissing war schon am Tage zuvor gekommen, hatte aber Erman gerade im Weggehen gefunden, so daß eine Verabredung für den nächsten Tag getroffen wurde. Als wir seine Schritte auf dem Gang hörten, machte Erman die schon nicht eben freundliche Bemerkung: ‚Liebster, da kommt wohl unser Freund von gestern!‘ Erman informierte Bissing sehr obenhin über das Wörterbuch und den Stand der Arbeit und sagte dann, ich zitiere wörtlich: ‚Ach, Herr Grapow, bringen Sie uns doch einen Kasten mit der Präposition *m*‘, wozu bemerkt werden muß, daß wir im Laufe der Jahre schließlich über 90.000 Belegstellen für diese häufigste ägyptische Präposition gesammelt haben, die damals noch in keiner Weise geordnet waren. Ich glaubte meinen Ohren nicht zu trauen, holte aber einen der Kästen mit etwa 1.600 Zetteln der Präposition und stellte ihn auf Ermans Tisch. Der sagte: ‚Hier sehen Sie, Herr Kollege, einen kleinen Teil der Präposition *m*, die Sie ja wohl auch schon einige Male in den Texten gelesen haben werden!!‘ Was tat Bissing? Sprang er auf und ging? Verbat er sich die Unverschämtheit? O nein! Er sagte: ‚Ja, ja, gewiß, Herr Geheimrat. Das ist mir sehr interessant.‘ Als er dankend davon gegangen war, gab Erman mir den Kasten: ‚So Liebster, nun stellen Sie ihn man wieder zurück. Unsern Freund aus München haben wir gehabt.[130]

Diese Anekdote illustriert noch einmal sehr deutlich das auch nach anderen hier angeführten Quellen als eisig, zumindest aber als angespannt zu charakterisierende Verhältnis der beiden Ägyptologen.[131]

Dieser vordergründig persönliche Konflikt steht jedoch auch im Zeichen eines Machtkampfes oder einer durch Erman angestrebten „borussischen Suprematie“[132], was auch schon von Zeitgenossen bzw. Schülern als der:

> von Erman stillschweigend beschlossene und durchgeführte Ausschluss der übrigen Akademien von jener anfangs proklamierten Gemeinschaftsarbeit zugunsten der Berliner Akademie allein[133]

130 Grapow (1973), 25 f.; Schenkel (2006), 239.

131 Dennoch haben Erman und Bissing später durchaus versucht, gemeinsam konstruktiv für das Wörterbuch zu arbeiten. So z. B. nach dem Ersten Weltkrieg, als man sich um neue Finanzierungsquellen bemühen musste und Bissing in einem Schreiben an Erman, diesem eine Förderung durch die „Samsonstiftung [...] zur Erforschung der Geschichte und Moral“ für das Wb zu vermitteln suchte. Vgl. BStUB, Bissing-Erman, 14.07.1919.

132 Vgl. Rebenich (2006), 343.

133 Scharff (1938), Zitat 24.

... gesehen worden ist. Tatsächlich hat auch Erman später selbst klargemacht, dass er die Berliner Akademie als federführend erachtete. In einem Dokument, datierend vom 29. Mai 1930, aus den Archiven der Berlin Brandenburgischen Akademie der Wissenschaften legte er selbst diese Sichtweise ausführlich dar:[134]

> Ich benutze diese Gelegenheit, um einmal klar zu legen, wie | es um diese Wörterbuchkommission steht. Als im Jahr 1897 seitens | unserer Akademie die Schaffung eines ägyptischen Wörterbuches in | Angriff genommen wurde, ersuchte ich das Kultusministerium um Ge-|währung der dazu nötigen Mittel. Dieses verschaffte sie uns aus | dem allerhöchsten Dispositionsfonds und zwar aus dem Dispositions-|fonds beim Reich. Dieser letztere Umstand liess es erwünscht er-|scheinen, dass auch die anderen deutschen Akademien an dem Unterneh-|men beteiligt würden. Es wurde eine Kommission geschaffen, in die | jede der vier Akademien einen Vertreter entsandte. Diese Kommission | war immer ein selbstständiges Wesen, das unabhängig von den Akademien | dastand, mit dem Kartell der Akademien hatte es auch später nie etwas zu | tun.[135] Von den Nichtberliner Herren, die sich im Laufe der 33 Jahre | in der Kommission gefolgt sind, ist übrigens kaum einer in der Lage | gewesen, sich an den Arbeiten des Wörterbuches zu beteiligen. Natür-|lich mit Ausnahme des Herrn <u>Sethe</u>[136], der aber auch die meisten seiner | grossen Arbeiten für das Wörterbuch schon durchgeführt hatte, ehe | er der Göttinger Akademie angehörte.[137] | [...] Die staatlichen Gelder aus dem Dispositionsfonds, die einst | die Gründung der Wörterbuchkommission verursacht hatten, sind längst | erschöpft. Wir leben von dem regelmässigen Zuschuss der Berliner | Akademie und dadurch, dass diese uns einen Beamten für unsere Arbeit | gewährt hat. Auch so würde es nie zur Herausgabe des Werkes gekom-|men sein, wären mir nicht die beiden grossen Geschenke von Herrn | John D. Rockefeller jun. gewährt worden, über deren Verwendung ich | allein zu entscheiden habe.
>
> Somit hätte die Kommission längst ihre Daseinsberechti-|gung verloren. Wenn wir uns dennoch nicht aufgelöst haben, und im | Gegenteil noch erweitert haben, so ist dies geschehen, weil wir in | ihr ein Mittel haben, Herren, die sich um das Wörterbuch verdient | machen, eine Ehre zu erweisen. Aus diesem Grunde haben <u>wir</u> die Her-|ren <u>Breasted</u>, <u>Gardiner</u>, <u>Grapow</u>, <u>Junker</u>, <u>Lange</u>, <u>Schäfer</u> und <u>Spiegelberg</u>[138] | hineingewählt.
>
> Die Wörterbuchkommission ist also eine Art ‚Ehrenausschuss'[139] | geworden. Ob und wie weit wir diesen einmal bei irgend einer Ent-|scheidung heranziehen, muss unbestimmt bleiben. Die wirklichen Ent-|scheidungen liegen nach wie vor allein bei unserer Akademie.

Deutlicher konnte Ermans Stellungnahme nicht ausfallen. Es gilt hierbei zu bedenken, dass sie in dieser Form erst 1930 erfolgt ist. Dennoch ist der borussische Suprematieanspruch unverkennbar. Über die Verwendung der durch J. D. Ro-

134 ABBAW, Bestand PAW (1812–1945), II – VIII, 239 (1926–1944), Bl. 29, 29.05.1930.
135 Vgl. Erman-Grapow (1953), 28.
136 Hervorhebung im Original.
137 Vgl. für diesen Abschnitt op. cit., 27.
138 Hervorhebungen im Original.
139 Vgl. Erman-Grapow (1953), 28.

ckefeller bereitgestellten Mittel beansprucht Erman überdies alleinige Entscheidungsgewalt. V.a. aber die eigentliche Ausarbeitung des Wörterbuches sieht er als ein Berliner Verdienst an – eine Sichtweise, von der er nur die Person K. Sethes ausnimmt. Diese Erklärung Ermans stellt wohl einen Nachhall früherer Konflikte innerhalb der Wörterbuchkommission dar, womöglich aber auch einen Versuch, die Bedeutung der übrigen Akademien für das Projekt nachträglich zu relativieren. In dieser Lesart erscheint die Beteiligung der übrigen Akademien fast als ein bloßes Mittel zum Zweck, eine Argumentationshilfe zur Einwerbung gesamtstaatlicher, also Mittel des Reiches.

4.3.1.4 Das Telegramm aus den U.S.A. und die Finanzierung der Drucklegung durch J. D. Rockefeller

Nach dem Ende des Ersten Weltkrieges hatten sich die Rahmenbedingungen für das Ägyptische Wörterbuchvorhaben drastisch verändert. Durch den Zusammenbruch des Kaiserreiches war das Projekt auch der wohlwollenden Unterstützung Kaiser Wilhelms II. verlustig gegangen. V.a. aber erschien es bei den jetzt herrschenden politischen und wirtschaftlichen Verhältnissen durchaus zweifelhaft, ob die Mittel zur weiteren Finanzierung des Projektes würden aufgebracht werden können, selbst wenn der politische Wille dazu vorhanden wäre. In dieser Situation erreichte A. Erman ein Telegramm seines ehemaligen Schülers J. H. Breasted (1865–1935). Breasted war der deutschen Ägyptologie, aber auch den Deutschen als Nation auch durch den Krieg hindurch wohl gesonnen geblieben,[140] was zumindest noch zu Anfang des Krieges für US-Amerikaner nicht ungewöhnlich gewesen ist.[141] Dass sich dieses Wohlwollen Breasteds und seine Bereitschaft, sich für das Wörterbuch zu engagieren, auch über das Kriegsende hinaus erhalten hat, lag ganz sicher auch an der engen Beziehung zu Erman,[142] die auf Breasteds Studienzeit in Deutschland zurückging. Schon frühzeitig hatte er

---

140 Die spätere Darstellung seines Sohnes Charles, sein Vater hätte sich schon während des Burenkrieges von den Deutschen distanziert, ist wohl mehr vor dem Hintergrund der Verhältnisse zum Zeitpunkt der Veröffentlichung seiner Biografie zu verstehen; vgl. Breasted (1943), 113. Tatsächlich äußerte er sich u. a. in Schreiben an Erman während des Ersten Weltkrieges wohlwollend gegenüber den Deutschen und berichtete sogar von seinem Vorhaben, Geld für die Unterstützung ihrer Truppen zu sammeln; vgl. BStUB, Breasted-Erman, 29.10.1914 (Unterstützung für „die gerechte deutsche Sache"); 21.08.1915 (Freude über die Siege gegen die Russen u. Kritik an amerikanischen Munitionslieferungen für Großbritannien); 25.06.1916 (Kritik an der pro-Alliierten Haltung Wilsons und Gründung eines Komitees zur Unterstützung der deutschen Soldaten); vgl. Gertzen (2010b).

141 Vgl. Berghahn (2006), 47.

142 Vgl. Breasted (1943), 39 f.; 43–47; 51–57.

selbst an dem Wörterbuch mitwirken dürfen und war schon vor Abschluss seiner Promotion von Erman zur Mitarbeit am Wörterbuch aufgefordert worden.[143]

Die Zeitumstände erlaubten ihm nun, nach Ende des Ersten Weltkrieges einen Beitrag zu leisten, der allerdings als herausragend betrachtet werden kann und den er selbst so nicht erwartet hatte:

> At the period when I was carrying out the commission of the German Academies to copy all the Egyptian inscriptions in the museums of Europe for this Dictionary,[144] [...] Germany was annually pouring out millions of marks for science. Had anyone told me, that I would one day be securing the funds for its completition, I would have thought it utterly preposterous![145]

Doch dieser Tag kam, denn obwohl auch andere ausländische Mitarbeiter des Berliner Wörterbuches sich trotz der Erfahrung des Krieges wieder zur Unterstützung des Projektes bereit fanden und sogar zahlreiche kleinere Geldspenden aus dem Ausland eintrafen,[146] für die Drucklegung des Wörterbuches fehlte das Geld. Mit der Herausgabe des „*Handwörterbuches*",[147] das „wenigstens die wesentlichsten Wörter enthalten sollte",[148] war eine wenig zufriedenstellende Übergangslösung gefunden worden. In dieser Situation erreichte Erman folgendes Telegramm aus den U.S.A.:[149]

> bitte um briefliche mitteilung saemtlicher ausgaben woerterbuch | zu vollenden inclusive genügendes personal zur verzettelung und | verwertung aller noch fehlenden wünschenswerten texte und | vollständige publication auf bestem papier nichts auslassen | baldige antwort wichtig = breasted +

Obwohl Erman sogleich Grapow und Sethe zu sich berief, um einen Kostenvoranschlag zu erstellen und umgehend die Anfrage telegrafisch zu beantworten,[150] scheint doch eine Verzögerung eingetreten zu sein, denn wenige Tage später drängt ein zusätzliches Schreiben Breasteds zur Eile:[151]

---

143 Vgl. op. cit., 51f. Dass dieses Angebot allerdings für einen Ausländer einen „exceptional tribute" darstellte, sollte angesichts einer Reihe von nicht-deutschen Mitarbeitern etwas nüchterner betrachtet werden, als es die Darstellung des Sohnes glauben machen will. Vgl. Erman (1929), 289.
144 Erman-Grapow (1953), 39f.
145 J. H. Breasted, zitiert nach Breasted (1943), 376f.
146 Vgl. Erman-Grapow, (1953), 60f.
147 Erman-Grapow (1921).
148 Erman-Grapow (1953), 61.
149 ABBAW, Arbeitsstelle Ägyptisches Wörterbuch Nr. 16, 25.11.1924.
150 Vgl. Erman-Grapow (1953), 61.
151 ABBAW, Arbeitsstelle Ägyptisches Wörterbuch Nr. 16, 28.11.1924.

> It may be that you have already sent me the data for | which I asked. But if not, may I explain that an unexpected op-|portunity arose for me to present the needs of the Dictionary to | a benefactor who expressed his regret at the difficulties which | have confronted the Dictionary, and who stated to me without re-|serve that he would furnish the funds if I would ascertain what | sum would be required to complete the Dictionary in published | form.
>
> If your budget, for which my cablegram asked, has not | already been sent, please be sure to include the items mentioned | above in the copy of the cablegram, and see that nothing is omitted.

Der hier namentlich nicht erwähnte „Wohltäter" war J. D. Rockefeller jun., der sich zuvor schon als Mäzen für das von Breasted gegründete Oriental Institute in Chicago engagiert hatte[152] und auf eine Anfrage Breasteds zur etwaigen Unterstützung auch des Berliner Wörterbuchvorhabens lakonisch antwortete: „Find out how much is needed."[153] Sehr geschickt scheint Breasted diesen Gegenstand mit Verhandlungen über größere bzw. kostspieligere Projekte verknüpft zu haben, denn nachdem man im Frühjahr 1924 über eine Unterstützung für das Kairener Museum in Höhe von rund zehn Millionen US-Dollar verhandelt hatte, ließ sich „the comparatively insignificant amount needed for completing and publishing the Berlin Egyptian Dictionary"[154] um so besser verkaufen.

Erkennbar gerührt von der Unterstützung aus dem Ausland findet Erman einige Jahre später anerkennende Worte:

> da fanden sich die alten Freunde des Wörterbuches wieder ein und halfen, wo immer sie helfen konnten. Und gerade auch solche aus ‚feindlichen' Ländern; daß uns jetzt zwei große Spenden des Herrn John D. Rockefeller jun. die Vollendung des Wörterbuches ermöglicht haben, verdanken wir unserem Freunde Breasted in Chicago.
>
> Dank dieser Spenden geht das Wörterbuch jetzt sicher seinem Abschluß entgegen. Es ist nach wie vor ein deutsches Unternehmen geblieben, aber es will allen dienen, die an der Erforschung des alten Ägypten ernstlich teilnehmen.[155]

Zwar ist Erman zur Anerkennung der Unterstützung aus dem Ausland bereit, an dem nationalen Charakter des Unternehmens lässt er jedoch keinen Zweifel aufkommen und hält auch hier an der im Immediatgesuch angewandten Rechtfertigung des Vorhabens fest. Allenfalls eine Akzentverschiebung hin zur Bereitstellung eines für die internationale Ägyptologie benötigten Arbeitsmittels mag aus diesem Zitat herausgelesen werden. Dieses Argument war von ihm jedoch auch schon zu Beginn des Projekts angeführt worden. Es ist daher davon aus-

152 Vgl. Breasted (1943), 338 f.
153 Op. cit., 376.
154 Op. cit.
155 Erman (1929), 291.

zugehen, dass Erman sich selbst und der Auffassung über den nationalen Charakter seiner Arbeit auch über das Kriegsende hinaus treu geblieben ist.

4.3.2 Beteiligte Personen

> The working out of these materials lay in the hands of three scholars in Berlin, of whom one with the best judgment, if not with the greatest learning had become [...] blind as well as old, the second was engaged in many different and hardly less important tasks, while the third – let proper tribute be paid to his industry and devotion – carried on his shoulders the main burden of the enterprise.[156]

Diese doch etwas missfällige Einschätzung A. H. Gardiners über die wichtigsten Mitarbeiter des Berliner Wörterbuches muss sicher auch vor dem Hintergrund der später erfolgten Distanzierung des englischen Ägyptologen von der Berliner Schule und ihrem wichtigsten Projekt betrachtet werden, die ihrerseits nicht losgelöst von den historischen Rahmenbedingungen, i. e. dem Ersten Weltkrieg untersucht werden kann. An dieser Stelle allein von Bedeutung jedoch ist die zumindest andeutungsweise Benennung jener Hauptakteure. Alter und besonders Blindheit sind als ein klarer Hinweis auf A. Erman zu verstehen, die Beschäftigung mit anderen Projekten kann wohl auf K. Sethe bezogen werden und die Zuweisung der Hauptverantwortung für die tatsächliche Realisierung weist auf Ermans wichtigsten Mit- bzw. Hülfsarbeiter hin, H. Grapow. Da im Rahmen dieser Arbeit die beiden zuvor genannten Ägyptologen biografisch ausführlich behandelt wurden, die Bedeutung Grapows für die Berliner Schule aber tatsächlich weitgehend auf das Ägyptische Wörterbuchvorhaben begrenzt werden kann,[157] soll hier ein überblickartiger biografischer Abriss zu Grapow und seinem Wirken für das Projekt geboten werden. Im Anschluss daran und als Grundlage zur Untersuchung der internationalen Zusammenarbeit soll dann der eingangs zitierte Gardiner ebenfalls vorgestellt werden, um in den folgenden Abschnitten – zur internationalen Zusammenarbeit und zur Kritik am Wörterbuch – auf diese biografischen Hintergründe verweisen zu können.

---

156 Gardiner (1947), xix; vgl. Erman-Grapow (1953), 59.
157 Vgl. Grapow (1973), 6.

4.3.2.1 H. Grapow (1885–1967)

Die biografischen Darstellungen zu Grapow sind vergleichsweise spärlich,[158] vielleicht auch, weil dieser selbst Memoiren hinterlassen hat, die jedoch v. a., wie im Titel zum Ausdruck gebracht wird, „Begegnungen mit Ägyptologen"[159] schildern und den Verfasser selbst eher in den Hintergrund treten lassen.

Hermann Grapow wurde am 01. September 1885 in Rostock geboren und wandte sich frühzeitig dem Studium der Ägyptologie zu. Nachdem ihn H. Schäfer schon während seiner Schulzeit unterstützt und mit Fachliteratur versorgt hatte,[160] vermittelte er ihm 1905 auch ein erstes Gespräch mit Erman, der jedoch zunächst noch zurückhaltend auf den interessierten Primaner reagierte.[161] Diese Begegnung war für Grapow jedoch prägend, denn er erkannte, wie er selbst schildert, die Bedeutung Ermans und wohl auch, dass er für eine erfolgreiche Laufbahn innerhalb der Ägyptologie auf dessen Wohlwollen angewiesen sein würde. Seine später verfasste Schilderung ist jedenfalls in dieser Hinsicht eindeutig formuliert:

> Von nun an achtete ich doch auf Erman, wenn er mit seinen kurzen energischen Schritten durch die Sammlung ging. Ich spürte mit den Aufsehern, die sich puppenhaft an ihre Stühle stellten, wenn der Chef zu hören war, die Macht, die Erman besaß, und den Respekt, den er einflößte.[162]

Im Jahre 1906 konnte Grapow das Studium der Ägyptologie in Berlin aufnehmen und wurde ein Jahr später als Hilfskraft beim Ägyptischen Wörterbuch eingesetzt. 1912 promovierte er über *Das 17. Kapitel des ägyptischen Totenbuches und seine religionsgeschichtliche Bedeutung*. Der Erste Weltkrieg bedeutete einen Einschnitt für Grapows wissenschaftliche Laufbahn. In dem intensiven Bemühen Ermans, seinen Schüler für die Weiterarbeit am Wörterbuch vom Militärdienst freistellen zu lassen, kommt erstmals auch die große Bedeutung Grapows für das Projekt zum Ausdruck. Einige Auszüge aus der Korrespondenz Ermans mit den zuständigen Behörden sollen dies verdeutlichen:[163]

---

158 Bibliografie: Firchow (1955); Biografie: Brunner (1969); Westendorf (1969); Bierbrier (2012), 221 f.; Grunert (2001).
159 Grapow (1973).
160 Op. cit., 18 f.
161 Op. cit., 22.
162 Op. cit., 22 f.
163 ABBAW, Bestand PAW (1812–1945), II – VIII, 238 (1897–1925), Bl. 112, 18.12.1914, A. Erman an d. Kgl. Polizeipräsidium Berlin-Schöneberg.

> Herr Dr. Grapow ist als erster Mit-|arbeiter bei dem Wörterbuche der aegyptischen Spra-|che angestellt und kann hier jetzt um so weniger | entbehrt werden, als alle anderen an diesem | Werke tätigen Herren zur Zeit im Felde stehen. Seine | Einberufung würde eine völlige Stockung der Arbeit | mit sich bringen und auch eine künftige | Weiterführung ernstlich gefährden.

Erscheint Grapow zu Beginn des Krieges noch als *primus inter pares* unter den Mitarbeitern des Wörterbuches, wächst seine Bedeutung in der Darstellung Ermans gegenüber staatlichen Stellen stetig an. Dies ist sicherlich seinem Bemühen, diese von der Freistellung Grapows zu überzeugen, geschuldet – wofür im Übrigen von Anfang an auch ein Herzleiden des jungen Mannes angeführt wird.[164] Der Wegfall internationaler Mitarbeiter jedoch und der durch den Krieg bedingte Aderlass auch der Wissenschaft der Ägyptologie[165] haben offenkundig eine tatsächliche Erhöhung der Bedeutung Grapows für das Projekt bewirkt. So äußerte Erman in einem Brief an das Stellvertretende Generalkommando des III. Armeekorps:[166]

> Durch den Krieg ist nun | aber diese Arbeit || besonders schwer geschädigt | worden, denn nicht nur | die ausländischen Mitarbei-|ter sind uns verloren gegan-|gen, sondern auch die in-|ländischen: Die einen sind | vor dem Feinde gefallen, | andere stehen im Felde.
>
> Nur dadurch, dass der Mitar-|beiter Dr. Grapow[167] auf un-|sere Bitte uns noch längere | Zeit hindurch belassen | wurde, ist es überhaupt | gelungen, unser Werk zur | Not im Gange zu halten.
>
> Seit auch er | zum Heere eingezogen ist, | steht das Unternehmen, | an dem fast zwanzig Jahre | hindurch gearbeitet ist, in | ernstlicher Gefahr, denn | Dr. Grapow ist der einzige, | der diese ebenso verwickelten | & schwierigen Arbeiten wirk-|lich beherrscht.

Grapow überlebt den Heeresdienst, zum einen dank der Interventionen Ermans zu seinen Gunsten, durch die er immer wieder davon freigestellt wird, zum anderen aber auch, weil er wegen seiner Herzbeschwerden tatsächlich nie an die Front geschickt worden ist.[168]

Nach Kriegsende kann sich Grapow wieder ganz seiner Aufgabe am Wörterbuch widmen. Nun stellte sich jedoch auch die Frage nach Grapows weiterer wissenschaftlicher Laufbahn, nachdem er ja 1912 sein Studium durch seine Promotion abgeschlossen hatte. Trotz der allgemein schwierigen Umstände bemüht

---

164 Ebenda.

165 Vgl. die Nachrufe auf F. Rösch, in: ZÄS 52, 1915, 131 & auf M. Burchardt, in: ZÄS 53, 1917, 149; s.a. Erman-Grapow (1953), 70 f.

166 ABBAW, Bestand PAW (1812–1945), II – VIII, 238 (1897–1925), Bl. 127 f., 28.08.1916.

167 Hervorhebung im Original.

168 Vgl. ebenda.

sich Erman, dem jungen und kompetenten Mitarbeiter einen Verbleib beim Wörterbuch zu ermöglichen. Glücklicherweise bietet eine unmittelbar nach Kriegsende an der Berliner Akademie entstehende Vakanz eine Möglichkeit, Grapow eine Festanstellung zu verschaffen, was Erman auch sogleich zu nutzen versucht:[169]

> Berlin 23.8.19
>
> Durch den Tod des Prof. Dr. v. Fritze[170] ist eine der | Beamtenstellen der philosophisch-historischen | Klasse frei geworden. Ich weiss nicht, ob und wie | die Arbeit des Verstorbenen weiter geführt werden | soll, doch steht ja wohl zu vermuten, dass sie | einem jüngeren Gelehrten übertragen wird, der sich | unter den heutigen Verhältnissen zunächst noch | mit der Stelle eines Hülfsarbeiters begnügen | kann.
>
> Ich darf daher annehmen, dass sich hier eine Vakanz | ergiebt, die es ermöglicht Herrn Dr. Grapow[171] die etat-|mässige und pensionsberechtigte Stelle zu verleihen, | die er durch seine langjährige unermüdliche Arbeit | verdient hat und die ihm ja auch unter der | früheren Regierung in Aussicht gestellt war.
>
> Das scheint mir ein Gebot der Billigkeit zu | sein, aber es liegt auch im Interesse der Akademie, | dass wir dem Manne eine feste Anstellung schaffen, | auf dessen Arbeitskraft und Arbeitsfreudigkeit | wir für unsere aegyptologischen Aufgaben ange-|wiesen sind.
>
> Ich erlaube mir daher den Antrag zu stellen, | die Klasse wolle die freigewordene Beamten-|stelle Hrn. Dr. Grapow[172] übertragen.
>
> Berlin 23/8.19
>
> Ad. Erman

Erst 1922 gelingt die hier vorgeschlagene Übertragung der freigewordenen Stelle bei der Kommission für die lateinischen Inschriften an die ägyptologische Kommission und beendet für Grapow ein fünfzehnjähriges Hilfsarbeiterdasein mit einem durchschnittlichen Gehalt von 125–150 Mk. im Monat.[173] 1923 bestimmte Erman K. Sethe zu seinem Nachfolger auf dem Berliner Lehrstuhl. Inwieweit sich Grapow mit diesem in einem Konkurrenzverhältnis gesehen hat, lässt sich nicht mit letzter Sicherheit sagen. Bemerkenswert scheint jedoch, dass Sethe, der an der Nachfolge Ermans eigentlich wenig interessiert war, seinen jüngeren Kollegen, wohl auch aufgrund seiner Eigeninteressen, bereits frühzeitig für die Nachfolge Ermans ins Gespräch gebracht hat,[174] sich später jedoch abfällig gegenüber Erman

---

169 ABBAW, Bestand PAW (1812–1945), II – VIII, 238 (1897–1925), Bl. 150.
170 Hervorhebung im Original.
171 Hervorhebung im Original.
172 Hervorhebung im Original.
173 Vgl. Erman-Grapow (1953), 22f.
174 Vgl. BStUB, Sethe-Erman, 04.04.1916.

über diesen äußerte. 1918 schildert Sethe seinem Lehrer seine Lektüre von Grapows Arbeiten zum Totenbuch:[175]

> weil ich dem guten Grapow, eine Anzeige | seiner Ausgabe versprochen hatte. Daraus wird | nun nichts, denn das Ergebnis meiner Prüfung | und der Durcharbeitung der von ihm publizierten Tex-|te war eine große Enttäuschung. Die außeror-||dentliche Meinung, die ich von Grapow hatte, ist stark | erschüttert, er zeigt sich als ziemlich blinder Hesse:[176]

Der Zweifel an Grapows philologischer Kompetenz ist natürlich ein schwerer Vorwurf, insbesondere im Kontext der Berliner Schule. Ob Erman sich davon hat beeindrucken lassen, bleibt offen. Jedenfalls will er den effizienten Mitarbeiter dauerhaft an das Wörterbuch binden. Dies führt sogar soweit, dass er 1927 eine geplante Berufung Grapows auf den Bonner Lehrstuhl hintertreibt, um diesen in Berlin zu halten. Gewissermaßen als Entschädigung verschafft er seinem verdienten Mitarbeiter 1928 die Anstellung als Honorarprofessor. Nicht ohne den Ausdruck einer gewissen Verstimmtheit schildert Grapow diese Vorgänge in seinen Erinnerungen, interpretiert dabei aber Ermans Widerstand gegen seine Berufung nach Bonn als Beweis seiner eigenen „Unentbehrlichkeit".[177] Seine Ernennung zum Honorarprofessor in Berlin veranlasst ihn allerdings zu der spöttischen Bemerkung:

> Statt dessen ließ er mich, gewiß mit Zustimmung Sethes, 1928 zum ordentlichen Honorarprofessor ernennen, also zu einem Universitätsprofessor, der nach dem heißt, was er nicht bekommt.[178]

Doch Grapows weiterer Aufstieg ließ sich eigentlich nicht aufhalten, und er hat dies wohl auch selber so gesehen. 1929 äußerte er sich Erman gegenüber – vielleicht auch als Reaktion auf die Einschätzung seiner Arbeit durch Sethe (s. Zitat o.) – über die „Beschränktheit"[179] seines älteren Kollegen und spekulierte über die Nachfolge Sethes in Ermans Stellung in der Akademie:[180]

> Und der | Gedanke auch nur, er könnte | evtl. nicht Ihr Nachfolger | in der Akademie werden, | [...] hat für mich | etwas Furchtbares. Ich | würde es für einen Skandal | halten, wenn – aber | das geht mich im Grunde | ja nichts an, noch nicht.

---

175 BStUB, Sethe-Erman, 01.02.1918.
176 Tatsächlich erwähnt Sethe gegenüber Erman noch häufiger seine Kritik an Grapows Arbeiten, die er diesem direkt mitgeteilt hat; vgl. BStUB, Sethe-Erman, 29.05.1918 & 06.04.1923.
177 Grapow (1973), 28.
178 Op. cit.
179 BStUB, Grapow-Erman, 19.07.1929.
180 Ebenda.

Der Schluss dieses Zitats zeigt recht deutlich an, dass Grapow zu diesem Zeitpunkt eine sehr selbstbewusste Haltung eingenommen hat und mit relativer Zuversicht der Zukunft entgegensieht. Und er sollte recht behalten: Nach Sethes Tod 1934 übernimmt er zunächst die stellvertretende Leitung des Ägyptologischen Seminars in Berlin, bevor er 1938 auch das Ordinariat erhält. Ein Jahr später wird er zum Ordentlichen Mitglied der Preußischen Akademie der Wissenschaften.[181] Grapows weitere Laufbahn stand bis zu seinem Tode am 24. August 1967 in Berlin ganz im Zeichen der ägyptischen Lexikographie.[182]

4.3.2.2 Sir A. H. Gardiner (1879–1963)

Der am 29. März 1879 in Eltham geborene A. H. Gardiner war in mehrfacher Hinsicht eine Ausnahmeerscheinung unter den Mitarbeitern des Ägyptischen Wörterbuches: Zunächst war er kein Deutscher, doch zeigen die Fälle von H. O. Lange und J. H. Breasted, dass dies allein keine Besonderheit darstellte. Die Unterschiede sind daher vielmehr in den Bereichen der sozialen Herkunft, der Ausbildung und der Wissenschaftsauffassung auszumachen.

Als Sohn des Großkaufmanns[183] John Gardiner verfügte er selbst Zeit seines Lebens über ausreichende Mittel, seinen Lebensunterhalt auch ohne eine akademische Anstellung zu bestreiten.[184] In seinem Wunsch, Ägyptologie zu studieren, wurde er durch seinen Vater von Anfang an bestärkt,[185] nicht zuletzt, weil dieser ihn von seinen philatelistischen Interessen abbringen wollte.[186] Diese Ausgangsbedingungen mögen dazu beigetragen haben, dass Gardiner in seiner Karriereplanung nie ganz den in dieser Zeit in Deutschland vertretenen Professionalisierungstendenzen gefolgt ist und sich sogar selbst als „Dilettant“[187] bezeichnete.

Seine akademische Laufbahn begann nach dem Besuch der Schule in Charterhouse – wo er bereits sein Interesse für das Alte Ägypten entwickelt hatte –[188] zunächst mit einem kurzen Aufenthalt in Frankreich (1895), um neben dem Erwerb von Französischkenntnissen auch bei G. Maspero am Collège de France zu hö-

181 Aufgrund des Vorschlages von Erman aus dem Jahr 1934; vgl. Erman-Grapow (1953), 70.
182 Brunner (1969), 18; Grunert (2001).
183 Vgl. Müller (1965), 168.
184 Vgl. Faulkner (1964), 172; Grapow (1964), viii.
185 Vgl. Gardiner (1962), 6.
186 Vgl. Faulkner (1964), 170; Černy (2001), 142.
187 Vgl. Brunner (1966), 269; zur grundsätzlich unterschiedlichen Wissenschaftsauffassung s. Jonker (2002), 150–154; 162 ff.
188 Vgl. Černy (2001), 140 ff.

ren.[189] Doch konnte der französische Gelehrte den Jugendlichen gerade auf dem ihn am meisten faszinierenden Gebiet – der ägyptischen Grammatik – nicht recht überzeugen.[190] Nach einem weiteren Jahr Vorbereitung in Griechisch und Latein trat Gardiner in das Queens College, Oxford ein. 1901 beschloss er seine universitäre Laufbahn mit gutem Erfolg in den klassischen Sprachen, aber mit sehr gutem in den Sprachen Hebräisch und Arabisch.[191] Die darauf folgende Zeit verbrachte der junge Mann mit dem Erlernen der deutschen Sprache, einem Vierteljahr Arbeit im Londoner Büro seines Vaters und seiner Eheschließung in Wien.[192] 1902 folgte er der Einladung A. Ermans, den er bei einem seiner zurückliegenden Londonaufenthalte kennengelernt hatte, und ging nach Berlin, um am Ägyptischen Wörterbuch mitzuarbeiten. In den nun folgenden zehn Jahren hat Gardiner nicht eigentlich bei Erman studiert,[193] durch die philologischen Diskussionen im Rahmen der Wörterbucharbeit nach eigenen Angaben jedoch viel gelernt:

> In meinen frühesten Tagen hatte ich die Hilfe von so bedeutenden Männern wie Griffith, Petrie und Maspero. Aber erst, als ich 1902 nach Berlin als Hilfsarbeiter an das große Wörterbuch der ägyptischen Sprache kam, lernte ich, was eine ‚wholehearted' wissenschaftliche Zusammenarbeit bedeutet und welche enge Bindungen sie schafft.[194]

Im Zuge dieser Zusammenarbeit fiel dem jungen Engländer auf Betreiben Ermans v. a. die Aufgabe der Aufbereitung der hieratischen Texte für das Wörterbuch zu.[195]

Hatte sich bis dahin nur Erman selbst um die Verarbeitung dieses Materials gekümmert,[196] konnte er nun diese Verantwortung – v. a. die Erschließung der in den Museen von Leiden und Turin befindlichen Papyrus – an Gardiner übertragen.[197]

Wenige Jahre nach Gardiners Weggang aus Berlin – dessen Hintergründe noch näher zu beleuchten sein werden – hat Erman dessen Beitrag zum Wörterbuch 1914 in seinem Bericht an den zuständigen Kultusminister gewürdigt:

189 Vgl. op. cit., 143 f.
190 Vgl. op. cit., 144.
191 Vgl. op. cit.
192 Vgl. op. cit.
193 Vgl. Grapow (1964), 6; Bierbrier (2012), 205; Černy (2001), 145.
194 Gardiner, zitiert nach Müller (1965), 170; vgl. Grapow (1964), vi.
195 Vgl. Černy (2001), 146 f.
196 Vgl. Gardiner (1962), 9.
197 Vgl. Op. cit., 9 ff.

> Es erscheint mir als selbstverständliche Pflicht, in Dankbarkeit dessen zu gedenken, was Herr Gardiner für das Wörterbuch getan hat. Etwa anderthalb Jahrzehnte hat er Kraft, Zeit und Geld an unser Unternehmen gesetzt und von dem ganzen neuägyptischen Material, über das wir verfügen, würde ohne ihn nur der kleinste Teil uns zugekommen sein.[198]

Tatsächlich scheint Gardiner jedoch eine solche Anerkennung seiner Arbeit während seines Berliner Aufenthaltes vermisst zu haben.[199] Als 1906 erste Versuche zur Ausarbeitung eines Manuskripts für das Wörterbuch unternommen wurden, wurde Gardiner das Amt eines Mitherausgebers angetragen, das er bis 1908 innehatte.[200]

> This meant, however, that I should work on exactly the same footing as Erman, without any formal acknowledgement of the fact.[201]

Neben der sich nun auch geltend machenden Verantwortung, die schulische Ausbildung der eigenen Kinder organisieren zu müssen,[202] hatten sich inzwischen jedoch auch methodische Differenzen zwischen Gardiner und den Vertretern der Berliner Schule aufgetan. Gerade die Gardiner übertragene Verarbeitung der linksläufig geschriebenen hieratischen Texte für das Wörterbuch sorgte für Differenzen in Fragen der Transkription. Die von Gardiner angefertigten Abschriften aus den Turiner und Leidener Sammlungen hatten sich an die originale Schreibrichtung gehalten, die nun jedoch für das Wörterbuch, das insgesamt rechtsläufig geschrieben werden sollte, umgewandelt werden musste.[203] Damit war eine grundsätzliche Frage berührt,[204] denn Erman hatte bei seiner Publikation des Pap. Westcar[205] den hieratischen Text gleichfalls invertiert wiedergegeben. Gardiner jedoch wandte sich nicht nur gegen diese standardisierte Verfahrensweise, sondern letztlich auch gegen die Umschreibung des Hieratischen ins Hieroglyphische:

> Twenty years later I argued [...] in favour of even more desirable departures from Ermans habit, pointing out that though the earliest hieratic had been a sign-for-sign abbreviation of

198 Erman, zitiert nach Erman-Grapow (1953), 34.
199 Vgl. Černy (2001), 149; Jonker (2002), 162f.
200 Vgl. Gardiner (1962), 12.
201 Op. cit.
202 Vgl. op. cit.; Černy (2001), 149.
203 Vgl. Gardiner (1962), 12f.
204 Auch bei der Edition der von Sethe bearbeiteten Pyramidentexte plädierte Gardiner für die exakte Wiedergabe der Zeilenanordnung, waagerecht, senkrecht, rechts- bzw. linksläufig; vgl. Grapow (1964), vii.
205 Erman (1889a).

> the contemporary hieroglyphic, in the New Kingdom a distinct kind of orthography had been developed for hieratic, so that transcription into hieroglyphic would perforce be artificial and the true scientific practice would be to acknowledge this fact and not to disguise it by unjustified conformation of the two styles of writing.[206]

Gardiner scheint sich von dem Projekt zunehmend distanziert bzw. dieses in einem kritischen Licht gesehen zu haben:

> I had printed some very outspoken criticisms of the inevitable defects of that gigantic but highly experimental work.[207]

Da die Kritik an dem Berliner Wörterbuch später in einem eigenen Abschnitt dieser Untersuchung erörtert werden wird, sollen hier lediglich mögliche Ursachen im persönlichen Bereich für die Distanzierung Gardiners betrachtet werden. Einen möglichen Erklärungsansatz hierzu bietet H. Grapow in seinen Erinnerungen:

> In dem, was Gardiner von seiner Mitarbeit [...] schreibt, klingt ein leises Bedauern darüber mit, daß er diese ihm lieb gewesene Arbeit [...] aufgegeben hat beziehungsweise aufgeben mußte, im Jahre 1909. Er mag gehofft haben, sich weit länger oder gar dauernd der Herstellung des Manuskripts und dann der Herausgabe [...] widmen zu können. [...] Eine solche Stellung [...] konnte Erman ihm jedoch nicht in Aussicht stellen, der ihm zudem amtlich eröffnen mußte, daß eine derartige Stellung einem Deutschen vorbehalten sein sollte.[208]

In diesem Sinne äußerte sich auch Erman seinem britischen Kollegen gegenüber, als er diesen nach dem Ende des Ersten Weltkrieges wieder zu einer verstärkten Mitarbeit am Wörterbuch gewinnen wollte:[209]

> Ich hatte früher mir gedacht, dass | Sie einmal Budges'[210] oder Petries'[211] | Nachfolger sein würden, und hatte | Ihnen daher, als Sie mich einmal | frugen, ob Sie in Berlin bleiben | sollten, geraten, nach England zurück-|zugehen, damit Sie dort nicht | als Ausländer erschienen.

Gardiner mag sich zurückgesetzt gefühlt haben – heutzutage würde man wohl von Diskriminierung sprechen. Der nationale Charakter des Wörterbuchvorhabens

---

206 Gardiner (1962), 13.

207 Op. cit., 12.

208 Grapow (1973), 6 f.

209 Copyright Griffith Institute, University of Oxford, Gardiner MSS. 42.93.68 – 130 ADOLF ERMAN Letters 1902 to 1922, 18.07.1921.

210 Als Kurator der Ägyptischen und Vorderasiatischen Abteilung am British Museum; vgl. Bierbrier (2012), 90.

211 Seit 1892 Edwards-Professor am University College London; vgl. op. cit., 330.

hätte demnach ein Avancement ausländischer Mitarbeiter in leitende Stellungen, unabhängig von ihrer fachlichen Eignung, verhindert, worin dann ein eklatanter Nachteil bzw. die Kehrseite der von Erman betriebenen Wissenschaftspolitik zum Vorschein käme und Erman selbst in seinem Handlungsspielraum offenkundig eingeschränkt gewesen wäre.[212]

Trotz aller Differenzen und einer zeitweiligen Entfremdung in der Folge des Ersten Weltkrieges[213] hielt Gardiner den Kontakt zu den deutschen Kollegen aufrecht und bemühte sich um eine internationale Zusammenarbeit. In einem Schreiben an Erman aus dem Dezember 1921 anlässlich des Erscheinens des „Handwörterbuches"[214] erfolgt ein klares Bekenntnis zu den Lehren der Berliner Schule:[215]

> But | now, at all events, I can delay | no longer, for the Handwörterbuch[216] | lies on my table as a constant | reminder of the debt unfulfilled.
>
> I am most grateful to you and | Grapow for the splendid gift, and || I cannot say how much I admire | the drive and idealism which has | enabled you, despite all material | difficulties and obstacles, to present | us with one more indispensable | and epoch-making book. It will | lie close to my hand as I write, | and become, together with your | Grammar[217] and Sethes Verbum,[218] my | principal and perennial source for | mental nourishment.

In seinen Erinnerungen zu seinem Weggang aus Berlin hatte Gardiner jedoch auch noch einen anderen Grund für seinen Entschluss angedeutet:

> More and more I felt pulled towards my own country, where I should find no lack of demands for philological help.[219]

Und tatsächlich hat sich Gardiner nach seiner Rückkehr nach Großbritannien um die Ausbildung britischer Ägyptologen verdient gemacht. Auch in dieser Frage versuchte er sich mit Erman abzustimmen, vertrat aber diesem gegenüber die Ansicht, einen eigenen Zweig englischer Ägyptologie begründen zu müssen. Vor

---

212 Vgl. Grapow (1973), 7: „Es lag nicht an Erman, der Gardiners Wörterbucharbeit sehr hoch bewertete, sondern lag an den Verhältnissen, […]."

213 Vgl. Gestermann (2006), 271 f.; v. a. ging es um die strittige Übernahme der Grabungskonzession für Amarna durch die EES; vgl. BStUB, Gardiner-Erman, 13.08.1920; 02.09.1920; 25.09.1920 & BStUB, Sethe-Erman, 06.09.1920; 13.10.1920.

214 Erman-Grapow (1921).

215 BStUB, Gardiner-Erman, 04.12.1921.

216 Hervorhebung im Original.

217 Erman (1894a).

218 Sethe (1899).

219 Gardiner (1962), 12.

dem Hintergrund seiner Erfahrungen mit der nationalen Wissenschaftsauffassung in Deutschland und sicher noch verstärkt durch die Erfahrungen des Ersten Weltkrieges wäre eine solche Haltung durchaus verständlich. Doch Gardiner ging es nicht eigentlich um die Schaffung einer nationalen Schule der Ägyptologie, sondern v. a. um die Schaffung einer englischsprachigen Grundlage[220] für philologische Studien auf dem Gebiet der Ägyptologie in Großbritannien und den U.S.A. Aus diesen Überlegungen heraus scheint ihm die Schaffung eines eigenen Ägyptisch-Englischen Wörterbuches unabdingbar zu sein. Dies jedoch führte zu Bedenken auf Seiten seiner deutschen Kollegen, die dabei vordergründig v. a. kaufmännische Argumente anführten, die Erman seinem britischen Kollegen in einem Brief im Juni 1924 zu erläutern versuchte:[221]

> Ihre Nachricht, dass Sie das Wort-|register Ihrer Grammatik zu | einem besonderen Wörterbuch aus-|gestalten wollen, hat mich erregt.
>
> Es ist ja auch für uns ge-|wiss viel Neues in ihm und inso-|fern freuen wir uns darüber, aber | es setzt uns auf der anderen Seite | in eine grosse Verlegenheit. Sie ‖ wissen ja wohl, dass wir – oder | vielmehr Grapow – die ‚kleine | Ausgabe' des grossen Wörterbuches | herausgeben – 800 Seiten, mit Zita-|ten, alle nicht ganz ‚ausgefallenen' | Worte darin –; das Buch soll im | nächsten Jahre erscheinen und so | billig gehalten werden, dass es | auch Anfängern zugänglich ist.

Im Hinblick auf Ermans Wertschätzung von Gardiner als Ägyptologe, aber eben auch als Ausdruck seiner Geringschätzung für die Arbeiten anderer Kollegen sind die nachfolgenden Zeilen von Interesse, in denen er sich mit den Konkurrenten des deutschen Handwörterbuches auseinandersetzt:[222]

> Wir hatten nun den Verleger ver-|sichert, dass eine ernstliche Kon-|kurrenz nicht vorhanden sei, | denn Budge[223] ist doch keine und | das neu angezeigte französische | Buch wird ja wohl auch es | nicht sein. Das wird aber völlig anders, | wenn Ihr Buch inzwischen er-|scheint oder angekündigt wird | und der Verleger wird sein Geld | nicht mehr in eine Sache hin-|einstecken wollen, mit der er nicht | mehr auf den englischen und | amerikanischen Absatz rechnen | kann.

Vom wissenschaftlichen Standpunkt aus befürchtet Erman jedoch weit mehr als nur den Verlust von Anteilen am englischsprachigen Markt:[224]

---

220 Vgl. Gertzen (2009a).
221 Copyright Griffith Institute, University of Oxford, Gardiner MSS. 42.93.33 – 67 ADOLF ERMAN Letters 1923 to 1930, 15.06.1924.
222 Ebenda.
223 Budge (1920).
224 Copyright Griffith Institute, University of Oxford, Gardiner MSS. 42.93.33 – 67 ADOLF ERMAN Letters 1923 to 1930, 15.06.1924.

> Und dass kein Engländer | und Amerikaner mehr unser Buch | kaufen wird, wenn ihm eines von | Gardiner zur Verfügung steht, ‖ das ist leider klar. Ich fürchte | sehr, dass der Verleger erklären | wird, nun trete er von der Sache | ganz zurück oder auch: Er könne | das Buch nur zu einem hohen | Preise liefern. So wird unser | aller langjährige Arbeit, für die | auch Sie so vieles geleistet haben, | versumpfen und vielleicht ungedruckt bleiben.

Moderne Fremdsprachenkenntnis erscheint Erman nicht nur als unabdingbare praktische Voraussetzung ägyptologischen Arbeitens, sondern auch als ein distinktes Unterscheidungsmerkmal des professionellen Wissenschaftlers gegenüber dem amateurhaft arbeitenden Dilettanten:[225]

> Betrübt hat mich auch, dass | Sie von Ihren künftigen Schülern | annehmen müssen, sie würden in der Mehr-|zahl kein Deutsch können. Sind wir | denn wirklich in unserer Wissen-|schaft so weit heruntergekommen, | dass sie ein Sport für Halbgebil-|dete geworden ist? Ich habe von jedem | meiner Zuhörer als selbstverständlich | angenommen, dass er Englisch und | Französisch verstehe und so kann | ich mir auch nicht denken, dass jemand | sich mit Aegyptologie befassen | könne, der nicht Deutsch versteht.
>
> Aber das wird wohl eine veralte-|te Anschauung sein und in Zu-|kunft wird unsere Wissenschaft | in eine französische und in eine | deutsche zerfallen, die von einan-|der nichts wissen.

In diese Betrachtungen Ermans mischt sich, sicher auch vor dem Hintergrund der Ereignisse und Entwicklungen während und nach dem Ersten Weltkrieg auch eine gewisse Endzeitstimmung bzw. Kulturpessimismus:[226]

> Ich habe ‖ mein Leben hindurch an eine Wissen-|schaft geglaubt, die das gemeinsame | Gut aller Nationen sei; ich habe | mit Kummer gesehen, dass die Franzosen | in ihrem kindischen Chauvinismus | diesen Standpunkt nicht mehr fest-|halten – giebt man ihn auch sei-|tens der englischen Gelehrten auf, | so kann die Wissenschaft nicht das | weiter sein, was sie der Menschheit sein soll. Sie | wird zunächst ein Spiel für | Dilettanten werden und dann wird sie ganz | zu Grunde gehen. Ich freue mich, dass | ich alt bin und das nicht mehr | lange mit anzusehen brauche. Aber | Sie sind jung und frisch und sollten | doch gegen diese Tendenzen | noch ankämpfen, so lange es an der | Zeit ist. Verzeihen Sie diese Ex-|pektorationen; ich muss aber mein | Herz Ihnen ausschütten, denn Sie | werden nach Ihren weiten Anschauungen | mehr Verständnis für diese Besorg-|nisse haben als andere, die einen | engeren Horizont haben.
>
> Ich hätte wohl gewünscht, alle solche | Sorgen mit Ihnen mündlich erör-|tern zu können, und habe im Stillen | immer gehofft, dass Ihr Weg ‖ Sie über Berlin führen würde.

225 Ebenda.
226 Ebenda.

Gardiner reagierte folgerichtig mit großer Sensibilität auf die Ausführungen seines deutschen Kollegen und versuchte sich dessen Standpunkt möglichst weit anzunähern und einen Konflikt bzw. eine tatsächliche Konkurrenz der beiden jeweiligen Wörterbuchprojekte zu vermeiden. Gerade in der Erman so grundsätzlich wichtigen Frage der modernen Fremdsprachenkompetenz jedoch beharrt Gardiner auf seinem Standpunkt:[227]

> and all that remains is | the question of the language.
>
> Here I fear I do not see | eye to eye with you. The || fact is – and this is no exaggeration – | that during all the years I | worked in Berlin I never | found a student who had | more than the most superficial | smattering of English; certainly | a Hieroglyphic-English dictionary | would not have helped him | without constant recourse to | a German-English dictionary.
>
> Even in the Wörterbuch rooms | was not this so much of a | difficulty that I was asked | to write my translations in | German? Whence those astounding | examples of German which, to my || eternal shame, are perpetuated in the | Zettelkasten!
>
> The need of a hieroglyphic-|English dictionary is, to my mind, | so indisputable that I shall not | readily abandon the idea of it.
>
> [...] But I do want | you to consider very seriously the needs | of English and American students. It is || not <u>my</u> fault nor <u>yours</u>[228] that they do | not know enough German seriously to | utilise German books. But the fact | remains, and I think that it is | only because German scientific literature | is so complete in itself that a | similar need is not found in | Germany.

Erman fürchtete v.a., dass ein englischsprachiges Wörterbuch, seinem Handwörterbuch Konkurrenz machen und den Absatz gefährden könnte, darüber hinaus beschäftigte ihn jedoch auch die Frage nach der Notwendigkeit bzw. Sinnhaftigkeit einer englischen bzw. englischsprachigen Ägyptologie. Ob dabei nun die merkantilen oder die grundsätzlichen wissenschaftlichen Erwägungen im Vordergrund standen, lässt sich nicht eindeutig bestimmen. Während Gardiner in der Frage der Vermarktung ihrer respektiven Forschungsergebnisse zu Kompromissen und Absprachen bereit war, bestand er jedoch darauf, zumindest grundlegende Fachliteratur in englischer Sprache herauszubringen, um englischsprachigen Ägyptologiestudenten den Einstieg in das Fach zu erleichtern. Dass auf diesem Wege womöglich auch eine gewisse Autonomie gegenüber der deutschen bzw. Berliner Schultradition erlangt werden sollte, darf zumindest vermutet werden, wenngleich sich Gardiner gegenüber Erman nicht in dieser Weise geäußert hat. Ein offener Konflikt oder eine demonstrative Absetzbewegung von den Prinzipien der Berliner Schule ist denn auch nie erfolgt.

---

227 BStUB, Gardiner-Erman, 19.06.1924.
228 Hervorhebungen im Original.

So wie Erman Gardiners Verdienste um das Wörterbuch schon 1914 gegenüber vorgesetzten Stellen lobend hervorgehoben hat, hat er auch später noch Gardiners Beitrag gewürdigt, nicht zuletzt durch die Aufnahme Gardiners in die Wörterbuchkommission. Gardiners Dankesschreiben vom 05. Oktober 1929 bringt deutlich die Genugtuung über die somit erfolgte Anerkennung zum Ausdruck:[229]

> Next I have to thank you | most cordially for securing me | the honour of a place in the | Commission for the Wörterbuch[230].
>
> ‖ As you know, I devoted a great | deal of boyish enthusiasm and | ardour to this most important | of all Egyptological undertakings.
>
> The help which I then gave | had already been fully acknowledged | not only in your interim reports | but also in the preface of the | published work. But it is a | very welcome honour to me now | to have been considered worthy | of a position in connection with | the book similar to that of its | initiators – or at least as their | colleague.

Die hier am Schluss gemachte Einschränkung ist vielleicht ein letzter Hinweis auf die 1909 bei seinem Weggang aus Berlin möglicherweise empfundene Zurücksetzung gegenüber den deutschen Kollegen in dem deutschen Wörterbuchvorhaben. Dass Gardiner dem Wörterbuch auch weiterhin verbunden war und lebhaften Anteil an seiner Entwicklung genommen hat, kommt in einem weiteren Schreiben Gardiners an Erman zum Ausdruck. Nachdem dieser ihn davon in Kenntnis gesetzt hatte, dass die durch J. D. Rockefeller zur Verfügung gestellten Geldmittel zunächst nur für die Herstellung der eigentlichen Wörterbuchbände – ohne die dazugehörigen Belege[231] – verwandt werden würden, äußert er jedoch auch Bedenken über dieses Vorgehen, zeigt am Ende jedoch Verständnis für die von Erman vorgebrachten Sachzwänge:[232]

> It was kind and considerate of | you to write to me a personal | letter about the difficulties in | connection with the printing of the | volume of references of the Wörterbuch.
>
> My reaction was naturally one of | great disappointment, since I know | both from my own personal experience | and also from the expressions of | many colleagues, English, French and | American, that the Wb. is of little | use to them without the references | which can alone help them in their | scientific work. Still I made | up my mind to wait and | learn the explanation before | replying to your letter. Now that ‖ I have received your circular, I | cannot do otherwise than acquiesce | in and approve your decision. It | is clear that you cannot devote | the Rockefeller funds to a purpose | for which they were not given, | and if there is no other source | in view, we must just accept | the inevitable. A few years ago | I might possibly

229 BStUB, Gardiner-Erman, 05.10.1929.
230 Hervorhebung im Original.
231 Vgl. Erman-Grapow (1953), 67; 73 ff.
232 BStUB, Gardiner-Erman, 20.02.1931.

have been able | to make a personal contribution, | but business in England is going | from bad to worse, and the | burden of taxation is now terrible.

There is nothing, I fear, to be | hoped from this quarter. It is most | disappointing that the great work, the | absence of which we have felt for | so many years, should be deprived || of so large a part of its value for | students by the inability to publish | the references. But I hope still for | a deus ex machina!

Gardiners Hoffnungen sollten erfüllt werden und das Erscheinen der Belegbände (1932–1945) das Vorhaben komplettieren und in seinem wissenschaftlichen Nutzen der internationalen Ägyptologengemeinde zugänglich machen. Seine zumindest grundsätzlich bekundete Bereitschaft, sich an der Finanzierung des Vorhabens zu beteiligen, zeigt noch einmal, wie sehr er sich – trotz aller kritischen Distanzierung – mit diesem Projekt identifizierte.

A. H. Gardiner verstarb nach einer überaus produktiven wissenschaftlichen Laufbahn[233] am 19. Dezember 1963 in Iffley.

4.3.3 Organisation und Arbeitsweise

Nachdem in den vorangegangenen Abschnitten das Zustandekommen des Ägyptischen Wörterbuchvorhabens und einige der Hauptakteure vorgestellt worden sind, soll im Folgenden ein Einblick in die eigentliche Arbeitsweise des Projektes und die untere Mitarbeiterebene geboten werden. Dabei sollen Aspekte der internationalen Zusammenarbeit ebenso Berücksichtigung finden wie auch die Bedeutung weiblicher Mitarbeiter bzw. Mäzene.[234]

Die Arbeitsorganisation der verschiedenen Akademievorhaben ist rezent beschrieben worden.[235] Danach gliedert sich die Mitarbeiterhierarchie – übertragen auf das Ägyptische Wörterbuchvorhaben – wie folgt: An oberster Stelle steht der Leiter des Unternehmens, in diesem Falle A. Erman bzw. später sein Nachfolger H. Grapow. Obwohl die Vertreter dieser oberen bzw. leitenden Ebene sich auch an den einfacheren und grundlegenden Tätigkeiten beteiligten[236] und eine Vielzahl von Kollegen zu dem Werk beitrug,[237] musste ein nicht unerheblicher

233 Vgl. Faulkner (1949).

234 Vgl. Hoffmann (2002) & Jonker (2002).

235 Vgl. Jonker (2002), 146–149.

236 Vgl. Erman (1929), 289 f.; Bartel (2001), 164, Abb. 6; Jonker (2002), 127 spricht hingegen von einer „Hierarchisierung der Arbeit“.

237 Vgl. Erman-Grapow (1953), 78.

Teil von teilweise unentgeltlich arbeitenden bzw. sehr gering entlohnten[238] ‚Hülfsarbeitern', bzw. Mitarbeitern geleistet werden:

> Immer wieder zwar haben sich Mitarbeiter gefunden; aber die Akademie besass und besitzt keine Mittel, um sie auf die Dauer zu halten. Diese Hülfsarbeiter waren stets gezwungen, sich nach verhältnismässig kurzer Zeit nach einer definitiven Carriere umzusehen – in der Regel gingen sie an die Universität –, und konnten daher den akademischen Arbeiten nur noch mit halber Kraft oder überhaupt nicht mehr dienen.[239]

Diese Situation änderte sich erst anlässlich des Akademiejubiläums 1900, als erstmals die Stellung von „Wissenschaftlichen Beamten" geschaffen wurde.[240] Diese wurde an ausgebildete und zu selbständigem wissenschaftlichen Arbeiten befähigte Mitarbeiter vergeben und stellte damit eine alternative Laufbahn zu der des Universitätsassistenten dar. Mehrfach bemühte sich Erman um die Schaffung einer entsprechenden Stelle beim Ägyptischen Wörterbuch – doch lange Zeit vergeblich,[241] bis 1922 Grapow eine entsprechende Stelle erhielt. Daher und weil zur Bewältigung der ungeheuren Textmengen durch Verzettelung ein relativ hoher Personalaufwand nötig war, die geringe Entlohnung der Hülfsarbeiter deren dauerhaften Verbleib bei dem Projekt jedoch unmöglich machte, ist diese Mitarbeiterebene von einer enormen Fluktuation gekennzeichnet.[242]

Ein Nebeneffekt dieser Arbeitsverhältnisse bestand jedoch darin, dass eine große Anzahl der Studenten Ermans, der ja neben seiner Tätigkeit in der Akademie gleichzeitig Universitätsprofessor war, an dem Projekt beteiligt werden konnte[243] und somit die Berliner Schule einen institutionellen Rahmen erhielt, innerhalb dessen ihre Methoden praktisch angewandt und erlernt werden konnten.[244] So erinnerte Grapow sich noch 1934:[245]

> Das Wörterbuch der Ägyptischen Sprache ist | von Anfang an dadurch eine Lehrstätte für Stu-|dierende der Ägyptologie gewesen, da für die | vielfältigen Nebenarbeiten immer Studenten mit-|herangezogen worden sind. Die Studierenden hat-|ten durch diese Betätigung eine Ausbildungsge-|legenheit wie an keiner anderen Universität | sonst. Die Möglichkeit,

---

238 Vgl. op. cit., 23.
239 Antrag, betreffend die Anstellung von wissenschaftlichen Beamten bei der Königlichen Akademie der Wissenschaften bez. bei der philosophisch-historischen Classe derselben, 15.06. 1899; zitiert nach Hoffmann (2002).
240 Vgl. Hoffmann (2002), 98.
241 Vgl. Erman-Grapow (1953), 22.
242 Vgl. op. cit., 23.
243 Vgl. op. cit., 34 f.
244 Vgl. Rebenich (2009), 401; 414.
245 HUB UA, Phil Fak., Nr. 90, Bl. 12.

> hier auf philologischem | Gebiet sachlich und methodisch zu lernen und zu | lehren, hat sich bisher auf das Allerbeste be-|währt. Fast alle heute wirkenden Ägyptologen, | nicht nur Deutschlands, sind in solcher Weise | durch die hohe Schule der Philologie im Äg. Wb. | gegangen.

Erman hat es nicht versäumt, den vielen Helfern und der wissenschaftlichen Öffentlichkeit gegenüber seinen Dank auszusprechen. Ausdrücklich erwähnt er auch den Beitrag ausländischer Ägyptologen und ist sehr wohl bereit, deren Beteiligung an dem deutschen wissenschaftlichen Großprojekt gebührend zu würdigen:

> Im ganzen haben in den ersten 21 Jahren [...] nicht weniger als 31 Mitarbeiter wissenschaftliche Arbeit für das Wörterbuch geleistet, und unter diesen waren zwei Amerikaner, zwei Engländer, ein Ire, ein Franzose, zwei Dänen, ein Schwede und ein Schweizer.[246]

Der Beitrag, der von diesen internationalen Mitarbeitern geleistet wurde, lässt sich nicht verallgemeinernd einschätzen.[247] Am Beispiel J. H. Breasteds, der später die Finanzierung der Drucklegung des Wörterbuches durch J. D. Rockefeller vermittelte, dürfte allerdings deutlich werden, dass ein wesentlicher Beitrag für das Zustandekommen des Wörterbuches von nicht-deutschen Wissenschaftlern geleistet worden ist. Für die hier von Erman zugrunde gelegte Mitarbeiterzahl von 31 ergibt sich somit auch eine Quote von rund 25 % ausländischer Beteiligung an diesem Vorhaben.[248]

Bei der Würdigung und Anerkennung des Beitrages der Mitarbeiter sticht in aller Regel jedoch eine Unterscheidung ins Auge, die in der hier vorgestellten Mitarbeiterhierarchie eine eigene Gruppe konstituiert, die jedoch nicht notwendigerweise einen quantitativ oder auch qualitativ geringeren Beitrag zu dem Projekt geleistet hat – die Frauen, oder wie Grapow sie in seiner Auflistung der Mitarbeiter überschreibt: „die Damen".[249] Zwar widmet Erman sein „Handwörterbuch"[250] „Frau Henni von Halle[251] und Mrs. Caroline Grant Williams[252]", aber

246 Erman (1929), 289.

247 Vgl. Bartel (2001), 162–165.

248 Für die schließlich von Erman-Grapow (1953), 77f. aufgelisteten Mitarbeiter ergibt sich einerseits durch die Verwerfungen des Ersten Weltkrieges, andererseits durch den gesunkenen Personalbedarf nach Abschluss der Verzettelung ein anderes Bild.

249 Op. cit., 78.

250 Erman-Grapow (1921).

251 Jonker (2002), 136ff.

252 Bierbrier (2012), 581; op. cit., 138ff.

gleich im Vorwort wird einem etwaigen falschen Eindruck vorgebeugt, denn das wissenschaftliche Verdienst liegt laut Erman dann doch bei „den Herren“:

> Den eigentlichen Dank schulden die Benutzer des Wörterbuches den Herren, deren lange und stille Arbeit das Material gesammelt und bearbeitet hat, aus dem das große Wörterbuch entsteht und das somit auch unserem kleinen Buch zugrunde liegt.[253]

Zwar ist diese Aussage in erster Linie von Erman in das Wörterbuch aufgenommen worden, um nicht allein den wissenschaftlichen Ruhm für die vorliegende Arbeit einzustreichen, und somit ein Ausdruck wissenschaftlichen Komments und der Bescheidenheit. Es muss jedoch berechtigt sein zu fragen, warum Erman von einer Formulierung wie „den Damen und Herren“ keinen Gebrauch gemacht hat. Diese Beobachtung erfährt durch eine publizierte Äußerung Ermans aus seiner Autobiografie einen gewissen Bedeutungszuwachs:

> die armen Mädchen werden auf Examen und Beruf gedrillt, sie spielen Student und man beeilt sich, sie in allen Schmutz des Lebens einzuweihen; daß sie dadurch glücklicher werden, wird wohl niemand behaupten, der ihr Wesen wirklich kennt. Zwänge sie nicht die bittere Not des heutigen Lebens, so würden nur die allerwenigsten sich einen anderen Beruf wünschen als den natürlichen der Gattin und Mutter; in dem liegt ihr Glück und mit dem stiften sie mehr Segen als mit aller sozialen Fürsorge oder mit wissenschaftlicher Forschung.[254]

Wie auch in der Frage von Ermans Haltung zum in seiner Zeit virulenten nationalen Chauvinismus, muss man auch in der Frage seiner Einstellung gegenüber Frauen eine differenzierte Betrachtung vornehmen. V.a. aber bezieht sich das hier angeführte Zitat nicht unmittelbar auf die Mitarbeiterinnen am ägyptischen Wörterbuchprojekt. Bemerkenswert bleibt jedoch, dass gerade diese in seiner Autobiografie keinerlei oder nur kursorische Erwähnung finden.[255] Dies ist um so verwunderlicher, als dass die US-Amerikanerin C. G. Williams (geb. Ransom) mit insgesamt 20.000 Dollar einen genauso großen finanziellen Beitrag zum Zustandekommen des Wörterbuches geleistet hat wie J. D. Rockefeller.[256] Was den wissenschaftlichen Beitrag anlangt, den Frauen zum Ägyptischen Wörterbuch beitragen konnten, muss man allerdings berücksichtigen, dass sie, wie H. v. Halle, oft relativ spät zur Ägyptologie gekommen sind und ihre Kenntnisse in aller Regel

253 Erman-Grapow (1921), vi; vgl. Jonker (2002), 136.
254 Erman (1929), 94.
255 Op. cit., 285, erwähnt die Studentin „Caroline Ransom [Williams]“; Vgl. Jonker (2002), 136; 140.
256 Vgl. Jonker (2002), 138.

autodidaktisch erwarben.[257] Es ist daher nicht zwingend ein Ausdruck von Chauvinismus, wenn ihre wissenschaftliche Kompetenz von „den Herren“ (s. Zitat o.) als gering eingestuft wird. Ein Beispiel dafür ist die englische Ägyptologin B. Porter, die von G. Jonker im „Umkreis des Unternehmens des Wörterbuches der Ägyptischen Sprache“[258] verortet wird. Über ihre Studienleistungen während ihres Aufenthaltes in Göttingen äußerte sich Sethe gegenüber Erman in einem Brief vom 17. März 1902:[259]

> Miß Porter hat uns nun mit Schluß | des Semesters auch verlassen. Sie ist | eine sehr nette Dame, die nur den ei-|nen Fehler hat, daß sie sich (durch | Gardiner) auf die Aegyptologie hat | locken lassen. Möglich, daß sie | bibliographische Arbeiten ganz gut | machen wird, sie soll darin ja Er-|fahrung haben, aber Aegyptisch kann | sie herzlich wenig, hat auch wenig | hier gelernt und wird auch überall | nur wenig lernen, da sie zu alt ist und | ein viel zu schwaches Gedächtnis hat.
>
> Sie können sich wohl denken, daß die | Lehrtätigkeit einem solchen Substrat | gegenüber nicht erfrischend ist, sondern | eine langweilige Geduldsprobe erster Klasse.

Später hat sich „Miß Porter“ tatsächlich auf dem Gebiet ägyptologischer Bibliografie verdient gemacht, wie Sethe hier voraussagt.[260] Bei Sethes Beurteilung ihrer Kompetenz wird noch einmal sehr deutlich, dass durchaus sachliche Gründe für die eher zurückhaltend zum Ausdruck gebrachte Wertschätzung des Beitrages weiblicher Mitarbeiter zu ägyptologischen Arbeiten vorliegen können. Der Fall Williams hat jedoch ebenso erkennen lassen, dass auch ganz substantielle Beiträge von Frauen anders gewertet wurden als die von Männern und dass Erman selbst darin wohl dem Zeitgeist entsprochen hat.[261]

4.4 Kritik und Konflikte

Die zeitgenössischen Reaktionen auf das Altägyptische Wörterbuchvorhaben fielen, auch auf internationaler Ebene, grundsätzlich positiv aus.[262] Das Spektrum reicht dabei von wohlmeinenden, die Leistungen der Mitarbeiter des Wörter-

257 Vgl. op. cit., 138; Cappel (2009).
258 Vgl. Jonker (2002), 155; 159 f.
259 BStUB, Sethe-Erman, 17.03.1902.
260 Vgl. Jonker (2002), 160.
261 Hoffmann (2002), 111 spricht von „langem Widerstand“ gegen die universitäre Ausbildung von Frauen, bis diese zum Wintersemester 1908/09 in Preußen zum Studium und zu akademischen Prüfungen zugelassen wurden.
262 Hiervon ausgenommen rezentere Stellungnahmen wie etwa Derchain-Derchain (1974); Borger (1984); Osing (1990); Plas (1994), 133 f.; Schenkel (1994); Schenkel (1995), bes. 196 f.

buchvorhabens anerkennenden Besprechungen der Wörterbuchbände[263] bis hin zu kritischen Stellungnahmen, die aber gleichzeitig eine konstruktive Perspektive für die Weiterentwicklung der ägyptologischen Lexikografie bieten wollten.[264]

Die grundsätzlich anerkennenden und nur herausgegriffene Einzelaspekte kritisierenden Rezensionen aus den 1920er und 1930er Jahren, v. a. aus dem angloamerikanischen Sprachraum, lassen die Bedeutung des Berliner Wörterbuches für die Wissenschaft der Ägyptologie trotz aller inzwischen eingetretenen außer- und innerwissenschaftlichen Entwicklungen erkennen.

Den Stellungnahmen Gardiners aus den 1940er Jahren kommt eine besondere Bedeutung zu, zum einen, weil er als ehemaliger Mitarbeiter an der Entstehung des Wörterbuches direkt beteiligt gewesen ist und dabei sicher tiefe Einblicke in die Wörterbucharbeit gewonnen hat, zum anderen, weil er als bedeutender Philologe die Forschungen Ermans auf dem Gebiet der ägyptischen Grammatik weiterentwickelt und schon in seiner Berliner Zeit methodische Weiterentwicklungen gefordert hat. Den oben geschilderten positiven Besprechungen der Wörterbucharbeit stellt Gardiner eine eher kritische Einschätzung entgegen und beschreibt eine Diskrepanz in der Beurteilung der Leistung der deutschen Akademien in Deutschland und dem Ausland. V.a. die Dauer des Projekts, welches sich weit länger hinzog, als zuvor von den deutschen Ägyptologen vermutet und – auch gegenüber staatlichen Stellen – behauptet worden war, stellt einen wesentlichen Kritikpunkt dar:

> Still, it is undeniable that even before the War there was considerable dissatisfaction everywhere, except perhaps in Germany itself, at the slow progress of the *Wörterbuch der ägyptischen Sprache*[265] sponsored by the united German Academies; also the quality and the arrangement of that work were in many ways open to criticism.[266]

Die möglicherweise auch persönlichen Beweggründe Gardiners für seine Kritik an dem Berliner Wörterbuchvorhaben sind bereits erörtert worden (vgl. 4.3.2.2.) und brauchen hier nicht erneut ausgeführt zu werden. Festzuhalten bleibt, dass Gardiner in der hier angeführten Äußerung nicht weniger als eine Fundamentalkritik sowohl am Tempo als auch an der Qualität des Wörterbuchprojektes vorbringt. Auch die organisatorische Struktur des Vorhabens, die man mit dem Konzept des ‚Grossbetriebs der Wissenschaften' identifizieren kann, wird von ihm kritisiert.

263 Gardiner (1922); Peet (1926); Allen (1930); (1931a); (1931b); Griffith (1932); Allen (1933); Alliot (1952); Smith (1952).
264 Vgl. Gardiner (1947); Gardiner (1948).
265 Hervorhebung im Original.
266 Gardiner (1947), xii.

Wobei sowohl die innerdeutsche Zentralisierung in Berlin als auch – andeutungsweise – der nationale Charakter des Projektes angesprochen wird:

> The students from all over the world combined to concentrate in Berlin a vast and unwieldy mass of evidence which some day would have to be dealt with by a limited number of workers on the spot. Herein lay the germ of the chief defect of the method adopted.[267]

Diese Kritik am Vorgehen der Berliner Ägyptologen ist auch wichtig, um die nachfolgenden Bemerkungen Gardiners nicht als im Widerspruch zu seiner oben angeführten Grundsatzkritik an dem langsamen Fortschreiten des Projektes zu verstehen. Die Entscheidung der deutschen Kollegen, das Wörterbuch in seiner Ausgestaltung stark vereinfacht erscheinen zu lassen und die so aufbereitete Materialmenge zu reduzieren, die von den wenigen (s. Zitat o.) Mitarbeitern in Berlin kaum zeitnah bewältigt werden konnte, bringt Gardiner mit sehr persönlichen Beweggründen von Ermans Mitarbeitern in Zusammenhang:

> but from what I heard later those motives do remarkable credit to the loyalty of Ermans principal assistants, but only little credit to their sense of scientific expediency. It was realized that Erman was growing old and might never live to see the end of the work.[268]

Zwar räumt Gardiner in der Folge durchaus ein, das Wörterbuch „häufig" mit „beachtlichem Gewinn"[269] zu nutzen, leitet damit aber über zu der wesentlichsten Kritik an den Ergebnissen der Arbeit der Berliner Kollegen, der gesonderten und sehr viel späteren Herausgabe der Belegbände. Dieser Umstand beraubt ihn der Möglichkeit, die Erkenntnisse, die in dem Wörterbuch veröffentlicht sind, zu überprüfen, was Gardiner, trotz der unangezweifelten Kompetenz von Erman, Sethe und Grapow zu tun wünscht:

> I simply cannot accept the *ipse dixit*[270] of the three German scholars, despite their undisputed acumen and eminence.[271]

Weiterhin lässt eine getrennte Publikation eine Diskrepanz entstehen, denn die bereits veröffentlichten Wörterbuchbände erschweren formal eine Berücksichtigung von Forschungserkenntnissen aus dem Zeitraum bis zum Erscheinen der Belegbände:

---

267 Op. cit., xv.
268 Op. cit., xvi.
269 Op. cit.
270 Hervorhebung im Original.
271 Gardiner (1947), xvi.

> In other words, the main *Wörterbuch*[272] of 1926–31 has imposed upon the future volumes of references a rigid framework from which it is extremely difficult to depart. [...], and it may therefore be laid down as a fundamental principle that *the main text of a hieroglyphic dictionary must always be contemporaneous with the refrences constituting the evidence for that main text*[273][...].[274]

In seiner 1984 erfolgten Auseinandersetzung mit *Altorientalischer Lexikographie*[275] geht R. Borger in seiner Kritik an der Aktualität des Wörterbuches sogar noch weiter:

> Im wesentlichen sind nur vor dem Ersten Weltkrieg publizierte oder kopierte Texte verwertet worden. Die Sekundärliteratur hat praktisch keine Rolle gespielt. Das so grundlegend wichtige WÄS enthält demnach kaum Erkenntnisse, die nicht bereits 40 Jahre vor seiner Vollendung erzielbar gewesen wären.[276]

Gardiner wendet sich daher auch gegen die Auffassung der vermeintlichen Abgeschlossenheit des Vorhabens einer altägyptischen Lexikografie:

> So great a benefit has accrued from this gift that there is a serious risk lest the younger generation of Egyptologists may be led to believe that the last word has been said in Egyptian lexicography, and may divert their efforts into other more easily cultivated fields.[277]

Dieser in seiner ein Jahr später veröffentlichten Auseinandersetzung mit den *First two Pages of the Woerterbuch*[278] geäußerten Befürchtung folgt eine abschließende Einschätzung des Berliner Wörterbuchvorhabens, die dieses denn auch folgerichtig als einen ersten Schritt in die richtige Richtung deutet:

> that we stand not at the end, but very near the beginning, of serious Egyptian lexicographical research.[279]

272 Hervorhebung im Original.
273 Hervorhebung im Original.
274 Gardiner (1947), xvii.
275 Borger (1984).
276 Op. cit., 78.
277 Gardiner (1948), 12.
278 Gardiner (1948).
279 Op. cit., 17.

Inwieweit in dieser Äußerung Gardiners auch ein Versuch zu erkennen ist, die Bedeutung der Arbeit der Berliner Kollegen zu relativieren, muss letztlich offen bleiben. Abgewichen ist Gardiner von seiner Position auch später nicht.[280]

4.4.1 Transkription des Ägyptischen

Trotz der an dem Wörterbuch als Gesamtvorhaben geäußerten Kritik – zu seinem Aufbau, der Arbeitsorganisation und der Art der Publikation – ist ein auf den ersten Blick marginal erscheinender Aspekt der Wörterbucharbeit von entscheidender Bedeutung für die inner-ägyptologischen Konflikte, denen sich die Vertreter der Berliner Schule stellen mussten. Das Problem der Entwicklung eines geeigneten Transkriptionsalphabets zur Umschreibung der altägyptischen Schrift berührt nicht nur linguistische Streitfragen – etwa die Verwandtschaft des ägyptischen mit semitischen Sprachen[281] – und damit wiederum auch die Frage, ob die Ägypter Vokale schrieben oder nur Konsonanten – sondern auch die Frage nach der Anordnung der Lemmata innerhalb von Wörterbüchern der ägyptischen Sprache. Der Streit um die geeignete Form der Umschreibung verschärfte sich zudem bald durch nationales Konkurrenzdenken unter den Forschernationen (hierbei v. a. zwischen der Frankofonie und der deutschen sowie der unter deutschem Einfluss stehenden britischen Ägyptologie), als auch durch Professionalisierungskonflikte, bei denen dann wiederum die zu weiten Teilen dilettantische[282] britische Ägyptologie Stellung gegenüber den Berliner Fachvertretern bezog. Wie bedeutungsgeladen die Frage der Transkription für die damalige Ägyptologie gewesen ist, geht aus einer Darstellung J. T. Dennis' von 1903 hervor, in der er diese zum Mittel der Distinktion der Berliner Schule erklärt:

> The followers of this method have been termed the ‚Berlin school'; the chief difference between their transliteration and those of other ‚schools' is in substitution by the former of consonantal instead of vocalic characters for the six signs above referred to.[283]

Wie bereits ausgeführt wurde, spielte für J. F. Champollion die Frage der Entwicklung eines ägyptischen Transkriptionsalphabets eine eher untergeordnete

---

280 Vgl. Gardiner (1962), 17 f.; Grapow (1973), 7 f.

281 Vgl. Erman (1892); bis hin zu der allerdings späteren Diskussion des afrikanischen Charakters der altägyptischen Kultur und all seiner rassi(sti)schen Implikationen; vgl. Anta Diop (1979), 281–286.

282 Vgl. Jonker (2002), 162 f.

283 Dennis (1903), 277 f.

Rolle, zum einen, da er das Altägyptische als eine ältere Sprachstufe des Koptischen begriff – und daher auch vorrangig mit koptischen Lettern umschreiben zu können glaubte[284] – und zum anderen, weil er bei der Anordnung der Lemmata diese nach Sachgruppen sortierte (s. o.).[285]

Der erste Ansatz zu einer systematischen und sprachwissenschaftlichen Umschreibung des Altägyptischen wurde von R. Lepsius unternommen.[286] Einen für die gesamte Linguistik allgemeingültigen Ansatz hat Lepsius dann 1855 in seinem *Allgemeine[n] linguistische[n] Alphabet*[287] vorgelegt.

Die ersten Konflikte innerhalb der Ägyptologengeneration vor Erman, die zwischen den Verfechtern eines koptischen (Champollion) und denen des lautphysiologischen Ansatzes von Lepsius ausgetragen wurden, lassen bereits Bezüge zu den späteren Auseinandersetzungen erkennen. So bezeichnete sich F. J. Chabas (1817–1882) als Vertreter der „école de Champollion“[288], wurde dafür aber von G. Ebers als „Robinson de l'île de la transcription copte“[289] geschmäht. Eine wirkliche Auseinandersetzung kam jedoch zunächst nicht zustande, einerseits durch den frühen Tod Champollions, andererseits weil Lepsius sein Alphabet nicht zu lexikografischen Zwecken nutzte.[290] Erst nachdem er 1864 die Leitung der Zeitschrift für Ägyptische Sprache und Alterthumskunde übernommen hatte, entspannte sich eine intensivere innerfachliche Diskussion,[291] getragen v. a. durch ihn selbst, H. Brugsch und E. de Rougé (1811–1872).[292] Um der Auseinandersetzung durch eine endgültige Klärung bzw. Festlegung auf ein verbindliches Transkriptionssystem ein Ende zu bereiten, beantragte Lepsius in der Hamitischen Sektion des 1874 in London abgehaltenen Orientalistenkongresses, genau dieses zu beraten.[293] Zwar einigten sich die anwesenden Ägyptologen auf eine Konvention, die in der Folge dann auch von L. Stern[294] in seinem Glossar zum Papyrus Ebers[295]

284 Vgl. Champollion (1822), Taf. VI; Champollion (1827–28), 360, Taf. A-K; Schenkel (1988), 8 f. – wobei Champollion sich zunächst am griech., dann erst am kopt., aber auch am hebräischen Alphabet orientierte.
285 Vgl. Budge (1920), xxv.
286 Ein erstes Transkriptionsalphabet bereits in Lepsius (1837), später modifiziert in Lepsius (1856); vgl. Schenkel (1988), 11.
287 Lepsius (1855).
288 Chabas, zitiert nach Schenkel (1988), 12.
289 Ebers, zitiert nach op. cit.
290 Vgl. Schenkel (1988), 11.
291 Vgl. op. cit., 22–27.
292 Vgl. Lepsius (1866); de Rouge (1866).
293 Vgl. Lepsius (1875); Schenkel (1988), 28 f.
294 Bierbrier (2012), 526.
295 Ebers (1873).

angewandt wurde, doch führte dies zu keiner Modifikation etwa in Brugschs Wörterbuch.[296]

Dennoch beschäftigte die Frage der angemessenen Transkription ägyptischer Texte auch weiterhin v. a. die Vertreter der deutschsprachigen Ägyptologie, was bei ihren französischen Kollegen mitunter Erstaunen erregte. So wandte sich Maspero an seinen Kollegen Ebers und berichtete diesem über die Bemühungen Steindorffs und der deutschen Kollegen auf diesem Gebiet:[297]

> J'ai reçu une brochure de M. Steindorff sur les | noms coptes qui m'a à la fois interessé et agacé. M. | Steindorff a bien étudié son sujet, mais je trouve qu'il | joue un peu sur les mots et sur les formules. Vous avez | actuellement en Allemagne toute une école de philologues | pour lesquels la science paraît consister à mettre des | points diacritiques sur les lettres des alphabets anciens. Ils discu-|tent entre eux la question de savoir, s'il faut | écrire ạ ou å ou *3* ou ʻa ou a [mit Bogen unten], mais ils négligent de | nous dire à quoi répondent pour eux toutes ces notes.
>
> Les langues même mortes ne sont pas des amusettes de philologues: on | les a parlées, et pour les parler, il a fallu qu'elles créent | des sons nettement définis si vous voulez, mais analogues | à nos sons. Que l'Egyptien ancien ait possédé les douze | a de de Saussure[298] ou les neuf i de je ne sais plus qui, | cela m'est indiffèrent pour le moment : le temps n'est | pas encore venu de distinguer sur les nuances les plus ‖ délicats d'une langue dont nul d'entre nous n'est ca-|pable d'étendre la mélopée. [...] Je demande qu'on ne me transcrive pas des hiéroglyphes | en d'autres hiéroglyphiques.

Hatte Lepsius noch auf dem Verhandlungswege eine Einigung zu erreichen versucht, überschreibt W. Schenkel das Kapitel zu Einführung des Berliner Transkriptionsalphabets mit den Begriffen der „Semitisierung" und sogar eines „Oktroi"[299] und erkennt darüber hinaus in den damaligen Vorgängen einen Bruch mit der bis dahin geübten Forschungspraxis:

> wie überhaupt durch Ermans Neubeginn die Verbindungslinien zur älteren Ägyptologie im Bereich der Sprachforschung weitgehend abgeschnitten wurden.[300]

Wieder fällt der Anlauf zur Reform und Vereinheitlichung der Transkription zusammen mit einem Wechsel in der Herausgeberschaft der ZÄS. Ein entsprechender

296 Brugsch (1867–82).
297 SBB-PK, Nachl. Georg Ebers: Maspero, Gaston, 24.02.1885.
298 F. de Saussure (1857–1913); Jäger (2010).
299 Schenkel (1988), 29.
300 Op. cit., 7.

Aufsatz[301] informierte die Leser und Fachkollegen 1889 über die Änderung der bisher geübten Praxis:

> Die im Jahre 1875 eingeführte Umschreibung der Hieroglyphen entspricht nicht mehr dem heutigen Stande der Wissenschaft und ist daher von den meisten Fachgenossen aufgegeben, ohne dass sich bisher ein neuer einheitlicher Gebrauch herausgebildet hätte. Um der drohenden Verwirrung wenigstens innerhalb dieser Zeitschrift Einhalt zu thun, hat sich die Redaktion entschlossen, die obenstehende Umschreibung durchzuführen.
>
> Es versteht sich von selbst, daß wir mit dieser Umschreibung nicht ein endgültiges Urteil über den Lautwerth der ägyptischen Buchstaben zu geben beabsichtigen, wir sind vielmehr der Ansicht, daß eine physiologisch genaue Feststellung des Werthes bei keiner Schrift des Alterthums möglich ist, am wenigsten aber bei der der Hieroglyphen.[302]

Was hier als redaktioneller Hinweis zu den Richtlinien für die Publikation von Beiträgen in einer wissenschaftlichen Fachzeitschrift erscheint, hat Auswirkungen weit über diese Zeitschrift hinaus, bedenkt man die noch relativ geringe Anzahl an Fachjournalen zu diesem Zeitpunkt.[303] Darüber hinaus wird jeder weiteren Diskussion, geradezu apodiktisch, eine Absage erteilt. Man will kein „endgültiges Urteil" fällen, aber negiert gleichzeitig auch, dass dies irgendwann einmal möglich sein wird, wodurch das vermeintliche Provisorium endgültigen Charakter erhält.

Zur Frage der Vokalisation heißt es:

> Die Vorzüge dieses Transkriptionssystems scheinen uns in zwei Punkten zu liegen; es bezeichnet die Laute nicht genauer, als es unseren Kenntnissen entspricht und es enthält keine Vokale, die man mit den auf Grund des Koptischen oder der griechischen Tradition ergänzten verwechseln könnte.[304]

Einem klaren Bekenntnis zum (deutschen) Positivismus folgt hier die Ablehnung der Tradition der „école de Champollion" (s. o.). Noch wichtiger aber ist der Versuch zu bewerten, den wissenschaftlichen Anspruch des neuen Systems durchzusetzen und dabei die neue Transkription einem klar abzugrenzenden professionellen Verwendungskontext zuzuordnen:

---

301 Vgl. Erman (1889b).

302 Op. cit., 1f.

303 Wovon die ZÄS zudem die älteste (seit 1863) war; ihr folgten der Recueil de traveaux (1872–1923), die PSBA (1878–1918) & die Sphinx (1897–1931).

304 Op. cit., 3.

> Und ebenso wäre es nicht praktisch, wenn man in den Schriften, die auch für Nichtägyptologen oder gar für das große Publikum bestimmt sind, die ägyptischen Eigennamen streng nach unserer Transkription geben wollte.[305]

Auf die Konsequenzen dieses Oktroi für die spätere Anordnung der Lemmata des Altägyptischen Wörterbuches und ihre Anlehnung an das der Konvention von 1874 zuwiderlaufende Prinzip Brugschs ist bereits verwiesen worden:

> Auch wenn sich die ‚Redaktion' nicht ausdrücklich zur Reihenfolge der Zeichen im Alphabet äußert, so ersieht man an der späteren Verwendung der hier gewählten Reihenfolge der Transkriptionszeichen in den späteren Werken der ‚Berliner Schule', daß sie als Alphabet verstanden wurde. Diese Reihenfolge entspricht im wesentlichen dem unvernünftigen Alphabet, das Brugsch für sein Wörterbuch festgelegt hatte [...].[306]

Die einseitige Festlegung des Transkriptionsalphabets und die Verweigerung weiterer Modifikationen zum Zwecke größerer lautphysiologischer Annäherung an den ursprünglichen Lautbestand hatte weitreichende Folgen und war nach Ansicht Schenkels nicht nur in der Frage wissenschaftlichen Komments äußerst zweifelhaft:

> Ermans hemdsärmeliges Vorgehen – Entscheidungen ohne eine hinreichende Kenntnis der Sekundärliteratur – führte durch den Erfolg seiner Schule zu einem Bruch in der Tradition der wissenschaftlichen Fragestellung.[307]

Zu dieser Einschätzung Schenkels passt ein Geständnis Ermans, das dieser in einem Brief an seinen Lehrer am 24. Februar 1887 ablegte:[308]

> Die Wahrheit | ist, ich benutze nur die Bücher, die | ich besitze; an ein wirkliches Be-|nutzen der Bibliotheken habe ich | mich nie gewöhnt, da ich dazu | früher gar keine und jetzt auch kaum | Zeit habe.

Nach der Veröffentlichung des neuen Transkriptionssystems wurde jedoch schon bald aus dem Kreis der Berliner Schule heraus ein Versuch der Modifikation unternommen. G. Steindorff[309] bemühte sich dabei v. a. um einen Anschluss der ägyptologischen an die von den Semitisten geübte Transkriptionspraxis bzw. die Angleichung der von der ZÄS geübten Praxis an die der Zeitschrift der Deutschen

305 Op. cit., 4.
306 Schenkel (1988), 30.
307 Op. cit., 32.
308 SBB-PK, Nachl. Georg Ebers: Erman, Adolf, 24.02.1887.
309 Steindorff (1892).

Morgenländischen Gesellschaft.[310] Darin ist vielleicht auch der Versuch zu erkennen, ein drohendes Schisma zwischen der deutsch- und französischsprachigen Ägyptologie zu verhindern, deren Vertreter sich jedoch nach wie vor von den Bemühungen ihrer deutschen Kollegen weitgehend unbeeindruckt und v. a. wenig überzeugt zeigten. In dem (wahrscheinlich berechtigten) Glauben, bei seinem Kollegen Ebers eine vergleichbare Skepsis gegenüber den methodischen Neuerungen voraussetzen zu können, äußerte sich Maspero diesem gegenüber wie folgt:[311]

> Et maintenant, je reviens à la question que vous aviez | soulevée, de la transcription. La transcription de Berlin, | me paraît être la plus malheureuse de celles qu'on | emploie, [...]: elle est inexacte phonétiquement, incommode | à imprimer, impossible à lire, elle ne se recommande | que par sa bizarrerie et par le respect superstitieux | dont semblent être frappés tous les jeunes gens d'uni-|versité pour ce qu'on leur affirme dogmatiquement | avoir le caractère scientifique. Un système de transcription | doit : 1 : être lisible à première vue, 2 : être facile à | écrire et à imprimer par les ressources d'une impri-|merie courante de livres modernes française, anglaise | ou allemande ; 3 : donner un ensemble de syllabes || qu'on puisse prononcer.

Die Entwicklungen auf dem Gebiet der Transkription der Berliner Schule wurden auch jenseits des Ärmelkanals mit großer Aufmerksamkeit verfolgt, wobei zusätzlich zwischen den Reaktionen der professionellen Ägyptologie und Vertretern von Nachbardisziplinen zu differenzieren ist. Es ist F. L. Griffith, der hierbei in seiner Korrespondenz mit Erman die Rolle des Fachvertreters einnimmt – eine Einschätzung, die so auch ausdrücklich von Seiten der Berliner Schule vorgenommen worden ist. So schreibt Sethe einige Jahre später an Erman über die Verhältnisse innerhalb der britischen Ägyptologie:[312]

> in England, wo außer Grif-|fith eigentlich nur Dilettanten die | Aegyptologie fördern.

Ein Schreiben Griffiths' an Erman vom 10. Februar 1893 nimmt Bezug auf die von Steindorff angekündigte Modifikation des Transkriptionsalphabets:[313]

> Dr. Steindorff promised to let me see a | proof of his Altaegyptisches Alphabet,[314] and now | it has come. The paper is especially valuable | to me as I have now given the subject | sufficient attention. I shall now be able to | silence doubts by referring critics to the | paper in ZDMG[315]!

---

310 Vgl. Schenkel (1988), 30 f.
311 SBB-PK, Nachl. Georg Ebers: Maspero, Gaston, 05.05.1895.
312 BStUB, Sethe-Erman, 24.07.1902.
313 BStUB, Griffith-Erman, 10.02.1893.
314 Steindorff (1892). – Hervorhebung im Original.

> I am now anxious to know what course | you are going to take with transcription in the | ÄZ[316]. The Beni Hassan Memoir is again delayed, | and I should like to bring its transcription | up to the usage of the Aeg. Z.[317] Will you be | so kind as to tell me how far you will | adopt Dr. S.'s modifications? If you will | let me into the secret I will take care to ‖ acknowledge the authority in the preface.

Aus dem Brief geht eindeutig hervor, dass Griffith – und damit nach Auffassung Sethes die gesamte professionelle britische Ägyptologie – zur Übernahme des neuen Berliner Transkriptionssystems bereit ist. Griffith selbst hegte jedoch Bedenken gegenüber der Annahme des Systems – auch mit Modifikationen[318] – durch die nicht-professionellen Autoren, wie er Erman in einem Brief vom 31. Dezember 1896 mitteilt:[319]

> Now a word about transcription[320].
>
> For your ‚popular' method[321] | (1) There is no one in England trained | or qualified to practise it | (2) our amateurs will not endure its | introduction immediately.
>
> Yet I hope that both writers and readers | in England will at length adopt the | system, which has so very much to | recommend it. In Germany I doubt not | that it will be accepted readily.

Der Transkriptions-Oktroi traf also auf Widerstand, und so konstatiert auch Schenkel in seiner Darstellung eine zunehmend defensivere Haltung Ermans:

> Ich habe den Eindruck, daß Erman in den neunziger Jahren taktisch abwiegelt: [...], jede Transkription sei konventionell, es käme also nicht darauf an, welche man anwendet – warum dann nicht die seine?[322]

Wie von Griffith bereits in seinem Brief 1896 angedeutet, stellte sich dem in Deutschland entwickelten Transkriptionssystem v.a. von Seiten der britischen „Amateure" heftiger Widerstand entgegen. Am deutlichsten trat hierbei G. F. Legg[e] (1853–1922)[323] auf. Seiner Ausbildung nach ein klassischer Altertumswissenschaftler und ein Schüler E. Navilles, machte er v.a. dadurch von sich

315 Zeitschrift der Deutschen Morgenländischen Gesellschaft.

316 Alte Abkürzung für Zeitschrift für Ägyptische Sprache und Altertumskunde.

317 S.o.

318 So hatte Erman (1889b), 3 selbst vorgeschlagen, die Lesbarkeit, v.a. aber die Aussprache durch Einfügung von „e" zwischen der rein konsonantischen Umschreibung zu erleichtern.

319 BStUB, Griffith-Erman, 31.12.1896.

320 Hervorhebung im Original.

321 Bezieht sich wohl auf die bereits 1889 gemachten Einschränkungen; vgl. Erman (1889b), 3f.

322 Schenkel (1988), 33f.

323 Bierbrier (2012), 319.

Reden, dass er allen wesentlichen Innovationen innerhalb der Wissenschaft der Ägyptologie vehement entgegentrat, so neben Ermans Transkriptionssystem auch dem von W. M. Flinders Petrie entwickelten System der Sequence Dates[324] zur Datierung von Keramik. In der zu dieser Zeit (1902) einzigen englischsprachigen Zeitschrift, in der ägyptologische Artikel publiziert werden konnten, den *Proceedings of the Society of Bibilcal Archaeology*, veröffentlichte Legge einen Artikel, der sich kritisch mit der Frage der *Transliteration of Egyptian*[325] auseinandersetzte und dem sich eine Reihe von internationalen Kritikern[326] des Berliner Systems durch Zuschriften anschlossen. Von diesem Artikel schreibt Griffith Erman am 14. November 1902 und gibt dabei auch gleich eine Einschätzung der fachlichen Qualifikation Legges und dem Niveau der Zeitschrift in der er seine Kritik veröffentlicht. – Griffith weist jedoch ebenso auf die Notwendigkeit hin, auch der Ägyptologie ferner stehende Kreise von dem neuen System zu überzeugen:[327]

> Dear Friend,
>
> I have heard rumours of Legge's paper | but have not yet seen it. Presumably it | will come with the next Proceedings.
>
> Legge is a well-meaning man, interested | in Egyptology, who reviews Egyptian books | in many papers. His knowledge I imagine | is almost nil[328]; unfortunately he is not | aware of this. He has no influence I imagine | on real Egyptologists or on the rising | generation for instance in Oxford, but it would | be well to gently set him right in some of | his misunderstandings. Perhaps I may see | him one day and drive home any remarks ‖ You may make to him in reply to the | pamphlet. Would you write a short reply to | be printed in the PSBA?
>
> Legge is hardly worth powder and | shot, but he represents the feelings of a | [?] many amateurs and semi-Egyptologists.
>
> For such your grammar is too difficult | unless carefully taught, and they have | no patience for serious study. Still they | are useful as subscribing, buying books | and occasionally making some useful | discovery in archaeology. The idea that | ‚Berlin', and I myself, write all proper names | without vowels in writing for the public has taken | a firm hold on some of them so that ‖ they are quite blind to facts. Perhaps they | require a formal denial in printer's ink to | cure them. Really it does not seem to me | that it matters what they think. Hall of | the British Museum by the way has just | written mr ḥtm[329], in a letter to me, and I | believe he fully accepts your system. As long | as the rising scientific generation receives the truth | we [?] not trouble about the remainder.
>
> It is strange to see how completely France is | unaffected by your work – sublimely | indifferent! Perhaps however there is really | some change going on over there.

---

324 Vgl. Petrie (1899); Legge (1913); zu den sequence dates: Gertzen-Grötschel (2012).
325 Legge (1902).
326 Etwa K. Piehl und P. Virey; vgl. Dennis (1903), 279 ff.
327 BStUB, Griffith-Erman, 14.11.1902.
328 Hervorhebung im Original.
329 Hervorhebung im Original.

Um die relativ lange und ausführliche Darstellung Griffiths zusammenzufassen, könnte man resümieren, dass das Berliner Transkriptionssystem sich nach seiner Auffassung nicht bzw. noch nicht unter britischen Amateuren und in der Frankofonie durchgesetzt hat. Für beide, wenn auch aus unterschiedlichen Gründen, war die Vokallosigkeit der Ermanschen Transkription das größte Hindernis. Während aber bedeutende Gelehrte der französischsprachigen Ägyptologie noch an der Verwandtschaft des Ägyptischen mit den semitischen Sprachen zweifelten, war es für Dilettanten wie Legge v. a. wohl die Unaussprechlichkeit der rein konsonantischen Transkription, die diesen von der Übernahme des neuen Systems abhielt. Jedenfalls sieht er in der Frage der Vokalisation des Altägyptischen ein entscheidendes Gegenargument:

> Their present system cannot, however, even then be considered as complete until it is coupled with some system of vocalisation.[330]

Der Widerstand gegen das Berliner System jedenfalls dauerte noch bis in die 1920er Jahre des 20. Jh. an. In seiner 1920 veröffentlichten Arbeit *L'évolution de la langue égyptienne et des langues sémitiques*[331] berief sich Naville auf P. Le Page Renouf und dessen bereits 1889 gemachte Stellungnahmen gegenüber dem Berliner Transkriptionssystem:

> Pendant les dernières années de sa vie, Renouf avait vu surgir la grammaire allemande et tout le système de Berlin. Il est à peine nécessaire de dire qu'il y était violemment opposé. Déjà sur la question de la présence des voyelles dans l'alphabet, il nous dit : ‚Ce n'est pas une vérité, c'est une erreur de l'ignorance que j'ai partagée moi-même il y a trente ans, avant de bien comprendre les faits, [...], quoique nous soyons loin d'adopter nous-même cette transcription'[332]

Genüsslich fügt Naville in seinen Fußnoten noch ein wörtliches Zitat Renoufs ein, dass die Professionalisierungsbemühungen Ermans gegen diesen selbst zu wenden versucht:

> It[333] will at once explain how impossible it is for any one who has got beyond amateur notions of phonetic science to acquiesce in the novel system of transcription adopted at Berlin.[334]

330 Legge (1902), 279.
331 Naville (1920).
332 Zitiert nach Naville (1920), 57.
333 Bezieht sich auf Renoufs Artikel „Egyptian phonology" von 1889. – Anm. Naville.
334 Le Page Renouf, zitiert nach Naville (1920), 57.

Wie Griffith bemerkt auch Legge die nationale und professionelle Trennlinie, die die Befürworter und Gegner des neuen Transkriptionssytems scheidet:

> This system has gained the adhesion of several English Egyptologists, but not, so far as I know, that of any scholar of other than German or English nationality.[335]

Daher stellt er die Frage, ob sich das englischsprachige ägyptologische Publikationsorgan, die Proceedings, dem System der ZÄS anschließen soll, und auch wenn er dies deutlich als eine Frage formuliert, kann angesichts der zuvor angeführten Äußerungen kein Zweifel darüber bestehen, wie er diese Frage beantwortet zu bekommen wünscht:

> I submit that the time has come when this Society, as the only one in England that publishes and comments upon Egyptian texts, should consider the claims of the Berlin system of transliteration, with a view to its adoption with or without modification, or, if it be found unsuitable, to its complete rejection.[336]

Wie Griffith richtig vermutete (vgl. Brief o.), konnten sich Legge und die anderen Kritiker nicht behaupten bzw. ihre Positionen durchsetzen. Dabei registriert Legge selbst den sich fortsetzenden Professionalisierungsprozess innerhalb der Ägyptologie, in der für Dilettanten wie ihn bald kein Platz mehr ist:

> Now the objections of Egyptologists to criticism of their theories seem divisible into two heads. The first, which is the favourite one in Germany, is that no one has the right to criticise anything unless he is an ‚expert'. Formerly, one hardly ever read anything proceeding from the adherents of the Berlin School which did not contain some remarks directed against those whom they called *dilettanti*, or amateurs.[337]

Man ginge zu weit, wollte man Erman und der von ihm vertretenen Berliner Schule unterstellen, die von ihm durchgesetzte Transkription wäre gezielt zur Verdrängung bzw. zum völligen Ausschluss von Amateuren oder Dilettanten oder auch Vertretern von Nachbardisziplinen aus der Wissenschaft der Ägyptologie entwickelt worden. Dagegen spricht allein schon, dass aus wissenschaftlicher Sicht die Berliner Transkription alles andere als zufriedenstellend erscheint,[338] Abweichungen in eher populärwissenschaftlichen Publikationen ausdrücklich zugelassen werden sollten[339] und es Erman allem Anschein nach v. a. um die Schaffung

335 Legge (1902), 280.
336 Op. cit., 281.
337 Legge (1913), 103.
338 Vgl. Schenkel (1988), 32–35.
339 Vgl. Erman (1889b), 3–4.

einer einheitlichen und für alle verbindlichen Konvention ging. Dass seine Vorgehensweise von vielen Vertretern der älteren Ägyptologengeneration als unangemessen aufgefasst wurde und sich die Frage der Umschreibung der ägyptischen Texte zu einer regelrechten Machtfrage über die Deutungshoheit innerhalb der Wissenschaft der Ägyptologie entwickelte, war aber wohl abzusehen gewesen. Es erscheint daher nicht gänzlich ausgeschlossen, dass Erman die Provokation bzw. Konfrontation bewusst eingegangen ist. Durch die Anwendung des von ihm durchgesetzten und im Wesentlichen von Brugsch übernommenen Transkriptionsalphabets für die Anordnung der Lemmata des Altägyptischen Wörterbuches jedoch wurde die Berliner Transkription allgemeinverbindlich. Es erscheint zweifelhaft, ob sie eine ähnliche Durchsetzungskraft besessen hätte, wenn sie sich allein durch ihre verbindliche Verwendung in der ZÄS hätte behaupten müssen bzw. ob nicht noch Modifikationen daran hätten vorgenommen werden können.

4.5 Die Bedeutung des Wörterbuches für die Ägyptologie als Wissenschaft

Bei aller Kritik und den angeführten Einschränkungen am Berliner Ägyptischen Wörterbuch kann kein Zweifel daran bestehen, dass dieses wissenschaftliche Großprojekt Grundlagenforschung geleistet und deren Ergebnisse der internationalen Ägyptologie erschlossen hat. Der Anspruch einer Totalverzettelung aller zum Zeitpunkt seiner Erstellung bekannten ägyptischen Texte[340] stellte die wenigen Mitarbeiter des Wörterbuchvorhabens vor eine kaum zu bewältigende Aufgabe. Von den insgesamt 1.335.810 für das Wörterbuch verzettelten Textstellen wurden 104.965, also 7,86 % als Belegstellen angeführt.[341] Die vermeintliche Nutzlosigkeit[342], zumindest aber die relative Unzugänglichkeit dieses Zettelmaterials in Berlin wurde zu einem Hauptkritikpunkt an dem Projekt – v. a. von Seiten der britischen Ägyptologie. So schrieb Gardiner an Erman:[343]

> I wonder | whether you, who live in the | Dictionary rooms with the | Zettelkasten all around you, | wholly realise how important | an instrument of scientific | work you have in your | hands.
>
> [...] In Germany so many | of the students of Egyptology are | in Berlin, where they can go | direct to the Zettelkasten, or else | have friends there to whom they || can write. An English

340 Vgl. Seidlmayer (2006), 169.

341 Vgl. op. cit., 170.

342 Vgl. Borger (1984), 77 f..

343 BStUB, Gardiner-Erman, 17.06.1924.

student | would, I know, always receive | a prompt and courteous answer | from you, but how many would | have the audacity to bother | you for references?

Die bewusst gewählte *brevitas* bzw. das „Prinzip ebenso lakonischer wie apodiktischer Materialpräsentation“[344] war nicht zuletzt dem Bemühen um eine zeitnahe Fertigstellung des Projekts geschuldet.[345] Angesichts der Tatsache, dass nach Abschluss der Verzettelung auch keine neuen Texte mehr verarbeitet wurden,[346] erscheint dieses Vorgehen im Sinne der Aktualität des Werkes zum Zeitpunkt seiner Veröffentlichung jedoch auch als ein notwendiger Kompromiss:

> Die Redaktionsgeschichte des Wörterbuches war eben leider nicht eine Geschichte fortschreitender Vervollkommnung, sondern bedeutete den Abschied von einem ursprünglichen und klar erfassten Ideal unter dem Druck der pragmatischen Verhältnisse.[347]

Doch die Zettelkästen des Wörterbuchprojektes sind nicht verloren und haben auch den Zweiten Weltkrieg unbeschadet überstanden.[348] Mit den Mitteln moderner Computertechnik sind die Bestände des Wörterbuches erfasst, digitalisiert und über das Internet auch Ägyptologen außerhalb Berlins und Deutschlands zugänglich gemacht worden. Die Nutzung dieser technischen Möglichkeiten und die Publikation der Ergebnisse im Internet ermöglichen es heute, die Leistungen der Berliner Schule um Adolf Erman weiter zu benutzen und zu erweitern.[349] Der wissenschaftliche Wert dieses Vorhabens ist schon von Gardiner (an-)erkannt worden und steht außer Zweifel.

Für den Gegenstand der vorliegenden Untersuchung gewinnt das Altägyptische Wörterbuchvorhaben durch eine Reihe von Aspekten an Bedeutung: Durch dieses Projekt wurde die Ägyptologie an der Preußischen Akademie der Wissenschaften institutionalisiert und zum Empfänger staatlicher Förderung. Durch die Übernahme der Organisationsform, aber auch der methodischen Vorgehensweisen vergleichbarer Großprojekte aus dem Bereich der klassischen Altertumswissenschaft erhielt die Ägyptologie zum ersten Mal ein einheitliches Paradigma, einen organisatorischen Rahmen und dadurch in gewissem Sinne eine wissenschaftliche Legitimation. Die Konzentration zahlreicher deutscher und auch in-

344 Seidlmayer (2006), 174.
345 Op. cit., 181, spricht von einem „Zwang zur Kürze“.
346 Vgl. Borger (1984), 78.
347 Seidlmayer (2006), 180.
348 Vgl. Burkhardt (2000).
349 Ich verweise auf die Darstellungen auf der Homepage des Altägyptischen Wörterbuchvorhabens an der Berlin Brandenburgischen Akademie der Wissenschaften: http://aaew.bbaw.de/, © BBAW – Altägyptisches Wörterbuch 2007.

ternationaler Ägyptologen in und um dieses Projekt herum bot seinem Leiter A. Erman – nicht zuletzt auch durch die hohe Mitarbeiterfluktuation – eine bis dahin und wohl auch danach nie erreichte Einflussmöglichkeit auf die Ausgestaltung der Wissenschaft der Ägyptologie. Gerade in der Person Ermans jedoch offenbart sich der Übergangscharakter dieses Vorhabens, dass zwar dem Konzept des einsamen Stubengelehrten die Organisationsform des Großbetriebes der Wissenschaften entgegenstellt, dabei aber durch seinen hierarchischen Aufbau und seine Abhängigkeit von (national-)staatlicher Finanzierung sowie seine Zentralisation im Sinne borussischer Suprematie in Berlin nicht nur zum Gegenstand einer, teilweise nationalistisch aufgeladenen, wissenschaftlichen Polemik wird, sondern in seiner Umsetzung an Kapazitätsgrenzen stößt, die erst durch Dezentralisierung und konsequent verstärkte Internationalisierung, letztlich aber erst durch den Einsatz moderner Technologie durch spätere Ägyptologengenerationen überwunden werden können.

5 Das Ägyptische Museum Berlin

Das Ägyptische Museum Berlin, das neben dem Louvre in Paris und dem British Museum in London weltweit eine der ältesten und bedeutsamsten Sammlungen altägyptischer Objekte beherbergt, war ein und ist ein integraler Bestandteil des Ägyptologiestandortes Berlin[1] und eine wesentliche institutionelle Stütze der Berliner Schule. Auf die Einrichtung eines Lehrstuhls für Ägyptologie an der Berliner Universität für Richard Lepsius (1846) folgte bald darauf auch die schrittweise Übernahme – 1855 als Co-Direktor, 1865 als Direktor – der Verantwortung für die Sammlung des Ägyptischen Museums. Auch sein Schüler und Nachfolger A. Erman hatte bis 1914 beide Ämter inne und konnte sowohl die Sammlung selbst als auch die Räumlichkeiten und die Bibliothek des Museums zum einen für seine universitäre Lehrtätigkeit, zum anderen für das Wörterbuch der Ägyptischen Sprache nutzen. Auch später blieb das Museum, unter der Leitung des Erman-Schülers H. Schäfer, Teil des institutionellen Gefüges der Berliner Schule.

Die Anfänge des Ägyptischen Museums Berlin reichen zurück bis in das 17. Jh., in die Regierungszeit des Kurfürsten Friedrich III. (1688–1713).[2] Unter der Leitung des 1693 zum Oberaufseher des kurfürstlichen Antikenkabinetts ernannten Altertumskundlers L. Berger (1653–1705) gelangten durch Ankauf der Sammlung ‚Bellori' die ersten Aegyptiaca nach Berlin.[3] 1742 wurden die anfangs noch sehr bescheidenen[4] Bestände durch den Ankauf der Sammlung ‚Polignac' und 1764 durch den Kauf der Gemmensammlung ‚von Stosch' in bescheidenem Maße vergrößert.[5] 1802 sandte der preußische Gesandte in Konstantinopel, vom Knobelsdorf, die erste ägyptische Mumie[6] nach Berlin. Erst unter dem 1804 ernannten Kunstkammervorsteher und ehemaligen Prediger J. Henry kann von einer zielgerichteten Erweiterung der Sammlungsbestände gesprochen werden.[7] Nach dem Einmarsch Napoleons in Berlin (1806) erlitten diese Bemühungen jedoch durch die Fortführung der Antiken durch den französischen Gelehrten V. Denon einen Rückschlag.[8] Erst 1815 konnte Henry die geraubten Objekte nach Berlin zurück-

1 Vgl. grundlegend zur Geschichte: Mehlitz (2011), 76.
2 Vgl. Althoff (1998), 12.
3 Vgl. Vogtherr (1997), 221; Althoff (1998), 12.
4 Althoff (1998), 13, nennt eine Anzahl von nur 12 Objekten ägyptischen Ursprungs.
5 Vgl. Op. cit.
6 Vgl. Germer-Kischkewitz-Lüning (1994).
7 Vgl. Karig (1980), 7; Vogtherr (1997), 221.
8 Vgl. Savoy (2003), 117–146.

holen.[9] Nach der Ägyptenreise (1820) des Offiziers und ehemaligen Prinzenerziehers Friedrich Wilhelms III. (1770–1840), H. C. M. von Minutoli (1722–1846),[10] gelangten rund 3.000 Objekte[11] nach Europa, die in den Kreisen der damaligen preußischen Altertumswissenschaftler eine so begeisterte Aufnahme fanden,[12] dass Friedrich Wilhelm III. die Sammlung 1823 für Berlin erwarb.[13] Im gleichen Jahr wie Minutolis Ägyptenreise waren die Sammlungsbestände durch die Schenkung des Grafen Sack erweitert worden.[14] Die so erheblich erweiterte Sammlung ägyptischer Kunstobjekte wurde durch den Altertumskundler K. Levezow arrangiert, der allerdings noch nicht einer gesonderten ägyptischen Abteilung vorstand.[15] Erst durch den Ankauf der Sammlung ‚Passalacqua' (1927) und dessen Bestallung als Direktor der Ägyptischen Sammlung Berlin beginnt der eigentliche Institutionalisierungsprozess des Berliner Ägyptischen Museums.[16]

5.1 G. Passalacqua (1828–1865)

Der Italiener Giuseppe Passalacqua, der aus einer Triestiner Kaufmannsfamilie stammte,[17] war 1820 mit der Absicht nach Ägypten gereist, dort im Pferdehandel sein Glück zu machen, entdeckte aber bald darauf sein Interesse für Antiken und legte eine umfangreiche Sammlung an. Ein derartiger Karriereverlauf muss seinerzeit durchaus nicht ungewöhnlich gewesen sein.[18] In jedem Fall ist das von Erman verbreitete Gerücht, Passalacqua sei von niederer Herkunft, mit großer Reserviertheit zu behandeln:

> Ob er, wie es hieß, einst als Bedienter nach Ägypten gekommen war, weiß ich nicht, jedenfalls war er, wie seine Papiere im Museum zeigen, ein nur halb gebildeter und etwas verschrobener Mann. Von der Ägyptologie verstand er gar nichts.[19]

Deutlich positiver – auch in Bezug auf seinen gesellschaftlichen Status – fällt die Charakterisierung Passalacquas durch H. Brugsch aus, der dem ersten Direktor der

9 Vgl. Althoff (1998), 13.
10 Bierbrier (2012), 376; vgl. Althoff (1998), 15 f.
11 Vgl. Althoff (1998), 17; darunter auch 55 Papyri; Karig (1980), 7.
12 Vgl. Vogtherr (1997), 222.
13 Vgl. Op. cit.; Althoff (1998), 17.
14 Vgl. Vorgtherr (1997), 221.
15 Vgl. Op. cit., 222, bes. Anm. 1758.
16 Vgl. Op. cit., 221; Althoff (1998), 19.
17 Bierbrier (2012), 418; Kischkewitz (1997), 22.
18 Vgl. Kischkewitz (1997), 23.
19 Erman (1929), 192, Anm. 1.

Ägyptischen Sammlung Berlin eine intensive Förderung und Unterstützung zu Beginn seiner Laufbahn verdankte:[20]

> Italiener von Geburt, Franzose seiner Sprache und seinem ganzen Wesen nach, machte Passalacqua, damals ein Sechziger, den Eindruck einer vornehmen Persönlichkeit, die sich bis auf die Erscheinung des äußeren Menschen erstreckte. Er wurde in allen Salons der damaligen Berliner Gesellschaft gern gesehen, verkehrte mit der besten Gesellschaft [...].[21]

Während der Lepsius-Schüler Erman sich gegen dessen Vorgänger und Widersacher bei der Neugestaltung der Ausstellung der ägyptischen Sammlung – wovon noch ausführlicher zu berichten sein wird – wandte, nahm dessen Protegé und der selbst aus einfachen Verhältnissen stammende[22] Brugsch dessen Verhältnis zu Lepsius zunächst angespannt war,[23] naturgemäß eine positivere Haltung zu Passalacqua ein. Ebenfalls kritisch, wenngleich deutlich nüchterner, schätzte der damalige Kultusminister K. Frhr. vom Stein zum Altenstein (1757 – 1831) die fachliche Eignung Passalacquas ein, nämlich insofern als...

> daß der Passalacqua eine gründliche Wissenschaftliche Bildung und die Kenntnis in orientalischen Sprachen nicht besitzt, welche von dem Vorsteher eines ägyptischen Museums zu verlangen sind.[24]

Ausschlaggebend für Passalacquas Anstellung dürfte letztlich seine unbestrittene Weltgewandtheit gewesen sein, schließlich sprach er fließend Italienisch, Französisch, Deutsch und Englisch, und er las lateinische und griechische Autoren im Original.[25] Darüber hinaus jedoch verstand er es, nach Beendigung seines Ägyptenaufenthaltes (1824) den preußischen König nicht nur zum Erwerb seiner Sammlung zu bewegen, sondern sich bei deren Aufstellung und Einrichtung selbst unentbehrlich erscheinen zu lassen.

1826 stellte Passalacqua seine 1.598 Objekte[26] umfassende Sammlung in der Passage Vivienne in Paris aus, nicht zuletzt, um sie der französischen Regierung zum Kauf anzubieten. Seine Ausstellung erregte großes Aufsehen und fand sogar

20 Vgl. Brugsch (1894), 28 – 33; 48 – 51.
21 Op. cit., 28.
22 Vgl. op. cit., 3 – 7.
23 Vgl. op. cit., 33; 46 – 49; 74; Mehlitz (2011), 182f.. – Womöglich gerade aufgrund der engen Beziehung zu Passalacqua.
24 Altenstein in einem Bericht an Friedrich Wilhelm III., zitiert nach: Vogtherr (1997), 226.
25 Vgl. Kischkewitz (1997), 22.
26 Karig (1980), 7 spricht von 2000 Objekten; Althoff (1998), 19 von 1.600; die Angabe hier stammt aus: Kischkewitz (1997), 23.

einen Nachhall in der zeitgenössischen Literatur.[27] Beflügelt durch den Erfolg erhöhte Passalacqua seine Preisvorstellungen von 100.000 auf 400.000 Franc und fand wohl auch deshalb zunächst keinen Käufer.[28] Passalacqua wandte sich daraufhin brieflich an Friedrich Wilhelm III. von Preußen, um ihm seine Sammlung zum Kauf anzubieten.[29] Die Berater des Königs waren zunächst reserviert. A. v. Humboldt hatte den König zwar auf die Gefahr einer Versteigerung und Zerstreuung der Sammlung Passalacquas hingewiesen, betonte aber das Primat klassisch-griechischer Kunstobjekte bzw. von Büchern für die Kgl. Bibliothek bei Ankäufen für die Berliner Museen.[30] In Bezug auf die spätere Entwicklung der Ägyptologie und Deutschlands führender Stellung auf diesem Gebiet bemerkte der Kultusminister hingegen weitsichtig:

> Es läßt sich nicht im Voraus bestimmen, welche großen Resultate für die Wissenschaft es geben kann, wenn vollständigere aegyptische Sammlungen mit deutschem Fleiße und Gründlichkeit benutzt werden.[31]

Humboldt reist nach Paris, um schließlich mit Passalacqua den Kauf von dessen Sammlung, gegen Zahlung der ursprünglich geforderten 100.000 Franc in einer sechs Stunden dauernden Verhandlung am 14. April 1827 zu vereinbaren. Gegen Zahlung eines Honorars von 3.000 Franc darf Passalaqua zudem seine Sammlung in Paris selbst ver- und in Berlin auspacken.[32] Brugsch berichtet weiterhin:

> Der dafür gezahlte Preis war mäßig, doch war an den Ankauf die Bedingung geknüpft, daß ihr Besitzer, Herr Passalacqua, zum staatlich besoldeten Direktor des ägyptischen Museums in Monbijou erhoben werden müsse.[33]

Eine solche Vereinbarung scheint damals jedoch nicht bestanden zu haben. H. Kischkewitz führt sogar aus, dass Passalacqua sich zwar durch Aufstellung, Ordnung, Beschriftung und Führung hochgestellter Persönlichkeiten unentbehrlich gemacht, aber auch, dass man ihm dafür weder ein Gehalt noch das versprochene Honorar ausgezahlt habe.[34] Letztlich wird sein Einsatz jedoch be-

27 Kischkewitz (1997), 23 zitiert aus „Das Bankhaus von Nuncingen" von H. de Balzac die Beschreibung einer Frau als: „[...] schwarz, groß, schlank, hager ähnelt sie einer aus Passalacquas Antiquitätensammlung entwischten Mumie, die zu Fuß durch Paris läuft [...]."
28 Vgl. Kischkewitz (1997), 23.
29 Vgl. Vogtherr (1997), 224, bes. Anm. 1770.
30 Vgl. Op. cit., 224.
31 Vgl. Op. cit.
32 Vgl. Vogtherr (1997), 225; Kischkewitz (1997), 24.
33 Brugsch (1894), 26.
34 Kischkewitz (1997), 24.

lohnt und man ernennt ihn 1828 endgültig zum „Aufseher der Ägyptischen Sammlung“ auf Lebenszeit.[35] Diese Vorgänge scheinen, verstärkt durch die auch in der Äußerung Ermans zum Ausdruck kommenden gesellschaftlichen Ressentiments, Anlass zu einer gezielt rufschädigenden Verkürzung der Darstellung gegeben zu haben:

> Aber der Handel und seine Bedingungen haben sich später, und sicher nicht nur in den Memoiren unfreundlicher Nachgeborener, zum Mythos des cleveren Pferdehändlers verformt, dem es gelang, als Kompensation für den Preisnachlaß sich selbst als Direktor des Ägyptischen Museums einzubringen.[36]

Mit Unterstützung von Levezow hatte Passalacqua seine eigene Sammlung „in einem langen, treibhausähnlichen Gebäude“[37] im Schloß Monbijou eingerichtet und getrennt von der Sammlung ‚Minutoli‘ aufgestellt. Schließlich ergänzte man die Aufstellung noch um die übrigen Aegyptiaca der kgl. Kunstsammlungen und schuf so eine der bedeutendsten Sammlungen ägyptischer Kunst dieser Zeit.[38] 1832 wurde das Museum für das breite Publikum geöffnet[39] und erfreute sich bald großer Beliebtheit mit bis zu 13.000 Besuchern pro Monat.[40] Zwar hatte A. v. Humboldt eine der Sammlung entsprechende Dekoration und Umgestaltung der Ausstellungsräume angeregt, was aber durch Friedrich Wilhelm III. abgelehnt wurde.[41]

Bei der Anordnung der Objekte orientierte sich Passalacqua am Beispiel J. F. Champollions und dessen Aufstellung der Pariser Sammlungsbestände,[42] wodurch sich eine Einteilung in vier Hauptklassen: „Objets de culte“, „Objets d’usage de la civile“, „Objets funeraires“ und „Objets divers“ ergab.[43] Die Einteilung wurde weiter verfeinert bzw. kenntlich gemacht durch die Anbringung der Objekte auf verschiedenfarbigen Sockeln: Götter und heilige Tiere auf gelben, königliche Denkmäler auf Alabaster, etc.[44] Weitere wesentliche Erweiterungen erfuhr die

---

35 Vogtherr (1997), 225; Althoff (1998).
36 Kischkewitz (1997), 24.
37 Brugsch (1894), 25.
38 Vgl. Vogtherr (1997), 226 f.
39 Vgl. op. cit., 227.
40 Kischkewitz (1997), 26.
41 Vgl. Vogtherr (1997), 227; einzig die „unpassende chinesische Tapete“ wurde durch eine „hellblau gestrichene“ ersetzt; Karig-Kischkewitz (1992), 85.
42 Vgl. Vogtherr (1997), 228.
43 Vgl. Messling (1997), 72 f.
44 Vgl. Vogtherr (1997), 228.

Berliner Sammlung durch den Ankauf der Papyri der Sammlung ‚Minutoli' (1835),[45] der dritten Sammlung ‚Drovetti' (1837)[46] sowie der Sammlung ‚Saulnier'.[47]

Allem Anschein nach hat Passalacqua die Erwartungen seines Arbeitgebers durchaus erfüllt, die Sammlung nach dem damaligen Stand ägyptologischer Forschung und der gängigen Form der Klassifizierung und Anordnung von Altertümern aufgestellt und durch Einbeziehung weiterer bedeutender Sammlungen stetig erweitert. Während er sich jedoch in der Frage der Ausstellungskonzeption sehr wohl an den Arbeiten Champollions orientiert hat, benennt Brugsch einen allerdings wohl entscheidenden Nachteil Passalacquas:

> Passalacqua erschien mir wie ein Halbgott, der nur den einen Fehler besaß, daß er die Entzifferung der Hieroglyphen als etwas Nebensächliches betrachtete und das Geheimnis der änigmatischen Bilder als die Grundlage aller Weisheit der alten Ägypter ansah.[48]

Die schon bei seiner Einstellung bemängelte fehlende Kompetenz im Bereich orientalischer Sprachen hinderte Passalacqua nicht daran, eine ägyptische Sammlung in Berlin aufzubauen und zu kategoriesieren, stellte aber angesichts der fortschreitenden Entwicklung auf dem Gebiet der Ägyptologie eine schwere Hypothek dar. Wie auch andere Gelehrte fiel Passalacqua dem Professionalisierungsprozess der Ägyptologie zum Opfer, im Zuge dessen die Anerkennung und Weiterentwicklung der Erkenntnisse J. F. Champollions zur *conditio sine qua non* für die Aufnahme oder Fortsetzung einer Tätigkeit in diesem Bereich wurde.

5.2 R. Lepsius (1845/1855/1865–1884)

Recht treffend wird der Charakter der Ägyptischen Sammlung unter der Leitung von G. Passalacqua durch A. Erman charakterisiert:

> Diese Sammlung war, wie wir heute sagen würde, im Hinblick auf die Kulturgeschichte angelegt und enthielt mancherlei sehr schöne, wenn auch leider meist undatierte Stücke.[49]

Auch C. M. Vogtherr beschreibt den Sammlungscharakter als den eines „historisch-kulturhistorischen Museums"[50]. Bevor wir die durch die Übernahme der

45 Vgl. Karig-Kischkewitz (1992), 85.
46 Vogtherr (1997), 229 gibt 1838 als Kaufdatum an; anders: Althoff (1998), 20.
47 Vgl. Althoff (1998), 20.
48 Brugsch (1894), 30 – mit anschließender Erklärung des Konzeptes.
49 Erman (1929), 192.
50 Vogtherr (1997), 231.

Abb. 1: Karl Richard Lepsius (1810 – 1884)

Museumsleitung durch Lepsius und die Verlagerung der Ausstellung in das Neue Museum hervorgebrachten Veränderungen der Ausstellungs- und Museumskonzeption näher betrachten, soll zunächst kurz auf die Frage des Sammlungscharakters des Ägyptischen Museums eingegangen werden. K. Pomian nennt in seiner Behandlung von Archäologischen Museen[51] die Schlagworte „Kunst, Natur, Geschichte“[52] als mögliche Ausstellungsinhalte und spricht von archäologischen Sammlungen „kunst-“ oder „technik-orientierten“ Typs.[53] Durch die Bezeichnung

51 Vgl. Pomian (1998), 91 – 109.
52 Op. cit., 91.
53 Op. cit.

als „kulturgeschichtliche" (vgl. Zitat o.) Sammlung entzieht sich das ägyptische Museum zunächst einer solchen Klassifikation, zumal einer kunsthistorischen Konzeption durch Passalacqua eine klare Absage erteilt worden ist.[54] Zwar wurden die Objekte nach ihrem kulturellen, also funktionalen Verwendungskontext geordnet; eine solche Anordnung entspricht aber weder der modernen Auffassung Pomians über ein „technik-orientiertes" Museum[55] noch den zeitgenössischen Tendenzen dieses sich gerade im ausgehenden 18. Jh. von Skandinavien her ausbreitenden neuen Museumstypus.[56] Es wird noch zu zeigen sein, dass Passalacquas Bestreben, seine Sammlung als dezidiert nicht kunsthistorische zu charakterisieren, auch ganz praktische Hintergründe hatte. Festzuhalten bleibt, dass die Ägyptische Sammlung von Anfang an nicht den gängigen Vorstellungen eines Kunstmuseums und damit dem Vorbild der Sammlungen klassisch-antiker Kunst entsprach.[57]

Schon während seiner Ägyptenexpedition (1842–1846) äußerte sich der Extraordinarius für Ägyptologie an der Berliner Universität, R. Lepsius, zu seinen Auffassungen über eine geeignete Museumskonzeption für die Ägyptische Sammlung. In einem Brief an den damaligen Generaldirektor der Berliner Museen von Olfers vom 11. Juli 1845 entwirft Lepsius ein völlig neuartiges[58] Museumskonzept, welches schon namentlich den wissenschaftlichen Zeitgeist widerzuspiegeln scheint, aber auch Lepsius' eigenen historisch-chronologischen Forschungsschwerpunkten entspricht und ihn somit gleichzeitig für die Realisierung dieses Ausstellungskonzeptes empfiehlt:

> Sie haben sich, wenn ich mich recht erinnere, auch darüber schon gegen mich ausgesprochen, daß Sie ein historisches Museum einzurichten denken, wie eigentlich dem Zweck und der Idee nach jedes sein müßte und wie es doch nirgends existiert. Diese Absicht ist aber jedenfalls bei einem ägyptischen Museum in einem Grade zu erreichen, dem sich jedes andere auch unter den günstigsten Umständen nur von ferne nähern kann, weil bei keinem anderen Volke die Zeitbestimmung für jedes einzelne Monument so einfach und sicher vorliegt wie hier, und sich keine andere Sammlung in eine so lange Zeitreihe (über 3000 Jahre) vertheilt.[59]

In der Tat erinnerte sich Lepsius richtig, dass der Generaldirektor bereits einige Monate nach seiner Ernennung einen historistischen Akzent in seiner Muse-

54 Vgl. Vogtherr (1997), 231.
55 Vgl. Pomian (1998), 92.
56 Vgl. Op. cit., 103 f.
57 Vgl. Karig-Kischkewitz (1992), 85; Messling (1997), 74.
58 Erste Ansätze zu einem „chronologischen Arrangement" hatte auch schon Champollion versucht. Vgl. Messling (1997), 76.
59 Brief Lepsius an Olfers, vom 11.07.1845, zitiert nach: Müller (1984), 8.

umspolitik gesetzt hatte, als er in seinem Jahresbericht an den Kultusminister von Eichhorn ausführte:

> so bedeutend hiernach auch die hiesige Sammlung ist, [...] so ist doch nicht zu leugnen, daß in der Reihe der historischen Denkmäler noch manche Lücke auszufüllen bleibt, auf welche daher bei den Anschaffungen wird zunächst Bedacht genommen werden müssen.[60]

Anders als noch in Schloss Monbijou, wo man auf eine aufwendige Innendekoration verzichtet hatte, sollte das sich 1846 noch im Rohbau befindliche Neue Museum[61] durch architektonische, sowie malerische Dekorationselemente auf die ausgestellten Sammlungen abgestimmt werden.[62] Dabei wollte Lepsius jedoch weit mehr als eine bloße ägyptisierende Hintergrundkulisse für die Objekte.[63] Vielmehr sollte die Ausgestaltung der Innenarchitektur einen Beitrag zu seinem museumsdidaktischen Gesamtkonzept leisten und sich in die historische Ordnung der Ausstellung einfügen:

> Ich denke mir nämlich, daß, um einen allgemeinen harmonischen Eindruck hervorzubringen auch hier die den verschiedenen Zeiten charakteristischen Baustyle, namentlich Säulenordnungen, in ihrer geschichtlichen Reihenfolge festgehalten werden müßten [...].[64]

Für die malerische Ausgestaltung erwägt Lepsius zunächst zwar drei verschiedene Varianten, von denen er sich aber später für die letztere ausspricht:

> Es könnten nun entweder freie Compositionen in griechischem Style, oder streng ägyptische Darstellungen, mit Vermeidung jedoch der ägyptischen Perspektive, also eine Art Uebersetzung in der Art etwa des Wandfrieses im Musée Charles X. oder endlich es können reine nur dem einzelnen Bedürfniß angepaßte Kopieen ächtägyptischer von uns gezeichneter Darstellungen sein.[65]

Wenngleich Lepsius die beiden ersten Varianten aufgrund eher praktischer Argumente – eine Ausführung in klassischem Stil würde den Betrachter von den eigentlichen Bildinhalten ablenken, und eine „Zwitterdarstellung“[66] in einem ägyptisch-griechischen Mischstil sei grundsätzlich unbefriedigend – ausschließt,

---

60 Olfers-Eichhorn, 29.12.1840, zitiert nach: Messling (1997), 76.
61 Die Grundsteinlegung war am 06.04.1843 erfolgt. Vgl. Messling (1995), 51.
62 Vgl. Messling (1997), 78.
63 Was ansonsten aber durchaus dem Zeitgeschmack entsprach. Vgl. Op. cit., 85.
64 Brief Lepsius an Olfers, vom 11.07.1845, zitiert nach: Müller (1984), 8.
65 Op. cit.
66 Op. cit., 9.

spricht für die rein ägyptische Ausgestaltung seiner Ansicht nach, dass eine solche Art der Ausführung...

> würde vor allem das große Verdienst haben, dem Beschauer einen Begriff von der ägyptischen Kunstauffassung im Großen zu geben;[67]

Inhaltlich hat Lepsius dann ebenso klare Vorstellungen, die noch einmal verdeutlichen, wie sehr seiner Auffassung nach die Dekoration zum Teil des gesamten Ausstellungskonzeptes wird und in den Prozess der Wissensvermittlung im Museum mit eingebunden werden soll:

> Ueber den Gegenstand der Darstellungen kann wohl kaum Zweifel sein. Sie müßten die Höhepunkte der ägyptischen Geschichte, Civilisation und Kunst charakteristisch vor Augen führen.[68]

Doch auch der amtierende Aufseher über die Ägyptische Sammlung beteiligte sich an den Plänen für die Gestaltung der neuen Ausstellungsräume. Allerdings hatte sich Passalacquas Stellung innerhalb des Berliner Museumsbetriebes inzwischen nachhaltig verschlechtert. Um das Primat klassisch-antiker oder auch neuzeitlicher Kunstwerke in der Museumsfinanzierung zu umgehen, hatte Passalacqua den kulturhistorischen Charakter seiner Sammlung herausgestellt und beim damaligen Kultusminister Altenstein bereits 1832 die Herauslösung des Ägyptischen Museums aus dem Verband der Königlichen Museen beantragt.[69] Dieser, wie auch ein 1837 erneut gestellter Antrag gleichen Inhalts wurde jedoch abschlägig beschieden.[70] Die durch die direkte Unterstellung des Ägyptischen Museums unter den Kultusminister versuchte Umgehung der Autorität der Genreladirektion hatte Passalacquas Verhältnis zu diesem Gremium nachhaltig verschlechtert und besonders den späteren Generaldirektor Olfers gegen ihn eingenommen.[71] 1841 wurde Passalacqua zwar durch die Generaldirektion aufgefordert, seine Ansichten über die Ausgestaltung der neuen Ausstellungsräumlichkeiten zu unterbreiten, durch die nachfolgenden Veränderungen des Museumsstatuts (1843/1844) wurde jedoch die Entscheidungskompetenz darüber dem Generaldirektor zugewiesen.[72] Darüber hinaus ließ man ihn wohl mit Absicht[73] in dem Glauben, zur Ausarbeitung

67 Op. cit.
68 Op. cit.
69 Vgl. Vogtherr (1997), 231, Anm. 1824.
70 Vgl. Messling (1997), 90.
71 Vgl. op. cit., 89 f.
72 Vgl. op. cit., 90.
73 Vgl. Op. cit., 89.

nicht nur von Entwürfen zur Innenausstattung des längst beschlossenen Neuen Museumsbaus, sondern zur Planung eines neuen Gebäudes aufgefordert zu sein.[74] Passalacqua legt seine *Entwürfe zu einem neuen Gebäude für das Königlich Preussische Museum Ägyptischer Altertümer* 1843[75] vor, dessen neun Tafeln, später noch (1844) um eine zehnte Tafel ergänzt wurden. Auch in seinem zuvor eingereichten Jahresbericht an Generaldirektor Olfers 1842 bringt Passalacqua die Überzeugung zum Ausdruck, nun die konzeptionelle Grundlage für einen neuen Museumsbau vorlegen zu können und das, obwohl mit dem Bau des Neuen Museums zu diesem Zeitpunkt längst begonnen worden ist:

> nunmehr sind diese Entwürfe so weit vollendet, daß ich in einigen Tagen im Stande zu sein hoffe, sie Euer Hochwohlgeboren vorlegen zu können. Mein sehnlichster Wunsch ist, daß sie Ihren Beifall verdienen und Sie sich dadurch bewogen finden mögen, bei S.M. dem Könige um deren bauliche Ausführung zu beantragen. Ich wage zu glauben und zu behaupten, daß Euer Exzellenz in diesem Falle dem schönen Berlin eine neue Zierde verschaffen werde, wie sie keine andere Hauptstadt Europas in diesem Maße aufzuweisen hat.[76]

Der Generaldirektor war zwar bereit, sich – allerdings wohl nur *pro forma* – die Ansichten des Aufsehers über die Ägyptische Sammlung anzuhören, machte seine Entscheidung aber von dem wissenschaftlichen Sachverstand von Lepsius abhängig. In einem Brief an den Kultusminister Ladenberg schrieb er Ende 1849:

> Sollte nun der Augenblick wahrgenommen werden, wo die Versetzung der Sammlung in ein ganz neues Local und die gleichzeitig zu bewirkende Einverleibung der zahlreichen Denkmäler, welche der pp. Lepsius mit gründlicher Kenntniß des werthvollen, der Sammlung mangelnden, in Aegypten gesammelt und herüber gebracht hat,[77] die allergünstigste Gelegenheit darboten, an die Stelle einer nach den äusserlichen Rücksichten bemessenen Aufstellung eine Ordnung nach wahrhaft wissenschaftlichen Principien treten zu lassen, so stellt sich die Notwendigkeit heraus, <u>bei diesem Geschäft einen Mann zu beteiligen, der die Aufgabe in diesem Sinne wirklich zu lösen wüßte.</u>[78]

Recht deutlich wird die bisherige Aufstellung und damit wohl auch der für sie verantwortliche Passalacqua als unwissenschaftlich abqualifiziert.[79] Im Gegensatz dazu werden Lepsius' Verdienste klar hervorgehoben und dieser als Sachverständiger eingeführt.

---

74 Karig-Kischkewitz (1992), 88 vermuten, dass es in erster Linie um eine Bedarfsermittlung der benötigten Ausstellungsfläche ging.
75 Vgl. Op. cit., 88 – 102; Messling (1997), 88 f.
76 Passalacqua an Olfers, 1842, zitiert nach: Kischkewitz (1997), 27.
77 Ebers (1885b), 218 nennt 1.500 Objekte; so auch Karig (1980), 7.
78 Olfers an Ladenberg, 29.12.1849, zitiert nach op. cit., 90. – Hervorhebung im Original.
79 Vgl. Mehlitz (2011), 203 f. zum Verhältnis Passalacquas zu Olfers und Lepsius.

In demselben Brief verteidigte sich Olfers gegen den Vorwurf, Passalacqua gegenüber fälschlicherweise den Eindruck erweckt zu haben, man erwarte von ihm einen kompletten Museumsentwurf und nicht nur eine Stellungnahme zur Innenausstattung der Ausstellungsräume des längst beschlossenen Neuen Museums:

> Ich habe ihm während der Arbeit, so oft er nur davon sprach, pflichtmäßig nicht verborgen, daß von dem gesonderten Bau eines ägyptischen Museums nicht die Rede sei, wie er dennoch dabei blieb, habe ich diese ausserordentliche Arbeit weder hemmen können noch wollen, auf die Vorlegung derselben dem Allerhöchsten Befehl gemäß ihm aber bestimmt eröffnen müssen, daß die ägyptische Sammlung in das Neue Museum verlegt, und ein weiterer Neubau in keiner Weise beabsichtigt werde.[80]

Diese Rechtfertigung Olfers gegenüber dem Kultusminister war notwendig geworden, nachdem Passalacqua sich seinerseits diesem gegenüber am 07. Juli 1849 in einer 114-seitigen[81] Beschwerdeschrift über seine Behandlung durch den Generaldirektor beklagt hatte.[82] Zwar hatte man Passalacqua ab 1847 an der Planung der Aufstellungsarbeiten beteiligt, doch zu diesem Zeitpunkt waren wesentliche Entscheidungen darüber bereits von Olfers, Lepsius und dem Architekten getroffen worden.[83] Der Antrag Passalacquas, wenigstens für die Fortführung der Einrichtungsarbeiten verantwortlich zeichnen zu können, wurde gleichfalls abgelehnt.[84] Auch sein Versuch über A. v. Humboldt Einfluss auf die Entscheidungsprozesse nehmen zu können, scheiterte und empörte den Adressaten aufs Äußerte, wie er an Olfers schrieb:

> Denken Sie die Frecheit, daß Passalacqua, von dem ich seit Jahren nichts hörte, mir eine Klageschrift gegen Sie in Copia zuschickt. Er sagt in dem Briefe, sie enthalte 296 fol. Seiten und sei mit einem Register versehen. Ich habe das Paket ihm unerbrochen zurückgesandt!![85]

Ende September 1848 gewährte man ihm die Aufsicht über die Aufstellung der Grab- und Gedenkstelen,[86] allerdings nur, bis Lepsius die Objekte, die Pharao-

---

80 Olfers an Ladenberg, 29.12.1849, zitiert nach Messling (1997), 88f.
81 Vgl. Karig-Kischkewitz (1992), 100.
82 Vgl. Lepsius (1933), 163, Anm.: „[...] und verweigerte die Überführung ‚seiner' Sammlung in das Neue Museum."
83 Vgl. Messling (1997), 91.
84 Vgl. Op. cit., 92.
85 (A. v.) Humboldt an Olfers, 1913; zitiert nach: Karig-Kischkewitz (1992), 100.
86 Vgl. Messling (1997), 92f.; Abb. 16.

nennamen trugen, aus dieser Anordnung entfernen ließ, ohne Passalacqua davon Mitteilung zu machen.[87]

Obwohl Passalacquas Beschwerdeschrift also v. a. durch eine offenkundige Missachtung seiner Autorität als Abteilungsdirektor begründet war, enthielt sie durchaus auch sachliche und auch heute noch nachvollziehbare Kritik an der durch Olfers und Lepsius erarbeiteten Ausstellungskonzeption. So kritisierte Passalacqua die mangelhaften Lichtverhältnisse in dem neuen Museumsbau.[88] Gerade bei der Aufstellung der in seiner Verantwortung belassenen Grab- und Gedenkstelen muss Passalacqua dieser Missstand besonders unangenehm aufgefallen sein, da sich auch Erman später darüber beklagte:

> so standen z. B. die gesamten Grabsteine unten an den Wänden des Säulenhofes, und unsere schönsten Reliefs standen sogar unter den Fenstern des ‚historischen Saals', als habe man sie absichtlich unsichtbar machen wollen.[89]

Auch der malerischen Ausgestaltung der Ausstellungsräume erteilte Passalacqua schon in seinen 1843 veröffentlichten *Entwürfen* eine eindeutige Absage:

> Der überraschende Eindruck, den die Erhaltung dieser Ueberbleibsel des höchsten Alterthums erwecken, würde daher zu ihrem Nachteile gewaltig geschmälert werden, wenn man sie unbedacht mit jener glänzenden Zusammenstellung frischer und lebhafter Farben in unmittelbare Berührung brächte. Dieser Fehlgriff kann durch die Nachahmung eines feinkörnigen, gelblichen Sandsteines gehörig vermieden werden.[90]

Auch hierin stimmte er mit seinem Nachfolger Erman überein, der gleichfalls die farbliche Ausgestaltung als unglücklich empfand und die doch recht anspruchsvollen museumsdidaktischen Erwägungen seines akademischen Lehrers Lepsius mit keinem Wort erwähnte:

> Dem Geist der Zeit Friedrich Wilhelms IV. entsprechend waren Räume geschaffen, die dem Besucher einen ägyptischen Tempel und ägyptische Malereien veranschaulichen sollten, und in diese Säle mit ihren bunten, aufdringlichen Farben waren nun die armen bescheidenen Altertümer irgendwie hineingesetzt.[91]

---

87 Vgl. Op. cit.
88 Vgl. Op. cit., 94.
89 Erman (1929), 193.
90 Passalacqua (1843), zitiert nach: Müller (1988), 280 f.
91 Erman (1929), 192 f.

Hinzu kam wohl noch, dass die von Lepsius konzipierten[92] Darstellungen kein authentisches Abbild[93] altägyptischer Tempeldekorationen darstellten und die Bildinhalte im Sinne der historischen Ausstellungskonzeption z.T. aus unterschiedlichen Denkmälern oder auch diachronisch zusammengesetzt wurden.[94] Daher erteilte auch H. Schäfer später der Lepsius'schen Ausgestaltung der Ausstellungsräume eine klare Absage:

> Bei der Ausgestaltung der Räume sollten alle ausgesprochenen Stilformen in Bildhauerei oder Malerei vermieden werden, vor allem ägyptische, deren Ausführungen zwar das Entzücken der Zeit, die sie angebracht hat, doch bald das Entsetzen der Nachfolger zu erregen pflegen, [...]. Wir haben in einem der Hauptsäle des Stülerschen Museums die Nachahmungen ägyptischer Bilder überstreichen müssen, mit denen man vor siebzig Jahren seine Wände bedeckt hat. Denn wir beobachteten fast täglich, wie sie das Stilgefühl der Besucher irreleiteten, und empfanden stets die Unmöglichkeit, die alten Werke unter die neuen Bilder zu stellen.[95]

Einzig im Bereich der Aufstellung der Kleinexponate konnte Passalacqua seine Systematik erhalten und auch in die neue Ausstellungskonzeption übertragen.[96] Von der farblichen Kennzeichnung der Sockel ist man dabei zumindest später[97] allerdings abgewichen. So berichtet Erman:

> und ein jedes Stück war auf einen gelbgestrichenen Holzklotz aufgesetzt [...]. Und wonach waren sie geordnet? Nicht nach ihrer Bestimmung und nicht nach ihrer Zeit, sondern ausschließlich nach dem Material, aus dem sie bestanden![98]

Erman machte hierfür allerdings nicht mehr Passalacqua oder Lepsius, sondern den Zeichner der Lepsiusexpedition, M. Weidenbach, und den Oberdiener Huck verantwortlich.[99]

Offenkundig konnte Passalacqua keinen entscheidenden Einfluss auf die Ausgestaltung der Ausstellung der Ägyptischen Sammlung im Neuen Museum nehmen, was er in einer erneuten Beschwerdeschrift gegenüber dem Kultusminister von Ladenberg auch zum Ausdruck gebracht hat.[100] Und tatsächlich wies

---

92 Vgl. Messling (1997), 79.

93 Schon für die Landschaftszeichnungen der Lepsiusexpedition ist deren teilw. idealisierender Charakter nachgewiesen worden. Vgl. Jung (2010).

94 Vgl. Op. cit., 83 ff.

95 Schäfer (1920), 19.

96 Vgl. Messling (1997), 95.

97 Vgl. Erman (1929), 193.

98 Op. cit.

99 Vgl. Op. cit.

100 Vgl. Messling (1997), 95.

der Kultusminister in einem Schreiben am 26. Mai 1850 den Generaldirektor an, die Sammlung und Verantwortung für die noch ausstehenden Aufstellungsarbeiten wieder in die Hände des Abteilungsdirektors zu geben. Olfers verteidigte sich gegen die Behauptung, seine Befugnisse überschritten bzw. die Zuständigkeit Passalacquas missachtet zu haben, wandte sich aber seinerseits an Friedrich Wilhelm IV., der dem Generaldirektor schließlich in einer Statutenänderung vom 27. Dezember 1854 eine weitgehende Unabhängigkeit vom Kultusminister verschaffte.[101] Dazu passt auch, dass im darauf folgenden Jahr[102] Lepsius zum Mitdirektor ernannt wurde, wobei ein Brief des Königs an C. J. v. Bunsen (1791–1868)[103] allerdings auch Licht auf die inzwischen vorgenommene Einschätzung der Verhältnisse am Museum wirft:

> Ihre L.-Briefe haben mich gefreut, weil wir beide einer Ansicht sind. Nur lebt ‚Geh' übers Wasser' (Passalaqua)[104] noch. Ich habe daher L. schon jetzt mit den Localprivilegien des Direktors bekleidet. Er hat den Schlüssel und das Schalten und Walten im Tempelhofe, der Galerie und den Gräbern Ägyptens.[105]

Vor dem Hintergrund der hier geschilderten Entwicklung und der frühzeitigen Beteiligung Lepsius' an Ausgestaltung und Konzeption der Ausstellung im Neuen Museum erscheinen spätere Darstellungen, wonach Lepsius einen nur geringen Einfluss auf die Museumspolitik ausgeübt hätte, zumindest klärungsbedürftig.[106] H. Kischkewitz schreibt über den Zeitraum nach der Ernennung zum Mitdirektor:

> Die museologische Alltagsarbeit lag weiterhin in den bewährten Händen von Passalacqua, während sich Lepsius vornehmlich der Forschung und Lehre widmete.[107]

Im Zusammenhang mit seiner Kritik an den Verhältnissen in der Sammlung, insbesondere bei den Kleinexponaten, sprach Erman seinen Lehrer gleichfalls von der Verantwortung hierfür frei und verwies hierbei auf die Verlagerung von dessen Tätigkeitsschwerpunkt mit der Ernennung zum Oberbibliothekar (1874)[108]:

---

101 Vgl. Op. cit.
102 Vgl. Kischkewitz (1997), 27 und Messling (1997), 95.
103 Bierbrier (2012), 92f.
104 So im Original.
105 Wilhelm IV. an Bunsen, 20.06.1855; zitiert nach: Lepsius (1933), 163.
106 Vgl. dazu: Karig (1980), 8; Karig-Kischkewitz (1992), 100; Kischkewitz (1997), 27.
107 Kischkewitz (1997), 27.
108 Vgl. Ebers (1885b), 244.

> Daß diese Greuel nicht Lepsius selbst zur Last fielen, brauche ich kaum zu sagen; er hatte anderes und Wichtigeres zu tun und hatte seine Tätigkeit für das Museum längst darauf beschränkt, daß er am Donnerstag vor dem Kolleg einige Unterschriften gab.[109]

Demnach hätte sich Lepsius' museales Engagement nur auf eine grundsätzliche, übergeordnete Leitungsfunktion beschränkt, die er zudem uneingeschränkt nur in dem Zeitraum zwischen dem Ableben Passalacquas am 18. April 1865 und der Übernahme des alleinigen Direktorats und der Ernennung zum Oberbibliothekar der Königlichen Bibliothek Berlin am 25. März 1875 hätte ausüben können.[110]

Dennoch kann nicht bestritten werden, dass Lepsius einen Paradigmenwechsel in der Gestaltung und Anordnung der Ägyptischen Sammlung herbeigeführt hat. So urteilte G. Ebers:

> Gehört das ägyptische Museum in Berlin schon längst durch den Reichtum der in ihm conservirten Schätze zu den bedeutendsten in Europa und der Welt, so hat es durch den von Lepsius ein- und durchgeführten historischen Gedanken einen nur ihm eigenen Werth erlangt, Gruppenweise treten uns hier die Kunstepochen der ägyptischen Geschichte in chronologischer Folge entgegen, und doch ist es gelungen, das Zusammengehörende, wie Sarkophage und Särge, bei einander zu behalten. Auch wo Absonderungen nöthig waren, ist im Inneren der Gruppe, welche dieselben bildeten, die historische Methode zur Anwendung gekommen.[111]

Wenngleich Passalacqua einer kunsthistorischen Ausrichtung seiner Sammlung eine klare Absage erteilt hatte und sich bei deren Anordnung von materiellen bzw. funktionalen Gesichtspunkten leiten ließ, erklärte Lepsius chronologische, historische bzw. dynastische Aspekte zu dem entscheidenden Ordnungskriterium der Sammlungsbestände. Auch wenn er dabei seine historisierende Ausstellungskonzeption durch eine architektonische wie malerische Innenraumgestaltung unterstützen wollte, spielten für Lepsius ästhetische Gesichtspunkte bei der Auswahl von Objekten keine Rolle:

> So kam es, ich übertreibe nicht, daß im ganzen ägyptischen Museum nur ein einziger Statuenkopf eine vollständige Nase hatte, und der lag als undatiertes Passalacquasches Stück trotz seiner Schönheit in einem dunklen Kasten. Alle Statuen aus Lepsius' Sammlung begnügten sich mit ergänzten Nasen, dafür hatten sie aber einen Königsnamen, der diesen Defekt aufwog.[112]

---

109 Erman (1929), 193.

110 Karig (1980), 8 sieht die „wesentliche Museumsarbeit" schon vor dessen Ernennung zum alleinigen Direktor, „entsprechend der damaligen Sicht", für erledigt an.

111 Ebers (1885b), 224.

112 Erman (1929), 192.

Auch international war Lepsius' Ausstellungskonzept nicht unumstritten. In einem Brief an C. Leemans[113] äußerte E. d. Rougé sich eindeutig nach einem Besuch in Berlin:

> Sie bedauern die zu große Schlichtheit Ihrer Ausstellungsräume, Lepsius aber ist ins andere Extrem gefallen. Die Wände der Ausstellungsräume sind mit Malereien im ägyptischen Stil bedeckt, die in so grellen Farben schillern, daß die Originaldenkmäler in dieser scheckigen Umgebung wie alte, häßliche Steinbrocken wirken. Außerdem hat man das Restaurieren geradezu zur Sucht entwickelt und eine ganze Kolossalstatue restauriert, von der nur der Kopf da war, eine andere, bei der nur ein Bein alt ist. Dieses bewundernswert schöne Bein des Sesurtasen I.[114] geht buchstäblich unter in einem Berg von Gips. Solche Beispiele werden wir[115] nicht nachahmen.[116]

Deutlich wird, dass Lepsius durch seine Beteiligung an der Ausstellungskonzeption, lange bevor er zum Mitdirektor ernannt worden war, dem Ägyptischen Museum seinen Stempel aufgedrückt und nach Übernahme des Direktorats die Gestaltung der Sammlung entscheidend geprägt hat. Die Darstellung Ermans, die den Versuch erkennen lässt, Lepsius teilweise von der Verantwortung für gewisse „Greuel"[117] mit Verweis auf seine anderen Tätigkeiten freizusprechen, diente sicher auch dazu, die von ihm vorgenommenen Veränderungen zu legitimieren, wenngleich auch er, wie de Rougé, die „Sucht" nach Restaurierung historisch bedeutsamer Stücke kritisierte:

> Auf der anderen Seite zerstörte ich selbst freilich manches, was das Publikum früher erfreut hatte; das waren die Ergänzungen, mit denen Lepsius zuweilen aus einem Bruchstück, das eine historisch interessante Inschrift trug, eine vollständige hübsche Statue gemacht hatte.[118]

Versucht man das museologische Wirken R. Lepsius' zu bilanzieren,[119] kann man sich der Einschätzung G. Ebers' anschließen:

> Über die Zweckmäßigkeit und die wissenschaftlichen Vorzüge der Lepsius'schen geschichtlichen Ausstellungsweise herrscht nur eine Stimme; die Ausschmückung der Räume

---

113 Bierbrier (2012), 317.

114 Lies: Sesostris I.

115 de Rougé war zum Nachfolger Champollions am Louvre ernannt worden. Vgl. Wildung (2002), 52.

116 de Rougé-Leemans, zitiert nach: Op. cit.

117 Erman (1929), 193.

118 Erman (1929), 196 f.

119 Vgl. Werner (1994), 57 – 67; Eine rezente Darstellung und Schilderung der weiteren Entwicklung der Ausstellungskonzeption in: Hanus-Lepper-Seyfried-Zorn (2010), 34 – 49.

des Berliner Museums hat sich dagegen keineswegs eines ungetheilten Beifalls zu erfreuen gehabt.[120]

5.3 A. Erman (1885–1914)

Wenngleich Ermans Behauptung, er habe Professur und Direktorat „à contre cœur“[121] von Lepsius übernommen, gibt es doch eine Reihe sachlicher Gründe, die gegen die Übernahme des Direktorats durch Erman sprachen. Zum einen bedeutete die Doppelfunktion natürlich auch eine entsprechend größere Belastung, die auch schon Lepsius schwer mit seiner Verantwortung als Dozent und später als Oberbibliothekar hatte vereinbaren können. Wie in einem gesonderten Abschnitt untersucht werden wird (s. 5.3.2.), wurde Erman zudem noch die Verantwortung für die vorderasiatischen Sammlungsbestände übertragen, was seine Arbeitslast zusätzlich erhöhte und ihm die Verantwortlichkeit für einen Sammlungsbereich zuwies, der außerhalb seiner fachlichen Kompetenz lag. Aber auch für die Übernahme der Verantwortung für die ägyptische Sammlung, die ja v.a. archäologisch-kunsthistorische Kompetenzen verlangte, fühlte sich Erman nach eigenem Bekunden nicht genügend qualifiziert:

> Bei der wesentlich philologischen Richtung meiner Studien war mir das ägyptische Museum, soweit es nicht aus Papyrus und Inschriften bestand, zunächst ziemlich fremd geblieben, und ich hätte in meiner Unbefangenheit nichts dagegengehabt, wenn die seit Lepsius bestehende Verbindung von Professur und Museum wieder aufgehoben worden wäre.[122]

Nicht unbedingt im Widerspruch zu dieser später gemachten Einschätzung hob Erman allerdings bereits 1890 die praktischen Vorteile der Verbindung von Universität und Museum hervor:

> Wenn ich meine Studenten [...] auch zu Arbeiten im Museum heranzog, so hatte das für sie den Vorteil, daß sie das Alte Ägypten nicht nur aus Büchern kennenlernten. Mit wenigen Ausnahmen haben sie alle etwas bei dieser Erziehung gelernt. Natürlich habe ich auch dabei immer auf die philologische Ausbildung als die Hauptsache gedrungen, aber das beschränkte ‚solae literae loquuntur‘, das damals der Grundsatz der meisten Orientalisten war, habe ich nie gelten lassen. Für mich hat es nie eine besondere Archäologie und nie eine besondere Philologie gegeben; möchte es auch in Zukunft in unserer Wissenschaft ebenso bleiben.[123]

120 Ebers (1885b), 224.
121 SBB-PK, Nachl. Georg Ebers: Erman, Adolf, 31.12.1884.
122 Erman (1929), 191.
123 Erman (1929), 282.

Erman machte also aus der Not eine Tugend, und wie sich bei seinem Ausscheiden aus dem Direktorenamt später zeigen sollte, hatte er den Vorteil seiner Doppelfunktion als akademischer Lehrer und Abteilungsleiter im Museum so verinnerlicht, dass es ihm schwer fiel, davon zu lassen und v. a. einer dauerhaften institutionellen Trennung der beiden Ämter zuzustimmen. Dabei wusste er sich einig mit dem neuen Generaldirektor der Berliner Museen, R. Schöne (1840–1922)[124]:

> Besonders die Abteilungen, in denen das wissenschaftliche Interesse über das künstlerische überwiegt, waren zu Pflanzschulen für die betreffenden Fächer geworden, und man begreift es, daß Schöne die natürliche Verbindung, die zwischen diesen Abteilungen und der Universität bestand, nicht lösen oder lockern wollte.[125]

Interessant an dieser Darstellung Ermans ist die implizite Auffassung der Ägyptischen Abteilung als eine „wissenschaftliche" und nicht eine „künstlerische", womit er sich in gewisser Weise argumentativ in die Tradition G. Passalacquas stellt, der ja gleichfalls einen kunsthistorischen Charakter der Ägyptischen Sammlung bestritten hatte.

Ganz neu war das Konzept, die Ausstellung in die akademische Lehre mit ein zu beziehen, allerdings nicht, schon allein deshalb, weil der akademische Unterricht in den Räumlichkeiten des Museums stattfand. G. Ebers erinnerte sich, aus seiner Studienzeit bei Lepsius:

> Den eigentlichen Vorträgen im Directoralzimmer pflegte er Wanderungen durch das Museum folgen zu lassen, welche ebenso instructiv als anregend waren.[126]

Darüber hinaus herrschte im Kultusministerium damals auch die Auffassung vor, dass eine Bestallung Ermans als Abteilungsdirektor im Nebenamt durchaus mit dessen Pflichten als Hochschullehrer vereinbar war, da letztere zum damaligen Zeitraum „naturgemäß" „beschränkt" ausfallen würde:[127]

> Wenn nun | auch ein solches früher bei unseren Abtheilungen der | Museen bestehendes Verhältnis sich bei weiterer Ent-|wicklung desselben zumeist als unhaltbar erwiesen | hat, so kann ein Gleiches für die ägyptische Abteilung | z. Zt. noch nicht behauptet werden, zumal die Lehrthätig-|keit des Professors der Ägyptologie naturgemäß eine | beschränkte sein muß und sich daneben vielfach an die | Sammlung anzulehnen hat.

124 Pallat (1959).
125 Erman (1929), 189.
126 Ebers (1885b), 228.
127 GStA PK, I. HA Rep. 89 Geheimes Zivilkabinett, jüngere Periode, Nr. 20487, Bl. 1, 21.01.1885; Vgl. Crüsemann (2000), 59, Anm. 372.

Eine zumindest indirekte Vorstellung, welchen Stellenwert die Archäologie bzw. Kunstgeschichte in der musealen Ausbildung der Berliner Schule innehatte,[128] vermittelt die Schilderung über den Unterricht von Ermans – allerdings auch nicht mehr als Museumsdirektor, sondern ausschließlich als Dozent auftretenden – Schülers und Nachfolgers K. Sethe, der einen Studenten, der sich allzu eingehend bei der Beschreibung der Tracht eines Ägypters aufhielt, mit der Bemerkung zurechtwies:

> Anziehen kann ich mich allein, kommen Sie endlich zur Inschrift![129]

Neu an dem Vorgehen Ermans als Museumsdirektor und dem Konzept der Sammlung als „Pflanzschule“ für die Ägyptologie war aber die Anstellung von Studenten im Museum, die einerseits Erman in seiner Doppelfunktion entlasten sollte, ihm v.a. aber eine feste institutionelle Basis für die von ihm begründete Berliner Schule verschaffte und über die er selbst uneingeschränkt bestimmen konnte:

> Für mich begannen nun Jahre angestrengter Arbeit, zu der ich mir die Gehilfen selbst heranzog. Fast alle Deutschen, die später in der Ägyptologie etwas geleistet haben, sind dabei tätig gewesen, und sie ebenso wie ich haben dabei gelernt.

Überhaupt war der Posten eines Abteilungsleiters zum Zeitpunkt der Übernahme durch Erman sehr viel attraktiver, da unabhängiger von der Generaldirektion geworden:

> Zunächst wurden ihre[130] Fonds beträchtlich erhöht. Dann gab er[131] ihnen ein neues Statut, das ihre einzelnen Abteilungen zu selbstständigen Sammlungen machte. Fortan war es nicht mehr der Generaldirektor, der über die Ankäufe entschied, sondern jeder Direktor hatte seinen eigenen Fonds, über den er frei verfügte;[132]

Die positive Schilderung der Leitung des Generaldirektors Schöne[133] ist wohl im Wesentlichen dieser vergrößerten Unabhängigkeit und der Handlungsspielräume der Abteilungsdirektoren zu verdanken. Erman spricht aber auch von dem „guten

---

128 Vgl. Karig (1980), 8f.
129 Sethe, zitiert nach Westendorf (2001b), 344.
130 Gemeint sind die Abteilungsdirektoren.
131 Generaldirektor R. Schöne.
132 Erman (1929), 186.
133 Vgl. Op. cit., 186–191.

Geist, der mit Schöne in die Museen einzog"[134] – heute spräche man wohl von einem guten Betriebsklima.

Ganz uneingeschränkt konnte Erman als Abteilungsdirektor jedoch nicht schalten und walten, denn über den Ankauf neuer Objekte für die Sammlung entschied ein Expertengremium, dessen Sachverstand von Erman jedoch angezweifelt wurde:

> während die Kommission meiner Zeit aus drei oder vier Professoren bestand, denen das Ägyptische so fern lag wie mir etwa das Chinesische.[135]

Im Interesse einer fortgesetzt konstruktiven Zusammenarbeit verstand es Erman allerdings, ernste Konflikte mit diesem Gremium zu vermeiden und wohl auch die meisten seiner Ankaufwünsche zu realisieren:

> Ich habe aber trotzdem nie mit den Sachverständigen gewechselt und habe doch ohne Konflikt alles für die Sammlung erreicht, was ich erreichen wollte.[136]

Doch es waren nicht allein die günstigen Ausgangsbedingungen und die durch Lepsius begründete Tradition der engen Verbindung von Lehrstuhl und Direktorat, die Erman zur Übernahme dieser Tätigkeiten reizten. Er entwickelte früh konkrete Vorstellungen über den am Ägyptischen Museum bestehenden Verbesserungsbedarf und engagierte sich nach eigenem Bekunden v. a. darum, das Museum einem breiteren Publikum zu erschließen:

> Es war das hochmütige Ablehnen der Bedürfnisse des Publikums, das für die Museumsdirektoren alten Stiles so charakteristisch war. In voller Schärfe trat es in der Skulpturensammlung hervor; auf die Postamente der Statuen setzte man hier am liebsten nur ein einziges Wort, das vielleicht dem Archäologen genügte, das aber dem profanum vulgus nichts sagte. Daß die Museen bestimmt sind, dem ganzen Volke etwas zu geben, und daß es die Aufgabe der Museumsbeamten ist, auch zu den naiven Besuchern verständlich zu reden, leuchtet nicht jedem ein;[137]

Die praktischen Schwierigkeiten, die sich Erman bei dieser Aufgabe angesichts der vorhandenen Sammlungsaufstellung und v. a. der museumsdidaktischen Konzeption seines Vorgängers in den Weg stellten, sind bereits weiter oben ausgeführt worden.[138]

---

134 Op. cit., 186.
135 Erman (1929), 203.
136 Op. cit.
137 Erman (1929), 197.
138 Vgl. op. cit., 191 – 194.

Neben den institutionellen und formalen Rahmenbedingungen sowie der Herausforderung, die Ausstellungskonzeption seines Vorgängers zu überarbeiten, stellten sich Erman in seiner Tätigkeit als Museumsdirektor in erster Linie drei praktische Probleme entgegen:

– erstens der Mangel an Ausstellungsfläche:

> Denn der Raummangel war die große Sorge für mich; war doch mehr als die Hälfte des Erdgeschosses damals noch von der Ethnologischen Sammlung eingenommen. Auch als diese ‚Wilden', wie die Aufseher sie nannten, endlich wichen, gewann ich eigentlich nur den sogenannten ‚Waldemarsaal' für meine Sammlung, denn den Saal der nordischen Altertümer okkupierten die Gipsabgüsse der christlichen Skulpturen, und die beiden anderen Säle mußte ich den Vorderasiatischen Altertümern vorbehalten [...].[139]

– zweitens der schlechte Erhaltungszustand vieler Objekte, die unter den Bedingungen auf der Museumsinsel offenkundig noch zusätzlichen Belastungen ausgesetzt waren. Besonders kritisch hierzu äußerte sich der britische Ägyptologe W. M. Flinders Petrie:

> It is instructive to read of the new museum in Berlin, ‚So many mistakes have probably never been made elsewhere'; it is on an island so cannot be enlarged, and with heavy express trains past it. It is on a quicksand, requiring 200 feet depth of concrete to fill it, the digging out of which almost upset the next museum.[140]

Die Nähe von Wasser und die Abgase vorbeifahrender Fernzüge stellten eine zusätzliche Belastung für die Ausstellungsobjekte dar. Besonders aber das völlige Fehlen einer eigentlichen Museumsrestaurierung machte den meisten Objekten zu schaffen. So schildert Erman:

> Viel Sorge bereitete mir die schlechte Erhaltung vieler Stücke; in dem lichtlosen ‚mythologischen Saal' hatten die Würmer sich ungestört an den Holzsachen erfreut und in allen Sälen zerfiel der Kalkstein und wurden die Bronzen von Oxyd zerstört. Wie in allen Nöten, fand ich auch in dieser bei Schöne Hilfe;[141] er engagierte einen jungen Chemiker, Dr. Rathgen, und der ging in diesen und anderen Fragen der Konservierung energisch vor.[142]

Tatsächlich konnte F. Rathgen in seiner Tätigkeit für die Berliner Museen eine Reihe von Konservierungsverfahren entwickeln und erfolgreich zur Anwendung

---

139 Op. cit., 196.

140 Petrie (1920).

141 Gilberg (1987), 107 berichtet, dass Erman sich Rat suchend an den Chemiker O. Olshausen gewandt hatte.

142 Erman (1929), 196.

bringen[143] und schließlich durch die Veröffentlichung seiner Erkenntnisse, die Grundlage für die professionelle Restaurierung in archäologischen Museen legen.[144] Diese Resultate fanden auch den Beifall des sonst so kritischen britischen Kollegen Petrie:

> Dr. Rathgen here gives much valuable advise, gathered in his museum workshops in Berlin. His methods are sound from a chemical and mechanical standpoint [...]. When the applications of chemistry are rightly made the first necessity in the training of a curator, fewer regrettable incidents will occur in our museums.[145]

– Das dritte Problem, dem sich Erman im Laufe seiner Tätigkeit am Museum gegenübergestellt sah, war der zu geringe finanzielle Handlungsspielraum angesichts eines immer größer werdenden Angebots von Antiken im internationalen Handel. Versuchte man zunächst noch intern, auch durch abteilungsübergreifende Hilfeleistungen[146], die benötigten Gelder aufzubringen,[147] setzte man bald auch auf den „Allerhöchsten Dispositionsfond" des deutschen Kaisers.[148] Bei allem Wohlwollen staatlicher Stellen jedoch konnten die Berliner Museen nicht auf die Förderung durch private Mäzene verzichten:[149]

> An solchen Gönnern fehlte es den Museen ja nicht, aber leider hatten viele von ihnen dabei besondere Hintergedanken; sie hofften auf Orden oder Titel, und es lag dann Schöne ob, diese Hoffnungen mit Hilfe des Ministers zu erfüllen.[150]

Als hingegen unprätentiöse Mäzene der Berliner Museen benannte Erman drei Persönlichkeiten der deutschen Geschäftswelt, die ihm bei der Finanzierung und der Erweiterung seiner Sammlung zur Seite standen: Den Kaufmann J. Simon,[151] den Bankier Itzinger[152] und den Verleger R. Mosse.[153]

143 Vgl. Gilberg (1987).
144 Vgl. Rathgen (1912).
145 Petrie (1914).
146 Vgl. Erman (1929), 187.
147 Vgl. die in op. cit., 122 beschriebene Ankaufspolitik der Vorgänger Schönes.
148 Vgl. op. cit., 188.
149 Vgl. op. cit. 235.
150 Op. cit., 188.
151 Vgl. Matthes (2000); Wildung (2009).
152 Erman (1929), 236: „schon vom Münzkabinett her als Sammler von Medaillen bekannt;".
153 Vgl. Op. cit.

Im Laufe seiner Amtszeit ist es Erman so gelungen, den Sammlungsbestand der Ägyptischen Abteilung von 8.500 auf 21.000 Objekte[154] beinahe zu verdreifachen.

1905 schied R. Schöne aufgrund gesundheitlicher Beschwerden und den sich verändernden kulturpolitischen Rahmenbedingungen aus dem Amt des Generaldirektors aus.[155] Das Anerbieten Ermans und anderer Abteilungsdirektoren, aus Protest ihrerseits ihre Ämter nieder zu legen, lehnte er ab.[156] Von Anfang an muss sich Ermans Verhältnis zu Schönes Nachfolger W. v. Bode[157] angespannt gestaltet haben, so berichtet Bode:

> Erman suchte mich auf, um mir sein Mißtrauen über mein Vorgehen gegen Schoene auszusprechen. [...] Ich sah, daß sie völlig unorientiert waren, aber sich zunächst auch nicht orientieren lassen wollten, und verzichtete daher schließlich auf den Versuch, sie zu überzeugen.
>
> Freilich, die Rücksicht, die mein Vorgänger stets auf die Personen genommen hat, auch wenn er von ihrer dienstlichen Tätigkeit nichts weniger als erbaut war, konnte und wollte ich im Interesse der mir unterstellten Sammlungen nicht üben.[158]

In einem 1912 an den Generaldirektor gerichteten Schreiben Ermans bittet dieser den Generaldirektor sogar um eine Klärung seines Verhältnisses zu den „Vertretern der orientalischen Fächer" am Museum, ja um eine „Ehrenerklärung" zu Ihren Gunsten. Die negativen Darstellungen des Münchener Ägyptologen F. W. v. Bissing ließen Erman ein solches eindeutiges Bekenntnis v. Bodes für nötig erscheinen:[159]

> Hochverehrter Herr Generaldirektor!
>
> Von einer diesen Dingen fern stehen-|den Seite wurden wir gestern auf | einen Aufsatz in der Beilage der | Münchener Allgem. Ztg. aufmerk-|sam gemacht, in dem Hr. Prof. | v. Bissing Ihr Wirken und | Ihre Erfolge darlegt. Leider lässt | er es aber dabei nicht bewenden, | sondern spricht auch des längeren | von dem unvernünftigen Wider-|stand, den Sie bei den Vertretern ‖ der orientalischen Fächer an den | Museen gefunden hätten, wobei es | zweifelhaft bleibt, ob diese Be-|merkung auf Grünwedel, Müller, | Delitzsch, Schäfer oder mich geht.
>
> Er spricht weiter davon, dass Sie | die hohlen [sic.][160] Grössen Ihrer nächsten | Umgebung durchschauen u.a.m. | Ich habe das Blatt nicht zur Hand | und citire aus dem Gedächtnis; | da

154 Vgl. Spinelli (2006), 209.
155 Vgl. Pallat (1959), 332–343.
156 Vgl. Erman (1929), 190.
157 Bode (1930).
158 Op. cit., 174.
159 SMB-ZA, NL Bode 1678, Erman, A., 23.12.1909.
160 So im Original.

er es Ihnen aber doch wohl | zugesandt haben wird, werden | Sie die Richtigkeit meiner Angaben | kontrollieren können.

Aus dem Ton des Aufsatzes wird ein | unbefangener Leser den Eindruck || empfangen, dass Hr. Prof. v. | Bissing Ihnen besonders nahe | stehen müsse und dass er wirk-|lich Ihre Ansichten über die | Direktoren der Museen wieder-|gebe – ich kann Ihnen versichern, | dass der Aufsatz in der Tat so | aufgefasst wird. Damit ist eine | neue Quelle endlosen Klatsches | und Gezänkes geschaffen.

Es scheint mir daher nichts an-|deres übrig zu bleiben, als dass | Sie selbst an öffentlicher Stelle | diese Insinuationen entschie-|den zurückweisen und Ihren | Beamten eine Ehrenerklärung || geben.

Es tut mir leid, dass Ihnen | nun auch die Festtage so be-|schmutzt werden, aber je eher | Sie diesem Aufsatze entgegentre-|ten, desto sicherer machen Sie | den falschen Deutungen ein Ende.

Mit bestem Gruss
Ihr
hochachtungsvoll ergebener
Ad. Erman.

Dass es zwischen Bode und den Orientalisten am Museum zu Spannungen gekommen war, geht auch aus Ermans Schilderung seines Abschieds aus dem Museumsdienst (1914) hervor:

> Noch lag es mir ob, mich bei meinem Ausscheiden bei dem Generaldirektor Herrn von Bode zu verabschieden, und da erteilte mir dieser nach einigen höflichen Phrasen die Quittung über meine Tätigkeit mit den Worten: ‚Ich wünschte, ich wäre nun auch erst den Delitzsch[161] los.‘ Das war mein Abschied vom Museum.[162]

Es kann daher nicht verwundern, dass Erman in seiner Rückschau die Persönlichkeit und die Leistungen Schönes gegenüber dessen Nachfolger herausstellte und damit mindestens indirekt die Leistungen Bodes als Generaldirektor relativierte:

> Als unlängst alle Welt seinen Nachfolger Bode als den ‚Neubegründer‘ der Museen feierte, wurde ihres wahren zweiten Schöpfers kaum gedacht. Auch das wird vorübergehen, und wer künftig einmal die Geschichte der Museen schreiben wird, der wird Schönes Namen neben den von Wilhelm von Humboldt stellen, denn beide haben den Museen ein höheres Ziel gesetzt als das Sammeln; die Museen sollten dem Volke ein Weg werden zur höchsten Bildung.[163]

161 Der Direktor der Vorderasiatischen Abteilung.
162 Erman (1929), 250.
163 Op. cit., 191.

Auch wenn Ermans Tätigkeit am Museum als erfolgreich bezeichnet werden kann, da er in Fragen der Museumsdidaktik, der Restaurierung und der Finanzierung von Ankäufen neue Wege beschreiten und Maßstäbe setzen konnte, war sein Handlungsspielraum als Abteilungsdirektor von einem einvernehmlichen Verhältnis sowohl mit dem Generaldirektor als auch der ihm beigegebenen Kommission abhängig. Zudem wurde er, wie sein Lehrer und Vorgänger Lepsius, spätestens ab seiner Wahl in die Preußische Akademie der Wissenschaften (1895) und das sich daran anschließende Engagement für das Wörterbuch der Ägyptischen Sprache zunehmend von anderen Aufgaben in Anspruch genommen.[164]

5.3.1 Der Konflikt mit L. Stern (1846 – 1911)[165]

Noch bevor Erman jedoch die Stellung als Direktor des Ägyptischem Museums Berlin antreten und somit die Nachfolge seines akademischen Lehrers auch in diesem Bereich übernehmen konnte, kam es zu einem Konflikt mit seinem Kollegen L. J. C. Stern (1846 – 1911), der ebenso wie Erman ein Schüler von Lepsius – wichtiger aber noch ein Protegé von Ebers – war und v. a. aus Senioritätsgründen Anspruch auf den Direktorenposten erhob. Gerade diese Konfliktsituation, in der Ebers zwischen seinen beiden Schülern zu vermitteln und einen Interessensausgleich herzustellen versuchte, macht diesen Fall für die vorliegende Untersuchung interessant.

Sterns Herkunft und akademische Sozialisation dürften ihm von Anfang an seine akademische Laufbahn erschwert haben. Als Sohn des Polizeisekretärs[166] C. Stern aus Heidelberg musste er sein Studium, zunächst der romanischen Philologie,[167] dann der orientalischen Sprachen in Göttingen abbrechen und eine Stelle als Lehrer an einer Mittelschule antreten.[168] Erschwert wurde ihm sein Fortkommen sicher auch durch seine akademischen Lehrer, deren Reputation zumindest später innerhalb der deutschen Orientalistik deutliche Ansehensverluste erlitten hat:

---

164 Vgl. Karig (1980), 8.
165 Jacobs (1912); Meyer (1933); Fischer (1994), 158 f.; Bierbrier (2012), 526; Zauzich (2006).
166 Vgl. den Lebenslauf aus der Promotionsakte; ediert von Blumenthal (1990), 102 f.
167 Vgl. Jacobs (1912), 27.
168 Vgl. Fischer (1994), 158.

Abb. 2: L. J. C. Stern (1846–1911)

Er hatte in Göttingen studiert und war da unter den Einfluß des alten Ewald[169] geraten, den er für den größten Sprachforscher hielt; dessen orakelhafter Ton und dessen andere Wunderlichkeiten hatte er leider auch angenommen.

Gleichzeitig hatte er bei Brugsch Ägyptisch getrieben, und da hatte er es leider für bare Münze genommen, als dieser ihm erzählte, wenn er nach Ägypten komme, so werde er dort durch ihn eine Stelle erhalten. Er ging nach Ägypten, aber Brugsch, dessen Reden ja nie ernst gemeint waren, bemühte sich gar nicht um ihn. So fand ihn Ebers in Kairo in größter Not;[170]

169 Zur Stellung H. Ewalds innerhalb der deutschen Orientalistik: Mangold (2004), 95–100; SBB-PK, Nachl. Georg Ebers: Erman, Adolf, 12.05.1881 kritisiert das „philosophirende Construiren" Sterns, das Erman in diesem Zusammenhang auf Ewalds Einfluss zurückführt.
170 Erman (1929), 167 f.

Stern war also in Ägypten gleichsam gestrandet, als ihn Ebers zur Teilnahme an seiner zweiten Ägyptenreise einlud:

> 1872 wurde ich von Prof. Ebers eingeladen an einer wissenschaftlichen Reise durch Ägypten Theil zu nehmen, und nach Beendigung derselben ward mir auf seine Fürsprache die Direction der vicekӧniglichen Bibliothek zu Cairo übertragen.[171]

Dort blieb Stern allerdings nur bis 1874, um dann, wohl wieder unter Vermittlung durch Ebers,[172] – eine Anstellung als Assistent am Ägyptischen Museum Berlin zu erhalten. Stern muss ein ‚schwieriger' Charakter gewesen sein. Dabei stützt sich diese Einschätzung keinesfalls nur auf die Darstellungen Ermans,[173] der Sterns Beschwerden über „die Schlechtigkeit"[174] von Lepsius und Brugsch wiedergegeben hat. Auch E. Jacobs hat Stern zumindest als einen äußerst distanzierten Charakter beschrieben:

> mit keinem unter ihnen verband ihn etwas wie eine Freundschaft, und auch außerhalb seines bibliothekarischen Wirkungskreises standen ihm, wenigstens in den letzten Jahrzehnten, persönlich wohl nur ganz wenige Menschen näher.[175]

Einer dieser wenigen ihm Nahestehenden ist wohl Ebers gewesen, an den sich Stern auch wandte, als er sich promovieren wollte und dabei seinen Vorgesetzten Lepsius augenscheinlich nicht als Doktorvater wünschte.[176] 1881 konnte er sich, wie sein Betreuer Ebers, ‚in absentia' promovieren, wobei dieser gegenüber der Fakultät zu besonderer Eile gedrängt hatte:

> weil der Besitz des Doctortitels in nächster Zeit von großer Bedeutung für ihn sein kann[177]

Dieses Bemühen um eine schnelle Durchführung der Promotion wird von E. Blumenthal mit der zu diesem Zeitpunkt bestehenden Konkurrenzsituation zwischen Stern und Erman, der inzwischen eine Anstellung am Münzkabinett der

---

171 Stern, Handschriftlicher Lebenslauf aus der Promotionsakte, zitiert nach Mangold (2007), 55.

172 Vgl. Erman (1929), 168.

173 E. Schüler I. Goldziher z. B. charakterisiert ihn gleichfalls als: „unfreundlich und ungefällig"; zitiert nach Blumenthal (1990), 102.

174 Op. cit.

175 Jacobs (1912), 26.

176 Vgl. Blumenthal (1990), 103.

177 Ebers in einem Schreiben an die Philosophische Fakultät Leipzig, zitiert nach Blumenthal (1990), 101.

Berliner Museen gefunden hatte, in Verbindung gebracht. Tatsächlich scheint Stern diese Konkurrenz so empfunden zu haben:

> Wie freundlich Stern mir entgegenkam, als ich Student war, und wie sehr ich ihn verehrte, habe ich oben erzählt. Aber leider hatte dieses gute Verhältnis keine Dauer, und je mehr ich im Museum festwurzelte, desto mehr fiel ich bei ihm in Ungnade. Er rechnete auch mich harmlosen Jungen zu seinen Verfolgern, obgleich ich mir wirklich nicht einfallen ließ, nach seiner Stelle zu streben – es war ja Unsinn für mich, an eine solche Möglichkeit auch nur zu denken.[178]

Die rückblickende Schilderung Ermans ist insoweit glaubhaft, als dass Stern eine Konkurrenzsituation wahrgenommen haben dürfte und dies wohl auch unweigerlich zu einer Belastung seines Verhältnisses zu Erman geführt hat. Weniger überzeugend scheint hingegen die Behauptung Ermans zu sein, dass diese Einschätzung damals gänzlich abwegig erschienen ist – zumal er ja dann später auch die Nachfolge Lepsius' im Museum angetreten hat.

In dieser Konfliktsituation versuchte Ebers, einen Interessenausgleich herbeizuführen, und gebrauchte hierbei seine Autorität auch gegenüber Erman, um diesen zum Verzicht auf die Übernahme der Museumsdirektion zu bewegen. Dieser wiederum wich einer direkten Konfrontation mit den Anliegen seines Lehrers aus und bestritt – ähnlich wie in der oben zitierten Darstellung aus seiner Autobiografie – jegliches Interesse an dem Posten.

Nachdem Ebers sich bereits in einem Brief vom 18. November 1876[179] als Schlichter zwischen seinen beiden Schülern betätigen musste[180] und sich am 07. Dezember desselben Jahres über die gelungene Aussöhnung freuen konnte,[181] bemühte er sich bereits Anfang 1884 darum, Erman die Professur, Stern jedoch das Direktorat zu verschaffen und damit die Thronfolge von Lepsius einvernehmlich zu regeln.[182] Andere Prätendenten zog Ebers dabei durchaus auch in Betracht und bot seinem jüngsten Schüler und möglichen „Erben" als Alternative auch seine eigene Nachfolge an:[183]

> Ich würde für die | beste Combination Folgendes halten:

---

178 Erman (1929), 168.

179 Vgl. BStUB, Ebers-Erman, 18.11.1876.

180 Vgl. SBB-PK, Nachl. Georg Ebers: Erman, Adolf, 21.09.1876 schildert den Konflikt.

181 Vgl. BStUB, Ebers-Erman, 07.12.1876; vgl. SBB-PK, Nachl. Georg Ebers: Erman, Adolf, 02.12.1876.

182 D.h. noch vor dem Tode Lepsius'; vgl. BStUB, Ebers-Erman, 10.01.1884.

183 BStUB, Ebers-Erman, 12.07.1884; der gleiche Vorschlag nochmals wiederholt in BStUB, Ebers-Erman, 16.09.1884.

Stern Museum, Sie das Lehramt des | alten Meisters. Brugsch wartet wohl | auf die Beute, aber bei aller Eminenz | seiner Kraft und Begabung wird man | sich doch vielleicht an seinem Charakter | stoßen. An mich Lahmen denkt man | schwerlich. Sollte es aus meiner Combina-|tion nichts werden u. man hält Sie viel-|leicht für zu jung – so würde mir Dümi-|chen immer noch lieber sein als Brugsch, | obwohl ihm gerade das am meisten | fehlt, was Lepsius groß macht: die Methode.

Für Sie wär' es gut, wenn der alte Meister | noch einige Jahre leben bliebe. Dann würden | Sie sein natürlicher Erbe sein. Aber Sie | brauchen sich nicht zu grämen, wenn Ihre | Jugend Ihnen in Berlin einen Streich spielt.

Ich kenne Einen, der Sie in seinem Testamente | benennt. Wenn ich nicht mehr kann oder nicht mehr | will, werden Sie und kein Anderer mein Nach-|folger.

Am 21. Juli 1884 – elf Tage nach Lepisus' Tod – begann Erman, sich seinem Lehrer in Leipzig gegenüber zur Nachfolgefrage zu positionieren. Dabei fällt die relative Ausführlichkeit der Argumente gegen eine Ernennung Sterns zum Direktor auf, die angeblich von anderen vorgebracht worden seien:[184]

Geht alles nach Wunsch, so bleibt also | das Ordinariat zunächst noch unbesetzt.

Ich werde als [185] Extraordinarius, die A-|kademiestelle bleibt bis auf weiteres un-|besetzt, das Museum bekommt Stern.

Denken Sie aber nicht, dass dies letzte si-|cher sei. Es existirt eine starke Parthei ‖ und Schöne ist soit dit entre nous selbst darunter, die das | ganze Stagniren der aegyptischen Samm-|lung, das ja unleugbar ist, Stern | in die Schuhe schiebt und ihn auf | jeden Fall fortbringen möchte. Dass er mit | seinem pedantisch-hypochondrischen Wesen | wenig zum Museumsbeamten, der doch in | erster Linie Geschäftsmann sein muss, paßt, | können Sie ja denken. Aber dass die ‚Versum-|pfung' dieser Abtheilung ihm in die Schuhe | geschoben wird, ist doch Unrecht, sehr | unrecht. Sie wissen ja, wie das Verhält-|nis zwischen Lepsius und ihm war, wenn | er etwas zum Kauf vorschlug, lehnte | Lepsius es gewiss ab. Das Resultat war, | dass Stern auch nichts mehr vorschlug.

Ein anderer hätte nun freilich sich das | nicht bieten lassen und seinen Willen doch | durchgesetzt, wozu es, wie die Geschichte | des Museums zeigt, viele und schöne | Mittel giebt, aber dazu war Stern | nicht energisch genug. Und das ist der ‖ einzige Vorwurf, den man ihm in dieser | Hinsicht machen kann.

Etwas anderes, was ihm zum Vorwurf ge-|macht wird, ist der Mangel an Aufstel-|lungstalent. Es fehlt ihm an Geschmack, | er hat gar nichts vom Tapezier und Deko-|rateur in sich und leider auch keinen Kunst-|sinn. Wie er die Statuen des alten Reichs | aufgestellt hat, mit dem Gesicht gegen das | Licht, als Hintergrund eine hellrosa Wand | – darüber haben sich viele entsetzt.

Ich brauch wohl kaum zu versichern, | dass ich nicht gegen Stern intrigire, ich | bin mir im Gegentheil bewusst, dass ich immer, | wo es irgend anging, ihn vertheidigt habe; | dass aber die Missstimmung gegen ihn | sehr gross ist bei fast allen Collegen ist | leider unleugbar.

184 SBB-PK, Nachl. Georg Ebers: Erman, Adolf, 21.07.1884.

185 Damals wurde dieser ägyptische Titel mit „Kronprinz" im Deutschen wiedergegeben. Vgl. Wb II, 415, 23.

Zwei tonangebende hat | er durch sein Antisemitenthum sich ver-|feindet, und wenn ich nicht Lammsgeduld hät-|te, wäre ich auch mit ihm aneinandergerathen.

‖ Noch vor wenigen Wochen schrieb er | z. B. an Lepsius, ich sei ‚anerkannter-|massen sein Schüler'.[186] Und Andeutun-|gen, dass ich, was ich gefunden hätte, doch ei-|gentlich alles von ihm hätte, habe ich oft | genug aus Friedensliebe überhört.

Der Antisemitismusvorwurf gegen Stern ist einzig an dieser Stelle in den Äußerungen Ermans belegt, eröffnet aber natürlich eine weitere Ebene von Gründen für die Entfremdung und den Konflikt zwischen den beiden Kollegen. Der Umstand jedoch, dass auch Ebers jüdische Wurzeln hatte, lässt sogar den Verdacht aufkommen, dass Erman Stern auf diese Weise bei Ebers gezielt desavouieren wollte. Was seine vermeintlichen Verfehlungen oder seine mangelnde Eignung zum Museumsbeamten angeht, hat Erman auch später ähnliche Argumente vorgebracht:[187]

Unter dem Regime [Guido Graf von] Usedoms mochte es ja nicht auffallen, daß Stern so gar kein Leben in die Sammlung brachte; unter Schönes frischer Leitung war es aber doch eine Tollheit, wenn er in seinem Vierteljahresbericht als einziges Geschehnis berichtete: ‚Die Beamten beschäftigten sich mit dem Studium der Inschriften.' Und ebenso toll war es, wenn er den Ägyptologen, die die Sammlung benutzen wollten, dies einfach verweigerte, weil die Veröffentlichung eines Stückes dieses ‚entwerte'.[188]

Im Oktober 1884 scheint sich eine Entscheidung zu Gunsten Ermans abgezeichnet zu haben, dennoch bemühte sich dieser gegenüber Ebers immer noch, den Eindruck einer Berücksichtigung der Interessen Sterns zu erwecken und die Verantwortung für die Entwicklung dem Ministerium zuzuweisen:[189]

Dass ich zu Lepsius Nachfolger bestimmt | bin, haben Sie ja wohl schon gehört; | das Ministerium verlangt, dass ich die ganze | Erbschaft antrete, ich habe aber, aus den | Gründen, die ich Ihnen neulich schrieb, | nur Lust zu einer Hälfte. Die Sache | schwebt noch und ich bin neugierig, wie | sie sich entwickeln wird. Wenn das Beden-|ken wegen Stern nicht wäre, so würde ich | gern der ehrenvollen Aufforderung Folge leis-|ten, so ist die Sache aber doch sehr schief. ‖ Man hält mit vor, dass es aus for-|malen Gründen unmöglich sei die Mu-|seumsstelle

186 Vgl. BStUB, Lepsius-Erman, 13.06.1884 mit dem von Erman notierten Zitat auf der Rückseite: „um so mehr der so viel jüngere College zu mir anerkanntermassen im Verhältnis eines Schülers steht"; s.a. Koch (1988), 52; 65.

187 Zuvor jedoch auch immer wieder kritische Bemerkungen in Briefen an Ebers: SBB-PK, Nachl. Georg Ebers: Erman, Adolf, 01.01.1879; 22.09.1880; 12.05.1881; 23.07.1882; 29.09.1882.

188 Erman (1929), 168; Der betreffende Ägyptologe war wohl W. M. Müller – so jedenfalls in: SBB-PK, Nachl. Georg Ebers: Erman, Adolf, 01.01.1885 mit dem Zitat der vermeintlichen „Entwertung".

189 SBB-PK, Nachl. Georg Ebers: Erman, Adolf, 31.10.1884.

> abzutrennen; zum Theil muss | ich diese Gründe gelten lassen, zum Theil | scheinen sie mir aber auch sehr weit | hergeholt. Ich bin in einer recht un-|angenehmen Zwickmühle.

Inzwischen hatte wohl auch Ebers schon eine solche Entwicklung als wahrscheinlich vorausgesehen und Erman gegenüber in einem vorangegangenen Schreiben angedeutet, dass er Stern nunmehr seine Nachfolge in Leipzig anbieten wolle.[190]

Am Ende des Jahres muss Erman Ebers jedoch mitteilen, dass er „á contre coeur“[191] die gesamte Lepsiusnachfolge angetreten habe. Weiterhin bemühte Erman sich, die Verantwortung für das Geschehen übergeordneten Instanzen, in diesem Fall dem Ministerialdirektor des Kultusministeriums F. Althoff[192], zuzuweisen, und betonte seine eigenen Bemühungen, dem älteren Stern – bei dem Erman ja noch selbst studiert hatte – eine annehmbare Position zu verschaffen:[193]

> Da Sie die Lage der hiesigen Dinge zu | drei Viertel errathen haben, begehe ich ja | wohl keine Indiscretion, wenn ich rückhalts-|los mich Ihnen gegenüber ausspreche.
>
> Als mir vor etwa einem Viertel Jahr im Ministe-|rium mitgetheilt wurde, ich sei zu Lepsius | Nachfolger an der Universität bestimmt, theilte | mir Althoff gleichzeitig mit, dass ich damit | ipso facto auch die Direktorenstelle des aegypt. | Museums übernähme. Dieselbe existire nur | als Nebenamt und solle auch, wie das seiner ‖ Zeit mehrfach (in den Akten über Lepsius Be-|rufung zum Oberbibliothekar) officiell er-|klärt sei, immer ein solches bleiben. Ich er-|klärte damals rundweg, dass ich gar keine | Lust dazu hätte, diesen Schritt mitzuthun, | da ich den Zwist mit Stern dabei voraussähe.
>
> Althoff schickte mich zu Schöne, und erst | als dieser mir erklärte, dass er sich nie | dazu hergeben werde Professur und Di-|rectorat zu trennen und dass auch Gossler[194] | unter keinen Umständen in eine Trennung | willigen werde, erklärte ich mich | bereit in den sauren Apfel zu beissen.
>
> Aber unter der ausdrücklichen Bedingung, | dass für Stern eine genügende Entschä-di-|gung geschaffen werde.
>
> Sie sehen, ich habe mich keineswegs, | wie Stern denkt, um das Supremat be-‖müht. Ich schlug vielmehr sogar | noch vor, ein Provisourium zu schaffen | und Stern bis auf Weiteres mit der kom-|missarischen Verwaltung der Stelle zu be-|trauen. Die Antwort, die mir Schöne so-|wohl als Althoff gaben, war allerdings | schlagend: der Pascha[195] käme in einigen |

190 Ebenda – im Übrigen unter dem Verweis darauf, dass G. Steindorff aufgrund des im sächs. Kultus-ministerium herrschenden Antisemitismus chancenlos sei.

191 SBB-PK, Nachl. Georg Ebers: Erman, Adolf, 31.12.1884.

192 Dessen herausragende Bedeutung für den preußischen Wissenschaftsbetrieb übersichtlich dargestellt in: vom Brocke (1980); ausführlich hierzu: vom Brocke (1991).

193 SBB-PK, Nachl. Georg Ebers: Erman, Adolf, 06.01.1885.

194 G. K. H. v. Gossler (1838–1902), preußischer Kultusminister von 1881 bis 1891.

195 Gemeint ist H. Brugsch.

Monaten zurück und es sei zu befürch-|ten (und zwar sehr)[196], dass wenn bis dahin | die Sache nicht definitiv erledigt sei, ein | zweiter Fall Schwenning einträte.

Dass neben den formellen Hinderungs-|gründen Directorat und Professur zu tren-|nen, wohl auch andere Gesichtspunkte ge-|gen Sterns Ernennung gesprochen haben, | brauche ich wohl nicht zu sagen. Für | eine andere Persönlichkeit wären vielleicht | heroische Anstrengungen gemacht worden, || deren Erfolg allerdings recht zwei-|felhaft[197] geblieben wäre, denn der Finanz-|minister ist ein harter Mann und giebt | nicht gern ein Directorengehalt mehr.

Dass die Sache für Stern hart ist, weiss | man im Ministerium auch und will alles | thun um sie ihm zu versüssen. Er soll | alles bekommen, den Titel Director, ein Ex-|traordinariat, höheres Gehalt und einen | Theil der Sammlung zu selbstständiger | Verwaltung – nur die Gesamtleitung | der Sammlung nicht. Aber eigensinnig | wie er ist, verlangt er auch die und er-|klärt seinen Abschied zu nehmen, wenn | er sie nicht erhält. So liegt die Sache | seit Wochen, er setzt Himmel und Erde | in Bewegung und läuft in Berlin um-|her und erzählt, dass ich ihn verdrän-||gen wolle, ich der ich doch sein | Schüler sei. Er hat bis jetzt noch nicht | Raison angenommen, obgleich wirklich für | ihn sonst unerhörte Rücksichten genom-|men werden sollen.

Tatsächlich ist wenige Tage später, um genau zu sein am 21. Januar 1885, die Entscheidung zu Gunsten Ermans und zu Ungunsten Sterns endgültig getroffen worden. In seinem Empfehlungsschreiben für Erman als Nachfolger Lepsius' in dessen beiden Ämtern an Universität und Museum an Kaiser Wilhelm I. rekapituliert der Kultusminister Gossler noch einmal die Geschehnisse und setzt dem Monarchen die Hintergründe der Entscheidung auseinander:[198]

Nach dem Tode des Geheimen Oberregierungsraths | und Professor Dr. Lepsius hat die philosophische Fakul-|tät der hiesigen Friedrich-Wilhelms-Universität für | die Vertretung der Ägyptologie einen verhältniß-|mäßig jungen Gelehrten dieses Faches, den Privat-|docenten und Direktorialassistenten an den hiesigen | Museen Dr. Erman in Vorstellung gebracht, und | zunächst dessen Ernennung zum außerordentlichen | Professor beantragt.

Im Hinblick auf die anerkannt tüchtigen wissen-|schaftlichen Leistungen des benannten habe ich kein | Bedenken getragen diesem Antrage Folge zu ge-|ben, und die Ernennung des Dr. Erman zum | außerordentlichen Professor der Ägyptologie vollzogen.

Im Anschluß an diese Worte hat der Generaldirek-|tor der königlichen Museen den nunmehrigen Profes-|sor Dr. Erman auch als Nachfolger des Geheim-||raths Lepsius in der Direktion der aegyptischen Abteilung | der hiesigen Museen in Vorschlag gebracht.

[...] Unter diesen Umständen nehme ich keinen Anstand | mir den Antrag des Generaldirektors der Museen | auf Ernennung des Professor Erman zum Direktor | der ägyptischen Sammlung anzueignen, kann aber | nicht umhin, ein Bedenken, wenn ich dasselbe nach | wiederholter Prüfung auch nicht als begründet zu | betrachten vermag, doch ehrfurchtsvoll zum Vortrag | zu bringen.

---

196 So im Original.

197 Hervorhebung im Original.

198 GStA PK, I. HA Rep. 89 Geheimes Zivilkabinett, jüngere Periode, Nr. 20487, Bl. 1–6, 21.01. 1885.

Seit etwa zehn Jahren ist an der genannten Sammlung | ein Direktorialassistent Dr. L. Stern beschäftigt, | welcher sich einer ähnlichen Schätzung als Gelehrter er-||freut, wie Professor Erman und demselben an Jahren nicht | unerheblich voraussteht, auch Aegypten und seine Denkmäler | aus der Zeit seiner früheren Thätigkeit als Bibliothekar der | Handschriften-Bibliothek zu Kairo[199] bereits aus eigener | Anschauung kennt. Derselbe hat sich sehr dringend um die | Beförderung zum Direktor der Abteilung beworben und | sich im Hinblick auf den Umstand, daß ein Gehalt für ei-|nen im Hauptamt fungirenden Direktor nicht vorhanden | ist und auf die Thätigkeit eines Assistenten an der Ab-|theilung im Interesse der Verwaltung nicht verzich-|tet werden kann, bereit erklärt die Stelle auch dann | zu versehen, wenn ihm nur das verfügbare Direktor-|gehalt mit 1.800 M und eine für einen Zeichner bei | der Sammlung ausgebrachten, augenblicklich vakanten | Remuneration von 2.100 M. zugebilligt würde. Dagegen | hat er erklärt, von seiner Stelle zurücktreten zu | wollen, wenn Professor Erman zum Direktor ernannt || würde, da es ihm unmöglich sei, sich dem jüngeren Fach-|genossen als Vorgesetzten unterzuordnen. Er hat auf | diesem Entschlusse auch für den Fall beharrt, wenn | Ew. Kaiserliche und Königliche Majestät die Gnade | haben sollten, ihm in Rücksicht auf seine immerhin | nicht leichte Lage den Direktortitel zu verleihen, | und wenn ihm, wozu im § 19 des Statuts der Mu-|seen vom 25. Mai 1868 die Möglichkeit vorge-|sehen ist, eine Unterabtheilung der Sammlung zu ab-|gesonderter Verwaltung übergeben würde.

So sehr ich es bedauern würde, wenn der kenntniß-|reiche nach vielen Richtungen tüchtige Beamte | diesen Entschluß in der That zur Ausführung | brächte, so glaube Ew. Majestät ich doch nicht die Er-|füllung seiner Wünsche in Vorschlag bringen zu | dürfen. Zunächst vermag ich es gegenwärtig nicht für | gerechtfertigt zu halten, die Verbindung der Professur || für Ägyptologie und der ägyptischen Sammlung, wie sie | bisher bestanden und sich bewährt hat, aufzuheben, es | würde dazu nur dann sich ein Anlaß bieten, wenn es | unthunlich gewesen wäre, für die Professur eine gleich-|zeitig aus den Aufgaben der Direktion der Sammlung | mit ihren praktischen Verwaltungsaufgaben gewachsenen | Persönlichkeit zu gewinnen, während Professor Erman | hierfür durchaus und nach dem Urtheil des Generaldirek-|tors der Museen in entschiedem höheren Grade als | Dr. Stern geeignet erscheint.

Was sodann den Vorschlag betrifft, durch Absetzung | der Remuneration für einen Zeichner bei der ägyptischen | Abteilung die Mittel zu beschaffen, um das Gehalt des | Direktors von 1.800 M. auf 3.900 M. zu erhöhen, so wür-|de dies ein erst durch den Staatshaushalt Etat für | 1886/87 ausführbare Verschiebung bedingen, für welche ich | nur dann die Zustimmung des Finanz Ministers und || der Landesvertretung in Anspruch nehmen dürfte, | wenn jene Remuneration in der That als entbehr-|lich bezeichnet werden könnte. Dagegen ist die Be-|schäftigung einer solchen technischen Hilfskraft | bei einer Sammlung, deren Objekte – wie z. B. die | Papyri – der mannigfachsten Fürsorge in Betreff | ihrer Herstellung, Aufstellung, Conservierung und | Inventarisierung bedürfen, auf die Dauer unent-|behrlich. Auch würde auf diese Weise keine aus-|kömmliche Besoldung für einen Direktor geschaf-|fen, die Stelle auch dann noch als eine un-|beamtliche datirt und nicht mit Pensionsberechti-|gung ausgestattet sein, ein Verhältniß, aus dem | in Zukunft große Härten und Schwierigkeiten | erwachsen müßten. Mit einer Mehrforderung | zum Behufe der Verwaltung der Stelle in eine | vollbesoldete und pensionsberechtigte hervorzutreten, || trage ich aber um so größere Bedenken, als ein sachliches | Bedürfniß dazu gegenwärtig nicht vorliegt und die ohne-|hin

199 Vgl. Mangold (2007), 54–58.

stetig wachsenden Bedürfnisse der Museen die | Beschränkung auf das Maß des dringend Nothwen-|digen gebieterisch fordern. Auch vermag ich die Wei-|gerung des Dr. Stern in seiner Stellung als Assistent | zu verbleiben, wenn Professor Erman zum Direktor | ernannt werde, als begründet nicht anzuerkennen.

Gegen die wissenschaftliche Qualifikation desselben er-|hebt er selbst keinen Einwand, und wenngleich an einer | Sammlung im Allgemeinen Eine Stimme die ent-|scheidende sein muß, so läßt doch das Verhältniß der | Assistenten zu den Direktoren die Unterordnung | des Ersteren keineswegs fühlbar hervortreten, son-|dern pflegt sich in mehr collegialischen Formen | zu bewegen, dies würde im vorliegenden Falle | außerdem in der Verleihung des Direktortitels, um ‖ welche Ew. Majestät ich für den Dr. Stern eventl. ehr-|furchtsvoll zu bitten mir erlaubt haben würde, | auch nach außen zum Ausdruck gekommen sein.

Ich habe mich mit dieser Angelegenheit wiederholt | eingehend beschäftigt, auch mit Dr. Stern persön-|lich verhandelt, und, so sehr ich auch mit Sympathie | für diesen tüchtigen Gelehrten erfüllt bin, so | kann ich doch nicht umhin, mein Urtheil dafür zu-|sammenzufassen, daß Dr. Stern überhaupt nicht | diejenigen Direktorial-Eigenschaften besitzt, wel-|che im Interesse der in so erfreulicher Entwick-|lung begriffenen Königlichen Museen verlangt | werden müssen, daß er vielmehr seiner ganzen | Anlage und seiner ganzen Persönlichkeit nach sich | überwiegend zu einer beschaulichen und zurück-|gezogenen Thätigkeit als Gelehrter Forscher eignet.

Dr. Stern hat es auch seiner Lebensauffassung ‖ entsprechend bisher trotz vielfacher Anregungen stets abge-|lehnt, sich in der Universität zu habilitiren, und nicht | in den Kreis der zünftigen Lehrer und Gelehrten zu tre-|ten, sondern sich die Freiheit des privaten Gelehrten zu | erhalten. Nach allen diesem möchte ich die Hoffnung | noch nicht völlig aufgeben Dr. Stern den Königlichen | Museen zu erhalten, wenn ihm die Papyri zur | Durchforschung speziell überwiesen werden, wenn-|gleich ich bei der Starrheit, mit welcher Dr. Stern | in seinem Entschluss festzuhalten scheint, mich über | die Schwierigkeiten nicht täuschen kann.

Aus diesen Gründen glaube Ew. Kaiserliche und König-|liche Majestät ich eine Berücksichtigung der Bewer-|bung des Dr. Stern nicht empfehlen, sondern die Er-|nennung des Professor Erman zum Direktor der | ägyptischen Sammlung allerunterthänigst befür-|worten zu dürfen, und verfehle nicht den Ent-‖wurf zu einer Bestallung des letzteren in tief-|ster Ehrfurcht beizufügen.

Gegen die Ernennung Sterns zum Direktor des Ägyptischen Museums Berlin sprachen für Gossler also vordergründig zunächst v. a. finanzpolitische bzw. ‚Etatmäßige' Gründe. Eine eigene Direktorenstelle für die ägyptische Sammlung war nicht vorgesehen, die Aufgabe sollte als ein „Nebenamt" zur ägyptologischen Professur ausgefüllt werden. Die von Stern ins Gespräch gebrachten Lösungsvorschläge widerstrebten ganz offensichtlich den Vorstellungen des Kultusministers über ein geregeltes Anstellungsverhältnis und wurden unter Verweis auf diese Bedenken abschlägig beschieden, wenngleich Gossler zumindest eine gewisse grundsätzliche Bereitschaft zur Flexibilität andeutete. Wichtiger aber noch als diese finanziellen Bedenken scheint die Einschätzung von Sterns persönlicher Eignung für die Tätigkeit eines Direktors zu sein, bei der er gegenüber seinem jüngeren Kollegen eindeutig schlechter abschneidet. Einzig durch die Verleihung eines Direktorentitels bzw. die weitgehende alleinige Verantwortung für die Papyrussammlung ist man Stern gegenüber zu einem gewissen Entgegenkommen bereit. Seine Drohung, das Museum im Falle der Ernennung Ermans zu verlassen, nimmt man von Seiten des Kultusministeriums zwar sehr ernst und bedauert auch ausdrücklich diese etwaige Konsequenz, ist jedoch nicht bereit, sich dadurch in irgendeiner Weise unter Druck setzen zu lassen. Trotz aller tatsächlichen oder auch nur behaupteten Bemühungen, Stern „die Sache zu versüssen" (s. Zitat Erman o.), machte dieser seine Drohung war und wandte sich letztlich von der Ägyptologie ab, um sich der Keltologie zuzuwenden.[200] Dem Kultusminsiter blieb nichts weiter übrig, als S.M. dem Kaiser die Verleihung des Roten Adlerordens vierter Klasse an Stern zu empfehlen:[201]

> Ew. Kaiserliche und Königliche
>
> Majestät verfehle ich nicht im | Verfolg meines ehrfurchtsvollen Berichts | vom 20. Januar d. J. allerunterthänigst | anzuzeigen, daß es zu meinem Bedau-|ern nicht gelungen ist, den Direktorial-|assistenten Dr. Stern nach Ernennung | des Dr. Erman zum Direktor der ägyp-|tischen Abteilung der hiesigen Museen | unter Bedingungen zum Verbleiben in | seiner bisherigen Thätigkeit zu bewegen, | welche mit den Interessen einer ein-|heitlichen und geordneten Verwaltung | der Abteilung noch verträglich scheinen.
>
> Unter diesen Umständen habe ich eine | Versetzung desselben in den Bibliotheks-|dienst angeordnet. Zugleich aber wage | Ew. Majestät ich allerunterthänigst zu | bitten, dem kenntnißreichen und in | seiner bisherigen Thätigkeit bewährten ‖ Beamten ein Zeichen allerhöchster Gnade | huldvoll zu Theil werden lassen zu wollen, | welches auch nach außen zu erkennen ge-|ben würde, daß, wenn er nicht hat zum | Direktor der ägyptischen Abteilung beför-|dert werden können, ihn doch keinerlei | persönlicher Vorwurf trifft. Zu diesem | Behufe wage ich | die allergnädigste Verleihung des | Rothen Adler-Ordens Vierter Klasse | ehrfurchtsvoll in Vorschlag zu bringen | und verfehle nicht den Entwurf zu | einem entsprechenden allerhöchsten | Erlaß allerunterthänigst beizufü-|gen.
>
> Gossler

Erman aber, der „in den sauren Apfel beissen" musste, behielt bis 1914 die Stellung sowohl des Lehrstuhlinhabers als auch das Direktorat des Ägyptischen Museums inne.

---

200 Op. cit., 57 f.

201 GStA PK, I. HA Rep. 89 Geheimes Zivilkabinett, jüngere Periode, Nr. 20487, Bl. 7, 10.04.1885.

5.3.2 Die Verantwortung für das Vorderasiatische Museum Berlin

Am 08. Juni 1885 wurden die vorderasiatischen Altertümer im Besitz der Königlichen Museen Berlin der Ägyptischen Abteilung beigeordnet,[202] was zunächst wenig praktische Konsequenzen nach sich zog.[203] Auch der ein Jahr später eingebrachte Vorschlag, die Ägyptische Abteilung nach Aufnahme der vorderasiatischen Objekte entsprechend umzubenennen, wurde zunächst zurückgewiesen.

Der Direktor der Ägyptischen Abteilung war grundsätzlich eher wenig begeistert von der Idee, nun auch noch für diese Sammlungsbestände verantwortlich zu sein, und zweifelte v. a. auch die Sinnhaftigkeit einer solchen Maßnahme gerade im Hinblick auf seine fachliche Qualifikation an:

> Das man gerade die ägyptische Abteilung und ihren jungen Direktor, der sein Amt erst eben angetreten hatte, für die Verwirklichung dieses Planes wählte, beruhte wohl darauf, daß man sich immer noch die weiten Länder des Orients als ein Ganzes dachte; wer in Ägypten Bescheid wußte, mußte doch auch von Babylonien und Assyrien etwas wissen.[204]

N. Crüsemann gibt in diesem Zusammenhang aber auch zu bedenken, dass die Direktorenkonferenz der Berliner Museen wohl auch die Gelegenheit genützt hat, eine unliebsame Aufgabe auf das jüngste Direktoriumsmitglied „abzuwälzen".[205]

Den durch die Doppelfunktion von ägyptologischem Lehrstuhl und Direktorat ohnehin schon stark belasteten Erman versuchte man dadurch zu beruhigen, dass von ihm in Hinblick auf die vorderasiatischen Sammlungsbestände v. a. eine eher pflegerische Tätigkeit, nicht aber Erweiterung und Ausbau erwartet werden würde:

> man erwiderte, daß ich ja doch nur das Vorhandene bewahren und zugänglich machen solle. Daß es dabei nicht bleiben würde, und daß es sich bald auch um die Vermehrung dieser Bestände handeln würde, darüber täuschte ich mich nicht, wenn ich auch nicht ahnte, welche Last von Arbeit und Sorge mir gerade dieser Teil meiner Abteilung bringen würde.[206]

Ermans Erwartungen sollten sich in der Folge bestätigt finden, zumal nicht erst durch die sich verändernden (kultur-)politischen Rahmenbedingungen,[207] sondern schon vor Ermans Anstellung als Direktor der Ägyptischen Abteilung am

202 Vgl. Crüsemann (2000), 60.
203 Vgl. Op. cit.
204 Erman (1929), 228.
205 Crüsemann (2000), 59.
206 Erman (1929), 228.
207 Vgl. Crüsemann (2000), 60–63.

26. Januar 1885[208] im Kultusministerium Gewissheit über das Expansionspotential der Vorderasiatischen Abteilung einerseits und die interdisziplinären Kompetenzen des jungen Direktors andererseits geherrscht hat. In seinem Empfehlungsschreiben für Erman an den Kaiser schrieb der Kultusminister am 21. Januar 1885 zur Begründung der Ernennung Ermans:[209]

> Auch die Persönlichkeit des ‖ Professor Erman erscheint für eine solche Aufgabe durch-|aus geeignet.
>
> In seiner bisherigen amtlichen Thätigkeit als Direktorial-|assistent am Münzkabinett hat er sich nicht nur als wis-|senschaftlich tüchtig und in den Verwaltungsgeschäften als | geschickt und pflichttreu bewährt, sondern auch mit beson-|derem Geschick und großem Eifer sich selbst in solche | Gebiete jener Sammlung eingearbeitet, welche seinen ei-|genen Studien ursprünglich ganz fremd waren. Auf diese | Geschicklichkeit zur Bewältigung auch neuer Arbeitsgebie-|te wird aber im vorliegenden Fall um so mehr Werth | zu legen sein, als voraussichtlich an die ägyptische Samm-|lung wird die Pflege der assyrischen und verwandten | Alterthümer angeschlossen und auf diesem Gebiet in der | Folge eine besonders rege Thätigkeit entfaltet werden | müssen.

Erman erschien wohl aufgrund seiner Tätigkeit am Münzkabinett[210] als ein besonders flexibler Mitarbeiter, der sich auch in das ihm zunächst völlig fremde Gebiet orientalischer Münzen ohne Kenntnisse des Türkischen, Persischen od. Indischen[211] eingearbeitet hatte und so wohl auch die nötigen assyriologischen Kenntnisse würde erwerben können.[212] Letztlich setzte Erman aber auch in seiner Verantwortung als Leiter der Vorderasiatischen Abteilung auf den Einsatz kompetenter Mitarbeiter.[213] Bemerkenswert im Zusammenhang dieser Untersuchung sind Ermans Äußerungen über diese Kollegen aus der Nachbardisziplin der Assyriologie, da sie auch einen indirekten Rückschluss auf die wissenschaftliche Eigenwahrnehmung des Ägyptologen erlauben:

> Fast alle die jungen Assyriologen, die ich in diesen Jahren kennenlernte, hatten, so verschieden sie auch sonst waren, doch einen Zug gemeinsam, und der rührte gewiß davon her, daß ihre Wissenschaft bei uns der Studierstube der Theologen und Halbtheologen erwachsen

208 Vgl. Op. cit., 60.

209 GStA PK, I. HA Rep. 89 Geheimes Zivilkabinett, jüngere Periode, Nr. 20487, Bl. 1f., 21.01. 1885; vgl. Crüsemann (2000), 59.

210 Vgl. Erman (1929), 125–130.

211 Vgl. Op. cit., 126.

212 Crüsemann (2000), 65, Anm. 413 verweist zudem auf die Teilnahme an assyriologischen Vorlesungen bei Schrader.

213 Vgl. Erman (1929), 228f.; Crüsemann (2000), 65

> war. So verstanden sie zwar ihre Keilschrift vortrefflich, aber, wo es einmal darüber hinausging, verfielen sie nur zu leicht in ein hemmungsloses Phantasieren.[214]

Hervorgegangen aus der „Studierstube der Theologen", philologisch kompetent, aber darüber hinaus nicht zu ernst zu nehmenden wissenschaftlichen Leistungen in der Lage, erscheint die Assyriologie in Ermans Wahrnehmung geradezu als ein Negativbeispiel der Stubengelehrsamkeit der deutschen Orientalistik, gegen das sich die Ägyptologie klar abgrenzt. Auch in seiner Verantwortung in der Deutschen Orientgesellschaft fand Erman das Betragen seiner assyriologischen Kollegen mitunter beklagenswert. In einem Brief an seinen Lehrer Ebers schreibt er:[215]

> die Interessen | der Assyriologen von der | strengen Observanz, die | nur Thontafeln aus un-|vordenklichen Jahrtausen-|den wollen und die | der übrigen Menschheit, | die für ihr Geld etwas | sehen will und zeigen will, ‖ müssen zusammen-|gebracht werden. Mir | ist dabei wieder klar | geworden, dass die Mehr-|zahl der Assyriologen | doch viel einseitiger ist | als die Aegyptologen; es | ist etwa so, als | ob wir nur hieratische | und demotische Papyrus | läsen und alles andere | ignorirten. Es ist der | Mangel eines grossen Mu-|seums, der die deutschen | Assyriologen so zu ‚Keil-|schriftforschern' gemacht hat.

Diesem Mangel an einem „grossen Museum" bemühte Erman sich allerdings tatkräftig Abhilfe zu schaffen und versuchte auch, einen redlichen Ausgleich zwischen den Interessen seiner beiden Sammlungen herzustellen.[216]

Anders als in der Expertenkommission für die Ägyptische Abteilung waren die für die Ankäufe für die Vorderasiatische Abteilung zuständigen Sachverständigen auch durchaus fachlich kompetent.[217] Die von Erman beklagte einseitig philologische Ausrichtung (vgl. Zitate o.) machte sich allerdings auch bei der Ankaufpolitik[218] der Sammlung bemerkbar:

> Aus dem, was ich hier erzählt habe, sieht man schon, daß mir die vorderasiatischen Altertümer viel mehr Sorge machten als die ägyptischen; für sie vor allem mußte ich Geld beschaffen und allen Ärger bestehen, und doch bewegte ich mich dabei auf unbekanntem Terrain. Wenn ich Stücke wie die altbabylonischen Skulpturen kaufte, [...] so hatte ich ja meine Freude daran und konnte sie richtiger schätzen als die damaligen Assyriologen, deren Interesse ja nicht über die Keilschrift hinausging. Aber derartige Ankäufe waren doch nur die

---

214 Op. cit., 229.
215 SBB-PK, Nachl. Georg Ebers: Erman, Adolf, 01.08.1898.
216 Vgl. Crüsemann (2000), 60. – Allerdings hat Erman auch den Ankauf eines der bedeutendsten Tontafelbestände der Berliner Museen verantwortet; vgl. Gertzen (2012).
217 Vgl. Op. cit., 65.
218 Vgl. Alaura (2010).

> Ausnahme, und in der Regel mußte ich Tontafeln erwerben, die ich selbst nicht lesen konnte;[219]

Es kann angesichts der hier geschilderten Differenzen und unterschiedlichen Wissenschaftsauffassungen bzw. museologischen Zielsetzungen jedoch nicht verwundern, dass Erman sich angesichts der Aufgabe der Verantwortung für die Vorderasiatische Abteilung erleichtert zeigte:

> So war es mir denn eine wahre Erlösung, als es Schöne 1899 gelang, eine besondere vorderasiatische Abteilung zu schaffen [...];
>
> Erst aus dem Klatsche der jüngeren Assyriologen habe ich dann erfahren, daß ich über das Loslösen der vorderasiatischen Abteilung von der ägyptischen entrüstet gewesen bin.[220]

Die letzte Bemerkung passt zu der von Erman vertretenen Ansicht, dass auch das soziale Klima innerhalb der Wissenschaft der Assyriologie ein stark von Konkurrenzdenken und Missgunst geprägtes gewesen sei.[221] Es kann zwar nicht ganz ausgeschlossen werden, dass Erman die einmal übernommene Verantwortung für beide Sammlungen ungern abtrat, da alle seine hier angeführten kritischen Äußerungen zu dieser Tätigkeit aus späterer Zeit stammen. Allerdings scheint es plausibel zu sein, dass sich Erman in dieser Funktion nicht besonders wohl gefühlt hat, da sie ihm zum einen Zeit für seine ägyptologischen Vorhaben raubte, und er zum anderen, anders als in der ägyptischen Abteilung, nicht als kompetenter Fachvertreter der Generaldirektion und dem Sachverständigengremium für Ankäufe gegenüber treten konnte, sondern im Gegenteil seinerseits als Fachfremder sich dem Urteil seiner Mitarbeiter und der sachkundigen Kommissionsmitglieder unterwerfen musste. Ermans Rolle als Leiter der Vorderasiatischen Abteilung entsprach somit nicht seinem Status innerhalb der Ägyptologie, in welcher er im Laufe der Zeit einen weitreichenden Führungsanspruch vertreten konnte.

Eine mögliche Erklärung für den Eindruck der erwähnten „jüngeren Assyriologen“, Erman habe sich gegen die Aufgabe der Leitung der Vorderasiatischen Abteilung gesträubt, könnte der in einem Schreiben an Generaldirektor Schöne vom 27. März 1899 zum Ausdruck gebrachte Widerwillen gegen die Ernennung F. Delitzsch’ zum Direktor dieser Abteilung liefern:[222]

> Hochverehrte Excellenz!
>
> Ihr Brief vom 14ten erreicht mich | erst hier mit starker Verspätung.

219 Erman (1929), 237.
220 Op. cit., 237.
221 Vgl. Op. cit., 230.
222 SBB-PK, Nachl. 248 (Richard Schöne), Kasten 7: Museum 1899, A. Erman, 27.03.1899.

Meine Antwort ist eigentlich schon | in Ihrem Brief enthalten: wenn | seitens der Universitätsverwaltung | die Entscheidung entschieden für | Delitzsch ausfällt, so werden wir | trotz unserer anderweitigen Wün-|sche uns dem nicht wohl wider-|setzen können, denn ein ‚non pos-|sumus' liegt nicht vor. Man | kann nicht absolut behaup-|ten, dass sich D. nicht in die | Museumsstellung hineinfinden | wird – bei seiner Versatilität | wird es ihm vielleicht besser | gelingen als wir denken, wenn | er auch immer im Grunde seiner | Seele den Thontafeln sumerischer | Urkönige den Vorzug vor allen ‖ Werken der assyrischen und neu-|babylonischen Kunst geben wird.

Es wird alles darauf ankommen, in | wie weit es Ihnen gelingen wird, | D. zu erziehen und in der Hand zu | behalten. Es wird ihm z. B. Ein-|druck machen, wenn Sie ihm gegen-|über betonen; dass die Aufgabe | einer vorderasiatischen Sammlung | nicht sein darf, nur für gelehrte | Thontafelforscher zu sorgen, und wenn | Sie die Erwartung aussprechen, | dass er für die Vertretung der Kunst | in derselben Weise sorgen wird, | wie wir es bisher uns zu thun | bemüht haben.

Er wird dann, wie ich ihn kenne, | dieselben Bestrebungen affichiren | und wenn er dann amtlich genöthigt | ist, sich praktisch mit Alter-|tümern zu beschäftigen, auf | denen nichts geschrieben steht, | so wird ihm vielleicht mit der ‖ Zeit sogar das Verständnis für | diese kommen.

In diesem Schreiben kommen noch einmal sehr deutlich Ermans Ressentiments gegenüber den Kollegen aus der Assyriologie zum Ausdruck: Seine Kritik entzündet sich an einer einseitig auf Texte ausgerichteten Altertumswissenschaft wie auch einem mangelnden Gespür für die Bedürfnisse des breiteren Publikums der Museumsbesucher. Dieses soll nach Ermans Idealvorstellungen eben nicht nur aus Fachgelehrten bestehen und dessen Interessen und Bedürfnissen muß ebenfalls Rechnung getragen werden. Die in Assyriologenkreisen kursierenden Gerüchte über Ermans Unwillen, von dem Posten des Leiters der Vorderasiatischen Sammlung zu lassen, gehen also womöglich auf dessen Befürchtungen zurück, dass unter seinem Nachfolger Delitzsch eine Sammlungspolitik verfolgt werden könnte, die seinen eigenen museologischen Konzepten zuwiderliefe.

5.3.3 Ermans Anteil an der Gründung der Deutschen Orientgesellschaft

Ermans Verantwortung für die Vorderasiatische Abteilung der Berliner Museen und die darin eingeschlossene Aufgabe der Erweiterung der Sammlungsbestände führte dazu, dass er einen entscheidenden Einfluss auf die deutschen Bemühungen um Ausgrabungen im Vorderen Orient bzw. deren Finanzierung hatte und dabei zu ihrem Zustandekommen einen wesentlichen Beitrag geleistet hat:

> Tatsächlich muß Erman als Initiator der deutschen Ausgrabungstätigkeit im Vorderen Orient betrachtet werden.[223]

Kaum zwei Jahre nach seinem Amtsantritt versuchte Erman, öffentliche Aufmerksamkeit für sein Anliegen zu erregen, indem er seinen Freund und Kollegen E. Meyer[224] zur Veröffentlichung eines entsprechenden Zeitungsartikels veranlasste:[225]

> Du[226] könntest uns einen grossen Gefallen thun, wenn Du einen Lärm verursachenden Aufsatz über die Nothwendigkeit etwas für Babylonien und Assyrien zu thun, in die Deutsche Rundschau gäbst, die in den massgebenden Kreisen viel gelesen wird. Du müsstest allerdings gar keine Vorkenntnisse voraussetzen, sondern den Leuten darlegen, dass diese Länder einen enormen Antheil an unserer Cultur haben; dass kein Museum glauben darf das Alterthum zu repraesentiren, wo diese Länder nicht reich vertreten sind; dass in Babylonien noch ältere Denkmäler sitzen als in Aegypten; dass auf den Thontafeln etc. die Sündfluth und ich weiss nicht was noch alles erzählt wird; dass Sumerisch eine wahre Offenbarung für die Welt sei usw. usw. Dazu dann immer als ceterum censeo: die Trümmerstätten sind zur Zeit z. Th. noch zu haben, aber nach allem was man hört, werden nächstens Amerikaner, Engl. und Franz. alles mit Beschlag belegt haben. Also keinen Moment verlieren, Preussen muss graben, damit wir nicht wieder einmal das Nachsehen haben.
>
> Daraus siehst Du, in welchen schönen Geschäften ich wieder sitze; hilf mir bitte dabei und zwar schnell und cum ira et studio.
>
> Wenn ich selbst es mache, so sieht jeder, woher der Wind weht.

Öffentlichkeitsarbeit bzw. öffentliche Aufmerksamkeit schienen Erman der Schlüssel zu einem deutschen Engagement in der Orientarchäologie zu sein, wobei sich der gewünschte Artikel zwar in erster Linie an „massgebende Kreise“ richtete, dabei „allerdings gar keine Vorkenntnisse“ vorausgesetzt werden sollten. Auffällig ist dabei auch, dass eine allzu enge Verbindung mit alttestamentarischen Studien nicht angestrebt ist, sondern der Akzent eher auf nationales Prestige bzw. den Wettstreit mit anderen Forschernationen gelegt wird. Tatsächlich drängt Erman seinen Duzfreund in einer für seine sonstige Korrespondenz mit Kollegen eher ungewöhnlichen Weise regelrecht dazu, den gewünschten Aufsatz endlich abzufassen:[227]

> Was macht der Aufsatz über die Assyriologie, Babylonologie und die Nothwendigkeit weiteren Vorgehens? Bitte lass uns damit nicht ganz im Stich; wir brauchen ihn augenblicklich

223 Matthes (2000), 200.

224 Dessen Engagement für die DOG dargestellt in: Matthes (1996).

225 ABBAW, NL E. Meyer, Nr. 575, 06.06.1886.

226 Meyer war einer der wenigen Korrespondenzpartner, mit denen Erman sich duzte.

227 ABBAW, NL E. Meyer, Nr. 575, 03.08.1886.

wieder sehr. Ihr gelehrten Leute wollt immer neues Material haben, da müsst ihr auch mal mithelfen an eurem Theil es zu beschaffen und Du kannst augenblicklich dabei sehr nutzen. Also lasse Dich vorspannen und hilf uns die Karre aus dem Dreck zu ziehen, in den sie andere Pferde hineingezogen haben. Wenn Du nicht so gehorchst, so werde ich eine Petition an Deine Frau richten, dass sie Dir die Nothwendigkeit vorstellt.

Eine „Petition" an Frau Meyer scheint nicht erhalten zu sein, zumal Herr Meyer auch dem Drängen seines Freundes nachgegeben hat.[228] Dieser zeigte sich denn auch mit dem Ergebnis vollauf zufrieden:[229]

Lieber Freund!

Herzlichen Dank für die wirklich famose Arbeit. Steindorff nannte es (ohne zu wissen, dass es für uns geschrieben sei) den hübschesten populären Aufsatz über Assyrien, den er kenne. Puchstein,[230] der den Zusammenhang errieht, lässt Dir sagen, Du seist ein ‚Reptil'. Hoffentlich macht es beim Finanzminister und seinen Räthen, auf die es hauptsächlich gemünzt ist, auch solchen Erfolg;

An dieser Stelle benennt Erman dann auch gleich die eigentlichen Adressaten bzw. „massgebenden Kreise", an die sich der Artikel richten sollte. Offenkundig dachte Erman zwar von Anfang an daran, durch öffentliches Interesse die Mittel für Ausgrabungen bzw. wohl auch Ankäufe für die Museen zu erlangen, diese sollten aber durch staatliche Stellen bereitgestellt werden.

Im selben Jahr (1887), in dem auch Meyers Artikel erschien, regte Erman die Gründung des so genannten Orient-Komitees an.[231] Die Zielsetzung dieser Vereinigung, der eine Reihe wohlhabender Mäzene angehörte, bestand nach eigenen Angaben darin...

Altertümer orientalischer Herkunft in fachmännischer Weise auszugraben bzw. zu erwerben und dieselben deutschen Museen zum Selbstkostenpreis zur Verfügung zu stellen.[232]

Durch einmalig entrichtete Beiträge sollte das Kapital zur Finanzierung von Ausgrabungen bzw. Ankäufen im Vorderen Orient bereitgestellt und durch die Abgabe der so beschafften Objekte zum Selbstkostenpreis an die deutschen Museen immer wieder hergestellt werden.[233] Nach ersten Erfolgen[234] waren es jedoch

228 Meyer (1887).
229 ABBAW, NL E. Meyer, Nr. 575, 05.01.1887.
230 Kästner (2001).
231 Vgl. Matthes (2000), 203.
232 Ausgrabungen in Sendschirli. Ausgeführt und herausgegeben im Auftrage des Orient-Comitées zu Berlin, Bd. I., iii; zitiert nach: Matthes (2000), 204.
233 Vgl. Op. cit.

gerade die Berliner Museen, die mit ihren Zahlungen an das Komitee in Verzug gerieten, so dass nach ersten erfolg- und ertragreichen Grabungskampagnen in Sendschirli/Zindschirli (1888; 1890 & 1891) erst 1894 eine weitere Kampagne durchgeführt werden konnte, nachdem diese mit 25.000 M. durch den Kaiser bezuschusst worden war.[235]

Nachdem sich auch in der Preußischen Akademie der Wissenschaften gleichfalls die Erkenntnis der Notwendigkeit eines verstärkten Engagements in der Orientarchäologie – wollte man mit den Erfolgen der Engländer, Franzosen und Amerikaner mithalten – durchgesetzt hatte,[236] entschloss sich J. Simon 1897, der Akademie die Gelder für eine Vorexpedition eines geeigneten Grabungsplatzes zur Verfügung zu stellen, und trat im selben Jahr auch aus dem Leitungsgremium des Orient-Komitees zurück, um zeitgleich die Gründung einer neuen Gesellschaft zur Förderung deutscher Ausgrabungen in der Region des Vorderen Orients vorzuschlagen.[237] Zuvor hatte er noch versucht, das bestehende Orient-Komitee zu reformieren, war darin jedoch an formalen Hürden und dem Widerstand des Vorsitzenden R. v. Kaufmann gescheitert.[238]

Über die eigentliche Gründungsphase der Deutschen Orientgesellschaft (DOG) sind wenige Unterlagen erhalten geblieben.[239] Wie von O. Matthes richtig vermutet wurde,[240] war Erman an der Abfassung des Aufrufes zur Gründung der neuen Gesellschaft tatsächlich mitbeteiligt und hat auch seinen akademischen Lehrer Ebers mit in diese Bemühungen eingebunden:[241]

> Sodann eine andere Quälerei, die | sich in dem beigelegten Circular | verkörpert, welches übrigens nicht | meiner Feder entflossen ist.[242]
>
> Es handelt sich darum, eine Gesell-|schaft zu schaffen, die das Geld | für Grabungen hauptsächlich | auch durch kleine regelmäßige | Beiträge aufbringt und die dieses | Geld à fonds perdu hergiebt.
>
> ‖ Das bisherige ‚Orient Komitee' schiesst | das Geld ja nur vor[243] und ist uns | theuer zu stehen gekommen. Wir | wollen nun ohne jenem weh zu | thun einen neuen Versuch mit an-|derer Organisation machen.

234 Vgl. Pallat (1959), 187 f.
235 Vgl. op. cit., 204 f.
236 Vgl. op. cit., 206.
237 Vgl. op. cit.
238 Vgl. Matthes (1998), 10.
239 Vgl. op. cit., 11.
240 Vgl. op. cit.
241 SBB-PK, Nachl. Georg Ebers: Erman, Adolf, 26.11.1897.
242 Vgl. op. cit., 11.
243 Vgl. Matthes (2000), 204.

Aus den Namen der Gründer sehen | Sie, dass diese Sache gerade auch | im Ministerium Unterstützung | findet; dass Schöne und Althoff[244] | zusammen einen Aufruf unterzeich-|net hätten, ist noch nicht vor-|gekommen. Sehr gut und eifrig | ist auch der Staatssekretär Hollmann,[245] | die Seele des Ganzen ist mein Freund | James Simon.

Wir möchten Sie und wer sonst | noch von Ihren Freunden [mit bekannten Namen][246] bereit ist, | bitten, das Cirkular mit zu un-|terzeichnen. Wenn dann eine größere || Zahl Unterschriften beisammen | ist, so soll es herausgehen | in die Welt und suchen, wer ihm | zum Opfer fällt.[247]

Der Hintergedanke bei dem ganzen | Vorgehen ist, dass wir unsere au-|genblickliche Stellung in der | Türkei ausnützen müssen.[248]

Eine vorläufige Expedition zur | Orientierung ist übrigens schon | ausgeschickt.[249]

In den Archiven der deutschen Orientgesellschaft am Vorderasiatischen Museum Berlin findet sich nur ein für die Gründung der DOG relevantes Schreiben Ermans, das er an seinen Freund Simon gerichtet hat und in dem er nicht nur die Einbindung Ebers' erwähnt, sondern dessen Engagement, angesichts seines angegriffenen Gesundheitszustandes besonders hervorhebt:[250]

Verehrtester Freund!

Ich habe gestern gleich an Prof. | Ebers geschrieben, obgleich es | mir etwas peinlich ist, den | vielgeplagten kranken Mann | auch hiermit noch zu plagen | Ich will sehen, was er ant-|wortet; der andere Münchener | (Hommel)[251] ist ungeschickt | und nur im Nothfall zu be-|nutzen. Mit den Bajuwaren | hat man immer Ärger!

Die Briefe von Martini | und Linde anbei zurück, der erstere || muss ein prächtiger alter Herr | sein.

Von Sachau kam gestern ein | Brief an Schöne, vor seiner Ab-|reise nach Assyrien geschrieben.

Sie haben v. a. Warka und | Senkereh besucht und plaidieren | für beide.

Exc. Schöne, den ich eben sprach, | bat mich Ihnen zu sagen, dass | für die von Ihnen gegebenen 25.000 Mk[252] | noch die kaiserliche Genehmigung | einzuholen sei.

Wollen Sie also vielleicht die Orient | Gesellschaft an den Minister schreiben | lassen:

244 Vgl. op. cit., 208.

245 Vgl. op. cit.

246 Nachträglich eingefügt.

247 Unter den schließlich 111 Unterzeichnenden befanden sich: T. Mommsen, E. Meyer, H. Diels, O. Hirschfeld, A. Harnack, A. Conze, F. Delitzsch, H. Kiepert & U. Wilcken; vgl. Matthes (2000), 208.

248 Zu den Zeitumständen: Marchand (1996), 93; 196 f.; Matthes (1996), 180 ff.

249 Vgl. Matthes (2000), 206.

250 ArDOG I: Allgm. 6., Erman-Simon, 24.02.1898.

251 Bierbrier (2012), 262 f.; Dombart (1934).

252 Matthes (2000), 208 gibt 25.000 Mark als Spende der von Simon zusammengeführten Mitglieder des vorläufigen Komitees der DOG an.

> Die Gesellschaft habe von Hrn. J. Simon | 25.000 Mk erhalten und böte diese | dem Minister an, um damit die | Kosten der Sachau'schen Expedition || daraus gedeckt würden? [sic!]
>
> Und wollen Sie diesen Brief | der Generalverwaltung der Museen | zur Einreichung an den Minister | zusenden?
>
> Auf diese Weise lässt sich die | Sache am besten und schnellsten | erledigen und es ist unserer Kas-|se wegen nothwendig sie noch | im nächsten Monat abzuwickeln.
>
> Mit bestem Gruss.
>
> Ihr
>
> Ad. Erman

Ebers nahm das Ersuchen seines Schülers allem Anschein nach bereitwillig auf und nutzte wohl gleichfalls seine zahlreichen gesellschaftlichen Kontakte, um das gemeinsame Projekt zu befördern, jedenfalls erfuhren seine Bemühungen die volle Anerkennung durch Erman:[253]

> Für alles, was Sie der | Orientgesellsch. anthun, | werden Ihnen die baby-|lonischen und assyrischen | Götter ihren Segen erthei-|len.

Am 24. Januar 1898, dem Geburtstag Friedrichs des Großen, wurde die Deutsche Orientgesellschaft gegründet und am 02. Juni desselben Jahres die erste Sitzung des wissenschaftlichen Beirates unter dem Vorsitz von E. Sachau und A. Erman abgehalten.[254]

5.3.4 Erweiterung und Neueinrichtung des Ägytischen Museums

Im Jahr 1909 wandten sich Schäfer und Erman vor dem Hintergrund der enorm angewachsenen Sammlungsbestände des Ägyptischen Museums[255] gemeinsam mit einem Entwurf zu *Grundlagen zum Erweiterungsbau der ägyptischen Abteilung* an die Generaldirektion der Berliner Museen.[256] Unter den darin erörterten planerischen, finanziellen und bautechnischen Gesichtspunkten führen die beiden auch einige grundsätzliche Überlegungen zu ihren museologischen Auffassungen aus, die sie im Zuge der weiteren Verhandlungen mit der Generaldirektion, aber auch in publizierter Form[257] später weiter ausbauen sollten. Gerade diese grundsätzlichen Ausführungen bilden eine gute Grundlage für die in dieser Un-

---

253 SBB-PK, Nachl. Georg Ebers: Erman, Adolf, 20.03.1898.
254 Vgl. Matthes-Althoff (1998), 248.
255 Vgl. Schäfer (1920), 14 f.
256 Vgl. SMB-ZA, I / ÄM 48, Erman+Schäfer, 06.05.1909.
257 Vgl. Schäfer (1920), 14–23.

tersuchung vorzunehmende Charakterisierung der museologischen Konzepte der Direktoren Erman und Schäfer und illustrieren auch die enge Zusammenarbeit von Lehrer und Schüler, Direktor und Assistent.

Vor dem Hintergrund von Ermans Bemühen um eine professionelle Museumsrestaurierung und die Erhaltung der teilweise äußerst fragilen Objekte der ägyptischen Sammlung kann es nicht verwundern, dass konservatorische Erwägungen in den Erweiterungs- und Neubauplänen eine zentrale Rolle spielen:[258]

> III. Teile des Erweiterungsbaues.[259]
> Der Erweiterungsbau soll enthalten:
> A) einen ganz[260] unter der Straßenebene gelegenen Kel-|ler zum sicheren Schutz gegen die Bodenfeuchtig-|keit und zur Aufnahme von Heizungsanlagen. Zu | Magazinräumen sind Keller, nach unseren Erfahrun-|gen im Neuen Museum, nicht zu benutzen.
> [...]
> VI. Allgemeine Anforderungen an den Neubau.
> [...]
> Bei der Natur unserer ägyptischen Altertümer, | die gegen die geringste Feuchtigkeit sehr emp-|findlich sind, ist großes Gewicht auf die gute | Heizung der Ausstellungs- sowohl wie der Magazin-|räume zu legen.
> Die Türen der Ausstellungs- und Magazinräume | müssen so breit sein, daß sie etwa den Transport | der Steinsärge gestatten.

Die bauliche Ausgestaltung der Ausstellungsräume sollte den Auffassungen Ermans und Schäfers über den Charakter der ägyptischen Kunstgeschichte entsprechen, die in diesem Entwurf – sicherlich vereinfacht, aber dennoch – als linear charakterisiert wird:

> VII. Anforderungen an die einzelnen Räume.
> A) [...] Wir legen auf die Schaffung eines glat-||ten Rundganges in der Abteilung großen Wert. Wir | haben ja die Entwicklung einer einheitlich, nicht | in vielen Ästen verlaufenden Kunst und Kultur zu | zeigen, anders wie etwa das Kaiser-Friedrich-Mu-|seum.

Die Planungen für den Erweiterungsbau wurden unterstützt durch den Ägyptologen und Erman-Schüler L. Borchardt, der als ausgebildeter Architekt die Entwürfe sowohl in bautechnischer als auch in fachlich-wissenschaftlicher Hinsicht ausarbeitete,[261] bis sie schließlich durch L. Hoffmann zum Abschluss gebracht wurden.[262]

258 SMB-ZA, I / ÄM 48, Erman+Schäfer, 06.05.1909.
259 Unterstreichung der Überschriften jeweils so im Original.
260 Hervorhebung im Original.
261 Vgl. Schäfer (1920), 15.

Im Gegensatz zu den bisher am Ägyptischen Museum vertretenen Konzepten sollte auf eine ägyptisierende Ausgestaltung sowohl in architektonischer als auch in dekorativer Hinsicht verzichtet werden. Außerdem sollte sich der Bau auch ganz grundsätzlich eher an praktischen Gesichtspunkten orientieren, wobei sicher auch negative Erfahrungen mit den am Neuen Museum vorgefundenen Verhältnissen eine entscheidende Rolle gespielt haben dürften:

> Unser Wunsch Säulen und Pfeiler zu verbannen, die hinter sich ebenso unbenutzbare Schattendreikante schaffen, ist uns dagegen erfüllt.[263]

Besonders deutlich wird dies jedoch in der angefügten Fußnote Schäfers zum Ausdruck gebracht:

> Noch Stüler glaubte in seinem für die Zeit vortrefflich erdachten Bau nicht ohne Säulen auskommen zu können. Wir haben seitdem gelernt. Daß aber eine Säulenhalle außen vor den Fenstern die dahinter liegenden Säle unbrauchbar macht, hätte man sich auch vor 75 Jahren schon sagen können.[264]

An die Stelle der noch von Lepsius vertretenen Ausgestaltung der Ausstellungsräume durch teilweise eklektische und diachrone Kopien altägyptischer Malerei sollten nun Abbildungen fremder, d. h. in anderen Sammlungen befindlicher Objekte treten:

> Ganz unbedenklich, ja nützlich würde es mir scheinen, wenn man hier und da Lichtdrucke und photographische Vergrößerungen nach auswärtigen Werken unaufdringlich in den betreffenden Sammlungsräumen aufhängte, und die Vorstellung von den Trümmerstätten, denen unsere Altertümer entstammen, etwa mit Hilfe von Durchscheinbildern an den Fenstern belebte.[265]

Besonders schmerzlich und – angesichts der enorm angewachsenen Sammlungsbestände – auch äußerst dringlich empfand man den Mangel an ausreichenden und konservatorisch geeigneten Magazinräumen. In diesem Anliegen äußert sich zugleich jedoch auch ein neues Ausstellungs- oder Museumsverständnis jenseits voll gestopfter Raritätenkabinette:

> Im Fehlen oder der ungenügenden Einrichtung solcher Magazine liegt einer der schwersten Fehler jeder Sammlungsanlage, jedes Museumsbaues, ein Fehler, den man zur Zeit, wo das

262 Vgl. Op. cit., 18; s. auch die Pläne, 16 f.
263 Op. cit., 18.
264 Op. cit., 18, Anm. 1.
265 Op. cit., 23.

Stülersche Museum erbaut wurde, noch nicht kennen konnte. Die Sucht, alles ausstellen zu wollen, oder der Zwang, es zu müssen, ist ebenso verkehrt, wie wenn man zu schnell bei der Hand ist mit der Verbannung in unzulänglichen Ablagen, die nur zu leicht die Dinge der Vergessenheit überliefern.[266]

Offenkundig bemühten sich Erman und in dessen Nachfolge auch Schäfer um eine Modernisierung der Ausstellungskonzeption, die bei den Planungen zu dem Erweiterungsbau direkt umgesetzt werden sollte. Dazu ist es jedoch nie gekommen. In Folge der schlechten wirtschaftlichen Verhältnisse nach Ende des Ersten Weltkrieges konnte Schäfer die gemeinsamen Planungen 1920 nur mehr referieren und ihre Realisierung zukünftigen Ägyptologengenerationen anheim stellen.[267]

5.4 H. Schäfer (1914–1935)

In Heinrich Schäfer[268] tritt uns einer der bedeutendsten Vertreter der Berliner Schule entgegen, der seine Bedeutung nicht zuletzt jedoch dem Umstand verdankt, die streng philologische Ausrichtung der Ägyptologen um A. Erman und am Ägyptischen Wörterbuch in seiner Verantwortung als Museumsdirektor um eine dezidiert kunsthistorische Ausrichtung des Faches erweitert zu haben.[269]

Gemeinsam mit K. Sethe beginnt Schäfer, ebenfalls angeregt durch die Lektüre von Oppelts *Wunderland der Pyramiden*,[270] seine ägyptologische Laufbahn als Gymnasiast. In seiner Rede, anlässlich Ermans 70. Geburtstag im Jahr 1924, erinnerte sich Sethe:[271]

Was ich damals bei Ihnen hörte und, – ich darf's gestehen – nur | halb verstand, wurde dann am Sonntag mit H. Schäfer, meinem Zwillingsbruder in der | Ägyptologie, der damit indirekt gleichzeitig ihr Schüler wurde, besprochen und zur Klarheit | gebracht!

Diese Erfahrung schweißte die beiden jungen Ägyptologen zusammen und führte dazu, dass auch Erman in seiner Autobiografie die Wahrnehmung äußerte:

Sethe und Schäfer kann ich mir in ihrer Jugend nur als Paare denken.[272]

---

266 Op. cit., 20.
267 Vgl. Op. cit., 23.
268 Wolf (1957); Wagner (1994); Bierbrier (2012), 490 f.; Finneiser (2007).
269 Vgl. Wagner (1994), 1519.
270 Wolf (1957), i.
271 Sächsisches Staatsarchiv, Staatsarchiv Leipzig, 22208 J. C. Hinrichs Verlag, Leipzig, Nr. 652, Bl. 1.
272 Erman (1929), 283, vgl. a. op. cit., 195.

Nach dem Abschluss seiner Schullaufbahn am Königlichen Wilhelms-Gymnasium Berlin im Oktober 1887[273] begann Schäfer, entgegen den Vorstellungen seines Vaters,[274] sein Studium der Klassischen Philologie und Ägyptologie bei A. Erman, der ihn bereits ein Jahr später als wissenschaftlichen Hilfsarbeiter am Ägyptischen Museum einstellte.[275] 1892 promovierte er mit einer 31-seitigen Dissertation über *Commentationes de papyro medicinali Lipsiensi* wobei er seine Arbeit u. a. gegen seinen Freund Sethe verteidigte.[276] Im Anschluss leistete er als ‚Einjährig-Freiwilliger'[277] seinen Militärdienst ab.[278] Abgesehen von dieser Unterbrechung verbrachte Schäfer hernach seine gesamte wissenschaftliche Laufbahn am Ägyptischen Museum Berlin. 1905 wurde er zum Direktorial-Assistenten ernannt.[279] Obwohl er in der Folge auch die Professur erlangen konnte, hat Schäfer nie an der Berliner Universität gelesen.[280] 1907 wurde er neben Erman zum Titulardirektor[281] des Ägyptischen Museums. Als Erman das Direktorat des Museums aufgab (1914), trat er dessen Nachfolge an und behielt diese Stellung bis zu seiner Pensionierung am 01. April 1935 inne.[282] Neben seiner Tätigkeit am Museum reiste Schäfer insgesamt sechs mal nach Ägypten (1898 – 1899; 1899 – 1901; 1908 – 1909; 1911 – 1912, 1925; 1937) und auch ins europäische Ausland, nicht zuletzt um Ankäufe für das Museum zu tätigen.

Ähnlich wie K. Sethe,[283] fühlte sich H. Schäfer zu Beginn der 20er Jahre des 20. Jh. zur Abfassung einer Rechtfertigungsschrift über *Sinn und Aufgaben des Berliner Ägyptischen Museums*[284] veranlasst, die er auch selbst ganz offen als „Rechenschaftsbericht"[285] seiner Tätigkeit am Museum darstellte.

In den einleitenden Ausführungen zur Daseinsberechtigung des Ägyptischen Museums und damit der Wissenschaft der Ägyptologie decken sich Schäfers Argumente mit den von Sethe vertretenen bis hinein in die Formulierungen und

273 Vgl. Finneiser (2007), 80.
274 Dieser wollte, dass er sich durch ein Studium der Philosophie auf eine Laufbahn als Lehrer vorbereitete; vgl. Finneiser (2007), 80.
275 Vgl. op. cit.
276 Vgl. Wolf (1957), i.
277 Vgl. op. cit.
278 Vgl. Finneiser (2007), 80.
279 Vgl. op. cit.
280 Vgl. Finneiser (2007), 82.
281 Vgl. Wagner (1994), 1518; Finneiser (2007), 80.
282 Vgl. Finneiser (2007), 80.
283 Vgl. Sethe (1921).
284 Schäfer (1920).
285 Op. cit., 3.

illustrieren somit eindrucksvoll die enge Verbundenheit zwischen den beiden Wissenschaftlern:

> Nach einem außerhalb ihrer selbst liegenden Nutzen hat die Wissenschaft als solche nicht zu fragen.[286]

Ein knappes Jahr später äußerte Sethe:

> Für die Wissenschaft kann die Nützlichkeit nicht als Wertmesser gelten [...].[287]

Jenseits dieser wissenschaftsphilosophischen Erörterungen trägt Schäfers „Rechenschaftsbericht" jedoch weit sachlichere Züge und geht bald über zu einer Auseinandersetzung mit dem Sammlungscharakter des Ägyptischen Museums, seiner historischen Hintergründe und den sich daraus ergebenden Konsequenzen für die Ordnung ihrer Bestände. Unter Berufung auf Champollion, Rosellini und Lepsius benennt Schäfer die Möglichkeiten zu einer „örtlichen", „sachlichen" sowie „zeitlichen" Anordnung als „Grundpfeiler der ägyptischen Altertumskunde."[288] Eine strikte Trennung bzw. ausschließliche Befolgung eines dieser Ordnungsprinzipien hält Schäfer jedoch für illusorisch:

> Daß man auch in unseren Museen gelegentlich, innerhalb des erwählten anderen Leitgedankens, eine Gruppe von Altertümern aus verschiedenen Zeiten oder von verschiedener Art wegen ihres gemeinsamen Fundortes zusammenhält, ist natürlich nicht ausgeschlossen, wie ja überhaupt die Arten von Sammlungsordnung, wie ich sie hier schildere, nirgends ganz rein vorkommen.[289]

Dabei sieht sich Schäfer bei der Anordnung gerade ägyptologischer Sammlungsbestände noch besonderen Schwierigkeiten gegenüber, die eine einheitliche Handhabung dieser Frage zusätzlich erschweren:

> Die bedeutenden Kunstwerke sind zum Beispiel auch als Einzelwerke herauszuheben, und andererseits ist bei gewissen Dingen, wie etwa den Totenfiguren, zurückhaltend anzudeuten, daß sie meist in Massen vorkommen. Andere Gruppen wieder, wie zum Beispiel die Käfersteine, würden verlieren, wenn man nicht ihre ganze Reihe an einer Stelle zeigte.[290]

---

286 Op. cit., 4.
287 Sethe (1921), 5.
288 Schäfer (1920), 6.
289 Op. cit., 7.
290 Op. cit., 12.

Einer rein künstlerischen bzw. nach ästhetischen Gesichtspunkten orientierten Sammlungsaufstellung und -erweiterung erteilt Schäfer jedoch eine deutliche Absage[291] und verweist in diesem Zusammenhang auf die negativen Auswirkungen einer solchen...

> Privatsammlungscharakter[s] [...], wie er z.B. der ägyptischen Abteilung des Louvres zum großen Teile noch anhaftet [und] leicht zu einer geschmäcklerischen Art in der Wahl der Neuerwerbungen verführt.[292]

Dass diese Kritik Schäfers an den anderen großen europäischen Sammlungen nicht etwa allein auf die Auswirkungen des Ersten Weltkrieges auf das Klima innerhalb der *scientific community* zurückzuführen ist, belegt eine ähnliche Kritik an den Verhältnissen im British Museum,[293] die Schäfer am 19. Dezember 1906 seinem Lehrer Erman mitteilt:[294]

> Schwer | wird es ja immer sein über diese | Sammlung von Schätzen ein | richtiges Urteil zu haben, da die | aegyptische Abteilung so brutal | banausisch auf protzige Wirkung | aufgestellt ist. Es ist so ein Ganzes | zu Stande gekommen, das zugleich | anekelt und informiert.
>
> Ein ordentliches Studium ist bei | den meisten Dingen, und grade | bei den feinsten, einfach unmög-||lich.
>
> Es ist interessant sich auszumalen, | wie wir etwa diese Sammlung auf-|stellen würden. Ich glaube, fast stets | werden Budges Lieblinge in den | Hintergrund treten müssen und | den von ihm verachteten Dingen | Platz machen.

Deutlich wird Schäfers wissenschaftlicher Anspruch, wenn er die Möglichkeit zu „ordentlichem Studium" einfordert und die Befreiung der Museumsverwaltung von persönlichen Motiven.

Es kann daher nicht sehr verwundern, dass auch Schäfer der Verwaltung seines Vorgängers Passalacqua ein eher mäßiges Zeugnis ausstellt und diesen ähnlich wie Erman[295] als „Halbwisser"[296] abqualifiziert. Erst durch die durch Lepsius veranlasste zeitliche Ordnung der Sammlung sei schließlich „ein neues Urbild einer ägyptischen Sammlung geschaffen"[297] worden, wenngleich dieses neue Ordnungsprinzip lediglich auf die Großobjekte konsequent angewandt

291 Vgl. Op. cit., 6f.
292 Op. cit., 7.
293 Vgl. op. cit., 8.
294 BStUB, Schäfer-Erman, 19.12.1906.
295 Vgl. Erman (1929), 192.
296 Schäfer (1920), 9.
297 Op. cit.

wurde.[298] Daher kam es, nach Schäfers Darstellung, erst durch die Übernahme des Direktorats durch Erman zu einer konsequenten, d. h. auch die kleineren Altertümer erfassenden Umsetzung der von Lepsius entwickelten Leitlinien, denn:

> Lepsius hatte in den letzten Jahrzehnten seine Schöpfung als im wesentlichen abgeschlossen angesehen, als nur hier und da einer Ergänzung bedürftig. Hätte man sich nach seinem Tode bei der Besetzung des Amtes, wie es nahe lag, anders entschieden, als es geschehen ist, so wären auch die nächsten Jahrzehnte unbenutzt geblieben.[299]

Die Entscheidung war jedoch zugunsten A. Ermans und damit zuungunsten des hier nur andeutungsweise erwähnten L. Stern gefallen. Bis zu Ermans Rücktritt von den Verpflichtungen als Direktor des Berliner Museums gestaltete dieser in Zusammenarbeit mit Schäfer die Ägyptische Sammlung der Berliner Museen neu. Einen interessanten, wenn auch naturgemäß wenig kritischen Einblick in diese Zusammenarbeit bietet die Ansprache H. Schäfers zu Ermans 70. Geburtstag (1924) die im Folgenden näher untersucht werden soll:[300]

> Lieber Herr Professor!
>
> Sethe hat Ihnen Lieder von der Frühzeit Ihrer Tätigkeit | als Universitätslehrer vor Augen gerufen,[301] bei der ja die sprachliche Seite Ihres Schaffens | im Vordergrund stand. Ich möchte dem einige Worte hinzufügen in dem Sinne, den Sie in | Ihrer Antwort berührt haben, dem der Untrennbarkeit sprachlicher und archäologischer Ar-|beit in unserer Wissenschaft.
>
> Wenn jemand allein Ihre Bestallungsurkunde ansähe, so | müßte er glauben, Universität und Museum hätten sich gewissermaßen wie | ein Stand- und Spielbein zueinander verhalten, nur das eine habe festgegründet | auf der Erde gestanden, das andere bloß leicht den Boden berührt. Im Buchstaben noch | sind Sie ja nur im Nebenamt Direktor des ägyptischen Museums gewesen.[302]

Bereits in seiner Einleitung tritt Schäfer der behaupteten einseitig philologischen Ausrichtung der Berliner Schule um A. Erman entgegen. Unter Berufung auf entsprechende Stellungnahmen Ermans, die dieser zuvor geäußert hat und auch später noch vertreten sollte,[303] betont Schäfer die Notwendigkeit der Berücksichtigung von Archäologie und Kunstgeschichte innerhalb der Wissenschaft der Ägyptologie. Nicht umsonst und stilistisch durchaus geschickt, bedient er sich der fachfremden Analogie des Standbein-Spielbein-Motivs aus der klassischen Ar-

298 Vgl. op. cit.
299 Op. cit., 12.
300 Schäfer am 31.10.1924, zitiert nach Spinelli (2006), 218.
301 Gemeint ist die zuvor gehaltene Rede Sethe's.
302 Vgl. GStaPK I. HA Rep. 89, Nr. 20487, Bl. 2; Gossler-Wilhelm I.
303 Vgl. Erman (1929), 211; 230

chäologie, um das vermeintliche Ungleichverhältnis zur philologischen Ausrichtung der Berliner Schule zu illustrieren, was ihm zum Ende seiner Ansprache die Möglichkeit geben wird, sich davon durch Verweis auf dezidiert ägyptische Darstellungspraxis zu distanzieren.

Im Folgenden resümiert Schäfer dann die Leistungen von Ermans Vorgänger Lepsius und die Situation bei Übernahme der Leitung der Sammlung (1885):[304]

> Als Lepsius starb, hatte die ägyptische Abteilung nur die | Nordhälfte des jetzigen Raumes inne. Die andere war durch die Sammlungen der Völker-|kunde und der Vorgeschichte eingenommen.[305] Durch die Erbauung des Museums in der | König-][306] | grätzstraße wurde auch die Südhälfte unserer Häuser frei. Der eine Saal fiel damals | den deutschen Gipsabgüssen der Sammlung christlicher Skulpturen zu, in dem Rest konnte | sich die ägyptische Sammlung mit der damals ganz neu entstandenen nordafrikanischen tei-|len.
>
> Man möchte nun meinen, es hätte nur die Lepsius'sche | Aufstellung der ägyptischen Sammlung etwas auseinander gezogen zu werden brauchen.
>
> Und wir können sicher sein, so wäre es gegangen, wenn zu jener Zeit nicht in Richard | Schöne an der Spitze der Museen ein Mann gestanden hätte, der mit seiner klugen Men-|schenkenntnis und mit festem Willen verhinderte, daß die freie Direktorstelle einfach nach | dem Dienstalter besetzt würde,[307] und der sich den eben dreißigjährigen Mann heranholte, | der damals als Assistent am Münzkabinett[308] unsere Wissenschaft nur in seinen Mußestun-|den treiben konnte, der doch wie kein anderer in Deutschland für das neue Amt vorbe-|reitet war, und dessen Seele gewiß schon manchmal den Gedanken erregte: ‚Was müßte | ich tun, wenn mir einmal die ägyptische Sammlung in die Hand gelegt würde?‘

An dieser Stelle ruft Schäfer noch einmal die Hintergründe von Ermans Ernennung zum Direktor der Abteilung in Erinnerung und deutet mit der Erwähnung der Frage nach dem „Dienstalter“ auch noch einmal den Konflikt mit L. Stern um die Erlangung dieser Position an. Ebenso deutlich wird, dass die von Lepsius erstellte Ausstellungskonzeption zwar als erste Grundlage der späteren Museumsarbeit anerkannt wird – wobei Passalacqua mit keinem Wort mehr erwähnt wird –, dennoch aber wird die damalige Notwendigkeit zur weiter- und tiefergehenden Erschließung der Sammlung betont, deren Umsetzung unter der Leitung Ermans im Folgenden näher ausgeführt wird:[309]

> Es war, als ob ein Wind in die ägyptische Abteilung fuhr.

304 Schäfer am 31.10.1924, zitiert nach Spinelli (2006), 218 f.
305 Vgl. Erman (1929), 196.
306 Noch in derselben Zeile.
307 Vgl. Schäfer (1920), 12; s.a. Erman (1929), 191.
308 Vgl. Erman (1929), 125–130.
309 Schäfer am 31.10.1924, zitiert nach Spinelli (2006), 219.

Als ich vor nun 37 Jahren hinein kam, war sie in einem Zustand, als ob das Oberste zu un-|terst gekehrt wäre. Im sogenannten historischen Saale waren lange Plattentische aufgestellt, | und auf ihnen wurden aus allen Ecken und Winkeln, aus jahrzehntelang verschlossenen Ma-|gazinschränken, aus dunklen Kellern und Kammern die Altertümer zusammengeschleppt, | genau geprüft, inhaltlich, zeitlich und nach der Würdigkeit geordnet und dann vorläufig weg-|gestellt. Jene Zeit ist die, an die ich am liebsten zurückdenke. Durch sie ist die Abteilung | aus dem Schlaf gerüttelt worden, der über ihr lag, seit der brave alte Aufseher Huck[310] | ‚mit dem Herrn Geheimrat Lepsius die Sammlung aufstellte', wie er zu sagen pflegte.

Was ist uns nicht damals alles aufgegangen! Wir standen im Lichte Ihres eben erschie-|nenen ‚Aegypten und aegyptisches Leben'.[311] Alles schien uns wie von Jahrtausende al-|tem Staube befreit oder aus bengalischer Beleuchtung in klares Sonnenlicht gerückt.[312]

Sie sind nicht nur der Neuordner, sondern der eigentliche Erwecker der Berliner ägypti-|schen Sammlung geworden.

Die Verhältnisse, die Erman bei der Übernahme seiner neuen Verantwortung im Museum vorgefunden hat, werden hier deutlich kritisch dargestellt. Die Allusionen auf „Staub" und „bengalische Beleuchtung" können dabei sowohl ganz wörtlich – im Hinblick auf die Aufstellung und Beleuchtung der Objekte –, als auch im übertragenen Sinne verstanden werden, wonach Erman nicht nur praktisch für bessere Ausleuchtung und Konservierung, sondern auch für eine wirkliche wissenschaftliche Durchdringung der Sammlung gesorgt hat. Dazu war jedoch harte Arbeit nötig, die laut Schäfer auch unter seiner gegenwärtigen Leitung noch nicht zum Abschluss gebracht werden konnte:[313]

Aus dem anscheinenden Wirrwarr kam immer deutlicher die | ‚innere Form' der Abteilung heraus. Äußerlich ist sie bis auf den heutigen Tag verhin-|dert, sich als das zu zeigen, was sie eigentlich ist, und körperlich zur Ruhe kommen wird | sie wohl so bald nicht. Es wäre ihr wohl zu gönnen. Geistig ist mir aber jene stürmische | Zeit immer ein Symbol geblieben für das Wesen unserer Sammlung, wie es, wenn auch | in anderen Gestalten erscheinend, sich doch nie wieder verlieren darf. Es ist von Ihnen | geprägt. Die Zeit des ‚Ledersophas' [sic!] für den Direktor ist seitdem endgültig dahin.

Gleich nach der ersten Neuordnung begannen die Vorarbeiten | für das ‚Ausführliche Verzeichnis', das ja eine ganz neue Form für solche Bücher festge-|legt hat. Die Zettel für die einzelnen Stücke wurden geschrieben, in deren Abfassung | Sie es so unübertrefflich verstanden, mit knappen, treffenden Worten das zu geben, | was der nicht gelehrte Besucher, der sich keinen Führer kaufen kann, zum Verständnis | braucht.[314]

310 Auch erwähnt in: Erman (1929), 193.
311 Erman (1885).
312 Vgl. Erman (1929), 193.
313 Schäfer am 31.10.1924, zitiert nach Spinelli (2006), 219.
314 Vgl. Erman (1929), 197 f.

Auch im Museum musste und muss also wissenschaftliche Kärrnerarbeit geleistet und eine systematische Erfassung der Sammlungsbestände unternommen werden. Fast etwas wehmütig erinnert sich Schäfer auch daran, dass unter der Leitung Ermans die Bestände des Museums auch in großem Stile erweitert werden konnten:[315]

> Was Sie durch wissenschaftliche Veröffentlichungen an unge-|ahnten Schätzen ans Licht gezogen haben, brauche ich hier nicht zu sagen. Wohl aber muß | ich von einer nur den Museumskollegen vertrauten Seite der Tätigkeit sprechen, die | vielleicht die schönste ist, die uns aber nun seit zehn Jahren so gut wie abgeschnitten | gewesen ist: ich meine die Neuerwerbungen. Die Übernahmen einiger dürftiger Ver-|bindungen aus der Zeit Ihrer Vorgänger, die Sie durch Reisen ins Ausland, besonders | aber durch Ihre erste ägyptische Reise[316] auffrischen und vermehren konnten. Und als dann | in dem uns unvergeßlichen, begütertern und freisinnigen Dilettanten Karl Reinhardt[317] | ein Mittler in Ägypten gewonnen war, da hub die Zeit an, der wir beide mit der größ-|ten Freude gedenken. Wir werden gewiß den gewaltigen Reichtum nicht unterschätzen, | der später durch Ankäufe und Ausgrabungen uns zurückgeflossen ist, und mit dem vor al-|lem die Herren Borchardt[318] und James Simon[319] verknüpft sind, aber über jener wunder-|lichen Zeit der Sammlungsvermehrung lag doch ein besonderer Zauber. Wie im Laufe | des Winters die Briefe kamen, aus denen zu erkennen oder mehr zu erraten war, | worum es sich handelte, oder die kleinen Momentaufnahmen mit dem ganzen Lager | des alten Farag oder Ali zum Aussuchen, wie dann im späten Frühjahr die Kisten ein-|trafen und die eigentlichen Entdeckungen begannen, Schätze wie das Trauerrelief, | die ersten Kunstwerke aus El-Amarna oder aus den Königsgräbern von Abydos ans || Licht stiegen, das erscheint mir, als ob auch der heutige Orient damals unmittelbarer zu | uns getreten wäre, als hätten wir in der Poesie des Landes gelebt, ohne den nüchtern ge-|schäftsmäßigen Überzug, der sich sonst so leicht über so etwas legt. Ich kann nicht genauer | darauf eingehen. Bei all dem vermochte man die Sammlung planmäßig auszubauen. Ganze | neue Gebiete sind unter Ihnen erst belegt worden. Ich erinnere nur an die Kultur der | griechisch-römischen Zeit mit den Papyrus. Daß die höchste Sammlungsnummer bei Ih-|rem Dienstantritt auf 8000 stand, wo wir jetzt beim dreifachen[320] stehen, mag einen äu-|ßeren Maßstab geben.

Für eine Geburtstagsansprache sicher nicht ungewöhnlich, betont Schäfer auch die menschlichen, sehr persönlichen Aspekte der Leitung Ermans und ihrer Bedeutung für das Zusammenarbeiten, also auch das Betriebsklima am Museum:[321]

315 Schäfer am 31.10.1924, zitiert nach Spinelli (2006), 219 f.
316 Vgl. Erman (1929), 205–222.
317 Vgl. op. cit., 221 f.
318 Vgl. Schäfer (1920), 13; Erman (1929), 195.
319 Vgl. Schäfer (1920), 13; Erman (1929), 236 f..
320 Vgl. Schäfer (1920), 15 f.
321 Schäfer am 31.10.1924, zitiert nach Spinelli (2006), 220 f.

Alles Genannte aber sind Dinge, die in anderer Form vielleicht | auch außerhalb geleistet worden sein mögen und in der Tat oben in jener Hoch-Zeit un-|serer Museen auch in anderen ihrer Abteilungen geleistet worden sind; was aber wohl | selten seinesgleichen hat, das ist die besondere Art, die nicht am Forscher, Gelehrten oder | Direktor als solchen haftet, sondern aus dem Wesen des Museums quillt, das als Seele | des Ganzen inmitten sitzt.

Es war bei straffster Zusammenfassung, ein so freudiges Mit-|einander von Mensch zu Mensch in der Abteilung,[322] daß es eine Lust war zu arbeiten. Wer | die Jahre miterlebt hat, wo wir Hilfsarbeiter, vom ältesten, Freund Wilcken, angefangen, | bis zu uns jüngsten Hilfen, Sethe und mir, hinten im jetzigen Assistentenzimmer zusammen-|hockten, – Sie und Steindorff saßen vorn im Direktorenzimmer – der wird zugestehen, | daß nie ein lustigeres Leben geherrscht hat, und daß wohl selten so scharf gearbeitet | worden ist, wie damals. Es war eben ein Stück vom fröhlich-ernsten alten Deutschland.

Ein festes Band umfasste uns alle, vom Direktor bis zum jüngsten Hilfsarbeiter. Ich | persönlich, der ich schon vom 2. Semester an Hilfsarbeiter im Museum gewesen bin, | darf heute bekennen, daß ich – Sie werden mir nicht böse sein, wenn ich es sage – dem | Zusammenarbeiten mit Ihnen im Ringe des Königlichen Museums mehr verdanke als | allen akademischen Vorlesungen.

Auch Ermans Verdienste um die Vorderasiatische Abteilung werden durch Schäfer, der ja selbst nicht mehr diese Doppelfunktion im Museum übernommen hatte, gewürdigt und Ermans vielseitiges Engagement in den verschiedensten Bereichen der damaligen Altertumswissenschaft herausgestellt:[323]

Ich hatte erwähnt, daß seinerzeit der jüngste Assistent am | Münzkabinett nur gewissermaßen im Nebenamt seine geliebte Aegyptologie | treiben konnte, daß später der Universitätsprofessor sein Museumsamt nur im Ne-|benamt führte; ich muß hinzufügen, daß dieser nebenamtliche Direktor der ägypti-|schen Abteilung nun wieder im Unter-Nebenamt eine vorderasiatische Abteilung geg-|ründet und zu beträchtlicher Höhe gebracht hat.[324] Sie werden zugeben: was hier in | Nebenämtern geleistet ist, wäre jedes genug, um einen Museumsbau zu füllen. Und da-|bei habe ich noch nicht einmal genannt, was als selbstständige Nebenarbeit mehr in der Er-|füllung der Ämter lag, die Mitarbeit an der Deutschen Orientgesellschaft[325] und Ihr | Lebenswerk, das ägyptische Wörterbuch, das wir ja zum Glück auch in Museumsräumen | bergen.

Am Ende löst Schäfer das zum Anfang seiner Rede gebrauchte Bild von Standbein und Spielbein auf und ersetzt es durch ein dezidiert ägyptisches Darstellungsprinzip. Dadurch aber stellt er Museum und Universität, Direktorium und Professur, Archäologie und Philologie in der Berliner Schule auf eine Stufe:[326]

322 Vgl. Erman (1929), 194 f.

323 Schäfer am 31.10.1924, zitiert nach Spinelli (2006), 218–221.

324 Vgl. Schäfer (1920), 29; Erman (1929), 227–237; Crüsemann (2000), 58–75.

325 Vgl. Erman (1929), 238 f.

326 Schäfer am 31.10.1924, zitiert nach Spinelli (2006), 218–221.

> Es giebt ein schönes Rückert'sches Wort:
>
> ‚Vor jedem steht ein Bild des, was er werden soll, | So lang er das nicht ist, ist nicht sein Friede voll.' | Lieber Herr Professor, Sie werden es nicht wahr haben wollen, | denn in jedem Menschenleben bleiben Blütenträume ungereift, aber ich denke, Sie sind | dem Bilde, das vor Ihnen steht, näher gekommen, wie wenige andere.
>
> Eins glaube ich gezeigt zu haben: daß das Museum wirklich | nicht nur ein Spielbein bedeutet hat. Die Statue, die Sie sich durch Ihr Schaffen gesetzt haben, | steht mit beiden Sohlen fest auf dem Boden, darin unseren ägyptischen Statuen zu | vergleichen.

Mit dieser Ansprache stellt sich Schäfer dankbar in die Tradition der von seinem akademischen Lehrer begründeten Museums- und Ausstellungspolitik. Auch persönlich war er seinem Vorgänger im Direktorenamt zu Dank verpflichtet, denn erst durch den Verzicht Ermans auf das Direktorat wurde Schäfer der Weg auf diesen Posten und damit in eine auch finanziell gesicherte Existenz geebnet. Dass dieser Übergang jedoch keinesfalls ein einfacher gewesen ist und Erman nicht ohne Weiteres zu diesem Schritt bereit gewesen war, soll im folgenden Abschnitt gezeigt werden. Dabei wird auch deutlich werden, dass der anfangs angeblich nur widerwillig zur Übernahme der Doppelverantwortung von Professur und Direktorat bereite Erman spätestens zum Beginn seiner Tätigkeit am Museum von dieser Haltung abgerückt ist und sich gegen eine Aufgabe seiner Funktion am Museum nun v. a. auch mit prinzipiellen Erwägungen über den Nutzen oder sogar die praktische Notwendigkeit der Verbindung der beiden Ämter zu widersetzen suchte. Dabei wird insbesondere zu untersuchen sein, inwieweit es sich bei dieser Argumentation Ermans um eine bloße Taktik oder um eine inzwischen gereifte tatsächliche Überzeugung handelte bzw. in welchem Verhältnis diese beiden möglichen Motive gewichtet werden können.

5.5 Die Trennung von Museum und Seminar (1914)

Bereits 1912 wurde die Frage einer Verbesserung von Schäfers Stellung am Museum von Erman mit dem neuen Generaldirektor W. v. Bode erörtert, wobei zunächst die Höhe der Entlohnung und Arbeitsplatzsicherheit von Ermans Mitarbeiter im Zentrum der Erörterung stand. Schäfer – inzwischen Familienvater – musste dabei auch an seine Frau und seine Kinder denken und das letztlich prekäre Beschäftigungsverhältnis in eine Festanstellung mit höherem Gehalt zu überführen trachten. Wie auch in anderen Fällen, setzte sich Erman engagiert für die Belange seiner Schüler und Mitarbeiter ein, wobei sicher auch die Befürchtung eine Rolle gespielt hat, Schäfer könne sich nach alternativen bzw. attraktiveren Beschäftigungen umsehen:[327]

> Ew. Excellenz
>
> bitte ich beigehenden | Antrag mit Wohlwollen | aufnehmen zu wollen.
>
> Dass Schäfers Einkommen | einer Aufbesserung bedarf, | ist klar, wenn man | bedenkt, dass er vier Kin-|der, eine kränkelnde Frau | und kein Vermögen hat.
>
> Da ist es kein Wunder, | dass ihn die Sorge um | die Zukunft der Seinigen | oft bedrückt.
>
> ‖ Dass er daneben noch | den Wunsch hegt, auch | äusserlich eine Stellung | zu haben, wie sie etwa | Hr. Direktor Dressel ein-|nimmt, ist begreiflich.
>
> Nach der seiner Zeit er-|folgten Regelung ist Prof. | Schäfer eigentlich nur | von mir persönlich mit | meiner Stellvertretung | beauftragt und ich oder | mein Nachfolger könnten | jeder Zeit diese Vertretung | widerrufen. Das wird ja nie geschehen, aber man | kann es Prof. Schäfer nicht ‖ verargen, dass er durch | eine festere Gestaltung | seiner Stelle auch gegen | diese Möglichkeit ge-|schützt sein möchte.
>
> Ew. Excellenz würden | Prof. Schäfer jedenfalls | zu grossem Danke ver-|pflichten, wenn es Ihnen | gelänge, diese seine Wünsche | zu erfüllen.
>
> In ausgezeichneter Hoch-|achtung Ihr sehr | ergebener
>
> Ad. Erman.

Der Anstoß zu dieser Initiative Ermans war wohl von Schäfer selbst ausgegangen, wobei auch E. Meyer als Vermittler aufgetreten ist. Deutlich wird dabei Schäfers Bemühen, sein Anliegen nicht als einen Versuch, Erman von seiner Stellung zu verdrängen, erscheinen zu lassen, sondern, dass es Schäfer durchaus um eine Hebung seines Status und damit auch um eine Anerkennung seiner Leistungen für das Museum ging:

> Ich habe mit Schäfer über die bewusste Angelegenheit gesprochen. Er ist natürlich vollkommen damit einverstanden, dass Du Deine Stellung behältst, wie bisher. Aber was er sich wünscht, ist eine wirkliche ‚Direktorenstelle bei den Kgl. Museen', nicht nur wie bisher die Curatorenstellung mit einem schönen Titel.[328]

Die Antwort Bodes bzw. die Reaktion der staatliche Stellen fiel jedoch dahingehend aus, Erman die Aufgabe seiner Stellung als Direktor zugunsten Schäfers nahe zu legen und damit eigentlich Ermans ursprünglich bei seiner Anstellung vertretenen Haltung sowie seiner gewachsenen Arbeitsbelastung in anderen Bereichen, v.a. dem Wörterbuch, Rechnung zu tragen. Man kommt nicht umhin, Ermans Reserviertheit gegenüber diesem Lösungsvorschlag als nicht ganz uneigennützig zu werten, ja sogar seine Behauptung, die doppelte Verantwortung

327 SMB-ZA, NL Bode 1678, Erman, A., 05.11.1912.
328 Meyer-Erman, 13.10.1912, zitiert nach Spinelli (2006), 210.

ursprünglich nur widerwillig übernommen zu haben, in Frage zu stellen. Denn die von ihm vorgebrachte Befürchtung, Professur und Direktorat könnten sich nach einer Übernahme seiner Position am Museum durch Schäfer „feindlich" gestalten, erscheint angesichts des engen und vertrauten Verhältnisses von Lehrer und Schüler eher wenig überzeugend:

> Aber so lockend dieser Ausweg für mich auch ist, so darf ich ihn doch nicht ohne weiteres einschlagen, da ich sonst Interessen gefährden könnte, für die ich verantwortlich bin, die des akademischen Unterrichts. Wenn ich in den 28 Jahren, in denen ich meine beiden Ämter bekleide, auch als Dozent Erfolg gehabt habe, so verdanke ich dies wesentlich dem Umstande, dass in Berlin das aegyptische Museum und die aegyptische Professur zusammen gehören, während sie in allen anderen Orten sich getrennt, um nicht zu sagen feindlich gegenüber stehen.[329]

In seiner nächsten Stellungnahme gegenüber der Generaldirektion setzt Erman sein Rückzugsgefecht bzw. seine Verzögerungstaktik durch Verweis auf die Fakultät weiter fort:[330]

> Hochverehrte Excellenz!
> ich freue mich Ihrer Zu-|stimmung und doppelt, weil | wir die Sache vom glei-|chen Standpunkt aus an-|sehen.
> Nur möchte ich Sie bitten, | sich noch so lange ge-|dulden zu wollen, bis ich | die Angelegenheit meiner-|seits der Fakultät vor-|getragen habe. Es wird das | nichts an ihr ändern, aber ‖ ich darf es der Fakultät | nicht antun, dass ich | hinter ihrem Rücken | ein Verhältnis aufgebe, | aus dem sie mehr als | 60 Jahre lang Nutzen | gezogen hat. Die nächste | Sitzung dürfte am 9ten | Januar stattfinden.
> Ich darf Ew. Excelenz | daher wohl bitten, meine | Anfrage zunächst nur | als eine private und ver-|trauliche ansehen zu | wollen.
> Mit den besten Wünschen | zum Feste und zum ‖ neuen Jahre
> Ihr hochachtungs-|voll ergebener
> Ad. Erman

Ob Erman angesichts der von ihm geäußerten Bitte um Geheimhaltung darauf spekulierte, die Fakultät zum Widerstand gegen die Aufgabe der Verbindung von Museum und Universität bewegen zu können und unter Verweis darauf, wieder einmal „à contre cœur"[331] beide Positionen zu halten, muss Spekulation bleiben. In der Folgezeit jedenfalls äußerte er sich immer wieder kritisch zu der 1914 dann tatsächlich vollzogenen Trennung und der Ernennung Schäfers zu seinem

329 Erman-Bode, 16.12.1912, zitiert nach Spinelli (2006), 210.
330 SMB-ZA, NL Bode 1678, Erman, A., 21.12.1912.
331 Vgl. SBB-PK, Nachl. Georg Ebers: Erman, Adolf, 31.12.1884.

Nachfolger. Zwar gab er sich in seiner Autobiografie vordergründig versöhnlich, anerkannte die gewachsene „Arbeitslast“ durch das Wörterbuch, die Eignung Schäfers als sein Nachfolger und auch, dass ein solcher Führungswechsel immer auch notwendigerweise mit einer Veränderung in der Museumspolitik einhergehen musste:

> Aber allmählich vergrößerte sich die Arbeitslast, die mir selbst beim Wörterbuch zufiel, und mehr und mehr von den Museumsgeschäften mußte ich meinem bewährten Genossen überlassen. Darüber, daß er manches dabei anders machte, als ich es gewohnt war, und daß er manches abschaffte, was ich mit Bedacht eingerichtet hatte, sah ich natürlich hinweg; das ist nun einmal unvermeidlich, wenn man einer jüngeren Kraft freie Hand gibt. Die Hauptsache war ja für mich, daß ich so wie bisher das Museum für die Professur verwerten konnte.[332]

Aber dann kehrt sich die Darstellungsweise Ermans deutlich um, und durch die Bezeichnung seines Entschlusses zur Aufgabe des Direktorats als „Schwäche“ und „Unrecht“ kann an Ermans Wahrnehmung des Vorganges, zumindest in seiner Rückschau, kein Zweifel bestehen:

> Aber einmal kam dann doch der Tag, wo ein Freund mich aufsuchte und mir sagte, so wie bisher könne dieses Verhältnis nicht bleiben, und ich müßte dem Herrn, der die Verwaltung doch tatsächlich führe, sie endlich auch formell überlassen. Daß ich dieser überraschenden Mitteilung nachgab und mich bereit erklärte, aus dem Museum auszuscheiden, war eine Schwäche und war ein Unrecht.[333]

Man formt sicher keine allzu gewagte Hypothese, wenn man den hier genannten „Freund“ mit E. Meyer identifiziert – einem der wenigen Korrespondenzpartner, mit denen Erman sich duzte und der ja auch, wie gezeigt worden ist, vermittelnd zwischen Erman und seinem Schüler aufgetreten war. „Der Herr, der die Verwaltung doch tatsächlich führte“ kann niemand anderes als Schäfer gewesen sein, dessen auffällige Nicht-Nennung an dieser Stelle eine gewisse Verbitterung Ermans durchscheinen lässt.[334]

Um die Hauptsache, also die Verwertbarkeit des Museums für die Professur zu garantieren (vgl. Zitat o.), wurden zwischen dem Museum und dem neu-geschaffenen Ägyptologischen Seminar in einem recht umfangreichen Vertragswerk die wechselseitigen Rechte und Pflichten festgelegt:[335]

---

332 Erman (1929), 249.

333 Op. cit.

334 Vgl. DAIK B Erma (SSTO), Inv 2561, L. Keimer: „Nach diesem Buche sind natürlich auch die Beziehungen Ermans + Schäfers noch schlechter geworden, als sie es ohnehin schon waren.“

335 HUB UA, Phil. Fak., Nr. 79, Bl. 2–4.

Der Minister der geistlichen und Unterrichtsangelegenheiten
Berlin den 15. Juni 1915
An den Königl. ord. Prof. Herrn Geh. Reg. Rat Dr. Erman
Abschrift an den Herrn Generaldirektor der Königl. Museen
Bestimmungen | über das Verhältnis des Ägyptologischen Seminars an der | Universität Berlin zur Ägyptischen Abteilung der königli-|chen Museen.

1. Das zu gründende ägyptologische[336] Seminar wird von dem | Ordinarius der Ägyptologie geleitet. Es steht zu der | Ägyptischen Abteilung der Königlichen Museen in einem | Verhältnis, das ihm die in den folgenden Paragraphen | aufgeführten Rechte gewährt.

2. Die Dozenten der Ägyptologie[337] haben das Recht, das Stu-|dien- und Bibliothekszimmer, das Papyruszimmer und die | Säle und Magazine der Ägyptischen Abteilung unentgelt-|lich während der Dienststunden zu ihren Vorlesungen und | wissenschaftlichen Arbeiten zu benutzen, unter möglichster | Schonung der Rechte sonstiger Benutzer. Außerhalb der | Dienststunden darf die Nutzung nur auf besondere Verein-|barung stattfinden, ist aber auch dann unentgeltlich.

3. Sie sind befugt, die ausgestellten und magazinierten | Altertümer einschließlich der Papyrussammlung, sowie die | Handbibliothek, die Gipse, Abklatsche, Photographien | und Diapositive jederzeit ohne weiteres während der | Dienststunden zu benutzen, sowohl für ihre eigenen Stu-|dien als zu Zwecken des Unterrichts (vgl. § 6).

‖ 4. Die Handbibliothek steht dem Seminar angehörigen | Studierenden[338] während der Dienststunden gegen Lösung der | üblichen Karte zur Benutzung frei (vgl. aber § 6).

5. Zur Benutzung der Abklatsche, der Photographien, der | nicht ausgestellten Papyrus sowie der magazinierten | und verschlossenen Altertümer bedürfen die Studieren-|den dagegen einer besonderen Legitimation durch den | Ordinarius (vgl. aber § 6).

6. Zu § 2–5 gilt die Einschränkung, daß das Öffnen der | Sammlungsräume und Behälter, das Herausnehmen und Be-|wegen der Sammlungsgegenstände durch die Museumsbeamten | erfolgt. Berühren der Altertümer, vor allem durch Pau-|sen und Abklatschen usw. ist ohne Erlaubnis des Direk-|tors der Abteilung nicht gestattet. Die übrigen zum Schu-|ze [sic!] der Sammlungsgegenstände nötigen Maßnahmen werden | von Fall zu Fall zwischen dem Leiter des Seminars und | dem Direktor der Abteilung verabredet.

7. Damit alle Hilfsmittel, die Berlin den ägyptischen Stu-|dien bietet, an einer Stelle vereinigt sind, überneh-|men es die königlichen Museen, auch ferner so wie bis-|her die für das ‚Wörterbuch der ägyptischen Sprache' ge-|sammelten Materialien in zum Arbeiten geeigneten Räu-|men aufzubewahren. Dafür ist den Beamten der Abteilung | dieses Material unter Aufsicht des Leiters des Wörter-|buchs zugänglich.

8. Der Ordinarius der Ägyptologie hat das Recht, nach Ein-|vernehmen mit dem Direktor der Ägyptischen Abteilung in | jedem Semester einen seiner Zuhörer als Volontär in der | Abteilung arbeiten zu lassen. Die Art seiner Beschäfti-|gung wird jedes Mal durch Benehmen mit dem Direktor der ‖ Abteilung bestimmt, dem er auch während seiner Dienstzeit | unterstellt ist.

Wie weit solche Studierende als wissenschaftliche Hilf-|arbeiter [sic!] mit Remuneration beschäftigt werden sollen, | hat der Generaldirektor der Königlichen Museen zu be-|stimmen.

---

336 Hervorhebung im Original.
337 Hervorhebung im Original.
338 Hervorhebung im Original.

Es kann ein und derselbe Studierende auch längere | Zeit hierdurch als Volontär oder Hilfsarbeiter fungieren.

9. Der Ordinarius hat das Anrecht, neu erworbene ägyptische | und koptische Inschriften und ägyptische und koptische | Papyrus zuerst zu veröffentlichen, falls er einen dahin-|gehenden bestimmt umgrenzten Wunsch ausspricht, und falls | die Veröffentlichung innerhalb einer im einzelnen Falle | festzusetzenden Frist erfolgt.

Dieses Anrecht erstreckt sich nicht auf die Ergebnisse | von Ausgrabungen noch auf Dinge, für die der General-|direktor die Sekretierung bestimmt hat. Aufsätze in den | Amtlichen Berichten der Königlichen Museen gelten nicht als | Veröffentlichungen im Sinne dieses Paragraphen.

Der Ordinarius soll regelmäßig Seiner Majestät zur | Aufnahme in die Sachverständigenkommission der Ägyptischen | Abteilung als ordentliches Mitglied vorgeschlagen werden.

Er ist dann zu jeder Sitzung derselben einzuladen. Von | allen Angeboten hat er nach Möglichkeit Kenntnis zu er-|halten und ist von dem Verlauf der von der Ägyptischen | Abteilung unternommenen Ausgrabungen zu unterrichten.

Aus diesem doch recht umfangreichen Vertragswerk geht v. a. das Bemühen Ermans hervor, die Sammlung des ägyptischen Museums auch auf lange Sicht hin für die Zwecke des akademischen Unterrichts nutzbar zu erhalten. Die Stipulationen zur Nutzung der Räumlichkeiten des Museums für die Lagerung von Materialien des Wörterbuches der ägyptischen Sprache, aber auch das vertraglich festgelegte Recht zur Beschäftigung von Studierenden bei den Kgl. Museen lassen deutlich werden, welche zentrale Bedeutung die Ägyptische Abteilung der Berliner Museen für die Berliner Schule gehabt hat, und zwar auch in ganz praktischer Hinsicht. Am Museum bestand die Möglichkeit zur Unterbringung der umfangreichen Materialien des Wörterbuches, die Bibliothek des Museums diente sowohl dem wissenschaftlichen Arbeiten als auch der universitären Ausbildung, und der Etat der Abteilung hielt auch Gelder für die Beschäftigung und damit natürlich auch Versorgung von Studierenden des Ägyptologischen Seminars bereit. Ermans Sträuben gegen eine Loslösung bzw. die Aufgabe der Kontrolle dieser Ressourcen durch den Ordinarius für Ägyptologie erscheint so durchaus, auch ganz praktisch, nachvollziehbar.

Einige Jahre später zieht Erman, der diese Vereinbarungen vermutlich nicht in erster Linie im Hinblick auf das Direktorat Schäfers, sondern wahrscheinlich auch und v. a. auf zukünftige Generationen von Berliner Ägyptologen in Professur und Direktorat abgeschlossen hat, eine allerdings negative Bilanz:

Gewiß, es klingt ja sehr schön, daß es genüge, wenn dem Professor durch ein besonderes Abkommen eine möglichst freie Benutzung des Museums gewährt werde, aber was besagt ein solches Abkommen gegenüber der Tatsache, daß der Professor und seine Studenten in der Sammlung dann doch eben nur Gäste sind und zuweilen sogar unbequeme Gäste? Auch in

> meinem Falle wurde ein solches Abkommen abgeschlossen, in der Form eines ‚Ägyptischen Seminars, man darf wohl sagen, daß es sich nicht bewährt hat.[339]

Auf Grundlage dieser Bilanz fordert Erman 1929 eine Rückkehr zum *status quo ante*, als er noch beide Ämter innehatte und Schäfer, in subalterner Funktion, die Alltagsgeschäfte am Museum für ihn besorgte:

> Die oberste wissenschaftliche Leitung der Sammlung, ihre Ausnutzung für den Unterricht der Studierenden und ihre Verwertung für die Bildung des Volkes müssen in der Hand desselben Mannes liegen; ihre äußeren Geschäfte wird dann ein zweiter Direktor unter seiner Aufsicht führen.[340]

Wie aber hat H. Schäfer den Wechsel der Verhältnisse wahrgenommen, und wie stellte er sich zu der von Erman vertretenen engen Verbindung zwischen Universität und Museum? Wir können getrost annehmen, dass sich Schäfer über die Verbesserung seiner materiellen Situation, über die größere Sicherheit und die erlangte Unabhängigkeit gefreut haben dürfte.

Was die grundsätzlichen Erwägungen Ermans der Organisation des Berliner ägyptologischen Wissenschaftsbetriebes anbelangt, fasste auch Schäfer die „Geschlossenheit" der Berliner Schule als etwas Positives auf:

> Dazu kam, daß das nötige Handinhandarbeiten und gemeinsame Forschen von Lehrer und Schülern der ‚Berliner Schule' auf Jahrzehnte hin nach außen eine eigentümliche, viel beneidete und manchmal mißverstandene Geschlossenheit verliehen hat.[341]

Auch der Forderung Ermans nach der uneingeschränkten Zugänglichkeit der Sammlungsbestände des Ägyptischen Museums für die Belange des Seminars stimmt Schäfer ausdrücklich zu:

> Die Hochschule muß zum Besten eines gesunden Unterrichtsbetriebes Anspruch darauf machen, daß ihr eine genügende ägyptische Lehrsammlung möglichst ungehindert zur Verfügung steht.[342]

Ein wenig einschränkend von einer „engen geistigen Verbindung" sprechend und auch andere als das Berliner Seminar mit einbeziehend, äußert Schäfer dann:

339 Erman (1929), 249 f.
340 Op. cit., 250.
341 Schäfer (1920), 10.
342 Op. cit., 27.

> So liegt es im wohl verstandenen Nutzen beider Anstalten, daß die enge geistige Verbindung des Museums mit den deutschen Universitäten, und besonders mit der Berliner, für alle Zeiten erhalten bleibt.[343]

Ausdrücklich erklärt sich Schäfer mit der bis zum Ende des 19. Jh. geübten Praxis der Verbindung von Professur und Direktorat einverstanden,[344] erklärt aber gleichzeitig auch, dass diese aus praktischen wie auch prinzipiellen Erwägungen heraus nicht mehr zeitgemäß erscheint:

> Seitdem aber sind die Geschäfte der ägyptischen Abteilung an Umfang und Vielseitigkeit schon lange über das hinausgewachsen, was neben einem Hauptberuf geleistet werden kann, und die Ziele der Sammlung decken sich durchaus nicht mehr überall mit denen des Unterrichts [...]. Dazu kommt, daß die Veranlagung zum Berufe des Universitätslehrers und zur Leitung einer großen Sammlung sich keineswegs oft in derselben Person vereinigt findet.[345]

Ob die letzte Bemerkung als eine Spitze gegen Erman gerichtet ist oder schon die Frage nach dem Nachfolger Ermans im Berliner Ordinariat (1923) aufgreift, ist nicht ersichtlich. Sicher aber ist, dass Schäfer die gefundene Neuregelung sehr viel positiver beurteilt als Erman, wobei er, wie dieser, wohl nicht ganz objektiv urteilen konnte:

> das ist im letzten Jahrzehnt durch eine Abmachung zwischen Museum und Universität gelungen, nach welcher die Ämterverbindung grundsätzlich aufgehört hat und dafür dem ordentlichen Professor der Ägyptologie bestimmte unkündbare Rechte in der Benutzung der Sammlung eingeräumt worden sind.

Es ist an dieser Stelle wichtig zu betonen, dass durch die vorangegangenen Schilderungen über die Hintergründe und den Ablauf der Trennung von Museum und Seminar nicht ein Generationenkonflikt zwischen Erman und Schäfer konstruiert werden sollte. Auch ginge man sicher fehl in der Annahme, Ermans Beharren auf der Verbindung zwischen Professur und Direktorat wäre allein auf persönliche Motive oder seine Unfähigkeit zur Aufgabe bestimmter Ämter oder Verantwortlichkeiten zurückzuführen, wenngleich ein solches Moment durchaus auch eine Rolle gespielt zu haben scheint. Wichtiger jedoch bleibt festzuhalten, dass das Ägyptische Museum Berlin von zentraler Bedeutung für die Berliner Schule gewesen ist und ein wesentlicher Bestandteil von deren institutionellem Rahmen. Auch im Museum konnte Erman seine Nachfolge durch einen seiner

---

343 Op. cit.
344 Vgl. Op. cit.
345 Op. cit., 27 f.

Schüler und engsten Mitarbeiter besetzen und hat mit diesem vorher und auch nach der Aufgabe des Direktorats konstruktiv zusammengearbeitet. Zu einem regelrechten Bruch zwischen Lehrer und Schüler ist es darüber jedenfalls nicht gekommen. Dennoch sollte die Trennung von Museum und Seminar für die Berliner Ägyptologie weitreichende Folgen haben und auch ganz praktische Probleme nach sich ziehen, die in dem folgenden Abschnitt geschildert werden soll.

5.6 Das Ordinariat von K. Sethe (1923–1934)

Wie an anderer Stelle gezeigt worden ist (vgl. 3.3.2.), hat sich K. Sethe zunächst gegen die Übernahme der Berliner Professur gesperrt. Ausschlaggebend für die Haltung war wohl v.a. seine und die Verbundenheit seiner Frau mit seiner bisherigen Wirkungsstätte in Göttingen bzw. die Schwierigkeit, in Berlin eine vergleichbare Wohnsituation zu erreichen. In seinen gegenüber Erman geäußerten Einwänden und Gegenargumenten nimmt Sethe jedoch auch eine Einschätzung der Verhältnisse innerhalb der Berliner Ägyptologie vor, die nicht nur Einblick in institutionelle oder strukturelle Probleme am Standort Berlin gewähren, sondern auch Sethes Befürchtungen in Bezug auf die Möglichkeit zu einer einvernehmlichen und konstruktiven Zusammenarbeit mit dem inzwischen etablierten Kollegen H. Schäfer illustrieren:[346]

> Ich bin mir klar, daß eine | bessere Arbeits- und Wirkensgelegenheit als in Berlin nicht gedacht werden | kann. Da hätte ich das herrlichste Institut der Welt zu meiner Verfügung, | ohne die Sorgen und Nöte eines Direktors zu tragen, hätte eine Fülle | ungehobenen wissenschaftlichen Materials im Museum, das Wörterbuch, den Rat und | die Aussprache mit Ihnen, Schäfer und den anderen! Das sind alles Dinge, | die ja auf das höchste lockend sind. Ich würde meine Arbeiten viel weni-|ger als bisher auf mein Gedächtnis basieren müssen, sondern mit den Hülfs-|mitteln des Museums, seiner Bibliothek, des Wörterbuches und der Kollegen | vielmehr die Sicherheit haben, nichts übersehen zu haben. Sie sehen, die Wag-|schale zu gunsten von Berlin senkt sich erheblich, aber andererseits giebt | es auch Dinge, die mich bange machen. Wird das Verhältnis mit Schäfer so | gut bleiben, wie es bis jetzt gewesen ist, wenn ich nicht zu allem Ja und | Amen sage, was er will? Werde ich, meiner ganzen Natur nach mehr der | Studierstube und dem kleinen Auditorium in intensivem Unterricht zugeneigt, als der weiten exten-|siven Wirkung in populären Vorträgen[347] | und der Initiative zu organisator-|ischen Neuerungen, neben Schäfers so ganz in das Entgegengesetzte | gehenden Anlagen bestehen können, ohne das von mir bekleidete Amt | in die 2. Reihe schieben zu lassen? Was mir persönlich gleichgültig sein || könnte, kann mir mit Rücksicht auf das Amt es nicht sein. Es geht doch | nicht, daß man dazu kommt zu sagen: wenn man

346 BStUB, Sethe-Erman, 02.08.1922.

347 In einer Fussnote: „Das Zwangspublikum besteht jawohl noch in Berlin?"

jetzt etwas in der Aegyp-|tologie machen will, muß man an den Direktor des Museums gehen, | der augenblickliche Inhaber der Professur tritt dahinter ganz zurück.

Auch wenn man die in erster Linie persönlichen Beweggründe Sethes bei diesen Ausführungen berücksichtigt, tritt doch eindeutig Sethes Anspruch auf Gleichrangigkeit des Berliner Professors mit dem Direktor des Ägyptischen Museums hervor. Augenscheinlich empfand Sethe sich selbst als weniger begabt als Schäfer, die Wissenschaft der Ägyptologie nach außen hin zu repräsentieren. Außerdem sieht Sethe auch Ägyptologie-intern die Gefahr von Konflikten mit Schäfer, wenn er sich diesem nicht unterordnete und „zu allem Ja und Amen" sage. Diese Befürchtungen – und mögen sie auch nur vorgeschoben sein, um gegenüber Erman eine Ausrede für die Nichtannahme der Berliner Professur zu sein – deuten darauf hin, dass sich das „Paar" oder die „Zwillinge", die seit ihrem sechzehnten Lebensjahr gemeinsam Ägyptologie betrieben hatten, nach Auffassung Sethes inzwischen entfremdet haben könnten. Zumindest für das Vorhandensein eines solchen Eindrucks auf Seiten des Göttinger Professors spricht ein Briefwechsel, den Sethe mit Erman zu Anfang des 20. Jahrhunderts, kurz nach Übernahme seiner Professur in Göttingen, geführt hat und in dem es um den Umstand der Absage Sethes gegenüber Schäfer in Reaktion auf dessen Einladung zu seiner Hochzeit ging. Anfang Juli schreibt Sethe an Erman, um ihm mitzuteilen, die Taufe seines Sohnes terminlich vor zu verlegen, um diesem und seiner Frau sowohl die Teilnahme an der Taufe als auch an der Hochzeit Schäfers zu ermöglichen:[348]

> Die | Rücksicht auf Schäfers, die sie doch | natürlich auch gern zu ihrer Hochzeit | haben würden, ist ja berechtigt. Ich | selbst drücke mich um den Absagebrief, | den ich ihm auf eine neulich so en ‖ passant ausgesprochene Hochzeitseinladung | schreiben muß, immer noch herum, da ich | weiß, wie übel er mir das neh-|men wird. Es läßt sich aber beim besten | Willen nicht einrichten; für das Hin-|und Herreisen nach Berlin fehlt es | mir am Besten. Warum er sich die | Hochzeit auch gerade in's Semester | gelegt hat?

Letztendlich konnte sich Sethe aber nicht um den Absagebrief an Schäfer „herumdrücken" und erhielt bald durch Erman Nachricht darüber, wie sein Schreiben durch Schäfer aufgenommen wurde:[349]

> Hochverehrter Herr Professor!
>
> Besten Dank für Ihren freundlichen | Brief. Was Sie mir über Schäfers Äuße-|rung mitgeteilt haben, hat mich | nicht überrascht. Es sieht ihm ganz | ähnlich. Er kann aber doch nicht im | Ernst glauben, daß ich die Reise | nach Berlin nicht mache, weil ich | das nötige Geld

348 BStUB, Sethe-Erman, 01.07.1901.
349 BStUB, Sethe-Erman, 16.07.1901.

im Augenblick[350] nicht | habe. Daß ich sie mir versage – | und das habe ich mir erst nach lan-|gem Kampfe abgerungen – geschieht | deshalb, weil eine solche Ausgabe in | keinem Verhältnis zu meinen Einnah-|men steht. Was ich für die Reise opferte, | würde soviel sein, wie ich in einer Woche | mit meiner Familie verbrauchen darf. Sch. | wird das jetzt nicht einsehen, wie er | Dinge, die seinem Willen widerstreiten, | nie einsehen kann. Glauben Sie mir a-|ber, sein Unmut wird nicht von langer | Dauer sein, vielleicht ist er schon ver-|raucht. Außerdem ist es eine Selbst-|täuschung, wenn er glaubt, mich bei | seiner Hochzeit zu vermissen. Ich bin | ihm seit mehreren Jahren nicht viel mehr | gewesen als ein Kollege. Was daran | Schuld ist, weiß ich nicht; Sch. hat an-|dern Verkehr gesucht und gefunden. Es | ist nichts als die Erinnerung an ehemals, | die ihn öfter noch überkommt und | ihn mir dann zu meinem Erstaunen | vorübergehend in der alten Art zeigt.

Na – nun Schwamm drüber.

Die finanziellen Belastungen bzw. das unzureichende Einkommen Sethes zu Beginn seiner Tätigkeit in Göttingen hinderten ihn also daran, für Schäfers Hochzeit nach Berlin zu reisen, was dieser Sethe – erwartungsgemäß – sehr verübelt hat. Gerade der letzte Zusatz Sethes macht deutlich, dass Schäfer kein besonders umgänglicher und einsichtiger Charakter gewesen zu sein scheint, was auch von anderen Kollegen so gesehen wurde:

> Man hatte es nicht immer leicht mit ihm.[351]

Stellt man solchen Einschätzungen wiederum Beschreibungen von Sethes Persönlichkeit gegenüber, wird ersichtlich, warum Sethe, auch aus persönlichen Gründen, Schwierigkeiten für eine Zusammenarbeit mit Schäfer in Berlin erwartete:

> Es war auch nicht immer leicht, mit ihm über ein strittiges Problem zu verhandeln, weil er zunächst hartnäckig bei seiner nun einmal gefaßten Meinung blieb und sich nur schwer auf einen anderen Standpunkt stellen konnte. Eduard Meyer hat mir geklagt: ‚es ist so schade, aber ich kann mit Sethe nicht diskutieren‘.[352]

Gerade die wahrscheinlich große Vertrautheit mit der Persönlichkeit des Direktors des Ägyptischen Museums veranlasste Sethe dazu, eine Konfrontation zwischen seiner und der Persönlichkeit Schäfers zu befürchten.

Allerdings waren die Verhältnisse zum Zeitpunkt von Sethes Übernahme der Professur Ermans alles andere als günstig bzw. dazu geeignet, die Eitelkeiten oder

350 Hervorhebung im Original.
351 Wolf (1957), iv.
352 Grapow (1973), 39.

einen offenen Führungsstreit unter den Berliner Ägyptologen zu begünstigen. Gemeinsam sahen sich Sethe und Schäfer den praktischen Schwierigkeiten der Nachkriegszeit ausgesetzt, in der die Etablierung eines vom Museum unabhängigen, eigenständigen Ägyptologischen Seminars schlichtweg nicht möglich war. Doch auch der institutionelle Rückhalt und die Ressourcen des Museums drohten für die Berliner Ägyptologie weg zu brechen. Besonders die Beschaffung von immer teurer werdenden ausländischen Fachzeitschriften bereitete dem neuen Berliner Ordinarius bereits kurz nach seiner Amtsübernahme schweres Kopfzerbrechen – so schrieb Sethe an seinen Vorgänger:[353]

> Lieber Verehrter!
>
> gestern ging die Antwort des Ministeriums ein.
>
> Sie lautet nicht sehr ermutigend. Auf meine | Forderung, wenigstens den Bezug der wichtigsten | ausländischen Zeitschriften (Annales du Service. Rec. | de trav., Journal of Egyptian Archaeology, Revue egyp-|tologique) durch das Museum sicher zu stellen, | wird mir erwidert, das Journal sei da; es sei | möglich, daß für die Annales und den Rec. de | trav. die Mittel zusammengebracht werden.
>
> Die Frage der ausl. Ztschr. werde demnächst | in einer Direktorenkonferenz (der Museen neh-|me ich an) besprochen werden. Eine dauernde | bindende Verpflichtung könne man nicht ein-|gehen, zumal nach Aussicht (sic!)[354] der Direk-|toren der Museen die genannten Zeitschriften | auf der Staatsbibliothek gehalten werden. Eine | Feststellung darüber wird jedenfalls unter | allen Umständen notwendig sein.‘
>
> Hierauf antwortete ich heute, ich wolle | mich mit den Erklärungen begnügen, vertraute || aber darauf, daß das Min. Schäfer mit Rücksicht | auf die besondere Aufgabe der Mus. Bibl. als | Univ. Seminar nachdrücklich unterstützen würde, | wenn es zu den genannten Besprechungen komme.
>
> Dann fuhr ich wörtlich so fort: ‚Ich darf aber wohl | ausdrücklich darauf hinweisen, daß es eine Ver-|kennung der Sachlage wäre, wenn man die Ange-|gelegenheit von den Verhältnissen der Staatsbibl. | abhängig machen wollte. Als Museums- wie | als Seminarbibliothek muß die Handbibliothek | des Aeg. Museums eine Präsenzbibliothek sein, | die die betr. Zeitschriften jederzeit zur Hand | hat. Die Staatsbibliothek leiht ihre Bestän-|de aus und, je schwerer es für die einzelnen | Universitätsbibliotheken wird, die ausländischen | Zeitschriften zu halten, umso stärker wird dieser | Leihverkehr sein, umso ungünstiger werden | die Chancen, sie im gegebenen Augenblick | aus der Staatsbibliothek zu bekommen.
>
> Deshalb ist diese Frage der Haltung der aus-|länd. Zeitschriften durch das Museum | geradezu eine Lebensfrage für den Betrieb | der aegyptolog. Zentrale in Berlin, und ich || halte es doch für meine Pflicht, hier noch-|mals Ihnen diese Frage nachdrücklichst | ans Herz zu legen.‘
>
> Mit dieser Verwahrung habe ich wohl ge-|than, was gethan werden konnte.

353 BStUB, Sethe-Erman, 22.05.1923.
354 Anm. im Original.

Der Status der Museumsbibliothek am Ägyptischen Museum als Seminarbibliothek drohte den geplanten Einsparungen des Kultusministeriums zum Opfer zu fallen, bzw. wurde geflissentlich von diesem übersehen. Als reine Museumsbibliothek konnte scheinbar auf das Abonnement ausländischer Fachzeitschriften verzichtet und auf die Bestände der Staatsbibliothek verwiesen werden.[355] Sethe musste sich augenscheinlich darum bemühen, den Interessen seines Ägyptologischen Seminars Gehör zu verschaffen, war dabei aber immer auch auf den Rückhalt im Museum angewiesen.[356] Schlimmer noch, auf die eigentlichen Verhandlungen und Entscheidungsprozesse in dieser Frage hatte Sethe selbst gar keinen Einfluss, sondern musste darauf hoffen, dass Schäfer sich gegenüber dem Kultusministerium und der Direktorenkonferenz der Berliner Museen durchsetzen konnte.

Am 15. August 1927 unternimmt Sethe noch einen letzten Versuch die finanzielle Ausstattung des Ägyptologischen Seminars zu verbessern und stellt einen „Antrag auf einen Etat für das Ägyptologische Seminar“ in dem es heißt:

> Das Ägyptologische Seminar braucht, um sich von der Abhängigkeit des Museums zu berfreien, einen ständigen, jährlichen Etat von 1.000 M.[357]

Im Einzelnen kalkuliert Sethe darin den finanziellen Bedarf des Seminars wie folgt:

- für Bücher und Lehrmittel (einschl. Buchbinderarbeiten)	300,– M
- für Bürobedarf	100,– M
- für einen Hilfsassistenten	600,– M
	1000,– M[358]

Der Verwaltungsdirektor der Universität leitet Sethes Antrag an das Ministerium für Wissenschaft, Kunst und Volksbildung weiter, von dem dieser jedoch am 30. November 1927 abschlägig beschieden wird. Sethe unternimmt danach keine weiteren Versuche mehr, die finanzielle Ausstattung des Seminars zu verbessern.[359]

---

355 Junker (1963), 15 schildert allerdings in den Erinnerungen an seine Studienzeit (1901–1903) in Berlin: „Die Universitätsbibliothek brauchte ich nie in Anspruch zu nehmen und nur in ganz vereinzelten Fällen die Staatsbibliothek.“

356 Vgl. op. cit., 14: „denn alles konzentrierte sich im Museum.“

357 Zitiert nach: Endesfelder (1988), 40

358 Op. cit.

359 Vgl. Endesfelder (1988), 40.

Es ist gut möglich, dass diese schwere Belastungssituation[360] die Berliner Ägyptologen zusammengeschweißt hat.[361] Darüber hinaus konnte ein offener Führungsstreit zwischen Sethe und Schäfer wohl auch dadurch verhindert werden, dass A. Erman gewissermaßen als Graue Eminenz eine solche Auseinandersetzung verhinderte und sich im Übrigen wahrscheinlich selbst nach wie vor als oberste Instanz betrachtet hat. Die von Sethe befürchtete Auseinandersetzung mit Schäfer ist allem Anschein nach ausgeblieben.[362] Wenn der Ordinarius für Ägyptologie und der Direktor des Museums jedoch auf die andauernde Vermittlung durch A. Erman angewiesen waren, um das Ausbrechen eines Konfliktes zu verhindern, hätte dies die Machtposition Ermans auch über den Zeitpunkt seiner Emeritierung hinaus zusätzlich gestärkt.

360 Zu den Bedingungen am Ägyptologischen Seminar äußerte sich auch später H. Grapow in einer „Denkschrift über das Ägyptologische Seminar der Universität Berlin (1934): HUB UA, Phil. Fak., Nr. 90, Bl. 9f.; vgl. Endesfelder (1988), 45f.

361 Vgl. Junker (1963), 14f.

362 Endesfelder (1988), 40 erwähnt: „gewisse Spannungen".

6 Die Bedeutung von Fachzeitschriften für die Entwicklung der Ägyptologie

Wissenschaftliche Publikationen in den Geisteswissenschaften werden bis heute im Wesentlichen in Form von Büchern herausgegeben.[1] Erst ab der zweiten Hälfte des 19. Jahrhunderts trat das Medium der Zeitschrift in den deutschen Geisteswissenschaften in Erscheinung und wurde zunächst von vielen Gelehrten mit Skepsis behandelt.[2] Dennoch entwickelte sich eine gewisse Bandbreite verschiedener Zeitschriftengattungen, von Fachzeitschriften für Einzeldisziplinen, Wochenschriften oder Journalen mit einem interdisziplinären oder auch populärwissenschaftlichen Anspruch.[3] Diese Entwicklungen werden in einem Spannungsfeld von Wissenschaft und Gesellschaft verortet, wobei einige der Zeitschriften versuchten, wissenschaftliche Inhalte einem größeren – wissenschaftlich nicht vorgebildeten – Publikum zu vermitteln, andere gerade einen expliziten Professionalisierungsanspruch vertraten und zur Institutionalisierung und Spezialisierung ihrer jeweiligen Fachdisziplinen beitragen wollten.[4] Würden diese beiden Zielsetzungen als getrennte Aufgabenbereiche aufgefasst, würden nicht nur Konflikte zwischen ihren jeweiligen Vertretern vermieden, sondern beide zueinander komplementär wirken. Zu Konflikten kommt es aber besonders dann, wenn eine klare Trennlinie zwischen diesen beiden Bereichen gezogen werden soll – wenn einer Zeitschrift ihr wissenschaftlicher Charakter abgesprochen wird, oder wenn eingereichte Artikel von Autoren aufgrund ihrer vermeintlichen oder tatsächlichen Unwissenschaftlichkeit zurückgewiesen werden. Bei alledem ist für den in dieser Arbeit behandelten Zeitraum weiterhin zu bedenken, dass innerhalb der Wissenschaft der Ägyptologie im Zuge des auch und gerade von den Vertretern der Berliner Schule beförderten Spezialisierungs- und Professionalisierungsprozesses eine Abgrenzung gegenüber der vorigen Forschergeneration angestrebt wurde, deren Mitglieder man eher als Dilettanten und Vertreter einer vor-wissenschaftlichen Epoche der Ägyptologie begriff, weshalb bei der Betrachtung des Zeitschriftenwesens innerhalb der Ägyptologie sich die Trennlinien zwischen unterschiedlichen Forschergenerationen oder Schulen mit denen zwischen bestimmten Zeitschriften und durch sie vertretenen Wissenschaftsauffassungen überschneiden.

1 Vgl. Nissen (2009), 25.
2 Vgl. op. cit., 25f. zur Aufnahme des neuen Mediums in der deutschen Geschichtswissenschaft.
3 Vgl. Stöckel (2009), 9.
4 Vgl. Kuhn (1996), 20; Stöckel (2009), 13; 16.

6.1 Das Medium der Wissenschaftszeitschrift

Vor einer Auseinandersetzung mit den wissenschaftlichen Zeitschriften der Ägyptologie empfiehlt sich eine grundsätzliche Beschäftigung mit dem hier zu behandelnden Medium. Für den für diese Untersuchung gewählten Betrachtungszeitraum und angesichts der dezidiert fachwissenschaftlichen Schwerpunktsetzung werden im Folgenden vornehmlich solche Zeitschriften behandelt werden, die zum einen als Spezialzeitschriften einer Einzeldisziplin[5] zu klassifizieren sind und zum anderen einen engen inhaltlichen Bezug zu den Forschungen der Berliner Schule aufweisen. Der Bereich der Popularisierung ägyptologischer Forschung wird hierbei weitgehend ausgeblendet, zum einen weil dieser in dem gewählten Untersuchungszeitraum eher im Bereich anderer Publikationsformen zu suchen ist,[6] zum anderen weil der sowohl von den Vertretern als auch den Gegnern der Berliner Schule verwandte Dilettantismusvorwurf als eine (inner-) wissenschaftliche Polemik in Erscheinung tritt und somit als ein Konflikt unter Wissenschaftlern und nicht als ein gegen Laien gerichtetes Bemühen um Exklusivität aufzufassen ist. Daraus ergeben sich zwei Untersuchungsschwerpunkte: Erstens die „innovatorische [...] Funktion der Zeitschrift für die Entwicklung der modernen Wissenschaft",[7] und zweitens die durch die neue Publikationsform hervorgebrachte neue Wissenschaftskultur bzw. die Veränderung des wissenschaftlichen Diskurses durch den nun beschleunigten Austausch von Forschungsergebnissen in Form kurzer Artikel sowie die Veröffentlichung z.T. polemischer Rezensionen.[8] Letztere können dabei als ein Indiz dafür gewertet werden, dass die frühen ägyptologischen Zeitschriften erst in ihre normative Rolle als „soziale Institutionen"[9] hineinwachsen mußten, bevor sich ein allgemeinverbindliches Komment, nicht nur in Bezug auf die wissenschaftliche Diskussionskultur, sondern auch in Bezug auf eine einheitliche Methodik durchsetzen konnte.

6.2 Die Diversifizierung Orientalistischer Zeitschriften ab der Mitte des 19. Jh.

Die Prozesse von Professionalisierung und Spezialisierung innerhalb der deutschen Orientalistik führten auch zu einer Diversifizierung im Spektrum der wis-

5 Vgl. Stöckel (2009), 9.
6 Vgl. Fischer (1994), 16–106; Marchand (2007).
7 Dann (1983), 74.
8 Vgl. Nissen (2009), 26.
9 Göhler (1994), 22.

senschaftlichen Zeitschriften. Dabei war diese Wechselwirkung keinesfalls zwingend, denn obwohl die deutsche Orientalistik insgesamt schon in der ersten Hälfte des 19. Jh. in einen intensiven Professionalisierungsprozess eingetreten war, der von S. Mangold treffend als „Philologisierung“[10] charakterisiert wird, attestiert sie der deutschen Ägyptologie zum Ende des 19. Jh. bereits ein bei den Vertretern der übrigen orientalistischen Fächer nicht gleichermaßen stark ausgeprägtes „Eigenbewusstsein“ als „selbstständige Disziplin [...]“.[11]

Die Prozesse von Spezialisierung und die durch sie beförderte Diversifikation der orientalistischen Zeitschriftenlandschaft fanden 1895 ihren Niederschlag in einer Eingabe Ermans beim geschäftsführenden Vorstand der Deutschen Morgenländischen Gesellschaft, in dem die damalige Situation beschrieben und hernach für eine Anpassung der Organisationsstrukturen der DMG daran geworben wird:[12]

> In Folge dessen trennen sich auch die verschie-|denen Disciplinen von dem Organe unserer Ge-|sellschaft, der ‚Zeitschrift‘,[13] und gründen sich eige-|ne Fachblätter. So bestehen zur Zeit in Deutsch-|land neben der alten Zeitschrift unserer Gesell-|schaft: zwei Zeitschriften für Assyriologie,[14] die | ihren Wirkungskreis immer weiter auf das | semitische Gebiet ausdehnen, eine Zeitschrift für | Aegyptologie,[15] eine Zeitschrift für die Wissen-|schaft des alten Testamentes u. a.m. Auch auf den | beiden grossen Gebieten, die bisher noch ohne selbst-|ständige Organe sind, in der Wissenschaft des moham-|medanischen Orients und in der indischen Philologie | dürfte es über kurz oder lang auch zur Gründung | eigener Zeitschriften kommen.

Obwohl die Eingabe Ermans (1854–1937) von den Kollegen A. Socin (1844–1899); F. Delitzsch (1850–1922); E. Meyer (1855–1930); H. Guthe (1849–1936); E. Kautzsch (1841–1910) und H. Zimmern (1862–1931) mit unterzeichnet worden war und sich so einer nicht unbedeutenden Unterstützung erfreute, konnten sich diese Jungen Wilden[16] beim Vorstand nicht durchsetzen. Der damalige Erste Sekretär der DMG sprach sich öffentlich gegen die vorgeschlagene Reform und damit auch eine strukturell und institutionell nachvollzogene Auffächerung der orientalistischen Wissenschaften aus.[17] Erschwerend dürfte allerdings gewirkt haben, dass die Antragssteller u. a. auch an der *Zeitschrift der Deutschen Morgenländischen Ge-*

10 Mangold (2004), 78.
11 Op. cit., 219.
12 Bibliothek der DMG, Akten 1895, Briefe an den geschäftsführenden Vorstand der DMG, Eingabe von Erman u. a., 24.05.1895, Bl.1.
13 Gemeint ist die „Zeitschrift der Deutschen Morgenländischen Gesellschaft“ (seit 1847).
14 Die „Assyriologische Bibliothek“ (seit 1881) und die „Zeitschrift für Assyriologie“ (seit 1886).
15 Die „Zeitschschrift für ägyptische Sprache und Altertumskunde“ (seit 1863).
16 Vgl. Marchand (2009), 212–227, bes. 216 fff.
17 Vgl. Mangold (2004), 218.

sellschaft festhalten wollten und auch für die Beibehaltung einer organisatorischen Einheit der orientalistischen Fächer plädierten, wodurch der DMG die Funktion eines Dachverbandes zugekommen wäre. Weiterhin hatte die DMG sich der sich ausbildenden Vielfalt in dem Bereich orientalistischer Fachzeitschriften gegenüber keinesfalls ablehnend verhalten, sondern sogar die *Zeitschrift für ägyptische Sprache und Altertumskunde* finanziell unterstützt.[18] Daher war der von Erman eingebrachte Antrag auch v. a. darauf gerichtet...[19]

> zu erwägen, in wie weit die zur Zeit neben | der ‚Zeitschrift der Deutschen morgenländischen Gesell-|schaft' bestehenden orientalistischen Zeitschriften | Deutschlands in Verbindung mit derselben zu | setzen seien.

Mit der Ablehnung von Ermans Reformvorschlag bzw. der Nichteinrichtung einer Kommission zu dessen Erörterung[20] entwickelte sich die ZÄS in der Folgezeit jedoch weitgehend unabhängig von den übrigen orientalistischen Zeitschriften, was insbesondere bei der Einführung eines eigenen Transkriptionsalphabets zum Tragen kam.[21] Auch der von G. Steindorff gemachte Versuch, die ZÄS in dieser Hinsicht wieder an die Konvention der übrigen orientalistischen Fächer heranzuführen, blieb ohne Wirkung.[22] Weitgehend losgelöst von der Entwicklung des Zeitschriftenwesens der deutschen Orientalistik bestimmte die Redaktion der ZÄS die Ausgestaltung des Mediums innerhalb der Ägyptologie und setzte sich dabei allenfalls noch mit den Entwicklungen internationaler ägyptologischer Fachzeitschriften auseinander.

6.3 Ägyptologische Fachzeitschriften

Die Stellung der ZÄS innerhalb der Wissenschaft der Ägyptologie erfuhr eine besondere Aufwertung durch den Umstand, dass es sich bei der 1863 durch H. Brugsch begründeten Zeitschrift um die älteste ihrer Disziplin handelte. Erst ab 1872 erschienen die französiche *Recueil de Travaux relatifs à la philologie et à l'archéologie égyptiennes et assyriennes* und ab 1878 die *Proceedings of the Society of Biblical Archaeology* im Vereinigten Königreich, die jedoch beide schon durch ihren Titel eine breitere thematische Ausrichtung und eine stärkere Orientierung

18 Vgl. op. cit., 220.

19 Bibliothek der DMG, Akten 1895, Briefe an den geschäftsführenden Vorstand der DMG, Eingabe von Erman u. a., 24.05.1895, Bl. 3.

20 Vgl. Protokollarischen Bericht in ZDMG 49, 1895, xxvii; Mangold (2004), 219.

21 Vgl. Erman (1889b).

22 Vgl. Steindorff (1892).

an den Konzepten der Orientalistik als Hilfs- oder Bibelwissenschaft, komplementär zur Alttestamentlichen Forschung, verrieten.[23] 1880 folgte noch die von H. Brugsch und C. E. Revillout[24] gegründete *Revue égyptologique*. 1897 kam mit der schwedischen *Sphinx. Revue critique embrassant le domaine entier de l'Egyptologie* noch eine weitere Zeitschrift hinzu, die sich vornehmlich mit der Diskussion und Besprechung neuester ägyptologischer Forschungsergebnisse und deren Veröffentlichungen befasste. Zuvor und auch danach sind ägyptologische Publikationen in eher allgemeinen Rezensionszeitschriften, wie z. B. der *Deutschen Literaturzeitung*, der *Berliner Philologischen Wochenschrift*, dem britischen *Athenaeum* und ab 1898 dann auch wieder in einem zwar fachlich spezialisierten, aber doch wieder breiter ausgerichteten Medium, der *Orientalistischen Literaturzeitung*, besprochen worden. Diese wandte sich sogar explizit[25] gegen Spezialisierung und Einseitigkeit und wollte selbst zum „Brennpunkt"[26] orientalistischer Forschung werden.[27]

6.3.1 Die Zeitschrift für Ägyptische Sprache und Altertumskunde (ÄZ/ZÄS)

Die ZÄS, welche ursprünglich noch als ÄZ abgekürzt wurde, war die erste rein ägyptologische Fachzeitschrift und umfasste dabei alle Bereiche ägyptologischer Forschung von Archäologie bis Philologie, wobei sich im Laufe der Zeit der Schwerpunkt eher zu letzterem verlagerte. Als einzige Fachzeitschrift einer auch international eher überschaubaren *scientific community* gewann die ZÄS schnell große Bedeutung und veranlasste nicht nur deutsche Ägyptologen zur Einsendung von Artikeln an die Redaktion. Gegründet durch H. Brugsch ging die Verantwortung für die Zeitschrift nach dessen Weggang nach Ägypten in die Hände von R. Lepsius über, der sie bis zu seinem Tod 1884 innehatte. Hernach versuchte Brugsch zwar zunächst die Kontrolle wiederzuerlangen, scheiterte jedoch auch, weil er nicht, wie von ihm erhofft, die Nachfolge von Lepsius auf dessen Lehrstuhl und im Ägyptischen Museum antreten konnte. Erman, dem eben dies gelang, übernahm mit einiger Verzögerung 1889 die Herausgeberschaft, die er zunächst bis 1893 mit Brugsch, dann mit G. Steindorff teilte, bis dieser 1907 die alleinige

23 Zur engen Verbindung zwischen früher ägyptologischer Forschung und Bibelwissenschaft in Großbritannien s. Gange (2006).
24 Bierbrier (2012), 462.
25 Vgl. OLZ 1, 1898 – Vorwort.
26 Op. cit.
27 Vgl. Mangold (2004), 282.

Herausgeberschaft übernahm.[28] Mit dem Weggang Steindorffs ins Exil in die USA endete auch dessen herausgeberische Tätigkeit. Die weitere Entwicklung liegt außerhalb des Betrachtungszeitraums dieser Untersuchung.

6.3.1.1 Gründung durch H. Brugsch (1863)

Über die Hintergründe bzw. die Veranlassung zur Gründung der ZÄS ist wenig bekannt. So berichtet Brugsch in seinen Erinnerungen nur, dass er bereits Mitte der 1850er Jahre in seiner Zeit als Berliner Privatdozent „eine ausgedehnte litterarische Thätigkeit in Buchform sowie in Zeitschriften und Zeitungen“[29] entwickelte. Auf die ZÄS selbst kommt er nur einmal, kurz zurückblickend, zu sprechen, als er für die Zeit seiner konsularischen Tätigkeit in Ägypten (1864–1866) festhält:

> Zugleich versäumte ich es nicht, meiner im Jahre 1863 gegründeten und gegenwärtig 30 Jahre bestehenden Zeitschrift regelmäßige Beiträge zu liefern, nachdem Professor Lepsius, die Güte gehabt hatte, gleich nach meiner Übersiedelung auf afrikanischen Boden, die Redaktion derselben zu übernehmen.[30]

Tatsächlich hat Brusgsch die ZÄS regelmäßig mit Artikeln versorgt und insgesamt 115 darin veröffentlicht.[31] Auch Erman zollte Brugsch, dem Begründer der Zeitschrift, seinen Respekt und hob besonders die damalige Einzigartigkeit und Neuartigkeit einer rein ägyptologischen Fachzeitschrift hervor:

> er gründete diese Zeitschrift, das erste Organ, das ausschließlich einer der neuen altorientalischen Disciplinen dienen sollte. Es war das gewiß ein gewagtes Unternehmen für jene Zeit, aber der Herausgeber und sein trefflicher Verleger[32] hatten doch richtig geurtheilt, die Zeitschrift kam offenbar zur rechten Zeit und erlitt auch dann keinen Schaden, als nach kaum einem Jahre Brugsch nach Kairo übersiedelte und sie an Lepsius abgab.[33]

Auch Brugsch scheint sein Unterfangen als ein Wagnis begriffen zu haben, was auch in der einleitenden „Benachrichtigung“ der ersten Ausgabe zum Ausdruck gebracht wird:

> Mit dieser Zeitschrift, welche vom 1. Juli dieses Jahres an ins Leben tritt, wird der Versuch gewagt, für die ägyptischen Studien in ihrem ganzen Umfange ein Centralorgan zu be-

28 Vgl. die Aufstellung der Herausgeber in: ZÄS 44, 1907–08.
29 Brugsch (1894), 200.
30 Op. cit., 262.
31 Vgl. Endesfelder (1998), 64.
32 Die J. C. Hinrichs’sche Buchhandlung in Leipzig.
33 Erman (1894b), 71.

> gründen, das sich die Aufgabe stellt, neben der Veröffentlichung selbstständiger Untersuchungen aus der Feder von Fachgelehrten, von dem jeweiligen Stand der ägyptischen Forschungen und von den neuesten Entdeckungen auf dem Gebiete der ägyptischen Sprach- und Altertumskunde den Pflegern und Freunden dieser Wissenschaft schnelle Kenntnis zu geben.
> [...]
> Der Text wird in deutscher Sprache geschrieben sein, doch wird bei Beiträgen ausländischer Fachgenossen die französische und englische Sprache nicht ausgeschlossen bleiben.[34]

Hierin kommt das Bemühen um die Institutionalisierung der noch jungen Wissenschaft der Ägyptologie ebenso zum Ausdruck wie das klare Bekenntnis zur Internationalität ägyptologischer Forschungen.

Die anfänglich vorgenommene Unterteilung der veröffentlichten Beiträge in „Aufsätze“, „Litteratur“ und „Korrespondenz“[35] wird von Lepsius nach der Übernahme der Herausgeberschaft in den beiden folgenden Ausgaben weiter beibehalten und erst in ZÄS 4 (1866) durch eine Aufteilung in Aufsätze sowie ein separates Verzeichnis „Erschienener Schriften“, das bislang unter „Litteratur“ zu finden gewesen war, abgewandelt.[36] Erkennbar wird dadurch zwar, dass die ZÄS erst eine eigene Form finden musste, gleichzeitig aber auch der Wechsel in der Redaktion keine radikale Umgestaltung mit sich brachte. Einzig ein Rückgang von abgedruckten Korrespondenzen oder das Verschwinden von Reiseberichten ist zu konstatieren, wobei letzteres höchstwahrscheinlich als Ausdruck eines verstärkten Professionalisierungsprozesses zu werten ist, der die Gattung des Reiseberichtes in den Bereich populärwissenschaftlicher Veröffentlichungen verbannte.[37]

6.3.1.2 Übernahme durch R. Lepsius (1864 – 1884)

> In gerechter Erkenntnis des Nutzens, der für die ägyptische Wissenschaft aus einem solchen, für alle Fachgenossen zugänglichen und vermittelnden Organ zu erhoffen war, hatte der große Gelehrte bei der Übersiedelung ihres Begründers nach Ägypten freiwillig und gern der ferneren Herausgabe der Zeitschrift einen Teil seiner kostbaren Zeit gewidmet und durch eigene wertvolle Beiträge, dem kaum geborenen Kinde ein kräftiges Dasein und gedeihliches Wachstum verliehen.[38]

---

34 Brugsch (1863).

35 Vgl. ZÄS 1, 1863, Inhaltsverzeichnis.

36 Vgl. ZÄS, 4, 1866, Inhaltsverzeichnis.

37 Vgl. hierzu Mangold (2004), 87 ff., bes. 89: „Ausschluss der Autodidakten und Reisenden“; zur Gattung des Reiseberichts in Ägypten, allerdings im englischsprachigen Raum, Erker-Sonnabend (1987), 98 – 118.

38 Brugsch (1884a), 46.

In Brugschs Schilderung der Übernahme der Redaktion durch R. Lepsius (1864) klingt noch einmal das gespannte Verhältnis zwischen diesem und dem Begründer der ZÄS durch. Lepsius erkennt aber gerechterweise den Nutzen der ZÄS, übernimmt die Herausgeberschaft „freiwillig und gern" und führt die Schöpfung seines ungeliebten Kollegen[39] zum Erfolg. Ähnlich konfliktfrei wurde der Übergang auch von G. Ebers bewertet, der darin sogar eine Annäherung der beiden Ägyptologen aneinander erkennen wollte:

> Eine tiefgehende durch mancherlei widrige Zufälligkeiten und Zwischenfälle verschärfte Entfremdung hatte diese beiden bedeutenden Männer bis dahin fern von einander gehalten; als aber Brugsch, nachdem er den ersten Jahrgang des neuen Journals in glücklicher und erfolgreicher Weise zu Ende geführt, im preußischen Consulardienste eine Anstellung in Aegypten gefunden und Europa verlassen hatte, traten sie zueinander in Beziehung, und Lepsius übernahm, unter Mitwirkung von H. Brugsch zu Kairo' die Leitung des ägyptologischen Fachorganes.[40]

Inwieweit es zu einem Ausgleich zwischen den beiden Forschern gekommen ist, mag dahingestellt bleiben. Fest steht, dass Brugsch weiter Artikel für die ZÄS verfasste und dass Lepsius deren Veröffentlichung nicht verhinderte. Dennoch gründete Brugsch 1880 mit einem französischen Kollegen die *Revue égyptologique*, die jedoch, ähnlich wie die 1897 geschaffene *Sphinx*, der Besprechung ägyptologischer Forschungen und Publikationen ein Forum bieten und damit einen anders gelagerten Aufgabenbereich abdecken sollte als die ZÄS.[41]

Wie schon bei Brugsch sind nur wenige Stellungnahmen und Kommentare zur redaktionellen Tätigkeit von Lepsius überliefert. Seine für die Entwicklung der Ägyptologie bedeutendste Maßnahme als Herausgeber war sein Bemühen um ein wissenschaftliches Umschriftsystem, dass er für die ZÄS, aber auch für die gesamte Wissenschaft der Ägyptologie verbindlich gestalten wollte.[42] Da er bereits 1873 mit dem Amt des Oberbibliothekars der Königlichen Bibliothek zu Berlin betraut wurde und aufgrund seiner zahlreichen anderen Ämter und Verpflichtungen stark ausgelastet war,[43] ging die redaktionelle Verantwortung mehr und mehr an seinen Schüler und Kollegen A. Erman über.[44]

39 Vgl. Brugsch (1884), 74 Mehlitz (2011), 183 f.; 213–217.
40 Ebers (1885b), 242.
41 Vgl. op. cit., 243.
42 Vgl. Lepsius (1866); (1875).
43 Vgl. Ebers (1885b), 243 f.
44 Vgl. Op. cit., 243.

6.3.1.3 ‚Usurpation' Brugschs und Übernahme Ermans (1884 / 1889 – 1907)

> Nach Lepsius' Tode trat Brugsch wieder an die Spitze der Zeitschrift und widmete dem Altmeister einen im wärmsten Tone gehaltenen Nachruf.[45]

Was in der Darstellung Ebers' als ein recht unspektakulärer Prozess der Rückkehr Brugschs an die „Spitze der Zeitschrift" anmutet, sorgte hinter den Kulissen für einige Aufregung. Brugsch wollte nicht nur die Kontrolle über die von ihm begründete ZÄS wiedergewinnen, sondern seinen Nachfolger und nunmehrigen Vorgänger in der Redaktion auch in all dessen übrigen Ämtern beerben. Inzwischen jedoch war der jüngere Kollege und Schüler Lepsius', A. Erman, für die Redaktion der ZÄS verantwortlich gewesen und hatte sich berechtigte Hoffnungen gemacht, dass seine *de facto*-Stellung bei der ZÄS nun auch formal zum Ausdruck gebracht und er zum hauptverantwortlichen Herausgeber der Zeitschrift ernannt würde. Dabei war diese Auseinandersetzung letztlich jedoch v. a. ein Nebenkriegsschauplatz bei der Konkurrenz um die Nachfolge Lepsius' an Universität und Museum, auf die sich ja auch Brugsch Hoffnungen machte. Die Wiedererlangung der Herausgeberschaft eines der wichtigsten Publikationsorgane der Ägyptologie wurde von Erman als Versuch gedeutet, einen Vorentscheid in der gesamten Nachfolgefrage zu erzwingen. Es ist immerhin möglich, dass auch Brugsch diese ihm unterstellte Absicht hegte. In jedem Fall versuchte er, in dem oben bei Ebers erwähnten Nachruf auf Lepsius einer Auseinandersetzung mit Erman vorzubeugen:

> Mögen wir, die Jünger und Meister unserer Wissenschaft, stets eingedenk sein, daß der Geist des dahingegangenen ein versöhnender war, der sich den höchsten Zwecken der Wissenschaft freudig geweiht hatte und wahr und klar, ohne die trübenden Gefühle persönlicher Eifersucht, ihre großen Aufgaben erfaßte.[46]

Die positive Charakterisierung Lepsius' ist neben der Pietät sicher auch dem Bemühen Brugschs geschuldet, sich als dessen Nachfolger zu präsentieren, wobei die Erinnerung an frühere Konflikte sicher kontraproduktiv gewirkt hätte. Den durch die Übernahme der Redaktion ausgeschalteten Konkurrenten Erman konnte die Mahnung an den „versöhnenden" Charakter Lepsius' jedoch kaum beruhigen.

Die legitimierende, vielleicht sogar apologetische Intention von Brugschs Stellungnahmen nach der Übernahme der Redaktion kommt auch in seiner direkt im Anschluss an seinen Nachruf auf Lepsius angefügten Stellungnahme „An die Leser der Zeitschrift" zum Audruck:

---

45 Ebers (1885b), 243.
46 Brugsch (1884a), 46.

> Die Überzeugung, daß die Erinnerung an die segenreiche Theilnahme des dahingeschiedenen Altmeisters der Aegyptologie Richard Lepsius für die Zeitschrift am Sichtbarsten durch die Fortsetzung seines zwanzigjährigen, nur durch den Tod unterbrochenen Wirkens für das Bestehen und den Aufschwung derselben erhalten werden dürfte, hat ihrem unterzeichneten Begründer den Muth geschenkt, das fernere Dasein des wissenschaftlichen Unternehmens nicht in Frage zu stellen, sondern im Geiste des Verstorbenen, nach Maßgabe eigener Kraft, ohne Zögern fortzusetzen und damit der Aufforderung der J. C. Hinrichs'schen Verlagsbuchhandlung zu Leipzig, die Redaction nach dem Ableben des großen Gelehrten von neuem zu übernehmen, mit vollster Bereitwilligkeit zu entsprechen. Indem er an seine Herren Fachgenossen im eigenen Vaterlande und außerhalb Deutschlands die Bitte richtet, ihr Wohlwollen der Zeitschrift auch in Zukunft zu bewahren, fügt er die Versicherung hinzu, daß es sein Bestreben sein wird, als verantwortlicher Redacteur dieselbe auf der Höhe ihrer Aufgaben zu erhalten und ihre internationale Bedeutung nach keiner Seite hin zu schmälern.[47]

Weder die mahnende Erinnerung an kollegiale Harmonie noch die sachliche Schilderung Brugschs, zur Übernahme der Redaktion durch den Verlag aufgefordert worden zu sein, konnte Erman beschwichtigen. Empört und wohl auch verunsichert wandte sich Erman an seinen Lehrer in Leipzig:[48]

> Fast hätte ich darüber den[49] Klatsch vergessen, | der auch Sie näher angeht. Also ich | bekomme neulich vom Drucker der | Zeitschrift ein paar lakonische Zeilen, | ‚wie Herr Rost mittheilt hat Prof. Brugsch | die Redaction der Ztschr. übernommen, | ich ersuche um Ablieferung der Manus-|skripte u. Correcturen.' Dazu habe ich | also drei Jahre lang ohne Entgelt die | ganzen Arbeiten der Ztschr. gemacht | und sogar alles Porto bezahlt, dass nun | Rost und Brugsch es nicht einmal | für nöthig halten, mir den Wechsel der Re-||daction anzuzeigen. Natürlich habe ich | sogleich meinen Namen von der Ztschr. zu-|rückgezogen und betheilige mich nicht | mehr an ihr.[50] Schrader war auch entrüs-|tet über diesen Brugschen Staatsstreich; er | erzählte Br. wolle den Hieroglyphendruck | nach Möglichkeit verbannen[51] und durch | Transcriptionen ersetzen – danach zu ur-|theilen würde die Ä.Z. aufhören ein | wissenschaftliches Blatt zu sein. Wollen | Sie nicht eine neue Zeitschrift gründen? | Sonst gehe ich zum Recueil[52] über, den | man ja zu einem internationalen Organ | machen könnte; er wird ja ohnehin schon | in Österreich gedruckt.

Die Verwendung des Begriffes „Staatsstreich" verdeutlicht, wie das Verhalten Brugschs zumindest durch seinen Konkurrenten Erman gewertet worden ist: Als

---

47 Brugsch (1884b), 49.

48 SBB-PK, Nachl. Georg Ebers: Erman, Adolf, 21.07.1884.

49 Hervorhebung im Original.

50 Während in der Ausgabe der ZÄS 22, 1884, 28–37 noch ein Aufsatz von Erman erscheint, ist er unter den Autoren von ZÄS 23, 1885 bis 26, 1888 tatsächlich nicht mehr vertreten.

51 Es wurden jedoch auch in der Folgezeit hieroglyphische Drucktypen verwandt.

52 Recueil de travaux relatifs à la philologie et à l'archéologie égyptiennes et assyriennes.

ein Eingriff in die legitime Erbfolgeregelung, nach der Erman seinem Lehrer Lepsius in allen seinen Ämtern nachfolgen würde. Zumindest in der Redaktion der ZÄS konnte Erman ja auch sein bisheriges Engagement geltend machen, dass seinen Anspruch zumindest ideell zu rechtfertigen schien. So berichtet Ebers:

> Doch das deutsche Organ behauptete trotz der genannten Mitbewerber[53] seinen Rang und seine Bedeutung; auch nachdem Lepsius, überhäuft von amtlichen Geschäften und mit geschwächter Gesundheit den Löwenpart der Redactionsarbeiten dem ausgezeichneten jungen Aegyptologen A. Erman, welcher als Privatdocent an der Berliner Universität neben ihm lehrte und daselbst jüngst zum Professor ernannt worden ist, überlassen hatte.[54]

Andererseits muss man sich fragen, warum die Rückkehr des Begründers der ZÄS an deren Spitze als so ungeheuerlich aufgefasst wurde? Letztlich wohl deshalb, weil der inzwischen 57-jährige Brugsch sich mit der Herausgeberschaft der ZÄS allein doch nicht begnügen konnte. So Prestigeträchtig eine solche Aufgabe – noch dazu in der Rolle des Gründers dieser Zeitschrift – auch sein mochte, für einen mittlerweile in Ehren ergrauten Gelehrten konnte ein solches Amt, das noch dazu keine nennenswerten Einkünfte versprach, nicht genügen. Erman hingegen konnte als noch relativ junger, gerade mal 30 Jahre alter Wissenschaftler eine verantwortliche Stellung bei der ZÄS als einen Aufstieg begreifen, der ihm nun jedoch durch das Verhalten Brugschs verwehrt worden war. Erst aus dieser Gemengelage wird begreiflich, warum die Frage der Herausgeberschaft der ZÄS sich geradezu zu einem Politikum innerhalb der deutschsprachigen Ägyptologie entwickelte.

Erst am 27. November 1888 kann Erman seinem Lehrer vom „Friedensschluss" mit Brugsch berichten.[55] Das entsprechende Dokument befindet sich in dem in Mailand befindlichen Nachlass Brugschs.[56] Mit diesem Brief vom 02. Oktober 1888 reicht Erman seinem Kollegen, nach nunmehr vierjähriger Abstinenz, wieder zwei Artikel zur Veröffentlichung in der ZÄS ein:[57]

> Hochverehrter Herr Legationsrath![58]
>
> Bezug nehmend auf eine Correspond-|denz mit dem Herrn Verlagsbuch-|händler Rost, erlaube ich mir, Ih-|nen heute zwei Aufsätze anbei | zu gefälliger Aufnahme in die |

53 Die anderen bis dahin gegründeten ägyptologischen Zeitschriften.

54 Ebers (1885b), 243.

55 SBB-PK, Nachl. Georg Ebers: Erman, Adolf, 27.11.1888.

56 Piacentini (2009), 423–428. – Die Korrespondenz Erman-Brugsch ediert in: Gertzen (2013).

57 Egyptology Library and Archives, Milan, Erman-Brugsch, 02.10.1888.

58 Der Titel nimmt vermtl. Bezug auf Brugschs konsularische Tätigkeit in Kairo (1864–1866); Brugsch (1894), 256.

Aegyptische Zeitschrift zu über-|senden. Ich knüpfe daran die | Bitte, mir falls Sie die Zusätze zu dem | selben zu machen wünschen, noch | vor dem Abdruck davon Kenntniss | zu geben.
Mit dem Ausdruck vorzüglicher | Hochachtung
Ihr sehr ergebener
Ad. Erman.

Dem Schreiben kann eine gewisse Steifheit bzw. übertriebene Förmlichkeit attestiert werden, und angesichts der Tatsache, dass für den Zeitraum vom März 1882 bis zu diesem Schreiben keinerlei Korrespondenz zwischen den beiden Ägyptologen nachgewiesen werden kann,[59] erscheint diese Charakterisierung auch wenig überraschend. Ab 1889 teilte man sich die Herausgeberschaft der ZÄS, und tatsächlich war auf dem Deckblatt der ZÄS 27 (1889) dann zu lesen: „Gegründet 1863 von H. Brugsch“ ; „Herausgegeben und weitergeführt 1864–1884 von K. R. Lepsius“; „Fortgesetzt von H. Brugsch und A. Erman“[60] Erman konnte sich einen gewissen Triumphalismus nicht verkneifen, als er seinem Lehrer von Brugschs vermeintlicher „Capitulation“ berichtete und behauptete, diesem „goldene Brücken“ gebaut zu haben, auch nachdem er noch im Sommer 1888 gegen Erman gerichtete, anonyme Zeitungsartikel veröffentlicht habe.[61] Mit dem Tode Brugschs 1894 ging die redaktionelle Verantwortung für die ZÄS endgültig in die Hände Ermans über, der nun, ähnlich wie es einst Lepsius getan hatte, einen Schüler in die redaktionelle Tätigkeit mit einbezog – G. Steindorff.

Diese [...] habe ich siebzehn Jahre herausgegeben, was bei all meinen anderen Geschäften wahrlich keine Kleinigkeit war. Ich bemühte mich mit Erfolg, ernstliche Mitarbeiter heranzuziehen, und zwar auch solche aus dem Auslande. Seither hat die Ägyptische Zeitschrift manche schwere Zeit durchzumachen gehabt, aber sie hält sich noch heute trotz aller Konkurrenz, die ihr geworden ist.[62]

Zusammen mit Steindorff wird Erman auch auf dem Deckblatt der ZÄS 33 (1895) als Herausgeber genannt. Die Nennung des Gründers Brugsch und des früheren Herausgebers Lepsius ist auf diesem Deckblatt dem Vermerk: „Mit Unterstützung der Deutschen Morgenländischen Gesellschaft“ gewichen.[63] Derartige Formalia sollten ganz sicher nicht überbewertet werden, etwa als eine *damnatio memoriae* der Vorgänger. Schließlich war es legitim, eher die neu gewonnene Unterstützung der DMG hervorzuheben, als denn eine Ahnentafel der Herausgeber. Vielleicht

59 Vorbehaltlich mögl. Bestandslücken in den Archiven.
60 Vgl. ZÄS 27, 1889, Deckblatt.
61 Vgl. SBB-PK, Nachl. Georg Ebers: Erman, Adolf, 27.11.1888.
62 Erman (1929), 200.
63 Vgl. ZÄS 33, 1895, Deckblatt.

kann man diese Änderung zumindest aber als Zeichen eines allgemeinen Stilwechsels in der Altertumswissenschaft deuten – weg von der personalisierten, auf einzelne Forscherpersönlichkeiten gerichteten Wissenschaftsauffassung hin zu einem stärker institutionalisierten Wissenschaftsbetrieb.

6.3.1.4 G. Steindorff als ‚Statthalter' Ermans? (1895 / 1907–1937)

Wie zu erwarten, gestaltete sich die Zusammenarbeit zwischen Erman und seinem Schüler weitgehend reibungslos, so dass dieser ab 1907 auch alleinverantwortlich die Leitung der Redaktion der ZÄS übernehmen konnte. Anders als bei der Aufgabe seines Postens als Direktor des Ägyptischen Museums[64] hat Erman weder zu diesem Zeitpunkt noch später ein Bedauern über diese Entwicklung zum Ausdruck gebracht. In einer Würdigung von Steindorffs Wirken anlässlich seines 25-jährigen Jubiläums als hauptverantwortlicher Redakteur der ZÄS werden dessen Qualitäten von Erman ausdrücklich hervorgehoben, u. a. auch solche, die für eine später in diesem Kapitel vorzunehmende Behandlung von Auseinandersetzungen und Konflikten um die ZÄS von Bedeutung sind:

> Sie haben es verstanden, die wilden Phantasten, die heute auf so manchen Gebieten hervorbrechen, von ihr fern zu halten; was in der Ägyptischen Zeitschrift erscheint, gilt immer als ernst und selbst wenn sich einzelnes in der Folge nicht bestätigt hat, es beruhte doch immer auf strenger Arbeit und hat geholfen, die Frage zu klären.
>
> Sie haben es verstanden, den vornehm sachlichen Ton, der der alte Ruhm der Zeitschrift ist, ihr zu bewahren und die gehässige Polemik hat auch unter ihrer Leitung in ihr keinen Platz gefunden. Daß sie von dem Barbarentum unberührt geblieben ist, der den Völkerhaß in die Wissenschaft verpflanzen will, versteht sich in unserem Kreis von selbst.[65]

Ernsthaftigkeit wissenschaftlicher Veröffentlichungen, oder – anders ausgedrückt – ein professioneller Anspruch an die Qualität der eingesandten Artikel, werden also, Erman zu Folge, von Steindorff ebenso gewissenhaft geprüft und eingefordert, wie er sich um das wissenschaftliche Komment bei Auseinandersetzungen über Sachfragen sorgt und einen allzu polemischen Stil in den Veröffentlichungen der ZÄS unterbindet. Vor dem Hintergrund der Entwicklungen während und nach dem Ersten Weltkrieg ist auch Steindorffs Bemühen um die Aufrechterhaltung des internationalen Profils der Zeitschrift, unabhängig und unbeeinträchtigt von nationalistischen Strömungen, besonders hervorzuheben.

Als Steindorff seinen 70. Geburtstag feiern kann, hebt Erman noch einmal dessen wohl abwägendes rechtgeleitetes Arbeitsethos hervor:

---

64 Vgl. Erman (1929), 249 f.
65 Erman (1920).

> Sie haben uns die Zeitschrift erhalten in schweren Zeiten und sie haben sie geleitet auf dem rechten Wege, auf dem Wege, der die tote Pedanterie vermeidet und ebenso das tiefsinnig klingende hohle Gerede.[66]

Wieder erfolgt mit der Spitze gegen „hohles Gerede" eine besondere Hervorhebung von Steindorffs Bemühen um die wissenschaftliche Qualität und den professionellen Anspruch der ZÄS.

Was sich hinter diesen würdigenden Worten verbirgt bzw. welche Konflikte Steindorff in seiner Verantwortung als Redakteur der ZÄS, in enger Absprache mit seinem Lehrer Erman, zu bestehen hatte, soll in den folgenden Abschnitten dieser Untersuchung näher betrachtet werden.

Steindorffs herausgeberische Tätigkeit näherte sich 1935 zunächst auf bewährte Weise, nämlich durch Berufung eines Schülers, W. Wolf [67], ihrem Ende,[68] bevor sie ihm 1937 jedoch, wegen seiner jüdischen Vorfahren, formal entzogen wurde.[69] 1939 emigrierte Steindorff in die USA.[70]

6.3.2 Sphinx. Revue critique embrassant le domaine entier de l'Egyptologie

> Dans cet avis le savant français met le ‚Sphinx' au même rang que deux autres organes beaucoup plus anciens de l'égyptologie, à savoir la revue allemande, ‚Zeitschrift für ägyptische Sprache und Altertumskunde' (paraissant depuis 1863), et la publication française, ‚Recueil de Travaux relatifs à la philologie et à l'archéologie égyptienne et assyrienne', (existant depuis 1872).[71]

Gleichrangigkeit mit der ZÄS, zumindest nach Einschätzung der französischen Gelehrten – diesen Anspruch vertrat der Schüler K. F. Piehls, E. T. Andersson (1877–1955),[72] in seinem Nachruf auf seinen Lehrer. In diesem Zitat kommt ein gewisses Selbstbewusstsein gegenüber den großen Forschernationen auf dem Gebiet der Ägyptologie, Deutschland und Frankreich, zum Ausdruck. Die Berufung allein auf die französischen Autoritäten deutet bereits auf das angespannte Verhältnis zu den deutschen Kollegen hin, das sich bereits vor dem Zeitpunkt des Erscheinens der schwedischen Zeitschrift *Sphinx* anbahnte und stetig verschärfen

66 Erman (1931).
67 Bierbrier (2012), 587.
68 Vgl. Anonymus (1932), 391.
69 Vgl. Richter (2008a), 11; Richter (2008b).
70 Vgl. op. cit.
71 Andersson (1904), 127.
72 Bierbrier (2012), 20 bzw. 10.

sollte. Dabei war ihr Begründer K. F. Piehl zunächst gar nicht auf die Gründung einer eigenen Zeitschrift aus gewesen, sondern hatte im Gegenteil versucht, gerade bei der deutschen ZÄS Fuß zu fassen und sich allem Anschein nach sogar um eine nicht näher definierte Mitarbeiterstelle bei der Zeitschrift bemüht. Vor dem Hintergrund der in den vorangegangenen Abschnitten geschilderten Rückkehr Brugschs an die Spitze der ZÄS (1884) und dessen Konkurrenz zu Erman gewinnt dieses Ansinnen Piehls und seine spätere Gründung einer eigenen Zeitschrift kurz nach dem Zeitpunkt, an dem Erman die alleinige redaktionelle Verantwortung der ZÄS übernommen hatte, noch zusätzlich an Bedeutung. Zunächst wendet sich Piehl jedoch an Brugsch, zu dem er offenbar ein gutes Verhältnis unterhielt:

> La circonstance que, depuis assez longtemps, j'ai donné des articles à votre Journal, m'autorise peut-être à vous demander, si je puis être aggrée comme collaborateur fixe de la Zeitschrift. Il me faut un organe, où je puis imprimer mes observations et en réalité j'ai beaucoup pensé à former un espèce de Journal, car le patron des Mélanges de Chabas, quoique évidemment je préfère écrire dans la Zeitschrift.[73]

Da es sich bei dem hier angeführten Zitat lediglich um die Wiedergabe der Transkription eines Internet-Auktionshauses handelt und das Original des Briefes bereits verkauft und somit nicht mehr einzusehen gewesen ist, gilt es bei der Bewertung dieser Quelle, Vorsicht walten zu lassen. Im Grunde wäre dieser Beleg – angesichts der ungesicherten Herkunft und Authenzität – wissenschaftlich gar nicht verwendbar, wenn sich nicht in den Archiven der Universitätsbibliothek Uppsala ein Brief von Brugsch an Piehl befände, der mit einiger Sicherheit als Antwort auf die in dem obigen Zitat gestellte Anfrage aufgefasst werden kann. Nachdem sich Brugsch wegen der verspäteten Beantwortung, unter Verweis auf eine schweren Erkrankung, entschuldigt hat, kommt er auf die Zukunft der ZÄS zu sprechen:[74]

> J'espère que le Zeitschrift | sous sa nouvelle forme fera son chemin. | En tout cas je serais heureux de vous | compter parmi nos collaborateurs et je suis | convaincu que vos travaux contri-|bueront comme toujours à élargir la | connaissance de l'antiquité égyptienne.
>
> Vous aurez lu sans doute le programme | publié avec le dernier numéro du jour-|nal. J'ajoute personnellement que chaque | article qui occupe au moins une demie-|feuille (4 pages), sera payé à raison de | 20 Marcs. Ce n'est pas trop, mais || toujours quelque chose et par dessus | mieux que rien. Pour être impartial | j'ai adopté, pour l'ordre des publica-|tions, le système chronologique. Chaque | article (à l'exception des courtes | remarques) sera publié dans l'ordre | de son arrivée à la rédaction.

73 Piehl-Brugsch am 28.09.1888; http://lot-tissimo.com/de/cmd/d/o/62.92B-2550/auk/92B/.
74 UBU, Brugsch-Piehl, 29.12.1888.

> Voilà pour vous guider si vous | avez pris la résolution de participer | à nos travaux qui, je l'espère, donne-|ront un nouvel élan à la Zeitschrift | et à nos études communes. Il va | sans dire que vous avez toute la | liberté d'écrire et de de [sic!] publier | où vous voudrez et que vous n'avez | aucun engagement à choisir pour | vos articles de journal allemand.
>
> Je vous offre la porte quand il | vous plaîra à y entrer, voilà tout.

Erachtet man die Anfrage Piehls als authentisch, so muss die Antwort Brugschs darauf enttäuschend gewirkt haben, denn obwohl dieser ausführlich über seine Vorhaben die ZÄS betreffend Auskunft erteilt, die Mitarbeit bzw. die geleisteten Beiträge des schwedischen Kollegen lobt und versichert, Piehl die Tür stets offen zu halten, geht er mit keinem Wort auf eine formelle Mitarbeiterstellung Piehls ein. Das Bemühen Piehls, sich eine „Plattform" (s. Zitat o.) für seine „Beobachtungen" zu schaffen und dabei wohl auf die Inhalte und Ausrichtung der ZÄS Einfluss nehmen zu können, wäre demnach gescheitert.

Ein Grund für die reservierte Haltung Brugschs könnte allerdings auch dessen kritische Einschätzung des polemischen Stils seines schwedischen Kollegen gewesen sein, über die er sich mit seinem Mitherausgeber Erman auch brieflich verständigte, so teilte ihm Erman in Beantwortung eines entsprechenden Schreibens am 18. Januar 1889 mit:[75]

> Der Piehl'sche Aufsatz,[76] den | ich Ihnen anbei mit | bestem Dank zurücksen-|de, scheint mir auch seiner | polemischen Form wegen un-|möglich.
>
> Inhaltlich scheint er mir | indessen das Richtige zu | treffen, wenn ich auch an den | von Ihnen gerügten, angeblichen | Ausfall von [77] auch nicht ‖ glauben mag. Dass Herodot | unrecht beschuldigt worden ist, | ist aber doch ein ganz | wichtiges Resultat und so | möchte ich doch vorschlagen, | dass wir Piehl um eine | Umarbeitung des Aufsatzes | ersuchen, die ihn aufnah-|mefähig macht. Er wird | durch ein Fortlassen alles | Persönlichen und Polemischen | auch an Kürze und Über-|sichtlichkeit gewinnen.

Inwieweit diese Einschätzung und kritische Haltung gegenüber Piehl von Brugsch geteilt wurde, geht nicht eindeutig aus diesem Schreiben hervor. Dennoch darf man davon ausgehen, dass sich die beiden Herausgeber zumindest grundsätzlich in ihrer kritischen Haltung gegenüber wissenschaftlicher Polemik einig waren. Zwar schrieb Erman noch 1882 an Brugsch:[78]

> bitte polemisiren Sie nur kräftig | in Ihrem Aufsatze[79] gegen meinen![80]

---

75 Egyptology Library and Archives, Milan, Erman-Brugsch, 18.01.1889.

76 Piehl (1890).

77 Vgl. Piehl (1890), 12.

78 Egyptological Library and Archives, Milan, Erman-Brugsch, 25.03.1882.

79 Brugsch (1882).

Doch äußerte er sich in demselben Schreiben deutlich zur Frage der Form bzw. des Komments wissenschaftlicher Auseinandersetzung:

> Lassen Sie uns überhaupt für den Ton | der Ä.Z. an dem alten Theologenspruch | festhalten: in dubiis libertas, in omnibus caritas.
>
> Seine abweichende Meinung muss jeder äus-|sern und es soll es ihm keiner übelnehmen, | aber persönliches Schimpfen und Zanken (wie | es in der klassischen Philologie Usus ist) | wollen wir fernhalten.

Festzuhalten bleibt, dass Piehls Bemühen um eine engere Zusammenarbeit mit der Redaktion der ZÄS gescheitert ist. Es ist immerhin möglich, dass die Rückkehr Ermans in die Redaktion, die sich zu diesem Zeitpunkt anbahnte, die Einbindung weiterer Mitarbeiter als nicht notwendig, vielleicht sogar als nicht wünschenswert erscheinen ließ. Ob darüber hinaus auch eine gewisse Reserviertheit der deutschen Kollegen gegenüber dem persönlichen Stil Piehls eine Rolle gespielt hat, kann nicht eindeutig festgestellt werden, erscheint vor dem Hintergrund der hier angeführten Textzeugnisse jedoch nicht unplausibel.

Nachdem Piehl nicht über den Status eines Autors ohne redaktionelle Verantwortung hinausgekommen war, gründete er schließlich seine eigene Zeitschrift. Dennoch begreift Piehl die von ihm herausgebrachte Sphinx zunächst keinesfalls als ein Konkurrenzvorhaben zur ZÄS oder gar als eine Alternative zu einer durch die ZÄS vertretenen grundsätzlich anders gearteten Wissenschaftsauffassung. Vielmehr soll die schwedische Sphinx ein Desideratum beseitigen helfen und der Besprechung ägyptologischer Publikationen breiten Raum bieten:

> Malgré le nombre de périodiques dont dispose notre science, elle n'avait pas été pourvue jusqu'ici d'un journal qui fût exclusivement ou essentiellement consacré à l'appréciation des publications scientifiques de son ressort. [...]
>
> Il paraît donc qu'un journal, spécialement affecté à l'appréciation de la littérature égyptologique, mérite vraiment d'être regardé comme un *desideratum*[81] de notre science.[82]

Das Anliegen Piehls wurde von der internationalen *scientific community* der Ägyptologie wohlwollend aufgenommen und auch unterstützt. Auch die Vertreter der von ihm schon zu diesem Zeitpunkt und auch später teilweise heftig kritisierten Vertreter der Berliner Schule leisteten ihren Beitrag und reichten eine relativ große Zahl von Artikeln für die Sphinx ein. Von der späteren Entzweiung der beiden Zeitschriften und ihrer respektiven Wissenschaftsauffassungen war zum

80 Erman (1882).
81 Hervorhebung im Original.
82 Piehl (1896), Vorwort.

Zeitpunkt der Gründung dieses Publikationsorganes jedenfalls nach Außen hin nichts zu merken:

> Un grand nombre d'égyptologues nous ont déjà accordé leur adhésion. Entre autres, nous sommes autorisés à citer les noms d'Ebers ; d'Erman, de Lefébure, de Le Page Renouf, de Naville, de Pietschmann, de Steindorff, de Wiedemann.[83]

Andererseits sollte nicht unerwähnt bleiben, dass Piehl sein Vorhaben ein Jahr zuvor auf dem zehnten internationalen Orientalistenkongress in Genf vorgestellt hatte, dort jedoch – trotz einer, wie Andersson berichtet: „wohlmeinenden Aufnahme“[84] – kein Beschluss zur Unterstützung oder Finanzierung seines Vorhabens gefasst worden war und Piehl sich so um private Sponsoren bemühen musste.[85]

6.3.2.1 K. F. Piehl (1853–1904)

Angesichts der großen Bedeutung einzelner Wissenschaftler für die Ausgestaltung ägyptologischer Fachzeitschriften und des oftmals sehr persönlichen Charakters der darin ausgetragenen (wissenschaftlichen) Polemiken, ist es an dieser Stelle geboten, zunächst den wohl bedeutendsten, in jedem Fall aber schärfsten Kritiker der Berliner Schule und der durch sie herausgegebenen Zeitschrift vorzustellen – zumal er auch in der ägyptologischen Sekundärliteratur sonst eher selten Erwähnung findet.[86]

Die Rede ist von Karl Frederik Piehl. Als Sohn eines Bäckermeisters am 30. März 1853 in Stockholm geboren, erwarb er 1872 die Hochschulzugangsberechtigung am Gymnasium und begann sein Studium der Ägyptologie an der Universität von Uppsala.[87] Wie für die meisten Ägyptologen dieser Generation bedeutet dies ein weitgehend autodidaktisches Studium, da die Ägyptologie als universitäres Fach in Schweden erst später und dann durch Piehl selbst erstmals gelehrt wurde. Einzig ein kurzer Aufenthalt in Oslo bei J. D. C. Lieblein[88] (1827–1911) eröffnete Piehl die Chance zu fachlicher Anleitung durch einen bedeutenden Vertreter der skandinavischen Ägyptologie. Ab 1876 setzt er sein Studium in Uppsala fort und unternahm, ausgestattet mit dem Sederholm Stipendium, eine

---

83 Op. cit.
84 Vgl. Andersson (1904), 126.
85 Vgl. op. cit., 127.
86 Op. cit.; Bierbrier (2012), 432; Metz (2005), 13–16.
87 Vgl. Andersson (1904), 117 f.
88 Andersson (1912); Bierbrier (2012), 332.

Studienreise nach Kopenhagen.[89] Ein Jahr später folgt ein Studienaufenthalt am Collège de France in Paris unter der Anleitung von G. Maspero, der ihn auch an G. Ebers empfahl:[90]

> Cher Monsieur,
>
> Un Suédois, [...], | M. Karl Piehl, | me demande pour vous une lettre d'introduction. Je | lui laisse le soin de vous expliquer ce qu'il demande | et vous prie seulement de vouloir bien faire pour lui | ce que vous seriez disposé à faire pour moi-même.
>
> Veuillez agréer, cher Monsieur, tous mes compliments | affectueux.
>
> G. Maspero

Es folgt ein Italienaufenthalt mit Stationen in Turin, Florenz, Rom und Neapel.[91] Nach Uppsala zurückgekehrt, schließt er sein Studium 1881 mit der Promotion ab.

Während dreier Ägyptenaufenthalte (1882–1883; 1883–1884 & 1887–1888), die durch Stipendien und auch mit direkter staatlicher Förderung finanziert werden, erwirbt er große Mengen ägyptischer Antiken,[92] die er in einem durch ihn selbst begründeten Museum unterbringt. 1889 wird er offiziell zu dessen Direktor ernannt.[93] Durch Vortragsreisen wirbt er vornehmlich private Gelder für den Ausbau und die Finanzierung seines Museums ein und vermag auch das schwedische Königshaus für die Unterstützung seiner Vorhaben zu gewinnen.[94] Im gleichen Zeitraum erlangt er eine Professur – die erste für Ägyptologie in Schweden.[95]

Am 09. August 1904 verstirbt Piehl in Uppsala.

Wie bereits der hier gebotene biografische Abriss vermuten lässt, durchlief Piehl eine äußerst erfolgreiche akademische Laufbahn, was sich auch in den Auszeichnungen und Mitgliedschaften in wissenschaftlichen Vereinigungen niedergeschlagen hat. 1877 wurde er Mitglied der Gesellschaft für Anthropologie und Geographie in Stockholm; 1879 Mitglied der Société asiatique in Paris, 1884 Ehrenmitglied der Society of Biblical Archaeology in London und 1902 Ritter vom Königlichen Orden des Polarsterns.[96]

89 Vgl. Andersson (1904), 119.
90 SBB-PK, Nachl. Georg Ebers: Maspero, Gaston, 29.01.1880.
91 Vgl. Andersson (1904), 119.
92 Vgl. Metz (2005), 13 f.
93 Vgl. Andersson (1904), 120 f.
94 Vgl. op. cit., 122.
95 Vgl. op. cit., 125.
96 Vgl. Andersson (1904), 131.

Auch aus Deutschland erfuhr Piehl durchaus fachliche Anerkennung, wenngleich sich dies nicht in der Mitgliedschaft in einer gelehrten Vereinigung und auch eher nicht publizistisch äußerte. Immerhin kann Piehls Schüler Andersson in seinem Nachruf auf den Lehrer einen Brief von G. Ebers vom 20. Februar 1880 – wohl in Reaktion auf die durch Maspero (s.o.) angebahnte Kontaktaufnahme – zitieren:

> Mein lieber Herr Kollege! Sie sind mir durch Ihre Arbeiten wohl bekannt, und namentlich durch Ihre ‚Petites Notes de critique et de philologie' haben Sie sich ein volles Recht erworben, sich zu den Meistern unserer Wissenschaft zu zählen.[97]

Wieviel von dieser Aussage als bloße Höflichkeit abzutun ist, mag dahingestellt bleiben. Ließt man jedoch die übrigen von Andersson zum Lob seines Lehrers zitierten Äußerungen von Kollegen und Zeitgenossen, die von ihm als „jugements de[s] [...] autorités incontestables"[98] charakterisiert werden, aufmerksam durch, fällt zweierlei ins Auge: Erstens, mit Ebers (1837–1898), Le Page Renouf (1823–1899), Brugsch (1827–1894) und Dümichen (1833–1894) werden v.a. Vertreter der älteren Ägyptologengeneration als Gewährsleute herangezogen,[99] zweitens aber fallen diese positiven Stellungnahmen doch eher Bescheiden aus und bestehen in aller Regel aus Nebensätzen, in denen der geschätzte Kollege allem Anschein nach mit einigen Artigkeiten bedacht wird.[100]

6.3.2.2 Gegnerschaft zur ‚deutschen' Ägyptologie

Schon in seinem Nachruf auf Piehl beschreibt Andersson eindeutig den streitbaren Charakter seines Lehrers:

> il combattait par son génie et sa sagacité tout ce qui s'opposait à ses recherches,[101]
>
> il a combattu avec énergie le dilettantisme dans ce domaine.[102]
>
> Au milieu des attaques les plus acharnées il marchait toujours la tête haute : il était soutenu par sa ferme foi dans la victoire finale de la vérité et de la justice. Et il ne s'est pas trompé! Si la vie lui offrit plus de lutte que de la paix, si le combat pour le vrai et la justice exigea toute la force de son esprit, admettons maintenant qu'il a remporté une victoire éclatante.[103]

97 Ebers zitiert nach Andersson (1904), 123.
98 Vgl. Andersson (1904), 124.
99 Vgl. op. cit., 123f.
100 Vgl. op. cit., 123.
101 Andersson (1904), 129.
102 Op. cit., 131.
103 Op. cit., 133f.

Man mag die martialisch anmutende Ausdrucksweise auf den herrschenden Zeitgeist zurückführen oder den Stil dieser Charakterisierungen ganz einfach als schwülstig bezeichnen. Auch muss die Quellengattung des Nachrufes in ihrer idealisierenden Tendenz, die häufig auch eine etwas blumige Ausdrucksweise mit sich bringt, sehr wohl in Betracht gezogen werden. Dennoch erscheinen Begriffe wie Kampf und „Attacke“ einerseits und Wahrheit und „Gerechtigkeit“ andererseits hier als Leitmotive gebraucht worden zu sein, was in der Biografie eines Gelehrten doch etwas verwundert.

Erst jedoch, wenn man diese eher allgemein gehaltenen Lobgesänge mit konkreten Unternehmungen Piehls in Verbindung bringt, gewinnen sie für das Verständnis der (Selbst-)Auffassung der Vertreter seiner Schule an Bedeutung.

Die von Piehl begründete Zeitschrift wird von Andersson als:

> le service peut-être le plus grand que Karl Piehl ait rendu au développement de l'égyptologie [...][104]

bezeichnet.

Auf dem zehnten Internationalen Orientalistenkongress 1895 in Genf hatte Piehl der Fachwelt das Erscheinen einer neuen ägyptologischen Zeitschrift angekündigt, deren Hauptaufgabe es sein sollte:

> de réprimer le dilettantisme qui se répand de plus en plus en ces dernier temps.[105]

In dieser Formulierung tritt dasselbe oben herausgearbeitete Leitmotiv der Darstellung Anderssons in Erscheinung, und tatsächlich gebraucht er zur Benennung dieser der Zeitschrift zugedachten Aufgabe den Begriff der „Mission“,[106] wodurch neben den kriegerischen Aspekt semantisch womöglich sogar noch ein beinahe religiöses Moment hinzutritt.

Der streitbare Charakter und der kritische Geist Piehls waren jedoch lange vor Herausgabe der Sphinx offen zu Tage getreten und hatten zu Verstimmungen zwischen ihm und seinen Kollegen, u. a. auch mit A. Erman, geführt. Unter den wenigen Briefen Piehls an Erman, die sich in dessen Nachlass in Bremen befinden, findet sich ein Schreiben, in dem Piehl versucht, Ermans Empörung über seine Kritik an dessen Arbeiten zu beschwichtigen. Obwohl Piehl ansonsten die französische Sprache für seine Korrespondenz mit seinen Kollegen gebrauchte, bemüht er sich in diesem Schreiben sogar, seine Haltung in deutscher Sprache zu

104 Op. cit., 126.
105 Op. cit.
106 Op. cit.

vermitteln – was ganz sicher, besonders angesichts der offenkundigen und auch selbst eingeräumten sprachlichen Schwierigkeiten, als ein großes Entgegenkommen gegenüber dem deutschen Kollegen zu werten ist und daher das Bemühen um Ausgleich und Versöhnung als redlich und glaubwürdig erscheinen lässt. Über die Reaktion Ermans auf dieses Schreiben ist allerdings nichts bekannt:[107]

> Jetzt zu Ihre Fragen! Wie Sie daran kommen | zu vermuthen, daß ich auf Sie ‚schießen' könne, ist mir un-|möglich zu begreifen. Ich kann freilich nicht leugnen, daß | ich bisweilen anderer Meinung wie Sie bin, aber meines | Wissens ist es niemals geschehen, daß ich persönliche[108] Ausdrücke | gegen einen Collegen wegen seiner wissensch. Arbeiten gebraucht habe. ‖ Im Gegentheil glaube ich gegen Sie mehrmals besonders hoch-|achtungsvolle Ausdrücke gebraucht zu haben – was ja meine Schul-|digkeit ist.
>
> Es ist wahr, daß Sie einen Dualis im Aegyptischen | wiederzufinden glauben,[109] während meine Wenigkeit den Existenz einer | solchen gram. Kategorie bezweifelt – aber was hat das mit | unseren persönl.[110] Verhältnissen zu thun?
>
> Hinsichtlich ‚meiner Beiträge', die wegen der Form für Sie | wie andere Kollegen unbequem sind, will ich mittheilen.
>
> 1) daß Anm. I. S. 28 enthält: daß de Rouge's Chrestomantie | ‚sonderbar genug in Deutschland – wenn man Brugsch aus-|nimmt, der es sehr oft im Wb.[111] citirt – fast ganz und gar ig-|noriert zu sein scheint, was zur Folge hat und gehabt hat, daß | Entdeckungen bisweilen gethan werden, die für denjenigen der | die fragliche Arbeit kennt sich als alte Wahrheiten | zeigen.' Mit diesen Worten (in wörtl. Übersetzung)[112] kann | ich ja nicht anderes meinen als daß man in Deutsch-|land, und das kann ich beweisen für Fälle wo sogenann-|te Entdeckungen vorkommen! Daß man in Deutschland de Rouge' ‖ abschreibe ohne ihn zu nennen (wie Ihre Worte waren)[113] daran habe | ich niemals gedacht, noch weniger habe ich es gesagt. Ich habe | gar zu große Achtung für Deutsche Wissenschaft um glau-|ben zu können, daß sie durch dieses Benehmen, durch | Dépouillierung[114] transrhenanischer[115] Werke vorwärts schritte. – Aber | dagegen muss ich hervorheben, daß ich an eine Unterschätz-|ung der Arbeit de Rouge's seitens der Deutschen gedacht | habe, eine Unterschätzung, die ich unberechtigt fand und | mit der ich nicht einverstanden sein konnte. Es gilt doch sonst | all-

107 BStUB, Piehl-Erman, 08.10.1883. – Piehl, der sich sonst des Französischen bediente, um mit seinen Kollegen zur korrespondieren, hatte offensichtlich einige Schwierigkeiten mit der Grammatik, Orthografie und Interpunktion des Deutschen. – Diese Auffälligkeiten werden hier ohne einzelne Kennzeichnung durch „[sic!]" wiedergegeben, da ansonsten der Lesefluß zu sehr behindert würde.

108 Hervorhebung im Original.

109 Erman (1881).

110 Hervorhebung im Original.

111 Gemeint ist Brugsch (1867–1882).

112 Anmerkung im Original.

113 Anmerkung im Original.

114 Aus dem Frz.: dépouillier = „sichten" od. „berauben".

115 ~ „jenseits des Rheins befindlicher".

gemein in der germanischen Gelehrtenwelt – wenigstens | ist es im hohen Grade der Fall bei uns in Schweden – | daß man französische Arbeiten mit Geringschätzung betrachtet; | ich habe ja vor einigen Jahren mit eigenen Ohren in | Uppsala einen sehr tüchtigen klass. Philologen hinsicht-|lich griechischer Texte publicirt in ‚La Revue Archae-|logique' sagen hören: ‚es ist französisch und folglich | mehr oder weniger oberflächlich.'

2) Was ich von Ihnen gesagt habe: p. 28, 1.4. ‚Nicht einmal | die zuletzt erschienene – Ermans Neuaeg. Gramm.[116] – gibt uns irgend | eine sichere Leitung, und doch wäre es sonderbar, wenn zu einem Sprach-|gebrauch ‖ der in den jüngeren Formen des ägyptischen so gut durchge-|führt ist, nicht eine einzige Spur in den älteren entdeckt | werden könnte? Herr Erman hat indessen die Frage nicht | ganz unberücksichtigt gelaßen. Er sucht wenigstens den Genesis des | pers. Artikels mit Hülfe älterer Sprachdenkmäler zu erklären | und theilt hierüber (§35) zur Verständnis des Lesers mit: der | sogenannte etc. ...

p. 30 Anm. 2. ‚Herr Erman hat sichtlich die Änderung Chabas' | approbirt, wovon ist als Folge geworden, daß seine Neuäg. Gramm. nichts | weiß von einem poss. Art. für die Epoche, die Sie repräsentirt.' – | Ich habe jetzt mein Bestes gethan, um Ihnen zu zeigen, daß ich keine Schmäh-|ungen in meiner Arbeit gegen Sie hervorgeschleudert habe. Es ist | wahr, dass mein Deutsch sehr schlecht ist, aber es muss doch, mit | gutem Willen, begreiflich sein, wie ich hoffe.

Es wäre mir sehr lieb, wenn wir einander verstehen | könnten. Die Wissenschaft fordert doch stets Zusammenwirken | und wenn die persönlichen Verhältnisse der Verfasser ein wenig mehr | sich zusammenschließen, wahrlich niemand hätte daran Schaden.

Wollen Sie mein schlechtes Deutsch entschuldigen und empfan-|gen Sie meinen besten Gruß.

Ergebenst
Karl Piehl.

Bemerkenswert in diesem Brief ist v.a. die von Piehl so wahrgenommene Geringschätzung der „germanischen Gelehrtenwelt" gegenüber französischsprachigen Arbeiten. Im Falle Ermans ist ein solcher Eindruck durchaus nachvollziehbar. Zwar ist es eher unwahrscheinlich, dass der Nachfahre hugenottischer Einwanderer mit profunden Französischkenntnissen solche Publikationen bewusst ignoriert haben soll, oder „de Rouge abschreibe, ohne ihn zu nennen", man sollte sich in diesem Zusammenhang aber vielleicht Ermans Bekenntnis gegenüber seinem Lehrer Ebers ins Gedächtnis rufen:[117]

Die Wahrheit | ist, ich benutze nur die Bücher, die | ich besitze; an ein wirkliches Be-|nutzen der Bibliotheken habe ich | mich nie gewöhnt, da ich dazu | früher gar keine und jetzt auch kaum | Zeit habe.

116 Erman (1880a). – Hervorhebung im Original.

117 SBB-PK, Nachl. Georg Ebers: Erman, Adolf, 24.02.1887.

Während also Erman die Form von Piehls Kritik an seinen Arbeiten als zu persönlich, ja sogar verletzend zu empfinden scheint, bemängelt Piehl dessen wissenschaftliche Arbeitsweise, namentlich die vermeintliche Nicht-Beachtung der Publikationen von (französischsprachigen) Kollegen.

Während seines zweiten Ägyptenaufenthaltes (1884) teilt Piehl seinem Kollegen eine Entdeckung am zweiten Tempelpylon in Karnak mit.[118] Erman lässt dieses Schreiben in der ZÄS veröffentlichen, da darin auch eine Besprechung dieser Entdeckung in der ZÄS angekündigt wird. Der Brief ist im Ton höflich und verbindlich gehalten und lässt also vermuten, dass es über den in dem oben angeführten Schreiben erörterten Streitfall nicht zum Bruch zwischen Erman und Piehl gekommen ist. Auch die Kürze der Mitteilung ist angesichts der Tatsache, dass sie während einer Forschungsreise abgefasst worden ist, kein Indiz für ein unterkühltes Verhältnis zwischen Absender und Adressat. Andererseits hatte Piehl in Luxor wohl auch noch nicht von der Rückkehr Brugschs in die Leitung der Redaktion der ZÄS erfahren und sich an Erman als den geschäftsführenden Herausgeber gewandt.

Wie auch immer sich das persönliche Verhältnis zwischen Piehl und Erman gestaltet haben mag – die relativ spärliche Quellenlage und geringe Anzahl erhaltener Briefe allein kann nicht als konklusiv angesehen werden – die methodische Kritik Piehls an der Arbeitsweise und der vermeintlichen Nichtbeachtung einiger Publikationen von Kollegen seines deutschen Kollegen und von dessen Schülern kam immer wieder zur Sprache. Die Entgegnung Ermans darauf, die er 1900 auf einer Postkarte an seinen schwedischen Kollegen richtete, ist für dessen Haltung sicher bezeichnend:[119]

> L.[ieber] H.[err] K.[ollege][120]! [...] | gewiss hätte bei Der-|el Medineh dann ihre Publikation angeführt | werden sollen. Aber Prof. Sethe wird das so wenig | gewusst haben, wie ich es bis heute gewusst | habe, obgleich ich mir vor einiger Zeit einmal | eine Liste der in Ihrer Inscr.[121] stehenden Texte | gemacht hatte. Wenn Sie, wie Sie schreiben, | darauf in Ihrer Sphinx aufmerksam gemacht | haben, so hilft das auch nichts, denn so etwas | liesst man und vergisst es leicht wieder über all dem was | geschäftlich, wissenschaftlich und persönlich auf uns | vielgehetzte Menschen eindringt. Es hilft eben nur | eines: Wir müssen Nachschlagebücher haben, wo man | derartiges ohne Mühe findet, denn Zeit zu langem Su-|chen hat niemand.

Schon früher hatte Erman in einem Brief an Piehl die Notwendigkeit eines Nachschlagewerkes bzw. eines Verzeichnisses ägyptologischer Primärquellen und

118 Vgl. Piehl (1884).
119 UBU, Erman-Piehl, 11.08.1900.
120 Eig. Anm.
121 Piehl (1884–1903).

Sekundärliteratur angemerkt.[122] Da dies die einzigen Schreiben Ermans an Piehl sind, die in den Beständen der Universitätsbibliothek Uppsala erhalten blieben,[123] steht sogar zu vermuten, dass sie Ihre Aufbewahrung eben dieser darin gemachten Anregung Ermans verdanken.

Während Erman bereits frühzeitig die Form von Piehls Kritik an seinen Arbeiten als unangemessen und persönlich diffamierend empfunden hatte, war dies jedoch zunächst noch im Rahmen der privaten Korrespondenz besprochen worden. Nach der Übernahme der alleinigen redaktionellen Verantwortung für die ZÄS durch Erman 1894 und der – wahrscheinlich daraufhin erfolgten – Gründung der Sphinx 1895 kam es nach der Jahrhundertwende zum Ausbruch offener Auseinandersetzungen zwischen der schwedischen und der Berliner Schule der Ägyptologie. Bereits 1897 stellten auch außenstehende Beobachter eine starke Entfremdung zwischen Piehl und Erman fest. In einem Brief an seinen schwedischen Kollegen mahnte der schweizer Ägyptologe E. Naville daher zur Mäßigung und brachte sein Bedauern über die Entwicklung des Verhältnisses beider Kollegen zum Ausdruck:[124]

> Il me semble qu'entre Erman et vous il | y a plutôt un malentendu qu'autre deux ; et il me | parait probable que vous allez croire maintenant | Erman pour ennemie.

In einer für die damalige Wissenschaftskultur, den herrschenden Zeitgeist und sicher auch für den streitbaren Charakter Piehls bezeichnenden Weise erfolgte 1901 dann tatsächlich eine formelle ‚Kriegserklärung' der Sphinx an die ZÄS:

> Sphinx, déjà plusieurs fois, a eu l'occasion de se formaliser du peu de soin qui actuellement est consacré à la rédaction de la *Zeitschrift*[125] qui – il faut s'en souvenir toujours et malgré tout – est un organe international autant que Berlinois, un grand nombre des égyptologues les plus distingués, qui n'habitent pas et n'ont point habité à Berlin, lui ayant généreusement offert leurs contributions, dont beaucoup font époque dans l'histoire de notre science.
>
> De l'autre côté, l'assurance dont certains jeunes collaborateurs du dit organe plus d'une fois ont fait montre, *pour*[126] des cas sujets à litige, *contre*[127] de vieux savants, devient à la longue bien monotone, et Sphinx ayant, dès le début, entrepris de combattre, *conformément 'a sa tâche*[128], tout ce qu'il rencontre de nature à entraver ou empêcher le développement de

122 UBU, Erman-Piehl, 05.08.1900.
123 Nach dem Verzeichnis G 212 übermittelt als pdf durch das Archiv der Bibliothek.
124 UBU, Naville-Piehl, 23.11.1897.
125 Hervorhebung im Original.
126 Hervorhebung im Original.
127 Hervorhebung im Original.
128 Hervorhebung im Original.

l'égyptologie, il trouve à propos d'appliquer maintenant ce projet à la *Zeitschrift* qui, si elle reste longtemps rédigée dans le sens actuel, pourrait devenir un danger à l'égyptologie.[129]

Der Ortsangabe „Berlin" folgt noch eine umfängliche Fußnote, in der bemerkt wird, dass sich die Mitarbeiter der ZÄS im Wesentlichen aus den Schülern Ermans rekrutierten und sich, wie Griffith durch „bizarre" „Unterwürfigkeit" auszeichneten.[130] Altgediente Mitarbeiter wie Maspero, Eisenlohr, Revillout, Lefébure, Lieblein, Naville seien von einer weiteren Mitarbeit ausgeschlossen worden. Dennoch betont Piehl, gleichsam zu seiner eigenen Rechtfertigung, seine grundsätzliche Friedensliebe:

Si j'envois encore pour ma part des articles, ç'a été pour garder un semblant de paix, ce qui n'est pas bien facile en présence de personnes très autoritaires prenant des allures par trop volontaires.[131]

An Schärfe konnte diese Stellungnahme Piehls schwerlich überboten werden. In seiner Darstellung ist die ZÄS einer Gruppe junger, deutscher – oder auch unterwürfiger englischer – Ägyptologen um Erman in die Hände gefallen, die nun ältere, v. a. französischsprachige Kollegen von einer weiteren Mitarbeit in der Zeitschrift ausgeschlossen haben. Die ZÄS – ursprünglich ein Publikationsorgan der gesamten internationalen Ägyptologie, habe sich zu einem rein deutschen bzw. Berliner Journal entwickelt und stelle in dieser Form sogar eine „Gefahr für die Ägyptologie" dar.

Die Reaktion der so geschmähten Berliner Ägyptologen um A. Erman konnte nicht ausbleiben und fiel entsprechend deutlich aus. Nachdem sich Steindorff und Erman über einen durch den ersteren verfassten Entwurf einer in der nächsten Ausgabe der ZÄS zu veröffentlichenden Erklärung verständigt hatten, wurde diese 1902 publiziert:[132]

Erklärung.[133]

Seit einer Reihe von Jahren bedient | sich Herr Prof. Karl Piehl in Uppsa-|la in der von ihm geleiteten |
[herausgegebenen]

---

129 Vgl. Piehl (1901a), 145 f.
130 Vgl. op. cit., 145, Anm. 1: „bizarre"; „obséquiosité".
131 Op. cit.
132 BStUB, Steindorff-Erman, (undat.) – veröffentlicht in ZÄS 40, 1902, 100 – abweichende Formulierungen der veröffentlichten Fassung sind in eckigen Klammern eingefügt.
133 Hervorhebung im Original.

Zeitschrift | „Sphinx“ gegenüber der Redaktion | und mehreren Mitarbeitern der „Zeitschrift | für ägyptische Sprache“ eines Tons, der den | in der wissenschaftlichen Welt üblichen | Formen in keiner Weise entspricht.

[der nicht der in der wissenschaftlichen Welt übliche ist. Aus besonderer Rücksicht haben wir bisher geglaubt, diese Angriffe ignorieren zu sollen;]

Wir | sind daher, wie wir hiermit ein für alle | mal erklären, zu unserem Bedauern | nicht im Stande, uns zu einer | Erörterung der von Herrn Piehl [?]-|ten Streifragen herbeizulassen.

[wir halten es indessen jetzt für geboten, ein für alle mal zu erklären, daß wir zu unserem Bedauern nicht in der Lage sind, die Angriffe und Anschuldigungen des Hrn. Piehl ernst zu nehmen oder uns zu einer Erörterung der von ihm berührten Streitfragen herbeizulassen.]

Die Herausgeber der ‚Zeitschrift | für ägypt. Spr. & A.‘
gez. Erman. Steindorff

Piehl zeigte sich von dieser Erklärung und der darin erfolgten formellen Aufkündigung jeder wissenschaftlichen Zusammenarbeit unbeeindruckt:

Les reproches que dernièrement nous avons adressés au chef-rédacteur de la *Zeitschrift*[134] de négliger trop de les intérêts de cet organe capital de l’égyptologie, se montrent encore parfaitement légitimes devant le présent numéro, paru après les susdits fascicules de Sphinx. Il paraît malheureusement que M. Erman s’est inspiré ici des procédés communément attribués aux Bourbons : comme eux, il n’a rien appris ni rien oublié.[135]

In der Folgezeit hielt Piehl seine grundsätzliche Kritik an der Berliner Schule aufrecht. Bei der Besprechung von Ermans „Ägyptischer Grammatik“[136] offenbarte sich aber neben der Kritik an dem wissenschaftlichen Komment oder dem Umgang mit nicht-deutschen Kollegen auch ein fachlicher Gegensatz, der Piehl und mit ihm die von ihm so vehement verteidigte frankophone Ägyptologie von den deutschen Kollegen trennte – die Frage der Zugehörigkeit bzw. der Verwandtschaft des Ägyptischen mit den semitischen Sprachen:

A cet égard, notre critique n’atteint pas uniquement des détails de l’ouvrage, elle en vise autant certains points qui nous semblent capitaux. De ce dernier nombre nous comptons en premier lieu les tendances sémitisantes manifestées là-dedans, tendances qui confèrent à l’égyptien – langue certainement non-sémitique – un caractère tout-à-fait contraire à sa structure:[137]

---

134 Hervorhebung im Original.
135 Piehl (1902), 123.
136 Erman (1902).
137 Piehl (1903), 65.

Doch auch in dieser Besprechung kommt Piehl wieder auf die seiner Ansicht nach durch Erman und die Berliner Schule ständig begangene Missachtung der Arbeiten von Kollegen zu sprechen:

> Un autre point capital où ‚Aeg. Gram.', [...], c'est concernant la manière de citer de savants dont les recherches en grammaire égyptienne ont facilité la tâche de l'auteur de ‚Aeg. Gram.'. Les seuls noms d'auteur cités dans la ‚Vorrede' – ce sont là ailleurs les seuls noms cités dans la *grammaire*[138] entière – sont KURT SETHE,[139] GRIFFITH, SCHACK, MAX BOLLACHER.[140]

In Anspielung auf die durch Steindorff und Erman 1902 veröffentlichte „Erklärung" (s. o.) setzt Piehl noch hinzu:

> nous constatons simplement que cette manière de distinguer repose sur un procédé ‚der nicht in der wissenschaftlichen Welt übliche ist.'[141]

Abgesehen von dem beinahe dogmatischen Beharren des nicht-semitischen Charakters der ägyptischen Sprache, sind die Vergleiche Ermans mit den Bourbonen (s. Zitat o.) und das beinahe kindische Nachäffen der Formulierung aus der in der ZÄS veröffentlichten Erklärung als unsachlich zu beurteilen. Es kann angesichts der hier angeführten Beispiele der von Piehl gebrauchten Polemik nicht verwundern, dass selbst solche Kollegen, die seine wissenschaftlichen Auffassungen teilten, die sich, wie noch zu zeigen sein wird, auch selbst durch das Verhalten der Berliner Schule und der Redaktion der ZÄS in ihrer wissenschaftlichen Entfaltungsmöglichkeit eingeschränkt sahen und die durch Piehl dagegen verteidigt und in Schutz genommen wurden, dennoch Kritik an seinem Vorgehen und dem von ihm gebrauchten Stil äußerten.

Einer der frühesten Belege der durch Piehls persönlichen Stil hervorgerufenen Spannungen innerhalb der *scientific community* ist ein Schreiben Masperos an seinen Kollegen Ebers, in dem er diesem von der Ablehnung eines gegen Ebers' Schüler W. M. Müller (vgl. Exkurs) gerichteten Artikels aus der Feder Piehls berichtet:[142]

> Mon cher Monsieur Ebers,
>
> Piehl vient de m'envoyer un article contre[143] Max | Müller : c'est toujours la même ritournelle qu'il a | entonnée comme Wiedemann. Si je ne savais qu'il | a le cerveau malade, je

---

138 Hervorhebung im Original.
139 Kapitälchen im Original.
140 Op. cit., 66.
141 Op. cit., 66 f.
142 SBB-PK, Nachl. Georg Ebers: Maspero, Gaston, 17.07.1888.
143 Hervorhebung im Original.

me serais contenté de lui | retourner son article, sans mot dire. Sachant l'état | d'esprit où il est, je lui ai renvoyé le manuscrit | en y joignant la lettre ci-jointe, dont je vous | transmets copie. Je voudrais qu'il évitât de porter | ailleurs à la Zeitschrift, ou à la Revue Egyptologique | son article, et je lui insinue de vous consulter avant | de rien publier. Je ne crois pas qu'il le fasse, mais | peut-être pouvez-vous intervenir auprès de Stern et | de Révillout pour empêcher toute publication. Après | la lettre que j'ai écrite pour M. M. je ne puis admettre | dans notre R. une attaque injuste contre lui : cela | pourrait lui nuire aux yeux des non-égyptologues. ‖ Paris le 17 Juillet 1888

Copie de la lettre adressée à M. Piehl.

Monsieur,

M. Max Müller est dans une situation telle que la | moindre attaque ou même le moindre semblant s'attaque | pourrait lui causer un préjudice irréparable. Vous me per-|mettrez donc de vous renvoyer le manuscrit de votre ar-|ticle : je lui ai facilité les débuts, comme j'ai eu la bonne | fortune de le faire pour vous et pour plusieurs autres | et je ne voudrais pas publier un article qui pourrai | lui nuire au moment critique de sa carrière. Je n'ai | pas qualité pour vous parler plus longuement des affaires | de M. Max Müller : je crois pourtant pouvoir vous | affirmer qu'en supprimant votre réponse vous rendrez | service à quelqu'un qui mérite la sympathie et l'aide | de tous les Egyptologues. M. Ebers vous dira la même chose | si vous vous adressez à lui pour avoir quelques éclaircis-|sements à ce sujet.

Ceci dit, permettez-moi de vous répéter une fois de plus | que je voudrais supprimer et écarter du Recueil toutes | ces questions personnelles. Il est sans doute impossible dans | notre science de traiter n'importe quel sujet sans | discuter l'opinion d'un autre Egyptologue ; mais si | Brugsch, par exemple, consacrait un article spécial | à chaque critique, que j'ai pu faire d'une de ses ‖ opinions, ou si, réciproquement je consacrais un article spécial | à chaque critique qu'il a pu faire des miennes, ni la | Zeitschrift, ni le Recueil, ni la Revue Egyptologique, &c., ne | suffiraient à nos lettres et contre-lettres. Si donc vous vouliez | bien adresser au Recueil des articles sur tel ou tel sujet | scientifique, et que vous y mêliez quelque critique ou quelque | réponse, le les accueillerai avec plaisir, bien entendu | que la forme en soit courtoise et modérée. Sinon | j'aurai le regret très vif d'être obligé de décliner tout article | de pure polémique, comme je le fais pour le présent article

Veuillez &c. ...

An Warnungen bzw. wohlmeinenden Ratschlägen an Piehl, sein Verhalten zu ändern, hat es also auch von Seiten außerhalb der Berliner Schule schon frühzeitig nicht gemangelt.

Dass ausgerechnet E. Naville, noch dazu in seinem Nachruf (!) auf den schwedischen Kollegen, meinte, Kritik an dessen Verhalten üben zu müssen, erscheint vor dem ansonsten eher beschönigenden Charakter solcher Darstellungen als besonders gravierend:

Ainsi que le regretté Le Page Renouf, qu'il considérait comme l'un de ses maîtres, il ne pouvait admettre l'orientation que l'école allemande a donnée à la grammaire, ni le cadre sémitique dans lequel elle veut la faire entrer souvent de force. Il a été l'adversaire convaincu de cette tendance. Dans cette polémique il est regrettable que Piehl quittant le ton froid et scientifique, ait apporté une passion et une véhémence que ses amis, qui appréciaient son mérite,

> ont souvent cherché sans succès à lui faire abandonner. En vain, ils lui représentaient que le langue violent ne faisait qu'obscurcir la valeur très réelle du raisonnement et qu'il valait mieux laisser parler les faits ; rarement ils ont réussi à le convaincre subitement. Un sentiment très vif, presque exagéré de la justice, faisait qu'il ne pardonnait pas tout ce qui, ressemblait à du plagiat, ou à l'usurpation illégitime de découvertes faites antérieurement par d'autres : il le flagellait impitoyablement.[144]

Dieser Einschätzung Navilles ist im Grunde nichts hinzuzufügen. Sowohl die wissenschaftlichen Grundüberzeugungen (nicht-semitischer Charakter des Ägyptischen) als auch seine Auffassung wissenschaftlichen Arbeitens und/oder wissenschaftlichen Komments (Nennung der Vorarbeiten älterer Kollegen) sind darin treffend beschrieben und bestätigen den aus den in diesem Abschnitt angeführten Quellen herausgearbeiteten Eindruck.

Der Frage, inwieweit die von Piehl behauptete Ausgrenzung oder Behinderung nicht-deutscher bzw. mit den Lehren der Berliner Schule nicht vereinbarer wissenschaftlicher Arbeiten tatsächlich stattgefunden hat, ob und wenn ja, durch welche Ereignisse auch andere Ägyptologen diesen Eindruck gewannen und wie sie darauf reagierten, soll in den folgenden Abschnitten nachgegangen werden.

6.3.3 Der Disput K. Sethe vs. E. Naville

Im Jahr 1896 erschien der erste Band der von K. Sethe herausgegebenen Reihe „*Untersuchungen zur Geschichte und Altertumskunde Ägyptens*", dessen erstes Heft „*Die Thronwirren unter den Nachfolgern Königs Thutmosis I., ihr Verlauf und ihre Bedeutung*"[145] zum Thema hatte. Darin erarbeitete Sethe einige Thesen zur Chronologie der XVIII. Dynastie, die der herrschenden Auffassung,[146] deren Vertreter sich u. a. auch auf die Königliste Manethos beriefen,[147] widersprach.

Da im Folgenden weniger die inhaltliche Beschäftigung mit der Chronologie der XVIII. Dynastie als denn vielmehr die Art der Auseinandersetzung und die Implikationen für die Wirkung der Berliner Schule, v. a. auf die Kultur des damaligen, Wissenschaftsbetriebes, sowie die Bedeutung wissenschaftlicher Polemik im Blickpunkt dieser Untersuchung stehen sollen, genügt es, die beiden gegensätzlichen Positionen hier nur kurz zu skizzieren und auf die Streitpunkte besonders hinzuweisen.

---

144 Naville (1905), 136.
145 Sethe (1896b).
146 Vgl. Petrie (1896), 25–34; zur heutigen: Beckerath (1997), 120 f.
147 Vgl. Naville (1897), 66; Rost (1897), 227; zur Manethos Bedeutung für die Chronologie des Neuen Reiches: Beckerath (1997), 123–129.

Nach Sethes Auffassung übernahm nach dem Tode des ohne direkten Thronfolger verstorbenen Amenhotep I. (*Ḏsr-kꜣ-Rʿ*)[148] der in die Königsfamilie eingeheiratete Thutmosis I. (*ʿꜣ-ḫpr-kꜣ-Rʿ*)[149] die Herrschaft durch seine Frau Ahmose, dankte aber nach deren Hinscheiden zugunsten seines ältesten Sohnes Thutmosis III. (*mn-ḫpr-Rʿ*)[150] ab, verheiratete ihn aber zugleich mit seiner Tochter Hatschepsut (*mʿꜣt-kꜣ-Rʿ*)[151]. Nachdem Thutmosis III., einige Jahre unumschränkt geherrscht habe, hätte sich seine Gemahlin gegen ihn verschworen und ihre gleichberechtigte Mitregentschaft erzwungen. Als Reaktion darauf betreibt Thutmosis III. später eine *damnatio memoriae* der Hatschepsut auf allen gemeinschaftlich errichteten Monumenten. Es kommt zu einer erneuten Verschwörung, diesmal angeführt von dem jungen Prinzen Thutmosis II.[152] (*ʿꜣ-ḫpr-n-Rʿ*)[153], der noch dazu von dem, immer noch lebenden, Thutmosis I. unterstützt wird. Zeitweilig teilen sich drei Thutmosiden die Herrschaft. Nach dem Tode Thutmosis II. zwingen die Verschwörer Thutmosis III. sich mit seiner Frau zu versöhnen und seinem Vater, seinem einstigen Mitregenten und seiner Frau eine prominente Stellung auf den von ihm errichteten Monumenten einzuräumen. Im Alter von 50 Jahren, nach dem Tode der Hatschepsut, heiratet Thutmosis III. eine Hatschepsut II., die ihm sodann noch seinen Thronerben Amenhotep II. (*ʿꜣ-ḫprw-Rʿ*)[154] gebiert.

Selbst wenn man die weibliche Erbfolge im ägyptischen Königtum[155] einerseits und den sakrosankten Charakter der Person des Königs[156] andererseits – was die einfache ‚Beseitigung' Thutmosis III. verhindert haben könnte – berücksichtigt, ist man geneigt, sich der Einschätzung Navilles anzuschließen:

> Ce sommaire seul des idées de M. S. pourrait dèja suffire à en montrer l'invraisemblance ;[157]

Tatsächlich besticht die von Naville selbst, unter Berufung auf R. Lepsius,[158] vertretene Gegenposition durch ihre Einfachheit: Auf Amenhotep I. folgt durch

148 Vgl. Beckerath (1999), 132.
149 Vgl. op. cit., 134.
150 Vgl. op. cit., 136.
151 Vgl. op. cit., 134.
152 Die Angaben in römischen Ziffern entsprechen der traditionellen, bzw. noch heute üblichen Zählweise und berücksichtigen folglich nicht die von Sethe postulierte Reihenfolge der Herrscher.
153 Vgl. Beckerath (1999), 134.
154 Vgl. op. cit., 138.
155 Vgl. Bonhême-Forgeau (2001), 223 f.
156 Vgl op. cit., 80 ff.
157 Naville (1897), 31.
158 Vgl. op. cit., 66.

Einheirat in die königliche Familie Thutmosis I., Gemahl der Ahmose. Nach dessen Ableben besteigt sein Sohn Thutmosis II. den Thron und heiratet Hatschepsut, verstirbt allerdings kinderlos. Hatschepsut übernimmt daraufhin die Regentschaft und tritt schließlich als Koregentin ihres Neffen Thutmosis III. auf, bis dieser, nach dem Tod seiner Tante, alleine herrscht. Stellt man die beiden Thronfolgerekonstruktionen nebeneinander, wird der bestechende Charakter der damals vorherrschenden Lehrmeinung noch deutlicher:

Rekonstruktion Sethe: Amenhotep I.	*Rekonstruktion Naville:* Amenhotep I.
Thutmosis I. + Ahmose	Thutmosis I. + Ahmose
Thutmosis III. + Hatschepsut	Thutmosis II. + Hatschepsut
Thutmosis III.	Hatschepsut
Thutmosis I./II./III.	
Thutmosis III. + Hatschepsut	Thutmosis III. + Hatschepsut
Thutmosis III. + Hatschepsut II.	Thutmosis III.
Amenhotep II.	Amenhotep II.

Die Auffassung Sethes konnte sich in der Ägyptologie nicht durchsetzen,[159] wenngleich damals auch noch weitere Modelle diskutiert wurden,[160] die mitunter einen kaum weniger „gekünstelten Charakter“[161] zu haben schienen. An dieser Stelle soll die inhaltliche Diskussion jedoch nicht weiter verfolgt werden,[162] sondern die Reaktion der internationalen Ägyptologengemeinde auf Sethes Thesen und das Zustandekommen einer umfangreichen wissenschaftlichen Polemik hierzu untersucht werden, die in der ZÄS ausgetragen werden sollte.

Nach dem Erscheinen von Sethes *Thronwirren* wandte sich Naville zunächst bezeichnenderweise an G. Ebers, um diesen um Vermittlung an Sethes Lehrer A. Erman zu ersuchen. Dieses Vorgehen allein bedarf einer genaueren Betrachtung. Zunächst fällt auf, dass Naville (1844–1926) sich mit Ebers (1837–1898) an einen Vertreter der älteren Ägyptologengeneration wendet bzw. um Vermittlung nicht etwa direkt zu Sethe, sondern zu dessen Lehrer Erman ersucht. Das Vorgehen erinnert an die Schreiben Masperos an Ebers, als er sich gegen die Thesen von Ermans erster Veröffentlichung in der ZÄS aussprechen wollte (vgl. 3.2.2.). Offenkundig genoss Ebers das Vertrauen seiner internationalen Kollegen und wurde als geeigneter Vermittler in Streitfällen angesehen, der als Lehrer Ermans eine hinreichend enge Beziehung zu den Vertretern der Berliner Schule hatte, gleich-

159 Vgl. Helck (1969), 10.
160 Vgl. Rost (1897), 227 f.
161 Op. cit., 227.
162 Zur weiteren Forschungsdiskussion und abschließenden Klärung der Frage der Thutmosiden-Sukzession s. Edgerton (1933), 1–4.

zeitig aber wohl als unparteiisch, vielleicht sogar als Vertreter der etablierten Ägyptologengeneration sogar als Anwalt von deren Interessen bzw. Forschungsmeinungen angesehen wurde. Tatsächlich ist nämlich auch Ebers von den Ausführungen Sethes keinesfalls überzeugt gewesen und bringt seine Auffassung in seinem Schreiben an Erman auch deutlich zum Ausdruck:[163]

> ich versprach aber | Naville Ihnen heute noch zu schreiben ‖ und halte Wort. Was ich Ihnen sagen | soll, versteht sich eigentlich von selbst. | Ich habe zu bestätigen, dass N. Dr. Sethe | nicht nur als Gelehrten außerordenlich | hoch stellt, sondern auch ungemein | gern hat. Bevor er eine Entgegnung schrieb, | hatte er mir – und das soll ich Ihnen | sagen – von Sethe gesprochen und das | mit der aufrichtigsten Wärme. Es wäre | N. höchst fatal, wenn seine Entgegnung | persönlich aufgefaßt würde, und sie | ist auch von a – z durchaus sachlich | gehalten, wenn sich an wenigen Stellen | auch der Eifer des Polemon ein wenig | bemerkbar macht. Ich fand keinen | eigentlich verletzenden Ausdruck; fin-|den Sie aber, daß diese oder jene Wen-|dung Sethe kränken könnte, ist N. | gewiß geneigt, das zu ändern: Denn | daß er den ausgezeichneten jungen | berliner Collegen aufrichtig gern hat, | ist keine Phrase. Sie dürfen an diese | Gesinnung des Genfers glauben, der, | wie Sie auch wissen, eine ganz | zurückhaltende und durchaus vornehme | Natur ist. ‖
>
> Daß er die Entgegnung schrieb, kann man | ihm nicht verdenken, da Sethes Arbeit ihm an die | Penaten greifen und er auch meiner Meinung | nach nicht mit Unrecht befürchtet, eine mit | so großem Fleiß und Geschick vorgetragene | neue These werde allgemeine Anerkennung | finden und in die [Geschichte?] als gesicherter | Besitz aufgenommen werden, während er | sie doch nicht für richtig halten kann.
>
> Ich sagte Ihnen ja schon, dass auch ich | von Anfang an Sethe nicht beistimmen | konnte.

Naville, der durch Ebers seinen grundsätzlichen Respekt für den jungen Kollegen versichern lässt, hatte also inzwischen eine Erwiderung verfasst und zur Begutachtung vorab an Ebers geschickt, um sie daraufhin der Redaktion der ZÄS zur Veröffentlichung einreichen zu können. Die Äußerungen Ebers' deuten zwar daraufhin, dass einige der darin gebrauchten Formulierungen seiner Meinung nach Ermans Missfallen erregen könnten; Insgesamt attestiert er dem schweizer Kollegen jedoch lautere Absichten und erklärt, dass Naville eine Entgegnung für unausweichlich halte, da dieser die Wirksamkeit von Sethes Argumentationstechnik und ihre Überzeugungskraft fürchte.[164] Erman scheint die sich anbahnende Auseinandersetzung von Anfang an doch eher unangenehm gewesen zu sein, und augenscheinlich war er auch nicht bereit, die Entgegnung Navilles in der eingereichten Form in der ZÄS zu veröffentlichen.

Nachdem Ebers an seinen Schüler geschrieben und gleichsam den Weg für einen direkten Austausch zwischen Naville und Erman geebnet hatte, wandte sich

163 BStUB, Ebers-Erman, 12.04.1897.
164 Vgl. Helck (1969), 10 f.

der schweizer Kollege an Erman, um diesem nun auch selbst seinen Standpunkt zu verdeutlichen:[165]

> Mon cher confrère et ami
>
> Vous avez reçu avant cette lettre un mot | d'Ebers qui vous aura déjà mis au fait de | ce qui j'ai à vous demander. Je vous avais déjà | parlé l'an passé de l'intention que j'avais d'écrire | un réponse au mémoire de Sethe sur la succession | des Thutmés. Cette réponse je l'ai écrite, et | après l'avoir achevée je me suis trouvé fort | embarrassé. J'ai un grande considération pour les | travaux grammaticaux de Sethe, et surtout depuis || que j'ai fait sa connaissance, je voudrais | à aucun prix lui être désagréable. Je fais grand | cas de lui, et je ne voudrais pas, qu'il pût même | supposer qu'il en est autrement. D'un autre côté | la science a ses droits et ses devoirs. Que faisons-nous | les uns et les autres si ce n'est de chercher à arriver | à la vérité? et quand en conscience nous estimons | qu'on engage la science dans une voie fausse. Il | est de notre devoir de le dire. Amicus Plato, sed | magis amica veritas.
>
> J'ai pensé que dans ces circonstances, ce que | j'avais de mieux à faire c'était de consulter | Ebers. Je lui ai envoyé le mémoire en le priant || de le lire attentivement et de me donner son avis. Ebers | que j'ai vu avant hier a été très positif sur le plan, le | mémoire devait être publié en Allemagne. Sur le | point qui me préoccupait il m'ai déclaré, qu'il n'y | avait rien trouvé qui pût blesser Sethe, quoique le mémoire | soit sévère pour les idées. Il est vrai que je n'ai employé | que les mots dont S. se sert lui-même. Ebers a insisté | sur ce plan, la place de ce mémoire était dans le | Zeitschrift. La difficulté c'est la longueur. Il occuperait | je crois 40 pages dans lesquelles il y a fort peu d'hiéroglyphes.
>
> Pour mon concept aussi je préférais le Zeitschrift à | tout autre recueil; mais je tiens beaucoup aussi à ce que | le mémoire ne soit pas coupé en deux , à ce qu'il || soit publié en une seule fois. Je viens donc vous demander | de me dire très franchement si cela vous convient de | faire paraître ce mémoire dans le Zeitschrift. Il va sans | dire que comme par son étendue il sort du cadre du | recueil, je suis prêt à payer pour la publication totale | de l'article, soit que vous l'insériez dans le numéro lui | même, soit que vous en fassiez un supplément au mémoir, soit | pour telle autre combinaison que vous me soumettiez que | le ferait paraître sous le couvert de la Zeitschrift, et en une | seule fois.

Nach der nochmaligen Versicherung des Respekts vor dem jungen Berliner Kollegen und dem gleichzeitigen Beharren auf der Notwendigkeit einer Entgegnung, die in etwa der Darstellung Ebers' entspricht, rechtfertigt Naville zunächst die Einschaltung desselben als Vermittler, um daraufhin seinen Wunsch, eine doch recht umfangreiche Auseinandersetzung (40 Seiten) mit Sethes Arbeit in Deutschland und in der ZÄS abdrucken zu lassen und von Erman als verantwortlichem Redakteur eine Stellungnahme hierzu zu erfragen. Für die entstehenden Zusatzkosten erklärt Naville sich sogar zur Finanzierung derselben aus eigener Tasche bereit.

165 BStUB, Naville-Erman, 14.04.1897.

Die Entgegnung Ermans kann aus einem in Bremen befindlichen Antwortentwurf nachvollzogen werden, in dem er die Veröffentlichung im Rahmen der ZÄS grundsätzlich begrüßt, der sich anbahnenden Auseinandersetzung jedoch die befürchtete Schärfe zu nehmen versucht:[166]

> Lieber Herr Kollege!
>
> Wenn Ihnen daran liegt, die | Differenz mit Sethe zum Aus-|trag zu bringen, so würde es | mir allerdings sehr lieb sein, wenn Sie Ihren Aufsatz der | Zeitschrift anvertrauten. | ~~Da Sie sowohl wie Sethe sich~~ | ~~anständiger und achtungsvoller~~ | ~~Formen befleissigen, so wird~~ | ~~dieser Kampf ja nicht im Stile~~ | ~~Piehl e/a Maspero geführt werden;~~ | ~~denn derartige persönliche Pole-~~|~~mik möchte ich allerdings nicht in~~ | ~~der Zeitschrift sehen.~~[167] Ich glaube, ‖ dass es auch in Ihrem Wunsch liegt, | dass dieser Schriftwechsel den Character ei-|ner wissenschaftlichen ernsten | Diskussion und nicht den der Polemik | Erhält, und möchte daher vorschla-|gen, dass Sie ihm eine | möglichst abschliessende | Form geben. Erlauben Sie mir also | Ihr Manuskript Sethe mit-|zutheilen; er schreibt dann seine | Antwort nieder und ich theile | diese Ihnen mit. Sie können | dann beide, wo Sie etwas | an ihrem ursprünglichen | Text zu ändern finden, noch | ändern. Wir drucken beides ‖ hintereinander und Sie lesen | beide noch einmal dies Ganze | in der Correctur durch und | fügen eventuell noch Anmer-|kungen oder ein Schlusswort | hinzu. Dann hat der Leser | die ganzen Akten vor sich | und kann sich selbst sein | Urtheil bilden und Sie | können beiderseits alle ihre | Gründe und Gegengründe auf | einmal ins Gefecht führen.
>
> Eine Schwierigkeit läge ja | in der Länge Ihres Manus-|kriptes, aber da Sie | gütigst bereit sind, die | Druckkosten Ihres Aufsatzes ‖ dem Verleger zu erstatten, | können wir ja das Heft | entsprechend stärker ma-|chen.
>
> Ich würde mich sehr freu-|en, wenn Sie mit diesen Vor-|schlägen einverstanden wären, | es wäre ein Beispiel | dafür, wie man | in vornehmer Weise | eine Meinungsverschiedenheit erledi-|gen kann.
>
> Ich bemerke noch, dass das neue | Heft der ÄZ. bald in den Druck | geht.

Erman sperrt sich also nicht gegen die „Austragung“ der Auseinandersetzung, möchte aber die „wissenschaftliche Diskussion“ unter Vermeidung von „Polemik“ in möglichst „abschließender Form“ behandelt wissen und den Konflikt somit gewissermaßen eindämmen. Tatsächlich bewahrte Erman Zeit seines Lebens eine doch recht positive Auffassung von dem sozialen Klima innerhalb der Ägyptologie, das er auch später noch gegenüber Nachbardisziplinen wie der Assyriologie besonders herausgestellt hat:

---

166 BStUB, Erman-Naville, 16.04.1897.

167 Die hier erfolgte Erwähnung der beiden Kollegen Piehl und Maspero, die Erman wohl aus Gründen der Diskretion wieder ausgestrichen hat, erscheint allerdings bedeutsam genug, sie hier dennoch mit anzuführen.

> Überhaupt war der Ton in beiden Wissenschaften[168] ein sehr verschiedener. Dort ein ewiger Zank mit Prioritätsstreitigkeiten, bei denen sogar alte Postkarten als Belege aufgeführt wurden; hier nur wenig Polemik und auch in anständigem Tone.[169]

Grundsätzlich hat Naville gegen das von Erman vorgeschlagene Vorgehen – auch die Zustellung seines Manuskripts an Sethe – nichts einzuwenden, möchte jedoch nicht, dass die jetzige Fassung an Sethe weitergeleitet wird. Darüber hinaus hält er eine Begrenzung der Diskussion auf eine Ausgabe der ZÄS für nicht angemessen und möchte sich und seinem Kontrahenten die Möglichkeit zu einer erneuten Stellungnahme in der übernächsten Ausgabe der ZÄS offenhalten:[170]

> Je suis très reconnaissant de ce que vous | voulez bien donner place dans le Zeitschr. à la discussion sur les Thotmès, et en | particulier de ce que vous acceptez mon | mémoire malgré son étendue. Je vous proposerai | seulement un variante. En bonne justice | comme c'est Sethe qui a parlé le premier | pour attaquer la théorie reçue, c'est moi le ‖ défenseur de cette théorie qui dois parler | le dernier; si comme je le disais aussi, nous | voulons non seulement entamer la discussion | mais la chose. Je vous propose donc de | n'imprimer dans le prochain numéro que | mon mémoire et de garder la réponse de | Sethe et ma réplique pour le numéro suivant.
>
> J'y verrais un autre avantage. Je préférerais | beaucoup communiquer mon mémoire à Sethe | en épreuve corrigée plutôt qu'en manuscrit:
>
> non pas que j'y fasse de grands changements | quant au fond; mais parce que je pourrais ‖ peut-être modifier certaines expressions; vous savez | vous même par expérience que telle phrase ou | tel mot ne vous font pas la même impression une | fois imprimés qu'auparavant. Voici donc | quelle serait ma conclusion: je vous enverrais | de suite mon mémoire que vous donneriez à | l'impression, et dont l'imprimeur n'enverrait les | épreuves. Une fois les Epreuves corrigées, au second | tirage, vous les communiqueriez à Sethe qui aurait | le temps de rédiger sa réponse et de me la communiquer | assez tôt pour que je puisse écrire ma | réplique. Réponse et réplique paraîtraient ensemble ‖ ans le numéro qui suivra celui du mémoire | et la discussion serait close pour ce qui nous | concerne Sethe et moi.
>
> Je suis toujours préoccupé de l'idée de ne pas | été désagréable à Sethe; d'un autre côté | lorsque dans son mémoire je trouve ce qui à mon | sens est une faute grave contre la logique je ne | puis pas ne pas le dire; je ne crois pas que vous y | voyiez rien de personnel; pas plus qu'Ebers.
>
> Si vous approuvez mon idée, je vous enverrai de | suite le mémoire.

Als „Verteidiger" der bestehenden Auffassung beansprucht Naville das letzte Wort für sich gegenüber dem so in die Rolle des Anklägers gebrachten Sethe. Auch soll der Eindruck seiner Entgegnung zunächst nicht von einem direkt angefügten Kommentar Sethes geschmälert werden, diesem aber, in der nächsten Ausgabe,

---

168 Ägyptologie & Assyriologie.

169 Erman (1929), 230.

170 BStUB, Naville-Erman, 20.04.1897.

eine – dann endgültige – Stellungnahme Navilles folgen. Erst nachdem Navilles – überarbeitetes – Manuskript beim Drucker gewesen ist und die zweiten, korrigierten Druckfahnen vorliegen, soll Sethe die Gelegenheit erhalten, sich mit diesen auseinanderzusetzen und seine Erwiderung darauf abzustimmen. Daraufhin solle Sethe seine Entgegnung Naville zukommen lassen, damit dieser für die nachfolgende Ausgabe seinerseits eine Stellungnahme vorbereiten kann. Man kommt nicht umhin, in dem Vorgehen Navilles den Versuch zu erkennen, sich selbst gegenüber Sethe einen Vorteil zu verschaffen. Indem er sich selbst als „Verteidiger", Sethe aber als den Angreifer darstellt, kehrt er die Rollenverteilung zwischen dem Autor Sethe und seinem Rezensenten gewissermaßen um. Durch den eher restriktiv gehandhabten Zugang Sethes zu seinem Manuskript einerseits und der sich selbst durch Vertagung der zweiten Diskussion in die übernächste Ausgabe eingeräumten längeren Vorbereitungszeit andererseits gewänne Naville auch einen ganz praktischen Vorteil, während er Sethe in eine sehr eingeschränkte Defensivposition zu drängen versucht.

Der hierauf verfasste Antwortentwurf Ermans geht auf diese komplexen Verfahrensfragen jedoch nicht ein, und man muss sich fragen, ob der schließlich versandte Brieftext diesbezügliche Ausführungen enthielt. In jedem Fall scheint Erman vor dem unbedingten Willen beider Kontrahenten zur Austragung ihrer Differenzen resigniert und sich auf eine neutrale Position zurückgezogen zu haben:[171]

> Wenn Sie es vorziehen, | Ihre Wechselreden | über zwei Hefte zu | vertheilen, so ist da-||gegen nichts einzuwen-|den; auch Sethe scheint | dies übrigens lieber zu sein.
>
> Damit nimmt dann freilich | die Verhandlung | nun doch äusserlich | die übliche Form einer Polemik | an, die ich gern | vermieden gesehen hätte. | Ich muss daher nun auch beiden | Kämpfenden freies Spiel || lassen und beider Erwider-|rungen aufnehmen, so-|lange als sie noch sachliches | zu erwidern haben.
>
> Bitte senden Sie Ihr | Mskr. ein; der | Druck kann beginnen.

Sollte der Antwortentwurf den Inhalt des späteren Briefes wiedergeben, so wäre dieses Schreiben als eine zwar höfliche und eher verdeckte, aber eben doch als eine Absage an die durch Naville vorgetragenen Wünsche zum Verfahren der Auseinandersetzung zu verstehen. Nachdem eine sich über mehrere Ausgaben der ZÄS erstreckende „übliche Form einer Polemik" erreicht würde, ist Erman auch nicht länger bereit, möglichen weiteren Erwiderungen Sethes auf die Beiträge Navilles einen Riegel vorzuschieben und Naville somit das von ihm gewünschte letzte Wort einzuräumen.

---

171 BStUB, Erman-Naville, 30.04.1897.

Offenbar äußerte sich Erman zudem nach wie vor kritisch zu der von Naville gebrauchten Ausdrucksweise in dem eingereichten Manuskript, wozu dieser in einem langen Antwortschreiben ausführlich Stellung nimmt:[172]

Je vous avoue que votre lettre m'a | un peu surpris. J'avais consulté Ebers précisément | avec le désir de ne rien faire qui pût être désagréable | à Sethe, non plus qu'à vous. Ebers avec qui j'ai en | une longue conversation à ce objet m'a donné son | imprimatur, sans ne faire modifier un seul mot ; et | je vois maintenant que votre note sonne tout | différemment de la sienne. D'abord il y a entre nous | une différence de principe. Vous comparez mon | travail à celui de Sethe et vous dites que tandis | nom apparaît à chaque pas du commencement à la fin ‖ de mon travail. Mais je ne vois guère comment il | pourrait en être autrement. M. S. écrit un mémoire | où il propose un système à lui pour la succession de | T. Le système je le crois faux, je crois qu'il repose | sur des bases erronées. | [...].

Comment | voulez-vous que j'empêche les égyptologues qui écrivent | sur l'histoire de cette époque de s'éngager dans un voie | qui dans ma conviction est erronée, autrement qu'en | leur montant que le système de M. Sethe est faux.

Je vous ai toujours parlé d'un réponse à S. d'une | critique des opinions qu'il avait émises. Je la répète | c'est son système que je juge et que je m'efforce de ‖ réfuter, et je ne fais pas autre chose. Il est évident dans ces | circonstances que M. S. remplit mon mémoire du commencement | à la fin, et que si j'avais omis son note sur le titre j'aurais | induites mes lecteurs en erreur au sujet de la nature de | travail. Critique des <u>opinions</u>[173] de M. S. et même | critique sévère je vous l'accorde, voilà ce qu'est mon | travail. Mais de là à y voia une attaque personnelle il | y a un pas et un très grand. Je n'ai rien, absolument | rien dit de désobligeant au sujet de la personne de M. S. | au contraire.

[...]; mais permettez-moi de vous dire ‖ mon cher ami, que vous faites là deux poids et deux | mesures; je ne vois pas pourquoi vous me refusez le droit | d'employer à l'égard des opinion de Sethe les mots qu'il | applique à celles de ses confrères. Ici mon cher Erman | laissez-mois vous parler en ami, et user de la même | franchise à votre égard que vous le faites pour moi. Vous | me dites, que S. considérera ce travail comme un attaque | personelle, répondra sur le même ton, et que vous | ne voulez pas de ton Piehl-Révillot dans le Zeitschr. | [...] ‖ je crois que votre intérêt pour Sethe vous a | fait aller un peu au delà de votre pensée.

Dans les expressions que vous avez marquées comme | ‚besonders auffallend' il y a plusieurs où vous | ne m'avez pas compris, et où il est impossible de voir quelque | chose de personnel. [...] ‖ Comme je comprend que vous | ne voyez pas volontiers paraître dans la Zeitschrift | un mémoire destiné à combattre aussi vivement un | de vos meilleurs élèves qui est en même temps votre | collaborateur à la Zeitschr. je vous rends votre liberté | absolue à cet égard. Pour peu que cela ne vous | soit pas agréable, ne le mettez pas dans le Zeitschr. | Comme il est imprimé, Hinrichs en fera une brochure | séparée dont je paierai tous les frais et qui sera | vendue comme l'un quelconque de mes ouvrages | Veuillez me dire promptement ce que vous avez ‖ décidé; encore un fois traitez la question absolument | dans le sens qui vous sera le plus agréable. J'envoie votre | lettre à Ebers.

172 BStUB, Naville-Erman, 18.06.1897.
173 Hervorhebung im Original.

Naville verwahrt sich also gegen den Vorwurf einer Polemik, vermeintlicher persönlicher Attacken auf den Kollegen Sethe und eines Stiles, durch den sich andere Kollegen, K. F. Piehl und C. E. Revillout, kompromittiert haben. Er kündigt an, erneut Ebers als Vermittler anzurufen, aber auch, dass er eine gesonderte Publikation seines Aufsatzes in Erwägung zieht, falls Erman seinen Wünschen für dessen Veröffentlichung in der ZÄS nicht Rechnung tragen sollte. Für die weitere Auseinandersetzung zwischen Naville und der durch Erman vertretenen Redaktion der ZÄS von entscheidender Bedeutung ist der hier zur Sprache gebrachte Verdacht, Erman sei zur Veröffentlichung einer Kritik an den Arbeiten von „einem seiner besten Schüler" in der ZÄS nicht bereit und würde so seine Stellung dazu benützen, diesem und seinen Forschungen einen unlauteren Wettbewerbsvorteil zu verschaffen.

In seinem Antwortentwurf für dieses Schreiben versucht Erman, dem Austausch mit Naville einen Teil der entstandenen Spannung zu nehmen, indem er nun ausdrücklich versichert, niemals an der wohlmeinenden Haltung und der wissenschaftlichen wie persönlichen Integrität seines Kollegen gezweifelt zu haben. Er präzisiert auch nochmals seine Bedenken gegen eine wissenschaftliche Polemik und schlägt schließlich sogar vor, den Gegenstand aufgrund scheinbar unüberbrückbarer Gegensätze bzw. zu unterschiedlicher Auffassungen nicht weiter zu erörtern:[174]

> Verehrtester Freund!
>
> Zunächst die Versiche-|rung, dass es mir selbst-|verständlich fernliegt, Ihre | Art der Polemik auf das | Niveau der Polemik jener | Kollegen zu stellen.[175] Aber | ich meine, wenn wir uns einmal auf | persönliches Polemisieren | einlassen, so erzeugt dies | Gereiztheit auf | beiden Seiten und wir glei-|ten auf dieser schiefen | Ebene schliesslich bis auf dieses Niveau.
>
> Und das möchten ‖ wir doch alle vermeiden.
>
> Dass Sie Ihre Polemik | gegen Sethe nicht ‚böse' | meinen, weiss ich wohl, | aber ich wiederhole, wer | Sie nicht kennt, wird | das leicht anders auffassen.
>
> Ich glaube | durchaus nicht, dass | Sethe oder ein anderer un-|fehlbar sein sollte und eben-|so finde ich es nur | erfreulich, wenn die Irr-|thümer, die jemand etwa be-|gangen hat, gründlich widerlegt und | berichtigt werden. Aber ‖ ich hatte gehofft, dass wir | uns über diese Angelegenheit verstän-|digen würden, auch dann noch, | als Sie meinen Vorschlag zu | einer Diskussion im gleichen Heft | ablehnten. Wir verstehen | uns aber offenbar nicht und thun daher | am besten, wenn wir | weiteren Erörterungen | aus dem Weg gehen.

Allem Anschein nach war Ermans tatsächlich abgeschickter Brief an seinen Kollegen jedoch etwas entgegenkommender und enthielt nicht den Vorschlag, die

174 BStUB, Erman-Naville, 21.06.1897.

175 Wohl K. F. Piehl; G. C. C. Maspero & E. C. Revillout.

Sache auf sich beruhen zu lassen und „weiteren Erörterungen aus dem Weg zu gehen". Die darauf erfolgte Antwort Navilles erscheint im Ton ihrerseits jedenfalls versöhnlicher und entgegenkommender gehalten zu sein:[176]

> Mon cher ami
>
> Merci de vos deux lettres, et aussi | de ce que vous acceptez mon article pour | la Zeitschrift. Il va sans dire que je ferai | toutes les modifications que vous m'avez | demandées, et d'autres que vous n'avez | pas indiquées. Je changerai le titre, j'appelle-|rai le mémoire : la succession des T. d'après | un mémoire récent. Sauf que je dirai une | fois au commencement que S. est votre éléve, je | parlerai de lui comme ne le connaissant pas. ‚M. S.' | cela reviendra au même que si je disais ‚l'auteur' | mais il est évident que son nom ne peut pas ‖ être absent, et que mon travail est d'une nature | toute différente du sien. Lui fait une | construction de son crû, une œuvre qui lui | est personnelle, d'après des [?] donnés.
>
> Moi j'examine cette construction, j'estime qu'elle | n'est pas solide et qu'il y a eu des fautes | commises ici et là, je ne peux pas faire autrement | que de m'adresser au constructeur, et de | lui montrer en quoi j'estime qu'il s'est trompé.
>
> Cela ne touche en rien la personnalité de | l'auteur pour lequel vous savez que j'ai | une grande consideration.

Die in dem Schreiben Navilles zum Ausdruck gebrachte Kompromissbereitschaft und der insgesamt wieder freundlichere Ton sind wohl auf die inzwischen erfolgte Vermittlungstätigkeit von Ebers zurückzuführen:[177]

> Seit meinem letzten Briefe wurde ‖ ich zunächst durch ein Schreiben | Navilles an Sie erinnert. Ich rieth | ihm mit aller Wärme die Änderun-|gen vorzunehmen, die Ihre Blei-|stiftstriche fordern, und der | in jeder Hinsicht mir sympa-|thische wohlgerühmte Genfer | sah dann auch die Berechtigung | Ihres Verlangens ein, die Entgeg-|nung frei von allem Persönli-|chen zu halten. – auf Sethes | Antwort bin ich außerordent-|lich gespannt. Ich beschäftigte | mich jetzt recht eingehend mit | dieser Streitsache, kann mir aber | nicht denken, wie die Hauptpunk-|te der Navilllschen Darlegungen | von diesem widerlegt werden sol-|len. Doch was kann in dieser | Zeit der Überraschungen nicht | alles zu Tage treten, wovon ich | hier in meiner Einsamkeit nichts | erfahre.

Ebers ist es offenkundig gelungen, einen Kompromiss zu erreichen und den sich abzeichnenden Bruch – gesonderte Publikation der Naville'schen Entgegnung außerhalb der ZÄS – zu verhindern. Dabei behält Ebers seine eigene Position in der Sache bei, lässt aber die grundsätzliche Bereitschaft erkennen, sich nicht nur mit der Arbeit seines Enkelschülers intensiv zu beschäftigen, sondern sich auch gegebenenfalls eines Besseren belehren zu lassen. Hierin ist wohl ein bewusster

176 BStUB, Naville-Erman, 27.06.1897.
177 BStUB, Ebers-Erman, 06.07.1897.

Ausdruck seines Bemühens um die Aufrechterhaltung seiner neutralen Vermittlerrolle zu erkennen.

Die Position Sethes zu dem Vorgang lässt sich nur aus einem einige Jahre später an Erman geschickten Brief rekonstruieren, in dem er sich zu einer grundsätzlichen Rechtfertigung seines methodischen Vorgehens veranlasst sah und offensiv seine – wohl durch Erman kritisierte – Arbeitsweise verteidigte und dabei noch einmal auf die Frage der Thutmosidensukzession einging:[178]

> Was ich bei der Thutmosisgeschichte | gethan habe und was so gut wie wir-|kungslos gewesen ist (außer Breasted u. | Steindorff hat niemand sich in die Sache | eingedacht[179]), ist schlechterdings nichts | Anderes als was Lepsius gethan hat, um | die aeg. Chronologie aufzubauen, was | man bei griech. und römischen Dingen | ganz selbstverständlich thut. Natür-|lich wird auch hier und da eine | Schlußfolgerung falsch sein; so lange | wir aber mit dem vorliegenden Material | arbeiten müssen, müssen diese Schlüsse | gezogen werden. Sie sehen, ich glaube | an die Notwendigkeit meiner Schlüsse.
>
> Wollte man mir aber auch nur die Mög-|lichkeit[180] meiner Ergebnisse oder das zugeben, daß sie be-|rechtigter als die bisher geltenden auf | mangelhafter Durcharbeitung des Materials | beruhenden Anschauungen sind, da sie | bei den alten Anschauungen ganz unerklärliche | Thatsachen begreiflich machen. Das ge-|schieht aber nicht. Wie in einer dogma-||treuen Orthodoxie wird der alte Glaube | verfochten; gereckt und gestreckt wird, was | nicht dazu paßt. Wird heute ein neu-|er König entdeckt, so bringt man ihn | nach derselben Methode unter, die ich | anwende, ohne jedes Bendenken. Ist | es aber ein alter, so heißt es: nicht | anrühren!
>
> Sie werden nun sagen, ja was will er, | thut er Dich in denselben Topf mit | jener Orthodoxie? Nein, das thue ich | natürlich nicht, aber so ein ganz | klein wenig, glaube ich, ist bei Ihnen | doch auch eine konservative Abnei-|gung gegen neue Dinge mit im Spiel.
>
> Und daran bin ich, das ist mir klar, | selbst schuld, weil ich meine Ge-|danken und Ergebnisse nicht in der | gewinnenden, überwältigenden Fassung | zu Papier bringen kann, wie es nötig | wäre und wie ich es selbst so | lebhaft bei meinen Arbeiten vermisse.

Wie Naville beruft sich auch Sethe auf die Autorität von Lepsius. Er bekennt sich zu einer deduktiven Methodik, die er der positivistischen Wissenschaftsauffassung der älteren Ägyptologengeneration entgegenstellt, unter deren Vertretern er – zwar nicht ganz so „orthodox" – immerhin auch seinen Lehrer Erman verortet. Außer G. Steindorff und J. H. Breasted, so beklagt Sethe, seien seine Überlegungen allerdings von der *scientific community* kaum rezipiert worden. Der religiöse Begriff der „dogmatreuen Orthodoxie" und die Bitte, zumindest die „Möglichkeit" seiner Schlussfolgerungen einzuräumen und etwaige Verbesserungen gegenüber dem bisherigen Forschungsstand zu überprüfen, lassen Rückschlüsse darauf zu, wie

178 BStUB, Sethe-Erman, 10.02.1902.
179 Vgl. Edgerton (1933), 2f.
180 Hervorhebung im Original.

Sethe die Aufnahme seiner Arbeit durch die Kollegen empfunden hat. Als ein noch relativ junger Gelehrter fühlte er sich von den etablierten Kollegen augenscheinlich nicht richtig ernst genommen und sah sich einem vermeintlichen Forschungskonservativismus der älteren Ägyptologengeneration gegenüber.

Kehren wir jedoch zunächst zurück zu der sich anbahnenden Polemik zwischen Naville und Sethe im Jahr 1897. Nach dem langen und teilweise doch recht spannungsreichen Briefwechsel zwischen Naville und Erman unter Vermittlung von Georg Ebers erschien 1897 in der 35. Ausgabe der ZÄS Navilles Aufsatz unter dem Titel *La succession des Thotmès d'après un mémoire récent.*[181] Auf immerhin 36 Seiten setzte er sich darin detailliert mit den von Sethe vertretenen Thesen auseinander. Er führte seinen Kontrahenten als „l'un des élèves les plus distingués de M. Erman"[182] an, worin man einerseits einen Ausdruck besonderer Courtoisie gegenüber dem Gegner in der Auseinandersetzung erkennen kann, andererseits aber auch eine klare Zuordnung desselben zu den Vertretern der Berliner Schule. Gleich auf der ersten Seite erfolgt denn auch eine klare Stellungnahme Navilles, und nachdem er sich auf die Autorität von Champollion, Rosellini und Lepsius berufen hat,[183] erfolgt eine ebenso selbstbewusste wie klare Kampfansage:

> La théorie de M. S. me paraît donc insoutenable, et malgré toute la perspicacité qu'il apporte à l'appui de ses idées, je croir pouvoir affirmer que son système ne tient pas debout.[184]

Und am Ende heißt es :

> Ainsi que nous l'avions annoncé au début, nous l'avons reprise point par point. Le lecteur qui nous a suivi jusqu'au bout aura pu se convaincre qu'il n'est presque pas un seul point sur lequel nous soyons d'acord [sic!] avec les conclusions du mémoire, tout en ne contestant pas un instant la science apportée à les soutenir.[185]

Nicht nur Naville wandte sich gegen die Thesen von Sethe, auch der Orientalist Paul Rost fühlte sich dazu genötigt, in seinen „Untersuchungen zur altorientalischen Geschichte" darauf einzugehen.[186] Beiden Kritikern[187] begegnete Sethe in seiner Erwiderung in der nächsten Ausgabe der ZÄS auf 56 Seiten und 11 Tafeln.[188]

---

181 Naville (1897).
182 Op. cit., 30.
183 Vgl. op. cit.
184 Op. cit.
185 Op. cit., 66.
186 Vgl. Rost (1897), 227 f.
187 Rost wird an zwei Stellen erwähnt: Vgl. Sethe (1898), 68; 75.
188 Sethe (1898).

Ausführlich geht er darin auf die Kritik Navilles ein und bemüht sich trotz einiger schärferer Formulierungen (z. B.: „so heißt das den Knoten durchhauen, nicht lösen“[189] – „Dieser Einwand widerlegt sich von selbst“[190] – „so ist Navilles Annahme durchaus willkürlich“[191] – „Die Unwahrscheinlichkeit dieser Erklärung scheint mir so klar zu Tage zu liegen, daß es keines Wortes weiter bedarf.“[192] etc.) doch um einen verbindlichen und sachlichen Grundton in seinen Ausführungen und äußert am Ende sogar Verständnis für die Skepsis, die seinen Thesen entgegengebracht werden:

> Wenn sich nun heute noch mancher dagegen sträubt, meine Ergebnisse anzunehmen, so entspringt das wohl im Grunde nur der natürlichen Abneigung, die wir alle dagegen haben, wenn uns der Besitz von etwas, was wir seit langem rechtmäßig erworben glaubten, mit einem Male bestritten wird.[193]

In dieser Schlussbemerkung klingt schon etwas von der später gegenüber Erman geschilderten vermeintlichen „Orthodoxie“ (s. Zitat o.) an. Sie enthält aber auch den impliziten Vorwurf, dass die Opposition Navilles gegen die Arbeit Sethes nicht allein auf sachliche Beweggründe gestützt sei. In jedem Fall mochte Naville die Sache jedoch nicht auf sich beruhen lassen und trug die Auseinandersetzung nunmehr in eine dritte Ausgabe der ZÄS, im Jahr 1899.[194] Gleich zu Anfang verwahrte er sich darin gegen Versuche, die Auseinandersetzung abzubrechen und bestand schon im Titel seines Aufsatzes darauf, ein „letztes Wort“ zu der Angelegenheit zu äußern:

> On me dit que la discussion entre M. Sethe et moi sur la succession des Thoutmès prend des proportions inquiétantes et qu'on désirait en voir la fin.[195]

Nach wie vor bemühte sich auch Naville nach Kräften um einen sachlichen Ton, beharrt jedoch auf seinem Standpunkt und der Verteidigung bisheriger Forschungsergebnisse:

> Je pourrais reprendre point par point le second mémoire de M. S. : je pourrais y relever de nombreuses erreurs de fait.[196]

189 Op. cit., 25.
190 Op. cit., 29.
191 Op. cit., 32.
192 Op. cit., 34.
193 Op. cit., 81.
194 Naville (1899).
195 Op. cit., 48.
196 Op. cit., 54.

Auch wenn Naville in seinem Einsatz u.a. durch K. Piehl[197] unterstützt wurde, hatten seine Bemühungen wenig Einfluss auf die Diskussion innerhalb der *scientific community.*[198] Erst 1927 hat K. Sethe seine Thesen zu den Thronwirren nochmals überarbeitet und seine Rekonstruktion der Thronfolge zu vereinfachen versucht.[199] Zuvor waren seine Überlegungen von einem eher kleinen Kreis von Ägyptologen rezipiert und allerdings auch meist in modifizierter Form übernommen worden.[200] Ihre endgültige Klärung erfuhr diese Frage jedoch erst durch die grundlegende Arbeit[201] W. F. Edgertons[202] im Jahre 1933, der darin aber auch erklärte:

> Anyone who wishes to form an independent opinion must have both this book[203] and the *Thronwirren*[204] at his elbow; no other published presentation of the evidence begins to equal these in thoroughness, and none can surpass them in dispassionate objectivity.[205]

So ist Sethe zumindest später noch die Anerkennung für seine grundlegende Arbeit und die Aufbereitung des Quellenmaterials zu Teil geworden. Die mangelnde Resonanz – Sethe verfasste keine Erwiderung auf das „letzte Wort" seines Kollegen – und der augenscheinlich auf Naville ausgeübte Druck, seine Auseinandersetzung mit dem Kollegen in dieser Sache auf sich beruhen zu lassen, verschärften den Gegensatz zwischen dem Genfer Lepsius-Schüler auf der einen Seite und den Vertretern der Berliner Schule und damit auch der Redaktion der ZÄS auf der anderen Seite.[206]

Noch im selben Jahr und wieder anlässlich einer Meinungsverschiedenheit zwischen ihm und Sethe kam es zwischen Naville und der Redaktion der ZÄS,

---

197 Vgl. Piehl (1901b).
198 Vgl. Edgerton (1933), 3.
199 Vgl. Sethe (1927).
200 Vgl. Edgerton (1933), 2f.
201 Vgl. Edgerton (1933).
202 Bierbrier (2012), 172.
203 Sethe (1927).
204 Kursiv im Original.
205 Edgerton (1933), 3.
206 Nicht unerwähnt bleiben sollte in diesem Zusammenhang eine von J. Lindon Smith berichtete Begebenheit, wonach Sethe und Naville sich zu der Zeit ihrer Auseinandersetzung zeitgleich in Theben aufgehalten haben, ohne miteinander zu verkehren. Als dann jedoch die Küche des Naville'schen Grabungshauses in einen Grabschacht einstürzte und Frau Naville den Abbruch der Kampagne forderte, lud Sethe den Kollegen in seine Unterkunft ein, allerdings unter der Bedingung, dass der Name der Hatschepsut nicht geäußert würde. Vgl. Wilson (1964), 110f.

diesmal vertreten durch G. Steindorff, zu einer Auseinandersetzung, wie dieser Erman berichtete:[207]

> Dann noch Eins: ich hatte Ihnen ja ge-|schreiben, dass ich mit Naville eine lange, | ziemlich unerquickliche Correspondenz | mit dem Leitmotiv ‚Ä.Z. nur ‚Berliner | Schule' hatte; er hatte u.a. uns vorge-|worfen, dass wir Nicht-Berliner schlecht | behandelten u.a.m. Die Angelegenheit | war glücklich erledigt, da erscheint die | neue Ä.Z. mit Naville's Miscelle über | den Königin-Titel & Sethes Zusatzbe-||merkung![208] Das hat nun Naville von Neuem | in den Harnisch gebracht. Er wirft der Re-|daktion vor, dass sie ‚vis à vis de l'ecole | de Berlin' das Redaktionsgeheimnis | nicht wahre und die eingesandten Manu-|scripte anderen mitteile, bevor sie er-|schienen seien. Sonst hätte ja Sethe den | Appendix nicht machen können. Dann | folgt ein langer Exkurs!
>
> Im Grunde hat ja nach meinem Gefühl | Naville recht, sich zu beklagen; es wäre | wenigstens in der Ordnung gewesen, wenn | man ihm von dem Zusatz vor Erscheinen | Mitteilung gemacht hätte. Natürlich ist es | eine allgemeine Gereiztheit, die diese Affäre | böser auffasst. Ich will Naville schreiben, || dass Sethe bisweilen auch Schäfer & Borchardt in der Regel die Redaktion | beim Lesen der Correkturen unterstütze, | in Folge dessen von einer Miscelle vor i.
>
> Erscheinen Kenntnis erhalten habe. Im Übri-|gen sei sein Vorwurf ‚que les articles | deviennent aussitôt Gemeingut der | Berliner Schule', ungerechtfertigt.
>
> Sind Sie damit einverstanden? Naville | muss übrigens ähnliche Klagen schon in Kairo | ausgestossen haben, denn Bissing, der con-|ciliante, hat mir von ähnlichem geschrieben | & um Abstellung gebeten.
>
> Ist denn die neue No. schon im Druck?
>
> Ich habe von der Reichsdruckerei noch nichts | bekommen.

Wie schon bei Navilles Erwiderung[209] auf Sethes Arbeit zu den Thronwirren[210] hatte man seitens der Redaktion Sethe die Möglichkeit einräumen wollen, eine direkte Erwiderung abzufassen und im selben Heft, direkt unter dem Beitrag Navilles, abdrucken zu lassen. Diesmal hatte man es wohl versäumt, das Einverständnis des schweizer Kollegen hierzu vorher einzuholen. Für Naville bedeutete dies eine unzulässige Vorteilsnahme seitens der Redaktion der ZÄS, die in seinen Augen vorrangig die Interessen der Berliner Schule vertrat und dabei andere Ägyptologen benachteiligte. Obwohl aus dem Schreiben Steindorffs hervorgeht, dass dieser Verständnis für Navilles Klagen aufzubringen bereit sei und seinen Zorn beschwichtigen wollte, verschärfte sich der Gegensatz zwischen Naville und der Redaktion der ZÄS in dem Maße, in dem sich auch die fachlichen

207 BStUB, Steindorff-Erman, 17.06.1899.
208 Vgl. ZÄS 36, 1898, 143f.
209 Naville (1897).
210 Sethe (1896b).

Gegensätze vergrößerten. Am Ende bezweifelte man seitens der Herausgeber gar die grundsätzliche Eignung von Navilles Beiträgen für die Zeitschrift:[211]

> Die zweite [Sache][212] | ist ekliger: Der Aufsatz Naville's. Er giebt | viel darauf und ich möchte den alten Herren | nicht vor den Kopf stossen. Das wird mir | eben schwer; denn der Artikel ist so quer, | dass man nicht viel darauf antworten | kann. Und noch schlimmer ist, dass es der | erste einer Serie sein soll.[213]
>
> Diesem Gesuch würde | ich allerdings später mit Raummangel nach || Möglichkeit zu begegnen suchen. Aber bitte | sehen Sie sich das Opus mal an & sagen Sie | mir Ihre Meinung. Naville wartet darauf & | ich habe mich bisher ausgeschwiegen, da ich | erst Ihre Rückkehr abwarten wollte.

Die Andeutungen Steindorffs bezüglich der Qualität von Navilles Arbeit können natürlich verschiedenartig interpretiert werden: Zum einen könnten sie durch einen mittlerweile gestiegenen wissenschaftlichen Anspruch gerechtfertigt gewesen sein, des Weiteren können sie als Ausdruck methodischer Differenzen zwischen den Vertretern der Berliner Schule und anderen Ägyptologen gewertet werden oder aber, drittens, auch als ein Vorwand, einen missliebigen Kollegen tatsächlich von weiteren Publikationen auszuschließen. Solange jedoch die von Naville vorgelegte Arbeit nicht genau identifiziert ist, kann eine endgültige Einschätzung hierüber nicht vorgenommen werden. Fest steht aber, dass dieselben Interpretationen des Verhaltens der Redaktion der ZÄS auch damals schon möglich gewesen sind, und angesichts des ohnehin schon angespannten Verhältnisses zu Naville dürfte es allerdings kaum verwundern, wenn dieser zu der dritten oben ausgeführten Variante tendierte.

Obwohl Naville auch noch nach diesem Zeitpunkt einige kleinere Artikel für die ZÄS verfasste und seine Mitarbeit erst mit Ausbruch des Ersten Weltkrieges zum Erliegen kam, haben die hier ausgeführten Auseinandersetzungen zwischen ihm und der Redaktion der ZÄS gezeigt, dass sich das Verhältnis der Berliner Schule mit einigen ausländischen Kollegen zunehmend verschlechterte und dass dabei – unabhängig davon, inwieweit die ZÄS hierbei tatsächlich instrumentalisiert worden ist – die Redaktion als Interessenvertretung dieser Richtung innerhalb der Ägyptologie wahrgenommen wurde. Im folgenden Abschnitt soll nun gezeigt werden, dass sich ein solcher Eindruck nicht nur auf internationaler

211 BStUB, Steindorff-Erman, 22.09.1904.

212 Eig. Anm.

213 Worum es sich hierbei handelte, ist unklar. In den Ausgaben ZÄS 41, 1904 & 42, 1905 erscheint kein Artikel von Naville. Erst in ZÄS 46, 1909, 82–90 & 50, 1912, 9–18 erscheinen Aufsätze Navilles zu dem Thema „La XIe Dynastie", die dann auch als eine „Serie" aufgefasst werden könnten.

Ebene, sondern auch innerhalb von Teilen der deutschsprachigen Ägyptologie selbst einstellte.

6.3.4 Der Disput G. Steindorff vs. F. W. v. Bissing

Ein weiterer Kollege, der sich gegen die Berliner Schule und die Redaktion der ZÄS äußerte, war der Münchener Ägyptologe F. W. v. Bissing, der, wie Naville, in der Redaktion eine Interessenvertretung der Berliner Ägyptologen erkannte und sich in noch heftigerer Form gegen diese aussprach. Nachdem er noch 1899 (s. Brief Steindorff an Erman o.) die deutschen Kollegen über die angeblich von Naville in Kairo geäußerte Kritik an der Redaktion informiert hatte, wendet er sich zu Anfang des 20. Jahrhunderts seinerseits gegen die ZÄS und kündigt auch an, seine Kritik publik werden zu lassen. Zuvor jedoch hatte Steindorff gegenüber Erman, ähnlich wie im Falle Navilles, durchblicken lassen, dass die Beiträge des Freiherrn grundsätzlich den gestiegenen wissenschaftlichen Ansprüchen der ZÄS genügen müssten und seine bisherigen Arbeiten in dieser Beziehung zu wünschen übrig gelassen hätten:[214]

> Nachdem mir v. B. im Sommer einen über | die Massen unverschämten Brief geschrieben || hat und ich ihm dementsprechend gedient habe, | ist der Verkehr [auch?] zwischen uns abgebrochen.
>
> Das würde mich natürlich nicht hindern, für | die ÄZ einen Aufsatz von ihm anzunehmen. | Eine Replik freilich auf eine an anderer | Stelle erschienene Rezension würde ich ableh-|nen. Er müsste die Sache schon in andere | Form kleiden & jede persönliche Polemik | vermeiden. Ferner müsste der Aufsatz | auf dem wissenschaftlichen Niveau der ÄZ stehen.
>
> Denn die Zeiten, wo B.' Artikelchen, wie sie | auch waren, lediglich aus Courtoisie für den | ‚liebenswürdigen' Verfasser Aufnahme fanden, | sind vorbei. Ebenso wenig wie ich Wreszinski | oder Mahler ungesehen drucke, tue ich es | mit dem Münchener Ordinarius. Und ob er im || Stande ist, wirklich einen ordentlichen wissen-|schaftlichen Aufsatz zu schreiben, bezweifle ich.

Deutlich wird wieder die Abneigung der Redaktion, innerhalb der ZÄS Raum für wissenschaftliche Polemiken zu bieten. Trotz einer totalen persönlichen Entfremdung zwischen ihm und dem Freiherrn ist Steindorff jedoch grundsätzlich nach wie vor zur Annahme von dessen Arbeiten bereit, auch wenn er dessen fachliche Befähigung gleichzeitig in Zweifel zieht.

Der Konflikt zwischen v. Bissing und Steindorff bzw. der Redaktion der ZÄS verschärfte sich jedoch noch weiter – auch deshalb, weil Bissing versuchte,

214 BStUB, Steindorff-Erman, 17.01.1907.

Steindorff zu umgehen und Erman, in seiner Rolle als Mitherausgeber der Zeitschrift, zur Annahme seines Manuskriptes zu bewegen. Um diese Möglichkeit für die Zukunft zu verhindern und die alleinige Verantwortlichkeit Steindorffs zu untermauern, forderte Erman diesen auf, seinen Namen aus der Liste der Herausgeber der ZÄS zu entfernen und nur noch seinen eigenen Namen zu nennen.[215] Sichtlich verärgert, verkündet Steindorff daraufhin in einem Brief an Erman, dessen Verhalten nunmehr einem größeren Kollegenkreis bekannt zu machen:[216]

> Es stinkt zum Himmel, und es ist ekel-|haft, sich mit solcher Gemeinheit abgeben | zu müssen. Aber was ist zu tun?
>
> Ich will jetzt zunächst die Korrespondenz, die | ich mit dem Münchener Herren seit dem | Sommer 1906 geführt habe und die sich | zuletzt zu den gröbsten Anfeindungen gegen | die Redaktion der ÄZ zugespitzt hat, zu-|sammenstellen und meinen Freunden und | den intimen Mitarbeitern der ÄZ vorlegen.
>
> Ob ich sie dann weiteren Kreisen zugänglich | mache und den Herrn, die an die Ritterlich-||keit B.'s glauben, die Augen zu öffnen ver-|suche, ist cura posterior. Sie sehen aus mei-|nem Anschreiben, dass er von Tag zu Tag | die Tatsachen verdreht.
>
> Was den letzten Fall mit dem Miszellen-|Manuskript betrifft, so war es vielleicht | einfacher, Sie hätten es gleich an B. zurückgeschickt | und ihn auf den alleinigen Weg gewiesen. | Aber das Resultat würde dasselbe gewesen | sein.
>
> Nach unserer letzten Besprechung werde ich | Sie nun vom Titelblatt als Herausgeber strei-|chen, [...].

Nachdem Bissing also mit seinem Versuch gescheitert war, Steindorff via Erman zu um- bzw. hintergehen und Erman sein Manuskript an diesen weitergeleitet hatte, woraufhin es an den Absender zurückgeschickt worden war, machte Bissing seiner Enttäuschung und seinem Ärger gegenüber Erman Luft:[217]

> Sehr geehrter Herr Kollege!
>
> Mit ergebenstem Dank bestätige ich den Empfang des Manuskripts, das nun anderwärts | gedruckt werden wird. Ich muss Ihnen mein Bedauern aussprechen, dass Sie als Mit-|herausgeber der ägyptischen Zeitschrift nicht einmal so viel Einfluss auf Herrn | Steindorff haben, um ihn zu einem Verhalten zu bewegen, das der Gepflogenheit gewis-|senhafter Redakteure entspricht.
>
> Ich werde freilich nicht umhin können, bei passender Gelegenheit das sonderbare | Verfahren dieses Herrn, der selbstständige Leistungen bisher kaum aufzuweisen hat, | aber die Rassenreinheit der Schule um so eifriger wahrt, festzunageln. Mich wundert | die Naivität des Herrn Steindorff: Er scheint zu glauben, dass wenn er mir die ägypti-|sche Zeitschrift verschliesst, er mich damit tot machen kann, wie Herr Borchardt | glaubte durch seine Kritik

215 So geschehen ab dem Deckblatt von ZÄS 44, 1907–08.

216 BStUB, Steindorff-Erman, 29.02.1908.

217 BStUB, Bissing-Erman, 24.02.1908.

in den Göttinger Anzeigen mir zu schaden. Ich habe sie | als Reklame vortrefflich benutzen können und habe an ihr nachweisen können, was für | spassige Herren die Berliner Orientalisten sind. Ich scheue den Kampf nicht, das habe ich | gezeigt und bin dabei nur gut gefahren. Vogue la galère, ich bin heute 34 Jahre alt | und hoffe meine Gegner nicht nur an Lebensalter zu überleben.

Aber ich wäre auch zu friedlicher Auseinandersetzung bereit; das hat Herr Stein-|dorff jetzt definitiv abgewiesen. Dass Sie sich ihm darin anschliessen müssen, bedaure | ich.

Mit den ergebnsten Empfehlungen

Ihr F. W. Frherr v. Bissing.

Als Reaktion auf dieses wohl als veritable Kriegserklärung zu bezeichnende Schreiben Bissings an Erman verfasste dieser eine Erklärung, in der er seine Entschlossenheit bekundete, aus der Wörterbuchkommission der deutschen Akademien auszuscheiden, sollte die Münchener Akademie v. Bissing als ihren Vertreter in die Kommission entsenden. In seiner Stellungnahme, als Vertreter der Sächsischen Akademie der Wissenschaften, nimmt dann auch Steindorff zu den gegen ihn vorgebrachten Vorwürfen noch einmal Stellung:[218]

ich habe nämlich nicht den von | Herrn v. Bissing an Herrn Erman eingesandten Aufsatz für die Aegypt. | Zeitschrift abgelehnt.[219] Bereits im Juli vor. Jahres habe ich Herrn v. | Bissing mitgeteilt, dass ich allein die Redaktion der ägypt. Zeitschrift | führe, Herr Erman nichts mehr damit zu tun habe. Herr v. Bissing | hat darauf erklärt, dass er sich meinem, wie er meint, einseitigen | und voreingenommenen Urteil als Redakteur nicht unterwerfen wolle | und daher, bis auf eine Veränderung in den Verhältnissen, auf eine |

Mitarbeit an der ägypt. Zeitschr. verzichte‘ (Brief vom 29. Juli 1907)[220].

Trotzdem hat er jetzt Herrn Erman wieder ein Manuscript einer | Miszelle gesandt und in dem Brief ausdrücklich gesagt, dass er, | wenn ich die einzige Instanz sein sollte, die über die Aufnahme eines | Artikels entscheidet, ein für alle mal gezwungen sei, auf eine Mitarbeit | zu verzichten. Da ich nun in der Tat die einzige Instanz bin, habe ich | mich nicht für berechtigt gehalten, in die Prüfung des Artikels einzu-|treten. Ich habe ihn an Herrn Erman zurückgeschickt. Wenn sich | Herr v. Bissing an die Redaktion wendet, so würde ich wie bei | jedem Mitarbeiter gewissenhaft prüfen, ob der Artikel zum Druck | kommen kann oder nicht. Das ist eine Pflicht und ein Recht, das | jeder Redakteur hat und dass sich kein Redakteur nehmen lassen | wird.

Wenn Herr v. Bissing behauptet, dass ‚ich ihm die ägyptische | Zeitschrift verschliesse‘, so ist das eine grobe Unwahrheit.

Festzuhalten bleibt, dass Erman die Verantwortlichkeit seines Schülers nicht untergraben lassen wollte. Mochte der von Steindorff so explizit artikulierte ge-

218 BStUB, Steindorff, 29.02.1908.

219 Hervorhebung im Original.

220 Anmerkung im Original.

stiegene wissenschaftliche Anspruch an die Beiträge für die ZÄS vielleicht nicht der bisher geübten „Courtoisie" (vgl. Zitat o.) entsprechen, so fand diese Haltung jedoch seine volle Unterstützung, wenngleich er sich selbst durch Entfernung seines Namens aus der Liste der Herausgeber aus der Schusslinie zu halten suchte.

Inwieweit die von Steindorff geäußerten Zweifel an der fachlichen Qualifikation v. Bissings und der Qualität des von ihm eingereichten Artikels einer objektiven Überprüfung standhielten, muss ausdrücklich unbeantwortet bleiben. Das hier angeführte Schreiben Bissings an Erman lässt jedoch in seinen teilweise doch sehr schrillen Tönen immerhin die überaus negativen Einschätzungen von dessen Verhalten gegenüber Steindorff als nachvollziehbar und plausibel erscheinen. Die von Steindorff geplante Zirkulation seiner Korrespondenz mit dem Münchener Kollegen lässt jedenfalls keinen Zweifel daran, dass sich dieser seinem Kontrahenten gegenüber im Recht glaubte.

Auch durch dieses zweite Beispiel von Auseinandersetzungen in der und um die ZÄS wird allerdings deutlich, dass die Vertreter der Berliner Schule in ihrer redaktionellen Verantwortung versuchten, ihre methodischen Ansprüche an wissenschaftliche Arbeiten innerhalb der Ägyptologie als allgemeinverbindlich durchzusetzen. Fasst man dieses Vorgehen als einen Prozess wissenschaftlicher Innovation oder als eine Etappe *„on the road to normal science"* im Kuhn'schen Sinne auf, erschiene dieses Vorgehen durchaus gerechtfertigt, oder zumindest unausweichlich. Aus Sicht der Gegner der Berliner Schule versuchten deren Vertreter jedoch, die ihnen durch die Herausgeberschaft der ZÄS eingeräumte Machtposition dazu zu benützen, den Kollegen auf nationaler als auch internationaler Ebene ihre Auffassung wissenschaftlichen Arbeitens gleichsam auf zu oktroyieren. Es ist daher nicht ganz von der Hand zu weisen, dass die spätere Diversifizierung der ägyptologischen Zeitschriftenlandschaft nicht allein auf die durch den Ersten Weltkrieg verursachte Entfremdung der Forschernationen zurück zu führen ist, und auch als Versuch gewertet werden kann, die herausragende Bedeutung der ZÄS und ihren Einfluss zu mindern. Die Ägyptologen jedoch, welche sich in den in diesem Kapitel behandelten Entwicklungen im schärfsten Gegensatz zu der Zeitschrift für ägyptische Sprache und Altertumskunde befanden, E. Naville (1844–1926), K. F. Piehl (1853–1904) und F. W. Frhr. v. Bissing (1873–1956) hatten, zum Teil wohl auch altersbedingt keinen entscheidenden bzw. nachhaltigen Anteil an der späteren Diversifizierung ägyptologischer Fachjournale. Im Zuge des durch die Vertreter der Berliner Schule forcierten Modernisierungsprozesses blieben diese Ägyptologen auf dem Weg zu normaler Wissenschaft auf der Strecke.

Schluss

Die zentrale Bedeutung der Berliner Schule während der formativen „Phase des Erschließens“[1] oder des „Goldenen Zeitalters“[2] der Ägyptologie kann nach Auswertung der sowohl ägyptologischen als auch außerfachlichen Literatur als unbestritten gelten.[3] Sowohl nach der Eigenwahrnehmung der Vertreter der Berliner Schule[4] (vgl. Kap. 1.1.2.) als auch nach Einschätzung zeitgenössischer[5] und späterer Darstellungen[6] der Entwicklung der „Ägyptologie als Wissenschaft“[7] hebt sich diese Periode deutlich von vorangegangenen Entwicklungen innerhalb des Faches ab und führte so alle Betrachter der Historie dieser Disziplin zu einer einheitlichen zeitlichen Einteilung dieses Abschnittes der Wissenschaftsgeschichte der Ägyptologie (vgl. Kap. 1.1.). Im Zuge des im Übergang vom 19. auf das 20. Jahrhundert erfolgenden Institutionalisierungs- und Professionalisierungsprozesses sicherten die Vertreter der Berliner Schule nicht nur die dauerhafte Etablierung[8] ihres Faches in der deutschen Wissenschaftslandschaft und grenzten es gegenüber Nachbardisziplinen ab, sondern sie gewannen für die deutsche Wissenschaft eine international führende Stellung auf dem Gebiet der Erforschung der Kultur des Alten Ägypten durch die Anwendung der aus dem Bereich der klassischen Altertumswissenschaften entlehnten philologisch-historischen Methode. Die dabei erfolgte Konzentration auf die wissenschaftliche Aufbereitung altägyptischer Texte verlieh der Berliner Schule und infolgedessen der gesamten deutschen Ägyptologie[9] eine philologische Schwerpunktsetzung, die, verstärkt durch den zeitweiligen Ausschluss deutscher Ägyptologen von Grabungen in Ägypten in Folge des Ersten und Zweiten Weltkrieges, noch bis heute nachwirkt (vgl. Kap. 1.; 1.2.).

Die Auswertung bislang nicht edierter Gelehrtenkorrespondenzen (vgl. Kap. 2.) sollte eine kritische Überprüfung der – zwangsläufig – subjektiven, z.T. sehr wohlmeinenden, aber auch böswilligen Darstellungen in Selbstzeugnissen

---

1 Schenkel (2006), 228.

2 Kees (1959), 6.

3 Vgl. exemplarisch: Bartel (2001); Schenkel (2006), 242: „Für uns heutige beginnt die ägyptologische Philologie mit Erman. Wir alle stehen in der Tradition und in der Schuld der ‚Berliner Schule‘.“

4 Hierfür exemplarisch: Sethe (1921); Grapow (1955).

5 Bereits Brugsch (1891), 141 spricht von einer „jüngeren Schule der Aegyptologie“.

6 Kees (1959), 6–13; Trümpener (1981), 81–86; Reid (2002), 172f.; Schenkel (2006).

7 Schipper (2006).

8 Zu dem Begriff vgl. Trümpener (1981), 31–38.

9 Vgl. op. cit., 86: „die meisten heute noch lebenden ordinierten Ägyptologen sind wissenschaftliche ‚Nachkommen‘ zweiten Grades von Erman.“

und Nekrologen (vgl. Kap. 2.1.) ermöglichen. Zwar konnten dabei die von den später gemachten Aussagen abweichenden Inhalte der Korrespondenz den publizierten (Selbst-)Darstellungen gleichsam als Korrektiv gegenübergestellt werden, doch galt es auch diese ihrerseits vor dem Hintergrund (bildungs-)bürgerlicher Briefkultur zu verorten (vgl. Kap. 2.2.).

Der erste inhaltliche Schwerpunkt dieser Arbeit liegt in der Erstellung einer Gelehrtenbiografie der drei Protagonisten dieser Untersuchung, die in die Abschnitte „Kindheit und Jugend", „Wissenschaftliche Laufbahn" und „Weltanschauung und Wissenschaftsauffassung" unterteilt ist und durch den jeweils parallelen Aufbau die Möglichkeit zu einem generationenübergreifenden Vergleich bieten und sowohl zeitliche als auch durch die jeweilige Persönlichkeit bestimmte Unterschiede und Gemeinsamkeiten sichtbar werden lassen. Als verbindendes Element bzw. konzeptioneller Rahmen diente hierbei das Lehrer-Schüler-Verhältnis, welches die Beziehung der drei Ägyptologen zueinander beschreibt und den Ausgangspunkt für die Untersuchung der wissenschaftsgeschichtlich bedeutsamen Aspekte von hierarchischem Verhältnis, Emanzipationsprozessen und persönlichen bzw. auch Generationenkonflikten unter den Gelehrten bildet.

Ein erstes, alle drei Gelehrten verbindendes Charakteristikum ist ihre Herkunft aus dem Berliner Bürgertum. Ebers und Erman haben einen jüdischen Familienhintergrund gemein.[10] Wenngleich jedoch beide Gelehrte in ihrer Korrespondenz immer wieder diesen Umstand erwähnen[11] und auch antisemitische Tendenzen im Wissenschaftsbetrieb erörtern,[12] sind beide Gelehrte wohl eher als typische Vertreter des Kulturprotestantismus[13] anzusprechen. So verbindet auch Erman und Sethe eine dezidiert preußische Familientradition, in der v.a. das Andenken der Urgroßväter und deren Verhalten in der Zeit der Napoleonischen Kriege bewahrt worden ist.[14] Prägendstes Element von Ebers' Kindheit und Jugend dürfte, neben dem Erlebnis der 1848er-revolution,[15] der Besuch der von F. Fröbel mitbegründeten reformpädagogischen Erziehungsanstalt von Keilhau[16] gewesen sein. Ermans Erinnerungen an die Zeit der Märzrevolution sind eher kritisch gehalten, v.a. da die wissenschaftliche Laufbahn seines Vaters durch dessen poli-

10 Vgl. Gosche (1887), 22; Erman (1929), 13–15; 42f.
11 Vgl. SBB-PK, Nachl. Georg Ebers: Erman, Adolf, 20.06.1883.
12 Vgl. SBB-PK, Nachl. Georg Ebers: Erman, Adolf, 21.07.1884; BStUB, Ebers-Erman, 25.03.1885.
13 Vgl. zu dem Begriff: Marchand (2009), 77f.; speziell zu Ebers: Marchand (2007), 182–185.
14 Vgl. Hüffer (1892), 46; Erman (1929), 9f.
15 Vgl. Ebers (1893), 115–166.
16 Vgl. op. cit., 167–297.

tisches Engagement Schaden genommen hat.[17] Sethe verlebte seine Kindheit und Jugend bereits in dem neu geschaffenen Deutschen Kaiserreich und hat in dieser Epoche seine weltanschauliche Prägung erfahren.

Die universitären Ausbildungswege bzw. akademischen Laufbahnen der drei Protagonisten dieser Untersuchung weisen deutliche Unterschiede auf, die sich nicht allein nur durch die sich wandelnde deutsche Universitätslandschaft und die Etablierung und Institutionalisierung der Ägyptologie als universitäres Lehrfach erklären lassen.[18] So ist Ebers überhaupt erst durch gesundheitliche Beschwerden auf das Studium der Ägyptologie verfallen,[19] nachdem er sich zunächst mit dem Studium der Jurisprudenz befasst hatte – ein universitärer Werdegang, den er allerdings mit Sethe gemein hatte,[20] wenngleich dieser ein orientalistisches Studium bereits frühzeitig gezielt anstrebte.[21] Überhaupt haben Erman und Sethe sehr früh ein lebhaftes Interesse am Alten Ägypten entwickelt und sich schon als Jugendliche um das Erlernen der ägyptischen Hieroglyphenschrift bemüht.[22] Während sich Ebers aber in Dankbarkeit an seinen Lehrer R. Lepsius erinnerte, der ihn am Krankenbett über seine Studieninhalte instruierte,[23] schildert Erman das Verhältnis zu seinen beiden akademischen Lehrern Ebers und Lepsius als eher distanziert und beurteilt deren fachliche Kompetenz sogar recht kritisch in seinen Erinnerungen.[24] Auch seine übrigen, meist älteren Kollegen werden von Erman teilweise äußerst negativ beurteilt.[25] Seine Selbstbezeichnung als „Autodidakt“[26], die Schilderung seines frühen Hieroglyphenstudiums und die kritisch-distanzierte Einschätzung der Leistungen seiner Vorgänger dienen ganz offensichtlich auch der eigenen Legitimation,[27] was seiner Autobiografie allerdings auch den Ruf einer „ebenso amüsanten, wie medisanten“[28] eingetragen hat. In dieser deutlichen Abgrenzung gegenüber vorangegangenen Ägyptologengenerationen kommt si-

17 Vgl. Erman (1929), 35–38.
18 Zu den Ausgangsbedingungen vgl. Ebers (1893), 444 f., s.a. Anm. S. 445; Endesfelder (1988), 5–10
19 Vgl. Ebers (1892), 440.
20 Vgl. Erman (1934b), 7.
21 Vgl. Sächsisches Staatsarchiv, Staatsarchiv Leipzig, 22208 J. C. Hinrichs Verlag, Leipzig, Nr. 652, Bl. 1.
22 Vgl. Erman (1929), 89–92; Erman (1934b), 7.
23 Vgl. Ebers (1892), 442–444.
24 Vgl. Erman (1929), 92; für Ebers: 101; 110 f.; 257; 276; für Lepsius: 113 f.; 162 f.
25 Vgl. op. cit., 163–171.
26 Op. cit., 92.
27 Vgl. Anonymus (1885); kritisch hierzu: Brugsch (1891), 146; vgl. Jonker (2002), 153.
28 Blumenthal (1990), 101; vgl. Schenkel (2006), 238: „Sein Urteil ist auf weiten Strecken unreflektiert.“

cher auch Ermans Bemühen um wissenschaftliche Legitimation gegenüber Kollegen höherer Seniorität zum Ausdruck, sie ist damit die notwendige Begleiterscheinung des durch ihn im Fach bewirkten Paradigmenwechsels, gleichzeitig jedoch auch eine Belastung für sein Verhältnis zu seinem Lehrer Ebers (vgl. 3.2.2.1.4.), der ihn, nach Veröffentlichung seines *Aegypten*[29] und den darin getroffenen Einschätzungen der Leistungen seiner Vorgänger auch in ungewöhnlich scharfer Form zurechtwies.[30] Der Umstand, dass diese Auseinandersetzung zwischen Lehrer und Schüler erst nach dem Tode Lepsius' (1884) und der nun anstehenden Nachfolgefrage eskalierte, ist in zweifacher Hinsicht bezeichnend: Zum einen macht es deutlich, dass der noch junge Erman sich in dieser Zeit gegenüber seinen älteren Mitbewerbern durchsetzen und profilieren wollte, zum anderen jedoch spricht das dabei gezeigte Selbstvertrauen, besonders nachdem Erman sein Ziel (Extraordinariat und Direktorat des Ägyptischen Museums) erreicht hat, für einen nunmehr verstärkten Emanzipationsprozess. Hatte Erman sich bei seiner Dissertation (1878) und bei seiner Habilitation (1880) noch jeweils der vermittelnden Unterstützung von Ebers bedient, um bei seinem Berliner Lehrer Lepsius die Erlaubnis für jeweils eindeutig sprachwissenschaftlich ausgerichtete akademische Qualifikationsarbeiten zu erlangen, bedurfte er solcher Unterstützung dank der nunmehr erreichten akademischen Unabhängigkeit nicht mehr (vgl. Kap. 3.2.2.). Derartige Konflikte sind zwischen Erman und Sethe nicht eingetreten, zwar war auch Sethe „mit Spreewasser getauft"[31] und behauptete „der Horus von Göttingen" gegenüber „dem Seth von Berlin"[32] spätestens ab seiner Lehrtätigkeit in Göttingen (1900) eine gewisse Unabhängigkeit, doch bedurfte er der fortdauernden Unterstützung seines Lehrers, nicht zuletzt zur Erlangung des Ordinariats und der Verbesserung seiner Einkommenssituation (vgl. Kap. 3.3.2.). Man muss nicht erst den von Grapow gezogenen Vergleich Sethes mit einem „Stabsoffizier", der als „Diadoche" Ermans „Alexanderreich"[33] übernehmen würde, bemühen, um zu erkennen, dass Sethe zumindest im direkten Vergleich mit seinem Lehrer einen geringeren Durchsetzungswillen an den Tag gelegt hat.[34] Augenfälligstes Beispiel hierfür ist der 1923 – gegen den ausdrücklichen Willen Sethes erfolgte – Wechsel auf den Berliner Lehrstuhl. Dabei darf jedoch ande-

---

29 Erman (1885).

30 Sowohl brieflich: Vgl. BStUB, Ebers-Erman, 22.06.1886, als auch in Form einer Rezension: Vgl. Ebers (1886b).

31 SBB-PK, Nachl. Georg Ebers: Erman, Adolf, 24.06.1886.

32 Sethe, zitiert nach Kees (1935), 74.

33 BStUB, Grapow-Erman, 19.07.1929.

34 Wenngleich die durch Grapow (1973), 39 f. vorgenommene charakterliche Einschätzung sicher kritisch hinterfragt werden muss.

rerseits nicht außer Acht gelassen werden, dass sich inzwischen auch die institutionellen Rahmenbedingungen und Forschungsinhalte verändert hatten. Eine vergleichbare Akkumulation von Ämtern und Kompetenzen, wie sie Erman noch bis 1914 innegehabt hatte, wäre für Sethe unmöglich gewesen. Tatsächlich beginnt mit ihm der „Zerfall“[35] oder die „Aufsplitterung“[36] der Wissenschaft der Ägyptologie in verschiedene Fachrichtungen, wobei Sethe im Bereich der Philologie die von Erman inaugurierte Methodik konsequent weiterentwickelt.[37]

In der Frage ihrer Weltanschauung weisen alle drei in dieser Untersuchung behandelten Ägyptologen Gemeinsamkeiten auf, die vor dem Hintergrund ihrer sozialen Herkunft und Stellung nicht allzusehr verwundern. So sind sich Ebers und Erman einig in ihrer ablehnenden Haltung gegenüber dem Sozialismus bzw. gegenüber den Sozialdemokraten.[38] Trotz einer gewissen Reserviertheit Ermans gegenüber politischem Engagement, die auf die negativen Erfahrungen seines Vaters während der Märzrevolution zurückzuführen ist,[39] zögert dieser nicht, den nationalen Zeitgeist im Übergang vom 19. zum 20. Jahrhundert für seine wissenschaftlichen Vorhaben zu instrumentalisieren[40] – eine Vorgehensweise, die er von Ebers übernommen hat.[41] Die gemeinsame Erfahrung des Ersten Weltkrieges ruft bei Erman und Sethe zwar durchaus nuanciert unterschiedliche Reaktionen hervor, im Grundsatz stimmen sie jedoch in ihrer patriotischen Haltung überein (vgl. Kap. 3.3.3.). Erman unterzeichnet zwar die „Erklärung der Hochschullehrer des deutschen Reiches“ (1914),[42] plädiert jedoch dafür, die Entscheidung über den etwaigen Ausschluss ausländischer Akademiemitglieder auf die Zeit nach Beendigung des Krieges zu vertagen.[43] Einschneidendstes Erlebnis dürfte für ihn jedoch der Tod seines ältesten Sohnes Peter, der am 1. Juli 1916 an der Westfront gefallen ist, gewesen sein. Sethe wiederum hielt sich bewusst mit jeder öffentlichen Äu-

35 BStUB, Grapow-Erman, 19.07.1929.

36 Vgl. Westendorf (2001b), 344.

37 Kritisch hierzu: Helck (1969), 10 f.; Trümpener (1981), 83.

38 Vgl. Ebers (1885b), 121 f.; SBB-PK, Nachl. Georg Ebers: Erman, Adolf, 09.03.1890; Für Ebers politische Haltung grundlegend: Kischkewitz (1980).

39 Vgl. Erman (1929), 35–38.

40 So in seinem Immediatgesuch an Wilhelm II. zur Finanzierung des Wörterbuchvorhabens; vgl. ABBAW, Bestand PAW (1812–1945), II – VIII, 238 (1897–1925), Bl. 3–7; grundlegend dazu: Fuchs (2002), bes. 367.

41 Vgl. Ebers (1887a) in seinem Bemühen für ein Orientalistisches Institut in Kairo.

42 Vgl. Erman (1929), 290: „ich bin der Meinung, daß dieses Durchhalten unseres Werkes verdienstlicher gewesen ist, als wenn ich, wie so viele, durch Vorträge und durch Schriften für ‚vaterländischer Aufklärung‘ gesorgt hätte.“

43 Vgl. Rebenich (2006), 357 f.

ßerung zum Kriegsgeschehen zurück[44] – wohl auch, weil ihm die Einberufung zum Heeresdienst drohte. Andererseits äußerte er sich in seiner Korrespondenz mit Erman z.T. in extremer Weise über die Feindmächte,[45] wobei er jedoch stets zwischen den mit ihm befreundeten ausländischen Kollegen einerseits und deren Nationen bzw. Regierungen andererseits differenzierte.[46] In seiner positiven Aufnahme des Friedensvertrages von Brest-Litowsk[47] kommt v.a. seine ‚bürgerliche' Furcht vor dem Bolschewismus zum Ausdruck,[48] worin er der antisozialistischen Haltung seines Lehrers (s.o.) entsprach. Die schwierigen Bedingungen für die Fortführung ägyptologischer Forschung nach dem Ende des Krieges ließ Erman und Sethe, aber auch H. Schäfer, gemeinsam und in abgestimmter Form für die – v.a. materiellen, bzw. finanziellen – Interessen ihrer Wissenschaft eintreten, wobei sie in den national(istisch)en Deutungsmustern zum Zwecke der Einwerbung staatlicher und/oder gesellschaftlicher Unterstützung übereinstimmten.[49] Ermans akademische Laufbahn erfuhr, nachdem sie durch seine Emeritierung (1923) zu ihrem ‚normalen' Ende gekommen war, eine tragische Wendung, als er aufgrund seiner jüdischen Vorfahren, zu denen er sich noch 1929 stolz bekannt hatte,[50] 1934 aus der philosophischen Fakultät ausgeschlossen wurde.[51] Gerade in dem Moment jedoch, als ihm sein Deutschtum abgesprochen wurde,[52] flüchtete er sich in Eskapismus und formulierte in einem Glückwunschschreiben an den exilierten Kaiser in Doorn noch einmal sein monarchisch-preußisches Ideal.[53] Abschließend gilt es jedoch hervorzuheben, dass die nationale Gesinnung der drei untersuchten Ägyptologen jeweils sehr unterschiedliche Grundlagen und Ausdrucksformen auwies: Während Ebers als ein Vertreter des Liberal-[54] oder Einigungsnationalismus[55] gelten kann, war Erman erfüllt von einem preußischen

---

44 Vgl. BStUB, Sethe-Erman, 31.07.1916; zur zeitgeschichtlichen Einordnung: Böhme (1975); vom Brocke (1985); Mommsen (1995), 834–845; Ungern-Sternberg (1996); für die Ägyptologie: Gertzen (2009c); Raulwing-Gertzen (2011).
45 Vgl. BStUB, Sethe-Erman, 01.07.1916.
46 Vgl. BStUB, Sethe-Erman, 21.12.1916.
47 Vgl. Mommsen (1995), 772–789.
48 Vgl. BStUB, Sethe-Erman, 01.02.1918.
49 Vgl. SMB-ZA, NL Bode 1678, Erman, A., 01.03.1918; Sethe (1921); Schäfer (1920).
50 Vgl. Erman (1929), 43.
51 Vgl. Rebenich (2006), 360 f.
52 Vgl. Erman (1929), 42.
53 Vgl. BStUB, Erman-Wilhelm II., 27.01.1934; Kloft (1982); Gestermann-Schipper (2004); dazu: Rebenich (2006), 361.
54 Kischkewitz (1980), 100.
55 Vgl. Wehler (2007), 77.

Hohenzollern-Patriotismus, wie er in seinem Briefentwurf an Wilhelm II.[56] zum Ausdruck kommt. Der ein Jahr vor der Reichsgründung geborene Sethe wurde geprägt durch den neuen Reichsnationalismus,[57] der es ihm schließlich auch ermöglichte, den Zusammenbruch der Monarchie und damit auch den Wegfall einer der bisher wichtigsten Stützen ägyptologischer Forschung in Deutschland zu verwinden.[58]

Der zweite inhaltliche Schwerpunkt dieser Arbeit befasst sich mit der institutionengeschichtlichen Entwicklung der Ägyptologie. Erst der Rahmen von Akademie, Museum, Universität und wissenschaftlicher Zeitschrift – zeitweise in Personalunion vereinigt auf Erman – ermöglichte es der Berliner Schule, eine enorme Breitenwirkung im Fach zu entfalten und sich gegenüber der etablierten Ägyptologie ebenso zu behaupten und durchzusetzen, wie auch die Belastungen des Ersten Weltkrieges zu überstehen und auf die weitere Entwicklung des Faches nicht nur auf nationaler, sondern auch auf internationaler Ebene einzuwirken.

Die wichtigste Institution der Berliner Schule war ganz sicher das Wörterbuch der Ägyptischen Sprache an der Preußischen Akademie der Wissenschaften (vgl. Kap. 4). Durch die Orientierung am Vorbild der klassischen Altertumswissenschaften[59] und die Übernahme der Organisationsform des ‚Großbetriebs der Wissenschaften'[60] (vgl. Kap. 4.2.) wurde die Wissenschaft der Ägyptologie an der Akademie fest etabliert und kam in den Genuss staatlicher Förderung. Der Preis dafür war allerdings eine Anbiederung an den national(istisch)en Zeitgeist des Deutschen Kaiserreiches, wodurch zwar internationale Zusammenarbeit nicht verhindert, wohl aber die Anerkennung der Verdienste nicht-deutscher Kollegen erschwert worden ist[61] (vgl. Kap. 4.3.1.2.; 4.3.2.1.; 4.3.3.). Darüber hinaus jedoch bedeutete die enge Anlehnung an den monarchischen Staat, dass dessen Zusammenbruch (1918) auch eine Zäsur für die Wissenschaft der Ägyptologie in Deutschland bedeutete. Die zentrale Bedeutung des Wörterbuches der Ägyptischen Sprache für die Disziplin brachte einen enormen wissenschaftlichen Bedeutungszuwachs für die deutschsprachige Ägyptologie, wenn nicht sogar eine Deutungshoheit auf dem Gebiet der Philologie mit sich. Dafür spricht auch die enorme Heftigkeit der Auseinandersetzungen innerhalb der *scientific community* um die durch die Berliner Schule eingeführten wissenschaftlichen Innovationen

56 Vgl. BStUB, Erman-Wilhelm II., 27.01.1934.
57 Vgl. op. cit., 77; 79–81.
58 Vgl. Sethe (1921).
59 Vgl. Auffarth (2006); Rebenich (2006), 351–356; Schenkel (2006), 237 f.
60 Vgl. Harnack (1905), 195; Rebenich (2006), 341–350.
61 Vgl. Gardiner (1962), 12; Grapow (1973), 6 f.

(vgl. Kap. 1.2.) –[62] erstens die Unterteilung der ägyptischen Sprache in unterschiedliche Sprachstufen (vgl. Kap. 3.2.2.), entgegen der durch die frankophone Ägyptologie vertretenen Auffassung, es handele sich nicht um zeitliche bzw. entwicklungsgeschichtliche sondern um dialektale Unterschiede;[63] zweitens die Feststellung einer Verwandtschaft des Ägyptischen mit den semitischen Sprachen[64] und drittens die Einführung einer verbindlichen, vokallosen Transkription[65] ägyptischer Texte auch mit dem erklärten Ziel einer Professionalisierung der Disziplin. All diese fachlichen Neuerungen fanden ihren Ausdruck in dem von der Berliner Schule oktroyierten[66] Transkriptionsalphabet, dessen Reihenfolge den Aufbau des Wörterbuches bestimmte und sich so, weit mehr noch als durch die verbindliche Verwendung in der Zeitschrift für Ägyptische Sprache und Altertumskunde, im Fach durchgesetzt hat (vgl. Kap. 4.4.1.).

Das Ägyptische Museum Berlin war nicht nur der Ort, an dem sich die neue Wissenschaft der Ägyptologie einer breiteren Öffentlichkeit präsentierte, sondern stellte auch die benötigten Arbeitsräume, die ägyptologische Fachbibliothek sowie die Mittel für einen praxisorientierten universitären Unterricht an originalen Objekten für die Berliner Schule zur Verfügung.[67] Es verwundert daher nicht, dass die Leitung der ägyptischen Abteilung der Berliner Museen frühzeitig zum Gegenstand teilweise heftiger Auseinandersetzungen zunächst zwischen G. Passalacqua (vgl. Kap. 5.1.) und mit ihm verbunden H. Brugsch (vgl. Kap. 3.2.2.1.1.) auf der einen Seite und R. Lepsius (vgl. Kap. 5.2.) auf der anderen Seite, später dann zwischen A. Erman und H. Brugsch sowie L. Stern (vgl. Kap. 5.1.3.) geworden ist.

Nachdem Erman 1885 die Position des alleinigen Direktors sowohl der ägyptischen Abteilung und mit ihr verbunden der vorderasiatischen Sammlung als auch der Papyrussammlung erlangt hatte, begann er seine Tätigkeit, die von insgesamt drei Zielsetzungen geprägt war (vgl. Kap. 5.3.) – erstens die Erschließung der Sammlung auch und gerade für eine breitere Öffentlichkeit durch verständliche Beschriftung sowie die Erstellung von Katalogen unter Abkehr von den bisher durch Lepsius verfolgten museumsdidaktischen Konzepten;[68] zweitens die dauerhafte Etablierung der ägyptischen Abteilung unter Ausgliederung und wohl

---

62 Vgl. Helck (1969), 9.
63 Vgl. Naville (1926), v f.; 22–30.
64 Vgl. Erman (1892) ; dagegen: Naville (1920); Naville (1926), v f.
65 Vgl. Erman (1889b).
66 Vgl. Schenkel (1988), 29.
67 Vgl. grundlegend: Schäfer (1920); Spinelli (2006).
68 Vgl. Erman (1929), 192f.

auch Abgrenzung gegenüber der vorderasiatischen Sammlung[69] und drittens die stetige Erweiterung der Sammlungsbestände durch Ankäufe und Ausgrabungen. Gerade für das letztgenannte Vorhaben jedoch bedurfte es neuer alternativer Formen der Wissenschaftsfinanzierung, da die Mittel der Berliner Museen für manch' prestigeträchtigen Ankauf[70] bzw. für umfangreiche und aufwendige Grabungen in Ägypten nicht ausreichend waren. War die Gewinnung zahlungskräftiger Mäzene[71] für die Sammlungen der Berliner Museen noch Teil der normalen Aufgaben eines Abteilungsdirektors, leistete Erman einen wesentlichen Beitrag zur privaten Forschungsfinanzierung im Bereich der Archäologie des Vorderen Orients durch die Mitbegründung der Deutschen Orientgesellschaft (vgl. Kap. 5.3.3.). Angesichts dieser Erfolge und der herausragenden Bedeutung des Ägyptischen Museums als materielle Basis und Forschungsstandort, der auch die Materialien für das Ägyptische Wörterbuch beherbergte, kann man Ermans Zurückhaltung bei der Aufgabe der Personalunion von Professur und Direktorat (1914) durchaus nachvollziehen (vgl. Kap. 5.5.). Andererseits eröffnete die dabei erfolgte berufliche Absicherung H. Schäfers (vgl. Kap. 5.4.) diesem die Möglichkeit, die Berliner Schule auf dem Gebiet der altägyptischen Kunstgeschichte zu vertreten und somit auch in diesem Bereich einen bedeutenden Beitrag zur ägyptologischen Grundlagenforschung zu liefern.[72] Allerdings bewirkte die Trennung von Museum und neugegründetem Ägyptologischen Seminar gerade vor dem Hintergrund der schwierigen Bedingungen nach Ende des Ersten Weltkrieges und des nicht mehr gänzlich harmonischen Verhältnisses zwischen Schäfer als Direktor und ab 1923 Sethe als Ordinarius eine Belastung für die Berliner Ägyptologie. In wie weit diese Situation Erman im Sinne eines *divide et impera* die Möglichkeit zur fortgesetzten Einflussnahme und zur Wahrnehmung einer Oberhoheit über den Berliner ägyptologischen Wissenschaftsbetrieb eröffnete, muss offen bleiben (vgl. Kap. 5.6.).

Die Beschäftigung mit der Zeitschrift für Ägyptische Sprache und Altertumskunde als dem zentralen Publikationsorgan der noch jungen Wissenschaft der Ägyptologie stellt wohl einen der wichtigsten Bestandteile der vorliegenden Untersuchung dar, nicht zuletzt deshalb, weil es sich um einen der ersten Versuche überhaupt handelt, sich mit der Bedeutung des Mediums der Wissenschaftszeit-

69 Wobei Erman sich und seine Disziplin häufiger gegenüber der Assyriologie abzugrenzen versuchte: Vgl. SBB-PK, Nachl. Georg Ebers: Erman, Adolf, 01.08.1898.; SBB-PK, Nachl. 248 (Richard Schöne), Kasten 7: Museum 1899, A. Erman, 27.03.1899.; Erman (1929), 229 f.; 237.

70 Vgl. Erman (1929), 222–227; Gertzen (2012).

71 Vgl. Erman (1929), 236 f.

72 Vgl. Helck (1969), 38 f.; Finneiser (2007).

schrift[73] für die Ägyptologie auseinanderzusetzen. Begründet durch H. Brugsch, fortgeführt durch R. Lepsius und – nach einem mehrjährigen Konflikt mit dem Gründer (vgl. Kap. 6.2.1.3.) – übernommen durch A. Erman, entwickelte sich die Ä.Z. zu einer, wenn nicht der bedeutendsten ägyptologischen Zeitschrift bis zum Ausbruch des Ersten Weltkrieges (vgl. Kap. 6.2.). Während das Wörterbuch den Vertretern der Berliner Schule die Implementierung ihrer neuentwickelten Methodik erlaubte und das Museum die räumlichen und materiellen Grundlagen bereitstellte, ermöglichte es die Zeitschrift, den innerwissenschaftlichen Diskurs entscheidend mit zu bestimmen, wissenschaftliche Innovationen allgemein verbindlich durchzusetzen (Transkription) und wohl auch solchen Gelehrten, die den neu gesetzten Standards wissenschaftlichen Arbeitens nicht entsprachen, in ihren Wirkungsmöglichkeiten Grenzen zu setzen (vgl. Kap. 6.2.2.; 6.2.3; 6.2.4.). Die Zeitschrift für Ägyptische Sprache wurde so von einem Ort der wissenschaftlichen Auseinandersetzung, wie sie es noch unter Lepsius gewesen war, zunehmend zu einem Mittel derselben. Zumindest nach Ansicht einer Reihe frankophoner Kollegen, wurde die ZÄS in zunehmenden Maße als Sprachrohr der Forschungsmeinung der Berliner Schule instrumentalisiert, wobei den Vertretern anderslautender Auffassung eine Publikation ihrer Positionen zunehmend erschwert oder sogar ganz verwehhrt worden sei. Augenfälligstes Beispiel für die Gleichsetzung der ZÄS mit der Berliner Schule ist wiederum die innerfachliche Diskussion über die Transkription des Ägyptischen, in der Lepsius sich um eine Einigung auf internationaler Ebene bemüht hatte und der Diskussion hierüber in der Ä.Z. auch breiten Raum gab,[74] während Erman in seiner Rolle als verantwortlicher Redakteur eine bestimmte Form[75] der Umschreibung festlegte (vgl. Kap. 4.4.1.). Die zunehmende fachliche Entfremdung Ermans und der Berliner Schule von der frankophonen Ägyptologie[76] (vgl. Kap. 1.2.) und der sich nicht zuletzt auch durch den Ausbruch des Ersten Weltkrieges intensivierende Emanzipationsprozess einer eigenständigen angelsächsischen Ägyptologie (vgl. Kap. 4.3.2.2.) führten daher zu der Gründung neuer ägyptologischer Fachzeitschriften. Während sich die *Sphinx* sehr schnell von einer Ergänzung der ägyptologischen Zeitschriftenlandschaft zu einem gegen die Ä.Z. gerichteten Publikationsorgan entwickelte und somit allerdings auch mit den Vertretern der *Old School*-Ägyptologie unterging (vgl. Kap. 6.2.2.), konnte sich das *Journal of Egyptian Archaeology* gegenüber der ZÄS behaupten. Dabei mag ganz sicher die Situation während und nach dem Ersten Weltkrieg günstig gewirkt haben. Die schon in den jeweiligen Zeitschriftentiteln

73 Vgl. Nissen (2009).
74 Vgl. Lepsius (1866); de Rouge (1866); zu den Hintergründen: Schenkel (1988), 22–27.
75 Vgl. Erman (1889b).
76 Vgl. Schenkel (2006), 236.

zum Ausdruck kommende Aufgabenteilung – der „*Sprache*" für die Deutschen;[77] der „*Archaeology*" für die Briten[78] – spiegelt allerdings auch eine weitaus ältere Forschungstradition[79] wider (vgl. Kap. 1.1.2.).[80] So wird jede Ausgabe der Zeitschrift zu einem Spiegel der in ihrer Zeit herrschenden Wissenschaftskultur, der Auseinandersetzung zwischen den Gelehrten und ihres Umgangs miteinander sowie des jeweils vorherrschenden wissenschaftlichen Selbstverständnisses. Gerichtet an professionelle Vertreter des Faches, grenzt die wissenschaftliche Zeitschrift die Disziplin gegenüber Laien und Dilettanten ab und befördert somit den Prozess der Professionalisierung der Disziplin.[81]

Die hier zusammengestellten Ergebnisse rücken die Person Ermans in den Brennpunkt dieser Untersuchung: Als Begründer der Berliner Schule trieb er die **Professionalisierung der Wissenschaft der Ägyptologie** konsequent voran und schuf, vornehmlich durch das Wörterbuch der ägyptischen Sprache, die methodischen und praktischen Voraussetzungen für eine dauerhafte **Etablierung seines Faches als eigenständige Disziplin.** Dabei scheute er nicht den Konflikt mit vorangegangenen Ägyptologengenerationen bzw. Kollegen. Grundlage seines Erfolges war die auf seine Person vereinigte, in der Geschichte der Ägyptologie einzigartige Ämterfülle. In der Rolle als Dozent an der Berliner Universität, Direktor des Ägyptischen Museums – mit zeitweiliger Verantwortung für die vorderasiatische Sammlung –, Mitbegründer der Deutschen Orientgesellschaft, Leiter des Ägyptischen Wörterbuchvorhabens an der Preußischen Akademie der Wissenschaften und Leiter der Redaktion der Zeitschrift für Ägyptische Sprache und Altertumskunde besetzte er bis 1914 alle wichtigen wissenschaftspolitisch relevanten Schlüsselstellungen in seinem Fach und konnte so dem „Goldenen Zeitalter"[82] (1882–1914) der Ägyptologie seinen Stempel aufdrücken.

Diesem Zeitabschnitt gingen naturgemäß einige Stationen seiner akademischen Laufbahn voraus:

- Zwar haben seine beiden akademischen Lehrer, Lepsius in Berlin und Ebers in Leipzig, wohl tatsächlich nicht nachhaltig auf Ermans fachliche Entwicklung gewirkt, seine Studienzeit von 1874 bis zur Habilitation 1880 kann aber dennoch als entscheidender erster Abschnitt seiner Karriere definiert werden, der v.a. durch eine enge persönliche – wenn auch nicht fachliche – Anleh-

77 Vgl. Sethe (1921), 41.

78 Vgl. Petrie, 14.01.1893, zitiert nach Janssen (1992), 100.

79 Zu der Aufgabenteilung zwischen brit. und dt. Ägyptologie s.a. Gertzen (2009a).

80 Wobei beide Zeitschriften zu keinem Zeitpunkt ausschließlich philologisch oder archäologisch ausgerichtet gewesen sind.

81 Vgl. Kuhn (1996), 19f.

82 Kees (1959), 6.

nung an Ebers geprägt ist (vgl. Kap. 3.2.2.). Dieser nimmt gegenüber Lepsius und Erman eine Vermittlerrolle ein und ermöglicht es seinem Schüler, einerseits eine sprachwissenschaftliche Schwerpunktsetzung in seinen Studien vorzunehmen und darin eine herausragende Kompetenz zu erwerben und andererseits weiter das Wohlwollen des eigentlich weniger spezialistisch orientierten Lepsius zu genießen, was für seine weitere akademische Laufbahn entscheidend gewesen sein dürfte.

- Nach der Übernahme der Ämter von Lepsius muss sich Erman zunächst gegen seine Konkurrenten[83] in der Rolle als Nachfolger durchsetzen – ein Prozeß, der von seinem Amtsantritt als Dozent und Museumsdirektor 1885 über die Übernahme der Redaktion der ZÄS 1889 bis zur Aufnahme in die Akademie 1895 ein ganzes Jahrzehnt lang dauert. In dieser Zeit entfremdet sich Erman stetig von seinem Lehrer Ebers und gewinnt eine Reihe von Schülern,[84] die später Schlüsselpositionen innerhalb der Berliner Schule übernehmen werden: Steindorff (Studium von 1881 bis 1884, später Redakteur der ZÄS); Sethe (Studium von 1886 bis 1892, Nachfolger auf dem Berliner Lehrstuhl) und Schäfer (Studium 1886 bis 1892, später Direktor des Ägyptischen Museums Berlin).
- Erst nachdem Erman sich also in den entscheidenden Institutionen etabliert hat, kann er daran gehen, seine Prioritäten in der ägyptologischen Forschung um- und seine methodischen Neuerungen im Fach durchzusetzen. Mit dem Jahr 1897 wird durch die Immediateingabe zur Finanzierung des Ägyptischen Wörterbuchvorhabens dann allerdings endgültig das „Goldene Zeitalter" der Berliner Schule eingeleitet.
- Mit dem Ausbruch des Ersten Weltkrieges kommt dieser Abschnitt der Geschichte der Ägyptologie 1914 allerdings zu einem Abschluß – zunächst, weil kriegsbedingt sowohl die personellen als auch finanziellen Ressourcen zurückgehen. Erman erleidet durch den Tod seines ältesten Sohnes 1916 auch einen schwerwiegenden persönlichen Verlust. Darüber hinaus verschlechtert sich Ermans Sehkraft. Andererseits sollte die Bedeutung des Ersten Weltkrieges für die Entwicklung der Ägyptologie auch nicht überbewertet werden: Nicht erst der Ausschluss deutscher Archäologen von Grabungen in Ägypten führte zu einer sprachwissenschaftlichen Schwerpunktsetzung der Ägyptologie in Deutschland. Auch begann sich schon vor Ausbruch des Krieges die britische Ägyptologie von der Berliner Schule zu emanzipieren und wurde das *Journal of Egyptian Archaeology* nicht anlässlich des Kriegsausbruches, son-

83 Vgl. Erman (1929), 163–171.
84 Vgl. op. cit., 194 f.

dern davon unabhängig 1914 erstmals herausgegeben. Auch die Loslösung vom Museum bzw. Gründung des Ägyptischen Seminars erfolgte 1915 unabhängig vom Kriegsgeschehen. So spricht vieles dafür, das Jahr 1914 auch losgelöst von weltpolitischen Ereignissen als eine Zäsur in der Geschichte der deutschen Ägyptologie zu betrachten. In jedem Fall aber sollte dies nicht über das weitreichende Nachwirken der Berliner Schule auf die weitere Entwicklung des Faches bis weit über die Jahrhundertwende hinaus hinwegtäuschen.

Summary

Writing in the late 1950s, Hermann Kees (d. 1964) characterized the time-span 1882 to 1914 as a 'Golden Age' of Egyptology, citing the achievements of the so-called Berlin School under Adolf Erman (d. 1937). This study focuses on Kees's judgement, investigating the evolution of Egyptology as a scholarly discipline at the turn of the Twentieth Century.

Archival sources are fully explored and utilized – in particular, Erman's correspondence with his teacher Georg Ebers (d. 1898) and with his most eminent disciple, Kurt Sethe (d. 1934), which is held by the Bremen state and university library. The teacher-disciple-relationship of these three Egyptologists is the core of the analysis. Autobiographical material is taken into account against the background of the contemporaneous political, intellectual, and personal context as subjected to scrutiny in recent publications on the history of German Oriental studies and the *Zeitgeist* of the *Kaiserreich.*

Readily available biographical information on the principals (Ebers, Erman, and Sethe) is supplemented with previously unpublished archival material associated with other contemporaneous Egyptologists, Heinrich Schäfer (d. 1957) and Georg. Steindorff (d. 1951) prominent among them.

The significance of the 'scientific revolution' which the 'Berlin School' represented is elucidated by reference to and comparison with the 'Old School' of Egyptology, epitomized on the one hand by Erman's teachers, Ebers and Carl Richard Lepsius (d. 1884), and by his adversaries Gaston. Maspero (d. 1916) and Edouard Naville (d. 1926) on the other.

In addition to focusing on the personalities involved in this phase of the history of Egyptology, the emergence and development of institutions (such as Berlin's Egyptian Museum and the chair of Egyptology at the university in the capital; the Cairo branch of the German Archaeological Institute [DAI]; and the German Oriental Society [DOG]) are also explored, as are the genesis in Germany of the very first periodical devoted to Egyptology (Journal of Egyptian Language and Archaeology, [*ZÄS*]) and the project to produce a dictionary of the ancient Egyptian language (Wörterbuch der äg. Sprache) – all strongly influenced, if not in some cases actually initiated by Erman.

The concept of 'national' schools or the alleged 'national character' of Egyptology as the discipline evolved in Europe is subjected to critical scrutiny, primarily as applied to the contrasting French and German Orientalist traditions, but also with respect to the role played by German Egyptology in Great Britain and the USA. In conclusion a conceptual framework for theoretical assessment of Egyptological research in the past and for the future is proposed.

Nachwort und Danksagung

Ermöglicht wurde die vorliegende Arbeit vor allem durch die wohlmeinende Unterstützung durch Herrn Prof. Dr. R. vom Bruch und Herrn Prof. Dr. St. Seidlmayer und ihre Bereitschaft, sich auf die Betreuung eines Forschungsvorhabens einzulassen, das als Wissenschaftsgeschichte der Ägyptologie geradezu einen doppelten Orchideenstatus besitzt und trotz einer extremen Spezialisierung gleichzeitig ein hohes Maß an Interdisziplinarität vorraussetzt.

Nachdem durch die Aufnahme in die Promotionsförderung der Studienstiftung des Deutschen Volkes im April 2009 auch die finanziellen Rahmenbedingungen für ein solches Promotionsvorhaben gegeben waren, konnte mit seiner Umsetzung begonnen werden.

Die wichtigste Vorraussetzung des Unternehmens war dabei die Möglichkeit, in die Materialien des Nachlasses A. Erman an der Staats- und Universitätsbibliothek Bremen Einsicht zu nehmen und sie für die Untersuchung verwenden zu dürfen. Für die Erlaubnis hierzu und die stets konstruktive und unterstützende Haltung möchte ich Herrn Prof. Dr. Dr. B.-U. Schipper und Herrn Dr. T. Elsmann herzlich danken. Von Bremen aus konnte ich in der Folgezeit weitere Kontakte zu wissenschaftsgeschichtlich arbeitenden Kollegen innerhalb der Ägyptologie knüpfen und mit ihnen in Austausch treten, worunter ich v. a. Frau Dr. S. Voss-Kern (Cluster 5 des DAI Kairo) und Frau Dr. A. Cappel (Erman-Projektgruppe, Bremen) besonders erwähnen möchte.

Von Seiten der Wissenschaftsgeschichte gilt es vor allem, die Bereitschaft zu Austausch und Diskussion von Frau Prof. Dr. S. Mangold (Universität Wuppertal) und Herrn Prof. Dr. St. Rebenich (Universität Bern) hervorzuheben, von denen letzterer mir zudem die Möglichkeit einräumte, mein Projekt im Rahmen seines Forschungskolloquiums vorzustellen.

Neben den Materialien des Erman-Nachlasses in Bremen wurden weitere Archivalia komplementär herangezogen, von denen die Materialien des Nachlasses G. Ebers an der Staatsbibliothek Berlin sicher die wichtigste Quellengruppe darstellen. Den Mitarbeitern der dortigen Handschriftenabteilung möchte ich daher für ihre Geduld und ihr Entgegenkommen besonders danken. Mein Dank gilt jedoch auch den Archivaren und Mitarbeitern der Archive der Berlin-Brandenburgischen Akademie der Wissenschaften, Frau Dr. U. Dirschedl, vom Archiv der Zentrale des DAI in Berlin und Frau I. Lehnert M.A. (Bibliothekarin des DAI Kairo); Herrn Dr. J. Marzahn vom Vorderasiatischen Museum Berlin (D.O.G.-Archiv), den Mitarbeitern des Geheimen Preußischen Staatsarchivs, des Heimatmuseum Steglitz, des Hugenotten-Museums (Bad Karlshafen), des Archivs der Humboldt Universität (Berlin), des Ägyptologischen Seminars Leipzig, Frau Prof. Dr. P. Piacentini (Egyptological Archives, Milan), Herrn Dr. St. Quirke vom Petrie-Museum (London), den Mitarbeitern des Zentralarchivs der Staatlichen Museen zu Berlin, der Universitätsbibliothek Uppsala, des Stadtarchivs Utrecht und der Verwaltung des Waldfriedhofes Berlin-Dahlem. Ebenfalls danken möchte ich Herrn Dr. C. H. v. Sethe und seiner Gattin, die mir nicht nur die Möglichkeit zur Einsichtnahme in die Familiendokumente, sondern auch das Vergnügen ‚bei Sethes' zu speisen ermöglichten.

Zu guter Letzt gilt es jedoch die ebenso verdienst- wie mühevolle Arbeit von Frau N. Essbach M.A. und Herrn Dipl.-Ing. M. Schürmann zu würdigen, die mein Manuskript Korrektur gelesen haben. Ich bin beiden für wertvolle Verbesserungsvorschläge zu großem Dank verpflichtet. Desweiteren bedanke ich mich bei Frau C. Richard für die Korrektur meiner französischsprachigen Transkriptionen. – Alle etwaig verbliebenen Fehler und Unzulänglichkeiten habe ich allein zu verantworten.

Allen, die mir im Verlauf meiner Recherchen den Zugang zu archivalischen Quellen ermöglichten und meine Arbeit durch Hinweise, Anregungen und Kritik unterstützt haben, sei an dieser Stelle noch einmal herzlich gedankt.

Anhang

A Abkürzungsverzeichnis

ABBAW	Archiv der Berlin-Brandenburgischen Akademie der Wissenschaften
ADB	Allgemeine Deutsche Biografie
AE	Ancient Egypt
AfO	Archiv für Orientforschung
AJSL	American Journal of Semitic Languages and Literatures
Anm.	Anmerkung
AoF	Altorientalische Forschungen
Arab.	Arabisch
ASAE	Annales du Service des Antiquites de l'Egypte
AZ	Allgemeine Zeitung, München
ÄZ/ZÄS	Zeitschrift für ägyptische Sprache und Altertumskunde
Brit.	Britisch
BStUB	Bremer Staats- und Universitätsbibliothek
bzw.	Beziehungsweise
CdE	Chronique d'Egypte
CHE	Cahiers d'Histoire Egyptienne
D.M.G.	Deutsche Morgenländische Gesellschaft
DAIK	Deutsches Archäologisches Institut, Abteilung Kairo
Diss.	Dissertation
Dt.	Deutsch
Eig. Anm.	Eigene Anmerkung
Engl.	Englisch
FN	Fussnote
Frz.	Französisch
FuB	Forschungen und Berichte, Staatliche Museen zu Berlin
FuF	Forschungen und Fortschritte
geb.	Geboren
GM	Göttinger Miszellen. Beiträge zur ägyptologischen Diskussion
GStA PK	Geheimes Preußisches Staatsarchiv, Preußischer Kulturbesitz
HdO	Handbuch der Orientalistik
HUB UA	Humboldt Universität zu Berlin, Archiv
i.d.R.	In der Regel
i.e.	Id est
JAOS	Journal of the American Oriental Society
JARCE	Journal of the American Research Center in Egypt
JEA	Journal of Egyptian Archaeology
JEgH	Journal of Egyptian History

Kap.	Kapitel
LÄ	Lexikon der Ägyptologie
LD	Lepsius, Denkmäler aus Aegypten und Aethiopien
LingAeg	Lingua Aegyptiaca, Journal of Egyptian Language Studies
m. E.	Meines Erachtens
MDAIK	Mitteilungen des Deutschen Archäologischen Instituts, Abteilung Kairo
MDOG	Mitteilungen der Deutschen Orientgesellschaft
N.N.	Nomen nescio
NDB	Neue Deutsche Biographie
OLA	Orientalia Lovaniensia Analecta
OLZ	Orientalistische Literaturzeitung
Or	Orientalia
Oriens	Oriens. Zeitschrift der Internationalen Gesellschaft für Orientforschung
PdÄ	Probleme der Ägyptologie
PSBA	Proceedings of the Society of Biblical Archaeology
RecTrav	Recueil des Travaux rélatifs à la philologie et à l'archéologie égyptienne et
Rev. Arch.	Revue archéologique
s.a.	Siehe auch
S.M.	Seine Majestät
s.v.	Sub voce
SAK	Studien zur Altägyptischen Kultur
SBBPK	Staatsbibliothek zu Berlin, Preußischer Kulturbesitz
SEL	Studi Epigrafici e Linguistici sul Vicino Oriente antico
SMBPK	Staatliche Museen zu Berlin, Preußischer Kulturbesitz, Zentralarchiv
TLA	Thesaurus Linguae Aegyptiae
u. a.	Unter anderem
UBU	Universitätsbibliothek Uppsala
UGAÄ	Untersuchungen zur Geschichte und Altertumskunde Ägyptens
v. a.	Vor allem
vermtl.	Vermutlich
vgl.	Vergleiche
WB	Wörterbuch der Ägyptischen Sprache
z.T.	Zum Teil
ZÄS	s. „Ä.Z."
ZDMG	Zeitschrift der Deutschen Morgenländischen Gesellschaft

<table>
<tr><td>|</td><td>Zeilenumbruch im Original</td></tr>
<tr><td>‖</td><td>Neue Seite im Original</td></tr>
<tr><td>[...]</td><td>Auslassung</td></tr>
<tr><td>[Text]</td><td>Ergänzung</td></tr>
<tr><td>[?]</td><td>Lesung unklar</td></tr>
<tr><td>[Text?]</td><td>Lesung unsicher</td></tr>
</table>

B Vorlesungsverzeichnisse[1]

Semester	Veranstaltungen des Lehrstuhlinhabers	Sonst. Veranstaltungen
WS 83/84		Elemente der ägyptischen Schrift und Sprache (Dr. Erman); Neuägyptische Grammatik und Übungen im Lesen hieratischer Handschriften (Dr. Erman); Interpretation ausgewählter Abschnitte aus der älteren religiösen Literatur der Ägypter (Dr. Erman); Koptische Grammatik (Dr. Erman)
SS 84		Hieroglyphische Grammatik u. Erklärung einer Auswahl von Inschriften (Dr. Brugsch); Demotische Grammatik (Dr. Brugsch); Hieroglyphische Texte der ptolemäischen Zeit (Dr. Erman); Historische Inschriften des neuen Reiches (Dr. Erman); Erklärung der ägyptischen Überlieferung im Herodot (Dr. Erman)
WS 84/85		Hieroglyphische Grammatik (Dr. Brugsch); Elemente der ägyptischen Schrift und Sprache (Dr. Erman); Demotische Übungen (Dr. Brugsch)
SS 85	Ägyptische Alterthumskunde und Erklärung der wichtigsten ägyptischen Denkmäler der k. Museen (Prof. Erman); Neuägyptische Grammatik und Übungen im Lesen hieratischer Handschriften (Prof. Erman); Ägyptische Grabinschriften (Prof. Erman)	
WS 85/86	Elemente der ägyptischen Schrift und Sprache (Prof. Erman); Koptische Grammatik (Prof. Erman)	
SS 86	Elemente der ägyptischen Schrift und Sprache (Prof. Erman); Koptische Grammatik (Prof. Erman)	
WS 86/87	Neuägyptische Grammatik und Einführung in das Lesen hieratischer Handschriften (Prof. Erman); Erklärung des Todtenbuches [sic!] nach Naville's Ausgabe (Prof. Erman); Erklärung ausgewählter koptischer Texte (Prof. Erman)	Demotische Grammatik (Dr. Brugsch); Erklärung des Papyrus Prisse (Dr. Brugsch)

1 HU Berlin, Jacob & Wilhelm Grimm Zentrum, Mi 444; vgl. Endesfelder (1988), 87–96, Tabellen 7–16.

Semester	Veranstaltungen des Lehrstuhlinhabers	Sonst. Veranstaltungen
SS 87	Elemente der ägyptischen Schrift und Sprache (Prof. Erman); Erklärung ägyptischer Inschriften historischen Inhalts (Prof. Erman)	Demotische Grammatik (Dr. Brugsch); Hieroglyphische Grammatik
WS 87/88	Koptische Grammatik (Prof. Erman); Einführung in die Vulgärtexte des neuen Reiches (Prof. Erman); Interpretation leichter Hieroglyphentexte; Archaeologisch-epigraphische Übungen im Kgl. Museum (Prof. Erman)	Hieroglyphische Grammatik (Dr. Brugsch); Demotische Grammatik (Dr. Brugsch)
SS 88	Elemente der ägyptischen Grammatik (Prof. Erman); Erklärung schwieriger hieratischer Papyrus; Erklärung hieroglyphischer Inschriften der griechisch-römischen Zeit (Prof. Erman)	Erklärung demotischer Inschriften (Dr. Brugsch)
WS 88/89	Erklärung der Inschriften des alten Reiches (Prof. Erman); Koptische Grammatik (Prof. Erman); Erklärung der altorientalischen Denkmäler der Königl. Museen (Prof. Erman)	Landeskunde Ägyptens (Dr. Brugsch); Ausgewählte Kapitel des Todtenbuches [sic!] der alten Ägypter (Dr. Brugsch)
SS 89	Elemente der ägyptischen Grammatik (Prof. Erman); Interpretation neuägyptischer Texte (Prof. Erman); Koptische Übungen (Prof. Erman)	Erklärung einer Auswahl demotischer Inschriften (Dr. Brugsch); Altägyptische Mythologie (Dr. Brugsch)
WS 89/90	Erklärung altägyptischer Texte (Prof. Erman); Neuägyptische Grammatik (Prof. Erman)	Demotische Grammatik (Dr. Brugsch); Geschichte des Altägyptischen Mittelalters (Dr. Brugsch)
SS 90	Erklärung der orientalischen Alterthümer der Kgl. Museen (Prof. Erman); Elemente der ägyptischen Grammatik (Prof. Erman); Koptische Grammatik (Prof. Erman); Archaeologische Übungen in den orientalischen Sammlungen der Kgl. Museen (Prof. Erman)	Erklärung ausgewählter hieroglyphischer und demotischer Inschriften (Dr. Brugsch)
WS 90/91	Neuägyptische Grammatik (Prof. Erman); Erklärung der Pyramidentexte (Prof. Erman); Die Nachbarländer des alten Ägyptens (Prof. Erman)	Erklärung einer Auswahl demotischer Inschriften (Dr. Brugsch)
SS 91	Anfangsgründe der ägyptischen Schrift und Sprache (Prof. Erman); Erklärung ägyptischer Inschriften (Prof. Erman)	Koptische Grammatik (Dr. Steindorff); Älteste Texte des „Todtenbuchs“ [sic!] (Dr. Steindorff); Erklärung koptischer Papyrusurkunden (Dr. Steindorff)
WS 91/92	Elemente der ägyptischen Schrift und Sprache (Prof. Erman); Erklärung ausgewählter ägyptischer Texte (Prof. Erman);	Koptische Grammatik (Dr. Steindorff); Erklärung Koptischer Texte (Dr. Steindorff)

Semester	Veranstaltungen des Lehrstuhlinhabers	Sonst. Veranstaltungen
	Erklärung der altorientalischen Denkmäler der Königlichen Museen (Prof. Erman)	
SS 92	Neuägyptischen Grammatik und Einführung in die hieratische Schrift (Prof. Erman); Erklärung ausgewählter ägyptischer Texte (Prof. Erman)	Erklärung koptischer Texte (Dr. Steindorff)
WS 92/93	Elemente der ägyptischen Schrift und Sprache (Prof. Erman); Erklärung religiöser Texte der ältesten Zeit (Prof. Erman); Ägyptische Übungen (Prof. Erman)	Koptische Grammatik (Dr. Steindorff); Ausgewählte sahidische und boheirische Texte (Dr. Steindorff)
SS 93	Pyramidentexte (Prof. Erman); Leichtere ägyptische Texte (Prof. Erman); Neuägyptische Handschriften (Prof. Erman);	Geographie des alten Ägypten (Dr. Brugsch); Grammatik der demotischen Schriftsprache (Dr. Brugsch); Übungen in der Lesung demotischer Texte (Dr. Brugsch); Erklärung koptischer Papyrusurkunden (Dr. Steindorff); Ausgewählte leichtere koptische Texte (Dr. Steindorff)
WS 93/94	Anfangsgründe der ägyptischen Schrift und Sprache (Prof. Erman); Hieroglyphische Inschriften der griechisch-römischen Zeit; Erklärung des Lebens des Sinuhe (Prof. Erman); Koptische Grammatik (Prof. Erman); Übungen zur Geschichte Ägyptens (die Zeit Ramses' III.) (Prof. Erman)	Geschichte der alten Ägypter (Dr. Brugsch); Erklärung einer Auswahl ägyptisch-demotischer Inschriften (Dr. Brugsch)
SS 94	Erklärung leichterer ägyptischer Texte (Prof. Erman); Ägyptische Lehrgedichte (Prof. Erman); Koptische Texte (Prof. Erman)	
WS 94/95	Ägyptische Grammatik (für Anfänger) (Prof. Erman); Koptische Grammatik; Neuägyptische Grammatik und Übungen im Lesen hieratischer Handschriften (Prof. Erman)	
SS 95	Elemente der ägyptischen Schrift und Sprache (Prof. Erman); Koptische Texte (Prof. Erman)	
WS 95/96	Ausgewählte ägyptische Texte (Prof. Erman); Koptische Dialekte (Prof. Erman); Ägyptologische Übungen im Königl. Museum (Prof. Erman)	Erklärung ausgewählter Capitel [sic!] der Pyramidentexte (Dr. Sethe); Neuägyptische Grammatik (Dr. Sethe)
SS 96	Elemente der ägyptischen Schrift und Sprache (Prof. Erman); Poëtische [sic!] Texte des mittleren Reiches (Prof. Er-	Hieratische Texte des Neuen Reiches (Dr. Sethe); Koptische Grammatik (Dr. Sethe); Zweisprachige (ägyptisch-griechische) Inschriften (Dr. Sethe)

Semester	Veranstaltungen des Lehrstuhlinhabers	Sonst. Veranstaltungen
	man); Die Nachbarländer des alten Ägypten (Prof. Erman)	
WS 96/97	Erklärung der Pyramidentexte (Prof. Erman); Erklärung hieratischer Papyrus geschäftlichen Inhalts (Prof. Erman); Koptische Übungen (Prof. Erman)	Hieroglyphische Inschriften des neuen Reichs (Dr. Sethe); Altägyptische Übungen (Dr. Sethe)
SS 97	Ägyptische Grammatik für Anfänger (Prof. Erman); Koptische Grammatik (Prof. Erman); Erklärung der altorientalischen Denkmäler der Königl. Museen (Prof. Erman)	Neuägyptische Grammatik (Dr. Sethe); Erklärung koptischer Texte in sahidischer Mundart (Dr. Sethe); Ausgewählte hieroglyphische Inschriften historischen Inhalts (Dr. Sethe)
WS 97/98	Erklärung ägyptischer Texte (Prof. Erman); Neuägyptische Grammatik und Einführung in die hieratische Schrift (Prof. Erman)	Erklärung ausgewählter Capitel der Pyramidentexte (Dr. Sethe); Einführung in die ägyptische Schrift und Sprache (Dr. Sethe)
SS 98	Anfangsgründe der ägyptischen Schrift und Sprache (Prof. Erman); Ausgewählte ägyptische Inschriften (Prof. Erman); Erklärung der altorientalischen Denkmäler der Königl. Museen (Prof. Erman)	Einführung in die stereotypen Formeln der ägyptischen Inschriften (Dr. Sethe); Koptische Grammatik (Dr. Sethe); Koptische Übungen (Dr. Sethe)
WS 98/99	Erklärung ausgewählter ägyptischer Texte (Prof. Erman); Koptische Grammatik (Prof. Erman); Neuägyptische Grammatik und Einführung in die hieratische Schrift (Prof. Erman)	
SS 99	Einführung in die religiöse Literatur der Ägypter (Prof. Erman); Koptische Texte (Prof. Erman); Erklärung ausgewählter Denkmäler des ägyptischen Museums) Prof. Erman)	Neuägyptische Texte (Dr. Sethe)
WS 99/00	Ägyptische Geschichte mit besonderer Rücksicht auf die Entwicklung der Religion und der Cultur (Prof. Erman); Anfangsgründe der ägyptischen Schrift und Sprache (Prof. Erman); Ausgewählte ägyptische Texte (Prof. Erman)	Koptische Grammatik (Dr. Sethe)
SS 00	Erklärung der ältesten religiösen Litteratur [sic!] Ägyptens (Prof. Erman); Neuägyptische Texte (Prof. Erman); Koptische Dialekte (Prof. Erman)	
WS 00/01	Anfangsgründe der ägyptischen Schrift und Sprache (Prof. Erman); Neuägyptische Texte (Prof. Erman); Koptische Grammatik (Prof. Erman)	

Semester	Veranstaltungen des Lehrstuhlinhabers	Sonst. Veranstaltungen
SS 01	Ausgewählte hieroglyphische Inschriften (Prof. Erman); Erklärung ägyptischer Urkunden in hieratischer und Cursivschrift [sic!] (Prof. Erman); Hieroglyphische Inschriften griechischer Zeit (Prof. Erman); Erklärung der ägyptischen Denkmäler der Königl. Museen (Prof. Erman)	
WS 01/02	Anfangsgründe der ägyptischen Schrift und Sprache (Prof. Erman); Einführung in die religiöse Literatur der Ägypter (Prof. Erman); Erklärung der Darstellungen und Inschriften der älteren ägyptischen Gräber (Prof. Erman)	
SS 02	Erklärung der ägyptischen Denkmäler der Königl. Museen (Prof. Erman); Historische Inschriften des alten Ägyptens (Prof. Erman); Leichtere hieroglyphische Texte (Prof. Erman); Koptische Grammatik (Prof. Erman)	
WS 02/03	Ägyptische Grammatik (Prof. Erman); Leichtere ägyptische Texte (Prof. Erman); Ägyptologische Übungen (Prof. Erman)	
SS 03	Geschichte der ägyptischen Religion (Prof. Erman); Erklärung der ältesten religiösen Litteratur [sic!] der Ägypter (Prof. Erman); Leichtere Koptische Texte (Prof. Erman)	
WS 03/04	Anfangsgründe der ägyptischen Schrift und Sprache (Prof. Erman); Ausgewählte hieroglyphische Inschriften (Prof. Erman); Koptische Grammatik (Prof. Erman); Ausgewählte koptische Texte (Prof. Erman)	
SS 04	Hieroglyphische Inschriften (Prof. Erman); Neuägyptische Grammatik (Prof. Erman); Erklärung der ägyptischen Denkmäler der Königl. Museen (Prof. Erman)	
WS 04/05	Ägyptische Grammatik (Prof. Erman); Erklärung ägyptischer Inschriften (Prof. Erman); Koptische Grammatik (Prof. Erman)	
SS 05	Leichtere hieroglyphische Inschriften (Prof. Erman); Neuägyptische Texte (Prof. Erman); Koptische Texte (Prof. Erman)	

Semester	Veranstaltungen des Lehrstuhlinhabers	Sonst. Veranstaltungen
WS 05/06	Anfangsgründe der ägyptischen Schrift und Sprache (Prof. Erman); Koptische Grammatik (Prof. Erman); Ägyptische Übungen (Prof. Erman)	
SS 06	Leichtere ägyptische Texte (Prof. Erman); Erklärung der Pyramidentexte (Prof. Erman); Ägyptische Religion (Prof. Erman)	
WS 06/07	Anfangsgründe der ägyptischen Schrift und Sprache (Prof. Erman); Historische Inschriften des neuen Reichs (Prof. Erman); Koptische Grammatik (Prof. Erman)	
SS 07	Neuägyptische Grammatik und Einführung in die hieratische Schrift (Prof. Erman); Leichtere ägyptische Texte (Prof. Erman); Koptische Texte (Prof. Erman)	
WS 07/08	Anfangsgründe der ägyptischen Schrift und Sprache (Prof. Erman; Erklärung ausgewählter ägyptischer Texte für Vorgerücktere [sic!] (Prof. Erman); Koptische Grammatik (Prof. Erman)	
SS 08	Leichtere ägyptische Texte (Prof. Erman); Erklärung der Pyramidentexte (Prof. Erman); Erklärung ausgewählter Denkmäler des Ägyptischen Museums (Prof. Erman)	
WS 08/09	Anfangsgründe der ägyptischen Schrift und Sprache (Prof. Erman), Die Literatur des alten Ägyptens (Prof. Erman); Koptische Grammatik (Prof. Erman)	
SS 09	Leichtere ägyptische Texte (Prof. Erman); Ägyptischen Übungen (Prof. Erman)	
WS 09/10	Anfangsgründe der ägyptischen Schrift und Sprache (Prof. Erman); Ägyptische Übungen (Prof. Erman)	
SS 10	Leichtere ägyptische Texte (Prof. Erman); Ägyptische Übungen (Prof. Erman); Koptische Grammatik (Prof. Erman)	
WS 10/11	Ägyptische Grammatik (Prof. Erman); Erklärung der Pyramidentexte (Prof. Erman); Ägyptische Übungen (Prof. Erman)	
SS 11	Leichtere ägyptische Texte (Prof. Erman); Koptische Grammatik (Prof. Erman)	
WS 11/12	Ägyptische Grammatik (Prof. Erman); Übungen im Erklären ägyptischer Texte	

Semester	Veranstaltungen des Lehrstuhlinhabers	Sonst. Veranstaltungen
	(Prof. Erman); Koptische Texte (Prof. Erman)	
SS 12	Leichtere ägyptische Texte (Prof. Erman); Erklärung der Pyramidentexte (Prof. Erman)	
WS 12/13	Ägyptische Schrift und Sprache (Prof. Erman); Historische Inschriften (Prof. Erman); Koptische Grammatik (Prof. Erman)	
SS 13	Leichtere ägyptische Texte (Prof. Erman); Neuägyptische Texte und Einführung in das Hieratische (Prof. Erman); Erklärung der Denkmäler der Königlichen Museen (Prof. Erman)	Demotische Urkunden (Dr. Möller)
WS 13/14	Ausgewählte religiöse Texte (Prof. Erman); Epigraphisch-archäologische Übungen im Ägyptischen Museum (Prof. Erman); Koptische Dialekte (Prof. Erman)	Erklärung hieratischer Texte mit Übungen an Originalhandschriften (Dr. Möller); Demotisch III. Kursus, Literarische Texte (Dr. Möller)
SS 14	Anfangsgründe der ägyptischen Grammatik (Prof. Erman); Ägyptische Übungen (für Vorgerücktere) [sic!] (Prof. Erman); Erklärung der ägyptischen Denkmäler der Königl. Museen (Prof. Erman)	Erklärung alt- und mittelhieratischer Texte (Dr. Möller); Demotische Inschriften (Dr. Möller)
WS 14/15	Leichtere ägyptische Texte (Prof. Erman); Übungen im ägyptischen Museum (Prof. Erman), Koptische Grammatik (Prof. Erman)	Einführung in das Demotische (Dr. Möller); Koptische Profantexte (Dr. Möller)
SS 15	Elemente der ägyptischen Schrift und Sprache (Prof. Erman); Ägyptische Texte (Prof. Erman); Ägyptische Übungen (Prof. Erman)	Das Bestattungswesen der alten Ägypter (Dr. Möller); Demotische Urkunden (Dr. Möller)
WS 15/16	Leichtere ägyptische Texte (Prof. Erman); Ägyptische Übungen (Prof. Erman); Koptische Grammatik (Prof. Erman)	Literarische Texte in demotischer Schrift (Dr. Möller); Ausgrabungen in Ägypten (Dr. Möller)
SS 16	Elemente der ägyptischen Schrift und Sprache (Prof. Erman); Erklärung der Pyramidentexte (Prof. Erman); Ägyptische Übungen (Prof. Erman)	
WS 16/17	Leichtere ägyptische Texte (Prof. Erman); Übungen im ägyptischen Museum (Prof. Erman); Koptische Grammatik (Prof. Erman)	
SS 17	Ägyptische Grammatik (Prof. Erman); Historische Inschriften (Prof. Erman); Übungen im ägyptischen Museum (Prof. Erman)	

Semester	Veranstaltungen des Lehrstuhlinhabers	Sonst. Veranstaltungen
WS 17/18	Leichtere ägyptische Texte (Prof. Erman); Ägyptische Übungen im ägyptischen Museum (Prof. Erman); Koptische Grammatik (Prof. Erman)	
SS 18	Anfangsgründe der ägyptischen Schrift und Sprache (Prof. Erman); Erklärung der Pyramidentexte (Prof. Erman); Ägyptische Übungen im ägyptischen Museum (Prof. Erman)	Einführung in das Demotische (Dr. Möller); Das Kunstgewerbe im alten Ägypten (Dr. Möller)
WS 18/19	Leichtere ägyptische Texe (Prof. Erman); Neuägyptische Grammatik und Einführung in die hieratische Schrift (Prof. Erman); Übungen im ägyptischen Museum (Prof. Erman)	Demotische Rechtsurkunden (Dr. Möller); Ausgrabungen in Ägypten (Dr. Möller); Koptisch für Anfänger (Dr. Möller)
SS 19	Anfangsgründe der ägyptischen Schrift und Sprache (Prof. Erman); Ägyptische Übungen im ägyptischen Museum (Prof. Erman); Koptische Grammatik (Prof. Erman)	Einführung in das Hieratische (Alt- und Mittelhieratisch) (Dr. Möller); Erklärung ausgewählter neuägyptischer und demotischer Rechturkunden (Dr. Möller); Die Zeugnisse griechischer und römischer Autoren über Ägypten und Äthiopien, I. Ägyptologische Sacherklärungen zu Herodots zweitem Buch (Dr. Möller); Ausgrabungen in Ägypten II (Dr. Möller)
SS 20	Ägyptische Grammatik (Prof. Erman); Ägyptische Übungen (Prof. Erman); Koptische Grammatik (Prof. Erman)	Führung durch die ägyptische Abteilung der Staatsmuseen (Dr. Möller); Ägyptische Rechtsurkunden (Dr. Möller); Koptische Profantexte (Dr. Möller)
WS 20 [sic!]	Leichtere ägyptische Texte (Prof. Erman); Historische Inschriften (Prof. Erman); Übungen für Anfänger (Kopieren und Erklären von Inschriften des ägyptischen Museums) (Prof. Erman)	Übungen zur hieratischen oder demotischen Palaeographie (Dr. Möller); Die Zeugnisse griechischer und römischer Autoren über Ägypten und Äthiopien, II. Ägyptologische Sacherklärungen zu Herodots zweitem und dritten Buche (Dr. Möller); Führung durch die ägyptische Abteilung der Staatsmuseen (Dr. Möller)
WS 20/21	Leichtere ägyptische Texte (Prof. Erman); Neuägyptisch (Prof. Erman); Übungen im ägyptischen Museum (Prof. Erman)	Einführung in das Demotische: Alt- und mitteldemotische Rechtsurkunden (Dr. Möller); Die Zeugnisse griechischer und römischer Autoren über das Alte Ägypten, III. Ausgewählte Kapitel aus Herodot und Diodor (Dr. Möller); Das Bestattungswesen im alten Ägypten (Dt. Möller)
SS 21	Ägyptische Grammatik (Prof. Erman); Erklärung der Pyramidentexte (Prof. Er-	Übungen zur ägyptischen Papyruskunde (Prof. Möller); Demotische Rechtsurkun-

Semester	Veranstaltungen des Lehrstuhlinhabers	Sonst. Veranstaltungen
	man); Übungen im ägyptischen Museum (Prof. Erman)	den (Prof. Möller); Koptisch für Anfänger (Prof. Möller)
WS 21/22	Leichtere ägyptische Texte (Prof. Erman); Erklärung der Denkmäler des ägyptischen Museums (Prof. Erman); Inschriften historischen Inhalts (Prof. Erman)	Ägyptische Texte geschäftlichen Inhalts (Prof. Möller); Ägypten und seine Nachbarländer im Altertum (Prof. Möller); Einführung in das Studium der Berbersprachen: Grundzüge des Kabylischen (Prof. Möller)
SS 22	Ägyptische Grammatik (Prof. Erman); Erklärung ägyptischer Texte, für Vorgeschrittenere [sic!] (Prof. Erman); Koptische Grammatik (Prof. Erman)	
WS 22/23	Leichtere ägyptische Texte (Prof. Erman); Religiöse Texte (Prof. Erman); Einführung in die hieratische Schrift und Lektüre neuägyptischer Texte (Prof. Erman)	
SS 23	Ägyptische Grammatik für Anfänger (Prof. Erman); Erklärung ägyptischer Inschriften des Museums (Prof. Erman); Koptische Grammatik (Prof. Erman)	
WS 23/24	Aegyptische Grammatik für Anfänger (Prof. Sethe); Erklärung ausgewählter ägyptischer Texte für Vorgeschrittene [sic!] (Prof. Sethe); Geographie des alten Aegypten (Prof. Sethe); Koptische Grammatik (Prof. Sethe); Vergleichung der koptischen Dialekte an der Hand von Bibelstellen (Prof. Sethe); Die Entwicklungsgeschichte der Schrift vom Bilde zum Buchstaben mit Lichtbildern (Prof. Sethe)	Erklärung ausgewählter ägyptischer Texte (Prof. Erman)
SS 24	Aegyptisch, 2. Kurs (Prof. Sethe) Uebungen an schwierigeren hieroglyphischen Texten in der ägyptischen Gesellschaft (Prof. Sethe); Einführung in das Demotische (Prof. Sethe); Koptisch, 2. Kurs (Prof. Sethe)	
WS 24/25	Geographie des alten Aegyptens (Prof. Sethe); Aegyptische Texte des Mittleren Reiches (Prof. Sethe); Erklärung schwieriger hieroglyphischer Texte in der Aegyptischen Gesellschaft (Prof. Sethe); Die demotische Erzählung des Hohenpriester Sethon (Prof. Sethe)	

Semester	Veranstaltungen des Lehrstuhlinhabers	Sonst. Veranstaltungen
SS 25	Einführung in die Literatur der alten Aegypter (Prof. Sethe); Hieroglyphische Texte des Mittleren Reichs (Prof. Sethe); Neuaegyptische Grammatik und Einführung in die hieratische Schrift (Prof. Sethe); Koptische Grammatik für Anfänger (Prof. Sethe)	
WS 25/26	Aegyptische Grammatik für Anfänger (Prof. Sethe); Einführung in die Literatur der alten Aegypter (Prof. Sethe); Erklärung schwieriger altaegyptischer Texte in der aegyptischen Gesellschaft (Prof. Sethe); Neuägyptische Texte (Prof. Sethe); Leichtere koptische Texte (Prof. Sethe)	
SS 26	Leichtere altägyptische Texte (Prof. Sethe); Urkunden des Alten Reiches (Prof. Sethe); Neuägyptische hieratische Texte (Prof. Sethe); Erklärung schwieriger ägyptischer Texte in der ägyptischen Gesellschaft (Prof. Sethe); Koptische Texte in sahidischer Mundart (Prof. Sethe)	
WS 26/27	Leichtere altägyptische Texte (Prof. Sethe); Erklärung ausgewählter Stücke der Pyramidentexte (Prof. Sethe); Hieratische Texte des mittleren Reiches (Prof. Sethe); Uebungen an Denkmälern des Ägyptischen Museums (Prof. Sethe); Vergleichung der koptischen Dialekte an der Hand von biblischen Texten (Prof. Sethe)	
SS 27	Ausgewählte Stücke des Totenbuchs (Prof. Sethe); Historische Inschriften des Neuen Reichs (Prof. Sethe); Koptische Grammatik für Anfänger (Prof. Sethe); Die koptischen Dialekte II (Achmimisch) (Prof. Sethe)	
WS 27/28	Altägyptische Grammatik (auch für Anfänger) (Prof. Sethe); Erklärung ausgewählter Stücke der Pyramidentexte (Prof. Sethe); Lektüre schwieriger ägyptischer Texte (Prof. Sethe); Leichte koptische Texte im sahidischen Dialekt (Prof. Sethe)	

Semester	Veranstaltungen des Lehrstuhlinhabers	Sonst. Veranstaltungen
SS 28	Aegyptisch, 2. Kurs (Prof. Sethe); Uebungen im Lesen hieroglyphischer Inschriften an Originalen des Aegyptischen Museums (Prof. Sethe); Das Ritual für den ägyptischen Tempeldienst (nach dem hieratischen Papyrus Belin 3055) (Prof. Sethe); Koptische Bibeltexte im sahidischen Dialekt (Prof. Sethe)	
WS 28/29	Leichtere altägyptische Texte (Prof. Sethe); Erklärung der Pyramidentexte (Prof. Sethe); Neuägyptische Grammatik (Prof. Sethe); Koptische Lektüre, aus den Werken des Schenute (Prof. Sethe)	
SS 29	Historische Inschriften des Neuen Reiches (Prof. Sethe); Neuägyptische hieratische Texte (Prof. Sethe); Uebungen zur ägyptischen Kulturgeschichte (nur für Sprachkundige) (Prof. Sethe); Koptische Dialekte (Prof. Sethe)	Uebungen zur ägyptischen Paläographie (Prof. Grapow); Leichtere altägyptische Texte (Prof. Grapow)
WS 29/30	Einführung in die ägyptische Schrift und Sprache (Prof. Sethe); Erklärung der Pyramidentexte (Prof. Sethe); Hieratische Texte (Prof. Sethe); Einführung in das Demotische (Prof. Sethe); Koptische Grammatik für Anfänger (Prof. Sethe)	Die Literatur der Ägypter, für Hörer aller Fakultäten (Prof. Grapow); Ägyptische Texte (Prof. Grapow)
SS 30	Ägyptisch, 2. Kurs (Prof. Sethe); Einführung in das ältere Hieratisch (Prof. Sethe); Erklärung des hieroglyphischen Teiles des Dekretes von Kanopus (Prof. Sethe); Übungen an den Denkmälern des Ägyptischen Museums (Prof. Sethe); Koptisch, 2. Kurs (Prof. Sethe)	Ägyptologische Übungen (Prof. Grapow)
WS 30/31	Leichtere hieroglyphische Texte (Prof. Sethe); Das Ritualbuch des Amunkultus (hieratisch) (Prof. Sethe); Geographie des alten Ägypten (Prof. Sethe); Koptische Texte in sahidischer Mundart (Prof. Sethe)	Ägyptische Inschriften griechisch-römischer Zeit (Prof. Grapow); Ägypten und ägyptisches Leben im Altertum, mit Lichtbildern, für Hörer aller Fakultäten (Prof. Grapow)
SS 31	Erklärung ausgewählter Stücke der Pyramidentexte (Prof. Sethe); Historische und biographische Inschriften des Neuen Reiches (Prof. Sethe); Geographie des alten Ägypten, 2. Teil (Prof. Sethe); Koptische Lektüre aus den Werken des Schenute (Prof. Sethe)	Die altägyptische Denkmälerwelt, mit Lichtbildern (Dr. Scharff); Ägyptologische Übungen (Prof. Grapow); Leichtere ägyptische Texte (Dr. Scharff); Fürhung durch das ägyptische Museum (Dr. Scharff)

Semester	Veranstaltungen des Lehrstuhlinhabers	Sonst. Veranstaltungen
WS 31/32	Erklärung des großen Papyrus Harris (hieratisch) (Prof. Sethe); Übungen im Lesen hieroglyphischer Inschriften an Denkmälern des Ägyptischen Museums (Prof. Sethe); Koptische Lektüre (Prof. Sethe)	Ägyptische für Anfänger (Dr. Scharff); Ägyptisch, II. Kurs (Leichtere Texte) (Prof. Grapow); Ägyptische Texte für Fortgeschrittene (Prof. Grapow); Ägyptische Kunst mit Lichtbildern (Dr. Scharff); Archäologische Übungen im Ägyptischen Museum (Dr. Scharff)
SS 32	Altägyptische Grammatik (nicht für Anfänfger) (Prof. Sethe); Erklärung der altägyptischen Pyramidentexte (Prof. Sethe); Hieratische Inschriften der Ramessidenzeit (Prof. Sethe)	Ägyptische Texte (Prof. Grapow); Die Literatur der Ägypter, für Hörer aller Fakultäten (Prof. Grapow)
WS 32/33	Urkunden des Alten Reiches (Prof. Sethe); Neuägyptische Grammatik (Prof. Sethe); Koptische Dialekte, verglichen an der Hand von Texten (Prof. Sethe); Übungen an Denkmälern des Ägyptischen Museums (Prof. Sethe)	Ägyptische Texte für Fortgeschrittene (Prof. Grapow)
SS 33	Hieroglyphische Texte späterer Zeit (Prof. Sethe); Neuägyptische Texte in hieratischer Schrift (Prof. Sethe); Übungen zur Geschichte und Denkmalskunde des alten Ägyptens (Prof. Sethe); Koptische Grammatik für Anfänger (Prof. Sethe): Koptische Lektüre: Aus den Werken des Schenute (Prof. Sethe)	
WS 33/34	Erklärung der ägyptischen Pyramidentexte (Prof. Sethe); Einführung in die Hieroglyphik der Ptolemäertexte (Prof. Sethe); Leichtere koptische Texte im sahidischen Dialekt (Prof. Sethe); Ägyptologische Übungen (Prof. Sethe)	Anfangsgründe der altägyptischen Schrift und Sprache (Prof. Grapow); Leichtere hieroglyphische Texte (Prof. Grapow)
SS 34	Übungen an Denkmälern des Ägyptischen Museums (Prof. Sethe); Altägyptische Texte in hieratischer Schrift (Prof. Sethe); Bauinschriften des Tempels von Edfu als Einführung in die Hieroglyphik der Ptolemäerzeit; Koptische Lektüre (Prof. Sethe)	Ägyptische Denkmälerstätten, mit Lichbildern (Prof. Grapow); Ägyptische Texte (Prof. Grapow); Übungen zur Paläographie des Hieratischen (Prof. Grapow)

C Bibliografie

A.B., Das Zettelarchiv des Wörterbuches der Ägyptischen Sprache, in: TLA 1, 2000, 11–33.
Abt, J., American Egyptologist. The Life of James Henry Breasted and the Creation of his Oriental Institute, Chicago (2011)
Alaura, S., Die Anschaffungspolitik beim Erwerb vorderasiatischer und ägyptischer Altertümer für die Museen zu Berlin im Jahre 1885/1886 anhand der Briefe von Otto Puchstein an Adolf Erman, in: AoF 37, 2010, 3–26
Allen, T. G., Rezension: Woerterbuch der Ägyptischen Sprache by Adolf Erman; Hermann Grapow, in: The American Journal of Semitic Languages and Literatures 46.2, 1930, 141
Allen, T. G., The Autobiography of an Egyptologist, in: The Journal of Religion 10.2, 1930, 262–264
Allen, T. G., Rezension: Woerterbuch der Ägyptischen Sprache 7 by Adolf Erman; Hermann Grapow, in: The American Journal of Semitic Languages and Literatures 47.2, 1931, 141–142
Allen, T. G., Rezension: The Berlin Egyptian Dictionary, Parts 8 and 9, in: The American Journal of Semitic Languages and Literatures 48.1, 1931, 56–58
Allen, T. G., The Great Egyptian Dictionary is finished, in: The American Journal of Semitic Languages and Literatures 49.3, 1933, 193–196
Alliot, M., Rezension: Wörterbuch der äygptischen Sprache. Sechster Band: Deutsch-Aegyptisches Wörterverzeichnis by Adolf Erman & Hermann Grapow, in: Oriens 5.1, 1952, 117–120
Altenmüller, H., s.v. „Pyramidentexte“, in: LÄ 5, 1984, 14–23
Althoff, J., Das Ägyptische Museum Berlin, Berlin (1998)
Andersson, E., Karl Piehl, in: Sphinx 8, 1904, 117–134
Andersson, E., J. Lieblein, in: Sphinx 15, 1912, 161–167
Anonymus, Berliner Vossische Zeitung, Beilage 1, 24. Januar 1885
Anonymus, David Heinrich Müller, in: Ost und West, 1913, 161–166
Anonymus, Edouard Naville, in: CdE 3, 1926, 39–41
Anonymus, Georg Steindorff, in: CdE 27, 1932, 391–392
Anonymus, Kurt Sethe 1869–1934, in: ZÄS 70, 1934, 132–134
Anonymus, Notes and News, in: JEA 20, 1934, 213–214
Anonymus, Grusswort an Friedrich Wilhelm Freiherr von Bissing zum 22. April 1953, in: ZÄS 79, 1954, xvii
Anonymus, Hermann Ranke 1878–1953, in: ZÄS 79, 1954, vii-viii
Anta Diop, Nations nègres et culture. De l’antiquité nègre égyptienne aux problèmes culturels de l’Afrique Noire d’aujourd’hui[3] Bd. 1, Paris (1979)
Arnold, D., s.v. „Deir el Bahari I“, in: LÄ 1, 1975, 1006–1011
Ash, M., Wissenschaft und Politik als Resourcen füreinander, in: R. v. Bruch – B. Kaderas (Hrsg.), Wissenschaften und Wissenschaftspolitik. Bestandsaufnahmen zu Formationen, Brüchen und Kontinuitäten im Deutschland des 20. Jahrhunderts, Stuttgart (2002), 32–51
Assman, J., Ägyptologie im Kontext der Geisteswissenschaften, in: P. Weingart – W. Prinz (Hrsg.) Die sogenannten Geisteswissenschaften, Frankfurt a. M. (1990)
Auffarth, Ch., Ein Gesamtbild der antiken Kultur. Adolf Erman und das Berliner Modell einer Kulturwissenschaft der Antike um die Jahrhundertwende 1900, in: B. Schipper (Hrsg.)

Ägyptologie als Wissenschaft. Adolf Erman (1854–1937) in seiner Zeit, Berlin (2006), 396–433

Baasner, R., Briefkultur im 19. Jahrhundert. Kommunikation, Konvention, Postpraxis, in: R. Baasner (Hrsg.), Briefkultur im 19. Jh., Tübingen (1999), 1–36

Baines, J., Literacy and ancient Egyptian society, in: Man, NS 18.3, 1983, 572–599

Baines, J., Restricted Knowledge, Hierarchy and Decorum. Modern Perceptions and Ancient Institutions, in: JARCE 27, 1990, 1–23

Baines, J., On the methods and aims of Black Athena, in: R. Lefkowitz (Hrsg.), Black Athena revisited, Chapell Hill NC (1997), 27–48

Bartel, H.-G., Der Beitrag Berlins zur Herausbildung der Ägyptologie als Wissenschaft, in: Dahlemer Archivgespräche 7, 2001, 125–166

Beck, F. – Henning, E. (Hrsg.), Die archivalischen Quellen. Mit einer Einführung in die historischen Hilfswissenschaften[4], Köln (2004)

Beckerath, J. v., Chronologie des pharaonischen Ägypten. Die Zeitbestimmung der ägyptischen Geschichte von der Vorzeit bis 332 v. Chr., in: MÄS 46, 1997

Beckerath, J. v., Handbuch der ägyptischen Königsnamen[2], in: MÄS 49, 1999

Behlmer, H., Heinrich Friedrich Karl Brugsch (1827–1894) Ägyptologe. Rede anläßlich der Enthüllung einer Gedenktafel am 26. 09. 2003, Untere Masch 16, in: Göttinger Jahrbuch 51, 2003, 165–169

Behlmer, H. – Horn, J. – Moers, G., Das Fach Ägyptologie in Göttingen, http://www.aegyptologie.uni-goettingen.de/index.php/de/home/institut/aegyptologie , © Georg August Universität Göttingen, Seminar für Ägyptologie und Koptologie (2009) [Stand: 01. 09. 2012]

Beneke-Backhaus, E., Die Familie Erman. Eine Gelehrtenfamilie des 19. Jahrhunderts, in : B. Schipper (Hrsg.), Ägyptologie als Wissenschaft. Adolf Erman (1854–1937) in seiner Zeit, Berlin (2006), 27–51

Berchem, D. van, L'Égyptologue Genevois Edouard Naville. Années d'études et premiers voyages en Egypte 1862–1870, Genf (1989)

Berghahn, V., Der Erste Weltkrieg[3], München (2006)

Beringuier, R., Die Stammbäume der Mitglieder der Französischen Colonie in Berlin, Berlin (1887)

Biedenkopf-Ziehner, A., Kurt Sethe (1869–1934). Verzeichnis seiner Schriften, in: Enchoria 5, 1975, 135–151

Bierbrier, M. L., Who was who in Egyptology[4], London (2012)

Bietak, M., The present state of Egyptian archaeology, in: JEA 65, 1979, 156–160

Blumenthal, E., Zur Geschichte des Ägyptischen Museums und des Ägyptologischen Instituts an der Universität Leipzig, Leipzig (1981)

Blumenthal, E., Koptische Studien in Leipzig im Laufe des 19. Jahrhunderts, in: P. Nagel (Hrsg.), Carl-Schmidt-Kolloqium an der Martin-Luther-Universität, Halle a. d. S. 1988 (1990), 95–104

Blumenthal, E., Zur Geschichte der Sammlung, in: R. Krauspe (Hrsg.), Das ägyptische Museum in Leipzig, Mainz a. R. (1999)

Blumenthal, E., Berliner und Leipziger Ägyptologie, in: E. Endesfelder (Hrsg.), Von Berlin nach Meroe. Erinnerungen an den Ägyptologen Fritz Hintze (1915–1993), Berlin (2003),15–20

Blumenthal, E., Vom Wert der Geisteswissenschaften, in: W. Fritsche – L. Kreiser – L. Zerling, Wissenschaft und Werte im gesellschaftlichen Kontext. Beiträge zur Tagung der

Sächsischen Akademie der Wissenschaften zu Leipzig am 20./21.10.2006, Leipzig (2008), 92–98
Bode, W. v., Mein Leben 2 Bd., Berlin (1930)
Böhme, K., Aufrufe und Reden deutscher Professoren im Ersten Weltkrieg, Stuttgart (1975)
Bölsche, W., Georg Ebers, in: Deutsche Rundschau 97, 1898, 132–137
Bonhême, M.-A. – Forgeau, A., Pharao Sohn der Sonne. Die Symbolik des ägyptischen Herrschers, Düsseldorf (2001)
Borbein, A. H., Klassische Archäologie in Berlin vom 18. bis zum 20 Jahrhundert, in: Arenhövel, W., Berlin und die Antike. Architektur, Kunstgewerbe, Malerei, Skulptur, Theater, Wissenschaft vom 16. Jahrhundert bis heute. Aufsätze, Berlin (1979), 99–150
Borger, R., Altorientalische Lexikographie. Geschichte und Probleme, Göttingen (1984)
Bothmer, B. v. – Przybylla, H., Heinrich Schäfer. Verzeichnis seiner Schriften 1891–1938, in: ZÄS 75, 1939, 1–16
Bowman, A. K., Recolonising Egypt, in : T. P. Wiseman (Hrsg.), Classics in progress. Essays on ancient Greece and Rome, Oxford (2002), 193–223
Brasseur-Capart, A.-M. & A., Jean Capart. ou le rêve comblé de l'Égyptologie, Brüssel (1974)
Breasted, C., Pioneer to the Past. The Story of James Henry Breasted, Chicago (1943)
Brocke, B. v., Hochschul- und Wissenschaftspolitik in Preußen und im Deutschen Kaiserreich 1882–1907: das „System Althoff", P. Baumgart (Hrsg.), Bildungspolitik in Preußen zur Zeit des Kaiserreichs, Stuttgart (1980), 9–118
Brocke, B. v., ‚Wissenschaft und Militarismus'. Der Aufruf der 93 ‚An die Kulturwelt!' und der erste Zusammenbruch der internationalen Gelehrtenrepublik im Ersten Weltkrieg, in: W. M. Calder – H. Flashar – T. Lindken (Hrsg.), Wilamowitz nach 50 Jahren, Darmstadt (1985), 649–719
Brocke, B. v. (Hrsg.), Wissenschaftsgeschichte und Wissenschaftspolitik im Industriezeitalter. Das „System Althoff" in historischer Perspektive", Hildesheim (1991)
Brugsch, H., Grammaire démotique, Berlin (1855)
Brugsch, H., Zur Benachrichtigung, in: ZÄS 1, 1863
Brugsch, H., Hieroglyphisch-Demotisches Wörterbuch, 7 Bd., Leipzig (1867–82)
Brugsch, H., Geschichte Aegypten's unter den Pharaonen, Berlin (1877)
Brugsch, H., Die Negerstämme der Una-Inschrift, in: ZÄS 20, 1882, 30–36
Brugsch, H., Nachruf. Karl Richard Lepsius, in: ZÄS 22, 1884a, 45–46
Brugsch, H., An die Leser der Zeitschrift, in: ZÄS 22, 1884b, 49
Brugsch, H., Richard Lepsius. Geb. den 23. Dezember 1810, gest. den 10. Juli 1884, Berlin (1884)
Brugsch, H., Die Aegyptologie. Abriss der Entzifferungen und Forschungen auf dem Gebiete der aegyptischen Schrift, Sprache und Alterthumskunde, Leipzig (1891)
Brugsch, H., Mein Leben und mein Wandern[2], Berlin (1894); Neudruck der 2. Auflage, Osnabrück (1975)
Brugsch, H. – Erman, A., Johannes Dümichen, in: ZÄS 32, 1894, 63
Brugsch, T., Arzt seit fünf Jahrzehnten, Berlin (1961)
Brunner, H., Sir Alan Henderson Gardiner, in: AfO 21, 1966, 269–270
Brunner, H., Hermann Grapow, in: AfO 22, 1969, 217f.
Brunner-Traut, E., s.v. „Papyrus D'Orbiney, in: LÄ 4, 1982, 697–704
Budge, E. T. A. W., An Egyptian Hieroglyphic Dictionary, London (1920)
Bull, L. – Edgerton, W. F., Adolf Erman 1854–1937, in: JAOS 58.3, 1938, 413–418

Bürgel, P., Der Privatbrief. Entwurf eines heuristischen Modells, Deutsche Vierteljahresschrift für Literaturwissenschaft und Geistesgeschichte 50, 1976, 281–297
Burkhardt, A., Das Zettelarchiv des Wörterbuchs der ägyptischen Sprache. Entstehung, Bestand und Aufbau, in: TLA 1, 2000, 11–33
Callender, J. B., Grammatical Models in Egyptology, in: Or 42, 1973, 47–77
Capart, J., W. Spiegelberg, in: CdE 7, 1932, 116–117
Capart, J., J., Kurt Sethe, in: CdE 10, 1935, 77–78
Capart, J., Adolf Erman, in: CdE 13, 1938, 131f.
Capart, J., Ludwig Borchardt, in: CdE 14, 1939, 141–143
Cappel, A., „Ihre dankbar ergebene Henni von Halle." Eine ‚fröhliche Dilettantin und ihr Briefwechsel mit Adolf Erman, in: C. Weiß – E. Simon (Hrsg.), Folia in memoriam Ruth Lindner, Dettelbach (2009), 228–238
Černy, J., Alan Henderson Gardiner, in: C. E. Bosworth (Hrsg.), A Century of British Orientalists 1902–2001, Oxford (2001) 140–151
Champollion, J. F., Lettre à M. Dacier relative à l'alphabet des hiéroglyphiques phonétiques employés par les égyptiens pour inscrire sur leurs monuments les titres, les noms et les surnoms des souverains grecs et romains, Paris (1822)
Champollion, J. F., Précis du système hiéroglyphique des anciens égyptiens, Paris (1824)
Champollion, J. F., Précis du système hiéroglyphique des anciens égyptiens², Paris(1827–28)
Champollion, J. F., Monuments e l'Égypte et de la Nubie, Paris (1835–1845)
Crum, W. E., Adolf Erman 1854–1937, in: JEA 23.1, 1937, 81–82
Crüsemann, N., Vom Zweistromland zum Kupfergraben. Vorgeschichte und Enstehungsjahre (1899–1918) der Vorderasiatischen Abteilung der Berliner Museen vor fach- und kulturpolitischen Hintergründen, in: Jahrbuch der Berliner Museen, Jahrbuch der Preußischen Kunstsammlungen, Neue Folge 42 (2000)
Daly (el-), Okasha, The Missing Millennium: Ancient Egypt in Medieval Arabic Writings, London (2005)
Dann, O., Vom Journal des Savants zur wissenschaftlichen Zeitschrift, in: B. Fabian (Hrsg.), Gelehrte Bücher vom Humanismus bis zur Gegenwart : Referate des 5. Jahrestreffens des Wolfenbütteler Arbeitskreises für Geschichte des Buchwesens vom 6. bis 9. Mai 1981 in der Herzog August Bibliothek, Wiesbaden (1983), 63–80
Darmstaedter, L. Verzeichnis der Autographensammlung, Berlin (1909)
Daston, L., Eine Geschichte der wissenschaftlichen Objektivität, in: R. Mayntz (Hrsg.), Akteure – Mechanismen – Modelle. Zur theoriefähigkeit makro-sozialer Analysen, Frankfurt a. M. (1997), 44–60
Daston, L, Die Akademien und die Einheit der Wissenschaften. Die Disziplinierung der Disziplinen, in: Kocka, J. (Hrsg.), Die Königlich Preußische Akademie der Wissenschaften zu Berlin im Kaiserreich. Interdisziplinäre Arbeitsgruppe Berliner Akademiegeschichte im 19. und 20. Jahrhundert, Berlin (1999), 61–84
Daston, L., Die Kultur der wissenschaftlichen Objektivität, in: M. Hagner (Hrsg.), Ansichten der Wissenschaftsgeschichte, Frankfurt a. M. (2001), 137–158
Daston, L., Geschichtswissenschaft und Wissenschaftsgeschichte, in: Jordan, St. – Walther P. T. (Hrsg.), Wissenschaftsgeschichte und Geschichtswissenschaft. Aspekte einer problematischen Beziehung. Wolfgang Küttler zum 65. Geburtstag, Waltrop (2002), 11–16
Dennis, J. T., The Transliteration of Egyptian, in: JAOS 24, 1903, 275–281
Derchain, Ph., Hermann Junker, in: CdE 37, 1962, 133–134
Derchain, Ph., Hermann Kees (1886–1964), in: CdE 39, 1964, 97–98

Derchain, Th – Derchain, Ph., Zur ägyptischen Wortforschung, in: ZÄS 101, 1974, 5–12
Dombart, T., Fritz Hommel und die Aegyptologie, in: Egyptian Religion 2, 1934, 161–168
Drower, M. S., Flinders Petrie. A life in arachaeology, London (1985)
Dümichen, J., Zur Erinnerung an Richard Lepsius, Berlin (1884)
Ebers, G., Eine ägyptische Königstochter, Stuttgart (1864)
Ebers, G., Der Canal von Suez, in: Ueber Land und Meer 14, 1865a, 51, 811–814; 52, 828–830
Ebers, G., Disquisitiones de dynastia XXVI. regum aegyptiorum, Jena (1865)
Ebers, G., Aegypten und die Bücher Moses. Sachlicher Kommentar zu den ägyptischen Stellen in Genesis und Exodus I, Leipzig (1868)
Ebers, G., Papyrus Ebers, das jüngst der Leipzige Universitätsbibliothek einverleibte Buch „vom Bereiten der Arzneien für alle Körperteile von Personen", in: ZÄS 6, 1873, 41–46
Ebers, G., Uarda, Stuttgart (1876)
Ebers, G., Homo sum, Stuttgart (1877)
Ebers, G., E. Naville's Ausgrabungen in Gosen und die Historicität des Aufenthaltes der Juden in Aegypten, in: AZ 110, 21. April 1885, Beilage, 1609,
Ebers, G., Richard Lepsius. Ein Lebensbild, Leipzig (1885)
Ebers, G., Cicerone durch das alte und neue Ägypten, Stuttgart (1886)
Ebers, G., Rezension: Erman, Aegypten und aegyptisches Leben im Altertum, in: Litterarisches Centralblatt 1886, 650–653
Ebers, G., Ein deutsches Institut für Orientalisten zu Kairo, München (1887)
Ebers, G., Gustav Seyffarth. Sein Leben und der Versuch einer gerechten Würdigung seiner Thätigkeit auf dem Gebiete der Aegyptologie, in: ZDMG 41, 1887, 193–231
Ebers, G., Die Geschichte meines Lebens, Stuttgart (1893)
Ebers, G., Die Entscheidung über das Schicksal Philaes, in: Allgemeine Zeitung 313.B, 1894, 1–3
Ebers, G., Einspruch gegen die Zerstörung der Insel Philae, in: Allgemeine Zeitung 176.B, 1894, 6
Ebers, G., Die Ausgrabungen in Aegypten und die deutsche Aegyptologie. Brief an den Herausgeber der „Deutschen Revue", in: Deutsche Revue 20.4, 1895, 83–93
Ebers, G., Aegyptische Studien und Verwandtes, Stuttgart (1900)
Edgerton, W. F., Wilhelm Spiegelberg, in: AJSL 47, 1931, 297–298
Edgerton, W. F., The Thutmosid Succession, Chicago (1933)
Elsmann, T., Der Erman-Nachlass in der Bremer Staats- und Universitätsbibiothek, in : B. Schipper (Hrsg.), Ägyptologie als Wissenschaft. Adolf Erman (1854–1937) in seiner Zeit, Berlin (2006), 248–257
Endesfelder, E., Adolf Erman (1854–1937), Ethnographisch-archäologische Zeitschrift 28, 1987, 405–418
Endesfelder, E., Die Ägyptologie an der Berliner Universität. Zur Geschichte eines Fachgebietes, in: Berichte der Humboldt Universität Berlin 8, 1988.6
Endesfelder, E., Begründer der Ägyptologie in Deutschland, in: Berlinische Monatsschrift 4, 1996, 17–23, http://www.luise-berlin.de/Bms/BMSTXT96/9604proc.htm, © Edition Luisenstadt (1996) [Stand: 01.09.2012]
Endesfelder, E., Schon mit sechzehn hatte er das Demotische entziffert. Der Ägyptologe Heinrich Brugsch (1827–1894), http://www.luise-berlin.de/Bms/bmstext/9809pora.htm, © Edition Luisenstadt (1998) [Stand: 01.09.2012]

E. Endesfelder, Die Ägyptologie an der Berliner Universität, in: E. Endesfelder (Hrsg.), Von Berlin nach Meroe. Erinnerungen an den Ägyptologen Fritz Hintze (1915 – 1993), Wiesbaden (2003), 21 – 29

Engelhardt, U., „Bildungsbürgertum". Begriffs- und Dogmengeschichte eines Etiketts, Stuttgart (1986)

Engelhausen, F., Die Revolution von 1848/49, München (2007)

Erker-Sonnabend, U., Das Lüften des Schleiers. Die Orienterfahrung britischer Reisender in Ägypten und Arabien. Ein Beitrag zum Reisebericht des 19. Jahrhunderts, Hildesheim (1987)

Erman, J. P. – Reclam, P. C. F., Mémoires pour servir à l'histoire des Réfugiés françois dans les États du Roi, Berlin (1782 – 1799)

Erman, A., Über eine Form des Suffixum *-f*, in: ZÄS 13, 1875, 76 – 77

Erman, A., Noch einmal das Suffixum *fj*, in: ZÄS 14, 1876, 7 – 10

Erman, A., Die Pluralbildung des Ägyptischen, Berlin (1878)

Erman, A., Beiträge zur Kenntnis des ägyptischen Gerichtsverfahrens, in: ZÄS 17, 1879, 71; 148, Taf.

Erman, A., Neuägyptische Grammatik, Berlin (1880)

Erman, A., Rezension: H. Brugsch, Wörterbuch Bd. V u. VI., 1. Hälfte, in : DLZ, 1880, 292 – 294

Erman, A., Der Dualis und die Nisbe, in: ZÄS 19, 1881, 41

Erman, A., Commentar zur Inschrift des Una, in: ZÄS 20, 1882, 1 – 29

Erman, A., Aegypten und aegyptisches Leben im Altertum, Tübingen (1885)

Erman, A., Die Sprache des Papyrus Westcar. Eine Vorarbeit zur Grammatik der älteren aegyptischen Sprache, Göttingen (1889)

Erman, A., Zur Umschreibung der Hieroglyphen, in. ZÄS 27, 1889, 1 – 4

Erman, A., Das Verhältnis des Aegyptischen zu den semitischen Sprachen, in: ZDMG 46, 1892, 93 – 129

Erman, A., Aegyptische Grammatik, Berlin (1894)

Erman, A., Heinrich Brugsch, in: ZÄS 32, 1894, 69 – 73

Erman, A., Georg Ebers, in: ZÄS 36, 1898, 140 – 142

Erman, A., Nekrolog auf Georg Ebers, in: Berichte über die Verhandlungen der Königl.-Sächsischen Gesellschaft der Wissenschaften, Philologisch-Historische Klasse 51, 1899, 221 – 223

Erman, A., Aegyptische Grammatik², Berlin (1902)

Erman, A., Die ägyptische Religion, in: Handbücher der Königlichen Museen zu Berlin 9 (1905)

Erman, A., Neue Fortschritte der Ägyptologie, in: Internationale Wochenschrift für Wissenschaft, Kunst und Technik, 1909, Mai, 542 – 550

Erman, A., An Georg Steindorff, in: ZÄS 56, 1920

Erman, A. – Grapow, H., Ägyptisches Handwörterbuch, Berlin (1921)

Erman, A., Georg Schweinfurth, in: OLZ 29.1, 1926, 2

Erman, A., Aegyptische Grammatik⁴, Berlin (1928)

Erman, A., Mein Werden und mein Wirken. Erinnerungen eines alten Berliner Gelehrten, Leipzig (1929)

Erman, A., Geleitwort, in: ZÄS 67, 1931, 1

Erman, A., Die ägyptische Religion³, Berlin (1934)

Erman, A., Gedächtnisrede des Hrn. Erman auf Kurt Sethe, in: W. Peek (Hrsg.), Leipziger und Berliner Akademieschriften (1902 – 1934), in: OPUSCULA 11, (1976), 7 – 12; cxi-cxvi

Erman, A. – Grapow, H., Aegyptisches Handwörterbuch, Berlin (1921)

Erman, A. – Grapow, H., Das Wörterbuch der ägyptischen Sprache, Berlin (1953)
Erman, W., Jean Pierre Erman (1735–1814). Ein Lebensbild aus der Berliner französischen Kolonie Berlin, (1901)
Erman, W., Erinnerungen, Berlin (1921), Bearbeitet und herausgegeben von H. Lohse, Köln (1994)
Erman, W., Paul Erman. Ein Berliner Gelehrtenleben, Berlin (1927)
Fahndrich, H., Orientalismus und Orientalismus. Überlegungen zu Edward Said, Michel Foucault und westlichen „Islamstudien", in: Die Welt des Islams, NS 28.1.4, 1988, 178–186
Faulkner, R. O., Bibliography of Sir Alan Henderson Gardiner, in: JEA 35, 1949, 1–12
Faulkner, R. O., Sir Alan Henderson Gardiner, in: JEA 50, 1964, 170–172
Feyerabend, P. K., Kuhns Struktur wissenschaftlicher Revolutionen – Ein Trostbüchlein für Spezialisten?, in: I. Lakatos – A. Musgrave (Hrsg.), Kritik und Erkenntnisfortschritt, Braunschweig (1974), 191–222.
Finneiser, K., Heinrich Schäfer. Ein Leben für das Ägyptische Museum, in: kemet 3/2007, 80–82
Firchow, O. (Hrsg.), Ägyptologische Studien (FS Grapow), Berlin (1955), ix-xiv
Fischer, H., Der Ägyptologe Georg Ebers. Eine Fallstudie zum Problem Wissenschaft und Öffentlichkeit im 19. Jahrhundert, in: ÄAT 25, 1994
Forbes, D. C., Henri Edouard Naville (1844–1926), in : KMT. A modern journal of Ancient Egypt 6.2, 1995, 82–83 ; 88
Forbes, D. C., Ludwig Borchardt, in: KMT. A modern journal of Ancient Egypt 4, 2001, 78–80
Freier, E. – Reineke, W. F., Karl Richard Lepsius (1810–1884). Akten der Tagung anläßlich seines 100. Todestages, 10. – 12.7.1984 in Halle (1988)
Fuchs, E., Zwischen Wissenschaft und Politik. Die internationalen Historiker und Orientalistenkongresse vor dem Ersten Weltkrieg, in: Jordan, St. – Walther P. T. (Hrsg.), Wissenschaftsgeschichte und Geschichtswissenschaft. Aspekte einer problematischen Beziehung. Wolfgang Küttler zum 65. Geburtstag, Waltrop (2002), 352–373
G.A.B., s.v. „Müller, Wilhelm Max", in: D. Malone (Hrsg.), Dictonary of American Biography 13, 1934, 320 f.
Gange, D., Religion and Science in the late nineteenth century British Egyptology, in: The Historical Journal 49.4, 2006, 1083–1103
Gardiner, A. H., Rezension: Aegyptisches Handwörterbuch by Adolf Erman & Hermann Grapow, in: JEA 8, 1922, 109–110
Gardiner, A. H., Ancient Egyptian Onomastica, London (1947)
Gardiner, A. H., The first two pages of the Woerterbuch, in: JEA 34, 1948, 12–18
Gardiner, A. H., Egyptian Grammar. Being an introduction to the study of hieroglyphs[3], London (1957)
Gardiner, A. H., My working years, London (1962)
Geitner, B. – Baensch, H., Erinnerungen an Adolf Erman, in : B. Schipper (Hrsg.), Ägyptologie als Wissenschaft. Adolf Erman (1854–1937) in seiner Zeit, Berlin (2006), 52–64
Germer, R. – Kischkewitz, H. – Lüning, M., Die Mumie des In-em achet. Neuste Forschungen in der Mumiensammlung des Ägyptischen Museums Berlin, in: Jahrbuch der Berliner Museen 36, 1994, 7–21
Gertzen, T., Der „Grosse" (1827–1894) und der „Kleine" (1842–1930) Brugsch, in: Kemet 2007.4, 78–80

Gertzen, T., Ägyptologie zwischen Archäologie und Sprachwissenschaft. Die Korrespondenz zwischen A. Erman und W. M. F. Petrie, in: ZÄS 136, 2009, 114–125, Taf. 15 f.
Gertzen, T., Das Engagement des Ägyptologen Friedrich Wilhelm von Bissing für die deutsche Kriegspropaganda im ersten Weltkrieg. Belgien unter deutscher Besatzung, in: Göttinger Miszellen 221, 2009, 109–118
Gertzen, T., Das Engagement des Ägyptologen Friedrich Wilhelm von Bissing für die deutsche Kriegspropaganda im ersten Weltkrieg. „Wünsche und Ziele", in: GM 222, 2009, 95–104
Gertzen, T., Der angebliche ägyptische Bericht über die Umschiffung Afrikas. Eine wissenschaftsgeschichtliche Einordnung, in: ZÄS 137, 2010, 104–112
Gertzen, T., The Anglo-Saxon-Branch of Berlin School. The war correspondence (1914–1916) of J. H. Breasted (1865–1935) and J. P. A. Erman (1854–1937), in: Egyptian & Egyptological Documents Archives Libraries II, 2010, 129–152
Gertzen, T., „Denn was ich Ihnen als Phantasie bezeichnet habe, das liegt seit vorgestern im Museum". Einige Marginalien zum Ankauf der Keilschriftkorrespondenz aus Amarna durch J.P.A. Erman, in: ZÄS 139, 2012, 28–37
Gertzen, T., ‚Brennpunkt' Zeitschrift für ägyptische Sprache und Altertumskunde. Die redaktionelle Korrespondenz ihres Gründers H. Brugsch (1827–1894) mit seinen Mitarbeitern und Nachfolgern & die Bedeutung wissenschaftlicher Fachzeitschriften für die Disziplinengenese der Ägyptologie in Deutschland, in: Ägyptologen und Ägyptologie (n) zwischen Kaiserreich und der Gründung der beiden deutschen Staaten. Jubiläumsband zum 150-jährigen Erscheinen der Zeitschrift für Ägyptische Sprache und Altertumskunde, 2013, *in Vorbereitung*
Gertzen, T. – Grötschel, M., Flinders Petrie, the Hamming metric and the TSP, and the beginning of mathematical modelling in archaeology, in: M. Grötschel (Hrsg.), Optimization stories. 21st International Symposium on Mathematical Programming Berlin, August 19–24 2012, Berlin (2012), 199–210
Gestermann, L., Adolf Erman und die internationale Ägyptologie, in : B. Schipper (Hrsg.), Ägyptologie als Wissenschaft. Adolf Erman (1854–1937) in seiner Zeit, Berlin (2006), 258–275
Gestermann, L. – Schipper, B. U., Der Nachlaß Adolf Ermans in der Staats- und Universitätsbibliothek Bremen, in: GM 201, 2004, 37–48
Gilberg, M., Friedrich Rathgen. The father of modern archaeological conservation, in: Journal of the American Institute for Conservation 26.2, 1987, 105–120
Göhler, G., Politische Institutionen und ihr Kontext. Begriffliche und konzeptionelle Überlegungen zur Theorie politischer Institutionen, in: G. Göhler (Hrsg.), Die Eigenart der Institutionen. Zum Profil politischer Institutionentheorie, Baden-Baden (1994), 19–46
Gosche, R., Georg Ebers. Der Forscher und Dichter, Leipzig (1887)
Grapow, H., Kurt Sethe, in: FuF 10.22, 1934, 283–284
Grapow, H., Adolf Erman. Bibliogarphie, in: ZÄS 71, 1935, 1–14
Grapow, H., Deutsche Ägyptologie, in: Der Nahe Osten 1, 1940, 163–164
Grapow, H., Die Begründung der orientalischen Komission von 1912. Aus der Geschichte der Akademie in den letzten fünfzig Jahren, Berlin (1950)
Grapow, H., Wie ein Wörterbuch entsteht, in Wiss. Annalen 1, 1952, 28–34
Grapow, H., Die Erforschung der Altägyptischen Kultur im Rahmen der Akademie, Berlin (1954)
Grapow, H., Worte des Gedenkens an Adolf Erman anlässlich seines hundertsten Geburtstages am 31. Oktober 1954, Berlin (1955)
Grapow, H., Sir Alan Henderson Gardiner, in: ZÄS 91, 1964, v-viii

Grapow, H., Meine Begegnungen mit einigen Ägyptologen, Berlin (1973)
Grieshammer, R., 75 Jahre Ägyptologie in Heidelberg, in: V. Davies et al. (Hrsg.), Problems and Priorities in Egyptian Archaeology, in: Studies in Egyptology 1987, 11–29
Griffith, F. L., Rezension: Wörterbuch der Aegyptischen Sprache, im Auftrage der Deutschen Akademien by Adolf Erman & Hermann Grapow, in: JEA 18, 1932, 197–199
Grimm, A., Zimmer mit Aussicht oder Wir entziffern nicht mehr, wir lesen. Eine wissenschaftsgeschichtliche Collage zur Entzifferungsgeschichte der Hieroglyphen 1800–1850, in: G. Burkhard et. al. (Hrsg.), Kon-Texte. Akten des Symposions „Spurensuche – Altägypten im Spiegel seiner Texte“ München 2. bis 4. Mai 2003, ÄAT 60, 2004, 7–30
Grimm, A., Antiquarische Studien und Hieroglyphenkunde der Renaissance und des Barock: Europäische Ägyptenimaginationen vor Johan Joachim Winckelman, in: A. Grimm – S. Schoske (Hrsg.), Winckelmann und Ägypten. Die Wiederentdeckung der ägyptischen Kunst im 18. Jahrhundert, München (2005), 83–91
Grimm, A., Wege – Werke – Wirkungen: Anfänge und Kritik ägyptologischer Forschung im 19. Jahrhundert, in: B. Schipper (Hrsg.) Ägyptologie als Wissenschaft. Adolf Erman (1854–1937) in seiner Zeit, Berlin (2006), 65–89
Grimm, A. – Schoske, S. (Hrsg.), Wilhelm Spiegelberg als Sammler, in: R.A.M.S.E.S. 1, 1995
Grunert, St., Hermann Grapow, http://aaew.bbaw.de/wbhome/com/bg/Grapow.html, © BBAW, Altägyptisches Wörterbuch (2001) [Stand: 01.09.2012]
Grunert, S., Abriss der Geschichte des Wörterbuchunternehmens, http://aaew.bbaw.de/dateien/informationen/geschichte.html , © BBAW, Altägyptisches Wörterbuch (2005) [Stand: 01.09.2012]
Grunert, St. – Reineke, W. F., Das Berliner ägyptische Wörterbuch, in: GM 129, 1992, 9–20
Gut, P., Thomas Manns Idee einer Deutschen Kultur, Frankfurt a. M. (2008)
Habachi, L., s.v. „Hawara“, in: LÄ 2, 1977, 1072–1074
Hafemann, I., Lexikon und Argumentstruktur, in: LingAeg 14, 2006, 349–374
Hafemann, I. (Hrsg.), Preussen in Ägypten. Ägypten in Preussen, Berlin (2010)
Hagner, M. (Hrsg.), Ansichten der Wissenschaftsgeschichte, Frankfurt a. M. (2001)
Hagner, M – Rheinberger H.-J., Die Zukunft der Geschichtswissenschaften und die Wissenschaftsgeschichte, in: Jordan, St. – Walther P. T. (Hrsg.), Wissenschaftsgeschichte und Geschichtswissenschaft. Aspekte einer problematischen Beziehung. Wolfgang Küttler zum 65. Geburtstag, Waltrop (2002), 17–23
Halder, W., Innenpolitik im Kaiserreich 1871–1914², Darmstadt (2006)
Hall, H. R., Edouard Naville, in: JEA 13, 1927, 1–6
Hanisch, L., Verzeichnis der Orientalistennachlässe in Deutschen Bibliotheken und Archiven, in: Hallesche Beiträge zur Orientwissenschaft 23 (1997)
Hantzsch, V., s.v. „Blau, Otto“, in: ADB 47, 1903, 12–14
Hanus, Ch. – Lepper, V. – Seyfried, F. – Zorn, O., Wegbereiter der Ägyptologie. Carl Richard Lepsius 1810–1884, Berlin (2010)
Harnack, A., Vom Großbetrieb der Wissenschaft, in: Preußische Jahrbücher 119, 1905, 193–201
Helck, W., Ägyptologie an deutschen Universitäten, Wiesbaden (1969)
Helck, W., Ägyptologie an deutschen Universitäten, in: GM 12, 1974, 89–113
Hoffmann, P., Innenansichten der Forschungsarbeit an der Akademie. Zur Geschichte von Mitarbeiterinnen in den wissenschaftlichen Projekten der Preußischen Akademie der Wissenschaften zu Berlin (1890–1945), in: T. Wobbe (Hrsg.), Frauen in Akademie und Wissenschaft. Arbeitsorte und Forschungspraktiken 1700–2000, Berlin (2002), 93–124

Hogarth, D. G., Accidents of an Antiquary's Life, London (1910)
Holtz, B., Weltoffenheit oder Machtkalkül? Friedrich Wilhelm IV. und sein Interesse am Orient, in: I. Hafemann (Hrsg.), Preussen in Ägypten. Ägypten in Preussen, Berlin (2010), 181–202
Horn, J. et al., Wissenschaftsgeschichte und theoretische Grundlagung der Ägyptologie, in: GM 12, 1974, 7–17
Horn, J., Herausgeforderte Ägyptologie. Geschichte einer Auseinandersetzung unter falschen Vorraussetzungen, in: GM 12, 1974, 55–87
Horn, J., Daten zur Geschichte der Ägyptologie in Göttingen, in: GM 28, 1978, 11–17
Hornung, E., s.v. „Amduat", in: LÄ 1, 1975, 184–188
Hornung, E., Einführung in die Ägyptologie[4]. Stand, Methoden, Aufgaben, Darmstadt (1996)
Hornung, E., Grundzüge der ägyptischen Geschichte[4], Darmstadt (1996)
Hornung, E., Das geheime Wissen der Ägypter und sein Einfluß auf das Abendland[2], München (2003)
Hüffer, H., s.v.: „Sethe: Christoph Wilhelm Heinrich", in: ADB 34, 1892, 45–48
Jacobs, E., Ludwig Stern, in: Zentralblatt für Bibliothekswesen 29, 1912, 26–31
Janssen, R. M., The First Hundred Years. Egyptology at the University College London 1892–1992, London (1992)
Jäger, L., Ferdinand de Saussure. Zur Einführung, Hamburg (2010)
Janssen, R. M., Petrie's Lepsius cradle, in: SAK 21, 1994, 131–139, Taf. 15
Jonker, G., Gelehrte Damen, Ehefrauen, Wissenschaftlerinnen. Die Mitarbeit der Frauen in der Orientalistischen Kommission der Preußischen Akademie der Wissenschaften zu Berlin (1907–1945), in: T. Wobbe (Hrsg.), Frauen in Akademie und Wissenschaft. Arbeitsorte und Forschungspraktiken 1700–2000, Berlin (2002), 125–168
Jordan, St., Zur Geschichte der Geschichtstheorie. Wissenschaftsgeschichte und wissenschaftstheoretische Aspekte, in: Jordan, St. – Walther P. T. (Hrsg.), Wissenschaftsgeschichte und Geschichtswissenschaft. Aspekte einer problematischen Beziehung. Wolfgang Küttler zum 65. Geburtstag, Waltrop (2002), 187–206
Jung, M., Die Zeichnungen der Lepsiusexpedition und ihre Umsetzung in Lithographien und Gemälden am Beispiel der Insel Philae, in: I. Hafemann (Hrsg.) Preussen in Ägypten. Ägypten in Preussen, Berlin (2010), 203–234
Junge, F., Eine vielleicht allzuferne Welt?. Ägyptologie, Koptologie und antikes Ägypten, in: Forschung und Lehre 6, 1997, 309–312
Junker, H., Leben und Werk in Selbstdarstellung, in: Sitzungsberichte der Österreichischen Akademie der Wissenschaften. Philosophisch-Historische Klasse 242.5 (1963)
Kästner, V., s.v. „Puchstein, Otto", in: NDB 20, 2001, 756–757
Kaiser, W., Abteilung Kairo, in: K. Bittel et al. (Hrsg.), Beiträge zur Geschichte des Deutschen Archäologischen Instituts 1929 bis 1979 I, 93–116, in: Das Deutsche Archäologische Institut. Geschichte und Dokumente III, Mainz (1979)
Karig, J. S., Geschichte des Ägyptischen Museums, in: Kunst der Welt in den Berliner Museen. Ägyptisches Museum Staatliche Museen Preußischer Kulturbesitz, Berlin (1980), 7–10
Karig, J. – Kischkewitz, H., Ein ungebautes Ägyptisches Museum für Berlin, in: Jahrbuch der Berliner Museen 34, 1992, 83–103
Kauzsch, E., s.v.: „Socin, Albert", in: ADB 54, 1899, 371–375
Kees, H., Kurt Sethe, in: Nachrichten der Gesellschaft der Wissenschaften zu Göttingen. Jahresbericht 1934/35, 1935, 66–74
Kees, H., Geschichte der Ägyptologie, in: HdO I.1, 1959, 3–17

Kehrer, N., 100 Jahre am Nil. Die Geschichte des Deutschen Archäologischen Instituts Kairo, in: G. Dreyer (Hrsg.), Begegnung mit der Vergangenheit. 100 Jahre in Ägypten. Deutsches Archäologisches Institut zu Kairo 1907–2007, Mainz (2007), 3–15
Keimer, L., Le Musée ègyptologique de Berlin , in: CHE 3.1, 1950, 30–38
Kemp, B. J., In the shadow of texts. Archaeology in Egypt, in: Archaeological Review from Cambridge 3.2, 1984, 19–28
Kerr, M. H., Rezension: Orientalism by Edward W. Said, in: International Journal of Middle East Studies 12.4, 1980, 544–547
Kischkewitz, H., Die Ägyptologen Richard Lepsius, Heinrich Brugsch und Georg Ebers und ihre Stellung zu Zeitfragen, in: FuB 20/21, 1980, 89–100
Kischkewitz, H., Ausgrabungen statt Pferdezucht. Joseph Passalacqua – erster Direktor des Ägyptischen Museums, in: http://www.luise-berlin.de/bms/bmstxt96/9601proc.htm, © Edition Luisenstadt (1997) [Stand: 01.09.2012]
Kloft, H., Der Nachlass Adolf Erman, Bremen (1982)
Knortz, K., Gustav Seyffarth. Eine Biographische Skizze, New York (1886)
Koch, H.-A., ‚Ich würde vielleicht morgen auf der Bibliothek Antwort erhalten?'. Aus der Frühgeschichte der Berliner Ägyptologie, in: B. Adams – H.-K. Boehlke, et al. (Hrsg.), Aratro Corona Messoria. Beiträge zur europäischen Wissensüberlieferung. Festgabe für Günther Pflug zu 20. April 1988, Bonn (1988), 47–72
Kocka, J., Bürgertum und Bürgerlichkeit als Probleme der deutschen Geschichte vom späten 18. zum frühen 20. Jahrhundert, in: J. Kocka (Hrsg.), Bürger und Bürgerlichkeit im 19. Jahrhundert, Göttingen (1987), 21–63
Köhler, U., Die Anfänge der deutschen Ägyptologie. Heinrich Brugsch. Eine Einschätzung, in GM 12, 1974, 29–41
Kolb. E., Die Weimarer Republik[6], München (2002)
Köpstein, S., Das Abklatscharchiv beim Wörterbuch der ägyptischen Sprache I, Berlin (1994)
Kuhn, T., The Structure of Scientific Revolutions[3], Chicago (1996)
Lange, H. O., Adolf Erman, in: ZDMG 91, 1937, 484–485
Leclant, J., Louis Keimer, in: AfO 18, 1957–1958, 488 f.
Legge, F., The history of the transliteration of Egyptian, in: PSBA 24, 1902, 273–282
Legge, F., New light on sequence-dating, in: PSBA 35, 1913, 101–113
Lehnert, I., Ludwig Keimer (1892–1957), in: KMT. A modern journal of Ancient Egypt 23.1, 2012, 74–77
Leibovitch, J., Ludwig Borchardt (1863–1938), in: ASAE 39, 1939, 43–47
Lenz, M., Geschichte der Königlichen Friedrich-Wilhelms-Universität zu Berlin 3, Berlin (1910)
Lenz, M., Geschichte der Königlichen Friedrich-Wilhelms-Universität zu Berlin 2.2, Berlin (1918)
Lepsius, B., Das Haus Lepsius. Vom geistigen Aufstieg Berlins zur Reichshauptstadt, Berlin (1933)
Lepsius, K. R., Lettre à M. le professeur H. Rosellini sur l'alphabet hiéroglyphique, Rom (1837)
Lepsius, K. R., Das Allgemeine linguistische Alphabet. Grundsätze der Übertragung fremder Schriftsysteme und bisher noch ungeschriebener Sprachen in europäische Buchstaben, Berlin (1855)
Lepsius, K. R., Über eine hieroglyphische Inschrift am Tempel von Edfu (Appollionpolis Magna) in welcher der Besitz dieses Temples an Ländereien unter der Regierung Ptolemaeus XI. Alexander I. verzeichnet ist, Berlin (1856)
Lepsius, K. R., Ueber die Umschrift der Hieroglyphen, in: ZÄS 4, 1866, 73–81
Lepsius, K. R., Vom internationalen Orientalisten-Congreß in London, in : ZÄS 13, 1875, 1–5

Lincke, A., Ein Wort zur Beurteilung des Alten Orients, in: Festschrift zur Jubelfeier des 25jaehrigen Bestehens des Vereins für Erdkunde zu Huhle (1888)
Littke, P., Who was A. Erman?, in: IRAH, 2007, http://www.irah.org, © Initiative for Russian and American History (2007) [Stand: 01. 09. 2012]
Loimeier, R., Edward Said und der deutschsprachige Orientalismus. Eine kritische Würdigung, in: Wiener Zeitschrift für kritische Afrikastudien 2, 2001, 63–81
Loprieno, A., Interdisziplinarität und Transdisziplinarität in der heutigen Ägyptologie, in: Menschenbilder Bildmenschen. Kunst und Kultur im Alten Ägypten (FS E. Feucht), Berlin (2003), 227–240
Loptieno, A., Adolf Erman und die ägyptische Literatur, in: B. U. Schipper (Hrsg), Ägyptologie als Wissenschaft. Adolf Erman (1854–1937) in seiner Zeit, Berlin (2006), 150–168
Maltzahn, Ch. v., Ausseruniversitäre Organisationsformen in der deutschen Geschichtswissenschaft im 19. und 20. Jahrhundert, in: Bruch, R.v. – Müller, R. A. (Hrsg.), Formen ausserstaatlicher Wissenschaftsförderung im 19. und 20. Jahrhundert. Deutschland im europäischen Vergleich, Stuttgart (1990), 185–210
Mangold, S., Eine „weltbürgerliche Wissenschaft". Die deutsche Orientalistik im 19. Jahrhundert, Stuttgart (2004)
Mangold, S., „Ueble Leistung er ist fünfmal gehupft." Zum arabischen Unterricht an den deutschen Universitäten des 19. Jahrhunderts, in: G. Lingelbach (Hrsg.), Vorlesung, Seminar, Repetitorium. Universitäre geschichtswissenschaftliche Lehre im Vergleich, München (2006), 59–87
Mangold, S., Die Khedivial-Bibliothek zu Kairo und ihre deutschen Bibliothekare (1871–1914), in: ZDMG 157, 2007, 49–76
Mangold, S., France Allemagne et retour: une discipline née dans l'émulation, in : Revue Germanique Internationale 7, 2008, 109–124
Marchand, S., Down from Olympus. Archaeology and Philhellenism in Germany, 1750–1970^2, Princeton (1996)
Marchand, S., The end of Egyptomania. German scholarship and the banalization of Egypt, 1830–1914, in: W. Seipel (Hrsg.), Ägyptomanie. Europäische Ägyptenimagination von der Antike bis heute, Wien (2000), 125–133
Marchand, S., Popularizing the Orient, in: Intellectual History Review 17.2, 2007, 175–202
Marchand, S., German Orientalism in the Age of Empire. Religion, Race and Scholarship, Washington D. C. (2009)
Maspero, G., Sur la flexion en *j*, *y*, de l'Egyptien. Lettre à M. le Dr. Lepsius, in : ZÄS 13, 1875, 158–162
Maspero, G., Henri Brugsch, Paris (1894)
Masterman, M., Die Natur eines Paradigmas, in: I. Lakatos-A. Musgrave (Hrsg.), Kritik und Erkenntnisfortschritt, Braunschweig (1974), 59–87
Matthes, O., Eduard Meyer und die Deutsche Orientgesellschaft, in: MDOG 128, 1996, 173–218
Matthes, O., Der Aufruf zur Gründung der deutschen Orientgesellschaft vom November 1897, in: MDOG 130, 1998, 9–16
Matthes, O., James Simon. Mäzen im Wilhelminischen Zeitalter, Berlin (2000)
Matthes, O. – Althoff J., Die ‚Königliche Kommission zur Erfrorschung der Euphrat- und Tigrisländer, in: MDOG 130, 1998, 241–254
Mehlitz, H., Richard Lepsius. Ägypten und die Ordnung der Wissenschaft, Berlin (2011)

Merton, R. K., Priorities in Scientific Discovery. A Chapter in the Sociology of Science, in: B. Barber-W. Hirsch (Hrsg.), The Sociology of Science, New York (1962), 447–485
Merton, R. K., Social Theory and Social Structure[3], New York (1968)
Messling, G., Historismus als Rekonstruktion. Die Ägyptische Abteilung im Neuen Museum, in: A. Joachimides el al. (Hrsg.), Museumsinszenierungen. Zur Geschichte der Institution des Kunstmuseums. Die Berliner Museumslandschaft 1830–1990, Dresden (1995), 51–66
Messling, G., Die ägyptische Abteilung im Neuen Museum zu Berlin. Vorgeschichte, Konzeption und Umsetzung, in: Jahrbuch der Berliner Museen 39, 1997, 71–98
Metz, G., Victoria Museum of Egyptian Antiquities at Upsala University. Past, present & future, in: PalArch Newsletter 2.3, 2005, 11–19
Meyer, E., Ausgrabungen in Babylonien, in: Deutsche Rundschau Jg. 13, Bd. 50, 33–49
Meyer, E., s.v. „Ebers, Georg", in: A. Bettelheim (Hrsg.), Biographisches Jahrbuch und deutscher Nekrolog 3, 1900, 86–99
Meyer, E., s.v. „Schrader, Eberhard", in: Biographisches Jahrbuch und deutscher Nekrolog 13, 1908, 156–163
Meyer, K., Ludwig Christian Stern, in: Zeitschrift für Celtische Philologie 8, 1912, 583–587
Milkau, F., Wilhelm Erman. Ein Nachruf von Fritz Milkau. Mit einer Bibliographie von Gotthold Naetebus, Leipzig (1933)
Mommsen, T., Die deutschen Pseudodoktoren, in: Preußische Jahrbücher 37, 1876, 17–22
Mommsen, W. J., Bürgerliche Kultur und künstlerische Avantgarde. Kultur und Politik im deutschen Kaiserreich 1870–1918, Frankfurt a. M. (1994)
Mommsen, W. J., Bürgerstolz und Weltmachtstreben 1890–1918. Propyläen Geschichte Deutschlands 7.2 (1995)
Montet, P., Le Dictionnaire Hiéroglyphique et les Carnet de Victor Loret, in : Kêmi 17, 1964, 7–9
Morenz, S., Georg Steindorff. 12. November – 28. August 1951, in: ZÄS 79, 1954, v-vi
Morenz, S., Die Ägyptologie im Kosmos der Wissenschaften, in: Saeculum 12, 1961, 345–357
Muhlack, U., Von der philologischen zur historischen Methode, in: Ch. Meier – J. Rüsen (Hrsg.), Historische Methode, München (1988), 154–180
Müller, H. W., Friedrich Wilhelm Freiherr von Bissing 1873–1956, in: ZÄS 81, 1956, iv-vi
Müller, H. W., Sir Alan Gardiner, in : Bayerische Akademie der Wissenschaften. Jahrbuch 1965, 167–174
Müller, W., Richard Lepsius und das Neue Museum, in FuB 24, 1984, 6–10
Müller, W., Das historische Museum. Die Neugestaltung des Berliner Ägyptischen Museums durch Richard Lepsius, in: E. Freier – W. F. Reineke (Hrsg.), Karl Richard Lepsius (1810–1884). Akten der Tagung anläßlich seines 100. Todestages, 10. – 12.7.1984 in Halle, Berlin (1988), 276–283
Nagel, A.-K., Adolf Erman im Lichte der historischen Soziologie, in : B. Schipper (Hrsg.), Ägyptologie als Wissenschaft. Adolf Erman (1854–1937) in seiner Zeit, Berlin (2006),371–395
Naville, E., La succession des Thoutmès d'après un mémoire récent, in : ZÄS 35, 1897, 30–67.
Naville, E., Un dernier mot sur la succession des Thoutmès, in : ZÄS 37, 1899, 48–55
Naville, E., Karl Piehl, in: RecTrav 27, 1905, 134–136
Naville, H. E., s.v. „Lepisus", in: ADB 51, 659–670
Naville, E., Gaston Maspero, in: JEA 3, 1916, 226–234
Naville, E., L'évolution de la langue égyptienne et des langues sémitiques, Paris (1920)

Naville, H. E., L'Écriture égyptienne. Essai sur l'origine et la formation de l'une des premières écritures méditerranéennes, Paris (1926)
Niethammer, L., Sind Generationen identisch?, in: J. Reulecke (Hrsg.), Generationalität und Lebensgeschichte im 20. Jahrhundert, in: Schriften des Historischen Kollegs. Kolloquien 58 (2003)
Nissen, M., Wissenschaft für gebildete Kreise. Zum Entstehungskontext der historischen Zeitschrift, in: S. Stöckel – W. Liesner – G. Rüve (Hrsg.), Das Medium der Wissenschaftszeitschrift seit dem 19. Jahrhundert. Verwissenschaftlichung der Gesellschaft – Vergesellschaftung von Wissenschaft, Stuttgart (2009), 25–44
Olmstead, A. D., Rezension: Mein Werden und mein Wirken. Erinnerungen eines alten Berliner Gelehrten by Adolf Erman, in: The American Historical Review 36.3, 1931, 589–590
Oppel, K., Das alte Wunderland der Pyramiden, Leipzig (1863)
Osing, J., s.v. „Gespräch des Lebensmüden", in: LÄ 2, 1977, 571–573
Osing, J., Ägyptische und Koptische Lexikographie, in: F. J. Hausmann et al. (Hrsg.), Wörterbücher. Ein internationales Handbuch zur Lexikographie (1990), 1679–1682
Ottmer, E. R., s.v.: „Elster, Ludwig Hermann Alexander", in: NDB 4, (1959), 469–470
Pallat, L., Richard Schöne. Generaldirektor der Königlichen Museen zu Berlin, Berlin (1959)
Parsons, T., The Institutionalization of Scientific Investigation, in: B. Barber-W. Hirsch (Hrsg.), The Sociology of Science, New York (1962), 7–15
Peet, T. E., Rezension: Wörterbuch der aegyptischen Sprache, im Auftrage der Deutschen Akademien by Adolf Erman & Hermann Grapow, in: JEA 12, 1926, 319–320
Petrie, W. M. Flinders, A History of Egypt II^4, London(1896)
Petrie, W. M. Flinders, Sequences in Prehistoric Remains, in: JRAI 29, 1899, 295–301
Petrie, W. M. Flinders, Rezension: The Decay and Preservation of Antiquities.-By Prof. Dr. F. Rathgen, in: AE 1914, 140
Petrie, W. M. Flinders, Rezension: Margaret Talbot Jackson, The Museum. A manual for the housing and care of art collections, in: AE 1920, 127
Piacentini, P., Auguste Mariette in the Egyptological Archives and Library of the University of Milan, in: D. Magee et al. (ed.), Sitting beside Lepsius. Studies in Honour of Jaromir Malek at the Griffith Institute, OLA 185, 2009, 423–438
Picard, C., Nouvelles Archéologiques et Correspondance, in: Rev. Arch. 1964, 53–56
Piehl, K., Lettre à M. A. Erman. sur une decouverte concernante le second pylone de Karnak, in : ZÄS 22, 1884, 41.
Piehl, K., Inscriptions hiéroglyphique recueillies en Europe et en Egypte, Leipzig (1884–1903)
Piehl, K., Doit on accepter l'hypothèse d'un règne simultané d'Apriès et d'Amasis, in : ZÄS 28, 1890, 9–15
Piehl, K., Sphinx. Revue critique embrassant le domaine de l'égyptologie, in : Sphinx 1, 1896, Vorwort.
Piehl, K., 50 quasi-vocables hiéroglyphiques à exclure du dictionnaire hiéroglyphique à venir, in : Spinx 2, 1898, 87–94
Piehl, K., Nouvelle Série de Cinquante quasi-mots à exclure du Dictionnaire à venir, in : Sphinx 2, 1898, 158–163
Piehl, K., Troisième Série de Cinquante quasi-mots à exclure du dictionnaire hiéroglyphique à venir, in : Sphinx 2, 1898, 217–223
Piehl, K., Quatrième Série de Cinquante quasi-mots à exclure du Dictionnaire Hiéroglyphique à venir, in : Sphinx 3, 1899, 13–19

Piehl, K., Cinquième Série de cinquante quasi-vocables à exclure du Dictionnaire Hiéroglyphique à venir, in : Sphinx 3, 1899, 98 – 102
Piehl, K., Sixième Série de Cinquante quasi-vocables à exclure du Dictionnaire Hiéroglyphique à venir, in : Sphinx 3, 1899, 165 – 169
Piehl, K., Septième Série de Cinquante quasi-vocables à exclure du Dictionnaire Hiéroglyphique à venir, in : Sphinx 3, 1899, 223 – 227
Piehl, K., Sir Peter Le Page Renouf, in: Sphinx 2, 1899, 245 – 248
Piehl, K., A propos du dernier numéro de la Zeitschrift, in : Sphinx 4, 1901, 145 – 163
Piehl, K., Mélanges, in : Sphinx 4, 1901, 49 – 51
Piehl, K., Quelques points du numéro dernier de la Zeitschrift, in : Sphinx 5, 1902, 123 – 127
Piehl, K., Examen de différents points de la „Ägyptische Grammatik", in : Sphinx 7, 1903, 65 – 76
Plas, D. van de, Wörterbuch und Texcorpus. Bemerkungen, Vorschläge und Angebote, in: ZÄS 121, 1994, 132 – 153
Poethke, G., Georg Ebers und Jena, in: ZÄS 107, 1980, 71 – 76
Pomian, K., Der Ursprung des Museums vom Sammeln, Berlin (1998)
Popper, K., Die Normalwissenschaft und ihre Gefahren, in: I. Lakatos-A. Musgrave (Hrsg.), Kritik und Erkenntnisfortschritt, Braunschweig (1974), 51 – 57
Priese, K.-H., Vorwort, in: C. B. Arnst et al. (Hrsg.), Das ägyptische Museum Berlin, Berlin (1991), ix-xii
Procházka, St., s.v. „Müller, David Heinrich v.", in: NDB 18, 1997, 354 – 355
Pückler-Muskau, H. F. v., Aus Mehmed Alis Reich. Ägypten und der Sudan um 1840, mit einem Nachwort von Günther Jantzen und einem biographischen Essay von Otto Flake, Zürich (1985)
Rathgen, F., Zerfall und Erhaltung von Altertumsfunden, Berlin (1912)
Raulwing, P. – Gertzen, T., Friedrich Wilhelm Freiherr von Bissing im Blickpunkt ägyptologischer und Zeithistorischer Forschungen: Die Jahre 1914 – 1926, in: JEgH 5, 2012, 34 – 119
Rebenich, St., Die Altertumswissenschaften und die Kirchenväterkomission an der Akademie. Theodor Mommsen und Adolf Harnack, in: Kocka, J. (Hrsg.), Die Königlich Preußische Akademie der Wissenschaften zu Berlin im Kaiserreich. Interdisziplinäre Arbeitsgruppe Berliner Akademiegeschichte im 19. und 20. Jahrhundert, Berlin (1999), 199 – 233
Rebenich, St., „Unser Werk lobt keinen Meister". Theodor Mommsen und die Wissenschaft vom Altertum, in: J. Wiesehöfer (Hrsg.), Theodor Mommsen: Gelehrter, Politiker und Literat, Stuttgart (2005), 185 – 205
Rebenich, St., Adolf Erman und die Berliner Akademie der Wissenschaften, in: B. Schipper (Hrsg.) Ägyptologie als Wissenschaft. Adolf Erman (1854 – 1937) in seiner Zeit, Berlin (2006), 340 – 370
Rebenich, St., Theodor Mommsen. Eine Biographie, München (2007)
Rebenich, St., Umgang mit toten Freunden. Droysen und das Altertum, in: V. Rosenberger (Hrsg.), „Die Ideale der Alten". Antikerezeption um 1800, Stuttgart (2008), 131 – 152
Rebenich, St., Vom Nutzen und Nachteil der Großwissenschaft. Altertumswissenschaftliche Unternehmungen an der Berliner Akademie und Universität im 19. Jahrhundert, in: A. M. Baertschi – C. G. King (Hrsg.), Die modernen Väter der Antike. Die Entwicklung der Altertumswissenschaften an der Akademie und Universität im Berlin des 19. Jahrhunderts, Berlin (2009), 397 – 420

Reid, D. M., Whose Pharaohs?. Archaeology, Museums and Egyptian National Identity from Napoleon to World War I, Berkeley (2002)
Reineke, W. F., Das Wörterbuch der ägyptischen Sprache. Zur Geschichte eines großen wissenschaftlichen Unternehmens der Berliner Akademie zwischen 1945 und 1992, in: PdÄ 14, 1999, xi-xiv
Renger, J., Die Geschichte der Altorientalistik und der Vorderasiatischen Archäologie in Berlin von 1975 bis 1945, in: Arenhövel, W., Berlin und die Antike. Architektur, Kunstgewerbe, Malerei, Skulptur, Theater, Wissenschaft vom 16. Jahrhundert bis heute. Aufsätze, Berlin (1979), 151–192
Renouf, P. Le Page, Seyffarth and Uhleman on Egyptian Hieroglyphics, in: Atlantis 2.3 , 1859, 74–97, in: E. Leroux (Hrsg.), The Life and Work of Sir Peter Le Page Renouf, Bd. 1 (2005c), 1–31
Renouf, P. Le Page, Dr Seyfarth and the Atlantis on Egyptology, in: Atlantis 3.6, 1862, 306–338, in: E. Leroux (Hrsg.), The Life and Work of Sir Peter Le Page Renouf, Bd. 1 (2005b), 33–80
Renouf, P. Le Page, Dr. Brugschs Hieroglyphic-Demotic Dictionary, in: The Chronicle, 05.10.1897, 667–668, in: E. Leroux (Hrsg.), The Life and Work of Sir Peter Le Page Renouf, Bd. 2 (2005a), 77–83
Reulecke, J. (Hrsg.), Generationalität und Lebensgeschichte im 20. Jahrhundert, in: Schriften des Historischen Kollegs. Kolloquien 58 (2003)
Richter, S., Georg Steindorff, der neue Namenspatron der Leipziger Ägyptologie, in: amun 37, 2008, 9–11
Richter, S., Pionierleistung im Niltal. Ägyptologisches Institut nach Georg Steindorff benannt, in: Journal der Universität Leipzig, Mai 2008, 17
Roemer, H. R., Relations in the Humanities between Germany and Egypt. On the Occasion of the Seventy Fifth Anniversary of the German Institute of Archaeology in Cairo (1907–1982), in: Ägypten Dauer und Wandel. Symposium anlässlich des 75 jährigen Bestehens des Deutschen Archäologischen Instituts Kairo Am 10. und 11. Oktober 1982, Mainz a. R. (1985), 1–6
Rosellini, Monumenti dell'Egitto e della Nubia, Genf (1832–1840)
Rost, P., Untersuchungen zur altorientalischen Geschichte, in: Mitteilungen der Vorderasiatischen Gesellschaft 2, 1897, 228–238
Rouge, E. de, Note sur la transcription des hiéroglyphes à M. R. Lepsius, in : ZÄS 4, 1866, 69–73
Rudolf von Österreich-Ungarn, Kronprinz, Zu Tempeln und Pyramiden. Eine Orientreise (1881), hrsg. v. H. Pleticha, Lenningen (2005)
Rühlmann, G., Gedanken zu Adolf Ermans Werk „Ägypten und ägyptisches Leben im Altertum", in: ZÄS 115, 1988, 157–160
Sagave, P.-P., Berliner Hugenottentum und Toleranzidee, in: Der deutsche Hugenott 56, 1992, 44–53
Said, E. W., Orientalism, New York (1978)
Salje, B., Vorderasiatisches Museum. Staatliche Museen zu Berlin, in: B. Salje (Hrsg.), Vorderasiatische Museen. Gestern Heute Morgen. Berlin, Paris, London, New York eine Standortbestimmung: Kolloquium aus Anlass des einhundertjährigen Bestehens des Vorderasiatischen Museums Berlin am 7. Mai 1999, Mainz (2001)

Satzinger, H., Adolf Ermans Forschungen zur Grammatik und Sprache des Alten Ägypten, in: B. Schipper (Hrsg.) Ägyptologie als Wissenschaft. Adolf Erman (1854–1937) in seiner Zeit, Berlin (2006), 141–149

Savoy, B., Patrimoine annexé. Les biens culturels saisis par la France en Allemagne autour de 1800, Bd. 1, Paris (2003)

Schäfer, H., Sinn und Aufgaben des Berliner Ägyptischen Museums (1920), in: Der Alte Orient 22

Scharff, A., Kurt Sethe (1869–1934), in: Egyptian Religion 3.2, 1935, 116–118

Scharff, A., Adolf Erman, in: AfO 12, 1937, 95–97

Scharff, A., Adolf Erman, in: Sitzungsberichte der Bayrischen Akademie der Wissenschaften, Phil.-Hist. Klasse (1938), 19–26

Schenkel, W., Erkundungen zur Reihenfolge der Zeichen im ägyptologischen Transkriptionsalphabet, in: CdE 125, 1988, 5–35

Schenkel, W., Wörterbuch vs. Textcorpus. Wie und ob man überhaupt ein Wörterbuch machen kann, in: ZÄS 121, 1994, 154–159

Schenkel, W., Die Lexikographie des Altägyptisch-Koptischen, in: SEL 12, 1995, 191–203

Schenkel, W., Tübinger Einführung in die klassisch-ägyptische Sprache und Schrift[5], Tübingen (1997)

Schenkel, W., Ägyptische Literatur und ägyptologische Forschung. Eine wissenschaftsgeschichtliche Einleitung, in: PdÄ X, 2001, 21–27

Schenkel, W., Bruch und Aufbruch. Adolf Erman und die Geschichte der Ägyptologie, in: B. Schipper (Hrsg.) Ägyptologie als Wissenschaft. Adolf Erman (1854–1937) in seiner Zeit, Berlin (2006), 224–247

Schiera, P., Laboratorium der bürgerlichen Welt. Deutsche Wissenschaft im 19. Jahrhundert, Frankfurt a. M. (1992)

Schipper, B. U. (Hrsg.), Ägyptologie als Wissenschaft. Adolf Erman (1854–1937) in seiner Zeit, Berlin (2006)

Schroeder-Gudehus, B., Die Akademie auf Internationalem Parkett. Die Programmatik der internationalen Zusammenarbeit wissenschaftlicher Akademien und ihr Scheitern im Ersten Weltkrieg, in: Kocka, J. (Hrsg.), Die Königlich Preußische Akademie der Wissenschaften zu Berlin im Kaiserreich. Interdisziplinäre Arbeitsgruppe Berliner Akademiegeschichte im 19. und 20. Jahrhundert, Berlin (1999), 175–195

Schubart, W., Rezension: Erman, A., Mein Werden und mein Wirken, in: OLZ 7, 1930, 509–511

Schulz, G., Romatik. Geschichte und Begriff[3], München (2008)

Seidl, E., Wilhelm Spiegelberg, in: Aegyptus 11, 1931

Seidlmayer, S. J., Altägyptisches Wörterbuch, Berlin (1999)

Seidlmayer, S. J., Das Ägyptische Wörterbuch an der Berliner Akademie. Entstehung un Konzept, in: B. Schipper (Hrsg.) Ägyptologie als Wissenschaft. Adolf Erman (1854–1937) in seiner Zeit, Berlin (2006), 169–192

Senarclens, J. de, Drapiers, Magistrats, Savants. La Famille Naville, 500 ans d'histoire Genevoise, Genf (2006), 220–227

Sethe, K., De Aleph prosthetico in lingua Aegyptiaca verbi formis praepositio, Berlin (1892)

Sethe, K., Die Prinzenliste von Medinet Habu und die Reihenfolge der ersten Könige der 20. Dynastie, in: UGAÄ 1 (1896)

Sethe, K., Die Thronwirren unter den Nachfolgern Königs Thutmosis' I. Ihr Verlauf und ihre Bedeutung, in: UGAÄ 1 (1896)

Sethe, K., Altes und Neues zur Geschichte der Thronstreitigkeiten unter den Nachfolgern Thutmosis I., in ZÄS 36, 1898, 24–81

Sethe, K., Das ägyptische Verbum im Altägyptischen, Neuägyptischen und Koptischen, 2 Bd., Leipzig (1899)

Sethe, K., Zur Datierung der Pyramidentexte, in: ZÄS 38, 1900, 144 f.

Sethe, K., Urkunden der 18. Dynastie. Historisch-biographische Urkunden, Urkunden IV. (1906)

Sethe, K., Die ägyptischen Pyramidentexte nach den Papierabdrücken und Photographien des Berliner Museums neu herausgegeben und erklärt, Bd. 1, Text erste Hälfte, Spruch 1–468, Leipzig (1908)

Sethe, K., Die ägyptischen Pyramidentexte nach den Papierabdrücken und Photographien des Berliner Museums neu herausgegeben und erklärt, Bd. 2, Text erste Hälfte, Spruch 469–714, Leipzig (1910)

Sethe, K., Die Ägyptologie. Zweck, Inhalt und Bedeutung dieser Wissenschaft und Deutschlands Anteil an ihrer Entwicklung (1921), in: Der Alte Orient 23

Sethe, K., Die ägyptischen Pyramidentexte nach den Papierabdrücken und Photographien des Berliner Museums neu herausgegeben und erklärt, Bd. 3 & 4, Epigraphik, Leipzig (1922)

Sethe, K., Das Hatschepsut-Problem noch einmal untersucht, in: Abhandlungen der Preußischen Akademie der Wissenschaften. Phil.-hist. Kl., (1932)

Sethe, K., Übersetzung und Kommentar zu den altägyptischen Pyramidentexten, Leipzig (1935)

Sethe, K., Übersetzung und Kommentar zu den altägyptischen Pyramidentexten aus dem Nachlass hrsg., Leipzig (1962)

Sledzianowski, B., Ägyptologie zwischen Positivismus und Nationalismus, in: GM 12, 1974, 43–50

Smith, S., Rezension: Wörterbuch der ägyptischen Sprache im Auftrage der deutschen Akademie. VI. Deutsch-aegyptisches Wörterverzeichnis in alphabetischer und sachlicher Ordnung nebst Verzeichnissen der koptischen, semitischen und griechischen Wörter by Adolf Erman & Hermann Grapow, in. Bulletin of the School of Oriental and African Studies 14.2, 1952, 390–392

Sobania, M., Vereinsleben, Regeln und Formen bürgerlicher Assoziationen im 19. Jahrhundert, in: D. Hein – A. Schulz (Hrsg.), Bürgerkultur im 19. Jahrhundert. Bildung, Kunst und Lebenswelt, München (1996), 170–190; 339–343

Sontheimer, K., Die deutschen Hochschullehrer in der Zeit der Weimarer Republik, in: K. Schwabe (Hrsg.), Deutsche Hochschullehrer als Elite 1815–1945, Boppard a. R. (1988), 215–224

Specht, A. v. (Hrsg.), Lepsius. Die deutsche Expedition an den Nil, Berlin (2006)

Spiegelberg, W., Johannes Dümichen, in: RecTrav 16, 1894, 74–77

Spiegelberg, W., Die orientalischen Studien. Elsaß-Lothringen, Sonderheft der Zeitschrift Dt. Vaterland, 1922, 47–49

Spinelli, B., „Der Erwecker der ägyptischen Sammlung". Adolf Erman und das Berliner Museum, in: B. Schipper (Hrsg.) Ägyptologie als Wissenschaft. Adolf Erman (1854–1937) in seiner Zeit, Berlin (2006), 202–223

Stadelmann, R., s.v. „Seevölker", in: LÄ 5, 1984, 814–822.

Steindorff, G., Das altägyptische Alphabet und seine Umschreibung, In: ZDMG 46 (1892), 709–730

Steindorff, G., Georg Möller. Geboren 5. November 1876 in Carácas gestorben 2. Oktober 1921 in Upsala, in: ZÄS 57, 1922, 142–144

Steindorff, G., Wilhelm Spiegelberg, in: ZÄS 66, 1931, 75–76

Stock, H., Alexander Scharff, in ZÄS 79, 1954, x-xvi
Stöckel, S., Verwissenschaftlichung der Gesellschaft – Vergesellschaftung von Wissenschaft, in: S. Stöckel – W. Liesner – G. Rüve (Hrsg.), Das Medium der Wissenschaftszeitschrift seit dem 19. Jahrhundert. Verwissenschaftlichung der Gesellschaft – Vergesellschaftung von Wissenschaft, Stuttgart (2009), 9–23
Thausing, G., Tarudet. Ein Leben für die Ägyptologie, Graz (1989)
Toulmin, S., Ist die Unterscheidung zwischen Normalwissenschaft und revolutionärer Wissenschaft stichhaltig?, in: I. Lakatos-A. Musgrave (Hrsg.), Kritik und Erkenntnisfortschritt, Braunschweig (1974), 39–47.
Trümpener, H.-J., Die Existenzbedingungen einer Zwergwissenschaft. Eine Darstellung des Zusammenhanges von wissenschaftlichem Wandel und der Institutionalisierung einer Disziplin am Beispiel der Ägyptologie, Bielefeld (1981)
Uhlemann, M., Einige Vorschläge zur Herstellung eines brauchbaren hieroglyphischen Wörterbuches, in: ZDMG 6, 1852, 258–272
Uhlemann, M., Handbuch der gesamten ägyptischen Alterthumskunde I. Geschichte der Aegyptologie, Leipzig (1857)
Ullrich, V., Die nervöse Großmacht 1871–1918. Aufstieg und Untergang des deutschen Kaiserreichs², Frankfurt a. M. (2007)
Ungern-Sternberg, J. v. – Ungern-Sternberg, W., Der Aufruf ‚An die Kulturwelt!'. Das Manifest der 93 und die Anfänge der Kriegspropaganda im Ersten Weltkrieg, Stuttgart (1996)
Velder, C., 300 Jahre Französisches Gymnasium Berlin, Berlin (1989)
Vleeming, S. P., Spiegelberg in Strasbourg, in: Enchoria 11, 1982, 85–97
Vogtherr, C. M., Das Königliche Museum zu Berlin. Planungen und Konzeption des ersten Berliner Kunstmuseums, in: Jahrbuch der Berliner Museen 39, 1997
Vondung, K. (Hrsg.), Das wilhelminische Bildungsbürgertum. Zur Sozialgeschichte seiner Ideen, Göttingen (1976)
Wagner, A., s.v. „Schäfer, Heinrich", in: Biografisch-Bibliografisches Kirchenlexikon 8, (1994), 1518–1531
Walle, v. d. B., Sir Alan H. Gardiner, in: CdE 39, 1964, 99–101
Watkins, J., Gegen die ‚Normalwissenschaft', in: I. Lakatos-A. Musgrave (Hrsg.), Kritik und Erkenntnisfortschritt, Braunschweig (1974), 25–38
Weber, M., Wissenschaft als Beruf, Stuttgart (2002)
Wehler, H.-U., Deutsche Gesellschaftsgeschichte, Bd. 3: Von der „Deutschen Doppelrevolution" bis zum Beginn des Ersten Weltkrieges 1849–1914, München (1995)
Wehler, H.-U., Nationalismus. Geschichte, Formen, Folgen³, München (2007)
Werner, F., Ägyptenrezeption in der europäischen Architektur des 19. Jahrhunderts, Weimar (1994)
Westendorf, W., Hermann Grapow, in: ZÄS 95, 1969, vii-x
Westendorf, W., Heinrich Brugsch (Pascha) 1827–1894, in: K. Arndt et. al., Göttinger Gelehrte. Die Akademie der Wissenschaften zu Göttingen in Bildnissen und Würdigungen 1751–2001, Göttingen (2001), 200–201
Westendorf, Kurt Sethe (1869–1934), in: K. Arndt et. al., Göttinger Gelehrte. Die Akademie der Wissenschaften zu Göttingen in Bildnissen und Würdigungen 1751–2001, Göttingen (2001), 344–345
Westermann (Hrsg.), Ägyptisches Museum Berlin, Berlin (1981)
Wildung, D., Preussen am Nil, Berlin (2002)

Wildung, D., James Simon, in: A. Bärnreuther – P.-K. Schuster (Hrsg.), Zum Lob der Sammler. Die Staatlichen Museen zu Berlin und ihre Sammler, Berlin (2009), 61–81
Wilhelm, F., s.v. „Kuhn, Ernst", in: NDB 13, 1982, 257
Wilhelm, G., 100 Jahre Ausgrabungen der Deutschen Orientgesellschaft, in: G. Wilhelm (Hrsg.), Zwischen Tigris und Nil. 100 Jahre Ausgrabungen der Deutschen Orientgesellschaft in Vorderasien und Ägypten, Mainz (1998), 5–13
Wilkinson, J. G., Manners and Customs of the Ancient Egyptians, London (1837)
Wilson, J. A., Signs and Wonders upon Pharaoh. A History of American Egyptology, Chicago (1964)
Wirsching, A., Deutsche Geschichte im 20. Jahrhundert^2, München (2005)
Wolf, W., Wesen und Wert der Ägyptologie, Glückstadt (1932)
Wolf, W., Die Ägyptologie als historische Wissenschaft. Heinrich Schäfer zum 70. Geburtstag, in: Archiv für Kulturkunde 28, 1938, 243–262
Wolf, W., Heinrich Schäfer. 29. Oktober 1869–6. April 1957, in: ZÄS 82, 1957, i-iv
Wölffling, S., Untersuchungen zur Geschichte des Deutschen Instituts für Ägyptische Altertumskunde zu Kairo, Halle a. d. S. (1960)
Zauzich, K.-T., Ein wissenschaftsgeschichtliches Curiosum, in: GM 210, 2006, 105–107
Zyhlarz, E., Kurt Sethe, in: Zeitschrift für Eingeborenen-Sprachen 25, 1935, 78

D Internetressourcen (Stand: 01.09.2012):

Altägyptisches Wörterbuchvorhaben an der Berlin- Brandenburgischen Akademie der Wissenschaften:
http://aaew.bbaw.de/
© BBAW, Altägyptisches Wörterbuch (2007)

Behlmer-Horn-Moers (2009):
http://www.aegyptologie.uni-goettingen.de/index.php/de/home/institut/aegyptologie
© Seminar für Ägyptologie und Koptologie der Georg August Universität Göttingen (2009)

Endesfelder (1996):
http://www.luise-berlin.de/Bms/BMSTXT96/9604proc.htm
© Edition Luisenstadt (1996)

Endesfelder (1998):
http://www.luise-berlin.de/Bms/bmstext/9809pora.htm
© Edition Luisenstadt (1998)

Grunert (2001):
http://aaew.bbaw.de/wbhome/com/bg/Grapow.html
© BBAW, Altägyptisches Wörterbuch (2001)

Grunert (2005):
http://aaew.bbaw.de/dateien/informationen/geschichte.html
© BBAW, Altägyptisches Wörterbuch (2005)

Handschriftenabteilung der Staatsbibliothek Berlin:
http://handschriften.staatsbibliothek-berlin.de/de/nachlaesse_autographen/darmstaedter.html
© Staatsbibliothek Berlin

Kischkewitz (1997):
http://www.luise-berlin.de/bms/bmstxt96/9601proc.htm
© Edition Luisenstadt (1997)

Lot-issimo – Auktionsportal:
http://www.lot-tissimo.com//de/cmd/d/o/62.92B-2550/auk/92B/
© Lot-issimo-Auktionsportal

E Quellenverzeichnis

Archiv der Berlin-Brandenburgischen Akademie der Wissenschaften

ABBAW, Arbeitsstelle Ägyptisches Wörterbuch Nr. 16, 25.11.1924
ABBAW, Arbeitsstelle Ägyptisches Wörterbuch Nr. 16, 28.11.1924
ABBAW, Arbeitsstelle Ägyptisches Wörterbuch Nr. 8/1
ABBAW, Bestand PAW (1812–1945), II – VIII, 238 (1897–1925), Bl. 112, 18.12.1914
ABBAW, Bestand PAW (1812–1945), II – VIII, 238 (1897–1925), Bl. 127f., 28.08.1916
ABBAW, Bestand PAW (1812–1945), II – VIII, 238 (1897–1925), Bl. 150
ABBAW, Bestand PAW (1812–1945), II – VIII, 238 (1897–1925), Bl. 122, 18.12.1914
ABBAW, Bestand PAW (1812–1945), II – VIII, 238 (1897–1925), Bl. 127f., 28.08.1916
ABBAW, Bestand PAW (1812–1945), II – VIII, 238 (1897–1925), Bl. 3–7, 26.02.1897
ABBAW, Bestand PAW (1812–1945), II – VIII, 239 (1926–1944), Bl. 29, 29.05.1930
ABBAW, NL E. Meyer, Nr. 575, 03.08.1886
ABBAW, NL E. Meyer, Nr. 575, 05.01.1887
ABBAW, NL E. Meyer, Nr. 575, 06.06.1886

Bremer Staats- und Universitätsbibliothek

BStUB, Bissing-Erman, 24.02.1908
BStUB, Bissing-Erman, 14.07.1919
BStUB, Breasted-Erman, 29.10.1914
BStUB, Breasted-Erman, 21.08.1915
BStUB, Breasted-Erman, 25.06.1916
BStUB, Ebers-Erman, 12.12.1875
BStUB, Ebers-Erman, 18.11.1876
BStUB, Ebers-Erman, 07.12.1876
BStUB, Ebers-Erman, 16.12.1876
BStUB, Ebers-Erman, 31.01.1878
BStUB, Ebers-Erman, 05.07.1879
BStUB, Ebers-Erman, 14.09.1879
BStUB, Ebers-Erman, 19.10.1879
BStUB, Ebers-Erman, 24.11.1879
BStUB, Ebers-Erman, 26.11.1879
BStUB, Ebers-Erman, 02.04.1880
BStUB, Ebers-Erman, 06.09.1880
BStUB, Ebers-Erman, 20.11.1880
BStUB, Ebers-Erman, 10.01.1884
BStUB, Ebers-Erman, 12.07.1884
BStUB, Ebers-Erman, 16.09.1884
BStUB, Ebers-Erman, 07.01.1885
BStUB, Ebers-Erman, 03.02.1885
BStUB, Ebers-Erman, 12.04.1885
BStUB, Ebers-Erman, 25.03.1885

BStUB, Ebers-Erman, 18.05.1885
BStUB, Ebers-Erman, 22.06.1886
BStUB, Ebers-Erman, 28.07.1887
BStUB, Ebers-Erman, 17.12.1887
BStUB, Ebers-Erman, 18.01.1888
BStUB, Ebers-Erman, 08.09.1888
BStUB, Ebers-Erman, 17.11.1888
BStUB, Ebers-Erman, 01.01.1890
BStUB, Ebers-Erman, 19.05.1890
BStUB, Ebers-Erman, 17.10.1896
BStUB, Ebers-Erman, 22.11.1896
BStUB, Ebers-Erman, 12.04.1897
BStUB, Ebers-Erman, 06.07.1897
BStUB, Ebers-Erman, 10.03.1898
BStUB, Erman-Elster, 05.07.1902
BStUB, Erman-Elster, 21.11.1906
BStUB, Erman-Naville, 16.04.1897
BStUB, Erman-Naville, 30.04.1897
BStUB, Erman-Naville, 21.06.1897
BStUB, Erman-Sethe, 17.05.1906
BStUB, Erman-Sethe, 28.05.1906
BStUB, Erman-Steindorff, 26.09.1912
BStUB, Ermatinger-Erman, 12.10.1929
BStUB, Ermatinger-Erman, 22.12.1929
BStUB, Ermatinger-Erman, 14.01.1932
BStUB, Ermatinger-Erman, 02.06.1933
BStUB, Ermatinger-Erman, 03.10.1935
BStUB, Ermatinger-Erman, 10.11.1935
BStUB, Erman-Wilhelm II., 27.01.1934
BStUB, Friedlaender-Erman, 1879
BStUB, Friedlaender-Erman, 1881
BStUB, Gardiner-Erman, 04.07.1920
BStUB, Gardiner-Erman, 13.08.1920
BStUB, Gardiner-Erman, 02.09.1920
BStUB, Gardiner-Erman, 25.09.1920
BStUB, Gardiner-Erman, 13.10.1920
BStUB, Gardiner-Erman, 04.12.1921
BStUB, Gardiner-Erman, 17.06.1924
BStUB, Gardiner-Erman, 19.06.1924
BStUB, Gardiner-Erman, 05.10.1929
BStUB, Gardiner-Erman, 20.02.1931
BStUB, Grapow-Erman, 19.07.1929
BStUB, Griffith-Erman, 10.02.1893
BStUB, Griffith-Erman, 31.12.1896
BStUB, Griffith-Erman, 14.11.1902
BStUB, Lepsius-Erman, 15.08.1879
BStUB, Lepsius-Erman, 01.10.1880

BStUB, Lepsius-Erman, 03.10.1880
BStUB, Lepsius-Erman, 13.06.1884
BStUB, Naville-Erman, 14.04.1897
BStUB, Naville-Erman, 20.04.1897
BStUB, Naville-Erman, 18.06.1897
BStUB, Naville-Erman, 27.06.1897
BStUB, Piehl-Erman, 08.10.1883
BStUB, Pietschmann-Erman, 1880
BStUB, Schäfer-Erman, 19.12.1906
BStUB, Sethe-Erman, 11.07.1888
BStUB, Sethe-Erman, 01.08.1888
BStUB, Sethe-Erman, 01.07.1901
BStUB, Sethe-Erman, 16.07.1901
BStUB, Sethe-Erman, 10.02.1902
BStUB, Sethe-Erman, 19.02.1902
BStUB, Sethe-Erman, 17.03.1902
BStUB, Sethe-Erman, 23.07.1902
BStUB, Sethe-Erman, 24.07.1902
BStUB, Sethe-Erman, 25.04.1906
BStUB, Sethe-Erman, 15.05.1906
BStUB, Sethe-Erman, 19.05.1906
BStUB, Sethe-Erman, 30.07.1906
BStUB, Sethe-Erman, 13.07.1907
BStUB, Sethe-Erman, 16.06.1909
BStUB, Sethe-Erman, 07.12.1914
BStUB, Sethe Erman, 08.01.1916
BStUB, Sethe-Erman, 22.01.1916
BStUB, Sethe-Erman, 04.02.1916
BStUB, Sethe-Erman, 01.06.1916
BStUB, Sethe-Erman, 01.07.1916
BStUB, Sethe-Erman, 31.07.1916
BStUB, Sethe-Erman, 21.12.1916
BStUB, Sethe-Erman, 01.02.1918
BStUB, Sethe-Erman, 29.05.1918
BStUB, Sethe-Erman, 06.09.1920
BStUB, Sethe-Erman, 02.08.1922
BStUB, Sethe-Erman, 25.02.1923
BStUB, Sethe-Erman, 06.04.1923
BStUB, Sethe-Erman, 22.05.1923
BStUB, Steindorff, 29.02.1908
BStUB, Steindorff-Erman, 17.06.1899
BStUB, Steindorff-Erman, 22.09.1904
BStUB, Steindorff-Erman, 17.01.1907
BStUB, Steindorff-Erman, 27.02.1908
BStUB, Steindorff-Erman, 29.02.1908
BStUB, Steindorff-Erman, 13.09.1919

Deutsches Archäologisches Institut, Abteilung Kairo

DAIK: B Erma, Inv. 2561, Einleitungskommentar
DAIK: B Erma, Inv. 2561, S. 169
DAIK: B Erma, Inv. 2561, S. 170 f.
DAIK: B Erma, Inv. 2561, S. 282

Universitäts- und Landesbibliothek Sachsen-Anhalt, Bibliothek der Deutschen Morgenländischen Gesellschaft

Bibliothek der DMG, Akten 1895, Briefe an den geschäftsführenden Vorstand der DMG, Eingabe von Erman u. a., 24.05.1895, Bl.1 & Bl. 3

Deutsche Orient Gesellschaft

ArDOG I: Allgm. 6., Erman-Simon, 24.02.1898

Egyptological Library and Archives, Milan

Egyptological Library and Archives, Milan, Erman-Brugsch, 25.03.1882
Egyptological Library and Archives, Milan, Erman-Brugsch, 02.10.1888
Egyptological Library and Archives, Milan, Erman-Brugsch, 18.01.1889
Egyptological Library and Archives, Milan, Erman-Brugsch, 21.12.1889

Griffith Institute, University of Oxford

Copyright Griffith Institute, University of Oxford, Gardiner MSS. 42.93.68 – 130 ADOLF ERMAN Letters 1902 to 1922, 18.07.1921
Copyright Griffith Institute, University of Oxford, Gardiner MSS. 42.93.33 – 67 ADOLF ERMAN Letters 1923 to 1930, 24.11.1923
Copyright Griffith Institute, University of Oxford, Gardiner MSS. 42.93.33 – 67 ADOLF ERMAN Letters 1923 to 1930, 15.06.1924

Geheimes Staatsarchiv, Preußischer Kulturbesitz

GStA PK, VI. HA Familienarchive und Nachlässe, Nl Carl Heinrich Becker, Nr. 347, 06.03.1923
GStA PK, VI. HA Familienarchive und Nachlässe, Nl Carl Heinrich Becker, Nr. 347, 24.05.1923
GStA PK, I. HA Rep. 89 Geheimes Zivilkabinett, jüngere Periode, Nr. 20487, Bl. 1 – 6, 21.01.1885
GStA PK, I. HA Rep. 89 Geheimes Zivilkabinett, jüngere Periode, Nr. 20487, Bl. 7, 10.04.1885

Humboldt Universität zu Berlin Universitätsarchiv

HUB UA, Phil. Fak., Nr. 79, Bl. 2–4
HUB UA, Phil. Fak., Nr. 90, Bl. 9 f.; 12
HUB UA, Phil. Fak., 1210, Bl. 185–186 ; 188 ; 189.a ; 191
HUB UA, Phil. Fak., 1221, Bl. 70; 74 f.
HUB UA, UK E 89, Bd. II, 7, 24.05.1892
HUB UA, UK E 89, Bd. II., 8, 09.09.1907
HUB UA, UK E 89, Bd. II, 14 f.
HUB UA, UK E 89, Bd. II, 31
HUB UA, UK E 89, Bd. III, 18
HUB UA, UK S 86, Bd. I, 2 f.
HUB UA, UK S 86, Bd. II, 3 f.

Sächsisches Staatsarchiv

Sächsisches Staatsarchiv, Staatsarchiv Leipzig, 22208 J. C. Hinrichs Verlag, Leipzig, Nr. 652, Bl. 1

Staatsbibliothek Berlin, Preußischer Kulturbesitz

SBB-PK, Nachl. Georg Ebers: Erman, Adolf, 21.09.1876
SBB-PK, Nachl. Georg Ebers: Erman, Adolf, 13.10.1876
SBB-PK, Nachl. Georg Ebers: Erman, Adolf, 02.12.1876
SBB-PK, Nachl. Georg Ebers: Erman, Adolf, 02.12.1876
SBB-PK, Nachl. Georg Ebers: Erman, Adolf, 11.02.1877
SBB-PK, Nachl. Georg Ebers: Erman, Adolf, 11.02.1877.
SBB-PK, Nachl. Georg Ebers: Erman, Adolf, 22.08.1877
SBB-PK, Nachl. Georg Ebers: Erman, Adolf, 18.12.1877
SBB-PK, Nachl. Georg Ebers: Erman, Adolf, 01.01.1879
SBB-PK, Nachl. Georg Ebers: Erman, Adolf, 01.01.1879
SBB-PK, Nachl. Georg Ebers: Erman, Adolf, 10.07.1879
SBB-PK, Nachl. Georg Ebers: Erman, Adolf, 12.09.1879
SBB-PK, Nachl. Georg Ebers: Erman, Adolf, 08.10.1879
SBB-PK, Nachl. Georg Ebers: Erman, Adolf, 17.10.1879
SBB-PK, Nachl. Georg Ebers: Erman, Adolf, 22.10.1879
SBB-PK, Nachl. Georg Ebers: Erman, Adolf, 27.11.1879
SBB-PK, Nachl. Georg Ebers: Erman, Adolf, 13.12.1879
SBB-PK, Nachl. Georg Ebers: Erman, Adolf, 31.08.1880
SBB-PK, Nachl. Georg Ebers: Erman, Adolf, 22.09.1880
SBB-PK, Nachl. Georg Ebers: Erman, Adolf, 22.09.1880
SBB-PK, Nachl. Georg Ebers: Erman, Adolf, 04.02.1881
SBB-PK, Nachl. Georg Ebers: Erman, Adolf, 12.05.1881
SBB-PK, Nachl. Georg Ebers: Erman, Adolf, 12.05.1881
SBB-PK, Nachl. Georg Ebers: Erman, Adolf, 23.07.1882

SBB-PK, Nachl. Georg Ebers: Erman, Adolf, 29.09.1882
SBB-PK, Nachl. Georg Ebers: Erman, Adolf, 29.09.1882
SBB-PK, Nachl. Georg Ebers: Erman, Adolf, 01.12.1882
SBB-PK, Nachl. Georg Ebers: Erman, Adolf, 20.06.1883
SBB-PK, Nachl. Georg Ebers: Erman, Adolf, 21.07.1884
SBB-PK, Nachl. Georg Ebers: Erman, Adolf, 21.07.1884
SBB-PK, Nachl. Georg Ebers: Erman, Adolf, 21.07.1884
SBB-PK, Nachl. Georg Ebers: Erman, Adolf, 21.07.1884
SBB-PK, Nachl. Georg Ebers: Erman, Adolf, 21.07.1884
SBB-PK, Nachl. Georg Ebers: Erman, Adolf, 31.10.1884
SBB-PK, Nachl. Georg Ebers: Erman, Adolf, 31.12.1884
SBB-PK, Nachl. Georg Ebers: Erman, Adolf, 31.12.1884
SBB-PK, Nachl. Georg Ebers: Erman, Adolf, 06.01.1885
SBB-PK, Nachl. Georg Ebers: Erman, Adolf, 01.12.1885
SBB-PK, Nachl. Georg Ebers: Erman, Adolf, 01.12.1885
SBB-PK, Nachl. Georg Ebers: Erman, Adolf, 27.04.1886
SBB-PK, Nachl. Georg Ebers: Erman, Adolf, 24.06.1886
SBB-PK, Nachl. Georg Ebers: Erman, Adolf, 24.02.1887
SBB-PK, Nachl. Georg Ebers: Erman, Adolf, 24.02.1887
SBB-PK, Nachl. Georg Ebers: Erman, Adolf, 06.10.1887
SBB-PK, Nachl. Georg Ebers: Erman, Adolf, 27.11.1888
SBB-PK, Nachl. Georg Ebers: Erman, Adolf, 27.11.1888
SBB-PK, Nachl. Georg Ebers: Erman, Adolf, 27.11.1888
SBB-PK, Nachl. Georg Ebers: Erman, Adolf, 18.06.1889
SBB-PK, Nachl. Georg Ebers: Erman, Adolf, 16.09.1889
SBB-PK, Nachl. Georg Ebers: Erman, Adolf, 09.03.1890
SBB-PK, Nachl. Georg Ebers: Erman, Adolf, 29.05.1890
SBB-PK, Nachl. Georg Ebers: Erman, Adolf, 13.06.1894
SBB-PK, Nachl. Georg Ebers: Erman, Adolf, 08.07.1894
SBB-PK, Nachl. Georg Ebers: Erman, Adolf, 31.07.1894
SBB-PK, Nachl. Georg Ebers: Erman, Adolf, 15.04.1895
SBB-PK, Nachl. Georg Ebers: Erman, Adolf, 14.10.1896
SBB-PK, Nachl. Georg Ebers: Erman, Adolf, 14.10.1896
SBB-PK, Nachl. Georg Ebers: Erman, Adolf, 26.11.1897
SBB-PK, Nachl. Georg Ebers: Erman, Adolf, 20.03.1898
SBB-PK, Nachl. Georg Ebers: Erman, Adolf, 01.08.1898
SBB-PK, Nachl. Georg Ebers: Maspero, Gaston, 02.05.1876
SBB-PK, Nachl. Georg Ebers: Maspero, Gaston, 29.01.1880
SBB-PK, Nachl. Georg Ebers: Maspero, Gaston, 24.01.1885
SBB-PK, Nachl. Georg Ebers: Maspero, Gaston, 30.11.1885
SBB-PK, Nachl. Georg Ebers: Maspero, Gaston, 17.07.1888
SBB-PK, Nachl. Georg Ebers: Maspero, Gaston, 05.05.1895
SBB-PK, Nachl. 248 (Richard Schöne), Kasten 7: Museum 1899, A. Erman, 27.03.1899

Staatliche Museen zu Berlin, Preußischer Kulturbesitz

SMB-ZA, NL Bode 1678, Erman, A., 01.11.1906
SMB-ZA, NL Bode 1678, Erman, A., 23.12.1909
SMB-ZA, NL Bode 1678, Erman, A., 05.11.1912
SMB-ZA, NL Bode 1678, Erman, A., 21.12.1912
SMB-ZA, NL Bode 1678, Erman, A., 01.03.1918
SMB-ZA, I / ÄM 48, Erman+Schäfer, 06.05.1909

Universitätsbibliothek Uppsala

UBU, Brugsch-Piehl, 29.12.1888
UBU, Erman-Piehl, 05.08.1900
UBU, Erman-Piehl, 11.08.1900
UBU, Naville-Piehl, 23.11.1897

F Abbildungsnachweis

Umschlag:	J. H. Breasted, G. Steindorff, A. Erman, K. Sethe und Ch. Breasted, aufgenommen am Rande eines Orientalistenkongresses, 1910 in London.
	© Ägyptisches Museum – Georg Steindorff – der Universität Leipzig
S. 54:	Georg Moritz Ebers (1837-1898). Privatbesitz des Autors.
S. 94:	Jean Pierre Adolphe Erman (1854-1937).
	© UB der HU zu Berlin; Porträtsammlung; Erman, Adolf.
S. 155:	Kurt Heinrich Sethe (1869-1934).
	© Akademie der Wissenschaften zu Göttingen, Archiv.
S. 267:	Karl Richard Lepsius (1810-1884). Privatbesitz des Autors.
S. 287:	L. J. C. Stern (1846-1911).
	© Institut für Anglistik, Amerikanistik und Keltologie der Universität Bonn. Thurneysen Archiv.

Personenregister

Kolibri 360 GmbH
Ferdinand-Jühlke-Straße 7
99095 Erfurt, Deutschland
produktsicherheit@kolibri360.de